Die Moleküle des Lebens

Verständliche Forschung

Die Moleküle des Lebens

Mit einer Einführung von Peter Sitte

Erschienen bei Spektrum der Wissenschaft in Heidelberg

CIP-Kurztitelaufnahme der Deutschen Bibliothek

Die **Moleküle des Lebens** / mit e. Einf.
von Peter Sitte. –
Heidelberg : Spektrum-der-Wissenschaft-
Verlagsgesellschaft, 1986.
(Spektrum der Wissenschaft:
Verständliche Forschung)
ISBN 3-922508-39-1
NE: Sitte, Peter [Hrsg.]

Lektorat: Katharina Neuser-von Oettingen

Produktion: Karin Kern

Buchgestaltung: Henri Wirthner

Gesamtherstellung: Klambt-Druck GmbH,
Speyer

Inhaltsverzeichnis

Einführung

Von Peter Sitte

Wer die Artenfülle der Lebewesen einerseits, ihre molekularen Bausteine andererseits zu überblicken versucht, sieht sich einem Paradoxon gegenüber: Die Zahl der bekannten Organismenarten liegt bei über zwei Millionen, und sie lassen sich nach ihren Verschiedenheiten in Hunderte, ja Tausende systematischer Kategorien gruppieren, während man es auf der anderen Seite mit einem erstaunlich kleinen Satz von lebenswichtigen Molekülen zu tun hat. Und so verschieden Organismen nach Gestalt, Entwicklung, Verhalten, Bedürfnissen sein können – die „Moleküle des Lebens" sind vergleichsweise einförmig, wenigstens was ihre Bauprinzipien betrifft. Mehr noch: Diese Moleküle finden sich bei *allen* Lebewesen in sehr ähnlicher Form; auf ihnen beruhen die allgemeinsten Eigenschaften aller lebenden Systeme; ohne sie gibt es kein Leben. Selbst bei den Viren, die an der Grenze von Belebt und Unbelebt stehen, sind diese Moleküle dominierend.

Welche sind es? Nun, man weiß es: Nucleinsäuren und Proteine; und weiterhin dann Polysaccharide und Lipide. Dazu kommt freilich eine wesentlich größere und heterogene Schar kleiner Moleküle, die als Metaboliten fungieren, sozusagen als Spielbälle des Stoff- und Energiewechsels. Aber selbst ihre Zahl ist noch klein im Vergleich zur Anzahl bekannter organischer Verbindungen.

Das alles ist weder selbstverständlich noch trivial; aber es ist sehr bezeichnend. Es zeigt, daß die schier unermeßliche Vielfalt der Organismen eben nicht auf einer entsprechenden Vielfalt kleinster Bausteine beruht, sondern auf unterschiedlichem Zusammenbau verhältnismäßig weniger, stets gleichartiger molekularer Einheiten. Und es ist nicht weniger bezeichnend, daß sich dieses Baukastenprinzip auf einer Stufe sehr viel höherer Komplexität noch einmal wiederholt: auf dem Niveau der Zelle und ihrer Organellen. Bei allen Verschiedenheiten und allen strukturellen und funktionellen Variationen, die wir bei Zellen antreffen, ist doch das Bauprinzip immer wieder das gleiche. Und große Lebewesen sind nicht etwa Großzeller, sondern Vielzeller: Die Zellen werden zu fast beliebig kombinierbaren Bausteinen im größeren Gefüge des Tier- oder Pflanzenkörpers. Der Körper eines erwachsenen Menschen ist aus etwa 10^{13} Zellen aufgebaut, das sind 10000 Milliarden, eine unvorstellbar große Zahl. Wenn jede Sekunde eine Zelle unseres Körpers ersatzlos verschwinden würde, ginge die letzte Zelle erst nach mehr als einer Million Jahren verloren. (Tatsächlich werden im Körper des Erwachsenen pro Sekunde allein etwa 2,5 Millionen rote Blutkörperchen neu gebildet und ebenso viele abgebaut.)

Das Denken in zellulären und molekularen Dimensionen ist uns inzwischen vertraut, und fast alle gängigen Biologiebücher beginnen bei Molekülen und kommen über Zellen zu Organismen. Aber das war nicht der Weg, den die Forschung gegangen ist; die historische Entwicklung ist umgekehrt verlaufen. Vielleicht lohnt es, sich die wesentlichen Etappen dieser Entwicklung in Erinnerung zu rufen.

Wer sich mit dem Leben auf diesem Planeten befaßt, wird zunächst von der schier unermeßlichen Vielfalt seiner Erscheinungsformen beeindruckt sein. Es gibt eben nicht nur sehr viele Lebewesen, sondern auch sehr viele verschiedene. Und wir wissen, daß in früheren Erdepochen noch ganz andere Organismen gelebt haben, so daß sich die Vielfalt in historischer Dimension noch einmal vervielfältigt. In diesen Abertausenden von charakteristischen Verschiedenheiten spiegelt sich die Vielfalt der Lebensräume, die die Erdoberfläche bietet. Wir verstehen die Artenfülle als Ergebnis eines Hunderte, ja Tausende von Jahrmillionen dauernden Anpassungsprozesses an diese Lebensräume, ihre ökologischen Nischen und auch an die in ihnen lebenden Mitbewohner. Aber worin liegt nun bei aller dieser bizarren Diversität das Gemeinsame aller Organismen, das, was bei ihnen allen diesen merkwürdigen Zustand ausmacht, den wir Leben nennen?

Schon im vorigen Jahrhundert, also noch in der großen Epoche der Systematisierung aller Organismenarten, die die ganze Heterogenität der Organismenreiche analysierte und katalogisierte, wurde diese Frage nach letzten Gemeinsamkeiten gestellt, und es gab auch erste Antworten darauf. Da war zunächst, vor etwa 150 Jahren, die Entdeckung, daß Pflanzen und Tiere aus grundsätzlich ähnlichen Zellen aufgebaut sind. Diese Einsicht wurde bald vertieft durch die Entdeckung der Kernteilungsprozesse, die wieder bei Pflanze, Tier und Mensch recht ähnlich verlaufen. Dadurch wurde klar, daß der unermeßlichen Vielfalt im makroskopischen Dimensionsbereich keine ebenso große Diversität im mikroskopischen Bereich entspricht. Vielmehr wurden hier jetzt umfassende Gemeinsamkeiten deutlich, und die „Zelltheorie" wurde zur ersten tragenden Säule einer allgemeinen Biologie. Weitere kamen bald hinzu. Vor allem konnten die bei höheren Organismen allgemein gültigen Vererbungsgesetze zu Beginn unseres Jahrhunderts mit dem Verhalten der Chromosomen in Mitose und Meiose korreliert werden, und so wiesen immer mehr Daten darauf hin, daß mit dem Übergang zu kleineren Dimensionen eine Vereinheitlichung der Strukturen und Funktionen lebender Systeme einhergeht. Die Diversität nimmt ab, Verbreitung und allgemeine Gültigkeit nehmen zu.

Hier stieß die Forschung allerdings zunächst an methodische Grenzen. Ein spanisches Sprichwort sagt, der Mensch komme nicht wohin er *will*, sondern wohin er *kann* – in der Forschung bekommt man das oft besonders schmerzlich zu spüren. So hatte man um 1900 einfach keine Instrumente, um in die „submikroskopischen" Strukturen von Zellen einzudringen. Es gab kein Elektronenmikroskop, keine Ultrazentrifuge, es gab keine chemischen oder biochemischen Mikromethoden, keine molekulare Strukturforschung mit Röntgenstrahlen, und an Makromoleküle wagte damals noch niemand zu denken. Selbst 20 Jahre später hatte es

Hermann Staudinger noch herzlich schwer, mit seinem Konzept des Makromoleküls durchzudringen, das uns inzwischen zur selbstverständlichen Grundlage der molekularen, eigentlich ja weithin makromolekularen Biologie geworden ist. Dennoch zog man schon um die Jahrhundertwende den richtigen Schluß, daß im molekularen Bereich grundlegende Geheimnisse des Lebens verschlüsselt sein müßten. Diese Überzeugung dokumentiert sich auch in den vielen Hypothesen, die um diese Zeit über „Elementarorganismen" im Sinne kleinster, im Lichtmikroskop nicht mehr sichtbarer Lebenseinheiten entwickelt wurden. Man sprach von Biophoren, Bioblasten, Idiosomen, Biogenen und dergleichen mehr. Alle diese Hypothesen beruhten freilich auf dem grundsätzlichen Irrtum, Leben könne sich an so kleinen Einheiten manifestieren. Wir haben inzwischen längst gelernt einzusehen, daß die gängigen Merkmale von Leben erst auf zellulärem Niveau gemeinsam auftreten können, weil erst hier der dafür unerläßliche Komplexitätsgrad erreicht wird. Aber die zahlreichen frühen Versuche, in das Reich der Biomoleküle wenigstens spekulativ vorzudringen, belegen doch die hochgespannten Erwartungen, die man hegte.

Wenn wir heute von „Molekülen des Lebens" sprechen, dann sehen wir sofort, daß sich diese alten Erwartungen inzwischen in überreichem Maße erfüllt haben. Die molekulare Biologie hat das biologische Weltbild revolutionär verändert und bereichert. Noch in den dreißiger Jahren konnte man darüber diskutieren, ob einem „Gen", das bis dahin ja nicht mehr war als ein Abstraktum der Vererbungsforscher, wirklich etwas Stoffliches zugrunde liege; heute ist die stoffliche Natur der Gene geklärt, ihre Synthese möglich, ihre Sequenzierung fast schon zur Routine geworden; man kann Gene aus einem Genom ausschneiden, und es ist schon tägliche Forschungspraxis, Gene aus einem Organismus in die Zellen eines anderen, auch eines artfremden, einzuführen. Über die Moleküle des Lebens, ihre Struktur, ihr Verhalten und ihre Funktionen, ihre Synthese und ihre Lokalisation in Zellen ist inzwischen so viel bekannt, daß es nun tatsächlich möglich ist, Eigenschaften lebender Systeme aus den Eigenschaften dieser Moleküle zu erklären – wie das ja schließlich das zentrale Anliegen der Molekularbiologie ist. In diesem Sinn kann 1953 als das „Geburtsjahr der Molekularbiologie" gelten. Damals entdeckten James Watson und Francis Crick die Doppelhelix der DNA, Frederic Sanger vollendete die erste Sequenzierung eines Polypeptids, es startete die Mitochondrien-Genetik bei der Hefe, und Stanley Miller wies in H. C. Ureys Labor die abiogene Entstehung von Biomolekülen in einer simulierten Uratmosphäre nach. Das waren gewaltige Durchbrüche. Die Horizonte von Wissen und Forschung weiteten sich schlagartig, eine neue „disziplinäre Matrix" im Sinn von Thomas S. Kuhn entstand. Und in diesem intellektuellen und experimentellen Mutterboden begannen sich nun in rascher Folge weitere Ergebnisse und Einsichten anzusiedeln, das Paradigma füllte sich mit ergänzenden Details, grundsätzlich Neues kam hinzu. Tatsächlich sind seither molekulare Biologie und Zellbiologie zu einem der am stärksten expandierenden Bereiche innerhalb der Naturwissenschaften geworden.

Aber schon wieder ändert sich das Bild, und zwar aus zwei Gründen. Zum einen hat sich seit 1953 das Methodenarsenal natürlich gewaltig erweitert. Die revolutionierenden Ergebnisse von damals erscheinen uns jetzt vergleichsweise grob. Was seinerzeit nur in Umrissen erkennbar wurde, steht heute als detailreiches Bild vor uns; und was zunächst starr erschien, können wir mehr und mehr in lebendiger Dynamik verfolgen. Zum anderen ist das Bestreben unverkennbar, von geklärten molekularen Grundlagen aus wieder zu einem besseren Verständnis auch größerer Einheiten zu kommen, etwa zu den übermolekularen Strukturen von Biomembranen und Zellskeletten; dabei lernt man auch die Signale und Regulationsprozesse verstehen, die für alle lebenden Systeme so charakteristisch sind. Gerade jetzt werden wir Zeugen einer fruchtbaren Dialektik von Analyse und Synthese: Führte die Zerlegung der lebenden Systeme bis zu deren Molekülen, so eröffnet uns der Zusammenbau der Moleküle des Lebens ein Verständnis ihres „sozialen" Verhaltens, ihres Zusammenwirkens in der viel komplexeren lebendigen Einheit der Zelle. Von hier führt der Weg dann weiter zum vielzelligen Organismus und – in der Zeitdimension – zur Dynamik der Evolution.

Diese neueste Entwicklung der biologischen Forschung zieht sich wie ein roter Faden durch die Artikel in diesem Band. Die einzelnen Beiträge lassen uns anhand besonders wichtiger und illustrativer Beispiele an diesem Prozeß teilhaben. Sie zeigen, wie neue Daten gewonnen und zu Einsichten kondensiert werden, und beziehen uns so in die Faszination der Forschung mit ein. Alle Beiträge sind von bekannten Fachleuten geschrieben, aber so, daß jeder Gebildete folgen kann – auch schwierige Wissenschaft kann verständlich sein!

Robert Weinberg umreißt in seinem einleitenden, umfassenden Referat die Methoden und Möglichkeiten der molekularen Biologie bis hin zur biotechnologischen und medizinischen Anwendung, einschließlich der ethischen Fragen, die sich – wie bei jeder *Anwendung* wissenschaftlicher Ergebnisse – zwangsläufig stellen.

Der Informationsfluß vom Zellkern, dem Hauptspeicher genetischer Information in jeder Zelle, in das Cytoplasma, wo die Proteine synthetisiert und durch sie die Verwirklichung der im Kern niedergelegten Pläne betrieben wird, entspricht auf molekularer Ebene dem Umschreiben der DNA-gespeicherten Information auf mobile RNA-Sequenzen (Transkription), die dann an den Ribosomen des Cytoplasmas in Proteinsequenzen übersetzt werden (Translation). Die Moleküle dieser Informationsübermittlung werden in den Beiträgen von Felsenfeld, Darnell und Doolittle vorgestellt. In jedem dieser Beiträge wird der Leser aber weit mehr finden als eine bloße Beschreibung von Informations- und Effektormolekülen: In den Vordergrund treten dabei Fragen der Regulation, der Dynamik (zumal bei Proteinmolekülen, deren funktionsvermittelnde Bewegungen durch Computersimulationen aufgeklärt werden – vergleiche den Beitrag von Karplus und McCammon) und der Evolution. Eingeschoben ist ein Artikel über jene Krebsgene (Bishop), die bei Tumorviren entdeckt und bald darauf auch in gesunden Zellen gefunden wurden – dort allerdings stillgelegt oder doch in ihrer Aktivität präzise kontrolliert. Bei Krebszellen, die sich hemmungslos vermehren und rücksichtslos zwischen Gewebezellen hineinzwängen, wo sie die gefürchteten Metastasen bilden, ist das delikate Netz sichernder Regulationen zerrissen. Krebsgene werden dann zur Unzeit eingeschaltet und können nicht mehr abgeschaltet werden; Signale, die von Nachbarzellen kommen, werden dann nicht mehr verstanden. Daß es solche Fehlregulationen auch auf anderen Ebenen gibt, zeigt der Beitrag von Rubenstein. Das Gegenstück zu diesen molekularen Malaisen mit ihren zum Teil verheerenden Auswirkungen auf den Trägerorganismus liefern die normalen, gut funktionierenden Steuerungsprozesse über molekulare Signale und ihre Erkennung durch spezifische Rezeptoren (Beiträge Snyder und Berridge). Wie sich solche äußere Signale in der Zelle selbst auswirken, wird am Beispiel des Calcium-Ions gezeigt (Carafoli und Penniston), das mit spezifischen Steuerproteinen der Zellen zusammenspielt (Beitrag Cheung). Bei der Hinüberleitung eines externen Signals durch die sonst wenig durchlässige Plasmamembran in die lebende Zelle (Transduktion), und allgemein bei jeder Art von Stoffaustausch zwischen Zelle und Umgebung, kommt der molekulare Bau der Zellmembran ins Spiel (Beitrag Bretscher; der Autor hat als erster ein quer durch den Lipidfilm der Membran hindurchreichendes Protein nachweisen können). Jede Biomembran kann als heterogener, flächiger Flüssigkristall aufgefaßt werden, der seine besonderen Eigenschaften jeweils durch die Proteinmoleküle bekommt, die in ihn eingebaut sind. Mit ihnen befassen sich Unwin und Henderson (denen es vor gut zehn Jahren mit Hilfe raffinierter Beugungstechniken an elektronenmikroskopischen Aufnahmen erstmals gelungen ist, die molekulare Struktur eines Membranproteins zu entschlüsseln – ein Triumph, den man bei der Lektüre dieses Beitrages in etwa nachvollziehen kann).

Bis 1970 hatte man den Feinbau aller häufigeren Zelltypen mit dem Elektronenmikroskop so gründlich erforscht, daß man mit größeren Überraschungen nicht mehr rechnete. Und doch gab es inzwischen gleich mehrere. Eine besonders wichtige wird im Aufsatz von Weber und Osborn behandelt: die Entdeckung des internen Skeletts von Säugerzellen, die mit Hilfe immunologischer und fluoreszenzmikroskopischer Methoden gelang. Inzwischen sind die Moleküle dieses Skeletts isoliert und biochemisch untersucht worden, man hat die Proteinfilamente schließlich mit besonderen Techniken auch im Elektronenmikroskop sichtbar machen können, und in neuester Zeit kommen diese Ergebnisse reiner Grundlagenforschung auch der praktischen Medizin zugute – sie können für die Krebsdiagnose eingesetzt werden.

Mit Tonegawas Übersicht über die Moleküle des Immunsystems wird ein Brennpunkt erfolgreicher Kooperation von Molekular- und Zellbiologie erreicht. Lange war die präzise Erkennung körperfremder Substanzen und ihre gezielte Ausschaltung durch das Immunsystem ein Buch mit sieben Siegeln. Doch auch hier ist es durch die Erforschung der beteiligten Moleküle und Zellen möglich geworden, wesentliche Schritte dieser lebenserhaltenden Aktionen zu verstehen und damit letztlich für eine gezielte Therapie auszubeuten.

Ob man auch für die zeitliche und räumliche Steuerung so komplizierter Vorgänge wie der Entwicklung eines vielzelligen Tieres molekulare Mechanismen finden würde, schien bis vor kurzem zweifelhaft. Und doch ist das inzwischen ebenfalls gelungen – der Artikel von Gehring zeigt, wie weit man bis jetzt durch die konzentrierte Anwendung molekularbiologischer und gentechnologischer Methoden gekommen ist.

Der letzte Beitrag dieses Bandes über die molekulare Grundlage der Evolution (Wilson) stellt sich der Frage nach der Veränderlichkeit der Moleküle des Lebens in den unermeßlich langen Zeiträumen, in denen sich die Stammesgeschichte der Organismenreiche abspielte. Daß man Molekularbiologie und Evolutionsforschung heute zusammenfügen kann und dabei feststellt, daß sie sich wunderbar ergänzen, ist eine schöne Bestätigung für beide Forschungsrichtungen. Tatsächlich sind Nucleinsäure- und Proteinsequenzen zu den wichtigsten Hilfsmitteln bei der Rekonstruktion von Stammbäumen geworden, sie sind ideale „lebenden Fossilien" der modernen Evolutionsforschung.

Über alle Einzeldaten hinweg mag die Lektüre gerade dieses Bandes zwei Aspekte verdeutlichen, die uns alle ständig berühren. Grundlagenforschung dient der Welterkenntnis, nicht der Weltveränderung. Aber sie kann die Möglichkeit praktischer Anwendung und Auswertung nicht vermeiden. Und im Bereich dieser praktischen Anwendung wissenschaftlicher Erkenntnisse tut sich unvermeidlich (fast könnte man sagen: tragisch) die Dichotomie von Gebrauch und Mißbrauch, von Segen und Fluch auf, begleitet von den Hoffnungen und den Ängsten der Menschen. Dieses Problem ist nicht neu, es ist tatsächlich so alt wie die Menschheit selbst. Aber unsere Verantwortung wächst mit der Macht, die wir uns schaffen. Werden wir ihr gewachsen sein? Wir müssen es hoffen und dafür wirken. Wenn wir es uns nicht zutrauen, wird uns schließlich auch die Frage nach weiteren Einsichten im Halse stekken bleiben. Wir würden dann jenen Mut nicht mehr aufbringen, der allein uns zu immer neuen Ufern bringen kann, der allein unseren geistigen Reichtum nährt. Denn dies ist der andere Aspekt (auch) dieses Bandes: Viele Fragen haben unerwartete Antworten gefunden; aber noch mehr Fragen sind gestellt. Und ist die Welt, in der zu leben uns geschenkt und aufgegeben ist, nicht etwas Wunderbares?

Die Moleküle des Lebens

Die vorliegende Ausgabe stellt die „neue“ Biologie vor, die versucht, jene molekularen Mechanismen zu erklären, die der biologischen Vielfalt und Vielschichtigkeit zugrunde liegen. Diese Wissenschaft, so jung sie ist, hat schon einen völlig neuen Industriezweig entstehen lassen und verändert tiefgreifend unsere Vorstellungen von dem, was Leben beinhaltet.

Von Robert A. Weinberg

Die Biologie des Jahres 1985 unterscheidet sich dramatisch von der Wissenschaft, die man noch vor zehn Jahren so bezeichnet hat. Neue Verfahren ermöglichen heute ohne weiteres Untersuchungen, die vor kurzem selbst für den geschicktesten Experimentator undurchführbar waren.

Man sollte jedoch nicht glauben, daß die noch junge Molekularbiologie lediglich das Repertoire an Labortechniken erweitert habe. Beachtlich rasch entstand ein gänzlich neuer Wirtschaftszweig: die Biotechnologie. Viel wichtiger aber ist, daß die neue Biologie unsere Vorstellungen von allem Lebenden – von der Bakterie bis zum Menschen – verändert hat.

Traditionsgemäß ist die Biologie immer eine beschreibende Wissenschaft gewesen. Die Vielzahl der Organismen wurde katalogisiert, ihre Merkmale wurden aufgelistet und ihre Strukturen makroskopisch wie mikroskopisch untersucht. Bei der bloßen Beschreibung von Organismus-Merkmalen, des Phänotypus, fragten die Biologen aber nicht nach den Triebkräften der Lebensvorgänge, sondern beschäftigten sich lediglich mit deren Folgen. Ein Wissenschaftler konnte zwar zuschauen, wie sich ein Muskel zusammenzog oder ein Embryo entwickelte; solch schieres Beobachten brachte ihm aber keinerlei Hinweise auf die zugrunde liegenden Mechanismen.

Die Beobachtungsmöglichkeiten wurden dann durch die Entwicklung des Mikroskops und geeigneter Verfahren wesentlich erleichtert und verbessert: Zellen und Zellorganellen wurden sichtbar. Diese Grenzen hat das Elektronenmikroskop noch einmal erweitert: Mit großer Schärfe konnten jetzt die zellulären Feinstrukturen aufgelöst werden. Damit entdeckte man jedoch nur wieder neue organische Bestandteile und Lebenserscheinungen, ohne die sie hervorbringenden Prozesse zu erkennen. Ohne Zweifel mußte man sie in noch kleineren Elementen suchen, als sie in der Zelle durch Mikroskope wahrzunehmen sind.

Langsam wurde offenkundig, daß die fundamentalen Vorgänge hinter vielen biologischen Erscheinungen auf den Funktionen gewisser spezifischer Moleküle innerhalb und außerhalb der Zelle beruhen. In dieser Ausgabe von Spektrum der Wissenschaft erläutern zwölf Wissenschaftler in elf Artikeln die biologischen Systeme auf der Basis ihrer molekularen Bausteine. Die einzelnen Beiträge durchzieht der Leitgedanke, daß die bloße Beschreibung biologischer Phänomene bei weitem nicht so interessant ist wie die Erklärung des zugrunde liegenden molekularen Geschehens.

Die Molekularbiologen, die hier ihre Arbeit vorstellen, hantieren mit Dingen, die sie niemals tatsächlich sehen werden. Doch sie arbeiten in der Gewißheit, daß die submikroskopischen Agenzien, die sie untersuchen, auf *einer* wesentlichen Ebene, eben der molekularen, die Komplexität des Lebens erklären können.

Mit der eben erworbenen Fähigkeit, Moleküle darzustellen und zu manipulieren, muß sich der Biologe auch nicht länger damit zufriedengeben, das Leben als bisher letztes Stadium einer Entwicklung von mehr als zwei Milliarden Jahren zu untersuchen. Mit den neuen Arbeitstechniken ist es inzwischen möglich, wichtige Elemente des biologischen Bauplans nach Gutdünken zu ändern und so Lebensformen entstehen zu lassen, die von der natürlichen Evolution niemals vorgesehen waren. Auf lange Sicht kann sich diese Anwendung der neugewonnenen Macht über die Biomoleküle als die gewaltigste Umwälzung erweisen.

Makromoleküle: Proteine, RNA, DNA

Von den vielen verschiedenen Arten von Molekülen in der lebenden Zelle haben drei die größte Aufmerksamkeit auf sich gezogen: Proteine, RNA (nach englisch *ribonucleic acid*, Ribonucleinsäure) und DNA (nach englisch *deoxyribonucleic acid*, Desoxyribonucleinsäure). Es sind sogenannte Makromoleküle, also große Moleküle, die aus einfachen Untereinheiten – Monomeren – zu linearen Polymeren zusammengesetzt sind.

Bis vor etwa zwei Jahrzehnten galt das Hauptinteresse fast ausschließlich den Proteinen. Rückblickend ist das einfach zu erklären: Es gibt hochdifferenzierte Gewebe, die große Mengen einer einzigen Protein-Art enthalten. In den roten Blutkörperchen zum Beispiel findet man fast ausschließlich Hämoglobin, im Knorpel überwiegend Kollagen und in den Haaren wiederum Keratin. Solche Proteine wurden von den Biochemikern verständlicherweise zuerst untersucht, da sie sich in reiner Form isolieren ließen

Bild 1: In der DNA-Doppelhelix ist die gesamte genetische Information gespeichert; sie ist sozusagen *das* Molekül des Lebens. In dieser Computergraphik, sie zeigt einen Ausschnitt der DNA seitlich, sind die einzelnen Atome als punktübersäte Farbkugeln dargestellt: Sauerstoff rot, Stickstoff blau, Kohlenstoff grün und Phosphor gelb. Die beiden Zucker-Phosphat-Rückgrate, die „Holme“ der gewendelten leiterförmigen Helix, nehmen die diagonalen gelblichen Regionen ein (im rückwärtigen Teil des Moleküls sind sie ausgespart). Die Basenpaare – sie bestehen aus Stickstoff-, Kohlenstoff- und Sauerstoff-Atomen – bilden gleichsam die Sprossen der beiden Helixstränge. Die Graphik gibt den *B*-Typ der DNA wieder; sie wurde vom Computer Graphics Laboratory der Universität von Kalifornien in San Francisco erstellt.

und Reinheit eine Voraussetzung für weitere Studien war.

Mit einer Reihe verfeinerter biochemischer Methoden wurde es indes möglich, auch solche Proteine hinreichend rein zu gewinnen, die nur in Spuren in dem raffinierten chemischen Cocktail einer lebenden Zelle zu finden sind. Damit konnten sich die Biochemiker auf die Proteine konzentrieren, die als Enzyme jene etlichen tausend biochemischen Reaktionen katalysieren, die zusammengenommen den Stoffwechsel einer Zelle ausmachen. Diese Arbeit ging zügig voran, weil viele der Reaktionen leicht mit der richtigen Mischung aus daran beteiligten Stoffen und Enzymen im Reagenzglas nachvollzogen werden konnten.

Im vergangenen Vierteljahrhundert sind die Proteine allerdings nach und nach von den beiden anderen biologischen Makromolekülen in den Hintergrund gedrängt worden, zunächst von der RNA und dann von der DNA. Dies hatte zwei wichtige Gründe.

Ironischerweise liegt der erste Grund in den großen Erfolgen der Proteinbiochemie. Ihnen verdanken wir eine Unmenge von Informationen über Tausende von Proteinen und biochemischen

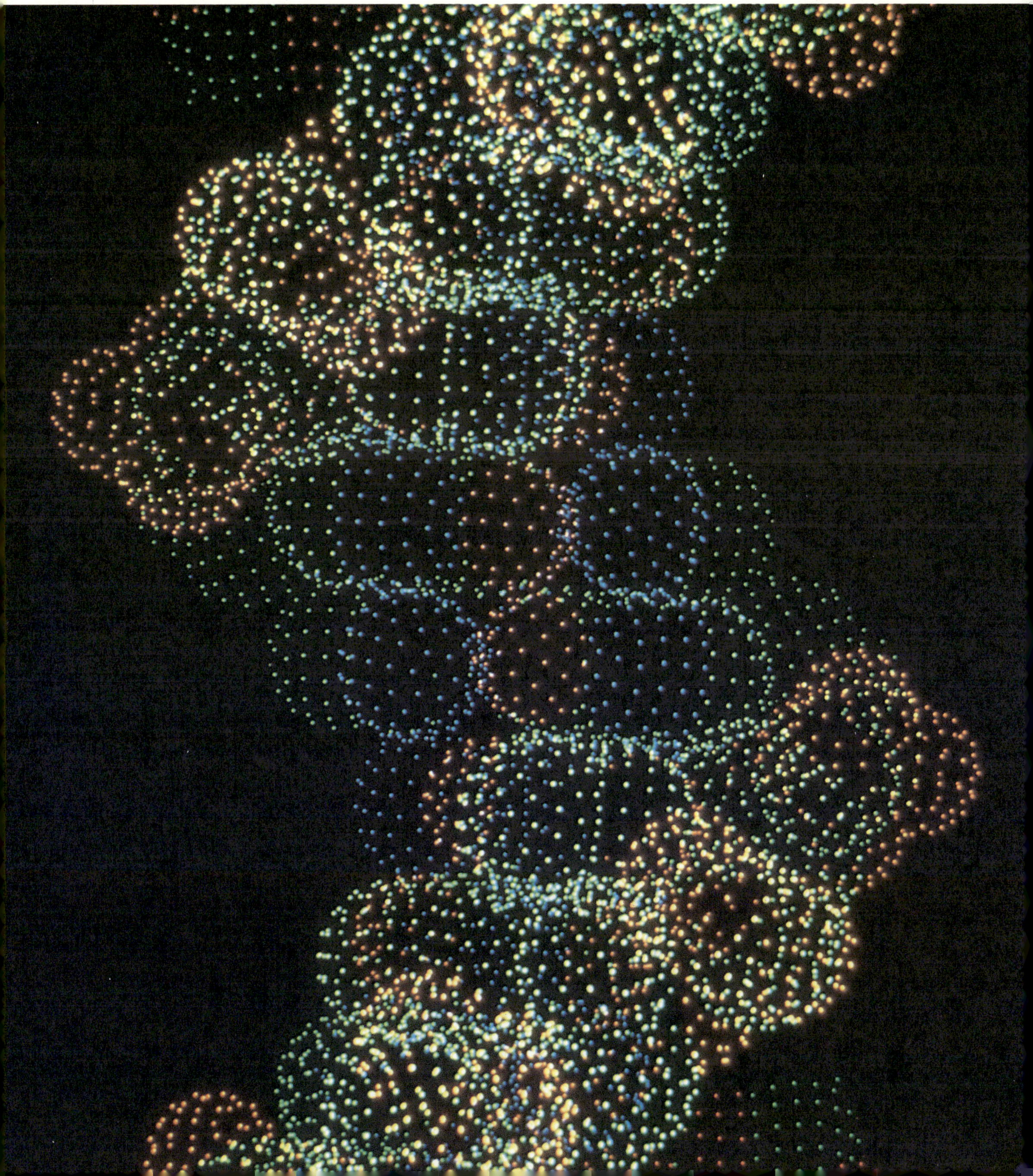

Reaktionen. Alsbald wurde jedoch klar, daß das weitere Studium einzelner Rädchen nur wenig zum Verständnis der gesamten Maschinerie beitrug.

Was ist es denn eigentlich, das dieses mannigfaltige Ineinander von Strukturen und Vorgängen organisiert und aufeinander abstimmt? Die Antwort war nicht bei den Proteinen zu suchen; nur die Genetik (das Studium der Vererbung) und die Untersuchung der Nucleinsäuren, die als Träger der Erbinformationen fungieren, konnten hier weiterhelfen.

Der andere Grund, warum die Nucleinsäuren, vor allem die DNA, in den Vordergrund des Interesses rückten, ist das Aufkommen der DNA-Rekombinationsverfahren. Im Laufe der letzten zehn Jahre haben die Biologen gelernt, DNA in einer Weise zu manipulieren, die dem Proteinbiochemiker zumindest gegenwärtig bei seinem Untersuchungsgut unmöglich ist: Sie können DNA zerschneiden, verändern und anschließend wieder zusammensetzen; sie vermögen von einem Molekül viele Kopien herzustellen; vielleicht am bezeichnendsten aber ist, daß sie mit DNA nun RNA und anschließend Proteine von vorbestimmter Größe und Zusammensetzung produzieren können.

Der wichtigste Schritt bei all diesen Prozessen ist die Klonierung von Genen. Sie hat mehr als jedes andere Verfahren die Biologie revolutioniert.

Struktur und Funktion des genetischen Materials

Die Grundlagen dafür wurden 1953 geschaffen, als James D. Watson und Francis H. C. Crick die Doppelhelix-Struktur der DNA erkannten und beschrieben (Titelbild sowie Bilder 1 und 2). Jeder der beiden DNA-Stränge besteht aus einer Kette von Nucleotiden, von denen jedes eine der vier Basen Adenin (A), Guanin (G), Thymin (T) oder Cytosin (C) enthält. Ein A auf einem Strang der Doppelhelix ist stets mit einem T des anderen Strangs gepaart, ein G mit einem C, so daß die beiden Stränge komplementär sind. Die Reihenfolge dieser Basen (die Basensequenz) bestimmt die Reihenfolge der Aminosäuren (die Aminosäurensequenz) im zugehörigen Protein.

Werden die Anweisungen eines Gens in eine Substanz umgesetzt (exprimiert), so wird zunächst die Basensequenz dieses Gens in einen RNA-Strang umgeschrieben (transkribiert). Diese Boten-RNA (nach englisch *messenger RNA* abgekürzt mRNA) dient dann als Vorlage für die Synthese eines Proteins: Ihre Basensequenz wird nach einem bestimmten – eben dem genetischen – Code in die Aminosäurensequenz eines Proteins übersetzt (translatiert).

Die Codierung von Proteinen macht jedoch nur einen kleinen Teil der DNA-Funktion und somit auch der in ihr gespeicherten Information aus. Um diese und andere einfache Sachverhalte zu verstehen, mußte man zunächst einmal die Grundordnung der DNA-Sequenzen erkennen und verstehen, wie die funktionellen Untereinheiten der DNA – die einzelnen Gene – in der gesamten Erbmasse eines Organismus, Genom genannt, zusammenwirken.

Erst in jüngster Zeit wurde es möglich, das Genom höherer Organismen zu untersuchen. Die Analyse der allgemeinen biochemischen Eigenschaften zellulärer DNA ließ wenig Hoffnung, die Feinheiten der genetischen Organisation zu verstehen. Schon der DNA-Gehalt einer Bakterienzelle ist sehr groß; das noch wesentlich größere Genom einer Säugetierzelle enthält aber etwa 2,5 Milliarden Basenpaare, aufgereiht in der DNA ihrer Chromosomen.

Die Sequenzen sind zwar in umschriebene Bereiche, die einzelnen Gene, gegliedert. Aber davon sind zwischen 50 000 und 100 000 im Genom eines Säugetieres vorhanden.

Man nimmt an, daß jedes Gen die Struktur eines bestimmten Genproduktes festlegt, gewöhnlich die eines Proteins („Ein-Gen-ein-Protein-Hypothese"). Das Interesse konzentrierte sich deshalb auf einzelne Gene; doch dem stand bis in jüngste Zeit entgegen, daß man sie nicht einzeln isolieren und untersuchen konnte. Ohne wirkungsvolle Anreicherungs- und Reinigungsverfahren blieb die Vorstellung von individuellen zellulären Genen ein reines Gedankenmodell: Aus genetischen Analysen ließ sich zwar auf ihr Vorhandensein schließen, aber materiell erschlossen sie sich nicht einer direkten biochemischen Untersuchung.

Bild 2: Ein Blick auf die Stirnseite einer DNA-Doppelhelix: Das Molekül sieht aus dieser Perspektive einer Kathedralen-Rosette nicht unähnlich. In dieser Graphik, die ebenfalls vom Computer Graphics Laboratory in San Francisco erstellt wurde, werden zehn aufeinanderfolgende Nucleotid-Paare auf eine Ebene projiziert; die zehnzählige Symmetrie ergibt sich daraus, daß bei der *B*-Form der DNA jeweils zehn Nucleotide eine Windung der Helix bilden. Die Atome des Zucker-Phosphat-Rückgrates sind wie in Bild 1 dargestellt: Kohlenstoff grün, Sauerstoff rot und Phosphor gelb. In der Mitte fehlen die Punkte, und nur das Grundgerüst der Basen, überwiegend aus Stickstoff (blau) und Kohlenstoff bestehend, ist sichtbar gemacht.

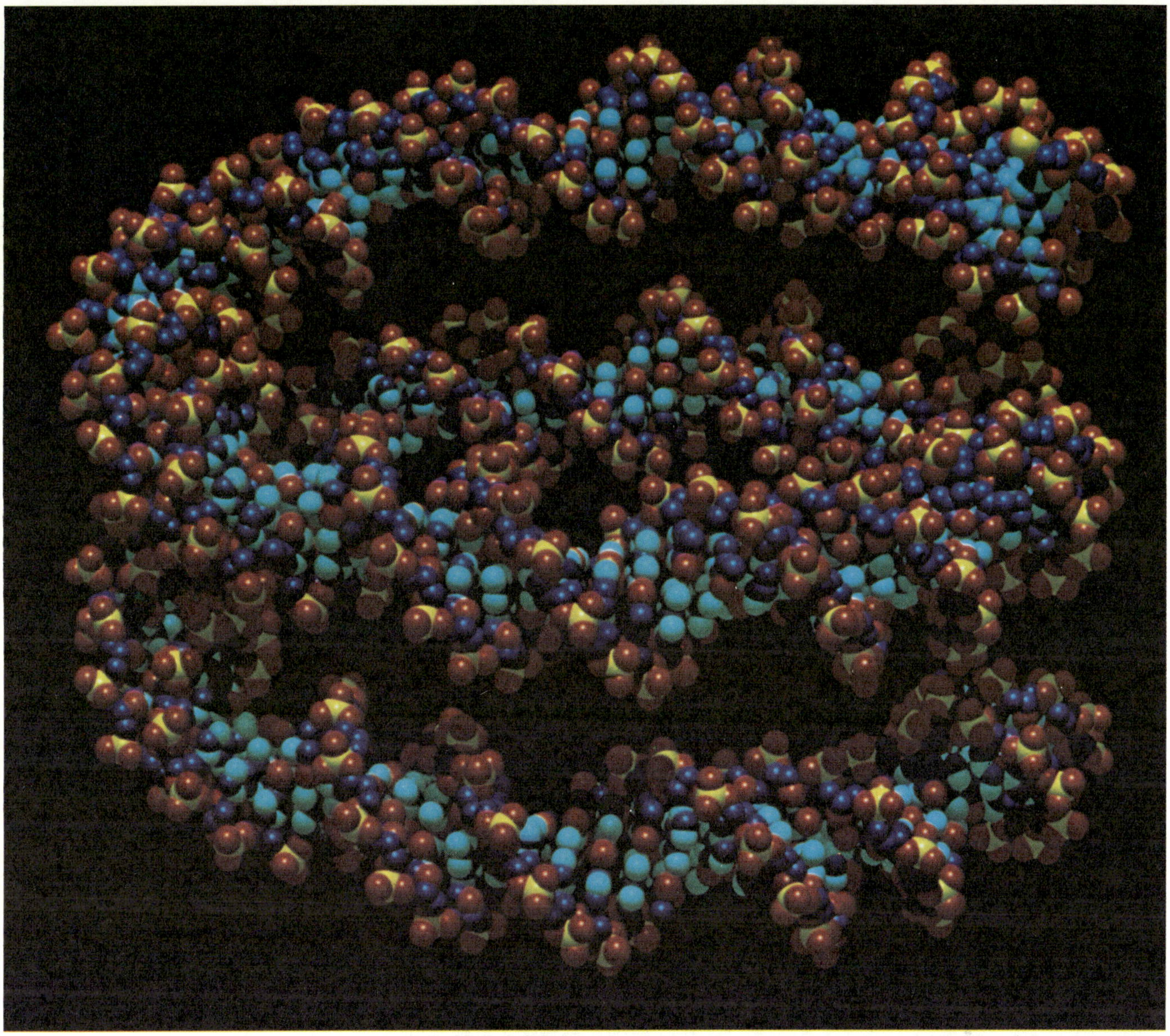

Bild 3: Diese Computergraphik von Nelson L. Max (Lawrence Livermore National Laboratory) zeigt eine DNA-Superhelix, in der die Achse der Doppelhelix selbst nochmals schraubig gewunden ist. Vermutlich liegt die DNA in dieser kompakteren Form in den Chromosomen des Zellkerns vor. Jeweils zwei superhelicale Windungen umrunden einen Komplex aus Histonproteinen, die hier nicht gezeigt werden. Das Modell stützt sich auf Koordinaten, die Joel L. Sussman und Edward N. Trifonov vom israelischen Weizmann Institute of Science in Rehovot bestimmt haben.

DNA-Sequenzanalysen

Ein erster Ausweg aus dieser verzwickten Lage zeigte sich in der Virusforschung. Verglichen mit der Erbmasse einer Zelle ist das virale Genom sehr klein; seine Gene gleichen jedoch denen der Zelle, die das Virus infiziert.

Die DNA eines sehr gut untersuchten Tiervirus, des für Affen pathogenen SV40, besteht aus nur 5243 Basenpaaren, in denen lediglich fünf Gene enthalten sind. Die Analyse eines einzelnen Gens wurde also nicht durch eine Unmenge nicht interessierender Sequenzen erschwert. Mehr noch: In einer infizierten Zelle entstehen mehrere hunderttausend Kopien des viralen Genoms, und sie lassen sich leicht von der zellulären DNA abtrennen.

Nachdem die virale DNA erst einmal isoliert war, ermöglichte ihr relativ einfacher Aufbau, detaillierten Fragen nach der Genstruktur, der Transkription und der weiteren Bearbeitung der mRNA (Prozessierung oder auch Reifung genannt) sowie der Synthese von Proteinen nachzugehen. Immer noch ungeklärt blieb zunächst die Feinstruktur und Basensequenz selbst des viralen Genoms. Seine wenig mehr als 5000 Basenpaare waren jedoch eine permanente Herausforderung für Biochemiker, die gelernt hatten, Polymere – also große Kettenmoleküle – durch schrittweises Abspalten jeweils eines Bausteins auseinanderzunehmen. Dann, Mitte der siebziger Jahre, wurden zwei revolutionäre Verfahren entwickelt, welche die Strukturanalyse der DNA radikal vereinfachten.

Das erste ergab sich aus der Entdekkung DNA-spaltender Enzyme, der sogenannten Restriktions-Endonucleasen. Diese aus Bakterien isolierten Enzyme spalten ein DNA-Molekül an ganz bestimmten, durch spezifische Sequenzen festgelegten Stellen, die hie und da entlang der Doppelhelix auftreten (Bild 7). *Eco*RI zum Beispiel, eine häufig benutzte Endonuclease, wird überall dort aktiv, wo sie auf die Basensequenz GAATTC trifft (Bild 8); *Sma*I spaltet bei CCCGGG, und so weiter. Diese Erkennungssequenzen treten mit einer gewissen statistischen Wahrscheinlichkeit in einem DNA-Abschnitt auf.

Die Restriktionsenzyme sind äußerst wichtige Werkzeuge der Experimentatoren geworden. Damit ist es nun möglich, auf dem ansonsten gleichförmig anmu-

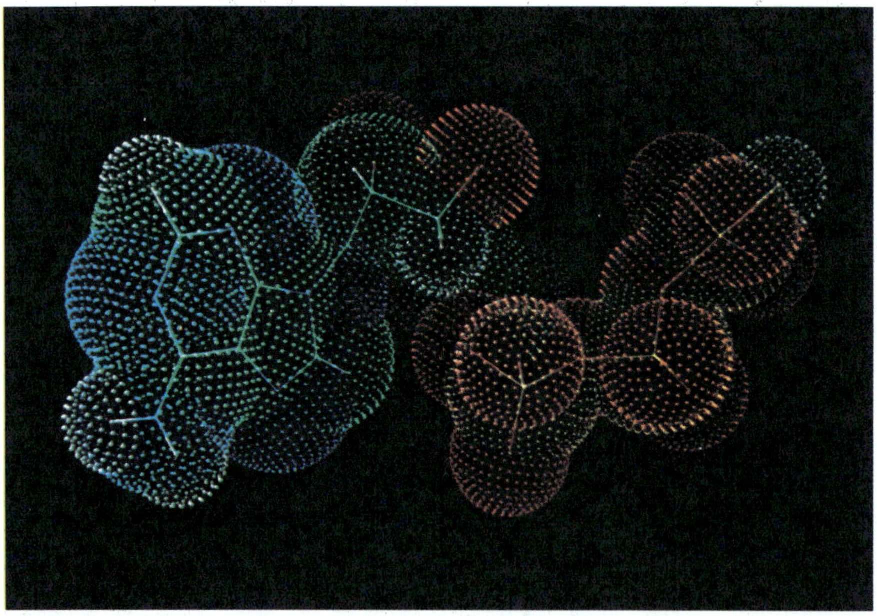

Bild 4: Adenosintriphosphat (ATP) ist die Energiewährung der Zelle. Es stellt die Energie für viele biochemische Reaktionen bereit, so auch bei der Polymerisation von DNA, RNA und Proteinen. ATP ist ein Nucleotid, das aus der Base Adenin (links), dem Zucker Ribose und drei Phosphatgruppen (rechts) besteht. Durch die Bindung des dritten Phosphatrestes an Adenosindiphosphat (ADP) – während der oxidativen „Verbrennung" von Nährstoffen oder, bei Pflanzen, während der Photosynthese – wird Energie im Molekül gespeichert; sie wird bei Spaltung der Phosphatbindung wieder frei. Die Linien stellen das Grundgerüst des Moleküls, die Punkte die äußeren Oberflächen der einzelnen Atome dar. Auch diese Graphik mit dem Farbcode der Bilder 1 und 2 wurde vom Computer Graphics Laboratory angefertigt.

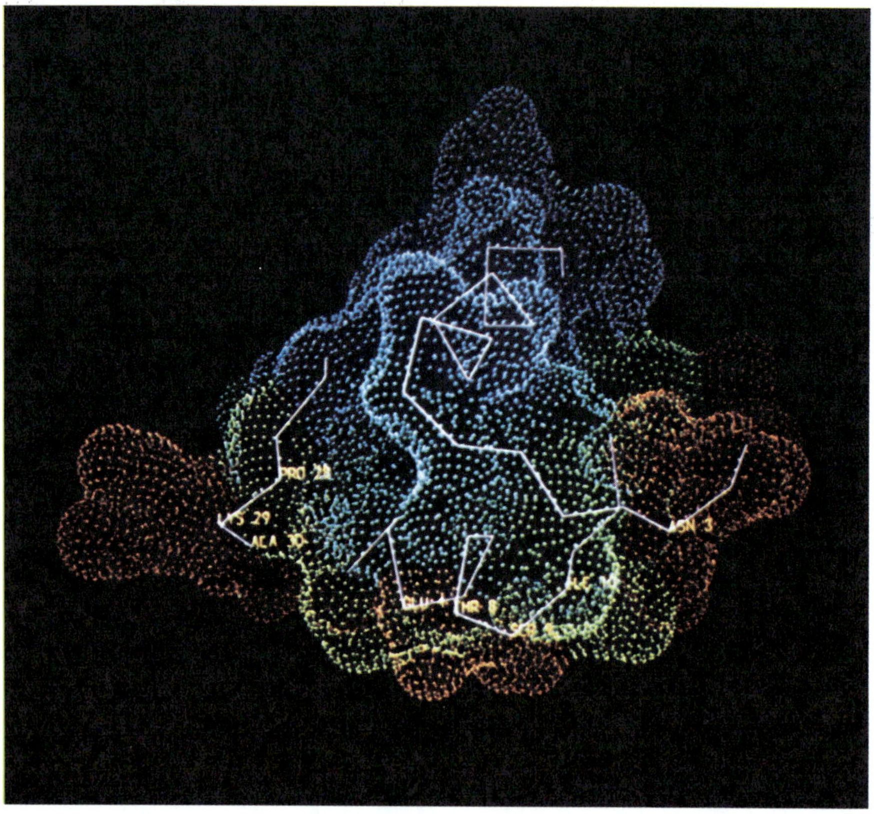

Bild 5: Diese Computergraphik zeigt ein Insulin-Molekül, ein Hormon, das eine wichtige Rolle im Zucker-Haushalt spielt. Sie wurde von Elizabeth D. Getzoff, J. A. Tainer und Arthur J. Olson am Forschungsinstitut der Scripps-Klinik erstellt; die Wissenschaftler benutzten dazu dieselben Programme wie für das Titelbild dieser Ausgabe. Insulin ist ein kleines Proteinhormon. Es besteht aus zwei kurzen Aminosäureketten, deren gefaltetes Rückgrat durch die weißen Linien angedeutet ist. Die gepunkteten Bereiche kennzeichnen die für Lösungsmittel zugängliche Oberfläche. Die Farben sollen hier die relative Mobilität der Atome verdeutlichen: Rot und orange sind solche Atome markiert, die in einem Insulinkristall am stärksten um ihre mittlere Position schwingen, Grün und Blau zeigen geringste Beweglichkeit an.

tenden Terrain des DNA-Moleküls nützliche Fixpunkte zu setzen: Ein sehr langes Molekül wird in einen charakteristischen Satz handlicher Stücke zerlegt, von denen jedes nur mehr einige hundert bis einige tausend Basen lang ist. Die Fragmente können der Größe nach mit der Gel-Elektrophorese getrennt und anschließend einzeln weiter untersucht werden.

Die andere methodische Revolution betraf die Sequenzanalyse. Mitte der siebziger Jahre wurden zwei Verfahren entwickelt, mit denen sich die Reihenfolge aller Basen in einem DNA-Restriktionsfragment direkt und in erstaunlich kurzer Zeit bestimmen ließ. Im Jahre 1978 gelang es auf diese Weise zum Beispiel, die Nucleotidsequenz des SV40-Genoms vollständig aufzuklären. Da der genetische Code bereits bekannt war, konnte man die Basensequenzen einiger DNA-Abschnitte in die entsprechenden Aminosäurensequenzen übersetzen – aus der DNA-Struktur des SV40 wurde also die Struktur von SV40-Proteinen abgeleitet.

Bis dahin hatte man die Struktur von Proteinen durch die quälend langsame biochemische Analyse individuell isolierter Proteine bestimmen müssen. Jetzt ließ sich in einem Bruchteil der Zeit dieselbe Aufgabe durch die rasche Sequenzierung der zugehörigen DNA lösen. Außer den Genom-Bereichen, die für Proteine codieren, entdeckte man zudem auf der SV40-DNA andere, die an der Steuerung der Gen-Expression und der DNA-Replikation (der DNA-Vermehrung) beteiligt sind.

Methodische Hilfsmittel aus der Natur selbst

Weiterer Fortschritt hing von Verfahren zur Isolierung einzelner zellulärer Gene ab. Hier brachten genetische Untersuchungen an Bakterien den erhofften Durchbruch, die Anfang der siebziger Jahre begonnen hatten. Die sich daraus entwickelnden Verfahren zur Gewinnung einzelner Gene nutzen die Ähnlichkeit der molekularen Organisation in allen Lebewesen, vom Bakterium bis zum Säugetier. Dies bedeutet nichts anderes, als daß bakterielle DNA und Säuger-DNA strukturell zusammenpassen; folglich können DNA-Stücke irgendeines Organismus mit der DNA eines anderen verschmolzen werden.

Die strukturelle Ähnlichkeit der DNA erstreckt sich auch auf viele Bakteriophagen (Viren, die Bakterien befallen) und Plasmide (kleine, ringförmig geschlossene DNA-Stücke, die neben den eigentlichen Bakterien-Chromosomen in der Bakterienzelle existieren).

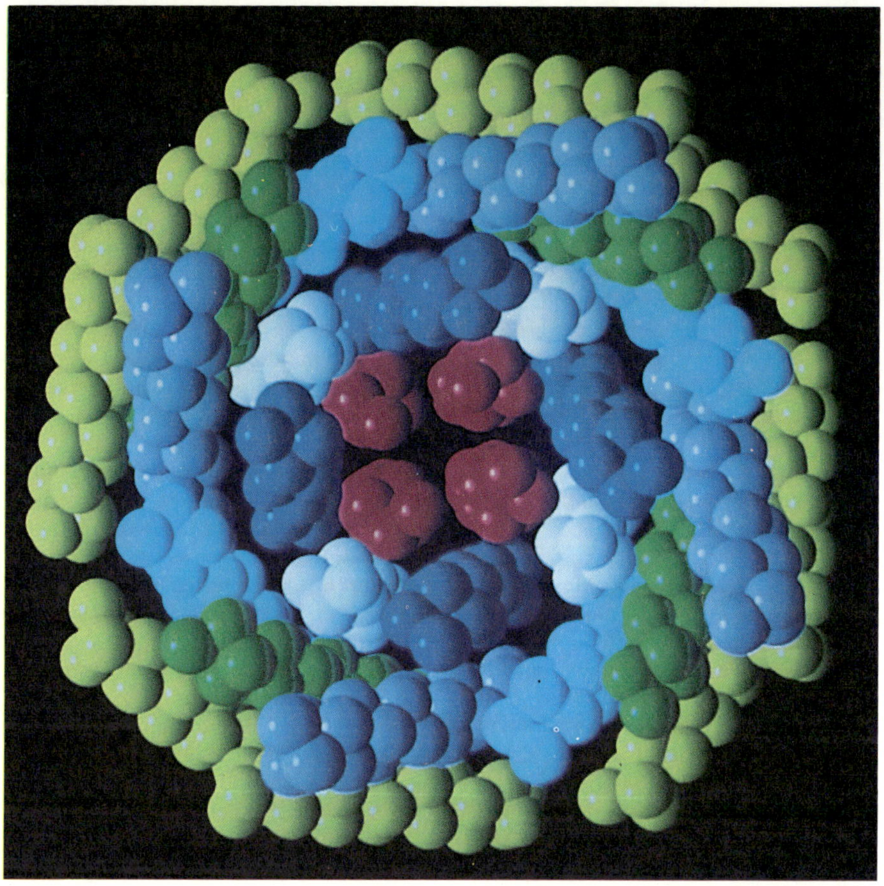

Bild 6: Dieses Modell eines Natrium-Kanals entwarf H. Robert Guy vom amerikanischen National Cancer Institute; die Computerdarstellung fertigte Richard J. Feldmann von den amerikanischen National Institutes of Health. Der Kanal, ein großes Protein, ist in die Membran von Nervenzellen eingebettet. Er ermöglicht den Einstrom von Natrium-Ionen. Dadurch entsteht das Aktionspotential, jenes Signal, das sich über die Nervenfaser fortpflanzt. Das Protein besteht aus vier homologen (gleichartigen) Untereinheiten, die ihrerseits wieder aus je acht verschiedenen Substrukturen zusammengesetzt sind. Gleichfarbige Gruppen von Kugeln stellen die vier homologen Versionen jeder Substruktur dar. Zwei der Substrukturen in jeder Untereinheit sind sich so ähnlich, daß sie dieselbe Farbe (Hellgrün) erhalten haben.

Phagen injizieren ihre DNA einem Bakterium und bringen es dazu, diese viele Male zu kopieren und jede Kopie in ebenfalls neugebildete virale Proteine einzuhüllen. Das Bakterium platzt schließlich und entläßt so die neue Phagengeneration, die weitere Wirtszellen zu infizieren sucht.

Plasmide sind noch einfacher gebaut. Sie leben in einer eher symbiotischen Beziehung mit der Bakterienzelle, in der sie sich vermehren. Sie können auch Gene tragen, die für die Wirtszelle von Vorteil sind, ihr zum Beispiel Resistenz gegen ein Antibiotikum verleihen. Umgekehrt erlaubt die Zelle der Plasmid-DNA, sich in begenztem Maße zu vermehren. So ist sichergestellt, daß auch die Tochterzellen nach einer Teilung des Bakteriums das Plasmid enthalten.

Einige Phagen- und Plasmid-DNAs sind wie die SV40-DNA ziemlich klein; sie sind aus einigen tausend bis 50 000 Basen aufgebaut. Diese recht handlichen Moleküle können mit einer Reihe erst in jüngster Zeit entwickelter Methoden manipuliert und neu zusammengesetzt werden. Sie lassen sich leicht isolieren, und zwar unbeschädigt und in großen Mengen, was sehr wichtig ist.

An zahlreichen definierten Stellen können auch diese Moleküle mit Restriktionsenzymen zerschnitten und die Bruchstücke entweder miteinander oder aber mit fremden DNA-Stücken gekoppelt werden. Auf diese Weise entsteht wieder das ursprüngliche oder ein sogenanntes Hybridmolekül. Die Wiedervereinigung der DNA-Stücke besorgen ebenfalls Bakterienenzyme; diese DNA-Ligasen erkennen das Ende eines DNA-Moleküls und verbinden es mit einem anderen, ohne daß eine Nahtstelle zurückbliebe.

Eine Hybrid-DNA, die aus einem Plasmid und fremdem genetischem Material – sagen wir von einem Säugetier – besteht, kann sich nach Einschleusung in ein Bakterium dort vermehren. Das Plasmid-Genom kann also als eine Art Vehikel (Vektor genannt) benutzt werden, um fremde DNA einem Bakterium unterzuschieben und sich darin vermehren zu lassen.

Ein Phagen-Vektor funktioniert ähnlich. Er dient aber auch dazu, fremde DNA von einem Bakterium auf ein anderes zu übertragen. Bei der Replikation der Vektor-DNA wird die unterschobene fremde DNA mit kopiert.

Klonierung von DNA-Stücken

Ich hatte schon angemerkt, wie wichtig das Klonieren von Genen für die neue Biologie geworden ist. Dieser Prozeß (Bild 9) beginnt mit der kompletten DNA eines Lebewesens, etwa der eines Säugetieres.

Diese DNA wird in Stücke zerschnitten, deren Größe sich nach dem Übertragungsvermögen des benutzten Vektors richtet; in der Regel werden es zwischen etwa 1000 und rund 30 000 Basen sein. Ein hochentwickeltes Genom, zum Beispiel das menschliche, kann in einige hunderttausend DNA-Bruchstücke gespalten und jedes einzelne in ein Vektormolekül eingebaut werden. Dazu muß aber nicht ein geduldiger Assistent mühsam Molkeül um Molekül fusionieren; vielmehr werden Millionen der einzubauenden Fragmente mit Millionen Vektormolekülen gemischt, und nach Zugabe von DNA-Ligase läuft die Synthese binnen Minuten ab. Ist das Sortiment von Hybridmolekülen groß genug, kann man sicher sein, daß das gewünschte Gen in irgendeinem der Fragmente steckt, die an die Vektormoleküle gekoppelt sind.

Als nächstes werden die Hybridmoleküle in Bakterienzellen eingeschleust, die sie viele Male kopieren. Jedes dieser Moleküle bildet so eine eigene Population von Tochtermolekülen, die mit dem ursprünglichen identisch sind. Eine solche Population bezeichnet man als Klon – mit jenem Begriff, der ursprünglich für eine Population identischer Zellen stand, die durch Teilung aus einer gemeinsamen Ursprungszelle hervorgegangen sind.

Der Begriff Klon wird heute aber auch in engerem Sinne gebraucht. Gemeint sind damit speziell die kleinen Fremd-DNA-Stücke in der Hybridmolekül-Population. Neben Millionen anderer DNA-Abschnitte vergleichbarer Größe und Komplexität war ein jedes dieser Einschlußstücke ursprünglich Bestandteil eines hochentwickelten Genoms. Nach Abschluß des eben beschriebenen Verfahrens ist dasselbe Stück innerhalb einer bestimmten Klonpopulation in reiner Form vorhanden, verunreinigt lediglich durch die es tragende Vektor-DNA. Das Stück wurde also aus seiner früheren Umgebung isoliert und gezielt vermehrt

– man sagt, es wurde kloniert, weshalb die gereinigte DNA selbst oft als Klon bezeichnet wird.

Recherche in der Klon-Bibliothek

Zum Klonieren gehört noch ein weiterer Schritt, der im allgemeinen der kritischste ist. Mit der Vermehrung der gesamten Hybridmoleküle sind Hunderttausende verschiedener Klonpopulationen entstanden. Wurden die Hybriden anfangs ausreichend verdünnt, so hat jede Bakterienzelle höchstens ein solches Molekül aufgenommen und vermehrt. Damit ist jede Population von solchen mit anderer Fremd-DNA räumlich getrennt. Für den Experimentator stellt sich nun gleichwohl das Problem, aus der ganzen Reihe unterschiedlicher Klonpopulationen (einer sogenannten Klon-Bibliothek) diejenige oder diejenigen herauszufinden, die ihn interessieren.

Hat man früher schon einmal ein verwandtes Gen oder DNA-Stück kloniert, dann ist die Identifizierung einfach. Diese DNA wird radioaktiv markiert und als Sonde verwandt. Da annähernd komplementäre DNA-Stränge durch Basenpaarung miteinander hybridisieren können, bindet sich die markierte DNA unter geeigneten Bedingungen bevorzugt an den gesuchten Klon.

Am interessantesten jedoch ist es, solche Gene zu identifizieren, von denen man nicht einmal ein verwandtes Gen kloniert hat. Um dieses Problem anzugehen, wurden zahlreiche fein durchdachte Strategien entwickelt. Allen gemeinsam ist das Ziel, eine spezifische Sonde herzustellen, um damit die Klon-Bibliothek zu durchmustern und die interessierenden Klone zu identifizieren.

So läßt sich der Umstand nutzen, daß einige Gene in spezialisierten Zellen besonders aktiv sind: Die Proteine, für die sie codieren, werden in großen Mengen hergestellt. In den Vorstufen der roten Blutkörperchen zum Beispiel wird wesentlich mehr Globin (der Proteinteil des Hämoglobins) als jedes andere Protein synthetisiert. Folglich ist auch die mRNA, die seine Synthese bewirkt, reichlich vorhanden. Sie läßt sich relativ einfach von den anderen mRNAs der Zelle abtrennen. Sie selbst oder eine DNA-Kopie davon dient dann als Sonde, die mit der korrespondierenden Sequenz in einer Gen-Bibliothek hybridisiert. Verfeinerte Versionen dieses Verfahrens erlauben es, eine bestimmte mRNA selektiv aus der Unmenge Tausender anderer mRNA-Moleküle in der Zelle zu isolieren.

Oft wird jedoch ein Gen gesucht, dessen Protein nur in kleinen Mengen vorkommt. Seine mRNA ist deshalb schwer zu isolieren. In diesen Fällen reinigt man kleine Mengen des Proteins und bestimmt die Aminosäurensequenz nur für einen kleinen Abschnitt des Moleküls. Nach dem genetischen Code läßt sich die Aminosäurensequenz in Basensequenzen rückübersetzen. Da für eine Aminosäure mehrere gleichberechtigte „Codewörter" existieren können, erhält man nicht nur eine, sondern mehrere mögliche Basensequenzen für den entsprechenden Teil des gesuchten Gens. Nun kann man einen entsprechenden Satz kurzer DNA-Stücke chemisch zusammenbauen. Die Nucleotid-Bausteine dazu sind längst marktübliche Produkte. Diese von Menschenhand gefertigten Gen-Fragmente dienen dann als Sonde für den gewünschten Klon.

Ein anderes Verfahren geht von Antikörpern gegen das Protein aus, dessen Gen kloniert werden soll. Nach Infektion mit einem Phagen, der das gewünschte Gen überträgt, synthetisieren Bakterien geringe Mengen des davon codierten Proteins. Also können die Bakterienkolonien mit einem geeigneten Antikörper gegen das Protein durchmustert werden. Durch seine Bindung an das Protein verrät er die Kolonie mit dem gesuchten Phagen-Klon.

Mit diesen und ähnlichen Verfahren stehen heute die methodischen Möglichkeiten bereit, praktisch jedes Gen zu klonieren, dessen Proteinprodukt bekannt und wenigstens in kleinen Mengen zu isolieren ist. Bei Bedarf kann etwa jedes der vielen hundert Gene isoliert werden, die für die von Biochemikern untersuchten Enzyme codieren. Die Gene für die wichtigen Strukturproteine der Zelle, einschließlich derjenigen, die die zelluläre Architektur festlegen, sind bereits kloniert. Auch andere Gene für interzelluläre Botenstoffe wie Insulin (Bild 5), Interferon, die Interleukine und eine Reihe von Wachstumsfaktoren wurden isoliert.

Derzeit werden schon Gene schneller kloniert und ihre Sequenzen rascher bestimmt, als man die gewonnenen Einzelinformationen im Sinnzusammenhang interpretieren kann. Die meisten Sequenzen werden in Datenbanken abgespeichert, in der Hoffnung, daß künftige Generationen von Biologen – unterstützt vielleicht durch wieder neue analytische Verfahren – dieses Material vollends ausdeuten werden.

Die Gene bekannter Proteine machen jedoch nur einen kleinen Teil der Erbmasse eines höheren Organismus aus. Die meisten anderen werden wohl ebenfalls für Proteine codieren, doch gibt es im Augenblick nur indirekte Hinweise auf ihre Existenz aufgrund ihrer Auswirkungen auf Struktur und Funktion von Zellen und Organismen. Einige dieser Gene sind für biochemische Umsetzungen in der Zelle verantwortlich, andere steuern komplexe form- und gestaltgebende Prozesse während der Embryo-

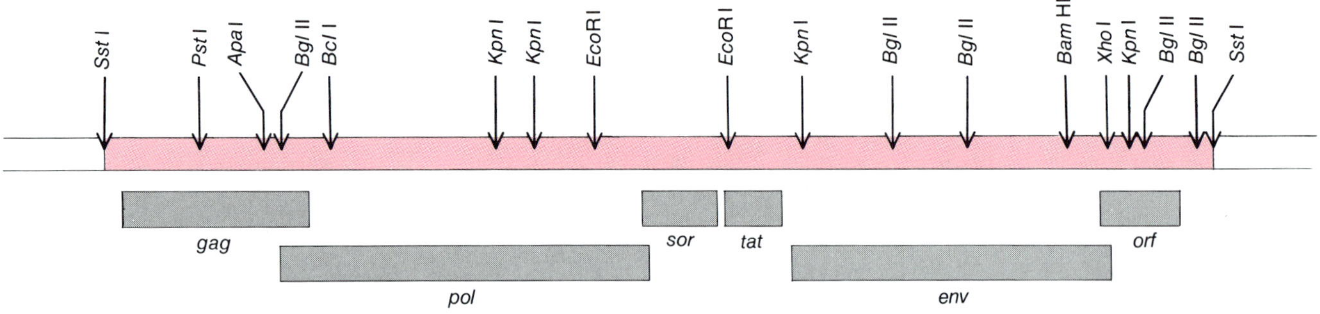

Bild 7: Das Genom des Virus HTLV-III, des Aids-Erregers, haben Mitarbeiter von Robert C. Gallo am amerikanischen National Cancer Institute mit Restriktionsenzymen gespalten, um eine Restriktionskarte zu erstellen. Dies ist die wichtigste molekularbiologische Methode, mit der sich die Organisation eines DNA-Stückes erkennen läßt. Hierzu wird die DNA mit einer Restriktions-Endonuclease an ganz bestimmten Stellen zerschnitten. Die Größe der Fragmente erschließt man aus der Strecke, die sie in einem Elektrophorese-Gel wandern; sie lassen sich klonieren und in ihrer Sequenz bestimmen. Durch die Behandlung eines Genoms mit verschiedenen Restriktionsenzymen erhält man weitere Markierungspunkte. Diese relativ einfache Karte des HTLV-III zeigt die Spaltstellen einiger Restriktionsenzyme (oben) und die Anordnung der einzelnen Gene (unten). Zum Beispiel wird das Oberflächenantigen des Virus durch das *env*-Gen (für englisch *envelope*) codiert, das Enzym, das von der Virus-RNA DNA-Kopien herstellt (die Reverse Transkriptase), durch das *pol*-Gen (für Polymerase). Die DNA ist insgesamt rund 9300 Basen lang.

nalentwicklung, wieder andere bestimmen wohl Verhaltensmuster eines Lebewesens. Solche Gene bleiben schwer faßbar; die Mittel, sie in einer Gen-Bibliothek aufzuspüren, sind begrenzt.

Ansätze der Biotechnologie

Das Herauslösen von Genen aus einem Genom und ihre Einordnung in Gen-Bibliotheken ermöglicht freilich mehr als lediglich eine detaillierte Beschreibung von DNA- und Proteinstruktur. Nach gelungener Klonierung kann ein Gen auch in eine fremde Zelle eingebaut und zur Expression gebracht werden. Diese Zelle produziert dann das Protein, für das dieses Gen codiert.

Um die Expression des Gens zu erreichen, muß man es von dem Vektor, in dem es kloniert wurde, abtrennen und einigen entscheidenden Veränderungen unterziehen. Ein Säugetier-Gen enthält nämlich Steuersequenzen, die zwar in seiner Heimatzelle die Transkription in mRNA auslösen, nicht jedoch in einer Bakterienzelle. Sie müssen also durch die entsprechenden bakteriellen Steuersequenzen ersetzt werden.

Das modifizierte Gen wird dann in einen speziellen Vektor, einen Expressionsvektor, eingebaut. Das ist ein Plasmid, das die Expression des Gens in der fremden Umgebung erleichtern soll. Das Säugetier-Gen (oder ein entsprechend behandeltes Pflanzen-Gen) wird samt seinen bakteriellen Steuersequenzen schließlich einer ausgewählten Wirtszelle eingefügt, in der Regel einer Bakterien- oder Hefezelle.

Mit dieser Methode kann man auch ein Protein, das natürlicherweise nur in begrenztem Umfang synthetisiert wird, in großen Mengen herstellen. Man muß dazu sein Gen auf eine extrem hohe Expression in Bakterien oder Hefen zurechtschneidern. Großtechnisch bietet dieses Verfahren enorme wirtschaftliche Vorteile. Es wurde daher zur Grundlage der biotechnologischen Industrie.

Mikroorganismen, die klonierte Gene enthalten, lassen sich in speziellen Reaktoren – sogenannten Fermentern – ziemlich billig in Massen züchten; entsprechend steigt die Menge der jeweiligen Proteine. Zu den Stoffen, die bereits biotechnologisch erzeugt werden oder deren Herstellung erwogen wird, gehören Insulin, Interferon (zur Bekämpfung von Infektionen und möglicherweise zur Minderung des Wachstums von Tumoren), Urokinase und der Plasminogen-Aktivator (zum Auflösen von Blutgerinnseln), Rennin (auch Chymosin genannt, das Lab-Enzym zur Herstellung von Käse aus Milch), der Tumornekrose-Faktor (vielleicht ein Mittel zur Krebstherapie), das Enzym Cellulase (zur Erzeugung von Zucker aus pflanzlicher Cellulose) und viele virale Peptid-Antigene, von denen man sich neuartige und ungefährliche Impfstoffe verspricht.

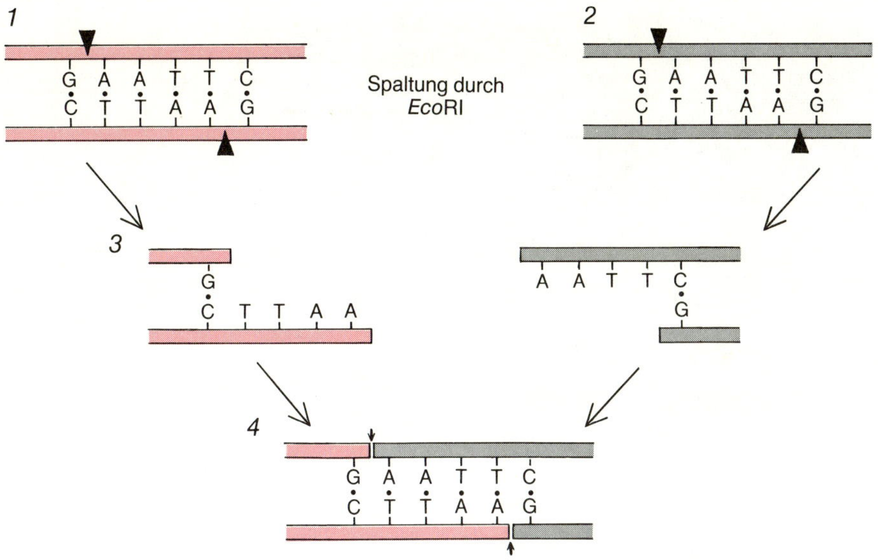

Bild 8: Das Klonieren wird durch sogenannte klebrige Enden erleichtert, die manche Restriktionsenzyme erzeugen. So macht das Enzym *Eco*RI an der Sequenz GAATTC einen Stufenschnitt. Werden genomische DNA (1) und Vektor-DNA (2) mit *Eco*RI behandelt, entstehen Fragmente mit einzelsträngigen Enden (3). Werden die Teilstücke gemischt, bilden sich zwischen den komplementären Basen Wasserstoffbrücken aus (schwarze Punkte), die Genom- und Vektor-DNA (die DNA, die als „Gen-Fähre" für die Genom-DNA fungiert) reversibel miteinander verbinden (4). Das Enzym DNA-Ligase verschließt diese Nahtstelle wieder (Pfeile).

Bei einem etwas abgewandelten Verfahren werden Säuger-Gene ebenfalls zunächst in Bakterien kloniert, dann aber statt in Mikroorganismen in Säugetierzellen eingeführt, die in Kultur gehalten werden. Säugetierzellen lassen sich zwar nicht wirtschaftlich in derartigen Massen züchten wie Bakterien oder Hefen. Sie haben jedoch den Vorteil, daß sie die Proteine geringfügig – aber entscheidend – modifizieren können. Zum Beispiel üben gewisse Säuger-Proteine ihre Funktion besser aus, wenn an ihr Aminosäurenskelett Zucker- oder Fett-Seitenketten angehängt werden. Dies tun Säugetierzellen regelmäßig, Bakterien hingegen nie.

Genetische Manipulationen von Pflanzen und Tieren

Klonierte Gene kann man mittlerweile auch schon in das Genom einer intakten vielzelligen Pflanze oder eines Tieres einbauen. Damit bezweckt man freilich etwas ganz anderes als mit der genchirurgischen Veränderung von Einzellern oder Kulturzellen: Bei Pflanzen und Tieren will man Eigenschaften wie Wachstumsrate, Widerstandsfähigkeit gegen Krankheiten oder die Anpassung an neue Umgebungen beeinflussen.

Die Übertragung von Genen auf einen vielzelligen Organismus stellt sehr viel höhere und andere Anforderungen als die biotechnologische Manipulation eines Mikroorganismus in Kultur. Beim Einschleusen von Genen in Körperzellen kann man nur das Verhalten jener wenigen Zellen einer Pflanze oder eines Tieres ändern, die das Gen erhalten haben. Es liegt aber auf der Hand, daß man weitaus mehr daran interessiert ist, die Veränderung dem gesamten Organismus und seinen Nachkommen aufzuprägen. Dazu muß das klonierte Gen spezifisch in die Zellen der Keimbahn (Samen- und Eizellen) eingebaut werden, da nur sie die genetische Information von einer auf die nächste und somit auf jede weitere Generation übertragen.

Es sind heute tatsächlich Verfahren bekannt, derartige Eingriffe an Keimzellen von Säugetieren, Fliegen und einigen Pflanzen vorzunehmen. Entweder injiziert man das klonierte Gen dem Embryo direkt in einem ganz frühen Stadium, oder man benutzt dazu einen viralen Vektor. Auch auf diesem Wege erhalten nicht alle Zellen des entstehenden Tieres (oder der Pflanze) das unterschobene Gen; man kann jetzt aber hoffen, daß auch einige Keimzellen darunter sind. In diesem Falle werden wenigstens einige der Nachkommen das fragliche Gen zusammen mit anderen elterlichen Genen erben, so daß alle Zellen ihres Körpers es enthalten und dieses Gen, nachdem es einmal in die Keimbahn eingefügt worden ist, an alle ihre Abkömmlinge weitergegeben wird. Hingegen stoßen Keimbahn-Manipulationen noch immer an Grenzen, die vielleicht nie zu überwinden sind. Es ist zum Beispiel nicht möglich, die fremde DNA so zu steuern, daß sie sich an einer bestimmten Stelle eines bestimmten Chromosoms einfügt: Der Ort der Integration ist rein zufällig. Mit diesen Techniken läßt sich auch kein Gen austauschen, vielmehr wird dem vorhandenen Genom nur noch ein Stückchen DNA hinzugefügt. Zudem arbeiten fremde Gene oft nicht so zuverlässig wie die eigenen des Organismus, die im Laufe seiner Entwicklung zu den richtigen Zeiten an- und auch wieder abgeschaltet werden.

Gleichwohl sind wirkungsvolle Eingriffe in die Keimbahn möglich. So wurden bereits Mäuse geschaffen, die Gene für zusätzliches Wachstumshormon enthalten und vererben: Riesenmäuse, die anderthalbmal so groß wie normale Mäuse werden. Vieh mit veränderten Wachstumseigenschaften wird bald folgen. Fliegen wurden mit einem ganzen Sortiment fremder Gene versehen; sie lieferten neue Erkenntnisse über die molekularen Vorgänge während der Embryonalentwicklung – zumindest bei Fliegen. Ein anderes Beispiel sind Pflanzen mit Genen, die Resistenz gegen Herbizide verleihen.

Die Möglichkeiten, Merkmale ganzer Organismen zu verändern, werden sich mit der Verbesserung der Techniken zur Gen-Insertion und mit der Klonierung weiterer Gene noch enorm erweitern. Der Molekularbiologe der Zukunft wird Lebewesen nicht mehr als bisherige Endprodukte der Evolution ansehen, sondern statt dessen selber aktiv in den Wandel der Organismen eingreifen.

Das Leben: Molekularmechanik?

Für den Experimentalbiologen sind Klonierung und die damit zusammenhängenden Verfahren (Bild 10) außerordentlich wichtig geworden und werden auch weiterhin bedeutsam bleiben. Diese Technik ermöglicht die Analyse eines biologischen Systems auf drei Ebenen.

Zunächst einmal können die für eine bestimmte Frage relevanten Gene isoliert und sequenziert sowie Funktion und Steuerung dieser DNA geklärt werden.

Zum zweiten läßt sich die nach dem Klonieren der DNA von ihr transkribierte RNA zu Untersuchungszwecken in großen Mengen herstellen. Sie vermag in vieler Hinsicht die Expression zu verändern. Ihre Struktur und ihre Prozessierung sind für ein vollständiges Verständnis der Gen-Funktion grundlegend.

Drittens ist da die Analyse des codierten Proteins – sie bringt vielleicht die

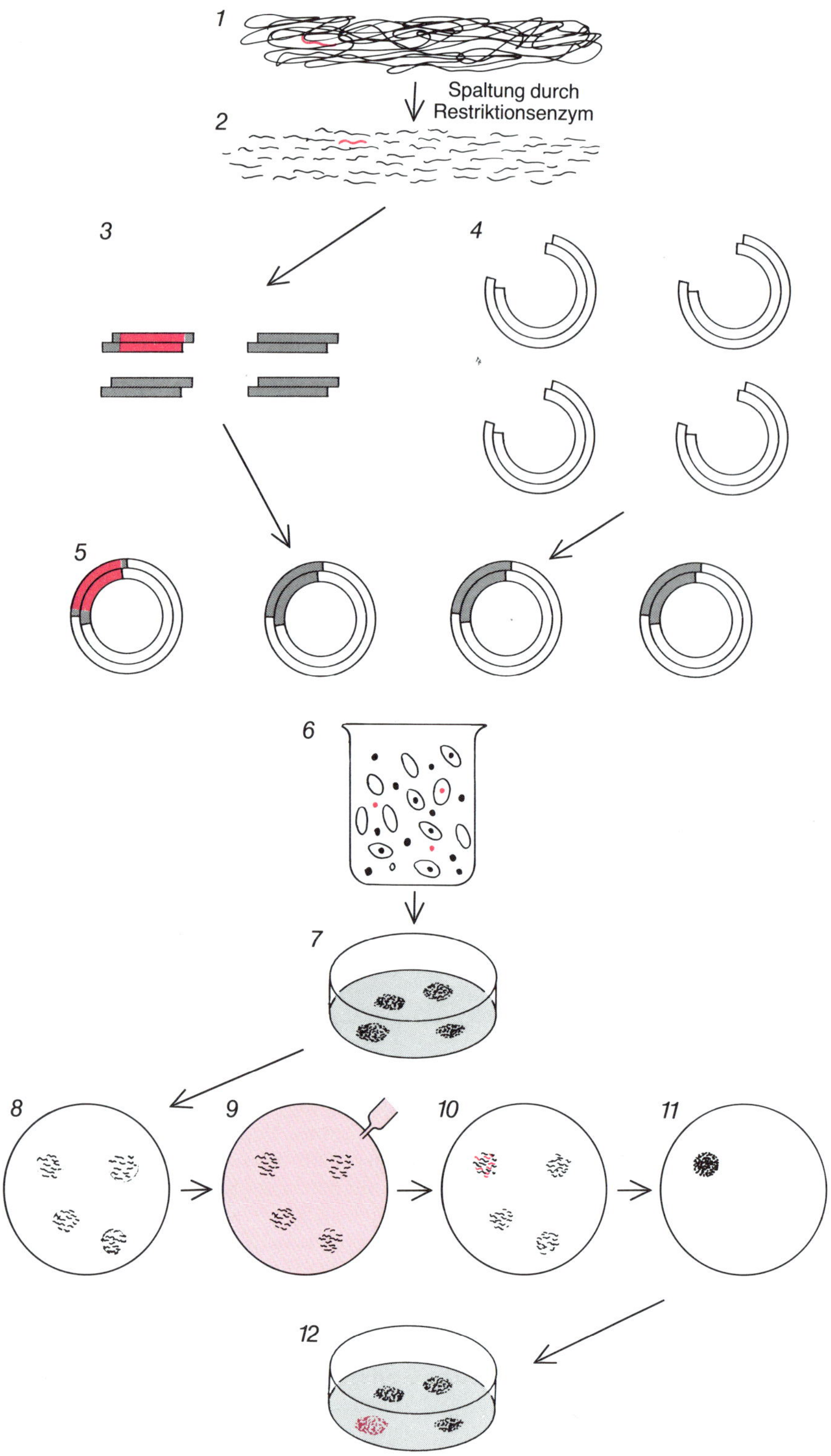

Bild 9: Das Klonieren eines Gens, hier in einer möglichen Version schematisch dargestellt, ist das A und O zur Herstellung rekombinierter DNA. Die DNA eines Säuger-Genoms (1) wird mit einem Restriktionsenzym in Fragmente von brauchbarer Basenzahl gespalten, wobei mit einer gewissen Wahrscheinlichkeit einige der entstehenden Teilstücke (2, 3) das interessierende Gen (farbig) enthalten. Mit demselben Enzym werden auch viele Moleküle eines Plasmid-Vektors gespalten (4), die Plasmid- und Genom-Fragmente dann miteinander vermischt und durch DNA-Ligase verbunden(5). Die rekombinierten Plasmide werden in Bakterien eingeschleust (6) und diese so dünn auf Kulturplatten aufgetragen, daß jede entstehende Kolonie (7) ein reiner Klon ist, dessen Individuen alle von einer einzigen Zelle abstammen. Einige Klone werden ein rekombiniertes Plasmid mit dem interessierenden Gen enthalten. Sie lassen sich einfach identifizieren, wenn die Boten-RNA (mRNA) des Gens bekannt ist und daher als Sonde dienen kann. Zunächst legt man ein rundes Filterpapier auf die Schale, an dem von jeder Kolonie einige Zellen hängenbleiben. Die Zellen werden aufgebrochen, um die DNA freizulegen (8). Dann gibt man die radioaktiv markierte RNA-Sonde zu (9), die sich nur an die gesuchte DNA anlagert. Nicht gebundende RNA läßt sich danach auswaschen (10). Bedeckt man jetzt das Filterpapier mit einer lichtempfindlichen Emulsion, entsteht durch die radioaktive Sonde ein schwarzer Fleck (11), der den gesuchten Klon verrät (12).

wertvollsten Ergebnisse. Wie bewerkstelligen es verschiedene Proteine, unzählige Reaktionen in einer Zelle auszulösen? Proteine, die früher nur in äußerst geringen Mengen zu Untersuchungszwecken zu gewinnen waren, können heute nach dem Klonieren ihres Gens in großen Mengen mit hohem Reinheitsgrad hergestellt werden. Generell gilt dies für praktisch alle Makromoleküle eines biologischen Systems.

Ebenso bedeutsam wie die Untersuchung der natürlichen Strukturen und Prozesse ist die Möglichkeit, biologische Systeme aus dem Gleichgewicht zu bringen. Gene und die von ihnen codierten Proteine können so umkonstruiert werden, daß sie neue Funktionen übernehmen. Die Wechselbeziehungen zwischen den Komponenten des Systems können so verändert werden, daß es ein neues und oftmals klarer zu durchschauendes Verhalten zeigt.

Die Methode, Gene planvoll umzukonstruieren, ist die sogenannte gezielte Mutagenese. Zum Beispiel wird in der Mitte eines klonierten Gens durch Restriktionsenzyme ein Stück DNA ausgeschnitten und durch ein anderes ersetzt. Oder es werden chemisch synthetisierte DNA-Stücke in ein Gen eingefügt, und zwar entweder als Ersatz oder als Zusatz zu einer bestehenden Sequenz. Bei absichtlichen Punktmutationen werden gar einzelne Nucleotide ausgetauscht; dies ist die subtilste Modifikation eines Gens. Veränderungen, die sich während Hunderten von Jahrmillionen natürlicher Evolution in einem Gen angesammelt haben, kann der Mensch heute im Laufe weniger Wochen durch Manipulationen im Labor nachmachen, wieder aufheben oder sogar übertreffen.

Werden derart modifizierte Gene in ihr angestammtes System zurückgebracht, kann zum Beispiel aus einem Enzym mit niedriger Affinität zu einem Substrat nun ein Enzym werden, das dieses Substrat blitzartig umsetzt oder eine Affinität für gänzlich andere Verbindungen hat. Ein Protein, das normalerweise in ein bestimmtes Zellkompartiment transportiert wird, kann nun an andere Stellen der Zelle umgeleitet werden. Ein Gen, dessen Expression normalerweise durch eine bestimmte Substanz angeregt wird, kann auf ein völlig neues Signal reagieren.

Kurzum, durch Veränderung von Genen, die ein biologisches System steuern, kann der Molekularbiologe die üblichen Beziehungen zwischen den einzelnen Bestandteilen derart abwandeln, daß schließlich zu erkennen ist, wie das System normal arbeitet und funktioniert. Für viele Biologen wird in Zukunft ein lebendes System wohl lediglich ein Ensemble genau bestimmter mechanischer Teile sein, die unter Anleitung eines Molekularmechanikers auseinandergenommen, bearbeitet und wieder zusammengesetzt werden können.

Es ist allerdings noch keineswegs klar, ob das Reduzieren komplexer Systeme auf kleine und einfache Bausteine – selbst ins Extrem getrieben – adäquate Einsichten erlaubt, um die fundamentale Frage zu beantworten, mit der sich die Biologen heute konfrontiert sehen: Wie kann das Funktionieren eines komplexen Organismus beschrieben und erklärt werden?

Läßt sich etwa das Leben eines Säugetiers einfach als Summe einer großen Zahl von Teilsystemen verstehen, von denen jedes durch ein jeweils anderes, aber genau definiertes Gen gesteuert

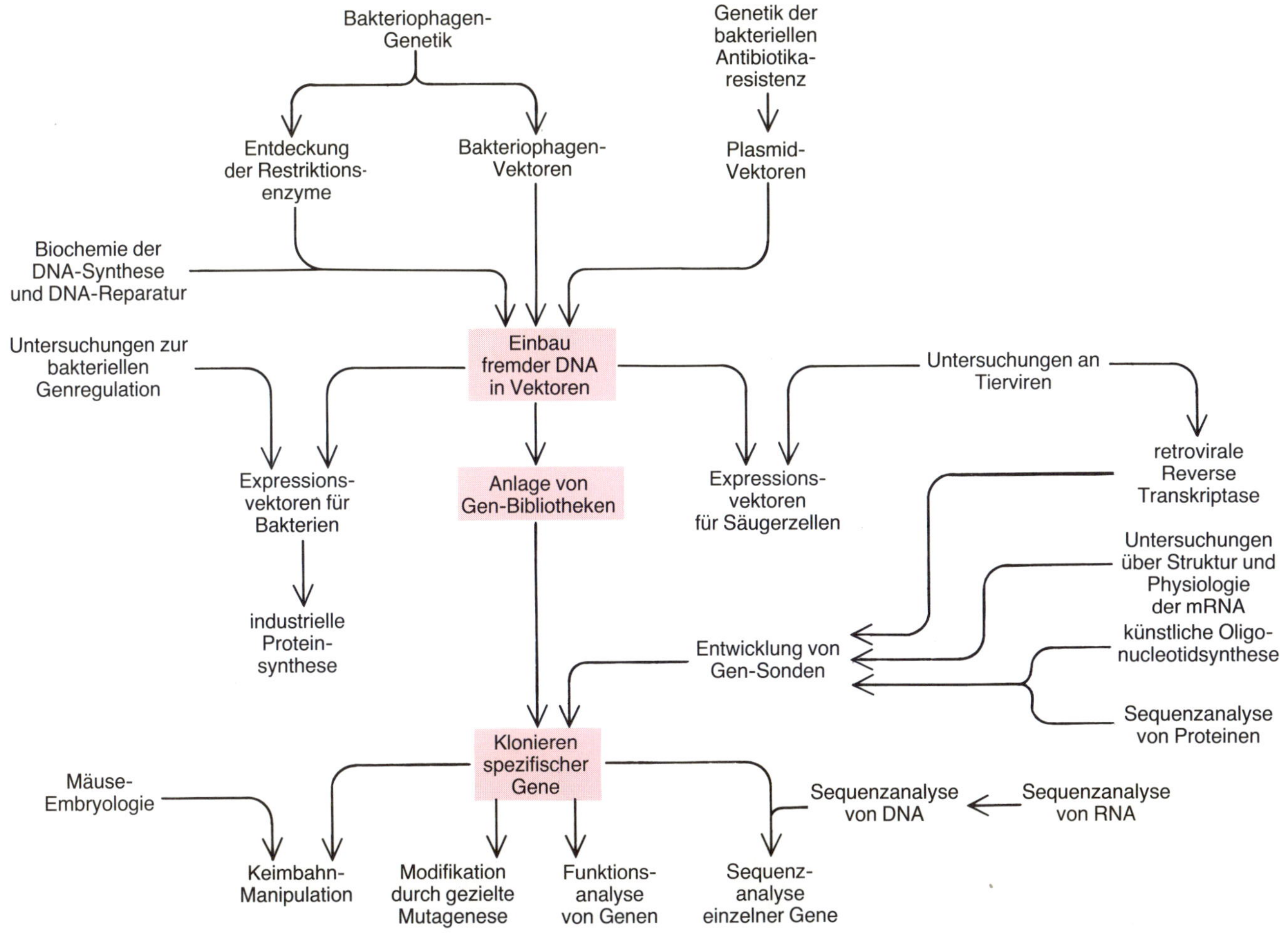

Bild 10: Dieses Flußdiagramm veranschaulicht die Entwicklungsschritte der modernen DNA-Rekombinationstechnologie. Eine Vielzahl unterschiedlichster Untersuchungen und Entdeckungen war die Voraussetzung neuer Arbeitstechniken, die ihrerseits weitere Möglichkeiten und damit neue Forschungsgebiete eröffneten. Erleichtert wurde der Fortschritt immer wieder durch die Entwicklung neuer Geräte und Verfahren.

wird? Doch wohl nicht. Realistischer ist da schon die Annahme, daß Gene, Gen-Produkte und spezialisierte Zellen durch Wechselwirkungen miteinander vernetzt sind und daß erst diese Beziehungen viele Aspekte des Funktionierens eines Organismus erklären.

Ein Gen ist nicht isoliert entstanden, sondern im ständigen Wechselspiel mit anderen Genen über eine lange evolutionäre Zeitspanne. Die meisten Molekularbiologen geben gerne zu, daß sie noch keine umfassenden Vorstellungen davon haben, wie komplexe biologische Systeme oder Prozesse mit einer Vielzahl interagierender Komponenten als Ganzes funktionieren; es gibt zum Beispiel kein befriedigendes Modell der Embryonalentwicklung.

Evolution des Unvollkommenen

Das Klonieren von Genen hat ebenfalls zur Erhellung eines besonderen Bereichs der Biologie beigetragen: der Evolutionsgeschichte. Der Mensch, der in seiner heutigen Form erst seit einigen hunderttausend Jahren existiert, vermag nun immer rascher und genauer etliche jener Vorgänge zu enträtseln, mit denen die Evolution vor mehr als zwei Milliarden Jahren begann, die Lebensformen zu gestalten, die heute die Erde bevölkern.

Wie Schritt um Schritt das erste zelluläre Leben entstehen konnte, wird wahrscheinlich niemals genau herauszubekommen sein. Aber viele der dann folgenden Veränderungen sind noch in der DNA heute lebender Organismen aufgezeichnet und können mittels Klonierung und Sequenzanalyse an den Genen abgelesen werden. Der Verwandtheitsgrad verschiedener Lebewesen ist mit recht großer Genauigkeit aus der Analyse ihrer DNA zu erkennen. Computerprogramme wurden dafür ausgeklügelt, um durch Sequenzvergleich die Bestimmung entwicklungsgeschichtlicher Zusammenhänge zu erleichtern.

Wir können den Stammbaum des Lebens deswegen nachzeichnen, weil gewisse Ur-Sequenzen über lange evolutionäre Zeiträume hinweg erstaunlich intakt erhalten geblieben sind. Dieser Umstand ist noch aus einem anderen Grund für den Molekularbiologen von großem praktischem Nutzen: Manchmal sind Gene in einem bestimmten Organismus nur schwer zugänglich; die damit zusammenhängenden Fragen lassen sich aber oft an einem anderen, leichter handhabbaren Organismus klären.

Nehmen wir als Beispiel gewisse Onkogene (Krebsgene), deren Funktion nur mit großen Schwierigkeiten an menschlichen Krebszellen ermittelt werden kann. Nahe verwandte Gene wurden auch in der DNA von Hefezellen gefunden.

Das ist an sich schon erstaunlich genug. Dieser Befund zeigt nämlich, daß diese Gene schon lange vor dem Auftreten vielzelliger Organismen eine wichtige Rolle in der normalen zellulären Physiologie gespielt haben.

Der verhältnismäßig einfache Aufbau einer Hefezelle und die eleganten Methoden, mit denen sie bearbeitet werden kann, ermöglichen aber auch Experimente, die weit über das hinausgehen, was man mit Säugetierzellen zu tun vermag. So konnte man die Funktion der Onkogene studieren. Die Übertragung der gewonnenen Erkenntnisse auf Säugetierzellen wird zum schnell wachsenden Verständnis der molekularen Vorgänge bei Krebserkrankungen beitragen.

Der Einsatz genchirurgischer Verfahren zur Untersuchung entwicklungsgeschichtlicher Zusammenhänge trägt auch zum Verständnis unserer eigenen Spezies Mensch bei. Sie setzt sich wie andere biologische Arten aus genetisch heterogenen Individuen zusammen. Diese Vielfalt ist die Basis künftiger Evolution. Bestimmte Gen-Versionen einiger Menschen werden in der Auseinandersetzung mit den Kräften der natürlichen Selektion für die ganze Menschheit von Vorteil sein.

Andererseits kennt man schon heute Gene, die klar von Nachteil sind: solche etwa, die zur Sichelzellanämie, zur Arteriosklerose, zu Krebs, Hämophilie und einer ganzen Reihe von Stoffwechselstörungen prädisponieren. Immer mehr solcher Gene werden identifiziert und kloniert, und damit wächst die Hoffnung auf eine eindeutige Früherkennung der genetischen Veranlagung bereits bei den Eltern oder sogar beim Embryo.

Sowohl die genetische Vielfalt als auch die Schäden innerhalb der menschlichen Erbmasse haben zur Suche nach Möglichkeiten angeregt, defekte Gene auszubessern – entweder bei dem betroffenen Individuum selbst oder zumindest bei seinen Nachkommen. Dazu wurden Verfahren entwickelt, klonierte Gene in Körpergewebe (nicht in Zellen der Keimbahn) wie beispielsweise in Zellen des Knochenmarks oder der Haut einzubauen. Diese Gene können intakte, gesunde Versionen der schadhaften Gene in den Zellen der Betroffenen sein. Ein derartiger Gen-Transfer könnte womöglich die Folgen genetischer Störungen korrigieren, zumindest teilweise.

Durchaus realistisch scheint auch die Vorstellung, daß noch in diesem Jahrhundert Methoden entwickelt werden, klonierte Gene in die menschliche Keimbahn einzubauen. Man hofft dadurch zu verhüten, daß Gen-Defekte auf die folgenden Generationen vererbt werden.

Zur Ethik der Mikrobiologie

Die Aussicht auf derartige Therapieversuche hat hitzige Diskussionen ausgelöst. Es geht dabei im wesentlichen um zwei Punkte.

Der erste betrifft die menschliche Keimbahn selbst. Betritt die Menschheit verbotenes Terrain, wenn sie anfängt, daran herumzubasteln? Sollte die Keimbahn nicht besser mit einem Tabu belegt werden, um ihre Unversehrtheit zu bewahren? Werden die ersten Versuche, offensichtliche Schäden zu heilen, nicht andere nach sich ziehen, bei denen es dann um die „Verbesserung" der Erbmasse geht, was immer das sein soll?

Mit Sicherheit wird man im Verlauf der nächsten zehn Jahre Gene entdekken, die an der Ausbildung von Intelligenz, Wesen und Körperbau beteiligt sind. Die Versuchung, gerade sie zu manipulieren, könnte sehr groß werden.

Der andere Punkt betrifft die Stellung des Menschen ganz allgemein. Bedeuten Veränderungen von Erbanlagen generell eine Bedrohung? Wie schon erwähnt, wird das genetische Material von Bakterien, Fliegen, Pflanzen und Säugetieren bereits modifiziert; werden bestehende ökologische Beziehungen nicht durch Organismen durcheinandergebracht, deren Erbanlagen künstlich verändert worden sind? Oder vielmehr: in welcher Weise?

Was wir bis heute dazu wissen, klingt alles recht beruhigend. Genetisch manipulierte Lebewesen sind weniger lebensfähig als die entsprechenden Wildtypen. Sie werden also bestehende Ökosysteme nicht wesentlich beeinflussen. Man kann tatsächlich eine ganze Reihe überzeugender Argumente dafür vorbringen, daß ein ökologisches Ungleichgewicht unwahrscheinlich sei – aber kein einziges dieser Argumente vermittelt absolute Sicherheit, daß verhängnisvolle Ereignisse nicht doch möglich wären.

Wenn man sich mit diesen Fragen auseinandersetzt, beschleicht einen letztlich tiefes Unbehagen. Wie die Mediziner vor Jahrzehnten betreten die Biologen heute einen Bereich, in dem der Mensch seine Unschuld verliert. Soll das Leben tatsächlich so umkonstruiert werden, daß es die Bedürfnisse des Menschen und seine Neugier befriedigt? Kann und sollte man das Leben als Produkt einer Reihe chemischer Moleküle ansehen?

Viele Menschen befürchten von einer solchen positivistischen Anschauung die Herabsetzung der Schönheit der Natur. Für andere von uns werden Schönheit und Wunder der Natur nirgends so offenbar wie in dem submikroskopischen Lebensplan; davon soll auf den folgenden Seiten dieser Ausgabe die Rede sein.

DNA

Sie ist als Erbsubstanz das Schlüsselmolekül allen Lebens. Ihre Doppelhelix kann verschiedene Gestalt annehmen und sich verformen, um mit regulatorischen Proteinen und anderen Molekülen in Wechselwirkung zu treten, die zur Verwirklichung der genetischen Botschaft beitragen.

Von Gary Felsenfeld

Die Doppelhelix der DNA, der Desoxyribonucleinsäure, ist das bekannteste Symbol für die biologische Revolution, die in den vierziger Jahren mit dem Nachweis der DNA als Erbsubstanz begann. Das von James D. Watson und Francis H. C. Crick dann 1953 entworfene räumliche Modell des DNA-Moleküls brachte mit einem Schlag den entscheidenden Fortschritt: die Struktur selbst zeigte bereits an, wie die DNA genetische Informationen speichern und weitergeben könnte.

Mit der Entdeckung der DNA-Struktur begann eine rasante Entwicklung der Molekularbiologie. Viele Arbeiten zielten fortan darauf ab zu verstehen, wie die DNA mit den anderen Bestandteilen einer lebenden Zelle zusammenwirkt, um die in ihr verschlüsselte Information zum Ausdruck zu bringen – zu exprimieren, wie der Fachmann sagt.

Eigentlich macht die DNA in ihrer vertrauten Doppelhelix-Gestalt einen sehr reaktionsträgen und unflexiblen Eindruck. Einige neuere Forschungsergebnisse lassen jedoch erkennen, daß sie chemisch und strukturell eines der vielseitigsten Moleküle ist. Dies muß auch so sein, damit sie ihren vielen Funktionen gerecht werden kann.

Die äußere Gestalt der DNA-Doppelhelix – man spricht auch von einem DNA-Duplex – wird vom Rückgrat der beiden umeinander gewundenen Stränge geprägt. Jeder Strang ist ein langes Kettenmolekül aus Untereinheiten, die man als Nucleotide bezeichnet. Kovalent verknüpft sind sie über das Rückgrat, wo abwechselnd ein Phosphatrest und ein Zucker, die Desoxyribose, aufeinanderfolgen. (Kovalente Bindungen sind besonders fest, da sich hier einzelne Atome Elektronen teilen.) Die beiden parallel geführten Stränge weisen überdies eine Richtung (eine Polarität) auf: In der Doppelhelix winden sie sich gegenläufig in einer rechtsgängigen Schraube umeinander.

Die Basenzusammensetzung der DNA

An den Ring des Zuckermoleküls jeden Nucleotids ist jeweils eine von vier Basen gebunden: Adenin (A), Guanin (G), Thymin (T) oder Cytosin (C); die beiden Basen Adenin und Guanin sind chemisch gesehen Purine, Thymin und Cytosin hingegen Pyrimidine. Die Reihenfolge dieser Nucleotidbasen in der Kette liefert die Information, welche die Zusammensetzung aller Eiweißmoleküle eines Organismus bestimmt.

Die vom Zucker-Phosphat-Rückgrat abstehenden Basen sind zum Inneren der Helix ausgerichtet (Bild 2). Jede Base bildet zwei oder drei Wasserstoffbrücken mit einer Base auf dem gegenüberliegenden Strang aus. Die chemische Struktur und die Größe der Basen erfordert, daß dabei immer ein Adenin mit einem gegenüberliegenden Thymin und ein Guanin mit einem gegenüberliegenden Cytosin gepaart sind. Auf diese Weise bestimmt die Nucleotidsequenz des einen Stranges immer die des anderen. Beide Stränge sind also einander komplementär.

Wenn man sich das Watson-Crick-Modell der DNA ansieht, hat man wahrscheinlich Schwierigkeiten, sich diese Struktur als reaktives Molekül vorzustellen. Die Stapelung der planen Basenpaare macht das Molekül ziemlich steif. Die Ausrichtung der Basen – also der veränderlichen Elemente – nach innen sieht nach einer Struktur aus, die zur Erhal-

Bild 1: Ein regulatorisches Molekül, das an der DNA des Bakterienvirus Lambda angreift, ist der sogenannte *cro*-Repressor: eine Proteinstruktur, die im Bild ganz rechts neben der schematischen Abbildung der DNA-Doppelhelix zu sehen ist. Jede Aminosäure des Repressors ist durch eine Kugel dargestellt: rot kennzeichnet positiv geladene, blau negativ geladene, weiß hydrophobe (wassermeidende) und grün hydrophile (wasserliebende) Aminosäuren. Die orangefarbigen Kugeln im DNA-Modell repräsentieren das Zucker-Phosphat-Rückgrat der Helix. Die gelben Kugeln ziehen sich am Grunde der großen Furche in der DNA-Helix entlang. Der Repressor, der durch eine komplizierte Reaktion die Expression eines Gens verhindert, ist gerade dabei, sich in die große Furche der DNA einzuschmiegen; dort können seine Aminosäure-Seitenketten mit entsprechenden DNA-Basen Wasserstoffbrücken ausbilden. Diese Brücken erklären die Spezifität der Repressorbindung. Die Graphik stammt von Brian W. Matthews und Douglas H. Ohlendorf von der Universität von Oregon.

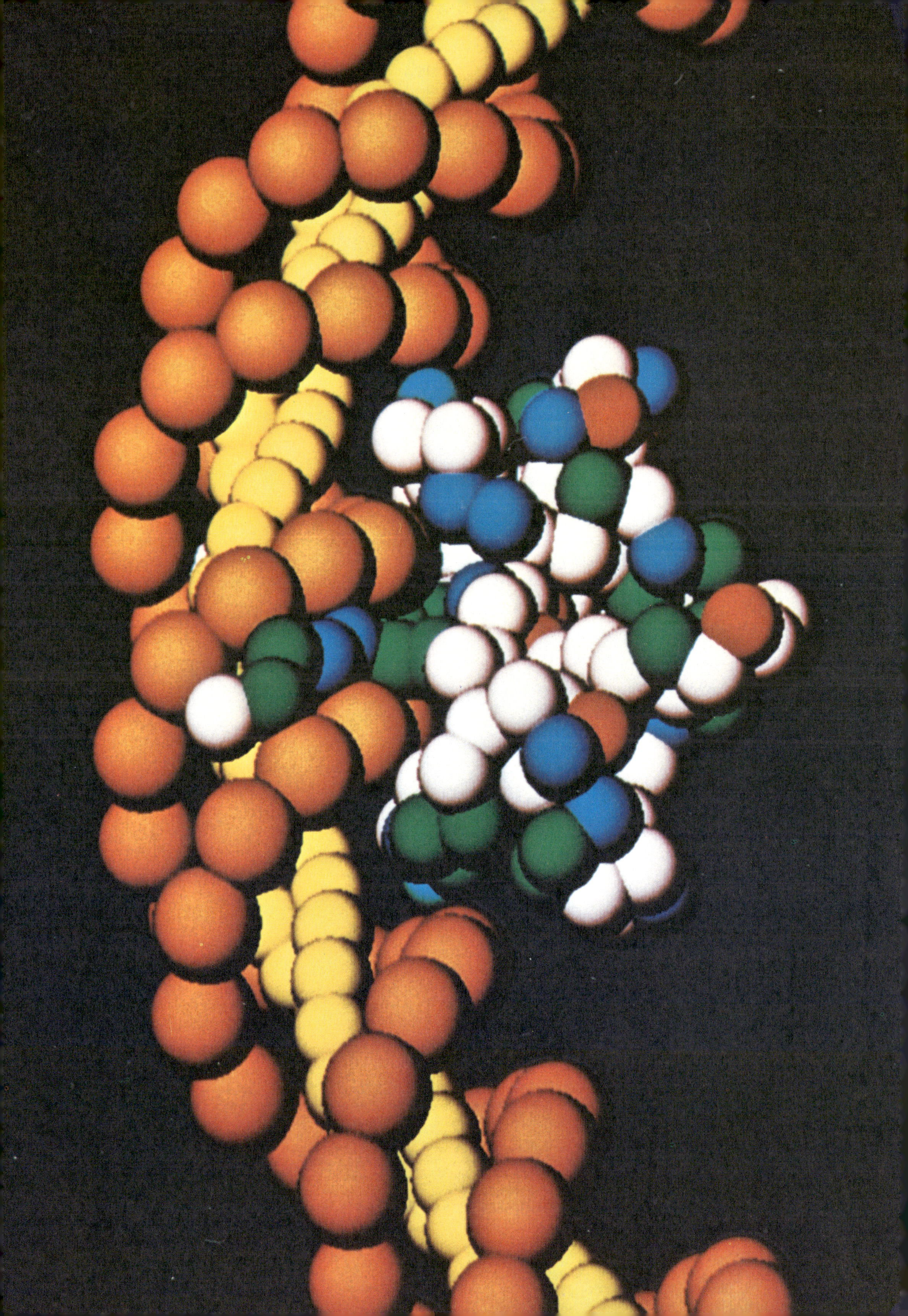

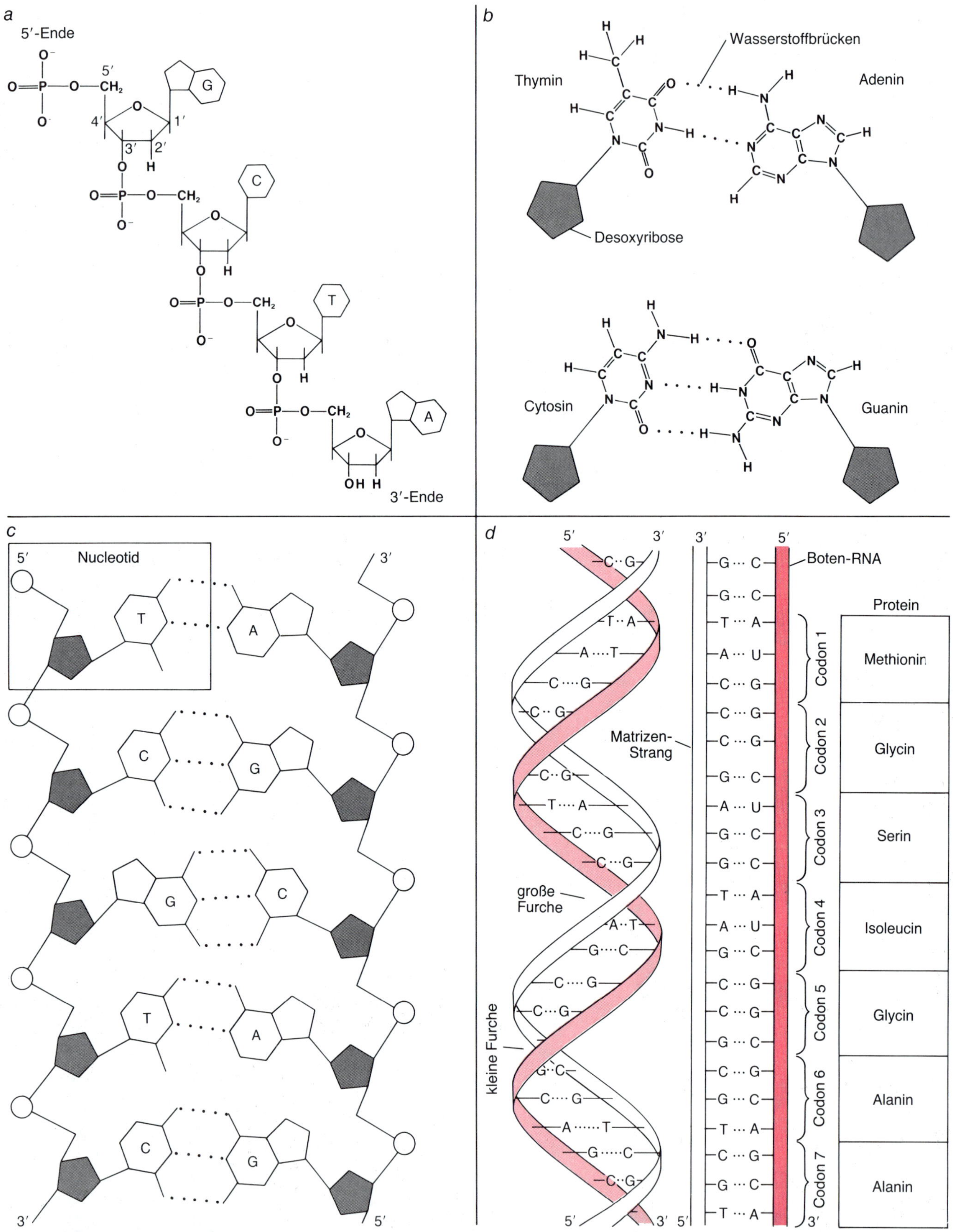

Bild 2: Ein DNA-Molekül hat ein Rückgrat (*a*) aus miteinander verknüpften Zucker- und Phosphatgruppen. An jedem Zuckerrest hängt jeweils eine von vier Basen, Guanin (G), Cytosin (C), Thymin (T) oder Adenin (A). Die Strukturen mit einem P in der Mitte stellen die Phosphatgruppen dar, die Fünfecke mit einem Sauerstoff-Atom (O) in der oberen Hälfte bedeuten Zucker. Eine Phosphatgruppe verbindet das 5′-Kohlenstoff-Atom des einen mit dem 3′-Kohlenstoff-Atom des nächsten Zuckers. Die Gesamtheit aus Zucker, Phosphat und einer Base nennt man auch Nucleotid (*b*). Die Abstände zwischen den einzelnen Atomen in der Abbildung sind nicht maßstabsgetreu. Die Basen in der DNA sind durch Wasserstoffbrücken miteinander verbunden. Dabei paart sich Thymin immer mit Adenin und Guanin immer mit Cytosin. Die sich ergebenden Strukturen sind in (*c*) zweidimensional, in (*d*) dreidimensional dargestellt: in der Doppelhelix. Um die in der DNA codierte genetische Information weiterzugeben, wird der codierende DNA-Strang (farbig) zunächst in eine einzelsträngige Boten-RNA abgeschrieben (transkribiert), wobei der andere Strang als Matrize dient. Das U im Strang der Boten-RNA steht für Uracil, dem DNA-Gegenstück von Thymin in der RNA.

tung des genetischen Codes gedacht ist, nicht aber wie eine, die sich leicht an biochemischen Reaktionen beteiligen könnte. Der Eindruck täuscht jedoch: Die Doppelhelix kann tatsächlich viele verschiedene Formen annehmen und mit anderen Molekülen in einer Zelle auf vielfältige Weise reagieren. Diese Fähigkeit der DNA nutzt die Zelle, um zu kontrollieren, wann und wie die in der DNA steckende genetische Information realisiert wird.

Bereits als Watson und Crick ihr Raummodell vorstellten, ließ sich aus den Röntgenbeugungsmustern der DNA klar erkennen, daß dieses Molekül in mindestens zwei verschiedenen Formen vorkommen kann: in der von Watson und Crick entdeckten *B*-Form, bei der die einzelnen Basenpaare senkrecht zur gedachten Zentralachse des Moleküls stehen, und der *A*-Form, bei der die Basenpaare geneigt und aus der Achse der Doppelhelix gerückt sind (Bild 3).

In den letzten Jahren ist klar geworden, daß diese beiden durch die Röntgenanalyse von DNA-Fasern erschlossenen Strukturformen den wahren Sachverhalt nur annähernd widerspiegeln. Die genaue Röntgenstrukturanalyse von kristalliner DNA mit einer festgelegten Basenzusammensetzung hat ergeben, daß zum Beispiel alle zur *B*-Familie gehörenden DNA-Moleküle zahlreiche lokale, von der Basensequenz abhängige Konformationsänderungen aufweisen. Andere Untersuchungen von DNA-Fragmenten in Lösung haben den Schluß nahegelegt, daß bestimmte Nucleotidsequenzen der gesamten Duplexstruktur eine dauerhafte Biegung aufzuzwingen vermögen. Daher läßt sich jede DNA-Sequenz von außen nicht nur an der Abfolge der in ihr enthaltenen Basenpaare erkennen, sondern auch an Variationen in der genauen Lage dieser Basenpaare und des Rückgrats.

Noch ungewöhnlichere DNA-Sequenzen sind inzwischen ebenfalls bekannt. Wie Alexander Rich und seine Mitarbeiter vom Massachusetts-Institut für Technologie erstmals herausfanden, können bestimmte Sequenzen, in denen sich Purin- und Pyrimidinbasen abwechseln, von einer normalen rechtsgängigen *B*-Helix in eine linksgängige *Z*-Helix übergehen. Im Vergleich zur *B*-DNA ist das Rückgrat der *Z*-DNA eher zickzackförmig. Und während an den Flanken der *B*-Helix eine große und eine kleine Furche entlangziehen, erscheint in der *Z*-DNA nur eine einzige tiefe Furche. Denn die Atome, die in der *B*-DNA die große Furche auskleiden, sind in der *Z*-DNA zur Oberfläche der Doppelhelix gerückt.

Andere spezielle DNA-Sequenzen, wie die sogenannten umgekehrten Wiederholungen, können ebenfalls charakteristische Konformationen annehmen. Bei diesen Wiederholungen handelt es sich um zwei gegenläufige komplementäre Sequenzen auf ein und demselben Strang. Trennt man die beiden Stränge einer solchen Helix im Bereich dieser umgekehrten Wiederholungen auseinander, so kann jeder mit sich selbst eine Basenpaarung eingehen und eine sogenannte Haarnadelschleife ausbilden. Da beide Stränge einander komplementär sind, enthält jeder eine solche Wiederholung, so daß sich insgesamt eine kreuzförmige Struktur ergibt.

Damit eine *Z*-DNA oder eine solche kreuzförmige Struktur entstehen kann, muß die *B*-DNA entwunden werden. Dadurch begünstigen irgendwelche Spannungen im Molekül, die das Entwinden gewöhnlich fördern, auch die Ausbildung dieser ungewöhnlichen Strukturen. Man vermutet heute, daß solche Strukturveränderungen wichtige Signale für die biologische Funktion der DNA darstellen.

Ihre biologische Aufgabe als Träger der genetischen Information erfüllt die DNA, indem sie einmal mit Proteinen in Wechselwirkung tritt, welche sie in eine ähnlich aufgebaute Nucleinsäure, die RNA (Ribonucleinsäure), umschreiben, und zum anderen mit Proteinen, welche diesen Kopiervorgang beeinflussen. Das Umschreiben in RNA – man bezeichnet diesen Vorgang als Transkription – wird durch eine Reihe kompliziert aufgebauter Enzyme, die RNA-Polymerasen, bewerkstelligt. Dabei wird der eine Strang als Matrize verwendet, um eine RNA-Kopie des anderen – codierenden – Stranges zu erstellen.

Einige der gebildeten RNA-Moleküle haben selber strukturelle Funktionen. Die meisten dienen jedoch als Boten- oder Messenger-RNA (mRNA), die an den Proteinfabriken der Zelle in Protein übersetzt wird. In jeder Zelle muß irgendwie entschieden werden, welche Gene wann exprimiert werden, also in Messenger-RNA umzuschreiben und in Proteine zu übersetzen sind. Die Kontrolle wird meist über die Bindung der RNA-Polymerase an die DNA ausgeübt.

Die Polymerase bindet sich zunächst an bestimmte Nucleotidsequenzen, sogenannte Promotoren, die – in Leserichtung gesehen – gerade vor einem Gen oder einer Gruppe von Genen (einem Gen-Cluster) liegen. (Die Polymerase beginnt das Gen an seinem 5′-Ende – lies 5 Strich – abzulesen und wandert zum 3′-Ende hinüber.) Daraus ergeben sich sofort zwei Fragen: Wie kann die Bindungsstärke der Polymerase reguliert werden? Und wie kann ein Proteinmolekül wie die Polymerase spezielle Gensequenzen erkennen?

Denkbar wären verschiedene allgemeine Mechanismen. So könnte die Bindung der Polymerase gehemmt werden, wenn ein anderes Protein vor ihr die Bindungsstelle besetzt oder wenn sich die Struktur der DNA dort verändert. Umgekehrt könnten andersartige Strukturveränderungen die Bindung der Polymerase verstärken. Das gleiche ließe sich auch durch regulatorische Proteine erreichen, die sich nah genug an die Bindungsstelle heften, um in Wechselwirkung mit der Polymerase deren Anheftung zu stabilisieren.

Lebewesen greifen tatsächlich auf all diese Strategien zurück, um die Expression ihrer Gene zu steuern. Die Regulationsmechanismen erfordern eine ganze Reihe spezieller Nucleotidsequenzen und entsprechend viele Proteine, die diese Sequenzen dann erkennen.

Regulatorische Prozesse in Bakterien und Viren

Die genauesten Angaben über regulatorische Prozesse stammen aus Untersuchungen an Bakterien und Viren. Hier zeigt sich als ein immer wiederkehrendes Muster, daß spezielle regulatorische Proteine, die sich in der Nähe der Polymerase-Bindungsstelle an die DNA heften, die Tätigkeit der RNA-Polymerase beeinflussen.

Das klassische Beispiel für einen solchen Regulationsmechanismus ist das sogenannte *lac*-Operon von *Escherichia coli*, einem Darmbakterium. Ein Operon umfaßt eine Gruppe zusammenliegender Gene, die gemeinsam reguliert werden. Beim *lac*-Operon sind es Gene, die mit der Stoffwechselverarbeitung des Zukkers Lactose zu tun haben. Das erste Gen codiert für das Enzym Beta-Galactosidase, das Lactose in zwei kleinere Zucker aufspaltet. Die Syntheserate der Beta-Galactosidase hängt direkt von der Menge an Lactose in der Zelle ab: Je mehr Lactose vorhanden ist, desto mehr Enzym wird gebildet.

Das Regulatormolekül, das diese Vorgänge steuert, ist ein Protein: der *lac*-Repressor. Er kann sich fest an eine Nucleotidsequenz binden, die man als Operator bezeichnet. Der Operator liegt zwischen der Bindungsstelle der RNA-Polymerase (also dem Promoter) und jener DNA-Region, die für die Beta-Galactosidase codiert. In Abwesenheit von Lactose ist der Repressor an die Operatorsequenz gebunden und blockiert die Anheftung der Polymerase.

Der Repressor kann aber auch mit einem als Induktor wirkenden Derivat der Lactose einen Komplex eingehen, wodurch sich sein Bindungsvermögen zum Operator wesentlich verschlechtert. Ein

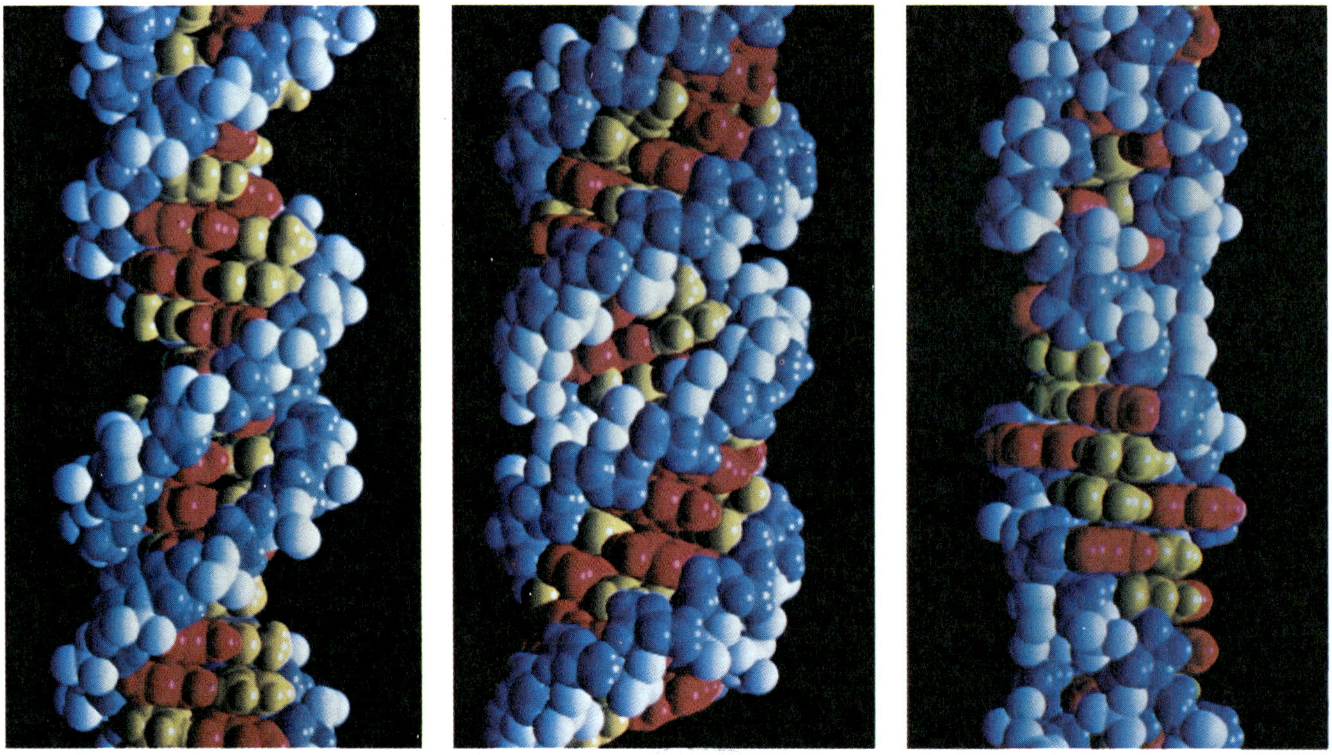

Bild 3: Die DNA tritt in verschiedenen Strukturvarianten auf: *B*-DNA, *A*-DNA und *Z*-DNA. In diesen Computergraphiken von Richard J. Feldmann vom amerikanischen Nationalen Gesundheitsinstitut ist das Zucker-Phosphat-Rückgrat der DNA weiß (Phosphat) beziehungsweise blau (Desoxyribose-Zucker) dargestellt. Innerhalb dieser Struktur sind die Pyrimidine Thymin und Cytosin (gelb) auf einem Strang mit den Purinen Adenin beziehungsweise Guanin (rot) auf dem anderen Strang gepaart. Die *B*-DNA (links) ist eine rechtsgängige Helix mit ungefähr 10 Basenpaaren pro Windung. Die *A*-DNA (Mitte) ist auch rechtsgängig, aber die Basen sind aus der Helixachse verschoben und ihr gegenüber geneigt. Die vor einigen Jahren entdeckte *Z*-DNA ist linksgängig und hat ein Zickzack-Rückgrat, dem diese DNA-Form ihren Namen verdankt.

solcher Komplex bildet sich in Gegenwart von viel Lactose, worauf der Repressor von der DNA abfällt; die Polymerase heftet sich nun viel leichter an den Promoter, und dadurch wird die Transkription der Gene im Operon induziert.

Das Repressorprotein bindet sich äußerst fest und selektiv an seine spezifische Stelle auf der DNA. Unter physiologischen Bedingungen geschieht dies ungefähr eine Milliarde mal besser am Operator als an einer anderen DNA-Sequenz. Trotzdem ist die Gleichgewichtskonstante – ein Maß für die Bindungsstärke – für eine beliebige Anheftung an die DNA immer noch groß genug, um zu garantieren, daß überschüssige Repressormoleküle innerhalb der Zelle irgendwo auf der DNA gebunden werden.

Diese unspezifische Bindung spielt auch eine wichtige Rolle bei der Regulation. Peter H. von Hippel und seine Mitarbeiter an der Universität von Oregon haben festgestellt, daß sie in Konkurrenz zu der spezifischen Bindung des Repressors an den *lac*-Operator wirkt. So wird diese in Grenzen gehalten und läßt sich rückgängig machen, wenn die physiologischen Gegebenheiten die Synthese von Beta-Galactosidase erfordern.

Die Bildung eines Komplexes mit unspezifischer DNA erhöht auch stark die Geschwindigkeit, mit der sich der spezifische Repressor-Operator-Komplex ausbilden kann. Hat sich nämlich ein Repressor irgendwo an das einzige Chromosom des Bakteriums angelagert, so ist die Wahrscheinlichkeit, daß er eine Operatorsequenz findet, stark erhöht. Denn der *lac*-Repressor findet, wie von Hippel gezeigt hat, seinen Operator großenteils, indem er an der DNA entlanggleitet.

Das Repressorprotein wird hauptsächlich durch elektrostatische Kräfte und durch Wasserstoffbrücken auf der DNA festgehalten. Zu den elektrostatischen Kräften gehören die Wechselwirkungen zwischen positiv geladenen Aminosäureresten im Protein und negativ geladenen Gruppen im Rückgrat der DNA. Obwohl diese Kräfte sehr zur Bindungsstärke beitragen, sind sie ihrer Natur nach weitgehend unspezifisch.

Die Spezifität, die es dem Repressor erlaubt, bevorzugt „seine“ richtige Nucleotidsequenz – also den Operator – zu erkennen, ergibt sich hauptsächlich durch die Ausbildung spezifischer Wasserstoffbrücken. Diese Brücken verbinden die Seitenketten einer definierten Gruppe von Aminosäuren im Protein mit passenden Atomgruppen in den Nucleotidbasen des Operators.

Zwar ist die Strukturaufklärung des *lac*-Repressors noch nicht abgeschlossen, doch hat man schon viele Erkenntnisse aus den Röntgenbeugungsmuster verwandter Repressorproteine gewonnen. Ein solches Protein ist der *cro*-Repressor des Bakterienvirus Lambda (Bild 4). Seine Struktur wurde im Labor von Brian W. Matthews an der Universität von Oregon bestimmt.

Der *cro*-Repressor ist an einem Regulationsprozeß beteiligt, der dem des *lac*-Repressors ähnelt, aber viel komplizierter ist. Die Aminosäurenkette des *cro*-Proteins enthält Abschnitte, die zu einer Alpha-Helix gewunden sind. Ihre Anordnung ist derart, daß sie sich in die große Furche der DNA-Doppelhelix schmiegen und die passenden Wasserstoffbrücken ausbilden können (Bild 1).

Wie Matthews dargelegt hat, weisen eine ganze Reihe von bakteriellen und viralen Regulatorproteinen eine solche Anordnung von Alpha-Helices auf. Die Spezifität, die jedes einzelne regulatorische Protein für eine bestimmte DNA-Sequenz zeigt, geht auf die Anordnung bestimmter Aminosäuren in Wasserstoffbrücken-Positionen zurück. Zwar hat man mittlerweile andere sequenzspezifische DNA-bindende Proteine mit davon ganz abweichender Struktur entdeckt, doch ist auch in diesen Fällen das generelle Erkennungsprinzip wahrscheinlich dasselbe.

Die Rolle der DNA-Formen

Wie spielen aber nun die verschiedenen DNA-Konformationen bei derlei Wechselwirkungen mit? Die unterschiedlichen DNA-Formen zeigen starke lokal begrenzte Strukturabweichungen, die von der genauen Nucleotidsequenz abhängen. Proteine, die ein bestimmtes Muster von Wasserstoffbrücken innerhalb einer Furche der DNA-Doppelhelix erkennen, berücksichtigen vermutlich diese lokalen strukturellen Besonderheiten in gewissem Ausmaß bei der Anordnung ihrer reaktiven Zentren. Bei der strukturellen Plastizität der DNA ist es auch wahrscheinlich, daß sie sich etwas deformiert, um sich dem Protein anzuschmiegen. Die endgültige Struktur ist ein Kompromiß, der von der Größe der Kräfte abhängt, die notwendig sind, um die Doppelhelix zu verformen.

Im Falle des *lac*- und des *cro*-Repressors muß man noch die Ergebnisse von Röntgenstrukturanalysen der spezifischen DNA-Protein-Komplexe abwarten, ehe sich Aussagen über die tatsächliche räumliche Struktur machen lassen. Untersuchungen an anderen Proteinen haben aber bereits ergeben, daß die Doppelhelix in gewissen Fällen beträchtlich deformiert werden kann. Ein solcher „verzerrter" Komplex wird zwischen dem *lac*-Operon und einem anderen regulatorischen Protein mit dem Kürzel CAP gebildet. (Die Abkürzung steht für das englische *catabolite activator protein*, Katabolismus-Aktivator-Protein.)

Das CAP stimuliert die Transkription einer Reihe von Genen, wenn sich die Konzentration an einem kleinen Effektormolekül, dem cyclischen Adenosinmonophosphat (cAMP), erhöht. Das cAMP bindet sie an CAP, und dieser Komplex kann sich dann an die DNA heften. Beim *lac*-Operon liegt der Anheftungspunkt gerade „stromaufwärts" vor der Bindungsstelle der RNA-Polymerase. Die Form dieses Komplexes in Lösung hat Donald M. Crothers von der Yale-Universität untersucht. Dabei stellte er fest, daß die proteinfreie *lac*-DNA gerade gestreckt ist, daß aber die Bindung des CAP eine Verbiegung bewirkt, die sich in einem anomalen Wanderungsverhalten bei der Gel-Elektrophorese äußert. (Bei diesem Verfahren wandern Moleküle unter dem Einfluß eines elektrischen Feldes durch eine Art Sieb – eine poröse Matrix – und werden dabei nach Größe, Form und Ladung aufgetrennt.) Crothers glaubt, daß die Verbiegung möglicherweise die Aufgabe hat, das CAP-Protein in direkten Kontakt mit der benachbartliegenden RNA-Polymerase zu bringen, um auf diese Weise das stimulierende Signal zu übermitteln.

An der Regulation der Transkription ist auch ein anderes strukturelles Merkmal der DNA entscheidend beteiligt: die sogenannte Überspiralisierung zur Superhelix (Bild 5).

Die Superhelix

Stellen Sie sich einmal vor, Sie nehmen ein längeres Stück DNA, legen es flach auf einen Tisch und biegen es zu einem Ring. Bevor Sie nun die beiden Enden miteinander verbinden, den Ring also schließen, drehen Sie die beiden Stränge um ein paar Windungen auf. Nach dem Ringschluß steht das Molekül dann unter einer Spannung, die den ursprünglichen normalen (spannungsarmen) Zustand wieder herzustellen sucht. Infolge topologischer Gegebenheiten muß sich dabei jedoch das DNA-Molekül verwinden, so daß das Rückgrat nicht mehr plan auf dem Tisch liegt. Als Folge ist die DNA dann überspiralisiert, das heißt, die Doppelhelix selbst – oder besser ihre Achse – ist zu einer Helix verdrillt (daher Superhelix). Strukturen, die sich durch Verringerung der normalen Windungszahl in der DNA-Doppelhelix erzeugen lassen, bezeichnet man als negativ überspiralisiert.

Überspiralisierte DNA ist keineswegs nur ein Kunstprodukt aus dem Labor. Ganz im Gegenteil, in dieser Form liegt in lebenden Zellen die meiste DNA vor. Wie Abraham Worcel, heute an der Universität von Rochester, und David E. Pettijohn vom Medizinischen Zentrum der Universität von Colorado in Denver vor einigen Jahren zeigen konnten, ist die chromosomale DNA von Bakterien

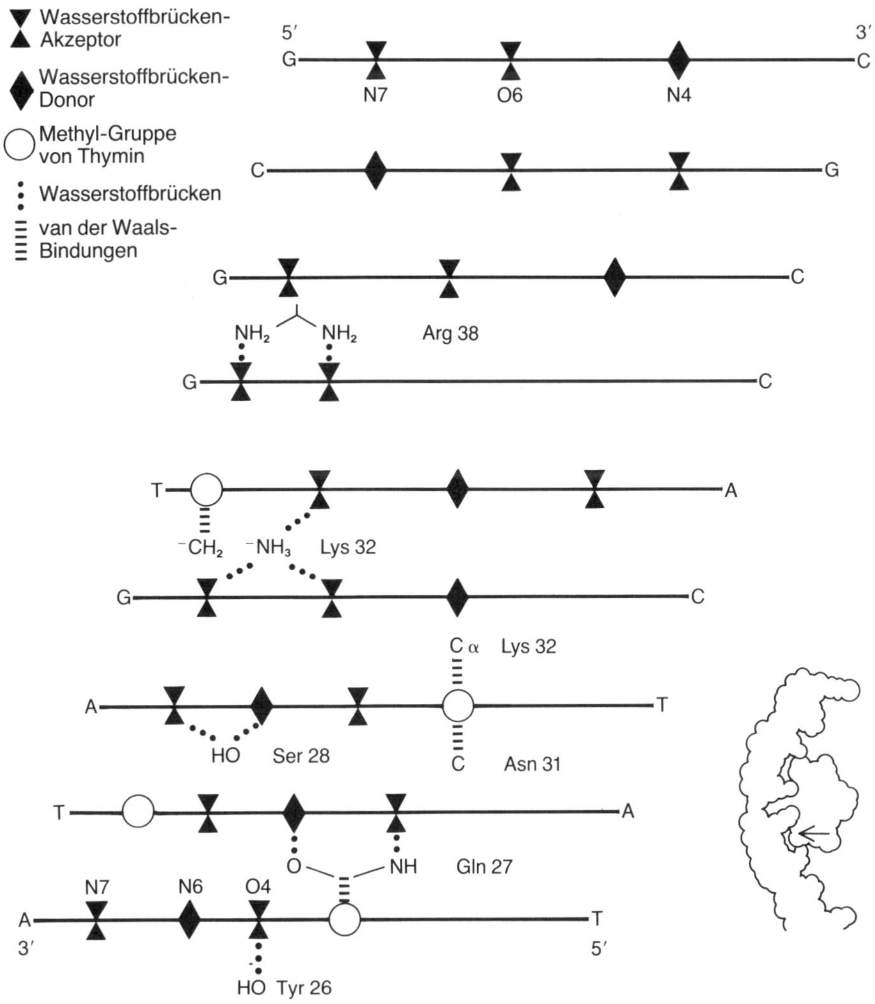

Bild 4: Schematische Darstellung der Bindung zwischen dem *cro*-Repressor des Lambda-Virus und der DNA-Sequenz, die vom Repressor erkannt wird. In dieser Abbildung, die auf Untersuchungen von Matthews und seinen Mitarbeitern beruht, schaut man von der unteren Hälfte des Repressor-Moleküls in die größere der beiden Furchen im Rückgrat der DNA (rechts). Die Perspektive ist noch einmal rechts in der Zeichnung analog zu Bild 1 angegeben. Dargestellt sind neun Basenpaare, die oben mit einem *GC*-Paar beginnen. Die Symbole (links) zeigen die Art der Bindung an. Außerdem sind bestimmte chemische Gruppen von Aminosäuren im Repressor eingezeichnet, von denen man annimmt, daß sie mit einer nahen Base in Wechselwirkung treten. Arg 38 steht beispielsweise für ein Arginin in Position achtunddreißig (vom Aminoende des Repressor-Moleküls aus gerechnet). Der obere helicale Abschnitt des Repressor-Moleküls bindet sich auf ähnliche Weise wie die untere Hälfte an die DNA.

in Schleifen angeordnet, die an ihrer Basis durch irgendeine Kombination aus Protein und RNA zusammengehalten werden. Deren Aufgabe ist es, die einzelnen Schleifen topologisch voneinander zu isolieren. Dadurch verhält sich jede einzelne Schleife wie ein geschlossener Ring, der sich unabhängig von den anderen überspiralisieren kann. Da solche Zellen beträchtliche Mengen an Energie aufwenden, um negative Überspiralen zu erzeugen und das Ausmaß der Überspiralisierung annähernd konstant zu halten, liegt es auf der Hand, daß diese Überspiralisierung für sie bedeutsam sein muß.

Das bakterielle Enzym, das in erster Linie die geschilderte Manipulation an der DNA ausführt, ist die DNA-Gyrase. Martin F. Gellert und seine Mitarbeiter am amerikanischen Nationalen Institut für Arthritis, Diabetes und Verdauungskrankheiten haben sie 1976 entdeckt. Die Gyrase kann ein normales (entspanntes) ringförmiges DNA-Molekül – oder eine topologisch isolierte Schleife – in eine negativ überspiralisierte Form überführen. Die dafür benötigte Energie erhält sie durch die Hydrolyse von Adenosintriphoshpat (ATP), der Hauptenergiequelle für die Reaktionen in Zellen.

Gellert und seine Mitarbeiter haben untersucht, wie die Gyrase und andere Enzyme in den Zellen von *E. coli* das Ausmaß der Überspiralisierung ändern. Das bemerkenswerteste Ergebnis ist, daß die Transkriptionsrate des Gyrase-Gens (und damit die Produktion an Gyrase) selbst wieder durch den Überspiralisierungsgrad reguliert wird. Dabei wird die Gyrase-Produktion eingestellt, sobald sich die durchschnittliche Anzahl negativer Überspiralwindungen erhöht. Weitere Untersuchungen haben ergeben, daß die Transkription vieler bakterieller Gene durch den Überspiralisierungsgrad beeinflußt wird. Darunter sind aber auch einige Gene, die stärker transkribiert werden, wenn dieser Grad zunimmt.

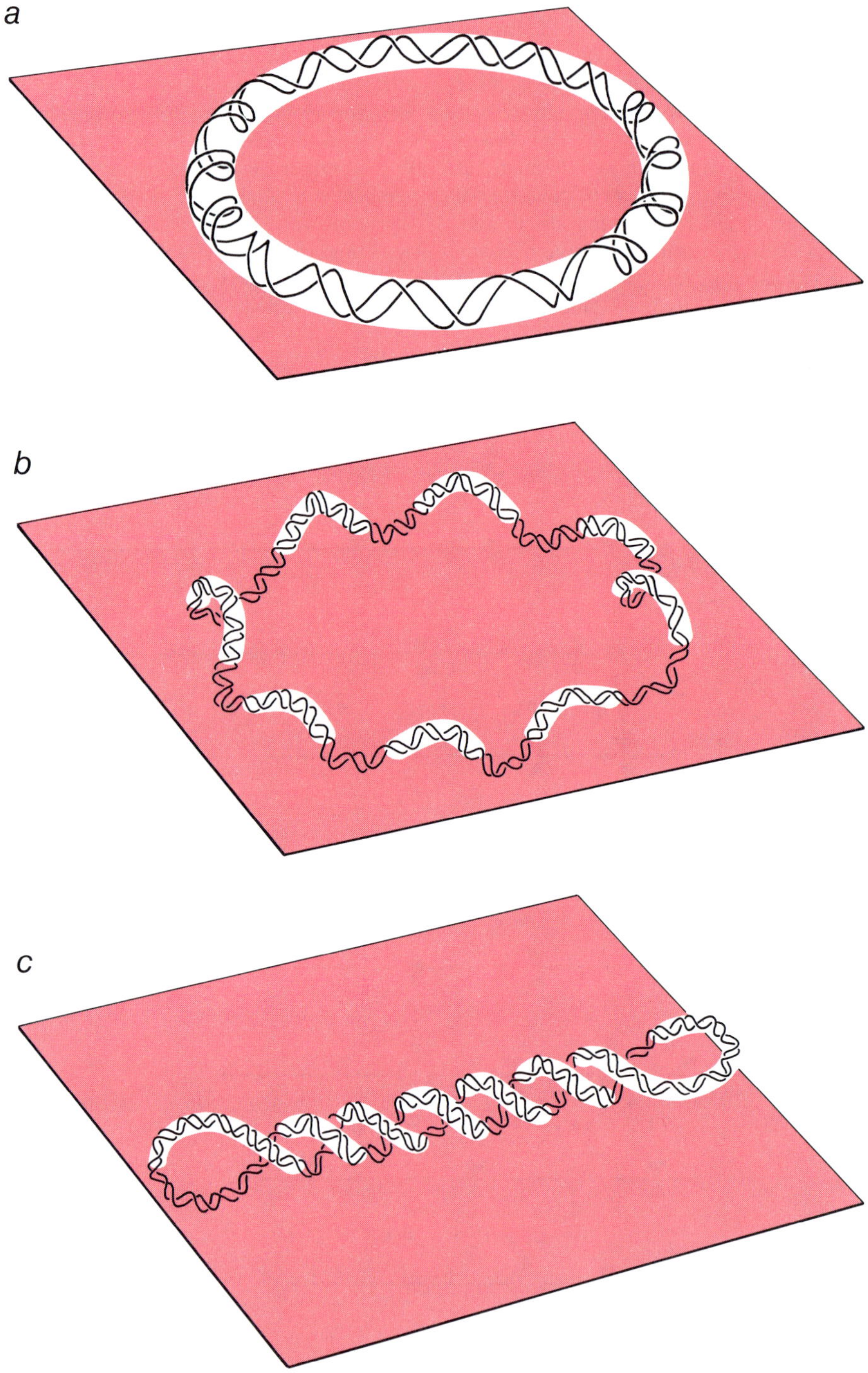

Bild 5: Die Überspiralisierung von DNA-Molekülen verändert Form und Stabilität der Doppelhelix. Wenn man die Enden einer normalen linearen Helix miteinander verbindet (*a*), bleibt das nun ringförmige Molekül flach in einer gedachten Ebene liegen, weil es insgesamt nicht unter Torsionsspannungen steht. Entwindet man die Doppelhelix jedoch einige Male, bevor man die Enden miteinander verbindet (*b*), so führt dies zu Torsionsspannungen, die nun die Doppelhelix selbst (genauer ihre Achse) zu einer Schraube verdrillen. Das Rückgrat einer solchen DNA kann daher nicht länger plan liegen. In der Abbildung wurde es zu einer linksgängigen ringförmigen Superhelix verdrillt. Eine topologisch gleichartige Form (*c*) ist die darunter abgebildete rechtsgängige Superhelix. Eine derartige Superhelix entspricht vermutlich eher der Gestalt, die überspiralisierte DNA-Moleküle in lebenden Zellen annehmen.

Überspiralisierung und Transkription

Wie könnte nun die Überspiralisierung an der Regulation der Transkription beteiligt sein? Aus vielen Untersuchungen zur Wirkungsweise der RNA-Polymerase weiß man, daß die Transkription in zwei Schritten eingeleitet wird. Zuerst bindet sich die Polymerase an den Promoter. Dann wird die Doppelhelix örtlich denaturiert: Ihre beiden gepaarten Stränge trennen sich voneinander und ermöglichen es auf diese Weise, daß die Transkription ablaufen kann.

Bei der Denaturierung wird der DNA-Doppelstrang entwunden und die superhelicale Spannung vermindert. Aufgrund von energetischen Überlegungen sollte eine erhöhte negative Überspiralisierung die Denaturierung der DNA begünstigen und so den Beginn der Transkription erleichtern. Diese einfache Modellvorstellung erklärt zwar nicht, wie die Synthese von Gyrase reguliert wird; doch scheinen die Effekte der Überspiralisierung die Expression gewisser anderer bakterieller Gene zu erklären.

Die Überspiralisierung der DNA liefert den Zellen einen hochwirksamen

Mechanismus zur Regulation der Transkription, weil die gesamte superhelicale Spannung in einem in sich geschlossenen DNA-Ring durch eine Abwandlung irgendwo innerhalb dieser Struktur verändert werden kann. Die negative Überspiralisierung begünstigt nicht nur die Entwindung des DNA-Doppelstranges, sondern stabilisiert auch die Z-DNA und die erwähnten kreuzförmigen DNA-Strukturen. Diese und andere Verformungen der DNA könnten das schwierige biologische Problem lösen, wie überhaupt regulatorische Elemente, die auf einem linearen DNA-Molekül zwangsläufig recht weit vom Gen entfernt liegen, mit diesem wechselwirken.

Dieses Problem ist nirgends drängender als in der DNA höherer Organismen. Eine typische pflanzliche oder tierische Zelle enthält vielleicht tausendmal mehr DNA als das Bakterium *E. coli*. Die Expression dieser DNA muß noch viel ausgeklügelteren Kontrollen unterliegen, als es bei Mikroorganismen der Fall ist. Eine der Hauptaufgaben dieser Steuersysteme ist es, dafür zu sorgen, daß in jeder der spezialisierten Zellen, aus denen die differenzierten Gewebe höherer Organismen bestehen, nur jene Gene arbeiten, die auch für die spezielle Funktion dieser Zellen relevant sind. In erster Näherung kontrollieren eukaryontische Zellen, also solche mit einem Zellkern, ihre Gene, wie es auch die Bakterien (also prokaryontische Organismen) tun.

Das Gen für die Thymidinkinase (TK) des Herpes-simplex-Virus (Bild 6) bietet ein besonders gut untersuchtes Beispiel, das die Organisation regulatorischer DNA-Sequenzen in Eukaryonten verdeutlicht. Um die Steuerelemente zu identifizieren, isoliert man zuerst das Gen und kloniert es in einem Plasmidvektor. (Plasmide sind kleine, ringförmige DNA-Moleküle, die sich unabhängig von der bakteriellen DNA in einem Bakterium vermehren können. Auf diese Weise läßt sich das eingebaute Fremdgen in großen Mengen gewinnen.) Seine Expression kann man dann untersuchen, indem man das Plasmid mit dem Fremdgen in geeignete Zellen einbringt.

Steven McKnight von der Abteilung für Embryologie der Carnegie-Institution in Washington und Richard Axel von der Columbia-Universität in New York haben Plasmide mit dem TK-Gen in die Oocyten (unreifen Eier) von Krallenfröschen (*Xenopus laevis*) injiziert. Dort wird das TK-Gen direkt vom Plasmid abgeschrieben. Die Menge an produzierter TK-RNA läßt sich dann experimentell bestimmen.

Ein zweiter Test beruht auf einer äußerst leistungsfähigen Technik, die Axel und seine Mitarbeiter bereits früher entwickelt hatten. Dabei bekommen mutierte in Kultur gezüchtete Mäusezellen, denen ein eigenes TK-Gen fehlt, das fremde virale TK-Gen untergeschoben. Es wird in ein Mäuse-Chromosom eingebaut und auch exprimiert. Dann überführt man die Zellen in ein spezielles Wachstumsmedium, in dem sie ohne Thymidinkinase nicht wachsen können. Wie gut das fremde TK-Gen exprimiert wird, läßt sich an der Zahl heranwachsender Zellkolonien erkennen.

Um die Kontrollregionen des TK-Gens, die stromaufwärts vor den codierenden Sequenzen liegen, genauer untersuchen zu können, muß man neben der eben geschilderten Technik zusätzlich

```
–120          –100          –80          –60          –40          –20          Cap          20
CTATGATGAC ACAAACCCCG CCCAGCGTCT TGTCATTGGC GAATTCGAAC ACGCAGATGC AGTCGGGGCG GCGCGGTCCG AGGTCCACTT CGCATATTAA GGTGACGCGT GTGGCCTCGA ACACCGAGCG ACCCTGCAGC +
CCCGGATCCG GCAAACCCCG CCCAGCGTCT TGTCATTGGC GAATTCGAAC ACGCAGATGC AGTCGGGGCG GCGCGGTCCG AGGTCCACTT CGCATATTAA GGTGACGCGT GTGGCCTCGA ACACCGAGCG ACCCTGCAGC +
CTATGCCGGA TCCGGCCCCG CCCAGCGTCT TGTCATTGGC GAATTCGAAC ACGCAGATGC AGTCGGGGCG GCGCGGTCCG AGGTCCACTT CGCATATTAA GGTGACGCGT GTGGCCTCGA ACACCGAGCG ACCCTGCAGC +
CTATGATGAC CGGATCCGGG CCCAGCGTCT TGTCATTGGC GAATTCGAAC ACGCAGATGC AGTCGGGGCG GCGCGGTCCG AGGTCCACTT CGCATATTAA GGTGACGCGT GTGGCCTCGA ACACCGAGCG ACCCTGCAGC –
CTATGATGAC ACAAACCGGA TCCGGCGTCT TGTCATTGGC GAATTCGAAC ACGCAGATGC AGTCGGGGCG GCGCGGTCCG AGGTCCACTT CGCATATTAA GGTGACGCGT GTGGCCTCGA ACACCGAGCG ACCCTGCAGC –
CTATGATGAC ACAAACCCCG CCCAGCCGGA TCCGGTTGGC GAATTCGAAC ACGCAGATGC AGTCGGGGCG GCGCGGTCCG AGGTCCACTT CGCATATTAA GGTGACGCGT GTGGCCTCGA ACACCGAGCG ACCCTGCAGC –
CTATGATGAC ACAAACCCCG CCCAGCGTCT TGTCATCCGG ATCCGGGAAC ACGCAGATGC AGTCGGGGCG GCGCGGTCCG AGGTCCACTT CGCATATTAA GGTGACGCGT GTGGCCTCGA ACACCGAGCG ACCCTGCAGC –
CTATGATGAC ACAAACCCCG CCCAGCGTCT TGTCATTGGC CCGGATCCGG ACGCAGATGC AGTCGGGGCG GCGCGGTCCG AGGTCCACTT CGCATATTAA GGTGACGCGT GTGGCCTCGA ACACCGAGCG ACCCTGCAGC +
CTATGATGAC ACAAACCCCG CCCAGCGTCT TGTCATTGGC GCCGGATCCG GCGCAGATGC AGTCGGGGCG GCGCGGTCCG AGGTCCACTT CGCATATTAA GGTGACGCGT GTGGCCTCGA ACACCGAGCG ACCCTGCAGC +
                                                      G
CTATGATGAC ACAAACCCCG CCCAGCGTCT TGTCATTGGC GAATTCGAAC CCGGATCCGC AGTCGGGGCG GCGCGGTCCG AGGTCCACTT CGCATATTAA GGTGACGCGT GTGGCCTCGA ACACCGAGCG ACCCTGCAGC +
CTATGATGAC ACAAACCCCG CCCAGCGTCT TGTCATTGGC GAATTCGAAC ACGCAGATGC ACCGGATCCG GCGCGGTCCG AGGTCCACTT CGCATATTAA GGTGACGCGT GTGGCCTCGA ACACCGAGCG ACCCTGCAGC –
CTATGATGAC ACAAACCCCG CCCAGCGTCT TGTCATTGGC GAATTCGAAC ACGCAGATCG AGTCCCGCAT CCGGGGTCCG AGGTCCACTT CGCATATTAA GGTGACGCGT GTGGCCTCGA ACACCGAGCG ACCCTGCAGC –
CTATGATGAC ACAAACCCCG CCCAGCGTCT TGTCATTGGC GAATTCGAAC ACGCAGATGC AGTCGGGGCG GCGCCGGATC CGGTCCACTT CGCATATTAA GGTGACGCGT GTGGCCTCGA ACACCGAGCG ACCCTGCAGC +
CTATGATGAC ACAAACCCCG CCCAGCGTCT TGTCATTGGC GAATTCGAAC ACGCAGATGC AGTCGGGGCG GCGCGGTCCC GGATCCGGTT CGCATATTAA GGTGACGCGT GTGGCCTCGA ACACCGAGCG ACCCTGCAGC +
CTATGATGAC ACAAACCCCG CCCAGCGTCT TGTCATTGGC GAATTCGAAC ACGCAGATGC AGTCGGGGCG GCGCGGTCCG AGGTCCACTT CCCGGATCC G GGTGACGCGT GTGGCCTCGA ACACCGAGCG ACCCTGCAGC –
CTATGATGAC ACAAACCCCG CCCAGCGTCT TGTCATTGGC GAATTGCAAC ACGCAGATGC AGTCGGGGCG GCGCGGTCCG AGGTCCACTT CGCATATTAC GGATCCGGGT GTGGCCTCGA ACACCGAGCG ACCCTGCAGC –
CTATGATGAC ACAAACCCCG CCCAGCGTCT TGTCATTGGC GAATTCGAAC ACGCAGATGC AGTCGGGGCG GCGCGGTCCG AGGTCCACTT CGCATATTAA GGTGCCGGAT CCGGCCTCGA ACACCGAGCG ACCCTGCAGC +
CTATGATGAC ACAAACCCCG CCCAGCGTCT TGTCATTGGC GAATTCGAAC ACGCAGATGC AGTCGGGGCG GCGCGGTCCG AGGTCCACTT CGCATATTAA GGTGACGCGT GTGCCGGATC CGGCCGAGCG ACCCTGCAGC +
CTATGATGAC ACAAACCCCG CCCAGCGTCT TGTCATTGGC GAATTCGAAC ACGCAGATGC AGTCGGGGCG GCGCGGTCCG AGGTCCACTT CGCATATTAA GGTGACGCGT GTGGCCTCGA ACACCGCCGG ATCCGGCAGC +
```

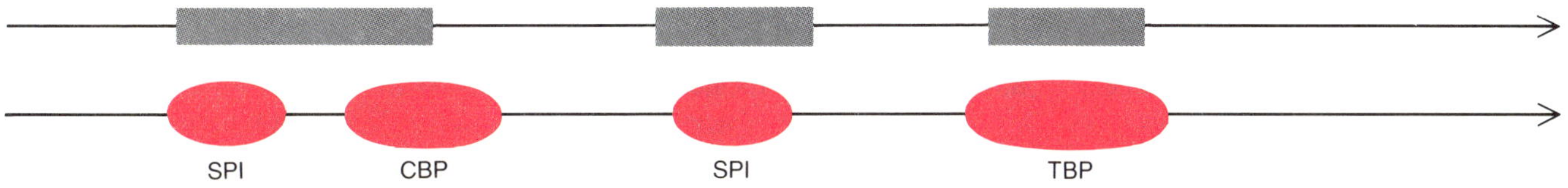

Bild 6: Steven McKnight von der Abteilung für Embryologie der Carnegie-Institution in Washington veränderte schrittweise das Thymidinkinase-Gen des Herpes-simplex-Virus, um herauszufinden, in welchem Ausmaß künstliche Mutationen in der Promotorregion die Expression des Gens beeinflussen. In der oberen Zeile der Abbildung ist die vollständige DNA-Basensequenz der in Frage kommenden Region angegeben. Jede weitere Zeile zeigt farbig eine mit gentechnologischen Methoden hergestellte Variante dieser Gensequenz. Ein Plus-Zeichen am Ende der Zeile bedeutet, daß die Sequenzveränderung keinen oder nur wenig Einfluß auf die Expression des Gens hatte. Ein Minus-Zeichen zeigt an, daß sich durch die Veränderung die Menge an gebildeter Thymidinkinase verminderte. Die grauen Rechtecke unter dem Diagramm stehen für drei Regionen, die nach diesem Experiment für die Expression des Gens entscheidend sind. In neueren Arbeiten hat McKnight in Zusammenarbeit mit Robert Tjian und Katherine Jones von der Universität von Kalifornien in Berkeley die Bindungsstellen für die drei regulatorischen Proteine SP1, CBP und TBP (untere Zeile) identifiziert. Die Proteine CBP und TBP erkennen die verbreitet vorhandenen regulatorischen Bereiche, welche die Sequenzen CAAT (oder CATT) und TATA enthalten. Derartige regulatorische Bereiche werden als CAAT- oder TATA-Box bezeichnet.

gentechnologische Methoden anwenden. Dazu beginnt man, von einem Ende des TK-Gens aus kleine Stücke durch gleich große Stücke fremder DNA zu ersetzen. Wenn man diese gezielt mutierten TK-Gene dann auf ihre Expression untersucht, lassen sich Bereiche mit unterschiedlicher Funktion ausmachen (Bild 6).

Der erste liegt etwa 25 Nucleotide oberhalb des Startpunktes der Transkription. Er beeinflußt offenbar die Stelle, von der aus die Synthese der RNA beginnt. Verändert man nämlich den DNA-Abschnitt, der die Sequenz TATTAA enthält, so sinkt die Transkriptionsrate. Gleichzeitig beobachtet man neue mRNA-Moleküle, deren Transkription an anderen, nun verschobenen Startpunkten beginnt. David S. Hogness und Michael Goldberg von der Stanford-Universität waren die ersten, die darauf aufmerksam machten, daß die Sequenz TATA und nahe verwandte Sequenzen sehr häufig in der Promoterregion eukaryontischer Gene auftreten. Ihre Effekte auf den Transkriptionsstart wurden inzwischen in vielen Laboratorien und für viele eukaryontische Gene bestätigt.

Verschiebt man den Austausch und damit den Defekt weiter stromaufwärts, stößt man auf eine andersartige Steuerregion. Sie beeinflußt die Gesamttranskription, nicht aber ihren Startpunkt. Sequenzänderungen in diesem Bereich lassen die Produktion der mRNA auf ein Zehntel abfallen. Eine annähernd homologe (gleichartige) DNA-Sequenz mit ähnlichen Eigenschaften tritt noch ein Stück weiter stromaufwärts auf. Von diesen beiden in Tandemmanier angeordneten Stellen scheint die näher zum Startpunkt gelegene für die positive Kontrolle der Transkription entscheidend zu sein.

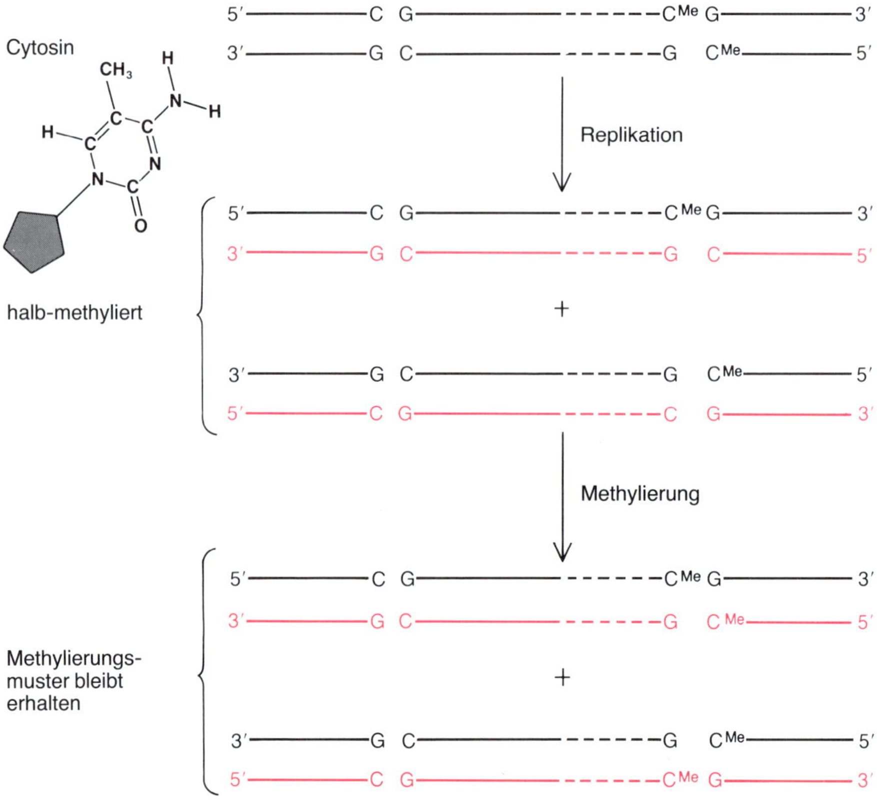

Bild 7: Die Methylierung von Genen ist eine weitere Methode, die Expression zu verändern. Dabei wird eine Methylgruppe (CH_3) an das fünfte Kohlenstoff-Atom im Cytosinring angeheftet; In tierischen Zellen sind die Methylierungsstellen Cytosinbasen, denen meist auf dem gleichen Strang ein Guaninrest folgt. Wenn die Zellen sich teilen, wird das Methylierungsmuster an die Tochterzellen weitervererbt. In dieser Abbildung sind die einzelnen Schritte der DNA-Verdopplung nachvollzogen. Die DNA-Stränge oben weisen beide eine vollständig methylierte *CG*-Stelle auf (zwei Me). Wenn bei der Zellteilung die neue DNA gebildet werden soll, trennen sich beide Stränge der Eltern-DNA, und zu jedem Einzelstrang wird der dazugehörige komplementäre Strang synthetisiert (farbig). Bei diesem Syntheseschritt wird jedoch nur unmethyliertes Cytosin eingebaut, so daß die neuen Doppelstränge an der ursprünglich voll methylierten CG-Stelle nur halb methyliert sind. In einem letzten Arbeitsgang bearbeitet nun ein methylierendes Enzym die neuen DNA-Doppelstränge. Immer dann, wenn sich ein methylierter und ein unmethylierter C-Rest im DNA-Doppelstrang schräg gegenüberstehen, wird dieser ebenfalls methyliert. Dadurch wird das Methylierungsmuster beibehalten.

Verstärker-Elemente

Zwar unterscheidet sich die Transkriptionsrolle beim Herpes-TK-Gen in ihrem allgemeinen Ansatz kaum von der in Mikroorganismen, doch haben Eukaryonten eine ganze Reihe neuartiger Kontrollmechanismen entwickelt. Einer davon beruht auf sogenannten Verstärkersequenzen, die zuerst an tierischen Viren wie dem SV40 entdeckt wurden.

SV40 ist ein kleines Virus mit einer ringförmigen DNA – gerade lang genug, um für ein paar Proteine zu codieren. Die Transkription beginnt an zwei benachbart liegenden Promotoren und schreitet von dort aus in beide Richtungen über den Ring fort. Der sogenannte frühe Promotor, der zu Beginn des Infektionszyklus aktiv ist, enthält einige Kontrollelemente, die auch beim Herpes-TK-Gen zu finden sind. So umfaßt er ebenfalls zwei im Tandem angeordnete Kopien einer 72 Basenpaare langen Sequenz.

Pierre Chambon von der Universität Straßburg sowie George Khoury und seine Mitarbeiter vom amerikanischen Nationalen Krebsinstitut haben bei SV40 eine ähnliche Art der Analyse angewandt, wie ich sie für das TK-Gen beschrieben habe. Dabei zeigte sich, daß die frühe Transkriptionsrate der SV40-Gene auf weniger als ein Hundertstel sinkt, wenn die beiden Kopien des 72 Basenpaare langen Elements aus der SV40-DNA entfernt (deletiert) werden. Dieses heute als Verstärker bekannte Element unterscheidet sich von den anderen beschriebenen Steuerelementen. Sein stimulatorischer Effekt hängt überhaupt nicht von der genauen Lage des Elements bezüglich des Startpunktes der Transkription ab. Walter Schaffner und seine Mitarbeiter an der Universität Zürich haben die Aktivität der beiden SV40-Verstärkersequenzen untersucht, indem sie deren Abstand zu einem Test-Gen veränderten. Sie fanden dabei heraus, daß die Verstärkersequenzen über mehr als 3000 Nucleotide hinweg wirksam sind.

In lebenden Zellen liegen solche Sequenzen gewöhnlich viel näher am Gen, dessen Transkription sie kontrollieren. Wie Arbeiten in den Laboratorien von Chambon und Paul Berg an der Stanford-Universität ergeben haben, wirken die Verstärkersequenzen sogar, wenn man sie falsch herum vor ein Test-Gen einbaut.

Diese Eigenschaft – eine von Abstand und Orientierung unabhängige Aktivität – ist das Hauptkennzeichen von Verstärkern. Solche Elemente hat man inzwischen in vielen anderen viralen Genomen (das Genom umfaßt die gesamte genetische Ausstattung eines Organismus) und auch in eukaryontischen Chromosomen gefunden.

Im Jahre 1980 identifizierten Max Biernstiel und Rudolf Grosschedl von der Universität Zürich beim Seeigel eine

Verstärkersequenz in der Nähe von Genen, die für die sogenannten Histonproteine codieren. Vor kurzem hat man solche Elemente auch bei Genen entdeckt, die für Immunglobuline (Antikörper) codieren, sowie bei einer ganzen Reihe anderer eukaryontischer Gene.

Wie Verstärkerelemente eigentlich arbeiten, ist noch nicht klar; sehr wahrscheinlich ist die Bindung eines Proteins erforderlich. Eine solche Bindung wurde zuerst für die Immunglobulin-Gene nachgewiesen und jüngst erst in Chambons Labor auch für die beiden 72 Basenpaare langen Tandemwiederholungen der SV40-DNA. Da die Verstärkersequenzen „Fernwirkung" haben, ist eine Vermutung, daß möglicherweise Veränderungen in der Überspiralisierung der DNA das Signal vermitteln. Folgt man einer anderen Annahme, so dienen die Verstärkerelemente der RNA-Polymerase als Aufspringstelle, von der aus sie an der DNA entlangwandert, bis sie auf einen Promoter trifft.

Wie dem auch sei, am aufregendsten sind neuere Ergebnisse, die belegen, daß Verstärkerelemente zellspezifisch wirken. Wahrscheinlich ist daher das Protein, das einen gegebenen Verstärker aktiviert, nur in solchen Zellen zu finden, in denen Gene unter der Kontrolle des betreffenden Verstärkerelementes transkribiert werden.

Methylierung der DNA

Einige Eukaryonten benutzen noch eine andere Kontrollstrategie. Sie modifizieren ihre DNA chemisch, indem sie an das fünfte Kohlenstoff-Atom von Cytosin eine Methylgruppe (CH_3-) anhängen (Bild 7). Bei tierischen Zellen werden fast ausschließlich Cytosinreste methyliert, auf die ein Guaninrest folgt. Doch sind nicht alle CG-Stellen methyliert. Das Methylierungsmuster wird in jeder Zellsorte mehr oder weniger stabil vererbt.

Die Arbeiten aus einer Reihe von Laboratorien haben einen Zusammenhang zwischen Methylierung und Genaktivität aufgedeckt: In vielen der nicht exprimierten Gene einer Zelle ist gewöhnlich ein großer Anteil der GC-Stellen methyliert. In einer Zelle hingegen, in der die selben Gene aktiv arbeiten, ist der Methylierungsgrad – häufig speziell in der Promoterregion – deutlich geringer. Wie es zu diesen hoch spezifischen Variationen der Methylierung kommt, ist noch ungeklärt. Wahrscheinlich sind sie aber auf irgendeine Weise dafür verantwortlich, daß sich die Transkriptionsaktivität von Genen verändert.

Hinweise auf eine solche Funktion haben Experimente erbracht, wonach sich die Promotorregionen gewisser Gene inaktivieren lassen, indem man bestimmte Stellen gezielt methyliert. Aharon Razin und Howard Cedar von der Hebräischen Universität Jerusalem haben mit ihren Mitarbeitern diesen Effekt nachgewiesen, indem sie Mäusezellen veranlaßten, DNA mit einem Hamster-Gen aufzunehmen.

Unter normalen Umständen wird das Fremdgen auch exprimiert. Wird jedoch die Hamster-DNA zuvor methyliert, so bleibt das Gen stumm, obwohl es ganz normal aufgenommen wird; außerdem erben alle nachfolgenden Zellgenerationen das inaktive methylierte Gen. Der selbe Effekt war bei Experimenten von Walter Doerfler und seinen Mitarbeitern an der Universität Köln zu beobachten, bei denen sie ein anderes Gen in die unreifen Eier von Krallenfröschen injizierten. Die jüngsten Ergebnisse aus der Arbeitsgruppe Doerflers zeigen, daß sich ein Gen bereits inaktivieren läßt, wenn man nur einige wenige spezifische CG-Stellen methyliert.

Man weiß wenig darüber, wie die Methylierung eigentlich die Genaktivität beeinflußt. Wie bei den anderen besprochenen Regulationsmechanismen geschieht dies letzten Endes wohl auch hier über eine veränderte Wechselwirkung zwischen DNA und DNA-bindenden Proteinen.

Bis jetzt habe ich das eukaryontische Genom immer so geschildert, als ob wir es mit nackter DNA zu tun hätten, die ohne weiteres ihre räumliche Gestalt verändern oder mit regulatorischen Proteinen reagieren kann, die ihren Weg in den Zellkern gefunden haben. In Wirklichkeit ist die Situation viel komplizierter, denn eukaryontische Zellen unterscheiden sich von anderen Zellen noch dadurch, daß ihre DNA in spezieller Weise verpackt ist. Die riesigen Mengen an DNA im Kern bilden fast überall mit Proteinen, den Histonen, Komplexe. Diese Proteine bewirken, daß die langen DNA-Moleküle in geordneter, dicht gepackter Form, dem Chromatin, vorliegen (Bild 9).

Die Chromatinstruktur: Nucleosomen und Chromatosomen

Der Grundbaustein der Chromatinstruktur ist das Nucleosom. Jedes Nucleosom besteht aus einem zentralen Teil, dem Chromatosom, in dem die Helix in zwei superhelicalen Windungen um einen Komplex von Histonproteinen „herumgewickelt" ist. Der Komplex besteht aus insgesamt acht Histon-Molekülen, und jede Windung um ihn ist etwa 83 Basenpaare lang. Benachbarte Chromatosomen sind über ein kleines, relativ

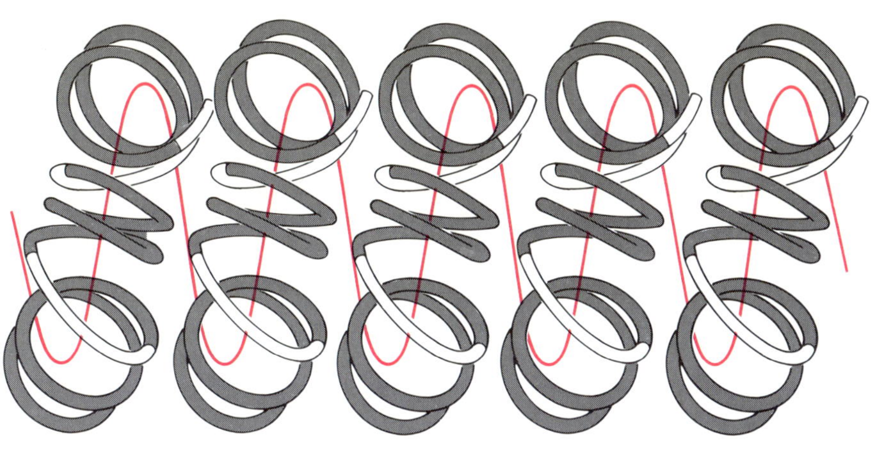

Bild 8: Die Verpackung von DNA in eukaryontischen Zellen sorgt dafür, daß große DNA-Mengen in den Zellkern hineinpassen. Gleichzeitig kommen durch die dichte Packung Sequenzelemente räumlich sehr nahe zusammen, die eigentlich auf der linearen DNA weit voneinander entfernt liegen. Diese räumliche Nähe ermöglicht das Zusammenspiel mit anderen regulatorischen Komponenten. Die kompakte Form der DNA nennt man Chromatin. Sein Grundbaustein ist das sogenannte Nucleosom. Ketten von Nucleosomen sind wiederum zu feinen Fasern mit einem Durchmesser von etwa 30 Nanometern aufgewickelt. Die mögliche Art der Packung ist hier modellhaft für Nucleosomen aus dem Zellkern von roten Blutkörperchen von Hühnern dargestellt. Zentrales Element ist daher das Chromatosom, der Kern des Nucleosoms. Es besteht aus einem Komplex von acht Proteinen, um den sich die DNA in zwei superhelikalen Windungen (grau) von etwa 83 Basenpaaren Länge herumschlingt. Bei den nicht dargestellten Proteinen handelt es sich um Histone. In den Fäserchen sind die Chromatosomen über DNA-Verbindungsstükke (weiß) miteinander verknüpft und zu einer spulenartig gewickelten Kette angeordnet, wobei etwa sechs Chromatosomen auf jede Windung kommen. Die Anordnung der Chromatosomen wurde durch optische Untersuchungen an elektrisch ausgerichteten Fäserchen erschlossen. Der hier gezeigte Verlauf der verbindenden DNA-Stücke ist rein spekulativ. Aus Gründen der Übersichtlichkeit sind in dieser Abbildung jeweils nur die drei Nucleosomen an der Vorderseite jeder Spulenwindung gezeigt.

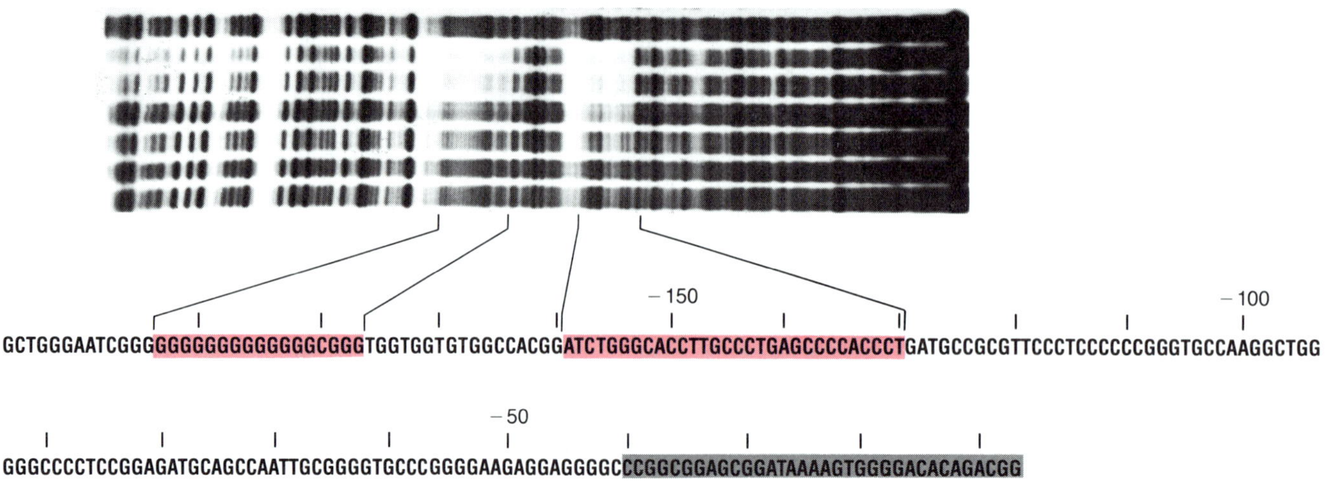

Bild 9: Die Abbildung zeigt die Chromatinstruktur in der Nähe einer Promotersequenz eines aktiv arbeitenden Gens, nämlich des Gens für reifes Beta-Globin aus den roten Blutkörperchen von Hühnern. Die Zählrichtung für die Positionen innerhalb der Sequenz beginnt rechts unten etwas vor dem Startpunkt der Transkription, bei Position +1 liegt. In Zellen, in denen das Beta-Globin-Gen inaktiv ist, liegt die gesamte Region in Form von Nucleosomen vor. In den roten Blutkörperchen hingegen, die das Gen exprimieren, fehlt ein Nucleosom. Experimente von Beverly M. Emerson aus dem Labor des Autors zeigen, daß Proteinfaktoren im Zellkern durch ihre feste Bindung an diesen DNA-Bereich dafür sorgen, daß sich kein Nucleosom ausbilden kann. In der Abbildung ist das Ergebnis des Experiments zu sehen, mit dem die Bindungsstelle lokalisiert wurde. Man nimmt einen DNA-Strang, der an einem Ende radioaktiv markiert ist. Wird er milde mit Nuclease – einem Enzym, das DNA zerschneidet – angedaut, so bleiben die Stellen, an die sie die Proteinfaktoren gebunden haben, vor dem Abbau geschützt. Das obige Autoradiogramm zeigt die Wanderung von DNA-Fragmenten in einem Gel. Die Stücke wandern im Gel von rechts nach links, und zwar um so schneller, je kleiner sie sind. In der oberen Spur des Autoradiogramms sind die Wanderungsmuster von DNA-Fragmenten aus nackter DNA zu sehen. Die anderen Spuren zeigen von unten nach oben DNA-Präparationen, zu denen steigende Mengen des Proteinfaktors hinzugegeben wurden. Man kann zwei geschützte Bereiche erkennen (farbig markiert). Der Bereich links im Bild enthält eine lange Sequenz aus *GC*-Basenpaaren, die eine ungewöhnliche Sekundärstruktur annehmen können. Die rechte Region enthält eine fast perfekt gegenläufige komplementäre Sequenz von *GC*-Basenpaaren. Die grauen Bereiche zeigen die ungefähre Position des Nucleosoms, das jeweils auf den nucleosomenfreien Bereich folgt.

bewegliches DNA-Verbindungsstück miteinander verknüpft.

Nucleosomen und Chromatosomen lassen sich aus dem Zellkern durch unvollständige Verdauung mit speziellen Nucleasen isolieren. Diese Enzyme greifen bevorzugt die DNA-Verbindungsstücke an. Besonders resistent gegen die Nucleasebehandlung ist das aus acht Histon-Molekülen bestehende Kernstück der Nucleosomen mit eindreiviertel Windungen an DNA. Es macht bis an die Grenze des Möglichen Gebrauch von der Flexibilität der DNA. Das Problem einer kompakten Packung wird gelöst, indem die DNA fast so weit zu einer Superhelix verbogen wird, wie sie es noch ohne ernste Schädigung der Grundhelix aushält. Gleichzeitig sorgt die Aufwicklung auf Histonkerne dafür, daß die DNA trotz der platzsparenden Packung relativ zugänglich bleibt.

Das Nucleosom steht in der Strukturhierarchie des Chromatins an unterster Stelle. Auf der nächsthöheren Ebene sind die wie Perlen aneinandergereihten Nucleosomen wiederum zu Spulen – sogenannten Solenoiden – aufgewickelt, wobei sie Fasern von etwa 30 Nanometer Dicke bilden (1 Nanometer=1 Millionstel Millimeter). Diese Struktur haben erstmals Aaron Klug und John T. Finch vom Molekularbiologischen Labor des Medical Research Council in Cambridge vorgeschlagen.

Physikochemische Untersuchungen in meinem und in anderen Laboratorien haben detaillierte Informationen darüber geliefert, wie die Chromatosomen innerhalb dieser Fäserchen zusammengepackt sind (Bild 8). Jede Spulenwindung umfaßt etwa 1200 Basenpaare. Diese geordnete Verdichtung der DNA hat unter anderem zur Folge, daß Sequenzen, die eigentlich auf der DNA weit voneinander entfernt sind, innerhalb des Chromatins eng benachbart sein können.

Hyperempfindliche Domänen

Wie kann man aber nun diese Chromatinstrukturen mit den beschriebenen Regulationsmechanismen in Einklang bringen? Für diese Mechanismen muß die DNA offenbar frei zugänglich sein, damit sie mit den Proteinen zur Regulation der Transkription wechselwirken kann. Neuere Experimente deuten darauf hin, daß die Nucleosomenstruktur in der Promotorregion von gerade transkribierten Genen aufgelöst ist, so daß regulatorische Proteine freien Zugang zur DNA haben.

Solche nucleosomenfreie Bereiche (Domänen) verraten sich dadurch, daß sie ungewöhnlich leicht durch Nucleasen angegriffen werden. Dies beobachteten erstmals Sarah C. R. Elgin und Carl Wu – damals beide an der Harvard-Universität – bei Eukaryonten; Harold Weintraub untersuchte den Effekt intensiv am Fred Hutchinson-Krebszentrum in Seattle. Etwas Ähnliches hat Alexander Varshavsky vom Massachusetts Institute of Technology bei SV40-DNA beobachtet.

Im Jahre 1981 konnten James D. McGhee, William Wood und ich einen solchen hyperempfindlichen Bereich von etwa 200 Nucleotiden Länge im Beta-Globin-Gen der roten Blutkörperchen von Hühnern identifizieren. Diese Zellen exprimieren das Gen. Bei anderen Hühnerzellen, in denen dieses Gen stumm bleibt, läßt sich kein derart überempfindlicher Bereich feststellen.

Aus der Größe der hyperempfindlichen Domäne im Beta-Globin-Gen wird klar, daß sie kein normales Nucleosom enthalten kann. Wie Beverly M. Emerson in meinem Laboratorium zeigen konnte, sind in der hyperempfindlichen Domäne andere Proteine an die DNA gebunden. Sie verhindern im Reagenzglas die Bindung von Histonen. Wir haben diese Proteine teilweise gereinigt und ihre Interaktion mit der DNA untersucht. Es scheint mindestens zwei solche Nicht-Histon-Proteine zu geben, die sich fest und hoch-spezifisch an genau definierte DNA-Sequenzen innerhalb des nucleaseempfindlichen Bereichs binden.

Die genauen Bindungsstellen lassen sich mit Hilfe eines Experiments bestimmen, in dem man die DNA-Protein-Komplexe mit Nucleasen behandelt. Die Proteine schützen die DNA vor dem Angriff der Enzyme, so daß die Sequenzen, an die sie sich gebunden haben, sozusagen als molekulare Fußabdrücke unversehrt bleiben. Vor kurzem hat P. David Jackson in meinem Labor eine Methode entwickelt, um die molekularen Fußabdrücke der an die DNA gebundenen Proteine direkt im Zellkern zu bestimmen.

Die Untersuchung der Kerne aus den roten Blutkörperchen von Hühnern ergab, daß die geschützten Bereiche in der Nachbarschaft des Beta-Globin-Gens ein ganz ähnliches Muster aufweisen, wie es die im Reagenzglas durchgeführten Bindungsexperimente erbracht hatten. Dies zeigt, daß sich die von uns teilweise gereinigten Faktoren im Zellkern an genau dieselben Stellen binden. Wir können nach alldem mit guten Gründen annehmen, daß diese Schutzproteine helfen, die Expression des Beta-Globin-Gens zu regulieren.

Die Struktur der DNA im Bereich des aktiven Globin-Gens ist ein Beispiel dafür, wie kompliziert die Deformationen und Wechselwirkungen sind, die eine funktionierende DNA auszeichnen. Die hyperempfindliche Domäne enthält DNA-Abschnitte, die teilweise einzelsträngig werden können. Sie enthält überdies eine gegenläufig komplementäre Wiederholung sowie zahlreiche Methylierungsstellen. Zusätzlich zu den Sequenzen, an die sich Proteine innerhalb der Domäne binden, wechselwirken wahrscheinlich auch die CAAT- und TATA-Sequenzen (sie liegen dichter am Transkriptionsstart) mit ihren eigenen stellenspezifischen Proteinen. Die Ergebnisse unserer molekularen Fußspurensicherung im Zellkern deuten darauf hin, daß beiderseits dieser hyperempfindlichen Region Nucleosomen liegen und auf charakteristische Weise die DNA verformen.

Zwar habe ich hier vor allem die Mechanismen der Genregulation abgehandelt, doch ist die DNA noch in andere komplizierte Reaktionen verwickelt – Prozesse, die mit der Replikation, also der Verdopplung des DNA-Moleküls, und mit der Umlagerung von DNA-Abschnitten innerhalb des Genoms zu tun haben. Bei allen diesen Reaktionen spielen die Reaktivität und die Beweglichkeit des DNA-Moleküls eine wichtige Rolle. Wie diese Reaktionen biochemisch im einzelnen ablaufen, wird sich wahrscheinlich innerhalb der nächsten zehn Jahre klären lassen, und zwar mit physikochemischen Methoden und den leistungsfähigen gentechnologischen Verfahren, mit denen sich DNA-Sequenzen isolieren und gezielt manipulieren lassen.

Krebsgene

Entdeckt wurden Krebsgene in Viren, die bei Wirbeltieren Tumoren verursachen, aber enge Verwandte von ihnen gehören auch zur üblichen genetischen Ausstattung völlig normaler Zellen. Möglicherweise trägt also jede Zelle bereits den Keim der Vernichtung in sich.

Von J. Michael Bishop

Kann man eigentlich verstehen, was in Krebszellen vor sich geht? Da man bis heute noch nicht einmal weiß, wie normale Zellen ihr Wachstum regulieren, mag der Glaube, die abnormen Regeln im Wachstum einer Krebszelle entschlüsseln zu können, geradezu vermessen erscheinen. Doch gibt es viele Beispiele in der Geschichte der Biologie, die zeigen, daß gerade das Studium von Abnormitäten Licht in normale Lebensprozesse brachte. Die jüngsten Entwicklungen in der Krebsforschung ergänzen die Geschichte nun um ein weiteres erregendes Beispiel. Zum ersten Mal lichtete sich ein wenig das Dunkel um die Vorgänge, die in normalen Zellen ein Krebswachstum induzieren können. So entdeckte man Enzyme, die solche Vorgänge katalysieren, und darüber hinaus die Gene, die jene Enzyme codieren.

Zu verdanken haben wir diese Fortschritte den Forschungen über tierische Tumorviren. Seit einigen Jahren sucht man geradezu besessen nach Viren, die beim Menschen Krebs verursachen können. Doch bislang mit wenig Erfolg, und so begannen viele Forscher zu zweifeln, ob solche Krankheitserreger bei menschlichen Krebsformen überhaupt eine größere Rolle spielen. Einige Viren erzeugen jedoch Tumoren in Tieren, und so versuchte man dort, die grundlegenden Prozesse zu klären, die in einer Krebszelle schieflaufen. Dieser Versuch hat sich nun endlich gelohnt.

Zwar wurden die Gene, die etwas mit der Entstehung von Krebs zu tun haben, zuerst in Viren entdeckt, doch gehören sie nicht zu deren Urinventar. Ja, sie sind nicht einmal eine Besonderheit von Tumorzellen; denn man trifft sie ebensogut in normalen Zellen an. Möglicherweise sind diese Gene für das Leben einer solchen Zelle genauso notwendig, wie sie es für das ungezügelte Wachstum einer Krebszelle zu sein scheinen. Vielleicht hat man hier eine Station gefunden, von der aus alle Tumoren einen gemeinsamen Entwicklungsweg nehmen.

Tumorviren

Ein Virus ist kaum mehr als ein Bündel genetischer Information, verpackt in einer Eiweißhülle. Anders als in höheren Zellen kann hier das genetische Archiv nicht nur von Desoxyribonucleinsäure, sondern auch von Ribonucleinsäure verkörpert werden (international abgekürzt: DNA und RNA). Beide Molekülarten bestehen aus langen Strängen, die sich aus vier verschiedenen chemischen Grundbausteinen, den Nucleotiden, zusammensetzen. Die Reihenfolge dieser Nucleotide stellt eine verschlüsselte Botschaft dar, wobei die einzelnen Sätze jeweils dem entsprechen, was man so landläufig als Gen bezeichnet. Die dort codierten Anweisungen werden auf verschiedene Weise ausgeführt. Meist gibt die Nucleotidsequenz an, in welcher Reihenfolge Aminosäuren zu einem bestimmten Eiweißmolekül – beispielsweise einem Enzym oder einem Strukturprotein – zusammenzusetzen sind. Manche Viren kommen mit weniger als fünf Genen aus, aber selbst die verschwenderischsten beherbergen nicht mehr als ein paar hundert Gene. Die Zellen höherer Organismen dagegen haben ein Genom, also eine genetische Gesamtausstattung, aus Zehntausenden solcher Gene. Viren vermehren sich ähnlich wie Zellen, die wachsen und sich teilen. Weil aber Viren viel einfacher gebaut sind, lassen sie sich auch viel leichter untersuchen und verstehen als eine komplexe Zelle.

In Zellen wird die DNA zuerst in einen Strang Boten-RNA abgeschrieben (transkribiert) und dann in Proteine übersetzt (translatiert). Ein Virus schiebt seine genetische Information einfach dieser Übersetzungsmaschinerie unter, so daß die infizierte Zelle zwangsläufig virale Proteine produziert. Einige davon vervielfältigen das virale Genom, andere lagern sich mit den Kopien zu neuen Viruspartikeln zusammen, und wieder andere führen irgendwelche Anweisungen der viralen Gene aus. In manchen Fällen enthalten die Anweisungen auch einen Befehl, der eine normale Wirtszelle zum Tumorwachstum veranlaßt.

Der Verdacht, daß Viren Tumoren verursachen können, wurde erstmals um die Jahrhundertwende geäußert. Im Jahre 1910 machte Peyton Rous vom Rockefeller Institut für Medizinische Forschung eine entscheidende Entdeckung: Zellfreie Extrakte bestimmter, bei Hühnern auftretender Tumoren – Sarkome genannt – konnten in anderen Hühnern neue Sarkome induzieren. Doch seine Berichte wurden schlecht aufgenommen, und wegen der Mißbilligung seiner Kollegen gab Rous schließlich seine Untersuchungen an Tumorviren auf. Erst Jahrzehnte später ließ sich die Existenz der von Rous vermuteten Viren – genauso wie die von anderen Tumorviren – zweifelsfrei beweisen: Neuartige physikalische Reinigungsverfahren und das Elektronenmikroskop machten es möglich. Die Krebsforschung stürzte sich auf die neuen Tumorviren, und heute gehören sie zum alltäglichen Handwerkszeug. Endlich wußte man auch Rous' Arbeit zu würdigen; 1966 erhielt der damals schon Fünfundachtzigjährige den Nobelpreis.

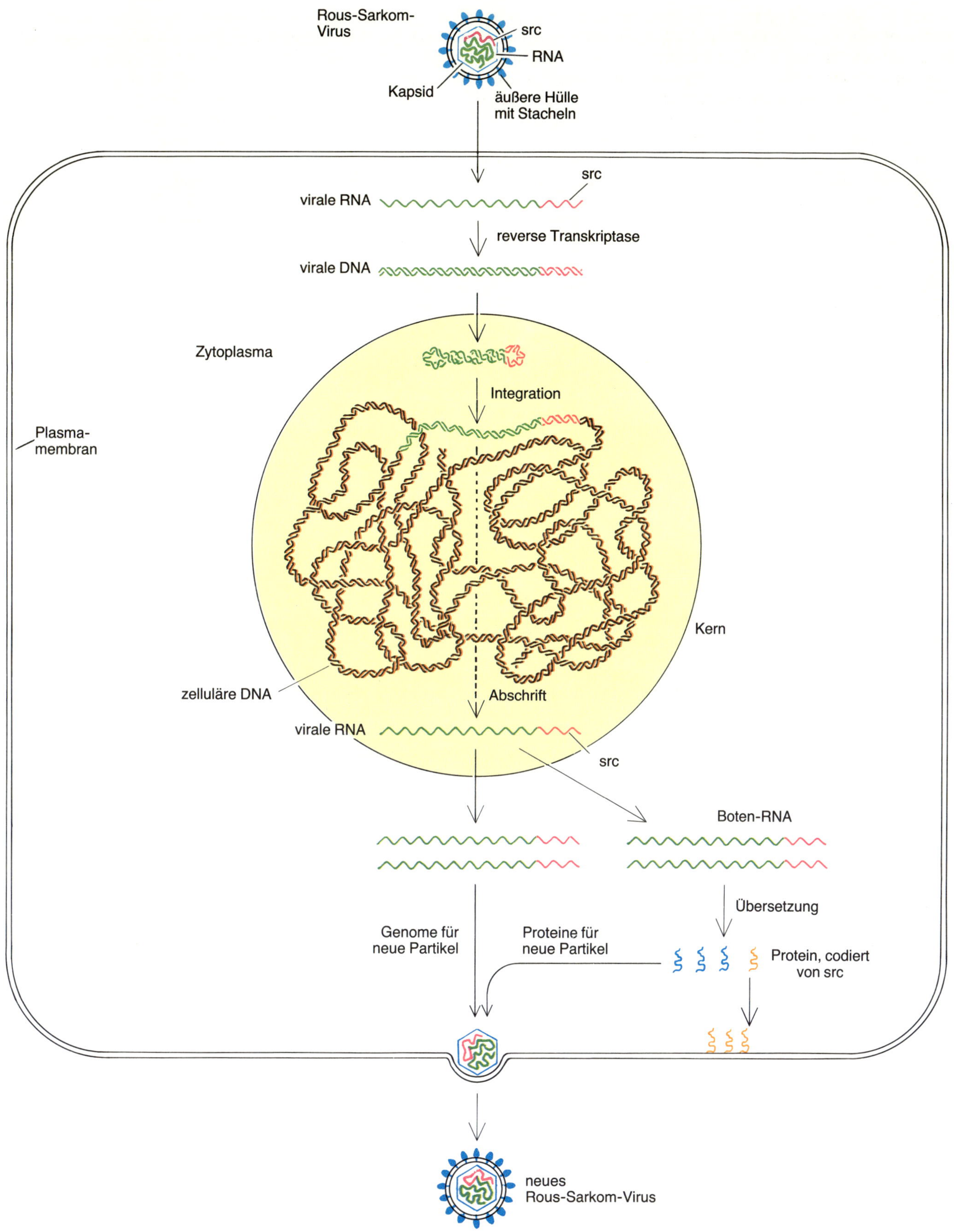

Bild 1: Ein Krebsgen mit der Bezeichnung src – es induziert in Hühnern Sarkome – sitzt im genetischen Material des Rous-Sarkom-Virus. Dieses zählt zu den Retroviren, die anstelle von Desoxyribonucleinsäure (international abgekürzt DNA) einzelsträngige Ribonucleinsäure (international abgekürzt RNA) als Erbsubstanz besitzen. Infiziert ein Retrovirus eine Zelle, so wird die virale RNA mit Hilfe eines viruseigenen Enzyms, der reversen Transkriptase, in eine doppelsträngige DNA umgeschrieben. Die DNA bildet im Zellkern zunächst einen Ring, der dann geöffnet und in die DNA der Wirtszelle integriert wird. Wenn nun zelluläre Enzyme die Wirts-DNA in Boten-RNA abschreiben, entstehen gleichzeitig auch RNA-Kopien der viralen DNA (gestrichelter Pfeil). Ein Teil der Kopien wird später als virales Genom in neugebildete Viruspartikel eingepackt. Der Rest dient als Boten-RNA, deren Anweisungen die zelluläre Synthesemaschinerie in virale Proteine übersetzt. Sie liefern die Verpackung für die virale RNA. Nur das Produkt des src-Gens tanzt aus der Reihe: Es ist ein Enzym, das zu den Kinasen zählt und sich an die Innenseite der Plasmamembran heftet, wo es Proteine phosphoryliert. Damit veranlaßt das Enzym die Zelle zu einem krebsartigen Wachstum.

Einige Tumorviren wirken nur in Tierarten onkogen (krebserregend), die gar nicht ihre natürlichen Wirte sind, andere dagegen tun dies nur in ihren normalen Wirten. Wie es zu diesem unterschiedlichen Verhalten kommt, ist erst teilweise geklärt, doch spielt das für Krebsforscher auch keine so große Rolle. Weitaus wichtiger erscheint ihnen, daß sie nun gezielt und mit ziemlich einfachen Mitteln reproduzierbare Tumoren erzeugen können. Daß man dabei manchmal auf merkwürdige Kombinationen von Wirt und Virus zurückgreifen muß, tut der Sache keinen Abbruch.

Transformation

Viele Tumorviren haben eine besonders wertvolle praktische Eigenschaft: Sie können auch in Zellen einer Gewebekultur deutlich sichtbare Veränderungen hervorrufen, die denen in Tumorzellen ähneln (Bild 2). Eine solche infizierte Kultur ermöglicht es, die Wechselwirkungen zwischen Tumorvirus und Wirtszellen unter kontrollierten Versuchsbedingungen zu studieren. Damit umgeht man alle Schwierigkeiten, die mit Tierexperimenten verbunden sind. Man sollte allerdings nicht vergessen, daß einige Tumorviren normale in Kultur gehaltene Zellen nicht umwandeln (transformieren), sich im Tierexperiment aber trotzdem als hochonkogen erweisen.

In der Fähigkeit oder Unfähigkeit eines Tumorvirus, kultivierte Zellen zu transformieren, spiegelt sich auch der Entstehungsverlauf der von ihm induzierten Tumoren wider. So zeigt sich bei der einen Gruppe von Viren ein einziges Gen für die tumorinduzierende Eigenschaft verantwortlich (bei manchen fand man auch mehrere solcher „Onkogene“). Da virale Krebsgene sehr dominant sind, gewinnen sie rasch über alle zelleigenen Gene die Oberhand. Die meisten, vielleicht sogar alle damit ausgestatteten Viren können auch Zellen einer Gewebekultur transformieren. Der Nachweis einer solchen Transformation ist daher fast schon ein Beweis, daß das geprüfte Virus ein Krebsgen enthält. Die andere Gruppe von Tumorviren besitzt keine speziellen Krebsgene und induziert Geschwülste auf subtilere Art und Weise. Solche Viren transformieren kultivierte Zellen nicht und arbeiten auch nur langsam. In vielen Fällen dauert es sechs bis zwölf Monate, bis ein Tumor sichtbar wird. Bei Viren mit Krebsgenen dagegen zeigt sich die Wirkung schon nach wenigen Tagen bis Wochen.

Charakteristisch für beide Wege der Tumorentstehung ist, daß das virale Genom in den Tumorzellen bis zu deren Tod überdauert (persistiert). In den meisten Fällen wird es der zellulären DNA eingepflanzt, so daß die viralen Gene völlig in die Chromosomen der Zelle integriert sind. Manchmal scheint das Genom eines Tumorvirus auch als selbständige Einheit (als eine Art Minichromosom) in den Zellen zu überleben, wo es

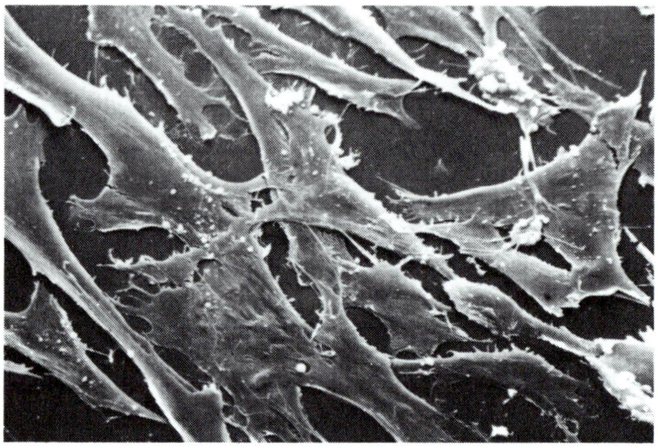

Bild 2: Die rasterelektronenmikroskopische Aufnahme zeigt Zellkulturen normaler (links) und mit dem Rous-Sarkom-Virus infizierter Zellen (rechts). Normale, gesunde Fibroblasten (Bindegewebszellen) bleiben am Boden ihrer Kulturschale haften. Sie sehen platt und langgestreckt aus (linkes Foto). Nach der Infektion mit Rous-Sarkom-Viren runden sich die Zellen ab und bilden kleine Nester (rechtes Foto). Man sagt, das Virus habe die Zellen transformiert. Die Ursache für die Transformation ist wahrscheinlich die Phosphorylierung zellulärer Proteine durch das vom src-Gen codierte Enzym. Die Aufnahmen stammen von G. Steven Martin an der Universität von Kalifornien in Berkeley.

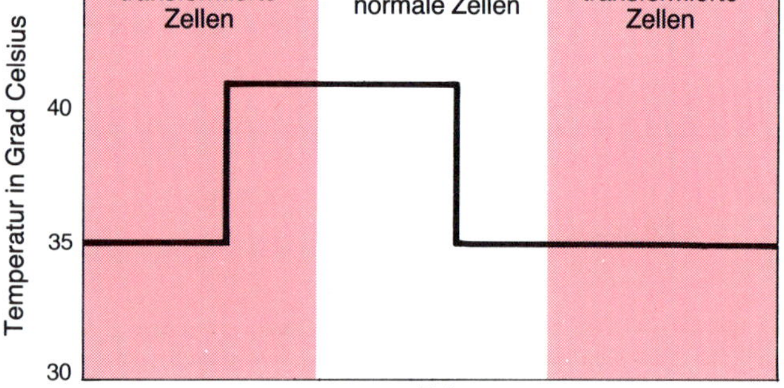

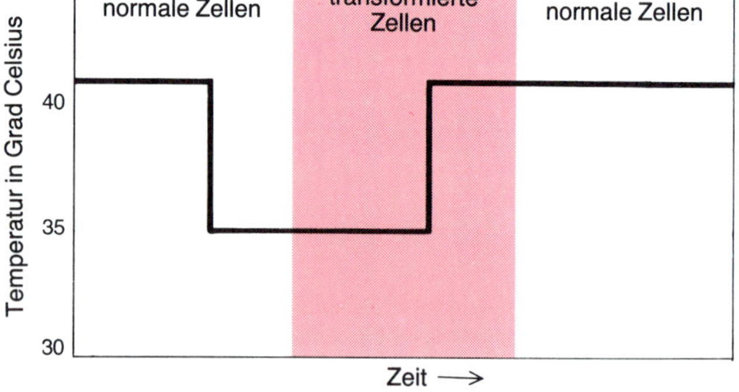

Bild 3: Vom Rous-Sarkom-Virus kennt man eine Mutante, die nur unter bestimmten Temperaturbedingungen die von ihr infizierten Zellen transformieren kann. So sehen die Zellen bei 35 Grad Celsius wie im oberen rechten Bild, bei Temperaturen von 41 Grad Celsius jedoch normal, also wie links oben, aus. Die Umkehrung läßt sich beliebig wiederholen. Die Entdeckung solcher „konditionellen“ Virusmutanten legt den Schluß nahe, daß ein virales Gen die Transformation verursacht, und zwar vermutlich über ein von ihm codiertes und in der Mutante nun temperaturempfindliches Produkt. Dieses Produkt – ein Enzym – ist zugleich für die Aufrechterhaltung des transformierten Zustandes erforderlich.

sich dann unabhängig von den Zellchromosomen teilt und vermehrt. Anscheinend müssen die viralen Genome ständig vorhanden sein, damit ein Tumor wächst – entweder weil ein Krebsgen nur so einen dauernden Einfluß auf die Zelle ausüben kann, oder weil nur so die weniger direkten Prozesse in Gang bleiben, die man bei Tumorviren ohne Krebsgene vermutet.

Die geheimnisvollen Vorgänge um die virusinduzierten Geschwülste haben gelegentlich die Hypothese von einem Auslösemechanismus aufkommen lassen. Danach soll eine vorübergehende Virusinfektion in den Zellen eine Reihe von Prozessen in Gang setzen, die letzten Endes zu einem Tumor führen, und zwar ohne daß von dem auslösenden Virus auch nur eine Spur zurückbleiben müßte. Für diese Hypothese gibt es aber nun kaum eine Stütze mehr.

Retroviren

Das von Rous entdeckte Sarkomvirus gehört zu einer Familie, die als Retroviren bekannt ist. Ihre Mitglieder stellen die einzigen Tumorviren mit einem RNA-Genom dar. Retroviren haben uns den bisher umfassendsten Einblick in die Tumorentstehung gewährt. Drei ihrer Eigenschaften erwiesen sich dabei als besonders nützlich. Erstens kommen Retroviren in sehr vielen Arten von Wirbeltieren vor, wo sie verschiedenartige Tumortypen induzieren, die experimentelle Modelle für viele menschliche Krebsarten liefern. Zweitens lassen sich nicht nur die Krebsgene der Retroviren, sondern auch deren Produkte relativ einfach identifizieren und isolieren. Daher haben Retroviren uns den ersten Einblick in jene chemischen Prozesse erlaubt, die mit dem Krebswachstum einhergehen. Drittens finden sich Krebsgene von Retroviren nicht nur als natürliche Bestandteile des viralen Genoms. Es sieht vielmehr so aus, als seien sie Kopien von bestimmten Genen der Wirbeltierart, in der die Retroviren sich vermehren. Grund genug anzunehmen, daß diese zellulären Gene, von denen die Krebsgene der Retroviren offensichtlich abstammen, etwas mit der Tumorinduktion durch nicht-virale Agentien zu tun haben. So sind die Virologen in ihrem Bemühen, dem Ursprung der Krebsgene auf die Spur zu kommen, auf genetische Mechanismen gestoßen, die wahrscheinlich vielen Krebsarten zugrunde liegen.

Retroviren leiten ihren Namen aus einem einzigartigen Vorgang während ihres Lebenszyklus ab: ihre RNA muß nämlich erst in DNA „zurückgeschrieben" werden, damit eine Vermehrung stattfinden kann. Dieser ungewöhnliche

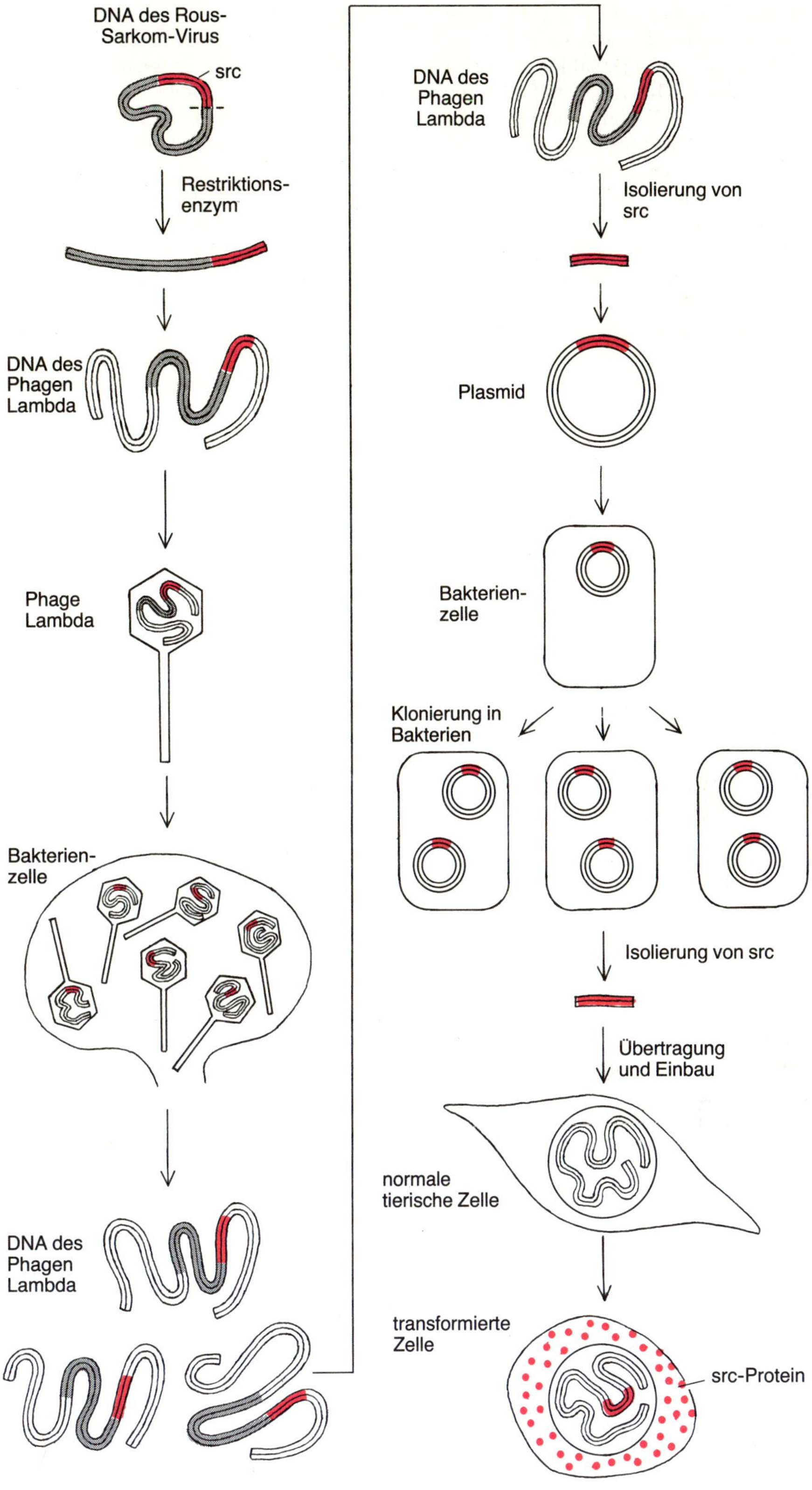

Bild 4: Das Krebsgen des Rous-Sarkom-Virus ließ sich mit Hilfe gentechnologischer Methoden gewinnen und auf seine Transformationsfähigkeit prüfen. Im ersten Schritt isoliert man aus frisch infizierten Zellen die darin hergestellte ringförmige Virus-DNA, öffnet sie mit einem sogenannten Restriktionsenzym und setzt sie in das Genom von Lambda, einem Bakteriophagen (Bakterienvirus), ein. Mit dem Phagen infizierte Bakterien vermehren nun sowohl die Phagen- als auch die Virus-DNA, so daß genügend Ausgangsmaterial für die weitere Prozedur vorhanden ist. (Die Gentechniker nennen das Klonierung.) Die DNA zerlegt man anschließend mit einem Restriktionsenzym, um ein Bruchstück zu gewinnen, das praktisch nur noch das src-Gen enthält. Dieses Fragment wird in ein Plasmid (das sind kleine ringförmige Zusatzchromosomen von Bakterien) eingebaut und als Schmuggelgut in Bakterien gebracht. Mit den Bakterien vermehren sich auch die Plasmide, aus denen sich nun wieder große Mengen des src-Gens isolieren lassen. Bringt man das gereinigte Gen in tierische, in Kultur gehaltene Zellen, so veranlaßt es die Synthese von Proteinen, die transformierend wirken.

Prozeß vollzieht sich durch ein Enzym namens reverse Transkriptase. Es wurde im Jahre 1970 von David Baltimore vom Massachusetts Institut für Technologie sowie Satoshi Mizutani und Howard M. Temin von der Universität Wisconsin in Partikeln wie dem Rous-Sarkom-Virus entdeckt. Eine sensationelle Entdekkung, und das in mehrerer Hinsicht. Sie erschütterte den bis dahin allgemein verbreiteten Glauben an das sogenannte „zentrale Dogma der Molekularbiologie", nämlich daß die genetische Information immer von der DNA zur RNA fließt. Gleichzeitig führte die Entdekkung zu einer Flut wissenschaftlicher Untersuchungen über Retroviren, weil man nun plötzlich verstand, wie sich diese Art Viren vermehrt. Und nicht zuletzt bot die reverse Transkriptase ein entscheidendes Hilfsmittel für die sich gerade entwickelnde Technologie der Genchirurgie.

Der Lebenszyklus eines Retrovirus ist ein Wunder an Zusammenarbeit zwischen Parasit und Wirtszelle. Der Erfolg einer Infektion beruht auf der großzügigen Gastfreundschaft der Zelle, und doch behält das Virus die ablaufenden Ereignisse weitgehend unter Kontrolle. In den ersten Stunden der Infektion wird die virale RNA durch die reverse Transkriptase in DNA umgeschrieben (Bild 1). Anschließend erfolgt die Integration dieser DNA in das Genom der Wirtszelle. Dadurch werden nicht nur die viralen Gene zusammen mit den zellulären Genen vermehrt, sondern auch ihre Anweisungen gehorsam von der zelleigenen Synthesemaschinerie ausgeführt.

In den meisten Fällen ist ein Befall mit Retroviren für die Zelle harmlos. Sie bietet dem Virus eine neue und vielleicht dauerhafte Heimat, produziert neue Viruspartikel und läßt diese schließlich auswandern – und das alles, ohne einen Schaden zu erleiden. Eine Tumorinduktion läßt jedoch die Partnerschaft zerbrechen. Falls der Gast ein Krebsgen besitzt, vermag dessen Aktivität die Zelle zu unkontrollierter Vermehrung zu zwingen. Und falls er keines besitzt, kann alleine schon die Integration seiner DNA solche Folgen haben – nämlich dann, wenn sich die eingebaute DNA störend auf das sie einschließende oder benachbarte Gen auswirkt. Anders ausgedrückt: Der Einbau kann eine Mutation in den Genen der Wirtszelle verursachen, und wenn dies an bestimmten Stellen geschieht, wird möglicherweise ein Tumorwachstum ausgelöst. Die Induktion durch ein Krebsgen und die durch einen ungünstigen Einbau erscheinen zwar auf den ersten Blick wie zwei völlig verschiedene Ereignisse, doch werde ich im folgenden zeigen, daß beide engstens miteinander verknüpft sind.

Das src-Gen

Das Krebsgen des Rous-Sarkom-Virus war das erste in der Reihe, daß sich einer experimentellen Analyse erschloß. Den entscheidenden Anfang machte 1970 G. Steven Martin an der Universität von Kalifornien in Berkeley, als er temperaturempfindliche „konditionelle" Virusmutanten isolierte, die je nach Versuchsbedingungen Zellen einer Gewebekultur nicht mehr transformieren konnten. Eine konditionelle Mutation ist ein hervorragendes Werkzeug in der Hand des Experimentators, weil sich mit ihr das betroffene Gen reversibel inaktivieren läßt. Infiziert man kultivierte Zellen mit einer solchen temperatursensitiven Mutante des Rous-Sarkom-Virus und hält sie bei der „zulassenden" (permissiven) Temperatur, so werden sie transformiert. Steigert man die Wärmezufuhr bis zur „beschränkenden" (restriktiven) Temperatur, so gewinnen die transformierten Zellen innerhalb von Stunden ihr ursprüngliches normales Aussehen zurück. Sie werden nur wieder umgewandelt, wenn man die Temperatur senkt (Bild 3). Da man davon ausgeht, daß die restriktive Temperatur ein temperatursen-

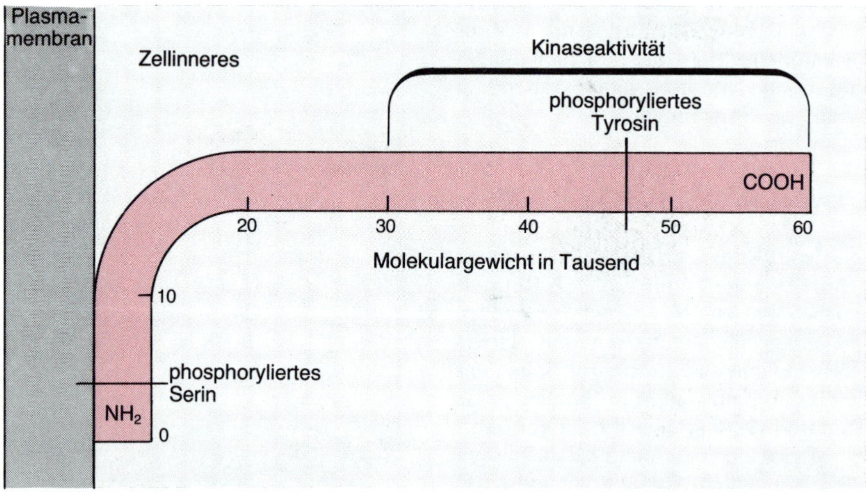

Bild 5: Das Krebsgen des Rous-Sarkom-Virus codiert für ein Protein mit Namen pp60v-src. Das Molekül besteht aus einer Kette von ungefähr 520 Aminosäuren und wirkt als Proteinkinase, das heißt als Enzym, das Phosphatgruppen auf andere Proteine überträgt. Es heftet sich mit seinem nahe dem NH_2-Ende gelegenen Abschnitt an die Plasmamembran der Zellen. Seine andere Hälfte hängt frei ins Zytoplasma und beherbergt das aktive phosphorylierende Zentrum. Das Enzym selbst trägt zwei phosphorylierte Aminosäuren: Serin und Tyrosin.

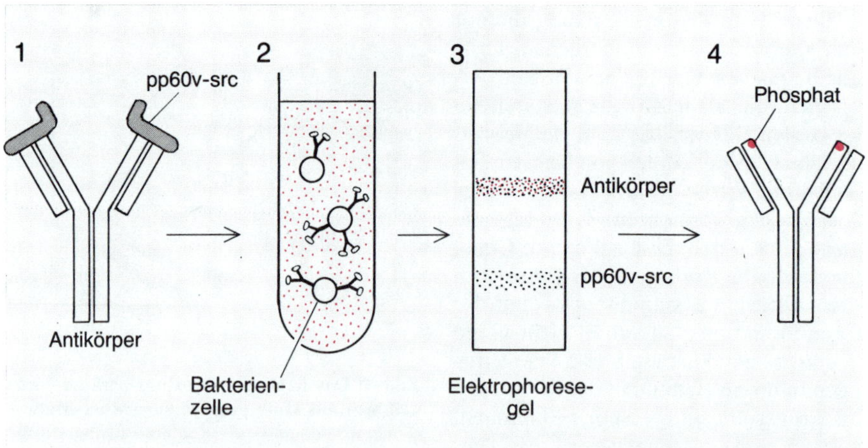

Bild 6: Die Proteinkinaseaktivität von pp60v-src wurde durch Zufall entdeckt. Kaninchen, in denen mit Rous-Sarkom-Viren Tumoren induziert wurden, bilden Antikörper gegen pp60v-src. Diese Antikörper formen mit dem Enzym Komplexe (1), die sich auf der Zelloberfläche von Bakterien immobilisieren lassen (2). Bevor man pp60v-src und die Antikörper gelelektrophoretisch voneinander trennte, gab man zu der Lösung radioaktiv markiertes Phosphat (farbige Punkte). Die Radioaktivität fand sich dann in der Bande der Antikörper wieder (3). Das immobilisierte pp60v-src hatte die Übertragung von Phosphatgruppen auf einen einzigen Tyrosinrest in jeder der beiden schweren Ketten des Antikörpermoleküls katalysiert (4).

sitives Gen inaktiviert, muß der transformierte Zustand das Ergebnis eines kontinuierlich arbeitenden Gens sein. Wahrscheinlich wirkt sich die erhöhte Temperatur nicht direkt auf das mutierte Gen aus, sondern vielmehr auf dessen nun strukturell verändertes Produkt (ein Protein), das dann durch ein Zuviel an Wärme erheblich in seiner Aktivität beeinträchtigt werden kann.

Das Gen, von dem Martin einen ersten flüchtigen Blick erhaschte, trägt heute die Bezeichnung src (nach Sarkom, der von ihm induzierten Tumorform). Es ist das Krebsgen des Rous-Sarkom-Virus. Bald bekam man es besser in den Griff, als Peter H. Duesberg in Berkeley sowie Charles Weissmann, Martin Billeter und John M. Coffin von der Universität Zürich mit Stämmen des Rous-Sarkom-Virus arbeiteten, die Peter K. Vogt von der Universität in Southern California isoliert hatte. Diese Stämme waren sogenannte Deletionsmutanten, die ihr Krebsgen verloren hatten. Sie konnten daher keine Tumoren mehr induzieren oder Zellen transformieren. Duesberg und Weissmann mit seinen Kollegen zerlegten die Genome der Deletionsmutanten und des krebserregenden Wildtyps mit Hilfe des Enzyms Ribonuclease in kleine Abschnitte. Als sie dann wußten, welches Fragment nur im Wildtyp vorhanden war, konnten sie auch die Position des darauﬂiegenden Krebsgens bestimmen. Es saß dicht an einem Ende des Virusgenoms.

In den letzten Jahren nutzte man die neuen wirkungsvollen Techniken der Gentechnologie, um Krebsgene und deren krebserregende Eigenschaften genauer zu untersuchen. So erlaubt es eine ganze Batterie von Enzymen – die Restriktionsendonucleasen – jede DNA an dafür spezifischen Stellen zu zerschnei-

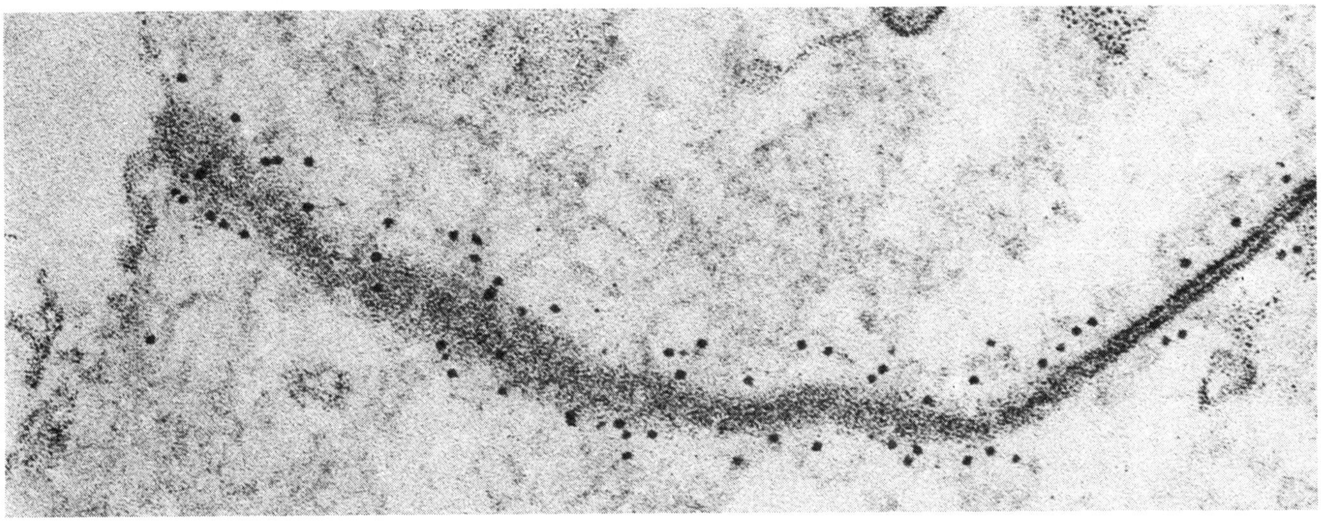

Bild 7: Die elektronenoptische Aufnahme von Mark C. Willingham und Ira H. Pastan vom amerikanischen Nationalen Krebsinstitut zeigt, wo das src-Protein in den Zellen lokalisiert ist. Hierzu wurden Zellen mit dem Rous-Sarkom-Virus infiziert, in mikroskopischdünne Scheiben geschnitten und mit Kaninchen-Antikörpern gegen pp60v-src behandelt. An diese Antikörper hatte man mit Hilfe anderer Antikörper Ferritin angelagert – eine Substanz, die für Elektronen nicht durchlässig ist. Die dunklen Ferritinflecken verrieten, daß das virale Protein pp60v-src bevorzugt an den Plasmamembranen sitzt, die hier als teilweise verschwommene doppelte Begrenzungslinie zwischen zwei Zellen erscheinen.

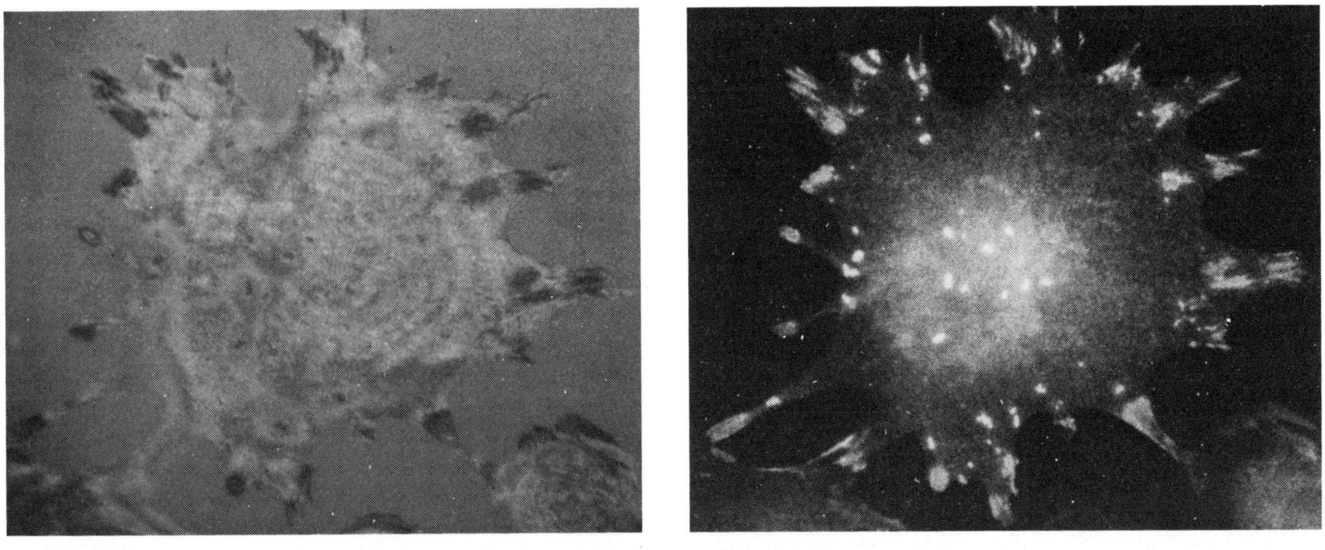

Bild 8: Das Protein pp60v-src wirkt auf bestimmte Membranstellen, mit denen die Zellen einer Kultur an Oberflächen haften. In der Interferenzaufnahme links erscheinen die Adhäsionsplaques – wie diese Stellen auch heißen – als dunkle Flecken in den zahlreichen Ausläufern der Zelle. Behandelt man die gleiche Zelle mit Antikörpern gegen pp60v-src, die zusätzlich einen Fluoreszenzfarbstoff tragen, so läßt sich bei Beleuchtung mit ultraviolettem Licht (rechte Aufnahme) erkennen, daß der Löwenanteil des viralen Proteins sich an den Adhäsionsplaques versammelt. Die Aufnahme stammt von Larry R. Rohrschneider, der am Fred Hutchinson Krebszentrum in Seattle arbeitet.

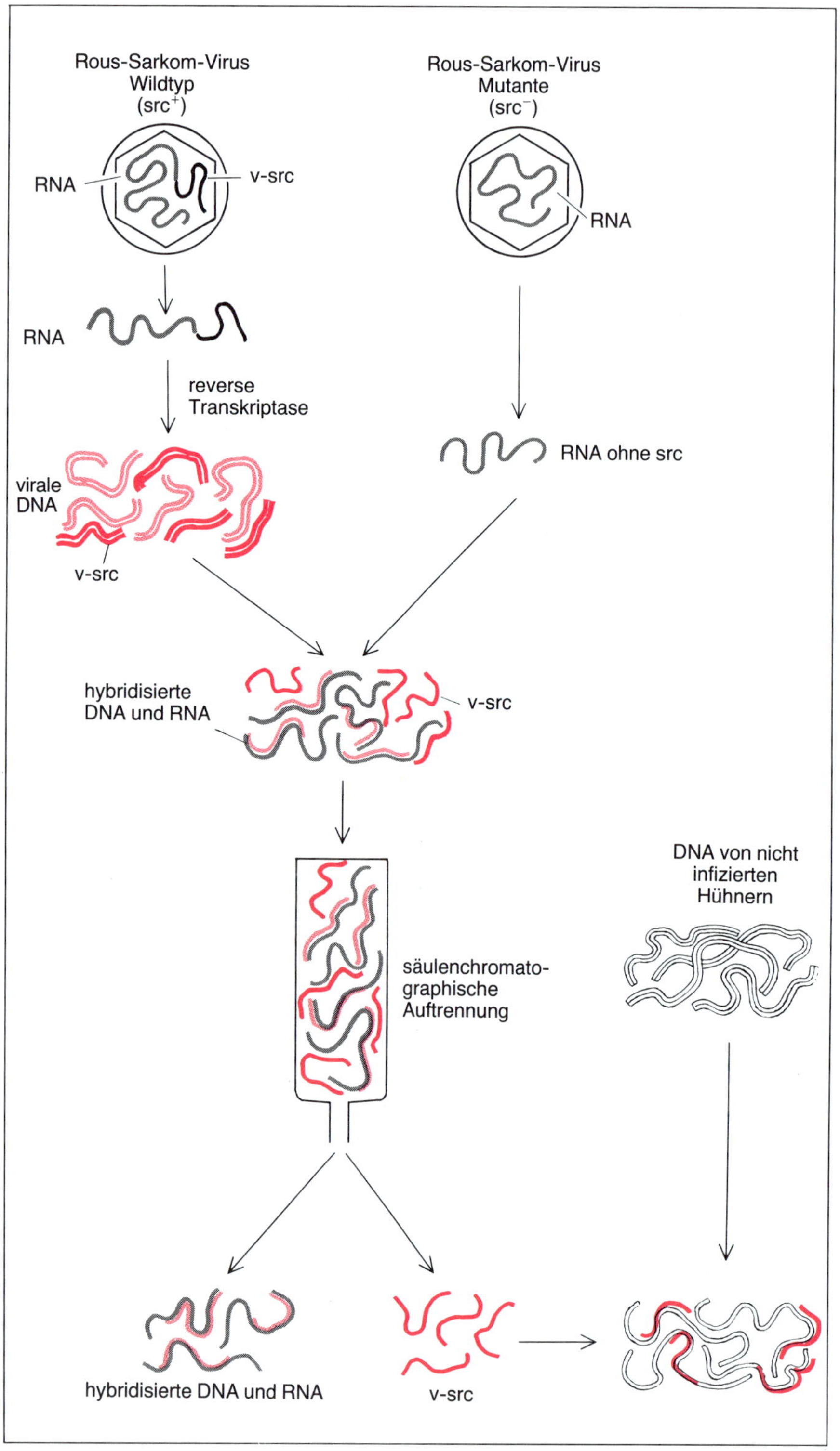

Bild 9: Eine Art DNA-Sonde, mit der man in normalen Zellen das src-Gen auffinden kann, wurde von Dominique Stehelin hergestellt. Dazu isolierte er aus gewöhnlichen Rous-Sarkom-Viren die RNA mitsamt dem src-Gen (oben links) und ließ sie durch das Enzym reverse Transkriptase in doppelsträngige DNA umschreiben. Als Ausgangsmaterial bot er radioaktiv markierte DNA-Bausteine an. Die daraus entstandenen radioaktiven DNA-Abschnitte (farbig) wurden denaturiert, das heißt in die beiden komplementären DNA-Stränge zerlegt. Anschließend mischte Stehelin die nun einzelsträngige DNA mit der RNA aus einer Virusmutante, der das src-Gen fehlte (rechts oben). Einzelsträngige DNA-Moleküle legen sich unter geeigneten Bedingungen mit passenden komplementären DNA- oder RNA-Strängen zu „gemischten" (hybriden) Doppelsträngen zusammen. Das geschah auch hier, nur daß Fragmente, die das src-Gen tragen, keinen Partner finden konnten. Diese radioaktiven DNA-Fragmente wurden durch ein bestimmtes chemisches Verfahren (durch Säulenchromotographie) von den DNA-RNA-Hybriden getrennt und lieferten die gewünschte „Gensonde". Als man sie mit denaturisierter DNA aus normalen Hühnerzellen mischte, fand wieder eine Hybridisierung statt. Mit anderen Worten: Es mußte in der DNA gesunder Hühnerzellen ein Gegenstück zum viralen Krebsgen src existieren. Dieses Gegenstück – ein zelluläres Proto-Krebsgen – erhielt die Bezeichnung c-src (das c steht für das englische Wort *cell*).

den. Mit einer ganzen Reihe von Tricks kann man die einzelnen DNA-Fragmente in Bakterien einschmuggeln und dort vermehren (klonieren). Die daraus reisolierte DNA läßt sich dann in die Zellen einer Gewebekultur übertragen, wo sie ihr Genprodukt erzeugt. Nach der gleichen Methode kann man die aus der RNA abgeschriebene virale DNA in kleine, nur ein einziges Gen tragende Stücke zerlegen und herausbekommen, welche davon eigentlich eine Transformation verursachen (Bild 4). Beim Rous-Sarkom-Virus ist – wie die Analysen zeigen – für die Transformation ein Gen verantwortlich, das für ein bestimmtes Protein codiert. Daraus folgt, daß ein einziges Gen, das die Synthese eines einzigen Proteins veranlaßt, die für Krebszellen charakteristische Veränderungen hervorbringen kann. Dieses Protein und seine Wirkungsweise zu kennen, heißt auch besser die Vorgänge zu verstehen, die einen bösartigen Tumor erzeugen.

Daß heute das Protein des src-Gens bekannt ist, verdanken wir vor allem Raymond L. Erikson und dessen Kollegen von der Medizinischen Hochschule der Colorado-Universität. Sie suchten zunächst nach einem Protein, das im Reagenzglas nur vom Genom des Wildtyps, aber nicht von dem der Deletionsmutante gebildet wird. Dann induzierten sie mit normalen Rous-Sarkom-Viren Geschwülste in Kaninchen, die daraufhin Antikörper gegen das vermutete src-Protein produzierten. Diese Antikörper reagierten spezifisch mit dem im Reagenzglas gefundenen Protein und außerdem mit einem identischen Protein aus Zellkulturen, die man mit dem src-Gen transformiert hatte. Alles in allem eine überzeugende Identifizierung des Proteins, das vom src-Gen codiert wird. Es erhielt die Bezeichnung pp60v-src. Das „pp" soll andeuten, daß es sich um ein Phosphoprotein handelt, also um ein Eiweißmolekül, an dem Phosphatgruppen hängen. Die „60" bezieht sich auf das Molekulargewicht von 60 000, und das „v-src" kennzeichnet die genetische Herkunft – also das virale src-Gen (Bild 5).

Ein Krebsenzym

Wie bringt aber nun das Proteinprodukt des src-Gens eine Zelle dazu, krebsartig zu wachsen? Zu der Zeit, als das Protein isoliert wurde, schien dies eine entmutigende, schwierige Frage zu sein. Aber eine erste Antwort kam unerwartet schnell, als man entdeckte, daß pp60v-src als Proteinkinase arbeitet (Bild 6). Solche Kinasen sind Enzyme, die Phosphat-Ionen an die Aminosäuren eines Eiweißmoleküls heften – ein Vorgang, den man Phosphorylierung nennt. Die Entdecker waren Erikson und sein Kollege Mark S. Collett sowie – unabhängig von ihnen – Arthur Levinson, der mit Harold E. Varmus und mir in unserem Laboratorium an der Medizinischen Hochschule von Kalifornien arbeitete.

Bald darauf berichteten Tony Hunter und Bartholomew M. Sefton vom Salk Institut für Biologie, daß pp60v-src spezifisch die Aminosäure Tyrosin phosphoryliert. Damit unterschied sich das Enzym von allen bis dahin bekannten Kinasen, die Phosphat-Ionen an die Aminosäuren Serin und Threonin hängen. Inzwischen stellte sich heraus, daß die Phosphorylierung von Tyrosin eine charakteristische Eigenschaft der von Krebsgenen codierten Enzyme ist und überraschenderweise auch bei der Wachstumsregulation einer normalen Zelle eine Rolle spielt.

Noch vor wenigen Jahren hielten die meisten Biologen Phosphat für eine Allerweltssubstanz und die Phosphorylierung von Proteinen für einen unbedeutenden Vorgang. Heute weiß man, daß dieser Prozeß eine der zentralen Möglichkeiten darstellt, die Aktivitäten von wachsenden Zellen zu steuern. Ein einziges Enzym vermag, indem es eine Reihe von anderen Proteinen phosphoryliert, die Vorgänge in einer Zelle dramatisch zu beeinflussen.

Für pp60v-src schlug man zwei verschiedene Wirkungsmöglichkeiten vor. So könnte das Enzym ein einziges Protein phosphorylieren und dadurch eine ganze Kaskade von Folgereaktionen auslösen, die dann alle zusammen der Zelle die Eigenschaften einer Krebszelle verleihen. Es könnte aber auch etliche verschiedene Proteine der Prozedur unterwerfen und damit direkt deren Funktionen beeinflussen. Möglicherweise bringt dies wiederum Sekundärereignisse oder sogar regelrechte Reaktionslawinen ins Rollen. Das wenige, was man bis heute über pp60v-src weiß, läßt die zweite Möglichkeit richtiger erscheinen.

Kann die Phosphorylierung von Tyrosinen zellulärer Proteine erklären, warum das src-Gen fähig ist, Tumoren zu induzieren? Hunter und seine Kollegen stellten fest, daß die Menge phosphorylierter Tyrosinreste nach der Transformation durch das src-Gen etwa um das Zehnfache steigt. Sie führten das auf die Tätigkeit von pp60v-scr zurück. Kernfrage ist jetzt, welche zellulären Proteine eigentlich durch das Enzym phosphoryliert werden und welche Aufgaben sie in der Zelle haben. Bisher gibt es nur wenige Anhaltspunkte, doch keiner kann das vom src-Gen induzierte ungehemmte Wachstum erklären. Die Jagd nach den Angriffszielen von pp60v-src ist in vielen Laboratorien in vollem Gang.

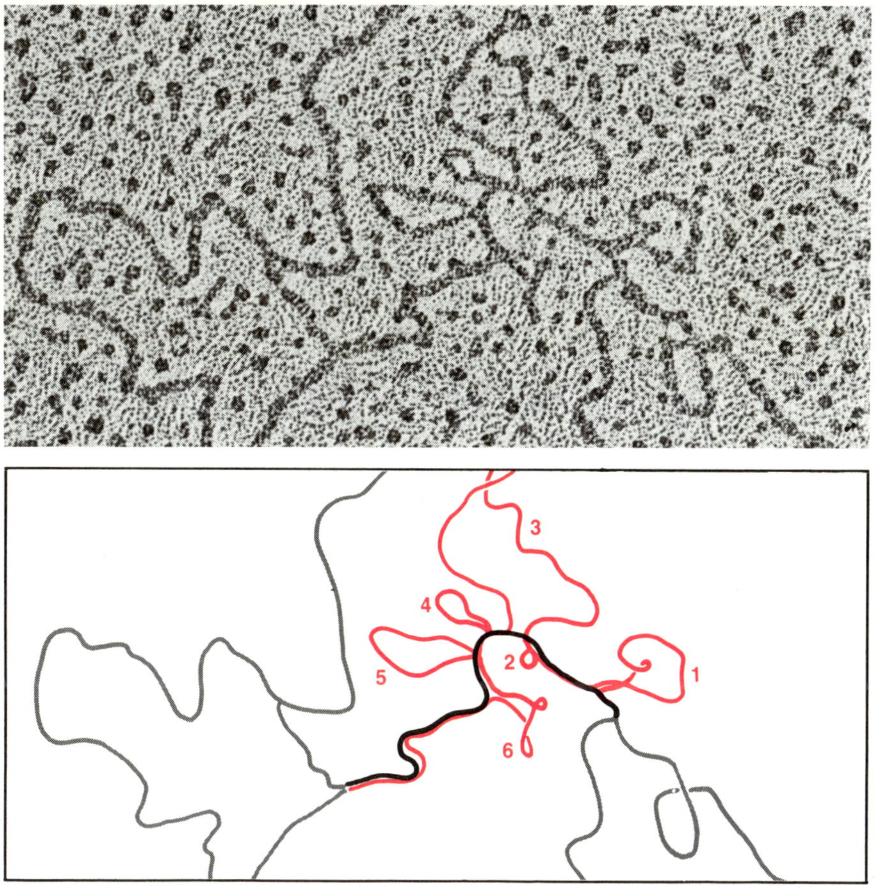

Bild 10: Zelluläre und virale Krebsgene lassen sich auf ihren Verwandtschaftsgrad untersuchen. Dazu wurden die DNA-Abschnitte mit dem viralen src-Gen und die mit dem zellulären Gegenstück isoliert, denaturiert, miteinander vermischt und schließlich unter Bedingungen inkubiert, die eine Hybridisierung begünstigen (Bild 9). Eine besondere Technik macht die Stränge sichtbar, und es ist zu erkennen, daß das virale Gen (schwarz) und das entsprechende zelluläre Gen (farbig) zusammen doppelsträngige Abschnitte ausbilden. Die grau wiedergegebene DNA rührt von der Klonierung dieser Gene her (Bild 4). Die sechs Schleifen in der zellulären DNA entsprechen sogenannten Introns: Das sind eingeschobene Bereiche, welche die protein-codierenden Bereiche (Exons) vieler zellulärer Gene unterbrechen. Solche Mosaikgene kommen bei Retroviren nicht vor. Das war ein Hinweis, daß die Krebsgene der Zellen nicht von Retroviren dort zurückgelassen wurden, sondern ureigenster Bestandteil der Zellen sind. Die elektronenmikroskopische Aufnahme stammt von Richard C. Parker.

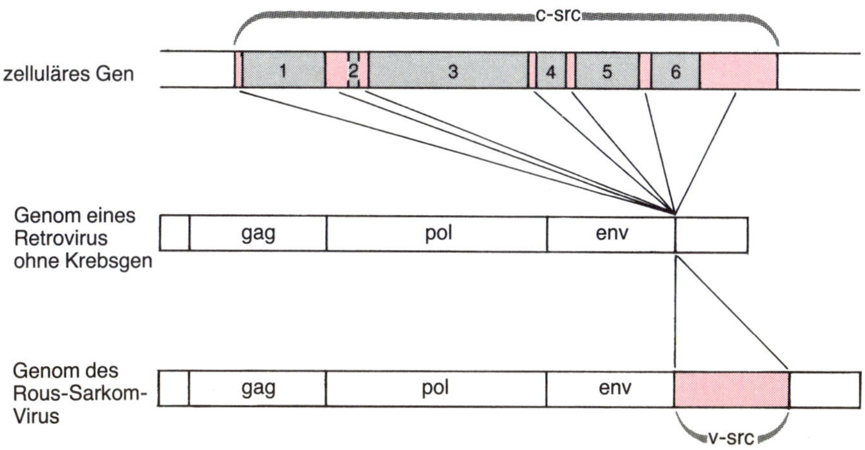

Bild 11: Das zelluläre src-Gen (oben) ist ein sogenanntes Mosaikgen und setzt sich aus Exons (farbig) und Introns (grau) zusammen (Bild 10). In der Vergangenheit wurde es auf irgendeine Weise von einem damals existierenden Retrovirus aufgelesen, seiner Introns beraubt und via RNA als geschlossener Exonblock in das virale Genom (Mitte) eingebaut. So entstand vermutlich das heutige Genom des Rous-Sarkom-Virus (unten). Seine anderen hier aufgeführten Gene tragen die Abkürzung gag, pol und env. Gag codiert für das Protein der Viruskapsel, pol für das Enzym reverse Transkriptase und env für das Glykoprotein der stacheligen Außenhülle. Auch die Krebsgene anderer Retroviren dürften einen ähnlichen Ursprung haben.

Die Angriffsziele von pp60v-src

Eine Möglichkeit, der Sache näher zu kommen, ist nachzuschauen, wo in den Zellen pp60v-src sich eigentlich aufhält. Ältere Untersuchungen ließen vermuten, daß sich die Produkte der viralen Krebsgene im Zellkern sammeln. Dort könnten sie direkt in die für die DNA-Vermehrung zuständige Maschinerie eingreifen und so die Zelle zum Wachstum antreiben. Experimente von Hartmut Beug und Thomas Graf am Max-Planck-Institut für Virusforschung in Tübingen zeigten jedoch, daß die Wirkungen des src-Proteins auch noch einige Zeit in Zellen erkennbar sind, deren Kerne entfernt wurden. So überraschte es auch niemanden mehr, als mehrere Arbeitsgruppen dann keine oder nur geringe Spuren von pp60v-src im Zellkern transformierter Zellen fanden. Im Gegenteil, pp60v-scr saß sogar ganz weit außen und war hauptsächlich an die Plasmamembran gebunden, also an jene dünne Haut, die jede Zelle umschließt und den Kontakt zur Außenwelt übernimmt (Bild 7). Viele Zellbiologen vermuten, daß die Kontrolle des Zellwachstums etwas mit der Plasmamembran und den damit verbundenen Strukturen zu tun hat.

Eine genaue Untersuchung der Plasmamembran von src-transformierten Zellen lieferte den ersten Beweis, daß der Angriff von pp60v-src auf ein spezifisches zelluläres Protein mit einer der typischen strukturellen und funktionellen Veränderungen einhergeht, wie sie in Krebszellen zu beobachten sind. Mit Hilfe einer speziellen photomikroskopischen Technik gelang es Larry R. Rohrschneider vom Fred Hutchinson Krebszentrum in Seattle nachzuweisen, daß sich in Tumorzellen das pp60v-src Protein an den sogenannten Adhäsionsplaques versammelt (Bild 8). Mit diesen Stellen kann sich die Zellmembran an eine feste Unterlage heften. Nun haften aber Krebszellen schlechter aneinander, weil ihre Membranstellen sich auflösen. Das dürfte auch ein Grund dafür sein, daß sich die meisten Krebszellen so leicht aus ihrem Zellverband lösen und an entfernteren Stellen Metastasen bilden.

Denkbar war, daß pp60v-src ein oder mehrere Proteine in den Adhäsionsplaques phosphorylieren und so deren Funktion stören kann. Tatsächlich fanden Sefton und S. J. Singer an der Universität von Kalifornien in San Diego, daß pp60v-src einen Tyrosinrest im Vinculin phosphoryliert – einem Protein, das normalerweise in den Haftstellen vorkommt, aber nach der Transformation durch src über die gesamte Zelle verteilt ist. Man darf also mit gutem Grund annehmen, daß die Phosphorylierung von Vinculin die Zerstörung der Adhäsionsplaques heraufbeschwört. Doch was dies mit dem regelwidrigen Verhalten einer Krebszelle zu tun hat, bleibt noch offen.

Früher glaubte man, daß die krebserregende Eigenschaft von Viren sozusagen eine Nebenerscheinung jener Gene darstellt, die „hauptberuflich" mithelfen, neue Viruspartikel zu produzieren. Heute weiß man jedoch, daß die Vermehrung von Retroviren auch ohne Krebsgene vonstatten gehen kann. Wie läßt sich dann aber erklären, warum Krebsgene fast schon zur Grundausstattung von Retroviren gehören und offensichtlich im Verlauf der Evolution nicht ausgesondert wurden? Nach einem Jahrzehnt Forschungsarbeit kam nun die überraschende Antwort: Die Krebsgene der Retroviren sind gewissermaßen verkleidete zelluläre Gene, ehemals blinde Passagiere, die in den Tieren aufgelesen wurden, in denen sich die Retroviren gewöhnlich vermehren. Die Entdeckung, daß auch normale Zellen eigene Krebsgene besitzen, reicht in ihrer Bedeutung weit über die Tumorvirologie hinaus.

Die Herkunft der viralen Krebsgene

Doch zurück ins Jahr 1972. Damals machten Dominique Stehelin, Varmus und ich uns daran, die von Robert J. Huebner und George J. Todaro am Nationalen Krebsinstitut aufgestellten „Krebsgen-Hypothesen" zu prüfen. Beide hatten nach einem allgemeingültigen Mechanismus gesucht, mit dem sich die karzinogene Wirkung vieler verschiedener Agentien erklären ließ. Ihre Hypothese war nun, daß die Krebsgene der Retroviren zum genetischen Gepäck aller Zellen gehören – möglicherweise als Überbleibsel einer weit in der Evolutionsgeschichte zurückliegenden Virusinfektion. Solange diese Gene stillhalten, erscheint alles völlig harmlos. Werden sie aber durch karzinogene Substanzen stimuliert, können sie die Zellen zu einem krebsartigen Wachstum zwingen. Wenn die Hypothese richtig ist, müßte es

Krebsgen in Retroviren	Genlieferant	Tumortyp	enge Verwandte in Wirbeltier-DNA	Produkt des Krebsgens		
				Protein-kinase	phosphoryliertes Tyrosin	sitzt an der Plasmamembran
v-src	Huhn	Sarkom	ja	ja	ja	ja
v-fps	Huhn	Sarkom	ja	ja	ja	ja
v-yes	Huhn	Sarkom	ja	ja	ja	?
v-ros	Huhn	Sarkom	ja	ja	ja	?
v-myc	Huhn	Karzinom, Sarkom, Leukämie	ja	?	?	?
v-erb	Huhn	Leukämie, Sarkom	ja	?	?	?
v-myb	Huhn	Leukämie	ja	?	?	?
v-rel	Truthahn	Lymphom	ja	?	?	?
v-mos	Maus	Sarkom	ja	?	?	?
v-bas	Maus	Sarkom	ja	?	?	?
v-abl	Maus	Leukämie	ja	ja	ja	ja
v-ras	Ratte	Sarkom, Leukämie	ja	ja	?	ja
v-fes	Katze	Sarkom	ja	ja	ja	?
v-fms	Katze	Sarkom	ja	ja	?	?
v-sis	Affe	Sarkom	ja	?	?	?

Bild 12: Die Krebsgene verschiedener Retroviren sind hier zusammen mit den Tierarten, denen sie entstammen, aufgelistet. Die von ihnen induzierten Tumoren liefern Modellsysteme für die meisten menschlichen Krebsformen. Von jedem der hier aufgeführten Krebsgene hat man zelluläre Verwandte in der DNA von normalen Wirbeltierzellen entdeckt. Das Produkt von mindestens acht der fünfzehn viralen Gene ist eine Proteinkinase, also ein Enzym, das Phosphatgruppen überträgt. Von sechs dieser Kinasen weiß man, daß sie die Aminosäure Tyrosin phosphorylieren, und zumindest vier sind an die Plasmamembran von Krebszellen gebunden. Wie weit sich die übrigen gleichen, ist unklar.

– so dachten wir – gelingen, das src-Gen auch in normalen Zellen nachzuweisen.

Nun umfaßt die DNA einer Wirbeltierzelle aber Zehntausende verschiedener Gene. Um aus einem solchen Heuhaufen die Stecknadel – sprich das src-Gen herauszufinden, bediente sich Stehelin eines Tricks. Er stellte sich eine radioaktiv markierte DNA-Kopie des src-Gens her (Bild 9). Das war die Sonde, die ihm bei der Suche nach src-ähnlichen Genen in der zellulären DNA helfen sollte. Die Technik, die Stehelin dabei anwandte, nennt man molekulare Hybridisierung. Sie beruht auf der Fähigkeit eines Nucleinsäurestrangs, mit einem anderen passenden einen Doppelstrang bilden zu können. Unter geeigneten Bedingungen reicht als Gegenstück auch ein etwas weniger paßgenauer Strang. Stehelin mischte nun die einzelsträngige virale Genkopie mit gleichfalls einzelsträngiger DNA aus Zellen von gesunden Hühnern oder anderen Vögeln. Zu unserer freudigen Überraschung fand er tatsächlich hybride (gemischte) Doppelstränge aus Virus- und Vogel-DNA – ein sicherer Beweis, daß es in normalen Vogelzellen Gene gab, die mit dem src-Gen verwandt waren. Schließlich wies Deborah H. Spector, ein neues Mitglied unserer Arbeitsgruppe, das gleiche für Säuger (Menschen nicht ausgenommen) und Fische nach. Daraus schlossen wir, daß src-ähnliche Gene wohl in allen Wirbeltieren vorkommen. Die Krebsgen-Hypothese von Huebner-Todaro schien sich also zu bewahrheiten.

Als wir aber das Gegenstück des viralen Krebsgens genauer untersuchten, zeigte sich, daß dieses überhaupt kein Retrovirus-Gen, sondern ein typisches

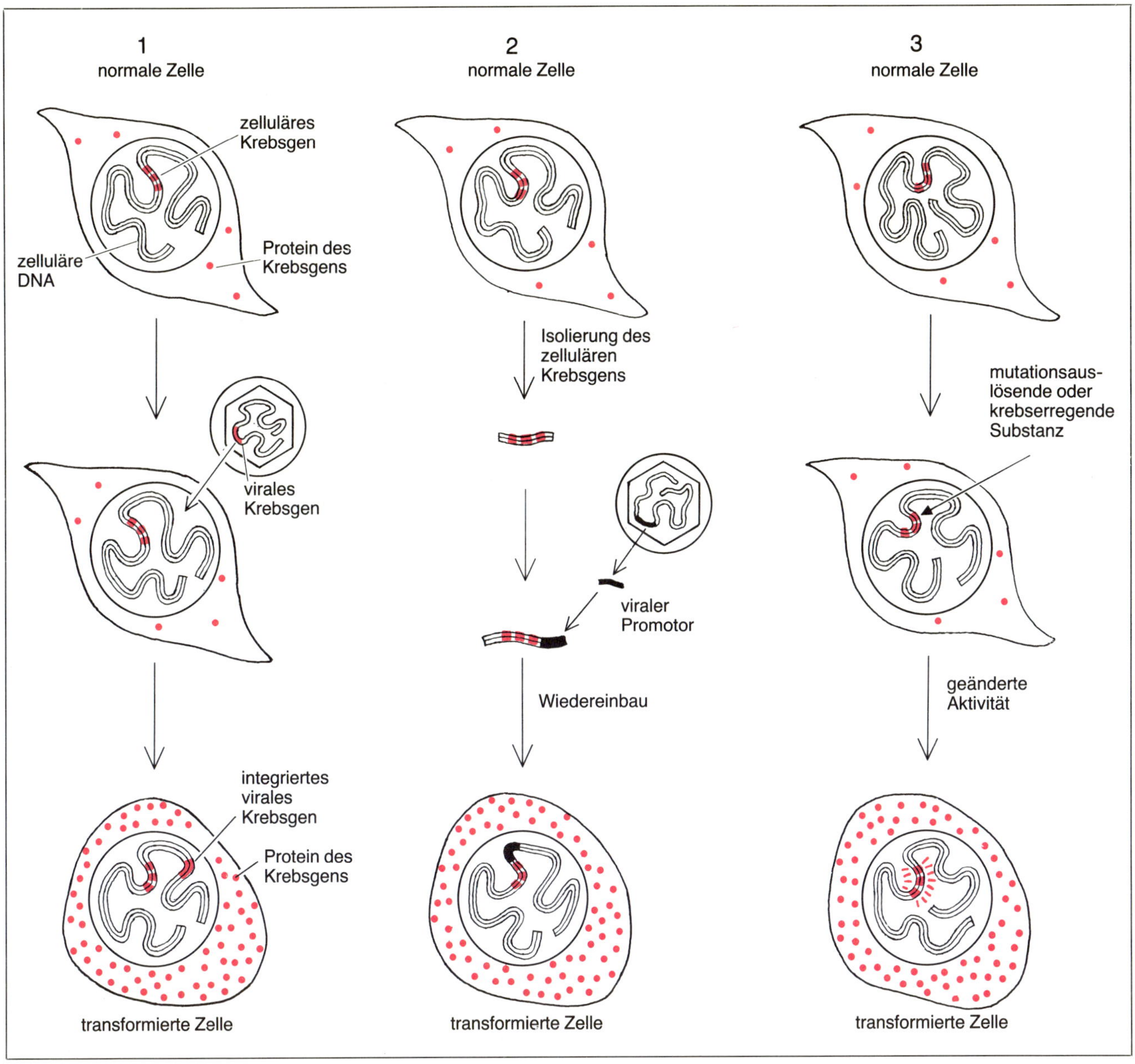

Bild 13: Die Dosishypothese besagt, daß die Krebsgene der Retroviren eine Zelle mit einem Protein überschwemmen, das normalerweise nur in geringen Mengen von dem entsprechenden zellulären Gegenstück synthetisiert wird, aber für ein geregeltes Wachstum erforderlich ist. Bei einer Infektion mit einem Retrovirus (1) kommt die Überproduktion durch das virale Krebsgen zustande, das von den viralen Signalen kommandiert wird. Aber auch das zelluläre Krebsgen ist in der Lage, Tumoren zu induzieren. Das ließ sich mit Hilfe gentechnologischer Experimente nachweisen (2). Man kann nämlich das zelluläre Krebsgen mit Hilfe eines viralen Promoters aktivieren. (Er fördert die Abschrift des Gens in Boten-RNA.) Führt man die aktivierte Form nun in Zellen einer Gewebekultur ein, so werden dort übermäßige Mengen des Genproduktes gebildet, was die Zellen schließlich transformiert. Ähnlich läßt sich die Induktion von krebsartigem Wachstum durch verschiedene Stoffe erklären (3). Wird die DNA durch eine mutationsauslösende oder krebserregende Substanz in einer Weise geschädigt, daß sich die Aktivität des zellulären Krebsgens erhöht, so kann das Genprodukt die Zelle überschwemmen und zu einem zügellosen Wachstum veranlassen.

zelluläres Gen war. Heute trägt es die Bezeichnung c-src (nach dem englischen *cell* für Zelle). Den zwingendsten Beweis lieferten strukturelle Unterschiede. C-src zählt nämlich zu den sogenannten Mosaikgenen, bei denen die protein-codierenden Bereiche (die Exons) durch andere dazwischengefügte Bereiche (die Introns) getrennt sind (Bilder 10 und 11). Ein solcher Aufbau gilt als typisch für die Gene tierischer Zellen, aber in Retroviren wurde er noch nie beobachtet. Von den Introns einmal abgesehen, sind jedoch alle Versionen von c-src – gleichgültig ob aus Fischen, Vögeln oder Säugern – eng mit dem viralen Gen v-src verwandt. Augenscheinlich hat sich das src-Gen der Wirbeltiere im Laufe der Evolution nur sehr wenig verändert, muß also für das Wohl und die Funktionalität der damit ausgestatteten Arten entscheidend sein.

Die Sache wurde noch rätselhafter, als wir entdeckten, daß dieses Gen nicht nur in normalen Zellen vorkommt, sondern dort auch aktiv ist. Es wird in Boten-RNA abgeschrieben und in ein Protein übersetzt. Die RNA ließ sich durch Hybridisierung mit der bereits zuvor benutzten radioaktiven Genkopie sowohl in Vögel- als auch in Säugerzellen nachweisen. Das vom zellulären src-Gen gebildete Protein war jedoch weniger gut zu erfassen, vor allem weil es die meisten Zellen nur in sehr geringen Mengen erzeugten. Der Erfolg trat erst ein, als wir und andere mit Hilfe jener Antikörper nach dem zellulären Protein forschten, mit denen sich das virale Protein pp60v-src hatte aufspüren lassen. Das so gefundene zelluläre Protein unterschied sich so gut wie gar nicht von seinem viralen Gegenstück, weshalb wir es pp60c-src nannten. Beide ähnelten sich in Größe und chemischem Aufbau, beide katalysierten eine Phosphorylierung von Tyrosin, und beide waren fest an die Plasmamembran gebunden (pp60v-src an die Membranen transformierter Zellen, pp60c-src an die von normalen Zellen). Es sieht so aus, als ob beide Proteine für den gleichen Zweck geschaffen wurden, obgleich das eine viraler Herkunft ist und Krebs erzeugen kann, während das andere normalen Zellen entstammt und dort eine normale Funktion erfüllt.

Zelluläre Verwandte der viralen Krebsgene

Die an den src-Genen gewonnenen Erkenntnisse lieferten den ersten Fingerzeig für eine Allgemeinstruktur, deren Ausmaß und Bedeutung noch nicht abzuschätzen sind. Von 16 der 17 bisher in Retroviren identifizierten Krebsgenen weiß man, daß sie enge Verwandte in der DNA normaler Wirbeltierzellen sitzen haben (Bild 12). Die meisten dieser zellulären Verwandten folgen dem gleichen Grundschema wie das bereits beschriebene c-src-Gen: Sie besitzen Exons und Introns; sie scheinen sich während der Evolution kaum verändert zu haben, und sie sind in normalen Zellen aktiv. Die meisten Virologen vertreten daher heute die Ansicht, daß die viralen Krebsgene gewissermaßen Kopien der zellulären src-Gene sind. Anscheinend wurden die Krebsgene vor entwicklungsgeschichtlich gar nicht allzu langer Zeit in das Genom von Retroviren übernommen. Wie und warum sich die Retroviren Kopien dieser zellulären Gene angeeignet haben, ist unbekannt. Einige Gründe sprechen aber dafür, daß dieser Prozeß auch heute noch stattfindet. Und möglicherweise läßt er sich sogar unter Laborbedingungen nachvollziehen.

Zunächst bezeichnete man die Wirbeltiergene, aus denen die Krebsgene der Retroviren offenbar hervorgingen, als Proto-Krebsgene. Man wollte sie damit als Stammeltern hervorheben und gleichzeitig den Eindruck vermeiden, sie könnten selbst krebserregend sein. Doch dazu sind die zellulären Gene tatsächlich in der Lage. Es handelt sich bei ihnen also um echte zelleigene Krebsgene. Die Untersuchungen, die eine solche Behauptung rechtfertigen, drehten sich zunächst um die Frage: Wie kann man sich die verheerende Wirkung viraler Krebsgene erklären, wenn diese doch nur Kopien normaler zellulärer Gene sind? Zwei Antworten boten sich an. Eine lautete: Die viralen Krebsgene könnten sich von ihren zellulären Vorläufern in subtiler, aber bedeutsamer Weise unterscheiden, weil die „gestohlenen“ Kopien nicht fehlerfrei angefertigt waren. Durch solche Mutationen wäre es beispielsweise möglich, daß pp60v-src und pp60c-src – obwohl sie sehr ähnliche Enzymaktivität aufweisen – in der Zelle unterschiedliche Ziele angreifen und sich daher auch anders auf das Verhalten der Zellen auswirken. Das Gegenstück zu dieser Mutationshypothese ist die Dosishypothese. Sie besagt, daß die Krebsgene der Retroviren einfach mit brutaler Gewalt handeln und ihre Wirtszellen mit bestimmten, eigentlich normalen und funktionell erforderlichen Proteinen überlasten. Hier wird die Entstehung von Krebs also auf eine Überdosis und nicht auf irgendwelche besonderen Eigenschaften von viralen Proteinen zurückgeführt.

Im Moment läßt sich noch nicht entscheiden, welche der beiden Hypothesen die richtige ist, doch den ersten Hinweisen zufolge dürfte der Dosishypothese die Favoritenrolle zufallen. So liegen die Mengen an Proteinen, die auf das Konto der viralen Krebsgene gehen, bei weitem höher als die Mengen, die gewöhnlich von den zellulären src-Genen bereitgestellt werden. Durchaus denkbar, daß die Zelle von ihnen regelrecht erdrückt wird. Weitere wichtige Hinweise lieferten Versuche, mit denen man eine Voraussage der Dosis-Hypothese prüfen wollte. Wenn virale und zelluläre src-Gene tatsächlich identische Funktionen haben, dann sollte es möglich sein, Bedingungen zu finden, unter denen auch letztere überaktiv werden und ein krebsartiges Wachstum induzieren.

Krebserzeugung durch zelluläre Gene

Der erste Prüfstein waren die bemerkenswerten Experimente von Hidesaburo Hanafusa und dessen Kollegen an der Rockefeller Universität. Hanafusa entdeckte Stämme des Rous-Sarkom-Virus, die große Teile des src-Gens verloren hatten und daher in Tierexperimenten nicht mehr die charakteristischen Sarkome induzieren konnten. Er injizierte die verkrüppelten Viren in Hühner und gewann anschließend die neu produzierten Viruspartikel wieder aus den infizierten Zellen zurück. Zu seiner Überraschung fand er ein ausgebessertes v-src-Gen vor. Offensichtlich hatten Rekombinationsvorgänge Teile des zellulären Genoms mit dem viralen Genom verbunden. Ein Virus mit einem solchen ausgebesserten Gen vermochte genauso gut Tumoren zu erzeugen wie seine normalen Doppelgänger, obgleich er Dreiviertel seines Krebsgens aus dem zellulären Gegenstück beschlagnahmt hatte. Hanafusa konnte dieses außergewöhnliche Manöver nach Belieben wiederholen, es klappte sowohl bei Wachteln als auch bei Hühnern. Seine Experimente sprachen zwar sehr stark dafür, daß v-src und c-src die gleichen Funktionen ausüben, aber viele Tumorvirologen waren noch nicht zu überzeugen, solange direktere Beweise für die krebserregende Fähigkeit der zellulären Gene fehlten.

Heute liegen solche Beweise vor. Mit gentechnologischen Methoden konnten die Forschergruppen von George F. Vande Woude und Edward M. Scolnick am amerikanischen Nationalen Krebsinstitut drei zelluläre Krebsgene (eins aus Mäusen und zwei aus Ratten) isolieren und damit in Zellen einer Gewebekultur ein krebsartiges Wachstum hervorrufen. Das Bravourstück gelang jedoch erst, nachdem sie den zellulären Genen einen viralen Promoter angeheftet hatten (Bild 1). Das ist ein Stück DNA mit einem Signal, das die Abschrift der ihm benachbarten Gene fördert. Das Promoter-src-Genstück wurde dann in Zellen übertragen, wo es sich genauso verhielt wie ein virales Krebsgen und einige Zellen transformierte. In Wirklichkeit war das Kukkucksei jedoch ein zelluläres Gen, das unter viralem Kommando lediglich intensiver arbeitete als gewöhnlich. Denn im Einklang mit der Dosishypothese synthetisierten die Zellen, die mit den beiden Krebsgenen aus Ratten transformiert waren, ungewöhnlich große Mengen der entsprechenden Rattenproteine.

Warum sollte aber ein normales Protein in Überdosen solche Verheerungen anrichten? Mit Sicherheit läßt sich diese Frage erst beantworten, wenn man über die Funktion der zellulären Onkogene in ihrer normalen Umgebung besser Bescheid weiß. Vielleicht sind zelluläre Krebsgene Teil eines fein abgestimmten Kontrollsystems, das Wachstum und Entwicklung normaler Zellen reguliert. Die extreme Aktivität eines solchen Gens könnte das Gleichgewicht in ein ungehemmtes Wachstum umkippen lassen.

Es gibt tatsächlich Hinweise dafür, daß virale wie zelluläre Krebsgene mit der Wachstumsregulation normaler Zellen zu tun haben. Zuerst schien die Phosphorylierung von Tyrosinresten durch das Protein pp60v-src ein anomaler Vorgang zu sein, der nur unter dem Einfluß des viralen Krebsgens zustande kommt. Doch das stellte sich als falsch heraus, als Stanley Cohen von der Medizinischen Hochschule der Vanderbilt Universität bewies, daß die Tyrosinphosphorylierung auch im Stoffwechselhaushalt normaler Zellen eine Rolle spielt. Er hatte einen kleinen, sogenannten epidermalen Wachstumsfaktor entdeckt und isoliert, der sich an die Oberfläche von Zellen bindet und dabei deren DNA-Synthese und Teilung stimuliert. Die Frage war nur, wie das entsprechende Signal durch die Zellmembran nach innen gelangte. Als erstes konnte Cohen zeigen, daß die Bindung die Phosphorylierung von Proteinen auslöst. Ihm waren die Eigenschaften von pp60v-src bekannt, und so schaute er sich die Tyrosine genauer an. Tatsächlich wurde unter dem Einfluß des Wachstumsfaktors spezifisch diese Aminosäure in den Proteinen phosphoryliert. Inzwischen stellte sich heraus, daß die gleichen Proteine sich teilweise auch durch pp60v-src phosphorylieren lassen. Es sieht also so aus, als ob eine normale, die Zellteilung stimulierende Substanz (der epidermale Wachstumsfaktor) und eine anomale Substanz (pp60v-src) das gleiche Instrumentarium benutzen. Der Schluß liegt daher nahe, daß auch das Produkt des zellulären src-Gens bei der Wachstumsregulation einer normalen Zelle eine Rolle spielt.

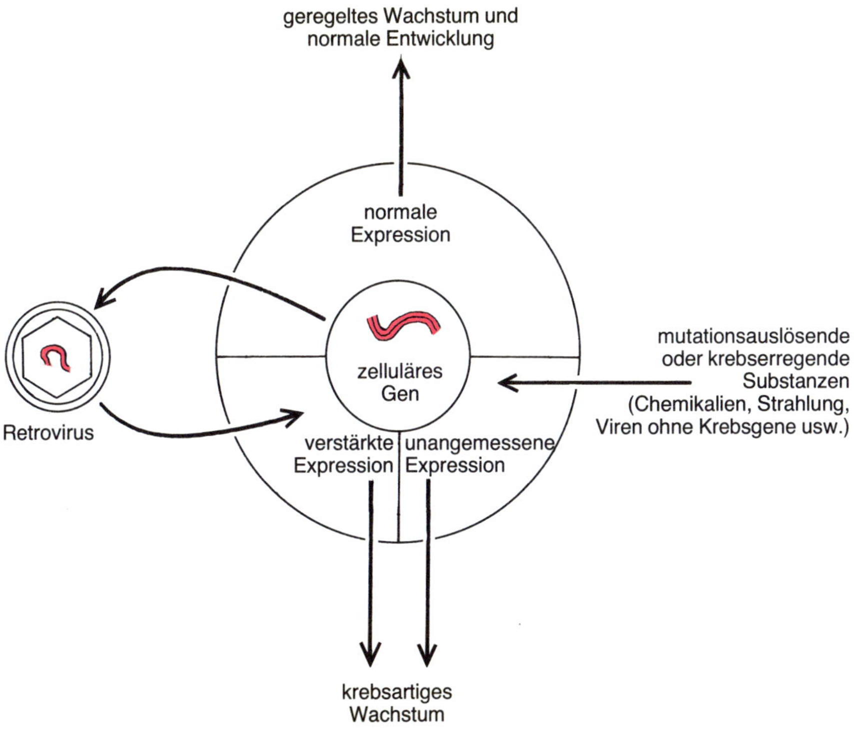

Bild 14: Auf der Suche nach einer einheitlichen Theorie, die alle Formen der Krebsentstehung erklären kann, kam man nun zu folgendem Konzept. Zentraler Ausgangspunkt ist eine Gruppe zellulärer Gene, die für ein geregeltes Wachstum und eine normale Entwicklung verantwortlich zeichnet. Gelangt ein solches Gen in das Genom eines Retrovirus (links), so wird es zum tumorinduzierenden Krebsgen (Onkogen). Krebs kann aber auch entstehen, wenn eine der vielen mutationsauslösenden oder in anderer Weise krebserregenden Substanzen eines der kritischen zellulären Gene schädigt. Beide Male kommt die Expression, also die Umsetzung der genetischen Information in Boten-RNA und Protein, aus ihrem geregelten Gleis.

Auf der Suche nach einer einheitlichen Theorie

Bei Menschen scheinen Retroviren nicht zu den Hauptursachen von Krebs zu zählen; trotzdem haben sie uns möglicherweise den Blick auf die zentralen Mechanismen geöffnet, die diese tückische Krankheit entstehen lassen. Nach allgemeiner Ansicht beginnt Krebs mit Defekten in der DNA, obwohl die Natur der Schäden noch umstritten ist. Wie könnten nun DNA-Schäden zu einem krebsartigen Wachstum der Zellen führen? Fast alle jüngeren Hypothesen, die eine für sämtliche Formen des Krebses gültige Antwort zu geben versuchen, gehen von allgemein vorhandenen Krebsgenen aus (Bild 14). Also von Genen im normalen zellulären Genom, welche unter dem Einfluß verschiedenartiger krebserregender Substanzen eine entfesselte Aktivität entwickeln, die wiederum für das undisziplinierte Verhalten von Krebszellen verantwortlich ist. Dabei betrachtet man Krebsgene nicht als fremde unerwünschte Eindringlinge, sondern als normale, sogar lebenswichtige Zellgene, die ausflippen und Amok zu laufen beginnen. Freund wird zu Feind, und das alles, weil karzinogene Substanzen vermutlich die Krebsgene selbst oder Kontrollgene schädigen, die normalerweise die Aktivitäten der Krebsgene überwachen und steuern.

Möglicherweise haben Genetiker schon vor Jahren die Auswirkungen solcher Krebsgene beobachtet, als sie Familien untersuchten, in denen die Veranlagung für bestimmte Krebsformen vererbt wird. Jetzt sieht es so aus, daß die Tumorvirologen bei den scr-Genen nun direkt auf zelluläre Krebsgene gestoßen sind. In ihrer viralen Form führen diese Gene zu Tumoren, und aus den Ergebnissen von Vande Woud und Scolnick läßt sich ableiten, daß auch die zellulären Formen transformierend wirken können. Die Krebsgen-Hypothese von Huebner und Todaro feiert also mit neuen Schauspielern ein Comeback: Zelluläre Krebsgene haben die viralen abgelöst. Und die Dosishypothese hilft zu erklären, warum die gesteigerte Aktivität eines normalen zelleigenen Gens Krebs hervorrufen kann.

Gestützt werden diese Hypothesen auch durch Untersuchungen an Retroviren, die bei Hühnern sogenannte Lymphome induzieren; das sind tödlich ausgehende Tumoren des Immunsystems. Diese Retroviren besitzen kein Krebsgen. Warum erzeugen sie also Krebs? Die Entdeckungen von William S. Hayward und Benjamin G. Neel an der Rokkefeller Universität sowie von Susan M. Astrin vom Krebsforschungsinstitut in Fox Chase (Pennsylvanien) geben hier vielleicht schon die Antwort. In den Lymphomzellen wird die virale DNA fast immer in unmittelbarer Nachbarschaft eines erst kürzlich aufgefundenen zellulären Onkogens eingebaut. (Es trägt die Bezeichnung c-myc und unterscheidet sich von dem bekannten c-src.) Die Integration scheint der Grund dafür zu sein, warum sich die Aktivität des zellulären Krebsgens so deutlich verstärkt.

Diese Ergebnisse passen gut in das bisher entwickelte Konzept von Krebsgenen. Der Einbau der Lymphom-Virus-DNA hat den gleichen Effekt wie Mutationen oder DNA-Schäden durch verschiedenartige karzinogene Substanzen. Und er führt zu der gesteigerten Aktivität eines Gens, von dem man weiß, daß es ein krebserregendes virales Gegenstück (v-myc) besitzt – und zwar in einem anderen Hühner-Retrovirus. Das entfesselte Krebsgen scheint zumindest teilweise für die Entstehung der Lymphome verantwortlich zu sein. Retroviren ohne Krebsgene induzieren eine ganze Reihe von Tumoren. Vielleicht stoßen die Tumorvirologen noch auf andere, bisher nicht erkennbare zelluläre Krebsgene, wenn sie nachschauen, wo in der Zelle diese Viren ihre umgeschriebene DNA integrieren.

Daß sich der Schleier über den Krebsgenen mittels Retroviren lüften ließ, war ein glücklicher Zufall. Müssen sich die Krebsforscher nun mit dem Schritt-Tempo zufrieden geben, in dem ihnen die Retroviren neue zelluläre Krebsgene enthüllen? Offensichtlich nicht, denn es gibt neue, über die Tumorvirologie hinausgehende Forschungsansätze. Robert A. Weinberg vom Massachusetts Institut für Technologie und Geoffrey Cooper von der Medizinischen Hochschule der Harvard-Universität zeigten, daß kleine genlange DNA-Stücke, die sie aus einigen nicht virusinduzierten Tumoren isoliert hatten, nach der Übertragung in normale kultivierte Zellen dort ein krebsartiges Wachstum hervorrufen.

Weinberg und Cooper haben offenbar einen Weg gefunden, um aktive Krebsgene von einer Zelle in eine andere zu übertragen. Sie besitzen auch Hinweise dafür, daß in verschiedenen Krebsarten unterschiedliche Krebsgene aktiv sind. Die Zukunft wird uns also höchstwahrscheinlich weitere Krebsgene bescheren. Keine der bisher von Weinberg und Cooper aufgespürten Krebsgene ist mit den schon bekannten identisch. Trotzdem könnte durchaus nur eine einzige große Familie von zellulären Krebsgenen existieren. Wenn dem so ist, sollten die Untersuchungen an Retroviren und die von Weinberg und Cooper entwickelten Verfahren uns bald näher mit den einzelnen Mitgliedern dieser Familie bekannt machen.

Der Weg zum Krebs

Vielleicht tragen schon alle normalen Zellen den Keim ihrer Vernichtung in Form der Krebsgene in sich. Die Überaktivität dieser Gene stellt sich vielleicht einmal als der gemeinsame Weg heraus, über den viele karzinogene Substanzen ihre verheerende Wirkung ausüben. Krebsgene sind wahrscheinlich gar keine unerwünschten Eindringlinge, sondern wichtige und notwendige Bestandteile des genetischen Apparates einer Zelle. Nur wenn ihre Struktur oder ihre Regulierung durch Karzinogene gestört ist, „verraten" sie ihre Zelle. Wenigstens einige dieser Gene dürften in den Retroviren auftauchen, wo man sie leicht identifizieren, manipulieren und charakterisieren kann.

Was man bisher über die Krebsgene gelernt hat, erlaubt nur einen ersten flüchtigen Blick hinter den geheimnisvollen Schleier, der die Mechanismen der Krebsentstehung umhüllt. In einer Hinsicht mag dieser Blick entmutigend sein, denn die chemischen Mechanismen, die eine Krebszelle vom rechten Weg abkommen lassen, unterscheiden sich im Prinzip nicht von denen, die in einer normalen „gehorsamen" Zelle am Werk sind. Das läßt den Eindruck aufkommen, daß man auch in Zukunft möglicherweise keine besseren, weniger bedrückenden Strategien zur Bekämpfung des Krebses entwickeln kann. Es scheint ja keinen Zweck zu haben, Mittel zu erfinden, die die Aktivität der Krebsgene beeinflussen, wenn die gleichen Genaktivitäten auch für das Überleben einer normalen Zelle erforderlich sind.

Wie auch immer die Geschichte enden mag – jeder, der sich mit Krebsforschung beschäftigt, kann daraus etwas lernen. Die Untersuchung von Viren, die auf den ersten Blick wenig mit den Belangen des Menschen zu tun hatte, gab uns wirkungsvolle Instrumente in die Hand, um eine so gefährliche Krankheit des Menschen studieren zu können. Trotz der Niederlagen bei der Suche nach Viren, die für die Entstehung menschlicher Krebserkrankungen verantwortlich sind, ging die Tumorvirologie als Sieger hervor. Die Frage lautet nun nicht mehr, ob Viren menschliche Krebserkrankungen verursachen (einige Viren sind hier möglicherweise nicht ganz so unschuldig), sondern vielmehr, was uns die Tumorvirologie über die Mechanismen lehren kann, durch die menschliche Tumoren entstehen.

RNA

In allen Zellen wird die in der DNA gespeicherte genetische Information mit Hilfe der RNA in Proteine übersetzt; die RNA-Moleküle werden dazu auf verschiedene Arten bearbeitet, zerschnitten und gespleißt. Spleißvorgänge haben möglicherweise bereits zur ersten gengesteuerten Synthese von Proteinen beigetragen.

Von James E. Darnell jr.

In allen Zellen steuert die in der DNA gespeicherte genetische Information die Bildung von Proteinen, und die Ribonucleinsäure RNA übermittelt dabei die Informationen. Zuerst wird die DNA-Botschaft in eine RNA-Kopie der DNA – die sogenannte Boten- oder Messenger-RNA (mRNA) – umgeschrieben (transkribiert) und anschließend in der Zelle zu kleinen Organellen, sogenannten Ribosomen, gebracht. Dort wird sie mit Hilfe sogenannter Transfer-RNA-Moleküle (tRNA) in Proteine übersetzt (translatiert). Die Moleküle sind mit einzelnen Aminosäuren beladen und heften diese nach Anweisungen, die in der RNA gespeichert sind, an die wachsende Eiweißkette an.

Die Ribosomen selbst enthalten neben Proteinen eine dritte RNA-Sorte als Strukturelement, die ribosomale RNA (rRNA). In all ihren drei Formen ist die RNA für die normale Zellfunktion genauso wichtig wie die DNA und die Proteine: Sie ist das Verbindungsglied zwischen beiden. Wenn es sie nicht gäbe, könnte sich die in der DNA enthaltene genetische Information nicht ausprägen, nicht exprimieren, wie der Fachmann sagt.

Die Expression verschiedener Gene und die damit verbundene Synthese unterschiedlicher Proteine sind es, die beispielsweise eine Hirnzelle von einer Muskelzelle unterscheiden. Im allgemeinen enthalten alle Zellen eines Organismus die gleiche DNA, aber nicht alle Gene sind auch in allen Zellen zur gleichen Zeit aktiv.

In den sechziger Jahren, als es um die Frage ging, wie die Genaktivität kontrolliert wird, konzentrierten sich einige Wissenschaftler auf das Problem der RNA-Synthese, ganz besonders auf die Synthese von mRNA. Damals nahm man vielfach an, ein RNA-Molekül werde einfach von einer einzigen codierenden DNA-Region abkopiert. Die Expression von Genen wäre dieser Annahme zufolge vollständig durch die Entscheidung kontrolliert, welches Gen an- und abgeschaltet, also transkribiert wird oder nicht.

Für Bakterien, die als Prokaryonten ja sehr einfach aufgebaute Organismen ohne einen richtigen Zellkern sind, erwies sich eine solche Annahme auch als mehr oder weniger richtig. In allen eukaryontischen Zellen – also Zellen mit einem echten Zellkern – ist die Herstellung der mRNA jedoch mehr als nur eine Frage der Transkription: Das sogenannte Primär-Transkript, die ursprünglich von der DNA erstellte RNA-Kopie, wird im Zellkern sehr stark bearbeitet (prozessiert), bevor es durch die Kernporen wandert und ins Cytoplasma gelangt (Bild 1).

Diese Bearbeitungsprozeduren können recht kompliziert sein. Es war vielleicht die überraschendste Erkenntnis in der Molekularbiologie seit der Entdekkung der DNA-Doppelhelix, daß viele eukaryontische Gene nicht aus einem zusammenhängenden DNA-Stück bestehen, sondern Mosaik-Gene aus mehreren „gestückelten" Abschnitten sind. Das dazugehörige Primär-Transkript, die Primär-Abschrift, muß erst zerschnitten und die richtigen Teile müssen verknüpft werden, damit eine reife Boten-RNA entsteht.

Diesen Prozeß bezeichnet man als Spleißen. Die reife Boten-RNA ist demnach keine naturgetreue Kopie der DNA: Genauso wie eine Filmsequenz am Schneidetisch oder ein Artikel für eine Zeitung redaktionell überarbeitet werden, wird auch die RNA vor ihrer endgültigen Verwendung stark bearbeitet. Dabei wird viel überflüssiges Material herausgenommen.

Die Rolle der RNA-Prozessierung

Mit der Entdeckung der RNA-Bearbeitung mußte man die Möglichkeit ins Auge fassen, daß die Expression von Genen nicht notwendigerweise auf der Ebene der Transkription reguliert wird. Beispielsweise könnte eine einzige Primär-Abschrift auf unterschiedliche Weise zerschnitten und gespleißt werden, so daß verschiedene mRNAs entstehen, die jeweils für unterschiedliche Proteine codieren.

Man kennt inzwischen tatsächlich eine Reihe von zellulären Genen, die durch einen solchen differentiellen Spleißprozeß reguliert werden. Die meisten Gene, die man bislang experimentell untersucht hat, folgen jedoch der konventionellen Vorstellung: Ihre Expression wird durch wahlweises Entscheiden, ob überhaupt transkribiert wird oder nicht, gesteuert. Das Phänomen der RNA-Bearbeitung erweitert das Bild, das wir uns über die

Bild 1: Im Zellkern wird die RNA von der DNA transkribiert. Hier sind die Kernporen abgebildet, durch die sie dann ins Cytoplasma wandert; dort wird die in der RNA enthaltene genetische Botschaft in Proteine übersetzt. Die elektronenmikroskopische Aufnahme von Nigel Unwin von der Medizinischen Fakultät der Stanford-Universität zeigt in einer Vergrößerung von etwa 1 zu 90 000 einen kleinen Ausschnitt der Kernmembran eines unreifen Froscheies. An den Rändern der Poren erkennt man ringförmige Strukturen und in der Mitte sieht man jeweils einen Stopfen, von dem acht Speichen ausgehen. Der Durchmesser jedes Porenkomplexes beträgt ungefähr ein zehntel Mikrometer. Die hier gezeigte Kernmembran enthält etwa 10 Millionen Kernporen. Bevor das RNA-Transkript den Kern verläßt, wird es bearbeitet; erst danach entsteht die reife Boten-RNA. Dabei müssen oft Stücke aus dem RNA-Transkript herausgeschnitten und wieder richtig zusammengesetzt (gespleißt) werden.

Arbeitsweise von Zellen machen, um eine neue Dimension; RNA-Spleißprozesse erklären aber nur bedingt, wie die Zellen eines Organismus so verschieden werden.

Andererseits geben sie vielleicht gewisse Hinweise darauf, wie es überhaupt bei der Entwicklung des Lebens zur Ausbildung von Zellen kam. Sehr wahrscheinlich waren kurze RNA-Moleküle die ersten Biopolymere. Bildet man nämlich experimentell die Bedingungen nach, die auf der frühen Erde geherrscht haben könnten, so bilden sich spontan kurze RNA-Ketten, nicht jedoch DNA-Moleküle oder Aminosäureketten.

Außerdem weiß man heute, daß RNA in manchen Fällen selbst dann richtig zerschnitten und wieder zusammengesetzt wird, wenn die Proteine (Enzyme) fehlen, die diese Reaktionen normalerweise erleichtern. Diese Befunde legen den Schluß nahe, daß das RNA-Spleißen keine junge Errungenschaft im Laufe der Höherentwicklung ist.

Selbst bevor es Zellen gab, könnte das RNA-Spleißen seinem heutigen Zweck gedient haben: verschiedene Stücke mit sinnvoller Information zusammenzubringen. Viele Wissenschaftler (mich selbst eingeschlossen) glauben, daß es wahrscheinlich zur ersten erfolgreichen, durch Gene gesteuerten Synthese von Proteinen beigetragen hat. Erst viel später in der molekularen Entwicklung des Lebens ist wahrscheinlich durch einen umgekehrten Transkriptionsprozeß aus der RNA die DNA entstanden – und damit ein sicherer Speicher für die Erbinformation.

Warum sich während der biochemischen Evolution die DNA als informationsspeicherndes Molekül durchsetzte, ist möglicherweise noch in einem der beiden wichtigen chemischen Unterschiede im Aufbau von RNA und DNA wiederzuerkennen. Sowohl RNA als auch DNA sind aus sogenannten Nucleotiden aufgebaut. Jedes Nucleotid besteht wiederum aus einer stickstoffhaltigen Base, einem Zucker mit einem Ring aus fünf Kohlenstoff-Atomen und aus einer Phosphatgruppe. Während in der RNA der Zucker jedoch Ribose ist, enthält die DNA Desoxyribose (Bild 2).

Der Unterschied besteht am zweiten Kohlenstoff-Atom des Zuckerrings – man bezeichnet diese Position als 2′ (lies zwei Strich). Ribose hat eine Hydroxylgruppe (OH) an dieser Position, Desoxyribose ein Wasserstoff-Atom. Wenn sich Ribonucleotide zu RNA zusammenlagern, bleibt die 2′-Hydroxylgruppe unbesetzt. Dadurch wird das RNA-Molekül chemisch gesehen viel anfälliger; in einer wässrigen Lösung wird es deshalb

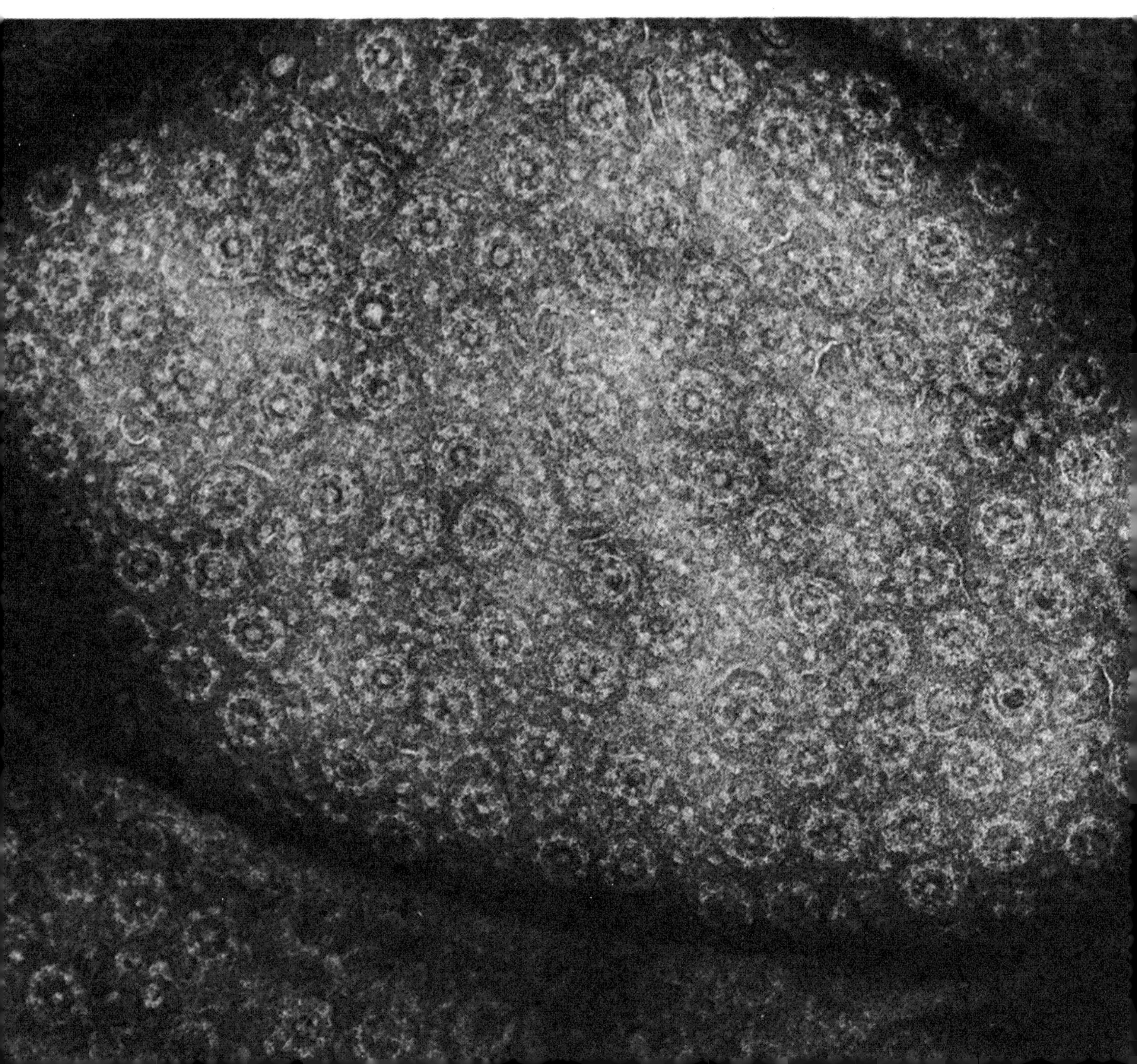

viel schneller als DNA hydrolytisch gespalten (in einzelne Nucleotide zerlegt). Es eignet sich daher weniger gut zur Langzeit-Speicherung genetischer Informationen. Aus demselben Grund läßt sich die RNA im Labor viel schwerer untersuchen als DNA. Dies erklärt teilweise, warum ihre chemische Erforschung noch bis vor kurzem hinter der der DNA herhinkte.

Die Basenzusammensetzung

Der andere chemische Unterschied zwischen den beiden Nucleinsäuren liegt in einer der vier Basen (Bild 2). Das Thymin (T) in der DNA wird in der RNA von der chemisch nahverwandten Base Uracil (U) ersetzt. Wie Thymin paart sich auch Uracil nur mit Adenin (A), es ist ihm komplementär. Bei der RNA-Synthese, also der Transkription, wird gegenüber einem Adenin in der DNA ein Uracil gesetzt, gegenüber einem Thymin ein Adenin, gegenüber einem Cytosin (C) ein Guanin (G) und umgekehrt.

Die Transkription beginnt mit der Bindung eines Enzyms, der sogenannten RNA-Polymerase, an eine spezifische Basenabfolge auf der DNA, dem Promotor. Das Enzym entwindet einen Teil der Doppelhelix und legt dabei die beiden Einzelstränge frei. Einer davon wird abgeschrieben, wobei der andere als komplementäre Matrize dient. Während die RNA-Polymerase die DNA entlangwandert, werden jeweils komplementäre RNA-Nucleotide an die wachsende RNA-Kette angelagert.

Jedes zugeführte RNA-Nucleotid trägt an seiner 5′-Position eine Triphosphatgruppe. Während des Additionsschrittes wird ein Pyrophosphatrest (ein Rest mit zwei aneinanderhängenden Phosphatgruppen) abgespalten; das 5′-Ende des neu anzuhängenden RNA-Nucleotids wird über eine sogenannte Phosphodiester-Bindung (O–P–O) an die 3′-Hydroxylgruppe des Nucleotids am Ende der Kette angehängt. Auf diese Weise wächst ein RNA-Molekül immer von 5′ nach 3′.

Die RNA-Polymerase wandert so auf der DNA immer weiter, bis sie auf eine andere spezifische Basensequenz trifft, die man als Stoppsignal der Transkription bezeichnet. Daraufhin wird die einzelsträngige RNA freigesetzt, und die RNA-Polymerase fällt von der DNA ab, die sich wieder zur Doppelhelix schließt.

Bestimmte Bereiche des DNA-Moleküls tragen die Bauanweisungen für die Synthese von Proteinen; sie werden in Boten-RNA überschrieben (Bild 3). Als Codewort (Codon) für eine Aminosäure fungiert eine Abfolge von drei Nucleotiden auf der mRNA. Da ein Eiweißmolekül gewöhnlich rund 100 bis 1000 Aminosäuren umfaßt, muß eine entsprechende mRNA mindestens 300 bis 3000 Nucleotide lang sein.

An den Ribosomen wird die in der mRNA steckende Information in einem sehr komplizierten Prozeß in Protein übersetzt (Bild 4). An dem Übersetzungsprozeß, der Translation, sind – wie erwähnt – noch die beiden anderen RNA-Arten beteiligt, die selber nicht für Proteine codieren: Transfer-RNA (tRNA) und ribosomale RNA (rRNA).

Beide RNA-Sorten werden genauso wie Boten-RNA synthetisiert. Die tRNA-Moleküle sind sehr klein, ungefähr 70 bis 80 Nucleotide lang, und in charakteristischer Weise räumlich gefaltet (Bild 3). Jede Transfer-RNA erkennt und bindet unter Mithilfe eines speziellen Enzyms eine von den 20 verschiedenen Aminosäuren, aus denen sich alle Eiweißmoleküle normalerweise zusammensetzen. Gegenüber der Bindungsstelle für die Aminosäure, am anderen Ende des tRNA-Moleküls, ist die Transfer-RNA zu einer Schleife gefaltet. Diese enthält das sogenannte Anticodon: eine Abfolge von drei Nucleotiden, die einem bestimmten Codon auf der Boten-RNA komplementär sind.

An der Oberfläche eines Ribosoms werden die mit Aminosäuren beladene Transfer-RNA-Moleküle mit einem Boten-RNA-Molekül in Kontakt gebracht. Ein Ribosom setzt sich aus einer größeren und einer kleineren Untereinheit zusammen, die jeweils aus einer Reihe von Proteinen in Verbindung mit rRNA bestehen. In eukaryontischen Zellen enthält die große Untereinheit drei rRNA-Moleküle. Eines ist sehr lang (4500 Nucleotide), die beiden anderen sind etwa 160 und 120 Nucleotide lang. Die kleinere Untereinheit enthält eine einzige ribosomale RNA von etwa 1800 Nucleotiden Länge. Die rRNA-Moleküle sind

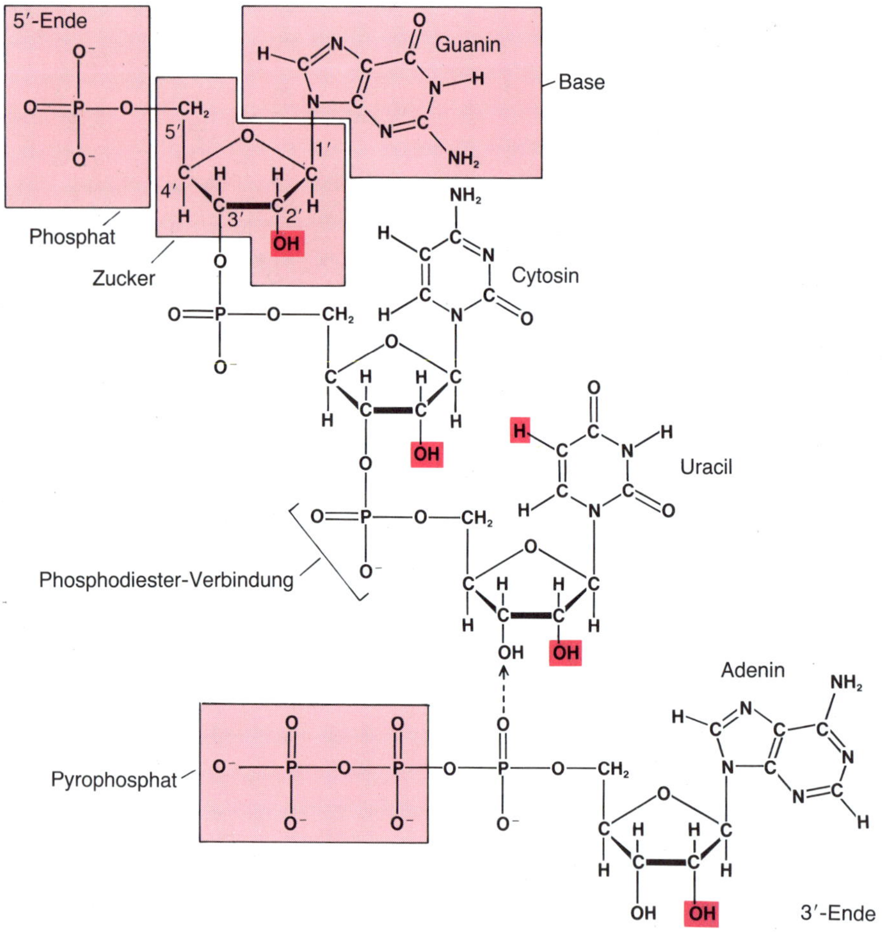

Bild 2: Der chemische Aufbau von RNA unterscheidet sich in zwei Punkten von dem der DNA (dunkelfarbig). Zum einen enthält DNA die Base Thymin, RNA statt dessen die Base Uracil. Uracil trägt an einem bestimmten Kohlenstoff-Atom, an dem im Thymin eine Methylgruppe sitzt, ein Wasserstoff-Atom. Außerdem hat der zum Aufbau von RNA verwendete Zucker, die Ribose, an seinem 2′-Kohlenstoff-Atom eine Hydroxylgruppe (OH) und nicht – wie die Desoxyribose in der DNA – ein Wasserstoff-Atom. Sowohl in der RNA als auch in der DNA wird die 5′-Position des neu angelagerten Nucleotids (hier ist es ein Adenosintriphosphat) über eine Phosphordiester-Brücke mit der 3′-Hydroxylgruppe des letzten Nucleotids verknüpft. Bei diesem Verknüpfungsprozeß wird ein Pyrophosphatrest freigesetzt.

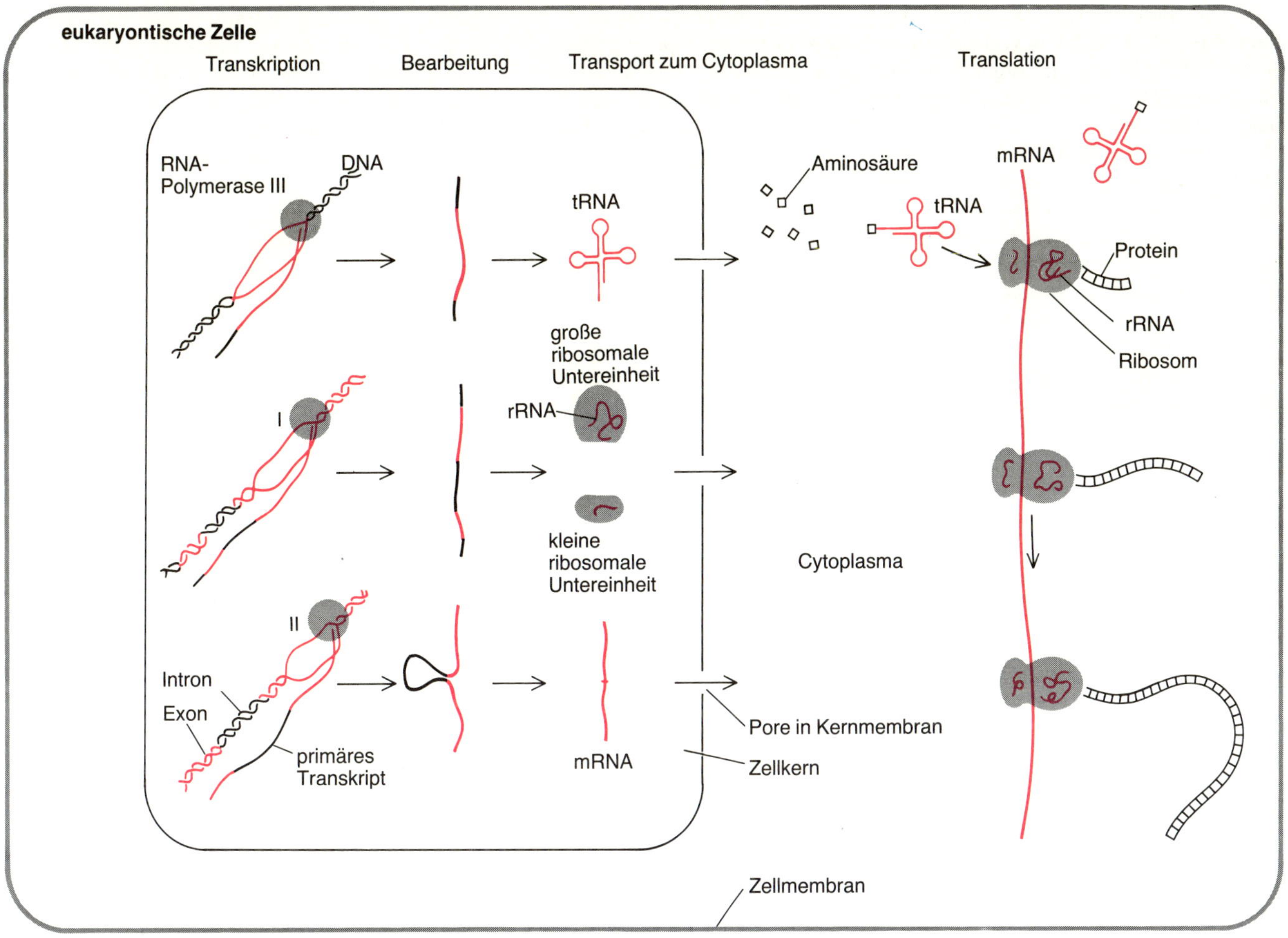

Bild 3: Bei der Protein-Biosynthese werden sowohl in Eukaryonten als auch in Prokaryonten die gleichen drei RNA-Typen verwendet. Es gibt jedoch einen wichtigen Unterschied: In Eukaryonten sind diejenigen Nucleotid-Sequenzen der DNA, die für Proteine codieren (sogenannte Exons), sehr häufig von nicht-codierenden Sequenzen (Introns) unterbrochen. Die Introns müssen aus dem Primär-Transkript herausgeschnitten werden, damit reife Boten-RNA entsteht. Sowohl in Eukaryonten als auch in Prokaryonten werden die Transfer RNA (tRNA), die ribosomale RNA (rRNA) und die Boten-RNA (mRNA) durch Transkription eines Stranges der DNA-Doppelhelix synthetisiert. Eukaryonten besitzen dazu drei verschiedene RNA-Polymerasen, Prokaryonten dagegen nur eine einzige. In beiden Zelltypen müssen die primären Transkripte der tRNA- und rRNA-Moleküle prozessiert, also bearbeitet werden. Die Enden der tRNA-Transkripte werden beschnitten, und das Molekül legt sich in mehrere Schleifen. Die rRNA-Transkripte werden an verschiedenen Stellen zerschnitten und liefern auf diese Weise zwei Hauptarten von ribosomaler RNA, die sich dann mit Protein-Molekülen zu Untereinheiten der Ribosome verbinden. In Prokaryonten, die keinen Zellkern haben, werden mRNA-Transkripte normalerweise nicht prozessiert; Ribosomen und mit Aminosäuren beladene tRNAs beginnen bereits, die Boten-RNA abzulesen und Proteine zu synthetisieren, während die mRNA-Synthese selbst noch in vollem Gange ist. Bei Eukaryonten erleichtert die Kernmembran wahrscheinlich die Entfernung der Introns und das Spleißen der Exons aus dem primären RNA-Transkript; die Kernmembran verhindert auf diese Weise die sofortige Übersetzung (Translation) der noch entstehenden RNA.

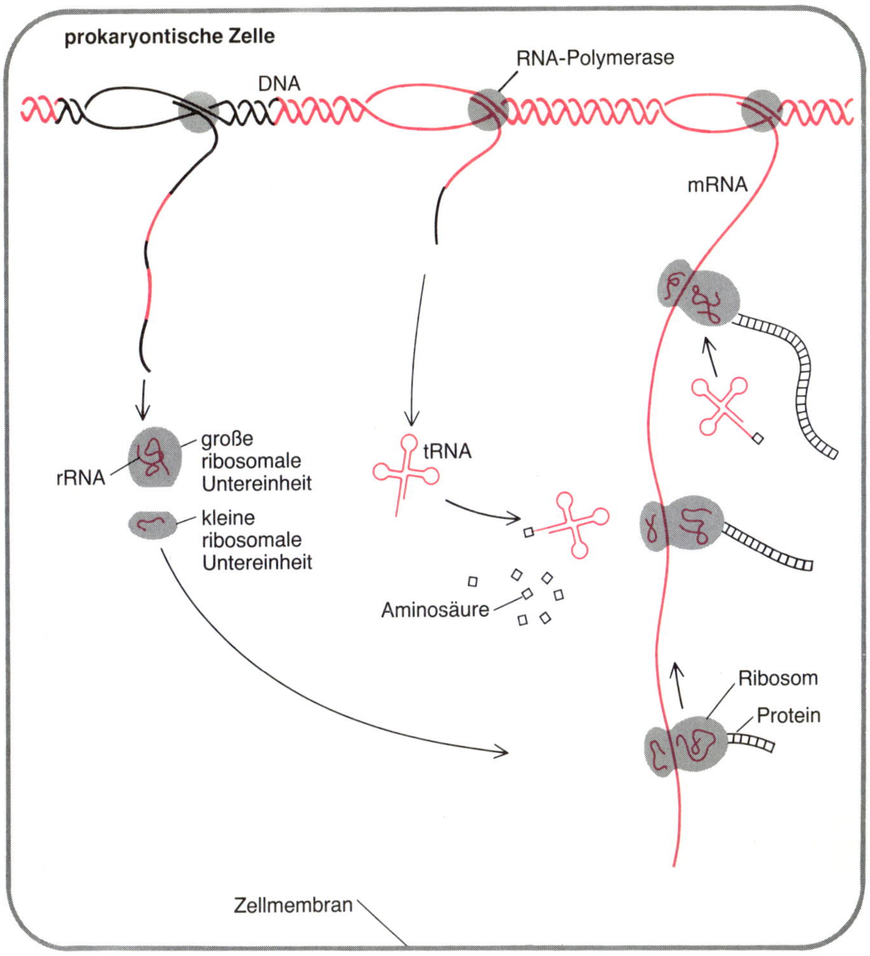

wichtige Bauelemente, die den Ribosomen ihre gefurchte Form verleihen. Diese Gestalt hilft den Ribosomen, sowohl die Boten-RNA als auch ein Proteinmolekül aufzunehmen.

Das Ribosom rückt Codon für Codon an der Boten-RNA weiter. Bei jedem Schritt wird ganz spezifisch die jeweils mit ihrem Anticodon zum mRNA-Codon passende Transfer-RNA gebunden. Die an der tRNA angelagerte Aminosäure wird an die wachsende Aminosäurenkette angehängt. Auf diese Weise diktiert die Abfolge von Codons in der Boten-RNA die Aminosäurensequenz des Proteins.

Das Ribosom katalysiert diesen ganzen Produktionsprozeß; es bringt nicht nur die Boten-RNA mit den geeigneten Transfer-RNA-Molekülen zusammen, sondern auch mit einer Reihe spezieller Proteine und anderer Faktoren, die das Ablesen der mRNA einleiten, die Peptidbindungen zwischen den einzelnen Aminosäuren herstellen und das fertige Protein freisetzen, nachdem die genetische Botschaft vollständig übersetzt worden ist.

Der eben geschilderte Vorgang der Protein-Biosynthese läuft in Eukaryonten und Prokaryonten (Bakterien) ab (Bild 3). Zuerst wurde jedoch der Synthese-Mechanismus am Bakterium *Escherichia coli* aufgeklärt. Schon sehr früh war klar, daß die Regulierung der mRNA-Synthese (der DNA-Transkription) eine mögliche Methode ist, die Gen-Expression und damit auch das Verhalten von Zellen zu kontrollieren.

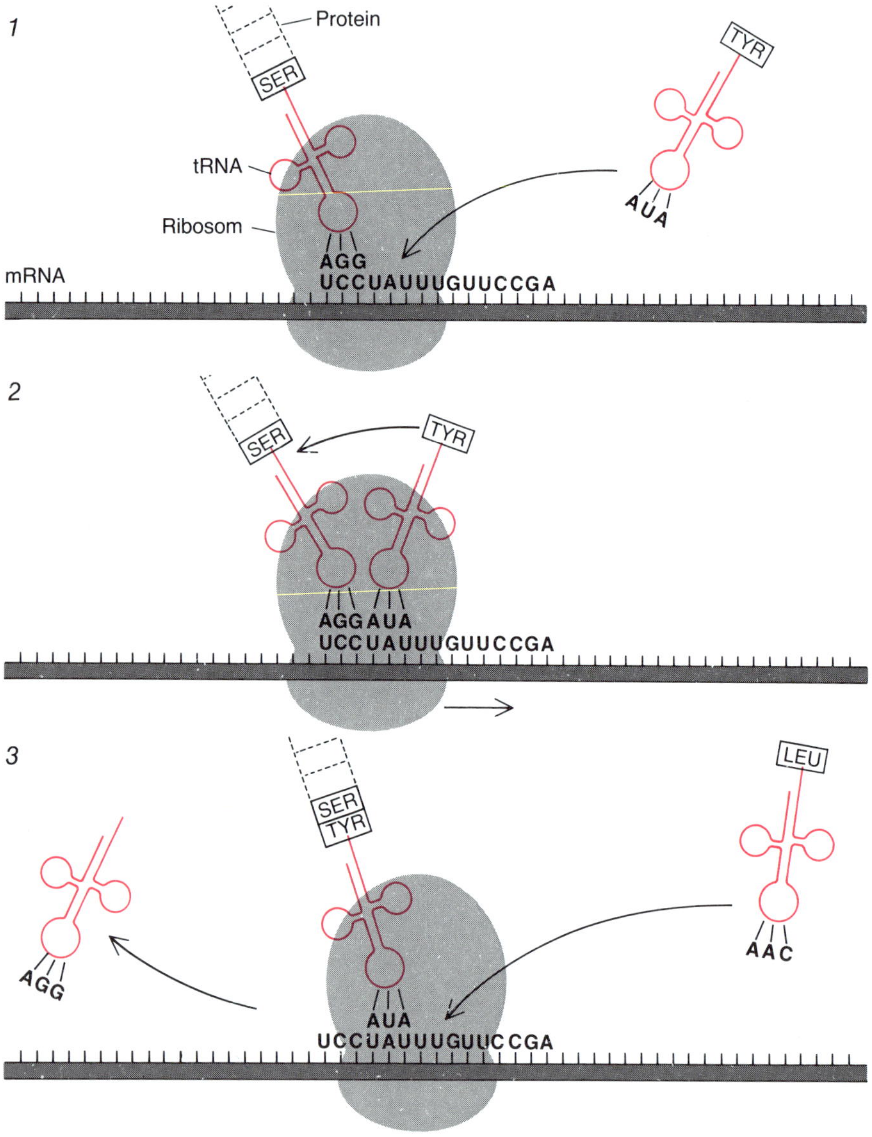

Bild 4: Die einzelnen Schritte der Translation von Boten-RNA-Molekülen an den Ribosomen sind in Eukaryonten und in Prokaryonten gleich. Jedes Nucleotid-Triplett auf der mRNA-Kette, ein sogenanntes Codon, codiert für eine bestimmte Aminosäure. Jedes Transfer-RNA-Molekül bindet wiederum nur diejenige Aminosäure, die einem bestimmten Codon entspricht. Eine tRNA erkennt ein Codon mit Hilfe einer komplementären Nucleotidsequenz, die man Anticodon nennt. In der Abbildung wird gezeigt, wie eine Aminosäure an eine wachsende Proteinkette gebunden wird. Die neu ankommende Boten-RNA trägt die Aminosäure Tyrosin; sie heftet sich an das Codon der Boten-RNA, das an einer speziellen Bindungsstelle des Ribosoms frei zugänglich ist (*1*). Die letzte Aminosäure der Kette (hier Serin) wird daraufhin mit Tyrosin über eine Peptidbindung verknüpft (*2*). Sobald das Ribosom auf der Boten-RNA um ein Codon weiterwandert wird die entladene Serin-tRNA entlassen.

Protein-Biosynthese in Bakterien und Eukaryonten

Ein Bakterium wie *Escherichia coli* enthält nicht zu allen Zeiten sämtliche Boten-RNA, die in seiner DNA codiert ist. Vielmehr transkribiert die Bakterienzelle bestimmte Gene und synthetisiert die entsprechenden Proteine nur, wenn es sie aufgrund der Umweltbedingungen wirklich benötigt.

In den frühen sechziger Jahren entwickelten François Jacob und Jacques Monod vom Pasteur-Institut in Paris ein Regulationsmodell für ein Gen aus *E. coli*, das für die sogenannte Beta-Galactosidase codiert. Das Gen für dieses Enzym, das an der Stoffwechsel-Verwertung des Zuckers Lactose beteiligt ist, wird dem Modell zufolge von einem sogenannten Repressor kontrolliert. Dieser Repressor ist ein regulatorisches Protein, das die Transkription des Gens blockiert, wenn das Enzym nicht benötigt wird, indem es sich dicht am Anfang der codierenden Sequenz an die DNA bindet.

Später stellte sich dann heraus, daß sich das Jacob-Monod-Modell der Gen-Regulation tatsächlich ganz allgemein auf die Kontrolle der Gen-Expression in Bakterien anwenden läßt. Inzwischen hat man sehr viele regulatorische Proteine entdeckt, die entweder die Transkriptionsrate bakterieller Gene erhöhen oder sie erniedrigen, indem sie sich an spezifische DNA-Sequenzen binden.

In vielzelligen Organismen ist die Situation anders. Hier ist jede Zelle Teil eines verwobenen Systems und braucht nicht andauernd wie Bakterienzellen aufgrund von Änderungen der Umweltbedingungen etwa ihren Stoffwechsel umzustellen. Die größten Verhaltensunterschiede beobachtet man statt dessen zwischen den verschiedenen Zelltypen eines Organismus.

Alle diese Zellen enthalten die gleiche DNA. Im Menschen synthetisieren jedoch beispielsweise nur die roten Blutkörperchen den Blutfarbstoff Hämoglobin, der den Körper mit Sauerstoff versorgt. Eine Leberzelle synthetisiert sogar mindestens 50 Proteine, die in anderen Zelltypen entweder gar nicht oder nur in sehr geringen Mengen vorkommen.

Als Jacob und Monod ihr Regulationsmodell vorstellten, ergab sich daraus sofort die verlockende Hypothese, daß eine solche Zellspezialisierung genauso wie das veränderliche Verhalten von Bakterienzellen auf der Ebene der Gen-Transkription kontrolliert werde. Es hat aber zwei Jahrzehnte gedauert, bis man sie bestätigen konnte. Dies liegt zum einen an der Entdeckung, daß die meisten RNA-Moleküle nach der Transkription noch bearbeitet werden. Damit bestand die Möglichkeit, daß die Gen-Kontrolle auch auf der Stufe der RNA-Prozessierung stattfinden könnte. Beispielsweise könnte ein bestimmtes RNA-Transkript in allen Zellen synthetisiert, aber nur in manchen Zellen auch bearbeitet werden. Denkbar wäre auch, daß die RNA-Prozessierung in manchen Zellen deutlich wirksamer abliefe als in anderen. Auf diese Weise könnten verschiedene Zelltypen unterschiedliche Mengen bestimmter mRNA-Moleküle und damit auch der entsprechenden Proteine enthalten. In den späten sechziger Jahren wurde die Frage, wie die reife Boten-RNA hergestellt wird, zu einem entscheidenden Punkt in dem übergeordneten Problem, wie Gene eigentlich reguliert werden.

Die ersten Hinweise dafür, daß RNA-Moleküle nach ihrer Synthese noch bearbeitet werden, lieferten Untersuchungen an ribosomaler RNA. Meine Mitarbeiter und ich begannen 1960 am Massachusetts Institute of Technology in Boston, die neusynthetisierte RNA im Kern menschlicher Zellen zu analysieren. Neusynthetisierte RNA kann man identifizieren, indem man die Zellen für kurze Zeit RNA aus radioaktiv markierten Nucleosiden (den Vorläufern der Nucleotide) synthetisieren läßt.

Zu unserer großen Überraschung fanden wir überhaupt keine radioaktiv markierte RNA im Zellkern, deren Größe der rRNA in den reifen Ribosomen entsprach. Wir konnten im Gegenteil zeigen, daß sowohl lange als auch kurze rRNA-Moleküle aus einem langen Vorläufermolekül – einem Primär-Transkript – entstehen, indem das Vorläufermolekül an spezifischen Stellen zerschnitten wird.

In den folgenden Jahren machte man vergleichbare Beobachtungen auch an vielen anderen Zelltypen, und zwar für die Synthese von ribosomaler RNA und auch von Transfer-RNA. Sehr schnell wurde klar, daß sowohl alle rRNA-Moleküle als auch alle tRNA-Moleküle in eukaryontischen und prokaryontischen Zellen zuerst verkürzt und chemisch modifiziert werden müssen, bevor sie sich an der Translation der Boten-RNA beteiligen können.

Wie steht es nun mit Boten-RNA selbst? In Bakterien, die ja keinen Zellkern besitzen, war es eigentlich unwahrscheinlich, daß die mRNA bearbeitet

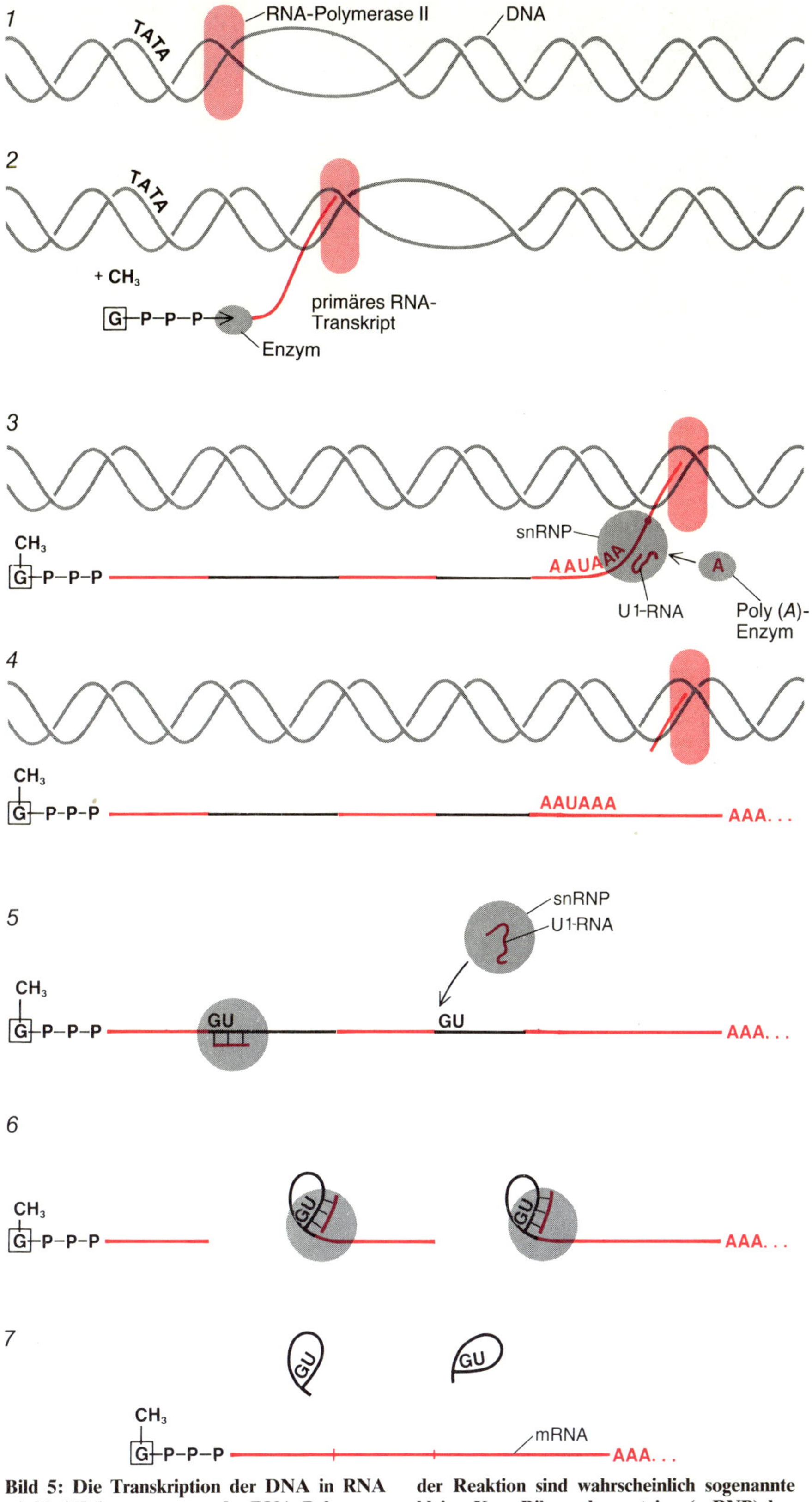

Bild 5: Die Transkription der DNA in RNA wird bei Eukaryonten von der RNA-Polymerase II eingeleitet, und zwar etwa 20 bis 30 Nucleotide in Ableserichtung hinter der TATA-Sequenz. Noch bevor das neue Transkript länger als 30 Nucleotide ist, wird seinem 5′-Ende über eine Triphosphat-Gruppe eine „Kappe" aufgesetzt; sie besteht aus einem methylierten Guaninosin (*2*). Die Polymerase wandert die DNA entlang (*3*) und transkribiert dabei Exons (farbige Balken) wie Introns (schwarze Balken) und schließlich ein Stück über die Sequenz AAUAAA hinaus. Etwa 20 Nucleotide weiter „stromabwärts" wird die Abschrift gekappt. An der Reaktion sind wahrscheinlich sogenannte kleine Kern-Ribonucleoproteine (snRNP) beteiligt, die eine uracilreiche, sogenannte U1-RNA enthalten. Ein Enzym heftet dann einen Schwanz aus 150 bis 200 Adeninresten an das beschnittene 3′-Ende der RNA (*4*). Das Transkript wird anschließend zerschnitten (*5*). Hierbei bindet sich die U1-RNA an eine komplementäre Sequenz, unter anderem charakterisiert durch die Nucleotidfolge *GU*, an den Anfang der Introns. Die Introns werden wie Schlaufen gefaltet (*6*) und aus dem Transkript herausgeschnitten. Die Exons werden miteinander zur reifen Boten-RNA verbunden (gespleißt) (*7*).

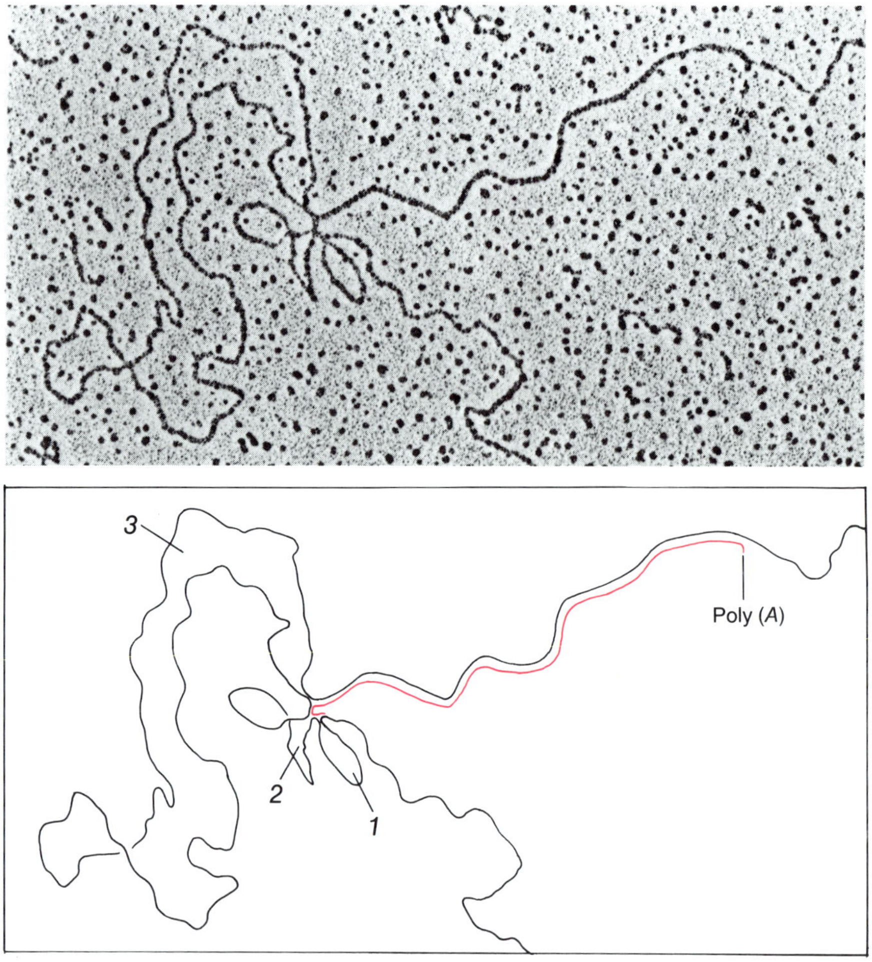

Bild 6: Das Spleißen von Boten-RNA entdeckte man bei Untersuchungen des Erbguts von Adenoviren. Die elektronenmikroskopische Aufnahme zeigt das Ergebnis eines Experimentes, in dem die Boten-RNA für ein adenovirales Protein (farbige Linie) mit dem DNA-Einzelstrang des dazugehörigen Adenovirus-Gens (schwarz) hybridisiert wurde. Wo beide Nucleotidsequenzen einander komplementär sind, also die gleiche Basenabfolge aufweisen, können sich hybride RNA-DNA-Doppelstränge ausbilden. Drei DNA-Schleifen sind zu erkennen, für die es keine komplementären Sequenzen auf der RNA gibt (Schleifen *1* bis *3*). Offenbar sind die entsprechenden RNA-Bereiche aus dem primären RNA-Transkript herausgeschnitten worden; die restlichen RNA-Bereiche wurden dann zusammengefügt. Die Aufnahme stammt von Louise T. Chow, die damals am Cold Spring Harbour Laboratory arbeitete.

wird. Sie wird bereits von Ribosomen und tRNA-Molekülen übersetzt, wenn ihre Synthese noch nicht abgeschlossen ist. In Eukaryonten wird dagegen die mRNA im Zellkern synthetisiert. Von hier aus muß sie ins Cytoplasma wandern; erst dort wird sie in Protein übersetzt. Zwischen Transkription und Translation der Boten-RNA gibt es also reichlich Gelegenheit zur Bearbeitung.

Boten-RNA in Eukaryonten

Um herauszufinden, ob in Eukaryonten Boten-RNA bearbeitet wird, mußte man zuerst einmal ein ziemlich kompliziertes Problem lösten: Eine typische eukaryontische Zelle enthält Tausende von verschiedenen mRNA-Molekülen, von denen man aber nur eines untersuchen möchte. Die Lösung des Problems war, Zellen zu untersuchen, die man mit tierischen Viren infiziert hatte.

Viren, deren Erbmaterial aus DNA besteht, beschlagnahmen in einer infizierten Zelle den gesamten Protein- und mRNA-Synthesevorgang. Ihr Erbgut enthält aber viel weniger Gene als das Erbgut der Wirtszelle, und daher gibt es auch viel weniger virale mRNA-Moleküle. Die Synthese viraler mRNA kann man daher als einfaches Modell für die Synthese von mRNA in einer tierischen Zelle ansehen. Auf diesem Wege ließen sich zwischen 1970 und 1977 tatsächlich die grundlegenden Schritte der Synthese eukaryontischer Boten-RNA aufklären (Bild 5).

Wie kompliziert die mRNA-Synthese in Eukaryonten im Vergleich zu einfachen Bakterienzellen ist, sieht man schon am ersten Syntheseschritt. Während in Bakterien eine einzige RNA-Polymerase die gesamte RNA-Synthese katalysiert, gibt es in Eukaryonten gleich drei unterschiedliche RNA-Polymerasen: Typ I für ribosomale RNA-Moleküle, Typ II für Vorläufer der Boten-RNA und Typ III für die Vorläufer von tRNA- und anderen kleineren RNA-Molekülen.

Die Synthese einer Boten-RNA beginnt, wenn eine RNA-Polymerase II eine Promotorregion in der DNA erkennt und sich daran bindet. Die Rolle der verschiedenen Nucleotidsequenzen in der Promotorregion ist noch nicht völlig geklärt. Man weiß aber heute, daß die Sequenz TATA irgendwie an der richtigen Positionierung der Polymerase beteiligt ist. Die Transkription beginnt etwa 20 bis 30 Nucleotide nach der TATA-Sequenz.

Ungefähr eine Sekunde nach dem Start der Transkription, wenn die neusynthetisierte RNA höchstens 30 Nucleotide lang ist, wird eine chemische Schutzkappe an das erste Nucleotid am Anfang der RNA-Kette (dem 5′-Ende) angehängt. Diese Schutzgruppe – im Fachjargon hat sich dafür die englische Bezeichnung *cap*, Kappe, eingebürgert – findet sich an allen eukaryontischen mRNA-Molekülen. Sie besteht aus einem methylierten Guanosin (einem Nucleosid, das die Base Guanin enthält). Es ist über eine Triphosphatbrücke an das erste Nucleotid der RNA angelagert.

Wenn die Schutzkappe angefügt worden ist, beginnt die RNA-Polymerase, mit einer Geschwindigkeit von etwa 30 bis 50 Nucleotiden pro Sekunde weitere Nucleotide an das 3′-Ende der wachsenden RNA-Kette anzuhängen. Das entstehende Primär-Transkript kann bis zu 20 000 Nucleotide lang sein; die durchschnittliche Länge von Primär-Transkripten in menschlichen Zellen beträgt jedoch ungefähr 5000 Nucleotide.

Die Bearbeitung des vollständig synthetisierten Transkripts beginnt damit, daß ein sogenannter „Schwanz“ an jenes Nucleotid des Transkripts angehängt wird, das einmal das 3′-Ende der eigentlichen mRNA werden soll. Wissenschaftler in verschiedenen Laboratorien fanden 1970 und 1971, daß die meisten mRNA-Moleküle aus Säugerzellen an ihrem 3′-Ende eine zusätzliche Kette von etwa 150 bis 200 Adenin-Nucleotiden, poly(*A*)-„Schwanz“ genannt, tragen. Heute weiß man, daß das Primär-Transkript etwa 20 Nucleotide nach der Sequenz AAUAAA gekappt und an das freie Ende (die sogenannte Polyadenylierungsstelle) ein poly(*A*)-Schwanz angehängt wird. Diese Reaktionen erfolgen innerhalb einer Minute, nachdem die RNA-Polymerase die Polyadenylierungsstelle passiert hat.

Nachdem man Kappe und Schwanz an fertig synthetisierten mRNA-Molekülen im Cytoplasma entdeckt hatte, begannen Wissenschaftler, nach diesen Strukturelementen auch an mRNA-Molekülen im Zellkern zu suchen. Sie hofften, auf diese Weise die Vorläufer der Boten-RNA zu finden.

Tatsächlich hatte man bis 1976 diese Strukturen auch an neusynthetisierter RNA im Kern entdeckt, aber ein Rätsel blieb immer noch: Im Durchschnitt waren diese RNA-Moleküle etwa 5000 Nucleotide lang, die Durchschnittslänge der mRNA-Moleküle im Cytoplasma betrug jedoch nur 1000 Nucleotide. Es war ganz klar, daß diese Vorläufer im Kern zerschnitten werden mußten, damit mRNA entstand. Man konnte jedoch damals nicht erklären, wie dabei die chemische Schutzgruppe und der Schwanz der Boten-RNA erhalten blieben.

Spleißen von mRNA

Nachträglich scheint die Lösung des Problems einfach: Teile des Transkripts müssen aus der Mitte des Moleküls herausgeschnitten und die verbliebenen Stücke dann wieder richtig zusammengesetzt, gespleißt werden (Bild 6). Ein solcher Spleißprozeß wurde zum ersten Mal am Erbgut des Adenovirus beobachtet. Dieses Virus infiziert beim Menschen die oberen Atemwege. Meine Mitarbeiter und ich hatten herausgefunden, daß die mRNA-Moleküle für eine bestimmte Gruppe viraler Proteine alle von ein und derselben Primär-Abschrift stammen. Es handelte sich dabei um die Boten-RNA für die sogenannten späten Proteine des Adenovirus, die erst spät nach einer Infektion in den infizierten Zellen synthetisiert werden. Im Jahre 1977 verwendeten eine Gruppe von Wissenschaftlern am Massachusetts Institute of Technology (MIT) unter der Leitung von Phillip A. Sharp und eine andere Arbeitsgruppe am Cold Spring Harbour Laboratory (US-Bundesstaat New York) – darunter Richard J. Roberts, Thomas R. Broker, Louise T. Chow, Richard E. Gelinas und Daniel Klessig – die Technik der molekularen Hybridisierung, um zu zeigen, wie diese einzelnen viralen mRNA-Moleküle entstehen.

Die Hybridisierungstechnik beruht auf der Fähigkeit von mRNA-Molekülen, mit der DNA nach den Regeln der Basenpaarung Hybride („gemischte")-Doppelstränge auszubilden. Dabei wird einer der beiden DNA-Stränge im DNA-Doppelstrang durch den entsprechenden, transkribierten RNA-Strang verdrängt. Die entstehenden Hybridmoleküle lassen sich im Elektronenmikroskop sichtbar machen.

Als nun dieses Experiment mit den Nucleinsäuren durchgeführt wurde, die für die späten Proteine des Adenovirus codiert, zeigte sich, daß jede mRNA mit vier Bereichen auf der DNA hybridisierte. Diese vier Bereiche waren voneinander durch lange DNA-Sequenzen getrennt, die in den Hybridmolekülen als einzelsträngige DNA-Schleifen heraussprangen, weil sie offensichtlich in der Boten-RNA keine paarungsfähigen Sequenzen fanden.

Beide Arbeitsgruppen schlossen daraus, daß für die endgültige mRNA vier verschiedene Bereiche aus weit entfernten Regionen des Primär-Transkripts miteinander verbunden werden müssen. Die Bereiche dazwischen gehen dabei verloren, so daß die reife Boten-RNA viel kürzer als das Primär-Transkript ist. Die Kappe am 5′-Ende der mRNA und der poly(A)-Schwanz am 3′-Ende bleiben jedoch erhalten.

Das Spleißen des primären Adenovirus-Transkripts erfordert etwa 20 bis 30 Minuten; es gibt aber andere Spleißvorgänge, die bereits nach fünf Minuten abgeschlossen sind. Nachdem die beiden Arbeitsgruppen vom MIT und aus dem Cold Spring Harbour Laboratory einmal den Spleißvorgang bei der Adenovirus-mRNA entdeckt hatten, zeigten andere Wissenschaftler bald darauf, daß viele vi-

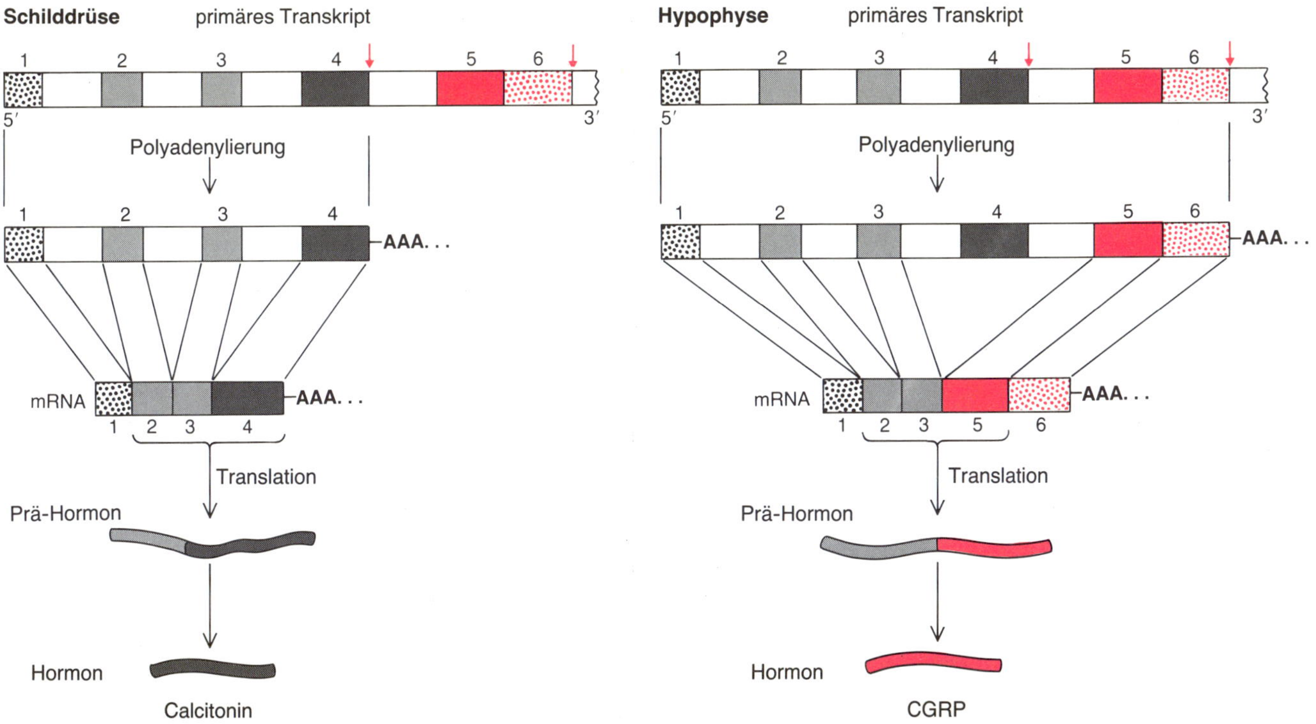

Bild 7: Durch differentielle Prozessierung können aus dem gleichen primären RNA-Transkript mehrere verschiedene Boten-RNA-Moleküle entstehen. Ein Beispiel ist das Gen für das Hormon Calcitonin, das in der Schilddrüse synthetisiert wird; das Transkript seines Gens (links) enthält zwei poly(A)-Stellen (farbige Pfeile). In Zellen der Schilddrüse wird das RNA-Transkript zerschnitten und an der ersten poly(A)-Stelle mit einem poly(A)-Schwanz versehen. Die vier Exons des Transkripts werden miteinander verbunden und bilden dann die Boten-RNA für das Prä-Hormon. Das Prä-Hormon wird anschließend enzymatisch gespalten; es entsteht dabei Calcitonin. In Zellen der Hypophyse und in einigen Nervenzellen wird das gleiche Primär-Transkript an der zweiten poly(A)-Stelle gespalten (rechts). Beim Spleißen wird die codierende Sequenz für Calcitonin (dunkelgrau) zusammen mit den Introns aus der Boten-RNA ausgeschnitten. Statt dessen wird eine andere Sequenz, die für ein Hormon mit dem umständlichen Namen Calcitonin-Gen-verwandtes Protein (CGRP, farbig) codiert, in die fertige Boten-RNA übernommen.

rale und zelluläre mRNA-Moleküle ebenfalls aus Stücken eines langen Vorläufers zusammengespleißt und die herausgeschnittenen RNA-Bereiche verworfen werden.

Spezifische Spleißstellen ließen sich feststellen, als man die Nucleotidsequenzen der DNA und der entsprechenden reifen Boten-RNA analysierte. Heute wird allgemein anerkannt, daß viele eukaryontische Gene gestückelt, also „Mosaik-Gene" sind und nur exprimiert werden können, wenn ihre RNA-Transkripte gründlich bearbeitet werden.

Walter Gilbert von der Harvard-Universität hat für diejenigen Bereiche eines Gens, die tatsächlich in der Boten-RNA auftauchen und dann in Proteinmoleküle übersetzt werden, den heute gebräuchlichen Begriff Exons geprägt. Introns sind diejenigen Nucleotidsequenzen zwischen den Exonbereichen, die beim Spleißprozeß aus der RNA entfernt werden.

Wenn man davon ausgeht, daß bereits eine Verschiebung des Ableserasters in der RNA um ein einziges Nucleotid das entstehende Eiweißmolekül praktisch wertlos macht, muß man sich fragen, welche Mechanismen garantieren, daß Exons auch tatsächlich richtig zusammengesetzt werden. Die zur Zeit laufenden Forschungsarbeiten haben uns bereits viele biochemische Einzelheiten des Spleißvorgangs geliefert.

Inzwischen kann man den Spleißprozeß auch im Reagenzglas nachvollziehen: Es ist gelungen, zwei durch ein Intron getrennte Exons in einem künstlichen RNA-Molekül miteinander zu verbinden – durch Zugabe molekularer Komponenten aus Zellextrakten. Obwohl noch lange nicht alle enzymatischen Schritte des Spleißvorgangs im einzelnen bekannt sind, konnte man immerhin einige der wichtigsten Spleißfaktoren in den Zellextrakten identifizieren.

Einer dieser Faktoren gehört zu einer Klasse von Ribonucleinprotein-Partikeln, die sich in den Kernen aller tierischen Zellen finden. Diese als „kleine Kern-Ribonucleoproteine" (snRNP) bezeichneten Partikel bestehen aus einer Gruppe von Proteinen, die alle an ein einziges RNA-Molekül gebunden sind. Diese RNA, die sich von allen drei bereits erwähnten Arten unterscheidet, ist nur 100 bis 300 Nucleotide lang und tritt in mindestens zehn verschiedenen Typen auf. Sechs von ihnen enthalten besonders viel Uracil; sie werden auch als U-RNAs bezeichnet. Von besonderem Interesse ist dabei die U1-RNA.

Kern-Ribonucleoproteine als Spleißwerkzeuge

Den Nachweis, daß snRNP-Partikel eine wichtige Rolle beim Spleißvorgang spielen, lieferten Experimente mit Antikörpern, die gegen ihre Proteine gerichtet sind. Große Mengen solcher Antikörper findet man bei Patienten mit bestimmten Autoimmunkrankheiten; der Grund dafür ist noch unbekannt.

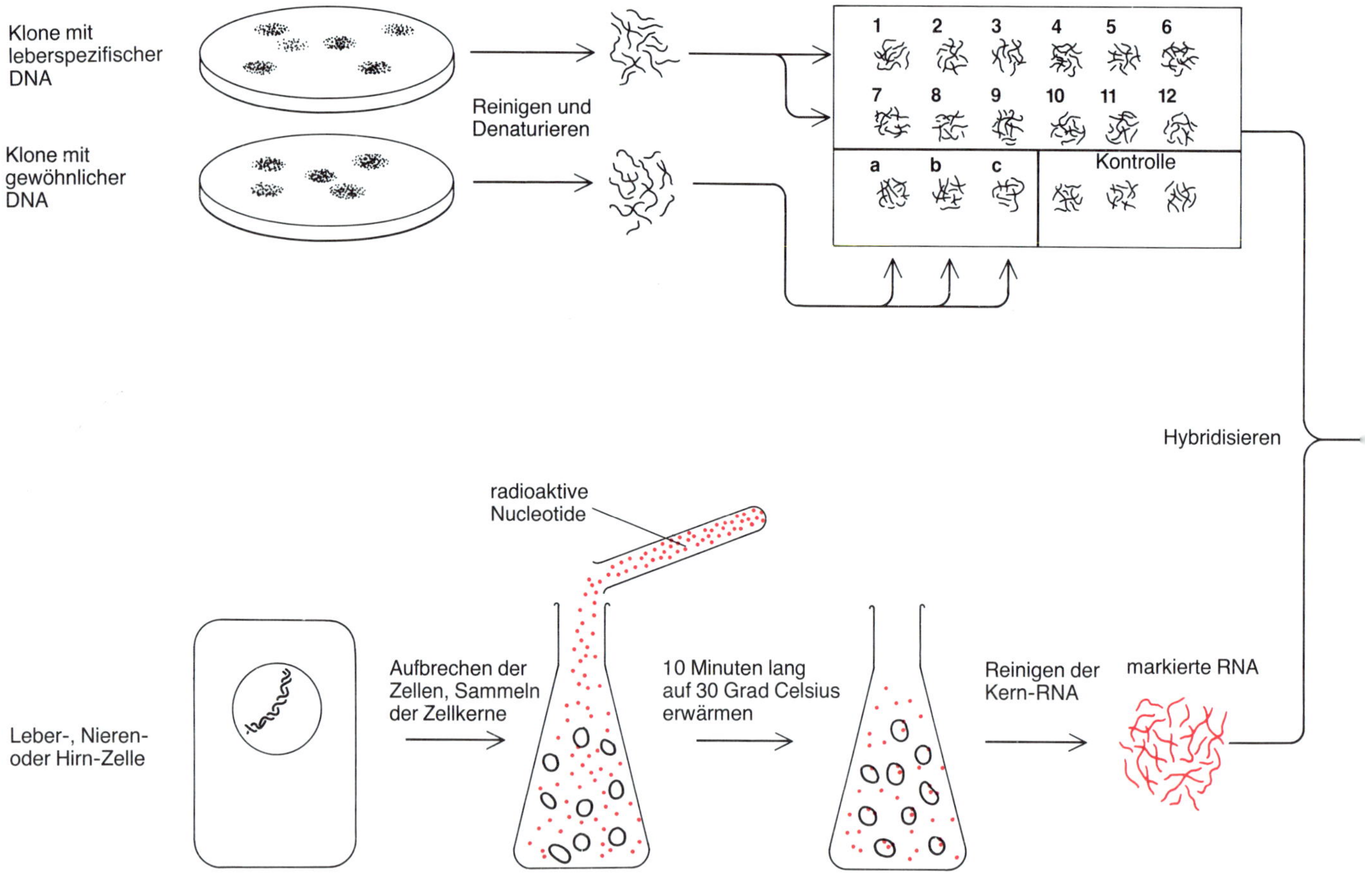

Bild 8: Mit Hilfe von Klonierungstechniken konnte man zeigen, daß die Gen-Expression überwiegend auf der Ebene der Transkription statt auf der der RNA-Prozessierung gesteuert wird. DNA für leberspezifische Proteine von Mäusen und DNA für Proteine, die in fast allen Mäusezellen vorkommen, wurden in Bakterien kloniert. Die DNA für zwölf verschiedene leberspezifische Proteine (*1* bis *12*) und drei weitere, in allen Zellen vorkommende Proteine (*a* bis *c*) wurde gereinigt, denaturiert (in Einzelstränge zerlegt) und auf Filterpapiere aufgebracht. Um herauszufinden, ob alle diese DNA-Moleküle in verschiedenen Zellen transkribiert werden, machte man Hybridisierungs-Experimente mit neusynthetisierten, nicht-prozessierten RNA-Transkripten aus Leber-, Nieren- und Hirnzellen. Neue Transkripte ließen sich isolieren, indem man gekühlte Zellkerne sammelte und zehn Minuten lang in einem Medium mit radioaktiven Nucleotiden aufwärmte. Da es in gekühlten Kernen keine Transkription gibt, mußte sämtliche aus den Kernen isolierte, radioaktiv markierte RNA innerhalb der zehnminütigen Aufwärmperiode synthetisiert worden sein. Als man die vorbereiteten Filter mit dieser markierten RNA behandelte, hybridisierten die Transkripte aus den Nieren- und Hirnzellen nur mit den DNA-Molekülen für die allgemeinen Proteine *a* bis *c*, nicht jedoch mit

Eine solche Krankheit ist der systemische *Lupus erythematodes*. Joan A. Steitz und ihre Mitarbeiter an der Yale-Universität haben die Antikörper gegen die entsprechenden snRNP-Partikel isoliert. In Zusammenarbeit mit der Arbeitsgruppe von Phil Sharp am MIT wurden diese Antikörper Zellextrakten beigefügt, die im Reagenzglas RNA korrekt spleißen konnten.

Kam der Antikörper zu dem Zellextrakt, bevor ungespleißte RNA hinzugegeben wurde, so war der gesamte Extrakt biologisch inaktiv: Der Zellextrakt wurde weder gespleißt noch polyadenyliert. Diese beiden Beobachtungen zeigen, daß die snRNP-Partikel daran beteiligt sind, Primärtranskripte an der poly(A)-Stelle zu schneiden, Intron-Sequenzen als solche zu erkennen und ebenfalls korrekt aus dem Primärtranskript herauszuschneiden.

Man weiß noch nicht, wie die snRNP-Partikel diese Aufgabe bewerkstelligen und ob die gleichen Partikel sowohl an der Polyadenylierung als auch am Spleißprozeß beteiligt sind. Nach einer derzeit populären Hypothese wird angenommen, daß an beiden Prozessen ein einziges großes ribosomenähnliches Gebilde aus mehreren snRNP-Teilchen und anderen Partikeln beteiligt ist. Wie dem auch sei, auf jeden Fall muß ein Intron höchstwahrscheinlich von einem snRNP-Partikel, das eine U1-RNA enthält, erkannt werden (Bild 5). Diese U1-RNA bindet sich an komplementäre Basen am Anfang desjenigen Introns, das aus dem Transkript herausgeschnitten werden soll.

Die Entdeckung von Introns im Jahre 1977 war eine große Überraschung. Bis dahin hatte man allgemein angenommen, daß ein Gen ein einziger zusammenhängender DNA-Bereich mit der Bauanleitung für ein einziges Protein sei. Nun war nicht nur die Frage zu beantworten, wie RNA eigentlich gespleißt wird; zugleich hatte man es auch mit zwei viel allgemeineren Problemen zu tun: Wie wichtig – zum einen – ist eigentlich die Prozessierung, und ganz speziell das Spleißen von RNA, für die Regulation der eukaryontischen Gen-Expression? Und hatte es – zweitens – immer schon Mosaik-Gene gegeben, oder waren vielmehr Introns, also nicht-codierende DNA-Abschnitte, nach und nach im Laufe der Evolution in das Erbmaterial hineingeschleust worden?

Nachdem einmal bekannt war, daß viele Gene gestückelt sind, konnte man sich vorstellen, daß die RNA-Bearbeitung eine zentrale Rolle bei der Regulation der Gen-Expression spielt. Zum einen könnte die Menge irgendeines Proteins in einer Zelle davon abhängen, wieviel der zugehörigen Boten-RNA korrekt bearbeitet wird. Denkbar war nun auch, daß ein einziges Gen für mehr als nur ein Protein codiert: Die Entscheidung darüber, welches dieser Proteine zu einer bestimmten Zeit in einer bestimmten Zelle synthetisiert wird, wäre dann allgemein von den jeweils gewählten Bearbeitungsschritten abhängig.

Ein Primär-Transkript mit zwei oder mehreren Polyadenylierungsstellen könnte wahlweise an der einen oder der anderen poly(A)-Stelle gekappt werden, so daß RNA-Moleküle mit verschiedenen 3′-Enden und damit auch Proteine mit verschiedenen Enden entstehen. Ein Transkript mit drei oder mehreren Exons ließe sich so spleißen, daß die eine mRNA alle Exons, eine andere mRNA jedoch nur zwei Exons enthielte.

Für die Auswahl des jeweiligen Spleißprozesses gab es wahrscheinlich nur zwei Beschränkungen: Die beiden äußeren Exons, die für RNA-Bereiche codieren, welche später am 5′-Ende die Kappe beziehungsweise am 3′-Ende den poly(A)-Schwanz tragen sollen, müssen beibehalten werden. Außerdem darf die Reihenfolge der Exons nicht verändert werden.

Bisher hat man mehrere Dutzend zellulärer und viraler Gene gefunden, die für mehr als eine Boten-RNA codieren. Solche Gene bezeichnet man als komplexe Transkriptionseinheiten. Ein gutes Beispiel liefert die Transkriptionseinheit für die späten Proteine des Adenovirus. Sie enthält fünf Polyadenylierungsstellen und zahlreiche Exons. Das zugehörige Primär-Transkript läßt sich zu einem Dutzend verschiedener mRNA-Moleküle spleißen; jedes besteht aus vier verbundenen Exons. Die ersten drei Exons sind allen mRNA-Molekülen gemeinsam; das letzte Exon enthält jeweils die codierende Sequenz für ein bestimmtes Protein.

Bei vielen tierischen Zellen kennt man inzwischen ebenfalls eine Reihe komplexer Transkriptionseinheiten, die je nach den gegebenen Bedingungen verschiede-

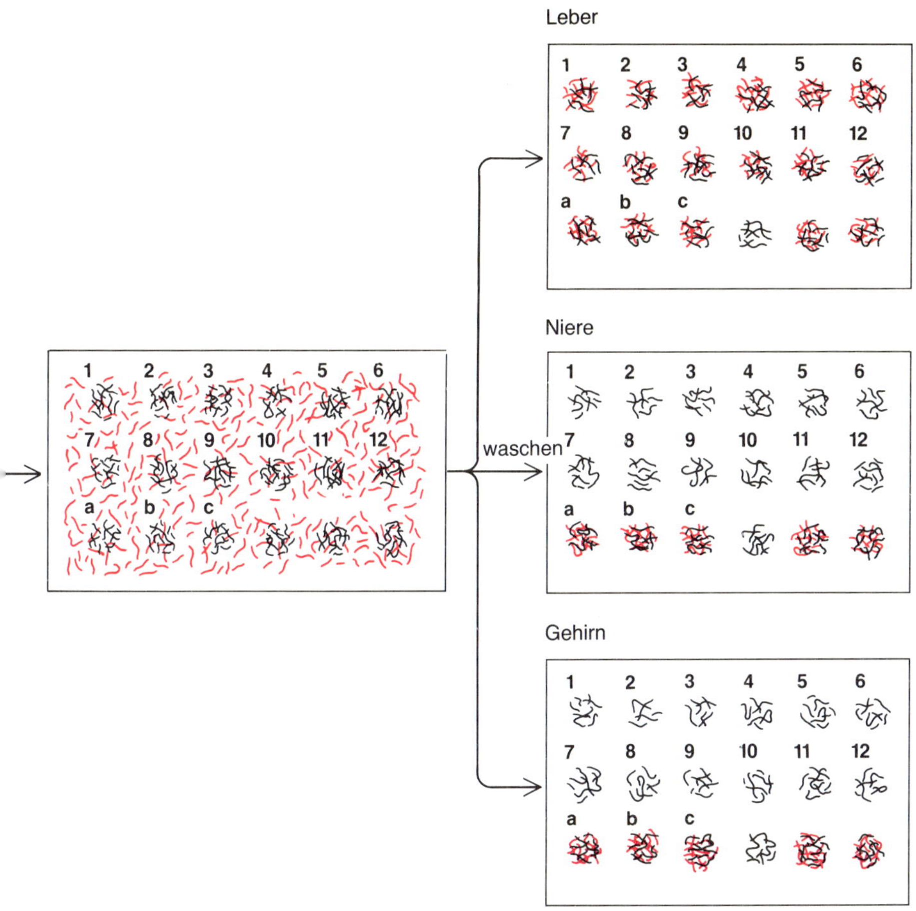

denen für leberspezifische Proteine. Dieses Experiment bewies, daß die leberspezifisch exprimierten Gene in Nieren- und Hirnzellen nicht transkribiert werden. Wären diese Transkripte gebildet und anschließend auf der Stufe der RNA-Prozessierung zerstört worden, hätte das Gemisch von nicht-prozessierten RNA-Molekülen aus den Nieren- und Hirnzellen wenigstens auch einige leberspezifische Transkripte enthalten und mit der leberspezifisch exprimierten DNA hybridisieren sollen. Wie erwartet, hybridisierten die Transkripte aus den Leberzellen mit beiden DNA-Typen. Alle aufgebrachten RNA-Moleküle, die mit einem passenden Strang hybridisiert haben, bleiben am Filter haften, wenn man es auswäscht. Wegen ihrer radioaktiven Markierungen lassen sie sich nachweisen, indem man eine Photoemulsion aufbringt: Wo radioaktive RNA an das Filter gebunden wurde, schwärzt sich der Film.

ne mRNAs liefern. Einige dieser Transkriptionseinheiten hat man in Muskelzellen von Säugern und Insekten entdeckt. Die Zellen in Muskeln mit unterschiedlichen Funktionen benötigen verwandte, aber leicht voneinander verschiedene Proteine. In einem bestimmten Organismus scheinen diese Proteine oft in einem einzigen Gen verschlüsselt zu sein, dessen Primär-Abschrift auf unterschiedliche Weise gespleißt oder mit poly(*A*)-Schwänzen versehen werden kann.

Differentielle Spleißprozesse

Ein besonders markantes Beispiel für eine Gen-Regulation durch differentielles Spleißen und Polyadenylieren ist eine komplexe Transkriptionseinheit aus Ratten-DNA, die Ronald Evans und Michael G. Rosenfeld vom Salk-Institut für biologische Studien in San Diego (Kalifornien) isoliert haben (Bild 7). Die Einheit codiert für das Hormon Calcitonin, das in der Schilddrüse gebildet wird.

Evans und Rosenfeld stellten fest, daß dieser DNA-Abschnitt auch mit einer Boten-RNA aus der Hypophyse hybridisiert. Später wurde diese Boten-RNA auch in bestimmten Nervenzellen gefunden. Diese Forscher haben gezeigt, daß sich das Primär-Transkript des Calcitonin-Gens sowohl in Zellen der Schilddrüse als auch in Zellen der Hypophyse nachweisen läßt.

Es enthält zwei poly(*A*)-Stellen. In der Schilddrüse entsteht durch Spaltung des RNA-Moleküls an der ersten poly(*A*)-Stelle und nachfolgendes Spleißen der Exons die Calcitonin-mRNA. In der Hypophyse wird das gleiche Primärtranskript an der zweiten poly(*A*)-Stelle gekappt und das Exon, das für Calcitonin codiert, herausgeschnitten. Auf diese Weise entsteht eine Boten-RNA für ein vorher unbekanntes Neuropeptid, das man als das mit dem Calcitonin-Gen verwandtes Protein (englisch *calcitonin-gene-related-protein*, CGRP) bezeichnet.

Wenn auch das Calcitonin-Gen ein gutes Beispiel für die Gen-Regulation durch RNA-Bearbeitung ist, so veranschaulicht es doch zugleich einen viel grundlegenderen Sachverhalt: Der vorherrschende Mechanismus der Gen-Kontrolle in Eukaryonten ist, wie bei Bakterien, nicht die differentielle Bearbeitung, sondern die differentielle Transkription. Denn in den meisten Rattenzellen wird weder Calcitonin noch CGRP hergestellt, und in ihnen wird das Calcitonin-Gen auch gar nicht erst transkribiert.

Für Molekularbiologen ist diese Beobachtung keine Überraschung, denn selbst nach der Entdeckung der RNA-Prozessierung erwarteten die meisten, daß die Gene überwiegend auf der Ebene der Transkription reguliert werden. Die Alternative – generelle Transkription aller Gene in einer Zelle mit nachfolgender unterschiedlicher Bearbeitung der Transkripte – hatte man immer als unwahrscheinlich angesehen. Wie berechtigt diese Annahme tatsächlich war, ist allerdings erst in neuerer Zeit mit dem Aufkommen von Gen-Klonierungsmethoden endgültig bewiesen worden.

Meine Mitarbeiter und ich haben eine Reihe von Klonierungsexperimenten gemacht (Bild 8), die bestätigen, daß nichtexprimierte Gene in der Regel auch nicht transkribiert werden. Zuerst haben wir die gesamte mRNA aus Mäuse-Leberzellen extrahiert und mit Hilfe reverser Transkriptase in eine DNA-Kopie umgeschrieben. Dieses Enzym benutzt die Boten-RNA als Matrize und erstellt davon eine DNA-Kopie, die man als cDNA bezeichnet. Die verschiedenen cDNAs wurden anschließend in Plasmide eingebaut; das sind kleine ringförmige DNA-Moleküle, die sich unabhängig von der chromosomalen DNA eines Wirtsbakteriums vermehren können. Sie wurden so in *Escherichia coli* eingeschleust, daß jede Zelle höchstens ein Plasmid erhielt. Diese Bakterien ließen wir zu individuellen Kolonien – sogenannten Klonen – heranwachsen.

Alle Bakterienzellen in einem solchen Klon enthalten das gleiche Stück fremder Mäuse-DNA. Auf diese Weise kann man aus jedem einzelnen Klon jeweils größere Mengen eines bestimmten Stükkes Mäuse-DNA (und damit eines bestimmten Gens) für weitere Untersuchungen isolieren. Wir haben nun die cDNA aus den Mäuse-Leberzellen mit der gesamten Boten-RNA aus verschiedenen Zelltypen reagieren lassen. Auf diese Weise konnten wir einerseits Gene identifizieren, die nur für leberspezifische Proteine codieren (ihre DNA hybridisierte nur mit mRNA aus Leberzellen), und andererseits solche, die für überall vorkommende Proteine codieren (ihre DNA hybridisierte mit mRNA aus allen Zelltypen).

Ganz offensichtlich wurden die reifen mRNA-Moleküle, die für leberspezifische Proteine codieren, in anderen Zellen nicht hergestellt. Dies lag aber daran, daß diese mRNA-Moleküle nicht richtig bearbeitet worden waren oder daß sie gar nicht erst gebildet wurden? Um diese beiden Alternativen zu prüfen, isolierten wir aus Hirn-, Nieren- und Leberzellen die Kerne und ließen sie für ungefähr 10 Minuten in Gegenwart radioaktiv markierter Vorläufer RNA synthetisieren.

Die anschließend aus diesen Kernen isolierten RNA-Moleküle mußten neusynthetisiert sein; sie konnten daher nicht bereits bearbeitet sein. Würden die leberspezifischen Gene auch in den Kernen aus Hirn- und Nierenzellen synthetisiert, müßte die radioaktiv markierte RNA aus diesen Kernen leberspezifische Transkripte enthalten. Als wir diese RNA aus den Hirn- und Nierenzellen jedoch mit verschiedenen klonierten leberspezifischen cDNA-Molekülen hybridisierten, fanden wir nur solche RNA-Moleküle, die für überall vorkommende Proteine codierten – und keine leberspezifische DNA. Insgesamt analysierten wir auf diese Weise die Gene für zwölf leberspezifische Proteine und fanden, daß die dazugehörige Boten-RNA weder in Hirn- noch in Nierenzellen transkribiert wurde.

Aufgrund vieler weiterer ähnlicher Experimente läßt sich allgemein sagen: In vielzelligen Organismen wird über die Synthese von gewebespezifischen Proteinen meist auf der Ebene der Transkription entschieden. Auf welche Weise diese Entscheidung im einzelnen getroffen wird, untersuchen Wissenschaftler zur Zeit in vielen Laboratorien; eine genaue Antwort auf diese Frage steht bis jetzt noch aus.

Warum wird RNA prozessiert?

Wenn auch die Prozessierung der RNA nicht die Hauptursache der Zelldifferenzierung ist, so wird doch in fast allen Zellen RNA auf irgendeine Weise bearbeitet. Meistens ist diese Prozessierung auch für die Funktion der Zellen entscheidend. Wann aber hat sie sich im Laufe der Evolution entwickelt?

Ein Spleißen von Primär-Abschriften hat man kürzlich auch in Bakterien beobachtet. Es tritt allerdings viel seltener als bei Eukaryonten auf, denn Bakterien enthalten sehr viel seltener Introns. Bis vor einiger Zeit stimmten die meisten Biologen darin überein, daß Bakterienzellen aufgrund ihres einfachen Aufbaus mit den ersten Urzellen nah verwandt sein müssen und daß Eukaryonten sich aus diesen prokaryonten Urahnen entwickelt haben. Viele Forscher nahmen daher zunächst auch an, Introns seien als Höherentwicklung erst relativ spät in der Evolution aufgetaucht.

Zwei unterschiedliche Befunde und Überlegungen erschütterten diese Ansicht. Einmal sprechen heute gute Gründe gegen die Annahme, daß Bakterien evolutionär viel älter seien als Eukaryonten. Zum anderen ist aus experimentelle Befunden zu schließen, daß RNA-Prozessierung und das Spleißen von RNA auch ablaufen können, wenn die an den Reaktionen beteiligten Enzyme heutiger Zellen fehlen. Tatsächlich könnten diese Reaktionen auch bereits in einem vorzellulären Stadium abgelaufen sein.

Die Hinweise dafür, daß Bakterien nicht die ältesten bekannten Organismen sind, haben vor allem Carl R. Woese und seine Mitarbeiter an der Universität von Illinois in Urbana-Champaign geliefert. Um eine Art zellulären Stammbaum aufzustellen, beschloß diese Gruppe, die Nucleotidsequenzen von ribosomaler RNA aus vielen Organismen miteinander zu vergleichen.

Die ribosomale RNA war gewählt worden, weil sie in allen Organismen mehr oder weniger in der gleichen Form vorliegt; man kann daher annehmen, daß es sich bei der rRNA um sehr alte und ursprüngliche Strukturen handelt. Sehr zur Überraschung der beteiligten Wissenschaftler wurden einige Bakterien mit einem sehr ungewöhnlichen Stoffwechsel gefunden, die aufgrund der rRNA-Analyse nicht in den Stammbaum normaler Bakterien paßten.

Diese Mikroorganismen, die später Archäbakterien genannt wurden, schienen demnach mit den normalen Bakterien (den Eubakterien) nicht näher verwandt als mit den Eukaryonten. Aufgrund der rRNA-Sequenzen bilden auch Eukaryonten demgegenüber ein eigenes Reich, das eine Vielzahl verschiedener Organismen von den Hefen bis zum Menschen umfaßt. Da alle drei Gruppen –

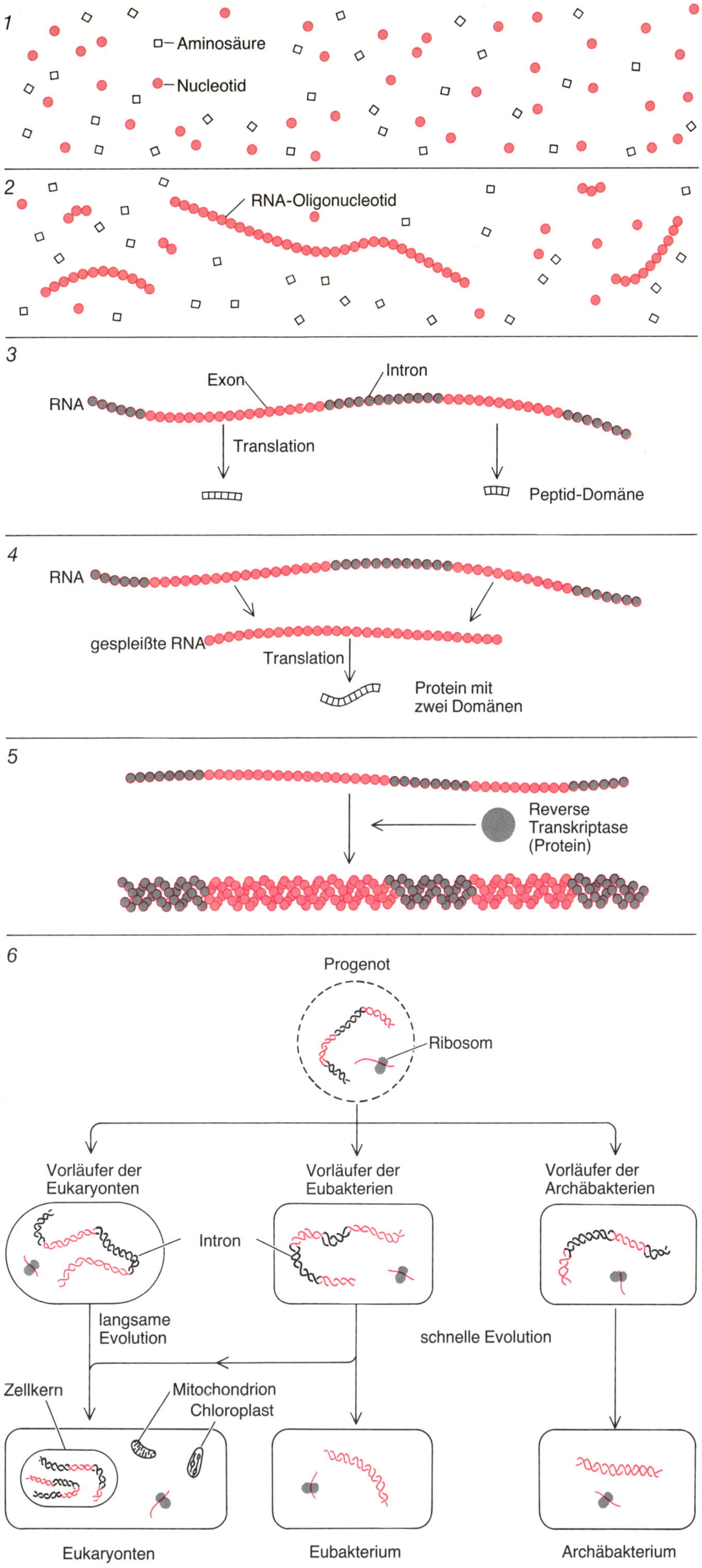

Bild 9: Die präzelluläre Evolution arbeitete möglicherweise bereits mit dem Spleißen von RNA. Die Ursuppe auf unserem Planeten enthielt wahrscheinlich Nucleotide und Aminosäuren (*1*). Unter den Bedingungen, die damals auf unserem Planeten herrschten, könnten sich durch spontane Synthesen und das Kopieren kürzerer RNA-Ketten längere RNA-Moleküle mit 30 oder mehr Nucleotiden ausgebildet haben (*2*). Irgendwie ergab es sich, daß RNA-Sequenzen für Aminosäuresequenzen codierten, die funktionelle Domänen von Peptiden repräsentierten (*3*). Die codierenden Regionen, die Exons (farbig), waren jedoch wahrscheinlich durch Introns (grau) unterbrochen. Das Spleißen von RNA, das selbst ohne Proteinbeteiligung ablaufen kann, ist möglicherweise ein Weg gewesen, um solche Exons miteinander zu verbinden. Zusammen bildeten sie vielleicht ein Proteinmolekül, das brauchbarer war als die einzelnen Peptid-Domänen (*4*). Ein früher Vorläufer des heute als Reverse Transkriptase bekannten Enzyms könnte die RNA in eine DNA-Kopie umgeschrieben haben; dadurch wäre es zum Wechsel von einem auf RNA basierenden genetischen System zu einem gekommen, das auf DNA basiert (*5*). Der gemeinsame Vorfahre aller Zellen, der sogenannte Progenot, enthielt DNA mit vielen Introns sowie Ribosomen, um die genetische Information nach den Regeln des heute in allen Zellen verwendeten genetischen Codes in Proteine zu übersetzen (*6*). Heutige Eukaryonten sind durch Vereinigung eines Ur-Eukaryonten mit Eubakterien entstanden, aus denen sich im Laufe der Zeit die Mitochondrien und Chloroplasten ableiteten. Nach dieser Anschauung haben Bakterien inzwischen die meisten Introns verloren, weil sie in der gleichen Zeit viel mehr Zellgenerationen durchmachten als Eukaryonten.

Archäbakterien, Eubakterien und Eukaryonten – den gleichen genetischen Code verwenden, schloß Woese, daß sie drei verschiedene Entwicklungslinien darstellen müssen, die von einem gemeinsamen Vorfahren abstammen. Diesen Vorfahren nannte er Progenot.

Die Eubakterien und die Archäbakterien stammen vielleicht direkt von den Progenoten ab, während die heutigen Eukaryonten höchstwahrscheinlich durch Vereinigung eines Ur-Eukaryonten mit zwei Typen von Eubakterien entstanden sind. Von diesem Ur-Eukaryonten stammt der Zellkern moderner Zellen; aus den Bakterien gingen die Mitochondrien und die Chloroplasten hervor. Mitochondrien sind die energieliefernden Organellen, die in allen Eukaryonten gefunden werden; Chloroplasten sind die Organellen in Pflanzenzellen, welche die Photosynthese durchführen.

Sowohl Mitochondrien als auch Chloroplasten enthalten ihre eigene DNA und RNA. Außerdem gleichen die rRNA-Sequenzen aus Mitochondrien den rRNA-Molekülen aus Schwefel-Purpurbakterien; die rRNA von Chloroplasten ist demgegenüber nah mit der rRNA von Cyanobakterien verwandt. Nach Woese ist der eukaryontische Zellkern genauso alt wie die Bakterien. Da die RNA im Zellkern bearbeitet wird, gibt es keinen Grund anzunehmen, daß es sich bei der Prozessierung von RNA um eine stammesgeschichtlich relativ spät erworbene Fähigkeit handelt.

Sie ist möglicherweise aufgetreten, noch ehe sich der Progenot entwickelte. Schon seit Jahren vermuten viele Wissenschaftler, daß RNA und nicht DNA das erste Biopolymer gewesen sein muß: Wie DNA kann auch RNA genetische Informationen speichern, wenn auch nicht so sicher wie DNA. Außerdem ist die RNA absolut notwendig, um gespeicherte Erbinformationen abrufen zu können.

Neuere Untersuchungen zur Chemie von RNA-Molekülen stützen sehr die Annahme, daß die RNA zuerst da war. Leslie E. Orgel und seine Mitarbeiter am Salk-Institut haben gezeigt, daß die Synthese von RNA-Oligonucleotiden in einer Umgebung mit hohen Konzentrationen an Salzen und Nucleotiden spontan abläuft; eine solche Umgebung könnte auch schon auf der noch jungen Erde existiert haben. Durch Basenpaarung können ebenfalls spontan RNA-Kopien von RNA-Molekülen entstehen.

Beide Reaktionen verlaufen zwar sehr langsam, aber dies ohne Enzyme oder andere Proteine. Es ist daher durchaus denkbar, daß die Ursuppe auf unserem jungen Planeten sowohl kurze RNA-Ketten als auch einzelne Nucleotide und Aminosäuren enthielt. Weder DNA-Moleküle noch Proteine entstehen auch nur annähernd so leicht durch Polymerisation wie RNA-Moleküle.

Auch die wichtigsten RNA-Prozessierungsreaktionen – das Zerschneiden von RNA an bestimmten Stellen und das korrekte Verbinden ausgewählter Bruchstücke – können in Abwesenheit von Proteinen ablaufen. Sidney Altman und seine Mitarbeiter an der Yale-Universität haben dies bei *E. coli* beobachtet. Normalerweise wird ein bestimmter tRNA-Vorläufer in diesem Bakterium durch ein Enzym gespalten, das selbst wieder ein kleines RNA-Molekül enthält. Altmans Arbeitsgruppe hat nun gefunden, daß dieses kleine RNA-Molekül alleine den tRNA-Vorläufer korrekt spalten kann.

Vielleicht noch überraschender ist das sogenannte autonome Spleißen von RNA. Thomas R. Cech und seine Mitarbeiter von der Universität von Colorado in Boulder haben diesen Prozeß zum ersten Mal an dem Wimperntierchen *Tetrahymena pyriformis* nachgewiesen. In diesem Organismus kann ein Intron aus dem rRNA-Transkript ohne Beteiligung von Proteinen herausgeschnitten werden, und die zwei Exons werden – wiederum ohne Mithilfe von Proteinen – in der richtigen Weise zusammengesetzt. Proteinfreies Spleißen wurde auch an der mitochondrialen rRNA des Pilzes *Neurospora crassa* gefunden. Sowohl bei dem Protozoon als auch beim Pilz sind die Nucleotid-Sequenzen der beiden sich selbst spleißenden rRNA-Moleküle bemerkenswert ähnlich.

Die präzelluläre Evolution

Angenommen, die ersten informationsspeichernden Moleküle, also die ersten Gene, waren RNA-Moleküle, dann sind das Zerschneiden und Spleißen von RNA-Molekülen möglicherweise wichtige Prozesse bei der präzellulären Evolution gewesen (Bild 9). Wie allerdings RNA überhaupt dazu kam, die Information für die Reihenfolge von Aminosäuren zu codieren, ist nach wie vor ein Rätsel.

Es ist allerdings wahrscheinlich, daß die „brauchbaren" Informationen in einer spontan entstandenen RNA-Kette nicht in einer langen zusammenhängenden Nucleotid-Sequenz codiert waren. Vermutlich gab es kurze RNA-Stücke, die für primitive, aber trotzdem funktionsfähige Eiweißketten codierten, die jedoch durch informationsleere Nucleotidsequenzen – wir nennen sie heute Introns – unterbrochen waren.

Diese Hypothese wird durch die Anordnung von Exons und Introns in heutigen Genen gestützt. In vielen Genen (beispielsweise solche für Hämoglobin, Antikörper und gewisse Enzyme) codiert jedes Exon für einen Bereich der Proteinkette, den man als funktionelle Domäne im fertigen Protein erkennen kann.

Es scheint unwahrscheinlich, daß eine solche planmäßige Anordnung entstanden ist, indem rein zufällig Introns in eine für das ganze Protein codierende Nucleotidsequenz eingefügt worden sind. Viel plausibler ist es anzunehmen, daß Introns schon von Anfang an vorhanden waren. In diesem Fall wurde möglicherweise das Selbst-Spleißen von der RNA praktiziert, noch ehe Zellen sich entwikkelt hatten, das heißt, es wurden Introns entfernt, um die peptid-codierenden Regionen zusammenzufügen und dann größere und brauchbarere Proteine zu gewinnen.

Wie hat sich nun aber die DNA entwickelt? Die Reverse Transkriptase haben 1970 Howard M. Temin an der Universität von Wisconsin in Madison und David Baltimore am MIT an Viren entdeckt. Vor kurzem hat man indirekte Indizien gefunden, daß es ein ähnliches Enzym auch in allen eukaryontischen Zellen gibt. Dies legt den Schluß nahe, daß die enzymatisch katalysierte Umwandlung von RNA in DNA schon recht alt ist.

Sie könnte erklären, warum sich im Verlaufe der Evolution die Funktion eines Informationsspeichers von der RNA auf die stabilere DNA verlagert hat. Dieser Aufgabentausch war eine wichtige Voraussetzung für die Ausbildung sich eigenständig vermehrender Zellen. Durch reverse Transkription wäre die ursprünglich vorhandene Verteilung von Exons und Introns in der RNA auch in der DNA erhalten geblieben.

Ob der Progenot, der Urahn aller Zellen, selbst eine Zelle war oder vielleicht eine Zwischenform, bleibt ungeklärt. Sicherlich muß der Progenot schon DNA enthalten haben, und diese DNA war wahrscheinlich mit Introns übersät. Auch die Gene der frühesten Eubakterien und Archäbakterien enthielten höchstwahrscheinlich eine beträchtliche Anzahl von Introns. Im Verlaufe der Evolution, über unzählige Generationen hinweg, haben jedoch die Bakterien praktisch alle nicht-codierenden Sequenzen aus ihrem Erbgut eliminiert. Heute sind die Bakterien „schnittige", von Ballast befreite Proteinsynthese-Maschinen.

Die DNA von Eukaryonten, und damit auch die von Menschen, hat sich viel langsamer entwickelt. Mit unserem aus Exons und Introns zusammengewürfelten Erbgut und der Abhängigkeit vom RNA-Spleißen sind wir möglicherweise den primitiven Vorfahren aller lebenden Organismen viel ähnlicher, als es die Bakterien sind.

Proteine

Proteine sind der Werkstoff des Lebens. Indem sie sich spezifisch mit sich selbst oder anderen Molekülen verbinden, erzeugen sie Strukturelemente, beschleunigen Stoffwechselvorgänge oder regulieren sogar ihre eigene Synthese.

Von Russell F. Doolittle

Betrachtet man die DNA als den Bauplan des Lebens, so sind die Proteine Ziegel und Mörtel. Doch damit nicht genug, sie stellen auch das nötige Werkzeug für den Zusammenbau einer Zelle oder eines Organismus und übernehmen sogar die Rolle der Handwerker, die den Aufbau durchführen. Unsere Gene liefern zwar die Vorlage, aber was wir sind, sind wir durch unsere Proteine.

Wie die DNA sind auch die Proteine lineare Polymere: Kettenmoleküle aus aneinandergereihten Untereinheiten. Ansonsten aber unterscheiden sich beide Molekülarten ganz wesentlich. Grob gesehen haben alle DNA-Moleküle dieselbe Struktur und dieselbe Funktion, nämlich die eines genetischen Archivs. Dagegen falten sich Proteine zu dreidimensionalen Gebilden von bemerkenswerter Vielfalt, die sich in einer entsprechenden Vielfalt von Funktionen widerspiegelt. So dienen sie als Strukturelemente, als Botenmoleküle, als Rezeptoren für solche Boten, als individuelle Zellmarker und als Abwehrwaffe gegen Zellen, die fremde Marker tragen. Einige Proteine binden sich an die DNA und regulieren dadurch die Gen-Expression; andere wirken bei der Replikation, Transkription oder Translation der genetischen Information mit. Die vielleicht wichtigsten Proteine sind die Enzyme, die als Katalysatoren die Geschwindigkeit biochemischer Prozesse bestimmen.

Eines der Hauptziele in der Proteinforschung ist, den Aufbau dieser Moleküle zu klären und so herauszubekommen, wie sie wirken. Die vollständige Strukturanalyse ist ein langwieriges Unterfangen und erst bei einem Bruchteil der bekannten Proteine durchgeführt.

Dennoch haben sich einige allgemeine Prinzipien herauskristallisiert. So lassen sich in verschiedenen Proteinen gleichartige Strukturelemente identifizieren, die vielfach auch ähnliche Funktionen erfüllen dürften. Nicht weniger interessant ist die Frage, wie sich im Laufe der Evolution die Tausende von Proteinen eines Lebewesens entwickelt und aufgefächert haben. Die Existenz gemeinsamer Strukturelemente in verschiedenen Proteinen läßt erkennen, wie kompliziert der Evolutionsprozeß verlaufen ist. Offenbar sind neue Proteine nicht einfach dadurch entstanden, daß ältere verändert wurden; vielmehr müssen Bruchstücke der Erbinformation irgendwie ausgetauscht und dann für viele andere Proteine verwendet worden sein.

Gemeinsamer Wirkungsmechanismus

In all der funktionellen Vielfalt ist gleichwohl ein roter Faden zu erkennen: Die meisten Proteine erfüllen ihre Aufgabe durch selektive Anlagerung an weitere Moleküle.

Bei Strukturproteinen sind dies oft Moleküle der eigenen Sorte: Zahlreiche Kopien desselben Proteins treten dann zu einer größeren Struktur zusammen, etwa einer Faser, einem Blatt oder einer Röhre. Andere Proteine heften sich gern an fremde Moleküle. So verbinden sich Antikörper mit bestimmten Antigenen; Hämoglobin lagert in den Lungen Sauerstoff an und setzt ihn in entfernten Geweben wieder frei; Regulatoren der Gen-Expression heften sich an spezifische Nucleotidsequenzen der DNA. In die Zellmembran eingebettete Rezeptorproteine erkennen Botenmoleküle wie Hormone oder Neurotransmitter, die selbst wieder Proteine mit einer besonderen Affinität zu den Rezeptoren sein können. Praktisch alle Aktivitäten von Proteinen lassen sich durch solche selektiven chemischen Bindungen erklären.

Die Bindung zwischen dem Protein und dem von ihm erkannten Molekül ist weder fest noch dauerhaft. Es handelt sich um ein dynamisches Gleichgewicht, in dem immer neue Moleküle gebunden und wieder freigesetzt werden. Welcher Prozentsatz der Moleküle zu einem bestimmten Zeitpunkt gebunden ist, hängt sowohl von den relativen Mengen der beiden Substanzen als auch von der Stär-

Bild 1: Bindungsstellen versinnbildlichen den grundlegenden Mechanismus, durch den Proteine biochemisch wirksam werden: Sie gehen nämlich meist eine enge, aber kurzlebige Bindung mit einem anderen Molekül ein. Das Bild zeigt einen Teil des Enzyms Alkoholdehydrogenase, das in der Leber Ethanol in Acetaldehyd umwandelt. Kohlenstoff-Atome sind hellblau, Sauerstoff-Atome rot und Stickstoff-Atome dunkelblau dargestellt. Die violetten Atome gehören zu einem Molekül des Coenzyms Nicotinamid-adenin-dinucleotid (NAD), das den entscheidenden Katalyseschritt ausführt, indem es dem Alkoholmolekül ein Hydrid-Ion (ein negativ geladenes Wasserstoff-Ion) entzieht. (Der Alkohol wird an einer anderen Stelle des Proteins gebunden.) Das NAD-Molekül paßt genau in eine Tasche auf der Oberfläche des Proteins und wird dort durch elektrostatische Anziehungskräfte festgehalten. Viele Proteine, die NAD oder ähnliche Coenzyme binden, weisen eine Domäne mit ähnlicher Struktur auf. Sie wird als Mononucleotid-Falte bezeichnet und zählt wahrscheinlich zu den ältesten Struktureinheiten in der Evolution von Proteinen. Das hier wiedergegebene Computerbild sowie die Bilder 5 und 6 erstellte Jane M. Burridge vom britischen Wissenschaftszentrum der International Business Machines Corporation.

ke ihrer Bindung ab. Diese wiederum wird zum einen dadurch bestimmt, wie gut die Moleküle räumlich zusammenpassen, und zum anderen durch spezifische lokale Wechselwirkungen wie die elektrostatische Anziehung oder Abstoßung zwischen geladenen Bereichen.

Enzyme sind in dieser Hinsicht den übrigen Proteinen vergleichbar. Auch sie erkennen ein spezifisches Molekül, ihr Substrat, und binden es in einem dynamischen Gleichgewicht. Die Besonderheit eines Enzyms liegt darin, daß es das gebundene Substrat chemisch verändern kann. Gewöhnlich besteht diese Veränderung in der Bildung oder Spaltung einer kovalenten chemischen Bindung. So kann das Substrat in zwei Teile zerlegt werden oder eine chemische Gruppe angefügt bekommen, oder das im Substratmolekül vorhandene Bindungsmuster wird einfach umgeordnet.

Der Wirkungsmechanismus eines Enzyms läßt sich in drei Schritte unterteilen. Zunächst bindet das Enzym sein Substrat, dann findet die chemische Reaktion statt, und schließlich löst sich das veränderte Substrat wieder ab. Alle drei Schritte sind umkehrbar.

Wenn ein Enzym etwa das Molekül *X* bindet und in das Molekül *Y* umwandelt, so kann es auch *Y* binden und in *X* überführen. Daneben gibt es viele weitere Möglichkeiten. So könnten *X* oder *Y* gebunden, aber schon vor einer chemischen Reaktion wieder abgespalten werden; es ist auch möglich, daß ein Molekül *X* zwar in *Y* überführt, jedoch sofort wieder zurückverwandelt wird, bevor sich *Y* ablösen kann.

Es muß hier betont werden, daß das Enzym keineswegs die Richtung der chemischen Reaktion beeinflußt. Das Verhältnis von *X* zu *Y* im Gleichgewicht hängt nur von thermodynamischen Bedingungen ab. Dabei ist jene Verteilung begünstigt, bei der die sogenannte freie Energie im System ein Minimum erreicht. (Vereinfacht ausgedrückt, entspricht die freie Energie seiner Gesamtenergie abzüglich der Entropie, dem Maß seiner „Unordnung".) Ein Enzym beschleunigt lediglich die Einstellung des Gleichgewichts. Dennoch können Enzyme den Verlauf eines biochemischen Prozesses steuern. Ohne sie laufen die meisten dieser biochemischen Reaktionen äußerst langsam ab. Ein geeignetes Enzym kann sie auf das Millionenfache und mehr beschleunigen. Wenn auch Enzyme keinen Einfluß darauf haben, ob mehr *X* in *Y* als *Y* in *X* umgewandelt wird, so entscheiden sie doch darüber, ob die Umwandlung überhaupt stattfindet.

Ein Enzym beschleunigt eine Reaktion, indem es eine Energieschwelle

senkt. Selbst thermodynamisch begünstigte Prozesse – bei denen die Produkte eine niedrigere freie Energie haben als die Ausgangsstoffe – führen oft über einen Zwischenzustand mit einer höheren freien Energie. Das Enzym hilft, diesen Berg im Reaktionsweg einzuebnen. Wie es das tut, ist dabei von Fall zu Fall verschieden.

Einige Enzyme bieten lediglich eine Umgebung, die sich vom wäßrigen Medium unterscheidet, oder bringen die Reaktionspartner nahe zusammen. Andere Enzyme spielen eine aktivere Rolle, indem sie ein Proton zufügen oder abziehen, Bindungen im Substratmolekül verzerren oder sich sogar vorübergehend kovalent mit dem Substrat verbinden. Bestimmte Enzyme werden von zusätzlichen Molekülen, den Coenzymen, unterstützt. Diese binden sich an einen spezifischen Bereich auf dem Enzym und ermöglichen katalytische Wirkungen, die das Enzym allein nicht zustandebringt (Bild 1).

Ausgehend von biologisch katalysierten chemischen Reaktionen, hat man bisher mehr als 2000 Enzyme identifiziert. All diese Proteine müssen sich strukturell voneinander unterscheiden. Unter Proteinen kommen also mindestens 2000 verschiedenen Formen vor, von denen jede ausschließlich ganz bestimmte Moleküle erkennt.

Aufbau der Proteine

Wie werden diese unterschiedlichen Strukturen gebildet? Das „Alphabet", aus dem alle Proteine hervorgehen, besteht aus 20 Aminosäuren, die im geneti-

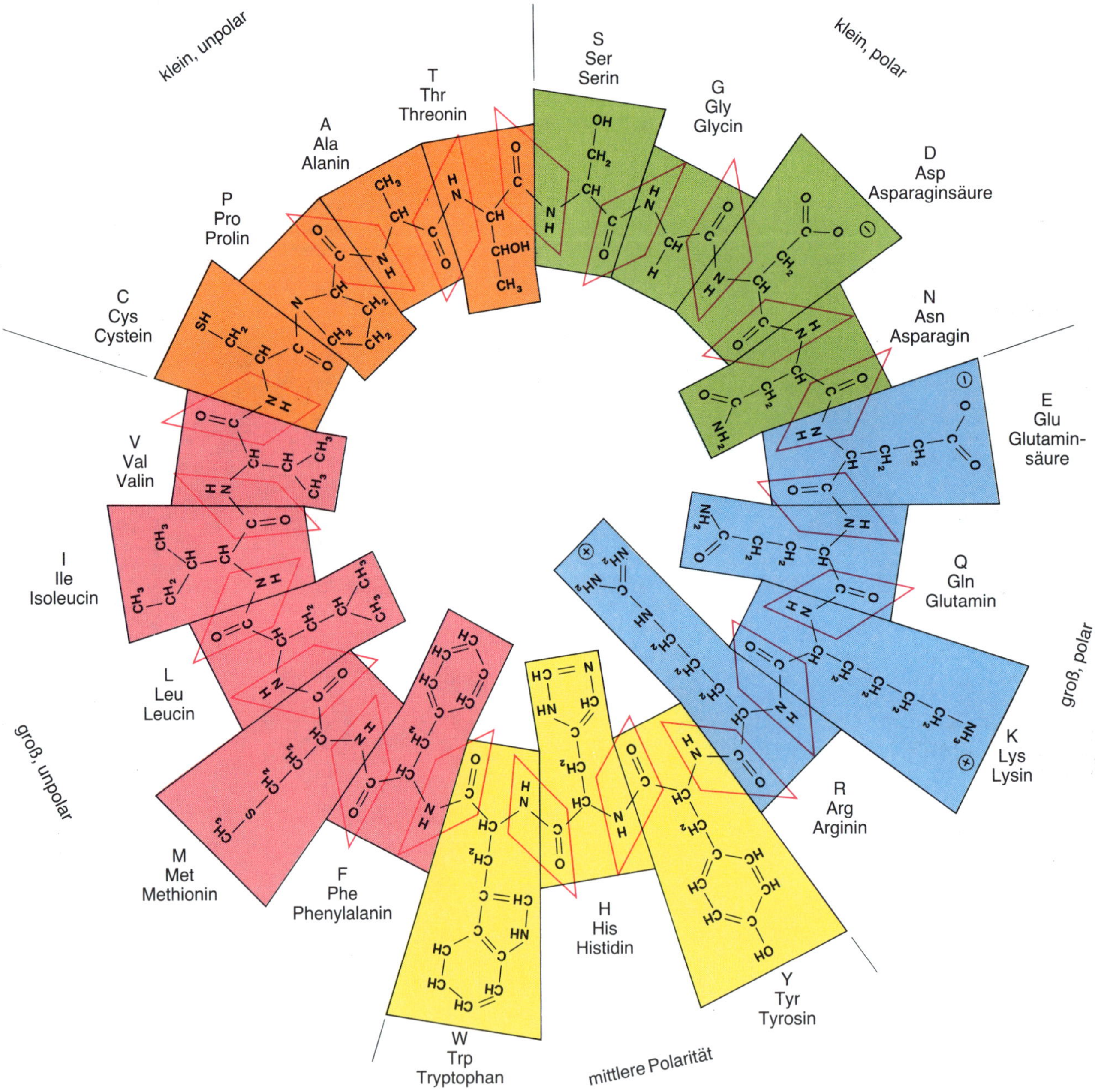

Bild 2: Die 20 im genetischen Code verschlüsselten Aminosäuren sind die Grundbausteine aller Proteine. Sie wurden hier zu einem geschlossenen Ring verknüpft (einer Struktur, die so in keinem wirklichen Protein vorkommt); für jede Aminosäure ist sowohl die dreibuchstabige als auch die einbuchstabige Abkürzung angegeben. In dem Ring stehen Aminosäuren mit ähnlichen chemischen Eigenschaften jeweils nebeneinander. Sie sind nach der Größe ihrer Seitenketten und nach ihrer Polarität grob in fünf Gruppen eingeteilt. (Ein polares Molekül weist eine ungleiche Ladungsverteilung auf.) Von diesen Faktoren hängt es hauptsächlich ab, wie sich ein Protein faltet. In der Evolution der Proteine wird eine mutierte Variante am ehesten toleriert, wenn in ihr eine Aminosäure gegen eine andere mit möglichst ähnlichen Eigenschaften ausgetauscht worden ist – also gegen einen ihrer Ringnachbarn. Der hier gezeigte Ring ähnelt dem, den Rosemarie M. Swanson von der Texas A&M-Universität vorgeschlagen hat.

schen Code festgelegt sind. Jedes Protein ist eine Folge von Aminosäuren, die aus diesem Alphabet ausgewählt werden. Sowohl die physikalischen als auch die chemischen Eigenschaften eines Proteinmoleküls hängen davon ab, wie sich die Kette von Aminosäuren räumlich faltet.

Die gesamte Information für die Ausbildung der Raumstruktur eines Proteins ist bereits in der Aminosäuresequenz enthalten. Während die Kette auf dem Ribosom zusammengebaut wird, faltet sie sich so zusammen, daß die freie Energie möglichst gering bleibt. Das Protein nimmt sozusagen die „bequemste" Lage oder Konformation ein. Prinzipiell könnte man allein aus der Aminosäuresequenz die dreidimensionale Struktur eines Proteins ableiten, sofern all die Kräfte bekannt wären, die auf die Tausende seiner Atome sowie auf die umgebenden Lösungsmittelmoleküle einwirken. Eine solche Berechnung ist aber heute noch nicht möglich.

Alle 20 Aminosäuren weisen das gleiche Grundgerüst auf (Bild 2). Sie tragen an einem Ende eine Aminogruppe (NH_2) und gegenüber eine Carboxylgruppe (COOH); beide Gruppen sind mit einem zentralen Kohlenstoff-Atom verbunden, dessen Position man mit dem griechischen Buchstaben Alpha kennzeichnet. Am Alpha-Kohlenstoff hängen außerdem ein Wasserstoff-Atom und eine vierte Gruppe, die sogenannte Seitenkette. Die einzelnen Aminosäuren unterscheiden sich nur in dieser Seitenkette voneinander.

Das Rückgrat der Proteine entsteht durch eine Kopf-Schwanz-Verknüpfung der verschiedenen Aminosäuren: Die Aminogruppe des einen Bausteins tritt mit der Carboxylgruppe des nächsten zusammen. Dabei wird ein Molekül Wasser abgespalten, und es entsteht die Struktur −CO−NH−. Diese Kohlenstoff-Stickstoff-Bindung nennt man Peptidbindung und die Proteinkette daher auch Polypeptid.

Die Eigenschaften der Peptidbindung bewirken, daß sich die Proteine nicht beliebig falten können. Die Art und Weise, wie sich die beteiligten Sauerstoff-, Kohlenstoff- und Stickstoff-Atome Bindungselektronen teilen, macht die Peptidbindung so starr, daß sie sich nicht um ihre Achse drehen läßt. Folglich liegt jede Peptidbindung in einer Ebene, und die Kette kann sich praktisch nur durch Verwindung am Alpha-Kohlenstoff falten (Bild 3). Das Polypeptid-Rückgrat gleicht somit weniger einer flexiblen Perlenschnur als einer Kette von durch Gelenke verbundenen flachen Platten.

Am stärksten wird die Proteinfaltung von den Eigenschaften der Seitenketten beeinflußt. Durch die Wechselwirkungen zwischen verschiedenen Seitenketten so-

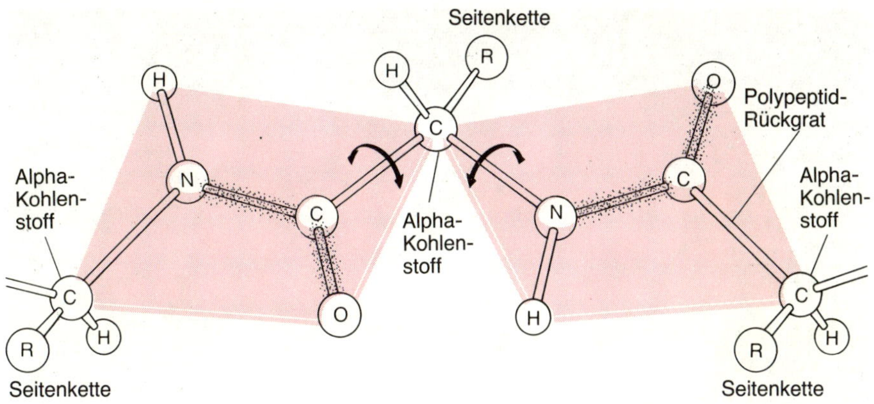

Bild 3: Die Struktur der Aminosäuren schränkt die Faltungsmöglichkeiten eines Proteins ein. In einer isolierten Aminosäure sitzen jeweils vier chemische Gruppen am zentralen Alpha-Kohlenstoff-Atom: eine Aminogruppe (NH_2), eine Carboxylgruppe (COOH), ein Wasserstoff-Atom und eine Seitenkette (hier R). Nur in dieser unterscheiden sich die 20 Aminosäuren. In einem Protein wird stets die Aminogruppe der einen Aminosäure mit der Carboxylgruppe der nächsten verknüpft (und dabei ein Wassermolekül abgespalten). Die entstehende Peptidbindung läßt sich nicht verdrehen, weil sich die Stickstoff-, Kohlenstoff- und Sauerstoff-Atome mehr als je zwei Elektronen teilen; jede Peptideinheit bildet daher eine starre Ebene. Das Protein kann sich nur durch Drehen der Bindungen am Alpha-Kohlenstoff falten.

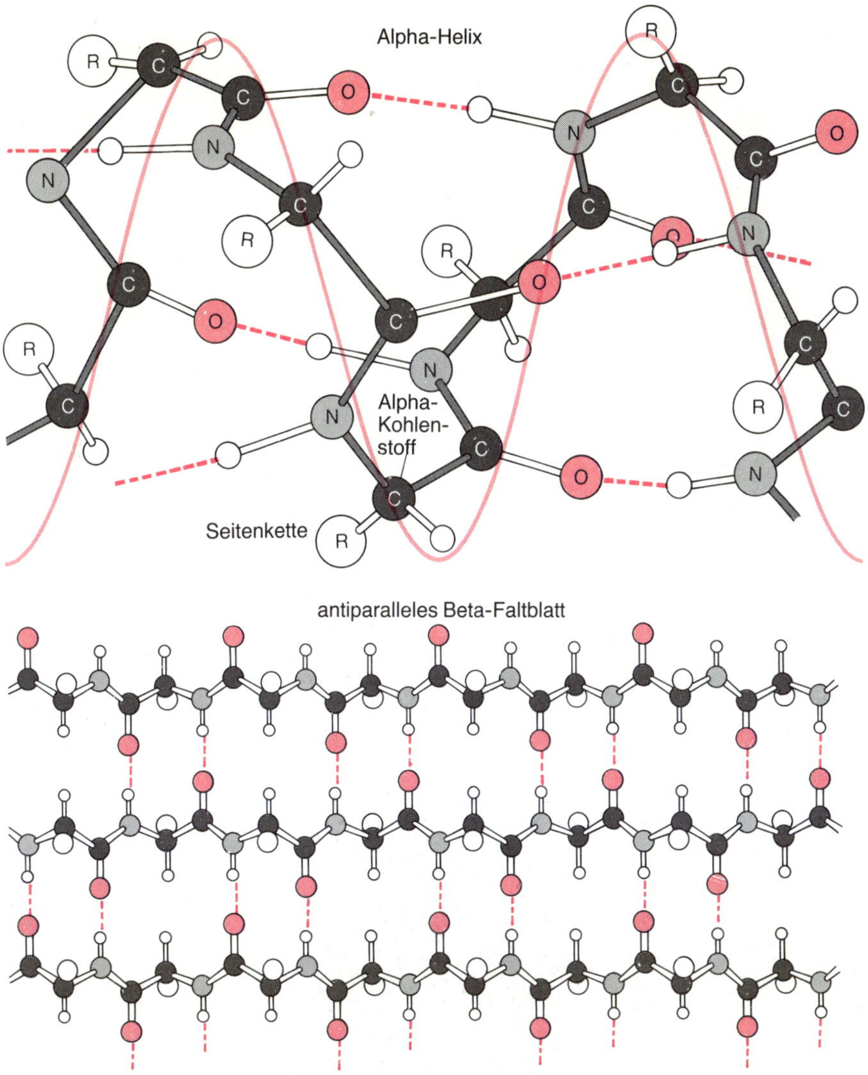

Bild 4: Alpha-Helix und Beta-Faltblatt sind typische Strukturelemente von Proteinmolekülen. Die Aminosäuresequenz eines Proteins wird als Primärstruktur bezeichnet. Noch während die Kette entsteht, falten sich einzelne Bereiche spontan zu Alpha-Helices oder Beta-Faltblättern, den Sekundärstrukturen des Proteins. Helix- und Faltblattabschnitte ordnen sich ihrerseits zur Tertiärstruktur. Sowohl die Alpha-Helix als auch das Beta-Faltblatt werden durch Wasserstoffbrücken (gestrichelte farbige Linien) stabilisiert, in denen ein Wasserstoff-Atom als Brücke zwischen einem Sauerstoff- (farbig) und einem Stickstoff-Atom fungiert.

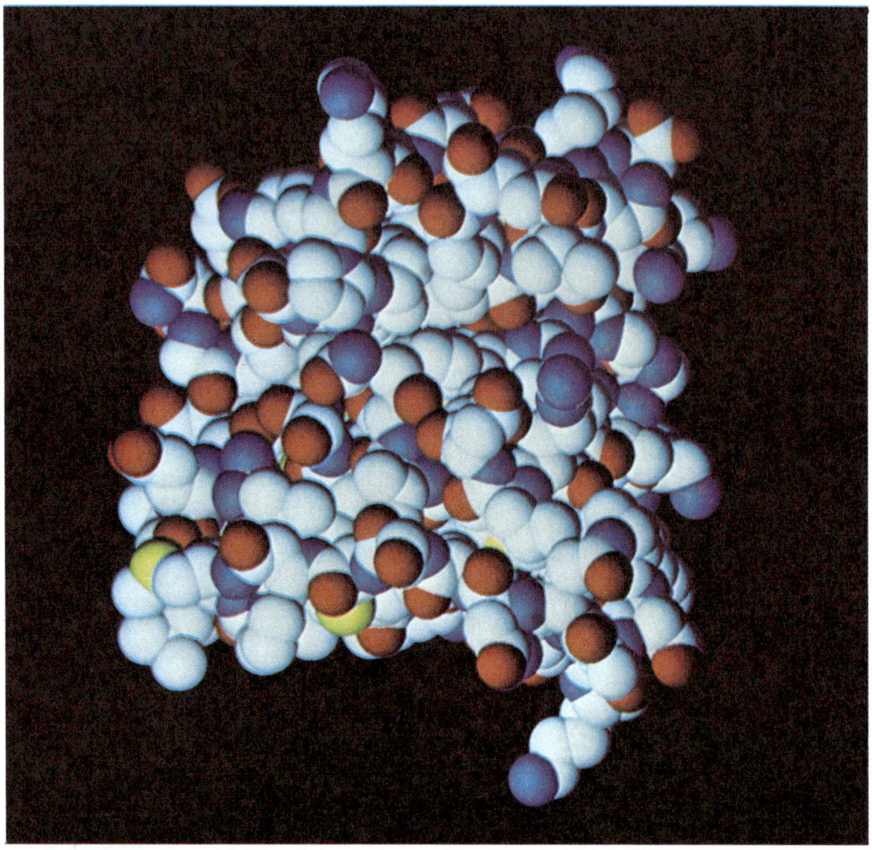

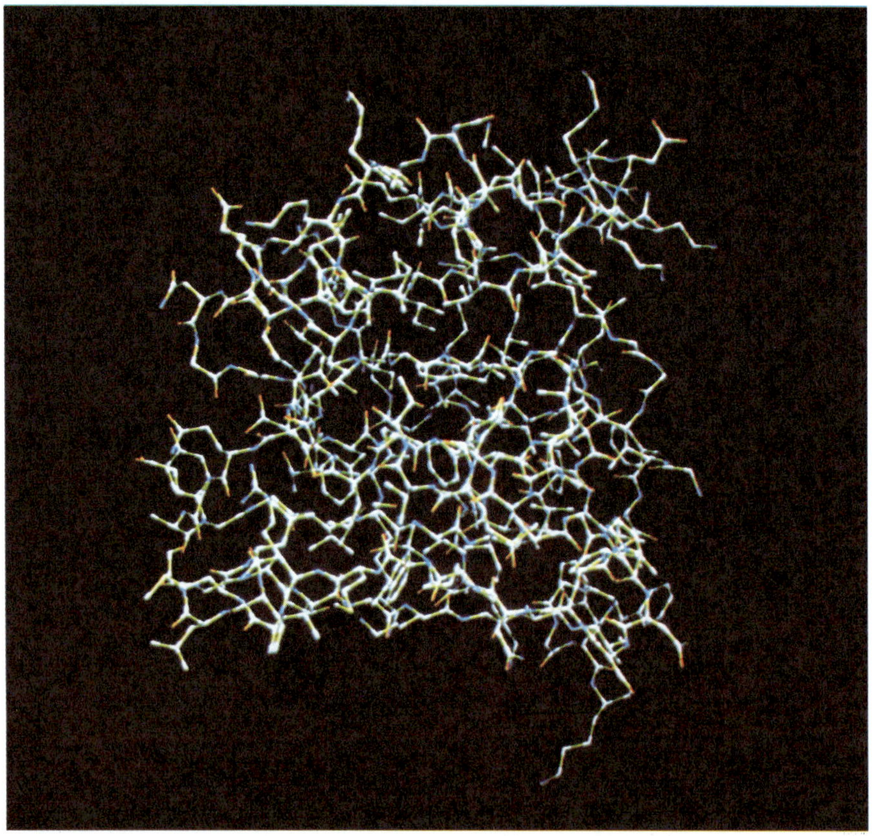

Bild 5: Der coenzymbindende Bereich der Alkoholdehydrogenase ist hier in seiner dreidimensionalen Struktur gezeigt. Das raumfüllende Kalottenmodell (oben) betont die Oberflächenstruktur des Moleküls, das Skelettmodell (unten) läßt die innere Struktur erkennen. In beiden Fällen sind das komplette Polypeptid-Rückgrat und alle Aminosäureseitenketten dargestellt; lediglich die Wasserstoff-Atome wurden weggelassen. Mag die Kette auch regellos verknäuelt erscheinen – in Wirklichkeit ist sie ganz gezielt gefaltet: Jedes Molekül der Alkoholdehydrogenase hat exakt dieselbe Struktur. Die coenzymbindende Domäne, die etwa dem halben Molekül entspricht, ist in Bild 1 aus einem anderen Blickwinkel wiedergegeben. Hier befindet sich die Bindungsstelle für das Nicotinamid-adenin-dinucleotid (NAD) unten.

wie zwischen Seitenketten und den Molekülen im Medium verknäuelt sich das Polypeptid oft zu einem kompakten Kügelchen mit wohldefinierter, stabiler Gestalt.

Einige Aminosäuren sind polare Moleküle: Obwohl insgesamt elektrisch neutral, enthalten sie lokal in ihren Seitenketten Überschüsse an positiven und negativen Ladungen. Für diese Polarisation sind Sauerstoff- und Stickstoff-Atome verantwortlich, die eine starke Anziehungskraft für Elektronen besitzen. Einige weitere Aminosäure-Seitenketten sind nicht nur polar, sondern auch insgesamt elektrisch geladen; das heißt, unter physiologischen Bedingungen liegen sie ionisiert vor.

Andere Seitenketten (im allgemeinen solche, die nur aus Kohlenstoff und Wasserstoff bestehen) sind unpolar. Polare Seitenketten neigen stets dazu, eine polare Umgebung aufzusuchen, während sich die unpolaren Seitenketten bevorzugt in unpolaren Bereichen aufhalten. Wasser – das Medium, in dem die meisten Proteine vorliegen – ist eine stark polare Verbindung. Ragt eine polare oder geladene Seitenkette in eine wäßrige Umgebung, so nehmen die Wassermoleküle dort eine geordnete Struktur an. Eine unpolare Seitenkette dagegen stört die Ausrichtung der elektrischen Ladungen.

Die wichtigste Folge dieser Wechselwirkungen besteht darin, daß sich Proteinketten meist so falten, daß die polaren Reste an der Oberfläche und die unpolaren im Inneren des Moleküls liegen. Ausnahmen bilden jene Proteine, die in Zellmembranen eingebettet sind. Eine Membran besteht aus Fettstoffen, also weitgehend unpolaren Molekülen, und der von ihr umschlossene Bereich des Proteins enthält daher auch hauptsächlich unpolare Aminosäuren; sie verankern das Protein in der Membran.

Die elektrostatische Anziehung zwischen einer polaren Seitenkette und Wasser erfolgt über eine sogenannte Wasserstoffbrücke, bei der ein Wasserstoff-Atom als Brücke zwischen geladenen Sauerstoff- und Stickstoff-Atomen fungiert. Wasserstoffbrücken werden auch zwischen Atomen innerhalb eines Proteins ausgebildet und tragen zur Stabilisierung seiner Struktur bei.

Wasserstoffbrücken sind deutlich schwächer als die kovalenten Bindungen des Polypeptid-Rückgrats. Außerdem könnten Atome in einem Protein, zwischen denen Wasserstoffbrücken bestehen, solche Bindungen ebenso leicht mit Wasser eingehen; denn der Energieunterschied zwischen diesen beiden Möglichkeiten ist nur gering. Da aber während der Proteinfaltung viele Wasserstoffbrücken gleichzeitig entstehen können, leisten sie insgesamt einen ganz erheblichen Beitrag zur Stabilisierung der Proteinstruktur.

Ein weiterer Bindungstyp kann verschiedene Regionen eines Proteinmoleküls quervernetzen. Die Aminosäure Cystein zum Beispiel hat am Ende ihrer Seitenkette eine Sulfhydrylgruppe (SH). Wenn ein Protein zwei Cysteinreste enthält, können diese unter Bildung einer kovalenten Disulfidbrücke (–S–S–) miteinander reagieren. Solche Quervernetzungen sind sehr viel fester als Wasserstoffbrücken.

Primär-, Sekundär- und Tertiärstruktur

Die Aminosäuresequenz eines Proteins wird auch als Primärstruktur bezeichnet und die vollständige dreidimensionale Gestalt eines einzelnen Polypeptidstrangs als Tertiärstruktur. Diesen Begriffen kann man entnehmen, daß es noch eine mittlere Organisationsstufe gibt, die Sekundärstruktur. Sie beschreibt, wie sich einzelne Abschnitte der Kette zu Struktureinheiten zusammenfalten, die in fast allen Proteinen vorkommen.

Vor rund 35 Jahren zeigte Linus Pauling, daß sich das Protein-Rückgrat zu einer engen Schraube aufwickeln kann, die durch zahlreiche Wasserstoffbrücken stabilisiert wird. Er nannte diese Struktur Alpha-Helix. Pro Windung enthält sie 3,6 Aminosäuren, und jede Aminosäure geht mit der viertnächsten eine Wasserstoffbrückenbindung ein. Die Seitenketten sind daran nicht beteiligt; vielmehr erstrecken sich die Wasserstoffbrücken von der NH-Gruppe der einen Peptidbindung zur CO-Gruppe der anderen. Die Stabilität der Helix hängt daher kaum von der Art der Seitenketten ab, und so nehmen viele verschiedene Aminosäuresequenzen spontan die Alpha-Konformation ein (Bild 4 oben).

Etwa zur gleichen Zeit postulierte Pauling eine zweite stabile Sekundärstruktur, die er als Beta-Faltblatt bezeichnete. Darin legen sich Polypeptidabschnitte parallel oder antiparallel aneinander; auch hier sind benachbarte Stränge durch Wasserstoffbrücken zwischen den NH- und CO-Gruppen des Polypeptid-Rückgrates verbunden (Bild 4 unten).

Einige Proteine enthalten überwiegend alphahelicale Abschnitte, während andere größtenteils aus Beta-Faltblatt-Strukturen bestehen. In einem typischen globulären Protein liegt innen ein Bündel von hin und her laufenden Beta-Strängen, während die Oberfläche von Alpha-Helices bedeckt ist. Diese äußeren Helices zeichnen sich gewöhnlich durch eine charakteristische Periodizität

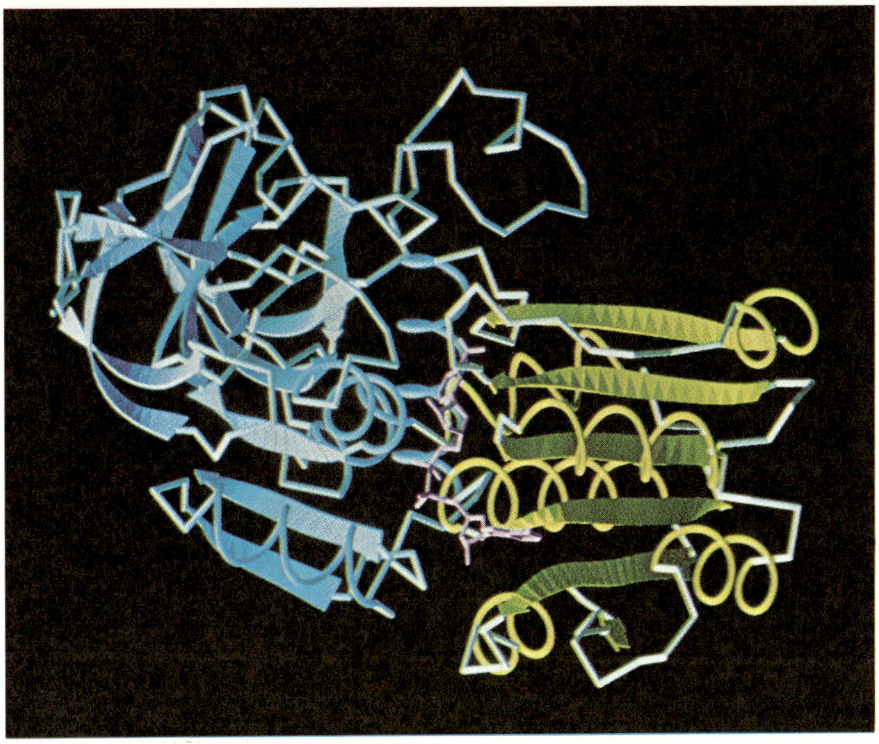

Bild 6: Die Sekundärstruktur der Alkoholdehydrogenase setzt sich aus zahlreichen Alpha-Helices und Beta-Faltblättern zusammen, die durch kurze „ungeordnete" Abschnitte verbunden sind. Zwischen der NAD-bindenden Domäne (grün und gelb) und der katalytischen Domäne (blau), die das Alkoholmolekül bindet, sitzt violett ein gebundenes NAD-Molekül.

in ihrer Aminosäuresequenz aus: Jede dritte oder vierte Seitenkette ist unpolar und nach innen gerichtet; die übrigen ragen in die wäßrige Umgebung und sind meist polar.

In den letzten Jahren wurden weitere Bauteile der Proteinstruktur entdeckt. So kommt in zahlreichen Polypeptiden ein Strukturelement vor, das aus zwei Beta-Strängen besteht, die durch ein Alpha-Helix-Segment verknüpft sind. Diese drei Teile passen ausgezeichnet zusammen, wenn sie in bestimmten Winkeln zueinander liegen. Ein solches Strukturelement, das meist aus 30 bis 150 Aminosäuren besteht, bezeichnet man als Domäne. Es kann als eigenständige Einheit betrachtet werden, weil seine Konformation nahezu ausschließlich von seiner Aminosäuresequenz bestimmt wird. Die Beta-Alpha-Beta-Domäne ist besonders wichtig, weil zwei solche Einheiten zusammen eine Tasche bilden, die oft als Bindungsstelle dient.

Ein typisches globuläres Protein besteht aus etwa 350 Aminosäuren, die sich auf unendlich viele verschiedene Weisen falten könnten. Aber die Hierarchie übergeordneter Strukturelemente sorgt für Ordnung. Durch Wechselwirkungen zwischen nahe beieinanderliegenden Aminosäuren entstehen Alpha-Helices, Beta-Faltblätter- oder andere Sekundärstrukturen (Bild 6). Diese in sich mehr oder weniger geschlossenen Untereinheiten ordnen sich zu Domänen, deren Gesamtheit schließlich die Tertiärstruktur erzeugt. Die Existenz gleicher Sekundärstrukturen und Domänen in vielen verschiedenen Proteinen macht deutlich, daß es sich dabei nicht um künstliche Abstraktionen der Biochemiker handelt; vielmehr haben wir es wohl mit Grundeinheiten zu tun, die in der Evolution und bei der Auffächerung der Proteine eine wichtige Rolle spielen.

Bei vielen Proteinen gibt es über der Tertiärstruktur noch ein weiteres Ordnungsniveau. Sie sind aus mehreren einzelnen Polypeptidsträngen zusammengesetzt, die durch verschiedene schwache Bindungen zusammengehalten werden und manchmal zusätzlich durch Disulfidbrücken verknüpft sind. Einige Proteine enthalten außerdem Nichteiweiß-Komponenten. So sind beispielsweise für die Wirksamkeit bestimmter Enzyme Metall-Ionen unerläßlich; und in Hämoglobin, Chlorophyll und manchen anderen Proteinen kommt ein sogenannter Porphyrin-Ring vor.

Viele Proteine sind überdies auf ihrer Oberfläche gleichsam mit Zuckermolekülen verziert. Solche Extras werden erst nach der Synthese der Polypeptide angefügt.

Im Grunde ist es nicht selbstverständlich, daß jedes Protein stets eine einzige, wohldefinierte Konformation annimmt (Bild 5). Diese hat zwar eine niedrigere

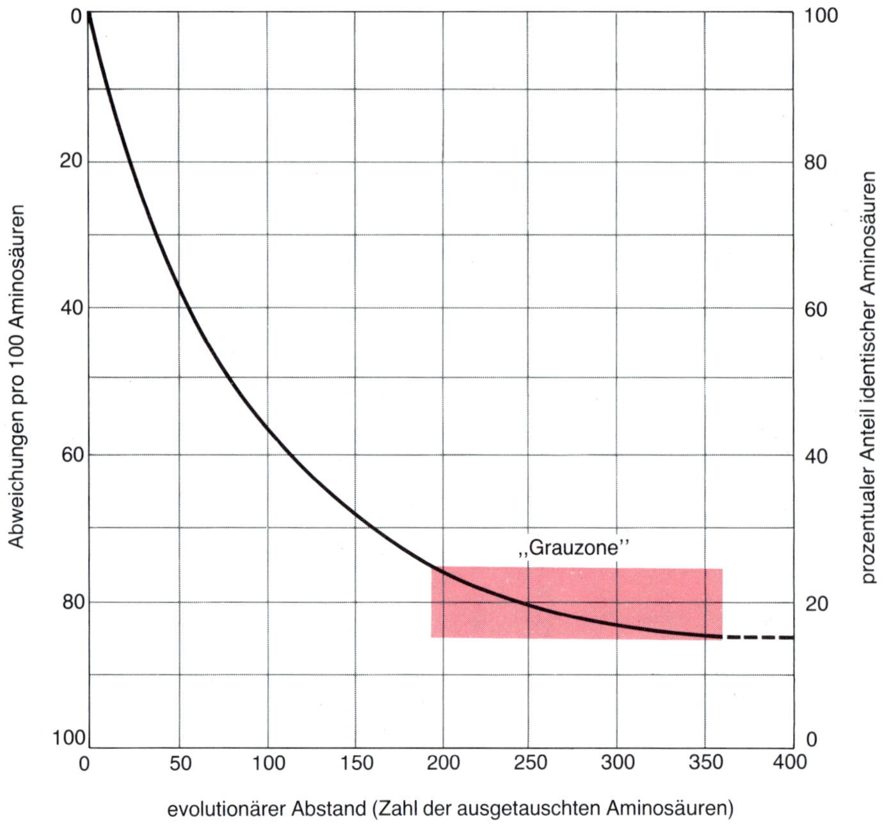

Bild 7: Die Evolution von Proteinen läßt sich durch Vergleich ihrer Aminosäuresequenzen zurückverfolgen. Die Anzahl der Aminosäurepositionen, in denen sich zwei Proteine unterscheiden, ist ein Maß für ihren evolutionären Abstand. Allerdings handelt es sich hier nicht um eine einfache proportionale Beziehung. Eine bestimmte Stelle kann etwa mehrfach mutiert sein, so daß meist mehr Aminosäuren ausgetauscht worden sind, als Abweichungen auftreten. Ferner muß man beim Vergleich zweier Sequenzen auch Insertionen (Einschübe) und Deletionen (Auslassungen) berücksichtigen. Daher läßt sich bei Proteinen, die in weniger als 15 Prozent der Positionen identisch sind, eine gemeinsame Abstammung nicht von einer rein zufälligen Übereinstimmung unterscheiden. Viele besonders interessante evolutionäre Beziehungen liegen in der „Grauzone" mit einer Übereinstimmung von 15 bis 25 Prozent.

freie Energie als alle anderen, aber der Unterschied ist gering. In einer Alpha-Helix etwa vermindern die Wasserstoffbrücken zwischen den Peptidkomponenten die Energie; doch wenn man die Helix entwindet, können die gleichen Stellen Wasserstoffbrücken mit Wasser eingehen. Außerdem hat die Helix als geordnete Struktur eine niedrige Entropie, was ihre freie Energie erhöht.

Tatsächlich weisen nicht alle Polypeptide eine stabiles Faltungsmuster auf. Und künstlich hergestellte, zufällige Aminosäuresequenzen bilden meist lokkere, flexible Knäuel, die ständig von einer Struktur in eine andere übergehen. Bei den in biologischen Systemen vorkommenden Proteinen scheint es sich um eine Untergruppe von Polypeptiden zu handeln, die auf ihre strukturelle Stabilität hin selektiert wurden.

Wie klärt man die Struktur von Proteinen auf? Von all den Methoden der Proteinchemiker ist die Röntgenstrukturanalyse die aussagekräftigste. Dabei erzeugt man zunächst ein Beugungsmuster, indem man Röntgenstrahlen durch eine kristallisierte Probe des Proteins schickt. Aus den Intensitäten der Reflexe im Beugungsmuster läßt sich eine Karte ableiten, welche die Dichteverteilung der Elektronen im Protein wiedergibt, und aus dieser Karte kann man schließlich den Verlauf des Protein-Rückgrats und die Lage der Seitenketten entnehmen.

Strukturbestimmung von Proteinen

Die Röntgenstrukturanalyse liefert ein dreidimensionales Bild des Proteins in seinem atomaren Aufbau. Solche Untersuchungen waren es, mit denen die wesentlichen Grundzüge der Proteinstruktur aufgeklärt wurden. Sie zeigten, daß das Innere eines Proteins meist von unpolaren Seitenketten erfüllt ist, daß Alpha-Helix und Beta-Faltblatt mehr als nur hypothetische Strukturen sind, daß die meisten Proteine als kompakte Kügelchen mit eingedellten Oberflächen vorliegen, und vieles mehr. Ferner bestätigten sie die Existenz von Domänen und enthüllten überdies ihnen gemeinsame Grundmuster.

Es wäre ideal, wenn sich mit der Röntgenstrukturanalyse die dreidimensionale Struktur aller Proteine aufklären ließe. Das ist jedoch nicht der Fall. Oft erfordert schon das Kristallisieren eines Proteins wahre chemische Zauberkünste, und die anschließende Analyse der Beugungsmuster ist sehr mühsam. So hat man insgesamt 23 Jahre gebraucht, um eine detaillierte Karte von der Hämoglobin-Struktur zu erstellen. Bis heute sind es erst rund 100 Proteine, von denen die dreidimensionale Struktur aufgeklärt worden ist.

Sequenzanalyse

Noch in den fünfziger Jahren war es schwierig und mühevoll, selbst für ein kleines Protein auch nur die Aminosäuresequenz zu ermitteln. Zunächst bestimmte man seine Bruttozusammensetzung, indem man in einer Probe alle Peptidbindungen spaltete und den Anteil jeder einzelnen Aminosäure maß. Weitere Proben, die nur teilweise abgebaut wurden, lieferten kürzere Fragmente, deren Gehalt an den einzelnen Aminosäuren gleichfalls ermittelt wurde. Mit einem chemischen Trick ließ sich dabei diejenige Aminosäure identfizieren, die am Amino-Ende jedes Fragments stand. Anhand solcher Informationen von zahlreichen überlappenden Fragmenten galt es, in einem schwierigen Puzzlespiel die korrekte Reihenfolge der einzelnen Teile herauszufinden.

In den sechziger Jahren wurde die Technik der Sequenzanalyse dann entscheidend verbessert, und um 1970 war das Verfahren bereits automatisiert. Die Aminosäuren wurden nun vom Amino-Ende her einzeln abgespalten und identifiziert. Allerdings durfte die Kette nicht beliebig lang sein, so daß große Proteine nach wie vor in Einzelfragmente zerlegt werden mußten.

In den letzten Jahren hat eine indirekte Methode der Sequenzanalyse die traditionellen Verfahren der Proteinchemie nahezu völlig verdrängt. Die neue Technik beruht darauf, daß sich die Nucleotidsequenz eines DNA-Moleküls viel leichter bestimmen läßt als die Aminosäuresequenz eines Proteins. Wenn man also den DNA-Abschnitt hat, der die Information für das zu untersuchende Protein trägt, kann man einfach die Sequenz dieser DNA analysieren und dann jedes Codon (Basentriplett) in die entsprechende Aminosäure übersetzen.

Schwierig ist bloß, den DNA-Abschnitt zu finden, der für das Protein codiert. Eine Strategie besteht darin, zunächst ungefähr 25 Aminosäuren am

Amino-Ende des Proteins zu analysieren. Davon wählt man eine Folge von fünf bis sieben Aminosäuren aus, die in eine Nucleotidsequenz „zurückübersetzt" werden.

Diese Übertragung ist allerdings nicht eindeutig: Obwohl jedes Codon für eine ganz bestimmte Aminosäure steht, lassen sich umgekehrt die meisten Aminosäuren durch mehr als ein Codon ausdrücken. Daher muß man eine möglichst eindeutige Sequenz wählen und dann für jede mögliche Rückübersetzung ein DNA-Molekül herstellen. Tritt unter den Aminosäuren zum Beispiel ein Histidin auf, so synthetisiert man DNA-Sequenzen mit den Codons CAT und CAC an den entsprechenden Stellen: Beide codieren für Histidin.

Die rückübersetzte DNA dient als Sonde bei der Suche nach komplementären Sequenzen. Man markiert sie mit einem radioaktiven Phosphor-Isotop und läßt sie mit DNA aus einer Bibliothek geklonter Genfragmente hybridisieren. Die Klone mit der passenden Sequenz sind durch den radioaktiven Phosphor leicht zu identifizieren. Sie werden isoliert, künstlich vermehrt und anschließend sequenziert. Obwohl diese Vorgehensweise umständlich erscheint, ist sie dennoch einfacher und genauer als die direkte Analyse von Proteinfragmenten. Inzwischen sind rund 4000 Polypeptidsequenzen bekannt.

Die Evolution der Proteine

Der Genetiker Theodosius Dobzhansky hat einmal geschrieben: „Nichts in der Biologie ergibt Sinn, wenn man es nicht im Licht der Evolution betrachtet." Das gilt auch für die Struktur der Proteine. Sie ist nur aus der Protein-Evolution heraus zu verstehen. Ebenso wie sich alle lebenden Organismen auf wenige Vorläufer zurückführen lassen, muß auch die große Mehrheit der Proteine von einer sehr geringen Zahl von Urformen abstammen.

Belege für diese Behauptung kommen aus den verschiedensten Bereichen, aber ich werde hier nur kurz darauf eingehen. Das einfachste Argument ist die offenkundige Schwierigkeit, ein ganzes Protein neu zu „erfinden".

Wie bereits erwähnt, können sich die meisten zufällig zusammengesetzten Polypeptide nicht einmal richtig falten. Noch weit seltener entwickeln sie eine biologische Aktivität. Es ist daher viel wahrscheinlicher, daß ein neues Protein durch Veränderung aus einem bereits existierenden hervorgeht.

Dafür gibt es zudem zahlreiche Belege – etwa in bestimmten Aminosäuresequenzen, die im gleichen Genom in mehr als einem DNA-Abschnitt verschlüsselt sind. Überdies haben Kristallographen bei Proteinen, die bei der Faltung lokale Domänen bilden, in verschiedenen Zusammenhängen regelmäßig die gleichen Muster gefunden. Offenbar wird ein Strukturelement, das sich einmal als nützlich erwiesen hat, von der Natur immer wieder verwendet.

Der wichtigste Mechanismus der Protein-Evolution ist die Genverdoppelung, durch die eine Zelle von einem bestimmten Gen zwei (oder auch mehr) Kopien

```
Ovalbumin              FRVASMAS-EKMKILELPFASGTM----SMLVLLPDEVSG---LEQLESII
Antithrombin III       FRYRRVAE--GTQVLELPFKGDDI----TMVLILPKPEKS---LAKVEKEL
Alpha-1-Antitrypsin    QHCKKLSS----WVLLMKYLGNATA-----IFFLPDEGK----LQHLENEL
Gerstenprotein Z       TKKQYISSSDNLKVLKLPYAKGHDKRQFSMYILLPGAQDG---LWSLAKRL
Angiotensinogen        TSVSVP-----MLSGTGNFQHWSDAQ--NNFSVTRVPLGESVTLLLIQPQC

Ovalbumin              NFEK--LTEWTSSNVMEE-------RKIKVYLPRMKMEEKYNLTSVLMAMG
Antithrombin III       TPEV--LQEWLLDELEEM---------LVVHMPRFRIEDGFSLKEQLQDMG
Alpha-1-Antitrypsin    THDI--ITKFLENEDRRS---------ASLHLPKLSITGTYDLKSVLGQLG
Gerstenprotein Z       STEPEFIENHIPKQTVEV---------GRFQLPKFKISYQFEASSLLRALG
Angiotensinogen        ASDLDRVEVLVFQHDFLTWIKNPPPRAIRLTLPQLEIRGSYNLQDLLAQAK

Ovalbumin              ITDVFSSSANLS-GISSAES--LKISQAVHAAHAEINEAGREVVGSAEAGV
Antithrombin III       LVDLFSPEKSKLPGIVAEGRDDLYVSDAFHKAFLEVNEEGSEAAASTAVVI
Alpha-1-Antitrypsin    ITKVFSNGADLS-GVTEEAP--LKLSKAVHKAVLTIDEKGTEAAGAMFLEA
Gerstenprotein Z       LQLPFSEEADLS-EMVDSSQ-GLEISHVFHKSFVEVNEEGTEAGAATVAMG
Angiotensinogen        LSTLLGAEANLG-KMGDTNP---RVGEVLNSILLELQAGEEEQPTESAQQP

Ovalbumin              DAASV-----SEEFRADHPFLFCIKHIIKHIATNAVLFFGRCVSP
Antithrombin III       AGRSL--NPNRVTFKANRPFLVFIREVIREVPLNTIIFMGRVANPCVK
Alpha-1-Antitrypsin    IPMSI-----PPEVKFNKPFVFLMIEQMIEQNTKSPLFMGKVVNPTQK
Gerstenprotein Z       VAMSMPLKVDLVDFVANHPFLFLIREDIREDIAGVVVFVGHVTNPLISA
Angiotensinogen        GSPEV------LDVTLSSPFLFAIYERIYERDSGALHFLGRVDNPQNVV
```

Bild 8: Die molekulare Paläontologie verrät die gemeinsame Abstammung dieser fünf Proteine aus verschiedenen Arten. Die Aminosäuresequenz der einzelnen Proteine ist hier und in Bild 9 durch die einbuchstabigen Abkürzungen wiedergegeben, die in Bild 2 zu finden sind; die Farben kennzeichnen Aminosäuren mit ähnlichen Eigenschaften. Striche markieren Lücken oder Einschübe. Cysteinreste, die stabilisierende Quervernetzungen bilden können, sind umrandet. Ovalbumin ist das Hauptprotein im Eiklar; Antithrombin III und Alpha-1-Antitrypsin kommen im Blutplasma vor; das Gerstenprotein *Z* wurde kürzlich in Gerstenkeimen entdeckt, und das Angiotensinogen schließlich ist der Vorläufer eines kleinen Proteins, das den Blutdruck reguliert. Antithrombin III wie Alpha-1-Antitrypsin wirken als Hemmstoffe von Proteasen (proteinspaltenden Enzymen). Der Verwandtschaft nach dürfte es sich bei den anderen Proteinen ebenfalls um Proteasehemmer handeln.

```
Blutgerinnungsfaktor X                    ...TREIC-SLDNGG-CDQFCREERSE-VRCSCAHGYVLGDDSKSCVS...
Vorstufe des epiderm. Wachstumsfaktors    ...TCTGCSSPDNGG-CSQICLPLRPGSWECDCFPGYDLQSDRKSCAA...
Rezeptor für Lipoprotein geringer Dichte  ...DIDECQDPD---TCSQLCVNLEGG-YKCQCEEGFQLDPHTKACKA...
Plasminogenaktivator des Gewebes          ...SCSEP-RCFNGGTCQQALYFSD---FVCQCPEGFAGKCCEIDTRA...
Urokinase                                 ...VPSNC-DCLNGGTCVSNKYFSNIHW--CNCPKKFGGQHCEIDKSK...
Komplement-Komponente 9                   ...SVRKCHTCQNGGTVILM-----DGKCLCACPFKFEGIACEISKQK...
```

Bild 9: Eine in sechs grundverschiedenen Proteinen vorkommende gemeinsame Aminosäuresequenz deutet darauf hin, daß die genetische Information dafür irgendwann im Laufe der Evolution offenbar von Gen zu Gen übernommen worden ist. Die hier gezeigten Proteinabschnitte entsprechen jeweils einer erkennbaren Domäne. Die Ähnlichkeit dieser Domänen ist unübersehbar, obwohl sich einige der Proteine in ihrer übrigen Struktur stark voneinander unterscheiden. Die Proteine sind durchweg jüngere Produkte der Evolution, da sie nur in Wirbeltieren vorkommen.

erhält. Eine Kopie bewahrt ihre ursprüngliche Funktion, so daß die Lebensfähigkeit des Organismus nicht durch den Ausfall eines essentiellen Proteins beeinträchtigt wird. Die überzählige Kopie kann dann – ohne Selektionsdruck – frei mutieren. Die meisten Mutationen ergeben zwar keine funktionstüchtigen Proteine, aber gelegentlich kann sich eine Änderung doch als vorteilhaft erweisen und eine verbesserte Version des ursprünglichen Proteins oder sogar ein Protein mit einer ganz neuen Funktion hervorbringen.

Es gibt zwei Möglichkeiten zur Untersuchung der Protein-Evolution, die sorgfältig auseinandergehalten werden sollten. Man kann einmal „dasselbe" Protein in verschiedenen Arten von Lebewesen analysieren und dabei beobachten, wie sich seine Struktur im Laufe der Evolution verändert hat. Beispielsweise ist die Aminosäuresequenz von Cytochrom *c*, einem Protein, das im Stoffwechsel Elektronen überträgt, in mehr als 80 verschiedenen Arten bestimmt worden – von Bakterien bis zum Menschen. Ein Ergebnis solcher Untersuchungen sind Stammbäume der Organismen, die auf der Verwandtschaft ihrer Proteine beruhen.

Bei dem anderen Ansatz vergleicht man innerhalb einer einzelnen Art die Strukturen verschiedener Proteine. Mit dieser Methode läßt sich ein Stammbaum für die Proteine selbst erstellen.

Der Vergleich zwischen verschiedenen Arten gewährt wertvolle Einblicke in die Proteinchemie. Bei nahe verwandten Organismen bestehen die Veränderungen meist darin, daß eine Aminosäure gegen eine andere ausgetauscht ist, die ähnliche Eigenschaften besitzt; die Gesamtstruktur des Moleküls bleibt folglich unverändert. Mit zunehmendem evolutionärem Abstand zwischen den Arten weichen die Sequenzen jedoch immer stärker voneinander ab. Schließlich mag die Verwandtschaft überhaupt nicht mehr ersichtlich sein, obwohl sich die beiden Proteine in ihrer Tertiärstruktur unverkennbar ähneln. Das bedeutet nichts anderes, als daß sich völlig verschiedene Aminosäuresequenzen in dieselbe Form falten können.

Wenn man verschiedene Proteine innerhalb einer Art vergleicht, wird schnell deutlich, daß es große Familien verwandter Moleküle gibt. So weisen etwa die sechs Polypeptide, aus denen sich die unterschiedlichen Hämoglobinformen aufbauen, sowie die Polypeptidkette des Myoglobins unübersehbare Gemeinsamkeiten auf. Sie sind nicht nur analog (das heißt, daß sie gleichartige Funktionen ausüben), sondern auch homolog (stammen also von einem gemeinsamen Vorfahren ab).

Bei Enzymen ist es nicht überraschend, daß Moleküle, die ähnliche Reaktionen katalysieren, auch homologe Sequenzen besitzen. Glutathion-Reductase und Lipoamid-Reductase sind anschauliche Beispiele: Beide Enzyme katalysieren die Übertragung von Wasserstoff-Ionen auf schwefelhaltige Verbindungen. Sie sind in über 40 Prozent ihrer Aminosäurepositionen identisch. Einen ähnlichen Homologiegrad zeigen auch Chymotrypsinogen und Trypsinogen sowie Ornithin-Transcarbamylase und Aspartat-Transcarbamylase.

Ermittlung von Verwandtschaftsgraden

Mit abnehmender Verwandtschaft zwischen Proteinen lassen sich Sequenzhomologien immer schwerer nachweisen. Zudem bringt es die Mathematik der Sequenzvergleiche mit sich, daß nichtverwandte Sequenzen durchaus als ähnlich erscheinen können. Rein intuitiv sollte man erwarten, daß zwei zufällig ausgewählte Polypeptide in rund fünf Prozent ihrer Aminosäurepositionen übereinstimmen; denn schließlich gibt es 20 Aminosäuren. Wenn man zwei Sequenzen einfach so vergleichen könnte, daß man sie untereinanderschreibt und dann alle Übereinstimmungen abzählt, so wäre die Fünf-Prozent-Grenze sinnvoll; in Wirklichkeit braucht man aber eine kompliziertere Vergleichsmethode.

Ein Protein wird nämlich nicht nur durch den Austausch von Aminosäuren verändert, sondern auch durch Verluste (Deletionen) oder Einfügungen (Insertionen) von Aminosäuren. Nehmen wir einmal an, bei zwei ansonsten identischen Proteinen sei lediglich in einem Fall die erste Aminosäure verlorengegangen. Wenn man diese Deletion nicht berücksichtigt, erscheinen beide Proteine als nicht miteinander verwandt. Andererseits darf man nicht unbegrenzt Lücken und Insertionen zulassen, da sich sonst praktisch jedes Proteinpaar als irgendwie ähnlich interpretieren ließe.

In der Praxis werden Sequenzvergleiche mit Computerprogrammen durchgeführt, die Übereinstimmungen zwischen identischen oder ähnlichen Aminosäuren positiv bewerten und Lücken oder Einschübe negativ. Doch auch so ist es praktisch unmöglich, zwischen zufälligen Ähnlichkeiten und gemeinsamer Abstammung zu unterscheiden, wenn weniger als 15 Prozent der Positionen übereinstimmen.

Beim Erstellen von Proteinstammbäumen sind gerade die Beziehungen zwischen solchen Sequenzen am interessantesten, deren Übereinstimmung (nach Berücksichtigung von Lücken und Einschüben) zwischen 15 und 25 Prozent liegt. In dieser „Grauzone" muß man nach den Wurzeln des Stammbaumes suchen, um diejenigen Moleküle zu finden, die sich in der Evolution bereits frühzeitig voneinander getrennt haben (Bild 7).

In den frühen sechziger Jahren erkannte man, daß ein Datenspeicher für Aminosäuresequenzen die Untersuchung der Protein-Evolution erleichtern würde. Daraufhin gaben Richard Eck und Margaret O. Dayhoff 1965 den ersten Band des *Atlas for Protein Sequence and Structure* heraus; ihr Ziel war es, jährlich „alle Sequenzen zu veröffentlichen, die zwischen zwei Buchdeckel passen". Schon bald jedoch zeigte sich, daß die Buchdeckel sehr weit auseinanderliegen mußten, und so ersetzten allmählich Magnetbänder die gebundenen Publikationen. Heute hat jeder an Sequenzvergleichen interessierte Forscher von einem Computerterminal aus Zugang zu den großen Sequenzbanken.

Proteinstammbäume

Vor rund zehn Jahren begann ich, mit den auf Band gespeicherten *Atlas*-Daten die Stammesgeschichte (Phylogenie) einiger Proteine zu untersuchen. Bald unterhielt ich meine eigene Datenbank, und immer, wenn eine neue Sequenz beschrieben wurde, gab ich sie in den Speicher ein, um zu prüfen, ob sie einer bereits bekannten Aminosäurenfolge ähnelte. Es ergaben sich überraschend viele Übereinstimmungen.

Ich möchte hier an einem Beispiel illustrieren, wie diese molekulare Paläontologie funktioniert (Bild 8). Ende der siebziger Jahre bestimmten Staffan Magnusson und seine Mitarbeiter an der Universität von Århus in Dänemark die Aminosäuresequenz von Antithrombin III, einem Protein, das im Blutplasma von Wirbeltieren vorkommt; es inaktiviert den Blutgerinnungsfaktor Thrombin, der als Protease, also als proteinspaltendes Enzym, wirkt. Etwa zur gleichen Zeit veröffentlichte eine zweite Forschergruppe die Sequenz von Alpha-1-Antitrypsin, einem weiteren Proteasehemmer im Blutplasma. Die dänischen Wissenschaftler verglichen die beiden Sequenzen und stellten fest, daß sie in 120 von 390 Positionen identisch waren, was einer etwa dreißigprozentigen Homologie entspricht. Offenbar stammen die beiden Proteine von einem gemeinsamen Vorfahren ab.

Kurz darauf gaben Forscher von der amerikanischen National Biomedical Research Foundation der Georgetown-Universität in Washington die Sequenz von Ovalbumin in ihren Computer ein. Dieses Protein kommt in großen Mengen im Eiklar vor. Auch seine Sequenz stimmte zu etwa 30 Prozent mit denen von Antithrombin III und Alpha-1-Antitrypsin überein.

Diese Entdeckung kam überraschend, denn bis dahin hatte noch niemand eine Vorstellung, welche biologische Funktion Ovalbumin erfüllt. Nun mußte man die Möglichkeit erwägen, daß es ebenfalls ein Proteasehemmer ist.

Eine japanische Gruppe veröffentlichte dann 1983 die Sequenz von Angiotensinogen, dem Vorläufer eines kleinen Peptidhormons, das den Blutdruck reguliert. Obwohl das Hormon selbst nur zehn Aminosäuren lang ist, besteht das Vorläufermolekül aus etwa 400 Aminosäureresten. Als ich die Angiotensinogen-Sequenz mit den in meiner Datenbank gespeicherten Sequenzen verglich, ergab sich eine schwache Ähnlichkeit mit Alpha-1-Antitrypsin. Mit rund 20 Prozent lag die Übereinstimmung allerdings in der „Grauzone". Eine statistische Analyse überzeugte mich jedoch davon, daß beide Proteine zur gleichen Familie gehören. Das ist inzwischen durch andere Beobachtungen erhärtet worden, so daß heute kein Zweifel mehr an der Verwandtschaft besteht.

Eine weitere dänische Forschergruppe fügte diesem unerwarteten Stammbaum verwandter Proteine kürzlich einen fünften Zweig hinzu. Dabei handelt es sich um eine Substanz mit unbekannter Funktion, die in Gerstenkeimlingen vorkommt und als Protein *Z* bezeichnet wird. Obwohl dieses Protein nur etwa halb so viele Aminosäuren enthält wie die anderen vier (rund 200), ist es unverkennbar mit ihnen verwandt. Und tatsächlich paßt die halbe Größe sehr gut zu dem experimentellen Befund, daß die übrigen Proteine dieser Familie zwei Domänen aufweisen.

Die Entdeckung dieser fünf verwandten Proteine in unterschiedlichem Ausgangsmaterial lehrt zweierlei. Erstens ist heute – unabhängig davon, ob die 4000 bekannten Aminosäuresequenzen einen signifikanten Anteil aller Proteine abdecken oder nicht – ein Punkt erreicht, wo jede neu bestimmte Sequenz mit hoher Wahrscheinlichkeit einer bereits gespeicherten ähneln wird. Zweitens haben sich in der Evolution offenbar bestimmte großräumige Aminosäureanordnungen biochemisch so bewährt, daß sie immer wieder in den verschiedensten Zusammenhängen verwendet werden. Häufig entsprechen solche funktionellen Einheiten den Domänen, die man bei Strukturuntersuchungen erkannt hat.

Eine der am weitesten verbreiteten Domänen wurde 1974 von Michael G. Rossmann und seinen Mitarbeitern an der Purdue-Universität in West Lafayette (Indiana) entdeckt. Anhand von Röntgenbeugungsmustern stellten sie bei

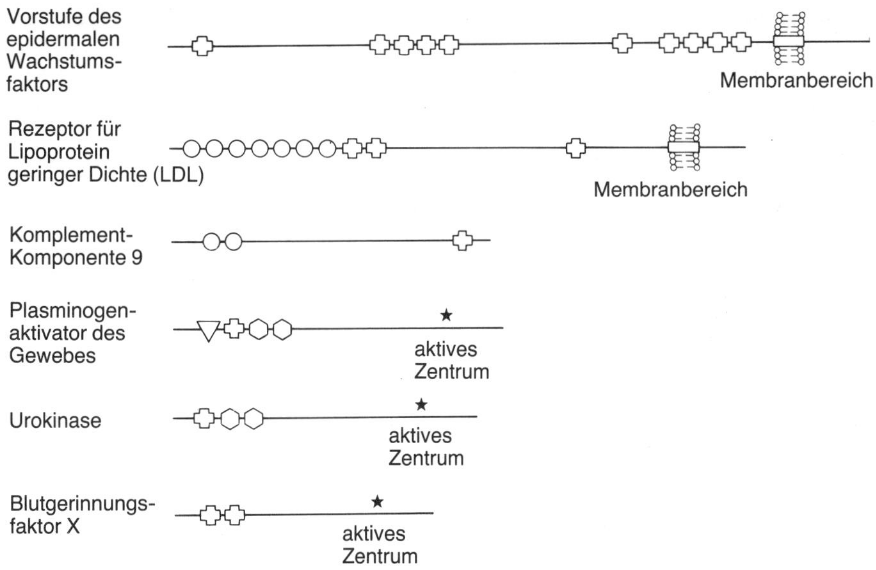

Bild 10: Das Muster ähnlicher Domänen in verschiedenen Proteinen zeugt von einer unablässigen Wanderung genetischer Informationen in höheren Organismen. Hier ist die Verteilung von Domänen (dargestellt durch verschiedene geometrische Symbole) in sechs Proteinen wiedergegeben. Die Sequenz in Bild 9 entspricht der mit einem Kreuz markierten Einheit. Die Verteilung der Domänen läßt sich nicht einfach damit erklären, daß alle solchen Elemente eines bestimmten Proteins von einem entsprechenden Ur-Gen abstammen; vielmehr scheinen sie durch Umordnungen in den Chromosomen von einem Protein zum anderen weitergegeben worden zu sein. In mehreren Fällen entsprechen die Grenzen zwischen den Domänen des Proteins den Grenzen zwischen Exons und Introns im Genom – ein Umstand, der das Mischen der Gen-Abschnitte im Laufe der stammesgeschichtlichen Entwicklung erleichtert haben dürfte.

mehreren verschiedenen Enzymen ein wichtiges gemeinsames Kennzeichen fest: Obwohl sich die Proteine in ihren Strukturen insgesamt deutlich unterschieden, enthielten alle eine im wesentlichen gleich gefaltete Domäne aus rund 70 Aminosäuren. Die Enzyme unterschieden sich auch in ihrer biologischen Funktion beträchtlich, teilten jedoch die Fähigkeit, bestimmte Coenzyme zu binden, nämlich Nicotinamid-adenin-dinucleotid (NAD), Flavinmononucleotid (FMN) oder Adenosinmonophosphat (AMP). All diese Moleküle enthalten in ihrer Struktur ein Mononucleotid, und die in jedem der Enzyme gleichermaßen vorkommende Domäne ist nichts anderes als eine Mononucleotid-Bindungsstelle; Rossmann nannte sie die Mononucleotid-Falte (Bilder 1, 5 und 6).

Eine Ur-Domäne

Diese Entdeckung brachte Rossmann auf die kühne Idee, daß es sich bei der in all diesen Enzymen vorhandenen Domäne sozusagen um den Geist eines primitiven Proteins aus präzellulären Zeiten handeln könnte. Dessen Fähigkeit zur Nucleotidbindung war offenbar so wichtig, daß die Domäne in die Struktur verschiedener Enzymprototypen einging, die in den ersten lebenden Systemen entstanden. So ist dieses Urprotein noch heute erkennbar.

Rossmanns Hypothese klingt überzeugend. Man kann davon ausgehen, daß die ersten funktionsfähigen Proteine klein waren und sich durch die Fähigkeit auszeichneten, andere Moleküle zu binden. Wurden nun zwei dieser Proteine, die zwei verschiedene kleine Moleküle binden konnten, miteinander verknüpft, war damit möglicherweise der Grundstein für die Katalyse gelegt.

Durch eine Folge von Genverdopplungen konnte nun eine erweiterte Familie von stabilen Proteinen entstehen. Zunächst waren die locker verbundenen Proteine sicherlich noch schwerfällig und nicht sehr leistungsfähig. Doch es gab zahlreiche Gelegenheiten zur Verbesserung, und damals wird die natürliche Auslese mutierter Strukturen im Vordergrund gestanden haben. Schließlich waren aber die Proteine perfekt an ihre Funktionen angepaßt und die Enzyme damit so wirksam, daß nun die „natürliche Ausmusterung" abweichender Varianten vorherrschte.

Kurz nachdem Rossmann seine Idee vorgebracht hatte, daß primitive Proteine durch die Verschmelzung nützlicher Domänen entstanden sein könnten, ergab sich aus den Untersuchungen mit rekombinierter DNA die aufsehenerregende Entdeckung, daß eukaryontische Gene gestückelt sind: Sie bestehen aus Abschnitten, die jeweils für einen Teil der Proteinstruktur codieren (Exons), sowie dazwischenliegenden langen Bereichen nicht codierender DNA (Introns). In einigen Fällen fand man die Introns genau oder nahe an der Grenze von Proteindomänen.

Diese Übereinstimmung brachte Walter Gilbert von der Harvard-Universität auf die Idee, Exons als die genetischen Gegenstücke jener austauschbaren Proteinteile anzusehen, die Rossmann postuliert hatte. Laut Gilbert sind nicht nur die ersten Proteine durch den Zusammenbau einzelner stabiler Domänen entstanden, sondern es hat sich während der Jahrmilliarden dauernden Evolution auch die genetische Isolation dieser Domänen erhalten.

Neuinszenierung eines uralten Stücks

Es ist leicht einzusehen, warum eine solche Organisation des Genoms Anpassungsvorteile bietet: Die fortwährende Neukombination von Domänen bringt immer wieder neuartige und dabei gelegentlich auch nützliche Proteine hervor.

Gilberts Vorstellungen sind heute weithin anerkannt, obwohl es auch Gegenargumente gibt. So fallen bei vielen eukaryontischen Proteinen die Introns nicht mit offenkundigen Domänengrenzen zusammen. Und prokaryontische Gene enthalten überhaupt keine Introns; hier muß man annehmen, daß sie im Interesse einer ökonomischen Genomstruktur mittlerweile eliminiert worden sind.

Unlängst ist ein weiteres bemerkenswertes Beispiel für die Verbreitung gemeinsamer Domänen innerhalb einer Proteingruppe bekannt geworden (Bilder 9 und 10). Die Proteine, um die es hier geht, sind allesamt jüngere Produkte der Evolution; sie kommen nur in Wirbeltieren vor, die erst vor etwa 500 Millionen Jahren entstanden sind.

Außerdem läßt sich die Verteilung der Domänen in diesen Proteinen nicht einfach durch die Abstammung von einem gemeinsamen Vorläufer erklären. So kommt eine Domäne in 18 Kopien vor, die über sechs Proteine verstreut sind. Ganz offensichtlich sind diese Untereinheiten frei von einem Protein zum nächsten übertragen und immer dort eingefügt worden, wo ihre Aktivität benötigt wurde.

Bei einigen der Proteine erwies sich, daß die für die Domänen codierende DNA genau durch Introns begrenzt ist. In diesen Fällen besteht kein Zweifel, daß die Exon-Intron-Struktur des Genoms an der Umordnung der mosaikartig aufgebauten Genprodukte mitgewirkt hat.

Bestätigt das nun Gilberts Hypothese, wonach die Protein-Evolution von Anfang an hauptsächlich im Mischen von durch Exons codierten Domänen bestand? Obwohl ein solcher Mischvorgang heutzutage sicherlich stattfindet, halte ich es für falsch, anzunehmen, daß der gleiche Mechanismus auch in primitiveren Organismen ablief. Introns können in eukaryontischen Genen nur deshalb geduldet werden, weil hochentwickelte Spleißmechanismen gewährleisten, daß die einzelnen Boten-RNA-Stücke korrekt in Protein übersetzt werden. Es ist unwahrscheinlich, daß auch die frühesten Lebensformen schon über dieses System verfügten. Der Austausch von Exons bei den Mosaikproteinen der Wirbeltiere scheint viel eher die Neuinszenierung eines uralten Stücks zu sein, das sich nun allerdings in einem völlig neuen Gewande zeigt.

Solche Variationen über ein Thema sind in einem so komplexen System wie der lebenden Zelle durchaus zu erwarten – einem System, in dem ein verändertes Molekül Tausende andere und letztlich auch die für seine eigene Synthese verantwortliche Maschinerie beeinflussen kann. Genauso, wie sich die Proteine entwickeln, verändern sich auch die Mechanismen ihrer Evolution.

Das dynamische Verhalten von Proteinen

Proteinmoleküle sind elastisch verformbar und nie in Ruhe.
Wären sie starre Gebilde, könnten sie ihre lebenswichtigen Aufgaben oft gar nicht erfüllen.
Dennoch wurde der dynamische Aspekt ihres Verhaltens bisher meist übersehen. Erst mit aufwendigen Computer-Simulationen läßt er sich genauer erforschen.

Von Martin Karplus und J. Andrew McCammon

Die Untersuchung der Frage, wie Proteine ihre Aufgabe im Organismus wahrnehmen, ist einer der merkwürdigen Fälle, bei denen eine an sich nützliche und höchst fruchtbare Methode auch Mißverständnisse heraufbeschworen hat. Bei der Methode handelt es sich um die Röntgenstrukturanalyse. Mit ihrer Hilfe läßt sich aus der Art, wie ein kristallisiertes Protein einen Röntgenstrahl beugt, seine Struktur ableiten. Die Schönheit der Strukturbilder und die Fülle der erkennbaren Details verleiteten zu dem Trugschluß, Proteine seien starre Gebilde, in denen die einzelnen Atome an festen, unverrückbaren Positionen säßen.

In der Folgezeit ging man daher bei den meisten Versuchen, die Wirkungsweise eines Proteins zu erklären (also beispielsweise zu ergründen, wie Proteine als Enzyme oder biologische Katalysatoren fungieren), von solchen statischen Strukturen aus. Man suchte die Spezifität, mit der ein Enzym ein bestimmtes Molekül (sein Substrat) bindet, und das Ausmaß, in dem es eine bestimmte biochemische Reaktion fördert, über die Wechselwirkung zwischen dem Substrat und dem als starr betrachteten Enzym zu verstehen. Ihren sinnfälligen Ausdruck fand diese Wechselwirkung in dem Bild vom Schlüssel und dem dazu passenden Schloß. In den Fällen, wo bekannt war, daß das Protein seine Konformation (die äußere Gestalt) änderte – so bei der Bindung von Sauerstoff an das Protein Hämoglobin –, wurde die Konformationsänderung als Übergang zwischen im übrigen statischen Strukturen gedeutet.

In den letzten zehn Jahren hat sich hier ein tiefgreifender Wandel vollzogen. Heute ist man sich bewußt, daß sich auch die Atome in einem Proteinmolekül in dauernder Bewegung befinden. Was der Kristallograph für ein kristallines Protein findet, ist also bestenfalls eine gemittelte Struktur. Die Atome eines jeden Proteins führen unablässig rasche Schwingungen um ihre Mittellage aus. Proteine sind also dynamische Gebilde, die ihre Konformation fortwährend verändern.

Ein für die Röntgenstrukturanalyse benutzter Kristall besteht aus etwa 10^{20} Proteinmolekülen. Dennoch ist es sehr unwahrscheinlich, daß zu einem bestimmten Zeitpunkt auch nur ein einziges davon die mittlere Struktur des kristallinen Ensembles besitzt.

Natürlich ist die Kenntnis der mittleren Atompositionen in einem Protein trotz allem äußerst wertvoll; denn sie kann als Ausgangspunkt für Versuche dienen, die Proteinaktivität noch genauer zu beschreiben. Das dynamische Bild erschließt dabei das Verständnis von Phänomenen, die mit dem statischen Modell unerklärlich bleiben.

Die Hinweise auf ein dynamisches Verhalten der Proteine stammen aus vielen Quellen. Experimentelle Methoden wie die Röntgenstrukturanalyse spielen auch hier eine wesentliche Rolle. Allerdings konnten anhand theoretischer Überlegungen Details der Proteinbewegung abgeleitet werden, die weit über das hinausgehen, was experimentelle Messungen je an Aufschlüssen erhoffen lassen. In einigen Fällen haben Computer-Simulationen der Atombewegungen in einem Protein ergeben, daß es gar nicht katalytisch wirksam sein könnte, wenn es in der mittleren Struktur fixiert wäre.

Der Aufbau von Proteinen

Nicht nur eine spezifische Struktur, sondern auch deren stetige Verformungen befähigen also Proteine, die für die Funktion eines Organismus notwendigen Aufgaben zu erledigen. Dabei handelt es sich einmal um enzymatische Vorgänge; denn alle Enzyme sind Proteine. Als Katalysatoren beschleunigen sie die für lebende Systeme essentiellen Reaktionen (auch die Herstellung der

Bild 1: Die Zitterbewegungen eines Proteins im Zeitmaßstab von Pikosekunden (10^{-12} Sekunden) sind hier durch Überlagerung von sieben Positionen eines Myoglobin-Moleküls im Abstand von je fünf Pikosekunden veranschaulicht. Das Bild ist das Ergebnis einer Simulation der Moleküldynamik auf dem Computer. Wie alle anderen Proteine besteht auch Myoglobin aus Aminosäuren, die zu einer Polypeptidkette (blau) verknüpft sind. Die Kette – hier in einer vereinfachten Form dargestellt, bei der nur die zentralen Kohlenstoffatome der einzelnen Aminosäuren wiedergegeben sind – ist in charakteristischer Weise zu einem dreidimensionalen Gebilde gefaltet. Im Falle des Myoglobins sind acht alpha-Helices genannte – schraubenförmig gewundene – Abschnitte durch kurze, aus nur wenigen Aminosäuren bestehende Schleifen miteinander verbunden. In der Simulationsstudie bewegen sich die Helices zwar, behalten dabei aber ihre Gestalt. Das Myoglobin enthält zudem ein kompliziert aufgebautes organisches Molekül, die Häm-Gruppe (orange). Myoglobin speichert im Muskelgewebe Sauerstoff, indem es ein Sauerstoffmolekül an das Eisenatom im Zentrum der Häm-Gruppe bindet. Diese Computergraphik wurde ebenso wie die meisten anderen in diesem Artikel von John Kuriyan an der Harvard-Universität und am Massachusetts Institute of Technology mit dem Computerprogramm HYDRA erstellt, das von Roderick E. Hubbard von der Universität York stammt.

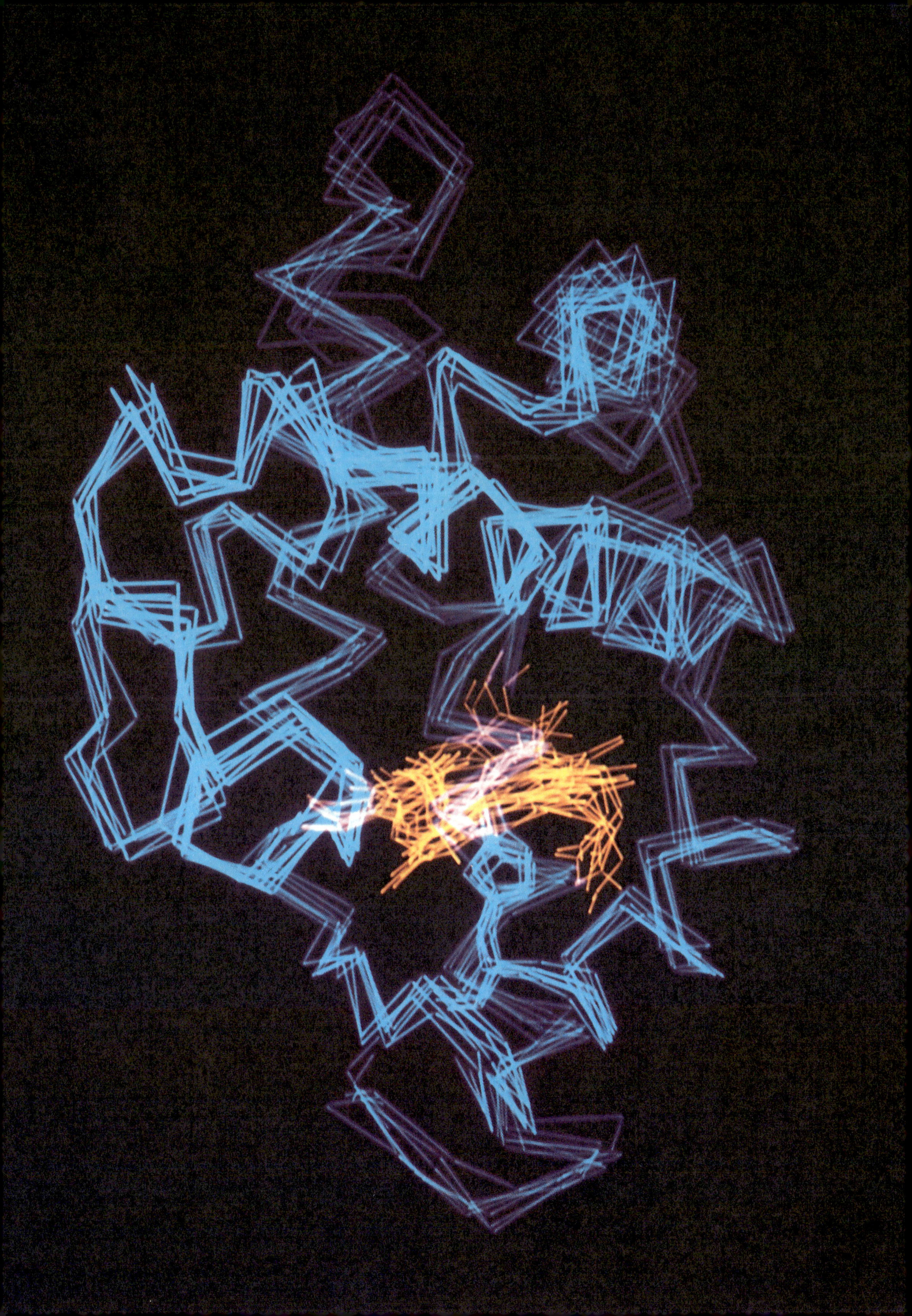

Proteine selbst) und lassen sie mit den notwendigen Geschwindigkeiten ablaufen. Andere Proteine besorgen den Transport von kleinen Molekülen, Elektronen oder Energie zu den Bereichen des Organismus, an denen sie benötigt werden. Viele Proteine dienen schließlich als Strukturelemente. So können sie als Bausteine faserartiger Gewebe und der Muskeln fungieren.

Bedingt durch die funktionelle Vielfalt gibt es eine Vielzahl verschiedener Proteine. Schon ein einzelliger Organismus, das gut untersuchte Bakterium *Escherichia coli*, verfügt, wie man weiß, über rund 3000 verschiedene Proteine. Manche davon liegen in großer Zahl vor, so daß eine solche Bakterienzelle insgesamt rund eine Million Proteinmoleküle enthält.

Jedes Protein besteht aus einer bestimmten Anzahl von kleinen Untereinheiten, den Aminosäuren. In normalen Proteinen kommen 20 verschiedene Aminosäuren vor, deren jede sich durch eine charakteristische Seitenkette auszeichnet: eine chemische Gruppe, die im Fall der einfachsten Aminosäure, dem Glycin, nur aus einem Wasserstoff-Atom besteht, beim Tryptophan, der kompliziertesten Aminosäure, aber aus einem verwickelten Ringsystem. Im Protein sind die Aminosäuren zu einer linearen Polypeptidkette verknüpft.

Im allgemeinen setzt sich ein Protein aus 50 bis 500 Aminosäuren zusammen, was zwischen 500 und 5000 Atomen entspricht. Die Reihenfolge der Aminosäuren bestimmt die mittlere Struktur und andere Eigenschaften des Proteins. Insbesondere bewirken die anziehenden und abstoßenden Kräfte zwischen den einzelnen Atomen der Aminosäuren, daß sich globuläre Proteine auf charakteristische Weise falten. Die Art der Faltung ist für die inneren Bewegungen im Protein und für seine biologischen Funktionen ausschlaggebend.

Newtonsche Mechanik der Proteinbewegung

Will man die Bedeutung der atomaren Bewegungen für die Funktion eines Proteins verstehen lernen, muß man zunächst die Art dieser Bewegungen feststellen, also insbesondere ermitteln, wie groß sie sind, wie oft sie stattfinden und wie lange sie dauern. Der direkteste Weg dazu ist, jedes Atom im Protein als ein Teilchen anzusehen, das den Kräften der Newtonschen Mechanik gehorcht und darauf nach den Newtonschen Bewegungsgesetzen reagiert.

Als einfache Analogie wollen wir die Bewegung eines Pendels oder eines Teilchens betrachten, das an einer Feder befestigt ist. Sind Ort und Geschwindigkeit des Teilchens sowie Größe und Richtung der darauf wirkenden Kraft zu einem bestimmten Zeitpunkt bekannt, so erhält man Ort und Geschwindigkeit des Teilchens zu einem Zeitpunkt kurz danach durch Extrapolation oder Integration der Bewegungsgleichungen (Bild 3). Damit das Ergebnis korrekt ist, muß das Extrapolations-Intervall, das man auch Zeitschritt nennt, klein genug sein, so daß sich die Kraft an der neuen Position nicht sehr von der am Ausgangspunkt unterscheidet. Indem man die Extrapolation oft wiederholt, das heißt die Newtonschen Bewegungsgleichungen über eine längere Zeitspanne integriert, erhält man den Weg des Teilchens in Form einer Liste, in der zu den einzelnen Zeiten jeweils Position und Geschwindigkeit des Atoms aufgeführt sind.

Die chemischen Bindungen zwischen den Atomen der Polypeptidkette eines Proteins verhalten sich sehr ähnlich wie Federn. Daneben aber gibt es auch schwächere Kräfte zwischen nicht direkt miteinander verbundenen Atomen. Sie bewirken unter anderem, daß sich keine zwei Atome zur gleichen Zeit am selben Ort befinden können. In einem Protein mit seiner Vielzahl von Atomen hängt daher die auf eines davon einwirkende Gesamtkraft stets von der momentanen Lage aller anderen Atome ab.

Kein Wunder also, daß die Lösung der Newtonschen Bewegungsgleichungen für die Lage und Geschwindigkeiten aller Atome in einem Protein den Einsatz eines leistungsfähigen Computers erfordert. Diese Berechnungen bilden die Grundlage für die Simulation der Moleküldynamik.

Für diese Simulation wird zunächst ein Satz von Ausgangspositionen benötigt. Man konstruiert ihn auf der Basis der Atompositionen, die die Röntgenstrukturanalyse ergeben hat. Die kristallographisch bestimmten Positionen selbst können allerdings nicht als Ausgangskoordinaten dienen. Da sie einer gemittelten Struktur entsprechen, befinden sich einige Atome in Positionen, die für die tatsächliche Struktur kaum zutreffen dürften (so können etwa zwei Atome zu nahe beieinander liegen). Diese Verzerrung der Struktur würde unter Umständen unrealistisch große Beträge für die Kräfte zwischen einigen Atomen ergeben.

Ein als dynamische Abgleichung bezeichnetes Verfahren löst dieses Problem. Mit ihm lassen sich für die einzelnen Atome im Protein Positions- und Geschwindigkeitswerte berechnen. Dabei werden die kristallographisch ermittelten Positionen der Proteinatome (sowie die der umgebenden Lösungsmittel-Moleküle, falls man sie in die Simulation einschließen möchte) so abgewandelt, daß sich die Struktur quasi entspannt und die unrealistischen Kräfte verschwinden. Dann werden den Atomen kleine, zufällige Geschwindigkeiten zugeordnet, die der Wärmebewegung bei einer bestimmten Temperatur (nahe dem absoluten Nullpunkt) entsprechen. (Die Temperatur eines Moleküls ist ein Maß dafür, wie schnell sich seine Atome im Mittel bewegen.)

Mit diesem Satz von Positions- und Geschwindigkeitsdaten sowie den daraus resultierenden Werten für die augenblicklichen Kräfte wird den Atomen erlaubt, sich entsprechend den Newtonschen Bewegungsgleichungen rund 100 Zeitschritte lang zu bewegen. Anschließend ordnet man ihnen zunehmend größere zufällige Geschwindigkeiten zu und läßt sie erneut ihre Bewegungen ausführen. Das geschieht so lange, bis die gewünschte Temperatur (zum Beispiel Zimmertemperatur) erreicht ist. Zum Schluß läßt man das System noch einmal über einen gewissen Zeitraum hinweg sich spontan entwickeln, indem man die Bewegungsgleichungen integriert. Die Abgleichung ist beendet, wenn mittlere Temperatur und Struktur stabil bleiben.

Simulation der Moleküldynamik

Die so erhaltene Struktur dient nun als Ausgangsmodell für die Simulation der Moleküldynamik. Da sich die Kräfte zwischen den Atomen im Protein während der einzelnen Simulationsschritte nur geringfügig ändern dürfen, müssen die Zeitschritte im Vergleich zur Zeitdauer der schnellsten Bewegungen im Protein kurz sein. Ein typischer Zeitschritt dauert daher nur rund 10^{-15} Sekunden (eine Femtosekunde). Die errechneten Positionen und Geschwindigkeiten der Atome werden für die anschließende Analyse und graphische Darstellung auf Magnetband gespeichert.

Bei einer typischen Simulationsstudie verfolgt man die Proteindynamik über einen Zeitraum von 10^{-10} Sekunden (100 Pikosekunden). Mit neuen, noch schnelleren Computern ist es möglich, die Simulation sogar über 10^{-9} Sekunden (eine Nanosekunde) oder noch länger auszudehnen. (In diesem Fall verläuft die Simulation über mehr als eine Million Zeitschritte und benötigt selbst auf einem Supercomputer mehrere hundert Stunden Rechenzeit.) Glücklicherweise dauern viele interessante Bewegungen in Proteinen nicht länger als 100 Pikosekunden. Aber selbst während dieser kurzen Zeit fallen gewaltige Mengen von zu speichernden Daten an. Doch dafür versetzt der Computer den Forscher auch gleichsam ins Innere des Proteins.

Wie aus den Simulationen der Moleküldynamik hervorgeht, besitzen die Atombewegungen in einem Protein gewisse gemeinsame Charakteristika, die mit der Grundstruktur der Proteine zusammenhängen. Wie die meisten Polymerstränge ist auch die Polypeptidkette eines Proteins biegsam; denn viele der festen Bindungen zwischen benachbarten Atomen erlauben, die Kette an dieser Stelle zu verdrehen (Bild 2). Damit kann sich ein Teil der Polypeptidkette relativ zu einem anderen verschieben.

Bei einer Verdrehung der Polypeptidkette bewegen sich die verschiedenen Seitenketten natürlich mit. Daß die Seitenketten ebenfalls Bindungen enthalten, um die Drehungen möglich sind, erklärt die hohe Flexibilität der gesamten Struktur.

Diese Flexibilität macht es einem globulären Protein möglich, sich zu dem charakteristisch verschlungenen Knäuel zu „falten", als das es normalerweise vorliegt. Aber selbst im gefalteten Protein reicht die den atomaren Geschwindigkeiten bei Zimmertemperatur entsprechende thermische Energie aus, um Drehbewegungen zu erlauben. Solche Bewegungen sind es vor allem, auf denen die atomaren Lageveränderungen im Protein beruhen. Da in einem globulären Protein die Atome dicht gepackt sind, halten sich diese Ortsveränderungen allerdings in Grenzen. Dennoch können sich viele kleine Bewegungen zu einer beträchtlichen Verlagerung größerer Proteinteile summieren.

Von der ungerichteten zur koordinierten Bewegung

Während kurzer Zeiträume (in der Größenordnung von zehntel Pikosekunden) bestehen die Lageveränderungen in einem Protein im wesentlichen aus örtlich begrenzten Bewegungen, bei denen sich Peptidgruppen und Seitenketten typischerweise um 20 bis 60 Grad um die kovalente Bindung drehen, mit der die jeweilige Gruppe mit dem Rest der Polypeptidkette verknüpft ist. Normalerweise verlaufen diese Bewegungen weitgehend unkoordiniert. Die sich drehenden Gruppen stoßen immer wieder mit Nachbargruppen zusammen und werden so ständig ruckartig gebremst und umgelenkt.

Die Bewegung jeder Gruppe innerhalb des Proteins ähnelt daher der eines Moleküls in einem Lösungsmittel. Auch dort wird ein Molekül durch häu-

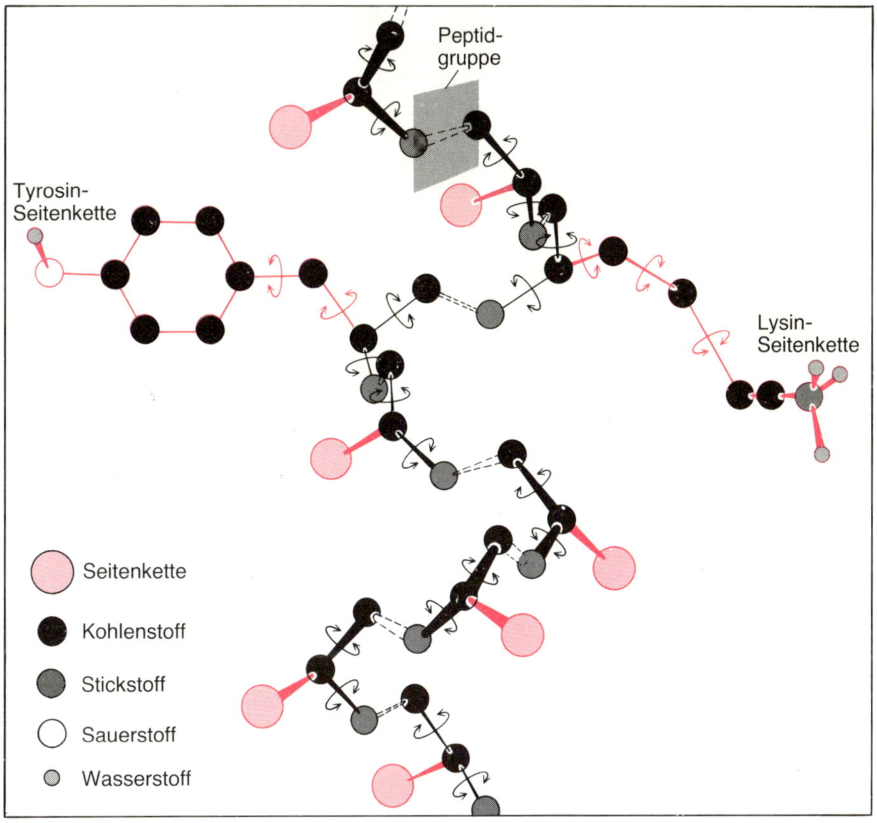

Bild 2: Die Drehbarkeit gewisser Bindungen in einer Polypeptidkette erlauben es dieser, die für das Protein charakteristische Konformation einzunehmen. Sie ermöglichen zugleich gewisse Schwankungen der Proteinatome um ihre Mittellage. Hier sind nur die wichtigen Atome einer Polypeptidkette dargestellt. Das Rückgrat der Kette (schwarze Bindungen) besteht aus Kohlenstoff- und Stickstoffatomen, die über starre Peptid-Bindungen verknüpft sind. Die Bindungen dazwischen lassen dagegen Drehungen zu (runde Pfeile). Am zentralen Kohlenstoffatom jeder Aminosäure hängt eine Seitenkette (farbige Bindungen). Die beiden detailliert dargestellten Seitenketten weisen ebenfalls drehbare Bindungen auf.

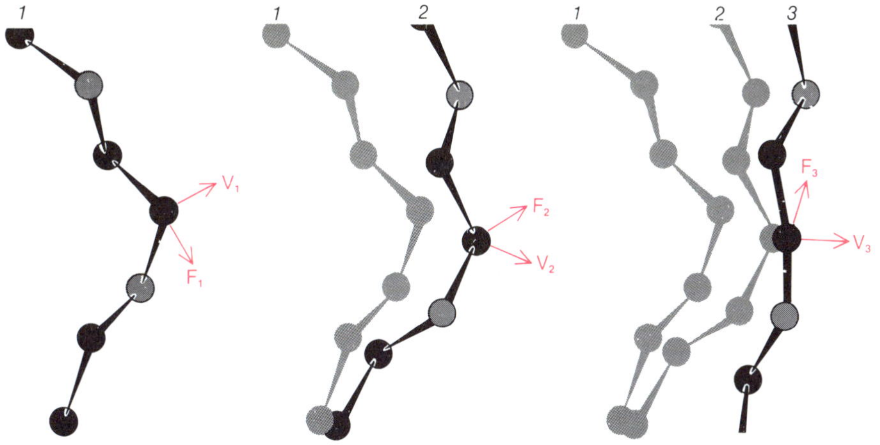

Bild 3: Bei einer Simulation der Moleküldynamik erhält man eine detaillierte Beschreibung der Bewegungen in einem Protein, indem man die Proteinatome als Newtonsche Körper behandelt. Die zwischen den Atomen bestehenden Bindungen werden dabei durch elastische Federn repräsentiert. Zwischen den Atomen, die nicht chemisch miteinander verbunden sind, bestehen schwächere Wechselwirkungen. Bei einer Simulation wird die Molekülbewegung in viele kleine Zeitschritte von jeweils 10^{-15} Sekunden Dauer zerlegt, für die der Computer berechnet, wie sich Lage und Geschwindigkeit jedes Atoms ändern. Sind Lage und Geschwindigkeit (*V*) zur Zeit t_1 bekannt und läßt sich die Größe und Richtung der auf die Atome wirkenden Kräfte (*F*) zu diesem Zeitpunkt bestimmen, so kann man durch Lösung der Newtonschen Bewegungsgleichungen Lage und Geschwindigkeiten der Atome nach Ablauf des Zeitschrittes (also zum Zeitpunkt t_2) ermitteln. Die Berechnung der nunmehr vorliegenden Kräfte erlaubt es dann, auch Lage und Geschwindigkeit zum Zeitpunkt t_3 zu bestimmen. Aus der schrittweisen Neuberechnung erhält man so schließlich eine Beschreibung der inneren Bewegungen des Proteins über einen Zeitraum von bis zu 10^{-9} Sekunden.

fige Zusammenstöße mit den Lösungsmittelmolekülen abgebremst und auf eine ziellose Zickzackbahn gezwungen, wie sie typisch für die sogenannte Brownsche Bewegung ist.

Während längerer Zeitabschnitte (in der Größenordnung von Pikosekunden) geht die Ähnlichkeit mit der Brownschen Bewegung jedoch verloren. Die Bewegungen gleichen nun eher denen in Festkörpern. Die Kräfte, die das Molekül in seiner gefalteten Struktur halten, lassen nicht zu, daß sich einzelne Atome weit von ihren mittleren Positionen entfernen. Wie bei einem Festkörper kommt es in diesen Zeitintervallen daher zu einer stärkeren Koordination der Bewegungen. Das reicht von der simultanen Verschiebung einiger benachbarter Aminosäuren bis zur Verformung des gesamten Moleküls.

Diese Bewegungen werden in unterschiedlichem Maße durch Reibungskräfte gebremst, die von Zusammenstößen zwischen verschiedenen Proteinatomen sowie zwischen Proteinatomen und Lösungsmittelmolekülen herrühren. Dennoch leisten Kollektivbewegungen, die sich im Zeitbereich von einigen Pikosekunden abspielen, den Hauptbeitrag zu den großräumigen Lageveränderungen der Atome in einem Protein. Der Grund ist klar: Wegen der dichten Packung im Inneren eines Proteins kann sich ein Atom nicht weit bewegen, wenn seine Nachbarn nicht das gleiche tun.

Die größten Bewegungen finden demnach auf der Proteinoberfläche statt, wo die Atome weniger eingeengt sind. Während sich einzelne Atome im Inneren des Proteins nur maximal 50 Pikometer weit bewegen, was etwa dem Radius eines Atoms entspricht, können Atome auf der Proteinoberfläche Strecken von immerhin 200 Pikometer zurücklegen.

Beispiel Myoglobin

Eines der globulären Proteine, für dessen Funktion die molekulare Dynamik eine wichtige Rolle spielt, ist das Myoglobin: die Speichersubstanz für Sauerstoff im Muskelgewebe. So enthalten die großen Mengen an Myoglobin, über die der Wal verfügt, den Sauerstoffvorrat, den dieser Meeressäuger bei seinen langen Tauchgängen braucht.

Myoglobin ist das erste Protein, dessen Struktur aufgeklärt wurde. John C. Kendrew von der Universität Cambridge erhielt dafür 1962 zusammen mit Max Perutz den Chemie-Nobelpreis. Das Myoglobin, das Kendrew für die Röntgenstrukturanalyse verwandte, stammte von Pottwalen, deren Fleisch im Zweiten Weltkrieg in England als Nahrungsmittel diente.

Im großen und ganzen ist die Funktion des Myoglobins bekannt. Das darin gespeicherte Sauerstoffmolekül ist lokker an das Eisenatom im Zentrum eines flachen, kompliziert aufgebauten organischen Ringsystems gebunden, das man als Häm-Gruppe bezeichnet (Bild 1). Die Häm-Gruppe sitzt tief im Innern des Myoglobin-Moleküls, so daß sie durch das umgebende, dicht gepackte globuläre Protein vor Wassermolekülen abgeschirmt wird. (In Gegenwart von Wasser würde das Eisenatom der Häm-Gruppe oxidiert, das heißt aus der zweiwertigen Form Fe^{++} in das dreiwertige Fe^{+++} überführt, und verlöre dadurch die Fähigkeit, Sauerstoff zu binden.)

Die Atome im Myoglobin sind allerdings so gepackt, daß auch der Sauerstoff praktisch nicht zum Häm gelangen könnte, wenn sich die Atome unverrückbar an den Positionen befänden, die sich aus der Röntgenstrukturanalyse ergeben. Das Molekül wäre unter diesen Umständen für seine Aufgabe ungeeignet: Die für die Bindung eines Sauerstoffmoleküls an die Häm-Gruppe oder für seine Ablösung benötigte Zeit überstiege die Lebenserwartung eines Wales bei weitem.

Nach dem bisher über die Proteindynamik Gesagten ist die Lösung des Problems leicht zu erraten: Die Energieschwelle, die der Sauerstoff beim Ein- und Austritt zu überwinden hat, wird durch eine Kombination lokaler Bewegungen erniedrigt.

Um diese Möglichkeit zu überprüfen, berechneten wir für die denkbaren Zugangswege zu der Tasche, die den Häm-Rest im Myoglobin enthält, die Energieschwelle – und zwar sowohl für das starre Protein (in der mit der Röntgenstrukturanalyse ermittelten Konformation) als auch für ein realistischeres Modell, bei dem die Struktur nachgibt, wenn Sauerstoff das Proteingerüst passiert. Für alle untersuchten Zugangswege betrug die Energieschwelle beim starren Protein mindestens 400 Kilojoule pro Mol. Um eine derart hohe Schwelle beim Ein- oder Austritt zu überwinden, würde das Sauerstoffmolekül viele Milliarden Jahre brauchen.

Bei der Simulation möglicher Atombewegungen, die dem Sauerstoff den Weg freigeben, wurden Verschiebungen jener Seitenketten untersucht, die die hohe Energieschwelle erzeugen. Bei einem der Zugangswege erscheinen die Seitenketten von drei Aminosäuren als Haupthindernisse, nämlich die von Histidin *E*7, Threonin *E*10 und Valin *E*11 (Bild 4). Indem wir die Rotation jeder dieser Seitenketten simulierten, konnten wir die Energie bestimmen, die notwendig ist, um diese Hindernisse aus dem Weg zu räumen. Danach genügen bereits 35 Kilojoule pro Mol, um den Weg so weit freizumachen, daß die Energieschwelle für den Sauerstoff auf rund 20 Kilojoule pro Mol sinkt. Die erforderliche Gesamtenergie ist damit von mehr als 400 auf etwa 55 Kilojoule pro Mol zurückgegangen. Tatsächlich liegt dieser Energiebetrag auch in der Größenordnung des experimentell gemessenen Wertes für die Energieschwelle der Sauerstoff-Anlagerung an Myoglobin.

Der Irrweg des Sauerstoffs

Um die Bewegung des Sauerstoffmoleküls im einzelnen zu studieren, verfolgten wir in einer Reihe von Computer-Simulationen den Weg eines am Häm-Rest sitzenden Sauerstoffmoleküls aus dem Myoglobin heraus. Da jede Simulation nur eine sehr kurze Zeitspanne erfassen kann, kamen nicht alle Sauerstoffmoleküle frei; ein Teil verblieb in einer Tasche in der Nähe des Häm-Restes oder anderswo im Proteininnern. Viele Moleküle aber gelangten nach draußen.

Auf seinem Weg begegnet das Sauerstoffmolekül in der Regel mehreren Hindernissen, jedes mit einer eigenen Energieschwelle. In der Energiemulde zwischen zwei solchen Barrieren bleibt der Sauerstoff jeweils eine gewisse Zeit gefangen. Er bewegt sich hin und her und stößt dabei mit den Hohlraum-Wänden zusammen. Wenn dann durch die Bewegungen der Proteinatome die Energieschwelle genügend erniedrigt wird oder der Sauerstoff durch die Zusammenstöße mit den Proteinatomen genügend Energie gewonnen hat oder wenn (was am wahrscheinlichsten ist) beides zusammenkommt, schlüpft der Sauerstoff rasch durch den Engpaß hindurch. In der nächsten Mulde wiederholt sich derselbe Vorgang.

Da es eine Vielzahl möglicher Wege gibt und jeder einzelne ziemlich verschlungen ist, bewegt sich der Sauerstoff wahrscheinlich völlig ungerichtet und ziellos durch das Protein. Hat er eine Schwelle überwunden, so geht er nicht zwangsläufig die nächste an. Bedingt durch Zusammenstöße mit Proteinatomen kehrt er vielleicht seine Bewegungsrichtung um und läuft über die bereits passierte Schwelle zurück. Im Endeffekt bewegt er sich also auf ebenso wirren Zickzackbahnen wie ein gelöstes Molekül in seinem Lösungsmittel.

Die Untersuchungen am Myoglobin lassen vermuten, daß ähnliches auch für viele andere globuläre Proteine gilt;

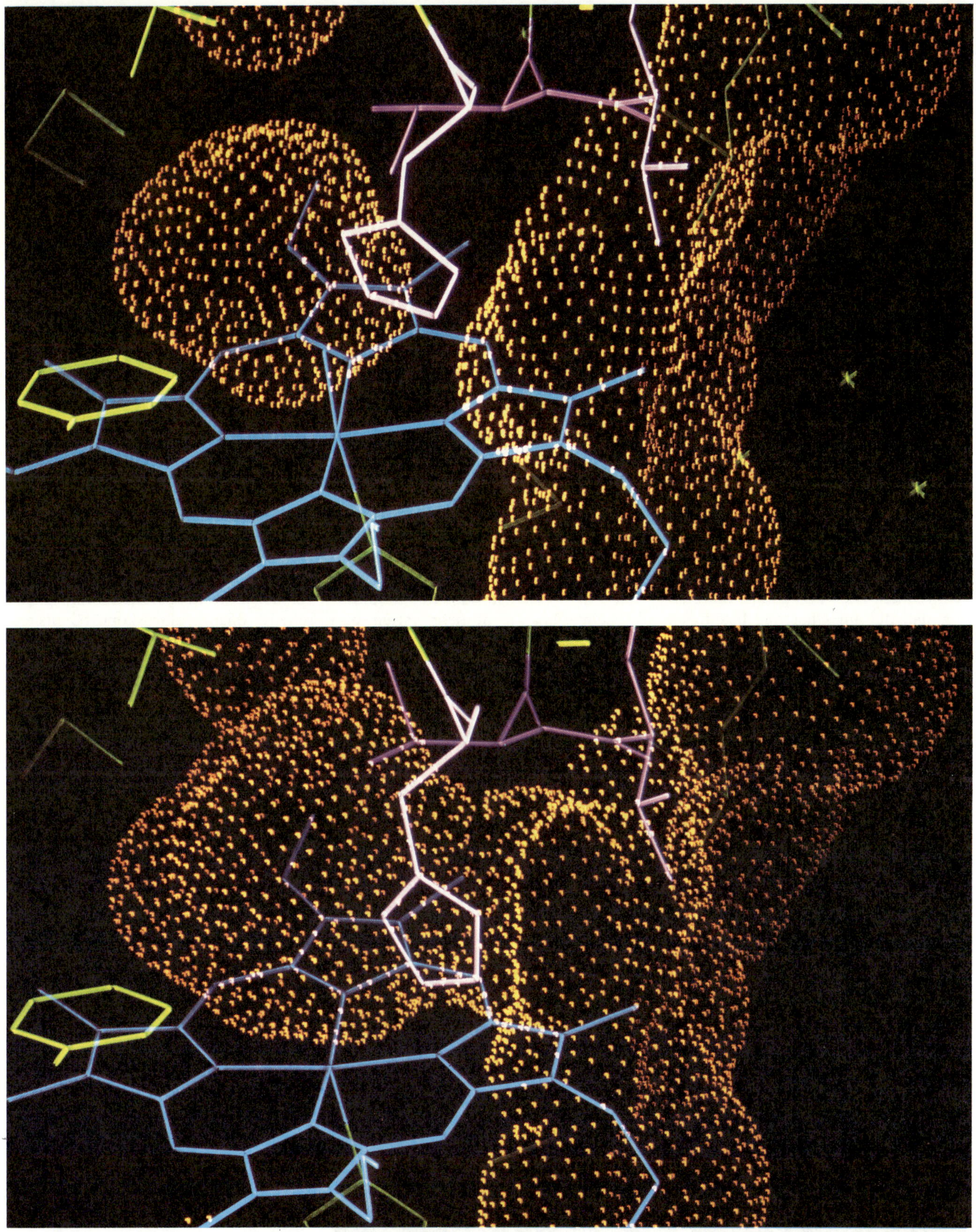

Bild 4: Der Kanal, durch den ein an die Häm-Gruppe des Myoglobin-Moleküls gebundenes Sauerstoffmolekül nach der Ablösung entweichen kann, wird durch Drehung der Seitenketten von drei Aminosäuren geöffnet. Das obere Bild zeigt die statische Myoglobin-Struktur gemäß dem Ergebnis einer Röntgenstrukturanalyse. Es gibt darin keinen Weg von der Oberfläche des Moleküls (orangefarbene Punkte) zu einer oberhalb der Häm-Gruppe (blau) gelegenen Tasche im Inneren des Moleküls. Die Tasche befindet sich nahe der Stelle, wo das Eisenatom der Häm-Gruppe ein Sauerstoffmolekül bindet. Im unteren Bild haben sich die Seitenketten von drei Aminosäuren (purpur) gedreht und so einen Durchtrittskanal für das Sauerstoffmolekül geschaffen. Die Positionen der übrigen Atome (grün) im Rückgrat und in den Seitenketten wurden bei dieser Simulation nicht verändert. Wäre die Myoglobin-Struktur starr und eine Drehung der Seitenketten somit unmöglich, würde ein Sauerstoffmolekül im Mittel einige Milliarden Jahre benötigen, um in das Myoglobin-Molekül hinein oder von der Bindungsstelle nach draußen zu gelangen. Nach den Ergebnissen detaillierter Simulationsrechnungen muß das Sauerstoffmolekül auf seinem Weg eine Folge von Hindernissen überwinden, so daß es sich ähnlich wie ein Molekül in einer Flüssigkeit nicht geradlinig, sondern in einer Art Torkelgang bewegt.

auch hier könnten Liganden, die sich an das Protein binden, wahrscheinlich nicht hinein- oder herausgelangen, wenn die Atome unverrückbar auf ihren mittleren Positionen säßen. In Enzymen dürften Verschiebungen von Atomgruppen daher erst die Voraussetzung dafür schaffen, daß Substratmoleküle überhaupt hineinkommen und gebunden werden und die Reaktionsprodukte wieder herausgelangen können.

Simulation aktivierter Prozesse

Viele wichtige Schritte eines enzymatischen Vorgangs dauern relativ lange: einige Nanosekunden (10^{-9} Sekunden) bis Millisekunden (10^{-3} Sekunden) oder sogar noch länger. So wird die Geschwindigkeit einer durch Enzyme katalysierten Reaktion manchmal durch die Zeit begrenzt, in der bestimmte Atomgruppen im Enzym von ihrer normalen Konformation in diejenige übergehen, die erst die Katalyse ermöglicht. Der eigentliche Übergang verläuft, wenn er erst einmal stattfindet, dann sehr schnell. Die Verzögerung rührt daher, daß die am Übergang beteiligten Atomgruppen nur selten aktiviert werden. Die atomaren Bewegungen, die den Übergang ermöglichen, sind also seltene Ereignisse.

Bei Prozessen, die eine Aktivierung erfordern, ist eine einfache Simulation der Moleküldynamik kaum von Nutzen. Da sich die Konformation so selten ändert, ist es höchst unwahrscheinlich, daß das gerade in der kurzen Zeitspanne geschieht, die durch die Simulation abgedeckt wird. Weiß man allerdings ungefähr, welche Verschiebungen am Übergang beteiligt sind, so kann man den Vorgang mit einer abgewandelten Simulationsmethode dennoch detailliert untersuchen.

Solche speziellen Simulationen werden in zwei Schritten durchgeführt. Zunächst ermittelt man durch eine Reihe einfacher Simulationen die Höhe der Energieschwelle für den Übergang. Dabei geht man wie oben vor; nur wird die Bewegung des Moleküls auf solche Verschiebungen beschränkt, die auch bei dem betrachteten Übergang stattfinden. Im zweiten Schritt bringt man das Molekül dann in die Konfiguration, die es am oder nahe dem Maximum der Energieschwelle für den Übergang hat, und läßt es sich bewegen. Auf diese Weise muß man nicht mehr warten, bis das Molekül aktiviert ist. Aus den so festgestellten Bewegungen und der Höhe der Energieschwelle läßt sich schließlich die Übergangshäufigkeit ermitteln.

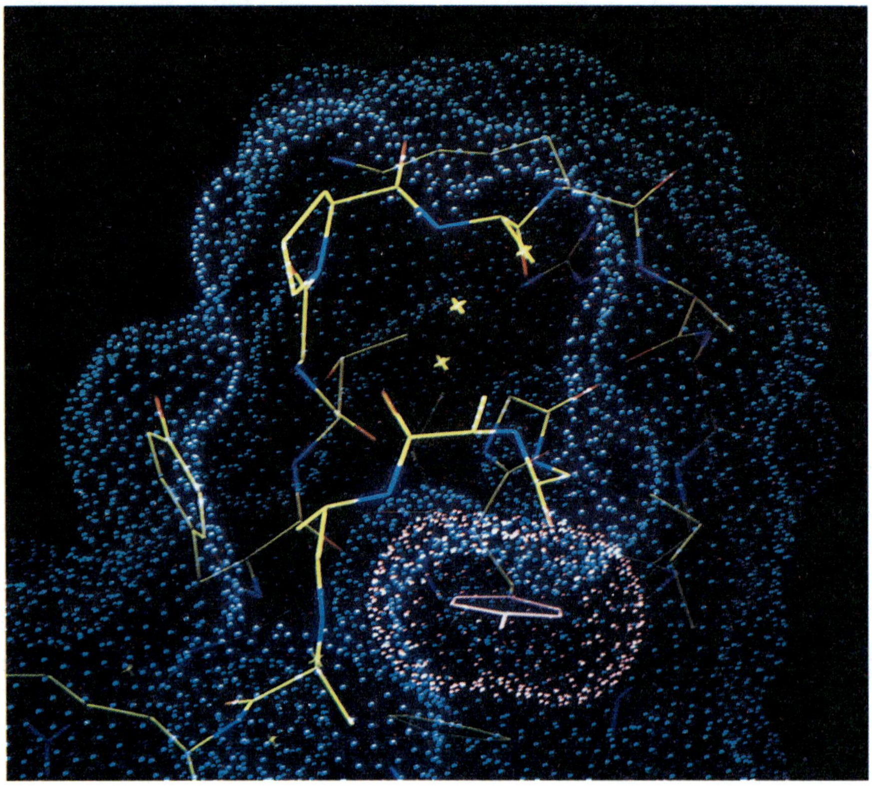

Bild 5: Ein sechseckiger Ring aus Kohlenstoffatomen charakterisiert die Seitenkette der Aminosäure Tyrosin (rotviolett), die sich im Inneren des Proteins Trypsin-Inhibitor aus der Bauchspeicheldrüse des Rindes befindet. Das Bild zeigt die am Aufbau des Ringes beteiligten Bindungen (rotviolette Linien) sowie die Van der Waals-Oberfläche des Ringes (rotviolette Punkte). Der Ring ist so eng in die statische Struktur des Proteins (blaue Punkte) eingepaßt, daß er sich unmöglich um 180 Grad drehen könnte, wenn das Protein starr wäre.

Diese Simulation der Moleküldynamik im aktivierten Zustand hat bei einigen einfachen Prozessen Aufschluß darüber gegeben, welche örtlichen Bewegungen an der Aktivierung eines Übergangs zwischen zwei Konformationen beteiligt sind. Der im folgenden beschriebene Übergang hat zwar keine große biologische Bedeutung, kann aber gut als Beispiel für einen aktivierten Prozeß dienen. Es handelt sich um die Drehung eines Tyrosinringes tief im Inneren des sogenannten pankreatischen Trypsin-Inhibitors vom Rind (Bild 5). Wie der Name schon sagt, hemmt dieses globuläre Protein die Aktivität des Verdauungsenzyms Trypsin; dazu bindet es sich an dessen aktives Zentrum: den Bereich, mit dem das Trypsin die Spaltung von Proteinmolekülen katalysiert.

Die Seitenkette der Aminosäure Tyrosin besteht aus sechs Kohlenstoffatomen, die einen flachen, sechseckigen Ring bilden. Die Drehungen dieses Rings eignen sich gut für Simulationsversuche, weil sie durch kernmagnetische Resonanzspektroskopie bereits experimentell untersucht worden sind. Wie die Simulation der Moleküldynamik ergab, ist die Rotation Teil einer koordinierten Bewegung, bei der sich zunächst ein an der einen Ringseite gelegener Abschnitt der Polypeptidkette verlagert (Bild 6).

Die Verlagerung der Kette ist von großer Bedeutung für den Ablauf der Ringdrehung. Dadurch werden Atome aus dem Drehbereich des Rings herausgenommen, so daß die Energieschwelle für die Drehung beträchtlich sinkt. Die Verlagerung des Peptidrückgrates erfordert viel weniger Energie, als es kosten würde, die Abstoßung zwischen den Ringatomen und dem unveränderten Rückgrat zu überwinden.

Außerdem hilft die Kettenverlagerung mit, die Drehung in Gang zu setzen. Sie öffnet einen kleinen Hohlraum, in den sich der Ring, getrieben durch Zusammenstöße mit den verbliebenen Nachbaratomen, hineindrehen kann. Dadurch erhält er zugleich ein Drehmoment in der passenden Richtung, das ihm hilft, auch die restliche Energieschwelle zu überwinden.

Auch ein so einfacher Übergang wie die Drehung eines Tyrosinringes wird also bereits durch eine kollektive Bewegung innerhalb des Proteins gesteuert. Angesichts der dichten Packung der Atome in globulären Proteinen dürften solche Übergänge eher die Regel denn die Ausnahme sein. Da ihre Geschwindigkeit von relativ großräumigen Gegebenheiten der Proteinstruktur beein-

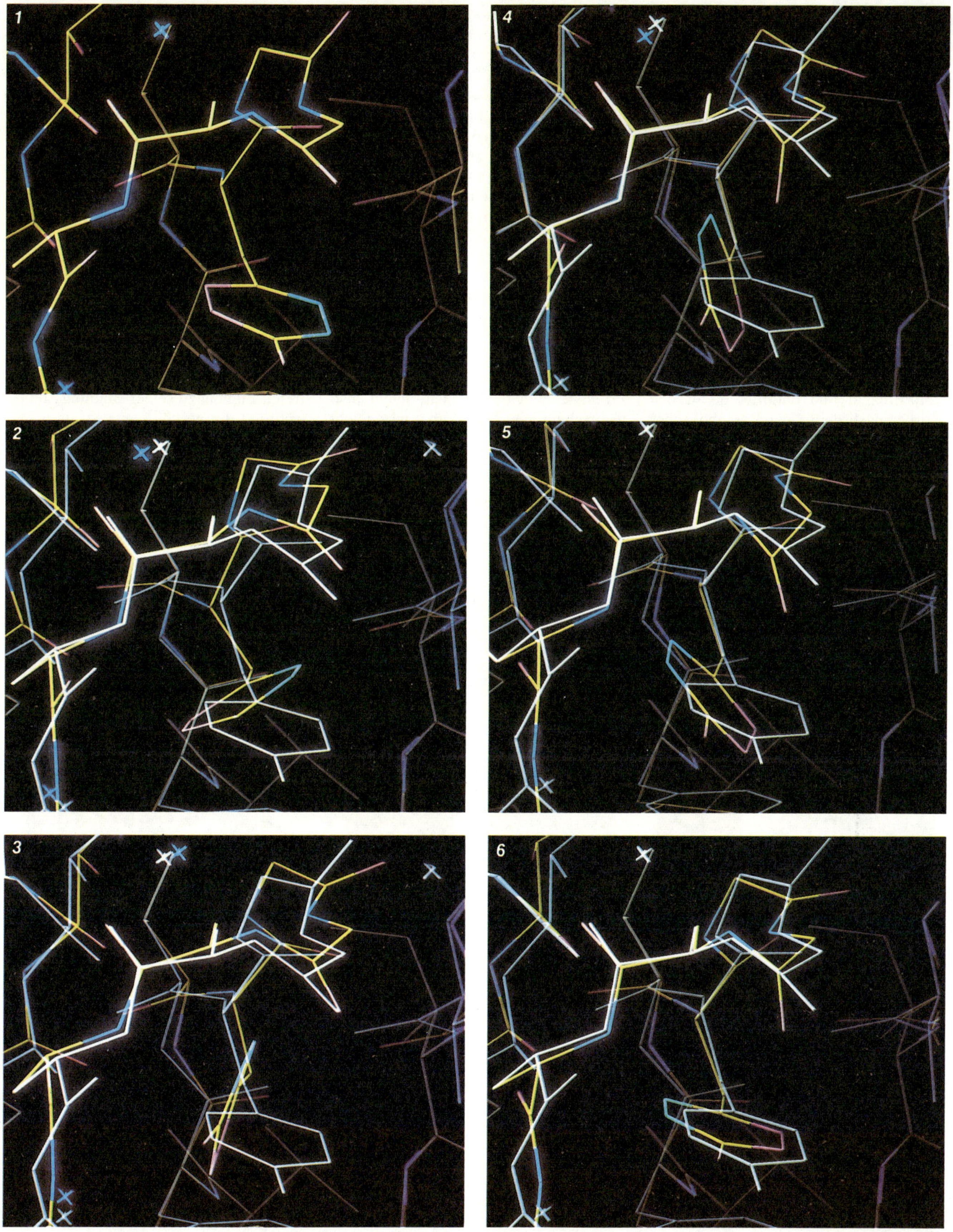

Bild 6: Das Umklappen des Tyrosinringes im Inneren des pankreatischen Trypsin-Inhibitors kann als Beispiel für molekulare Vorgänge dienen, bei denen ungerichtete Bewegungen im Proteinmolekül eine plötzliche Konformationsänderung bewirken. In dieser Serie von Momentaufnahmen aus einer Simulation der Moleküldynamik ist der Ring samt dem Teil des Polypeptid-Rückgrates zu sehen, der die obere Ringfläche berührt. Damit sich seine Drehung besser verfolgen läßt, wurde der Ring links rot, rechts türkis und in der Mitte gelb gefärbt. Die Ausgangskonformation (1) ist für alle Folgeschritte in der Simulation zum Vergleich in weiß hinzugesetzt. Zu Beginn der Simulation driftet das Rückgrat nach oben vom Tyrosinring weg. Dadurch verschafft es dem Ring den nötigen Freiraum für die Drehung, während der Anstoß zur Rotation von Kollisionen mit den verbliebenen Nachbaratomen kommt. Die Bilder überdecken ein Zeitintervall von zwei Pikosekunden: So lange dauert die Drehung um volle 180 Grad. Über derartige Konformationsänderungen wird wahrscheinlich die Aktivität vieler Enzyme gesteuert.

flußt wird, sind sie vielleicht das Mittel, mit dem die Natur die Aktivität eines Proteins reguliert. So kann die Anlagerung eines kleinen Moleküls an einer Stelle eines Proteins dessen Bewegungen insgesamt so verändern, daß ein Vorgang an einer anderen Stelle nicht mehr mit derselben Geschwindigkeit abläuft.

Das Auf- und Zuklappen der Alkoholdehydrogenase

Das Beispiel eines Proteins, in dem großräumige Verlagerungen an der Enzymwirkung beteiligt sind, bietet die Alkoholdehydrogenase der Leber. Dieses Enzym katalysiert die Oxidation von Ethanol und entgiftet damit den Körper nach dem Genuß alkoholischer Getränke (Menschen, denen dieses Enzym fehlt, werden sehr leicht betrunken). Eigentlich dient das Enzym vermutlich zur Katalyse einer anderen biochemischen Reaktion; denn es besteht kein Grund, warum die Evolution speziell ein Enzym zum Abbau von Alkohol hervorgebracht haben sollte.

Jedenfalls ist die Alkoholdehydrogenase der Leber ein Beispiel für Enzyme und andere Proteine (wie die Immunglobuline), die aus zwei oder mehr Domänen aufgebaut sind, deren verbindende Polypeptidketten wie Scharniere wirken. Bei vielen Enzymen liegt der katalytisch wirksame Bereich zwischen zwei Domänen, so daß der Zugang dazu durch eine Verformung des gesamten Moleküls gesteuert wird: Durch Öffnen oder Schließen des Scharniers rücken die beiden Domänen auseinander oder zusammen. Die Geschwindigkeit, mit der Substrate gebunden oder Produkte abgelöst werden, hängt also wahrscheinlich davon ab, wie leicht dieses Auf- und Zuklappen erfolgt.

Die Leber-Alkoholdehydrogenase ist ein dimeres Protein, das heißt ein Molekül, das aus zwei identischen Monomeren oder Untereinheiten besteht. Jedes der Monomere besitzt zwei flügelartige Domänen. Nach der Röntgenstrukturanalyse, die Carl Bränden und Hans Ecklund sowie ihre Mitarbeiter an der Universität Uppsala durchgeführt haben, kann das Monomer in zwei Konfigurationen vorliegen (Bild 7). In der offenen Struktur, dem sogenannten Apoenzym, sind die beiden Flügel weit aufgeklappt, in der geschlossenen Form, dem Holoenzym, dagegen eng aneinander gepreßt. Im Holoenzym sitzt zugleich ein Coenzym (ein Hilfsmolekül, das an der enzymatischen Reaktion teilnimmt) an einem der beiden Flügel.

Das Coenzym wirkt in diesem Fall als Elektronenüberträger und heißt NADH. Die offene Struktur bietet ihm freien Zugang zu seiner Bindungsstelle, während die geschlossene Struktur gewährleistet, daß Substrat und Coenzym geschützt sind und die Reaktion zügig abläuft (der zweite Flügel enthält die katalytische Domäne des Enzyms).

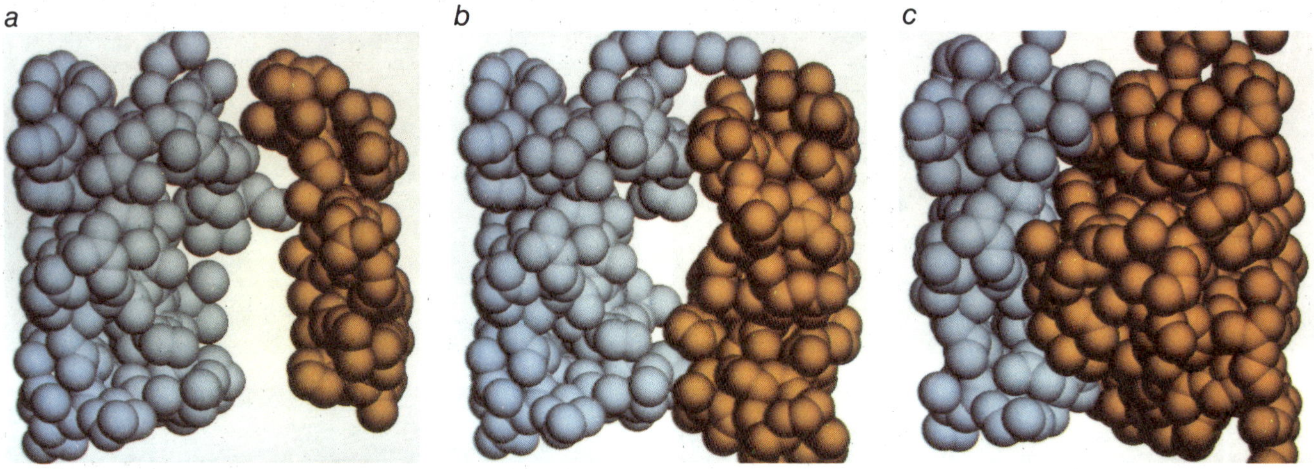

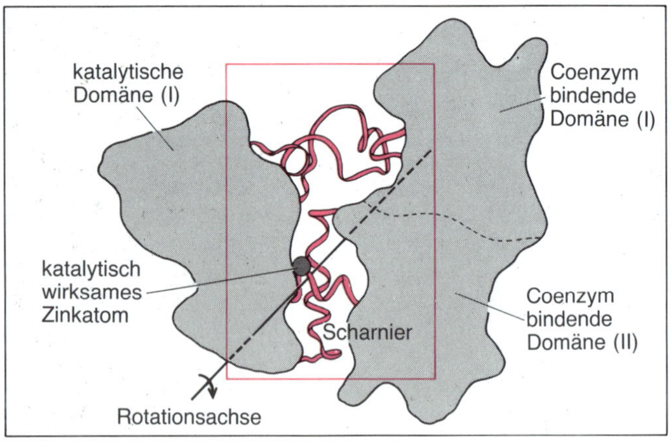

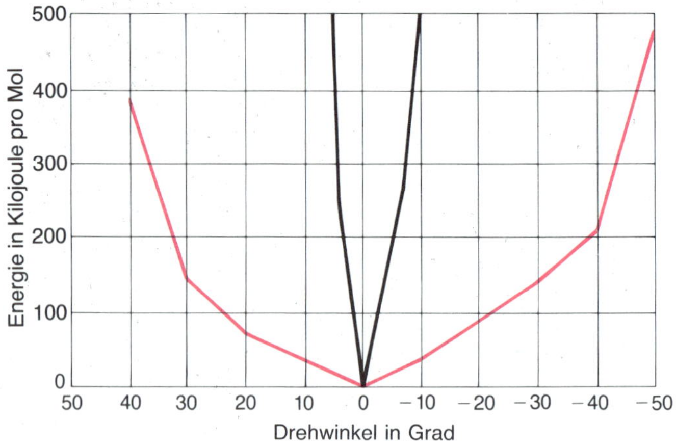

Bild 7: Durch eine Scharnier-Drehung werden zwei Flügel des Enzyms Alkoholdehydrogenase der Leber zusammengeklappt. Dadurch entsteht ein abgeschirmter Bereich, in dem die vom Enzym katalysierte Reaktion ablaufen kann. In den Computergraphiken von Carl Bränden von der Universität Uppsala sind für die ineinandergreifenden Teile der beiden Flügel drei Öffnungsstadien gezeigt, wie sie sich aus Simulationen der Moleküldynamik ergeben haben. Der Scharnier-Winkel beträgt 30 (*a*), 0 (*b*) und −40 Grad (*c*). Im ersten Fall sind die Flügel völlig auf-, im letzten zugeklappt. Bei einem Winkel von 0 Grad befindet sich das Enzym in der relativ offenen Apo-Form, die bei der Röntgenstrukturanalyse gefunden wurde. Aus den Simulationen geht hervor, daß für die Drehung des Scharniers wesentlich mehr Energie benötigt würde, als bei Zimmertemperatur zur Verfügung steht, wenn die übrigen Molekülteile starr wären (schwarze Linien im unteren Diagramm). Können sich dagegen die Atome im Molekül während der Drehung bewegen (farbige Linien), ist eine Scharnier-Drehung ohne weiteres möglich.

Nach Ende der Reaktion werden durch eine entsprechende Bewegung des Moleküls die Domänen wieder auseinandergeklappt. Das Reaktionsprodukt entweicht, und das Enzym ist bereit für einen neuen Reaktionszyklus.

Als Ausgangspunkt für die Untersuchung der Öffnungs- oder Schließbewegungen wurde zunächst angenommen, daß sich die beiden Domänen eines Monomers der Leber-Alkoholdehydrogenase wie starre Körper verhalten, die durch ein flexibles Scharnier miteinander verbunden sind. Diese Annahme läßt sich durch Überlagerung der offenen und der geschlossenen Form (das heißt der Apo- und der Holo-Konfiguration) testen. Bringt man die coenzymbindende Domäne des Apo- und des Holoenzyms nämlich zur Deckung, so liegen die beiden katalytischen Domänen weit voneinander entfernt; wird die katalytische Domäne des Apoenzyms dagegen als ganzes so gedreht, daß der Winkel zwischen den beiden Flügeln nur noch 10 Grad beträgt, fallen die meisten Atome in der katalytischen Domäne mit den entsprechenden Atomen des Holoenzyms zusammen.

Energiegewinn durch Entspannen

Dennoch stellt dieses Modell eine zu große Vereinfachung dar. Berücksichtigt man nämlich alle Arten von Wechselwirkungen, die zur Berechnung der Kräfte für eine Simulation der Moleküldynamik notwendig sind, so ergibt sich für eine dem Holoenzym ähnliche Konfiguration, die durch einfaches Drehen der katalytischen Domäne des Apoenzyms gebildet wurde, eine um rund 10000 Kilojoule pro Mol höhere Energie als für das Apoenzym selbst. Diese Energieschwelle ist so viel größer als die verfügbare thermische Energie, daß sie jede Drehung verhindern würde. Ihre Größe rührt daher, daß die kleinen lokalen Atombewegungen vernachlässigt wurden, die entscheidenden Anteil an der Moleküldynamik haben. Damit sich das Scharnier bei normaler Temperatur drehen läßt, muß verhindert werden, daß durch die Drehung ungünstige Wechselwirkungen entstehen.

Eine Möglichkeit, das zu erreichen, ist, die Domänen zunächst nur um einen kleinen Betrag – beispielsweise 1 Grad – zu drehen. Dann erlaubt man den Atomen in der Scharnierregion und an den Kontaktflächen zwischen den zwei Domänen, sich so zu bewegen, daß die Energie der gedrehten Struktur möglichst gering bleibt. Nun dreht man wieder um 1 Grad und läßt die Atome erneut ungünstigen Wechselwirkungen ausweichen. Mit diesem

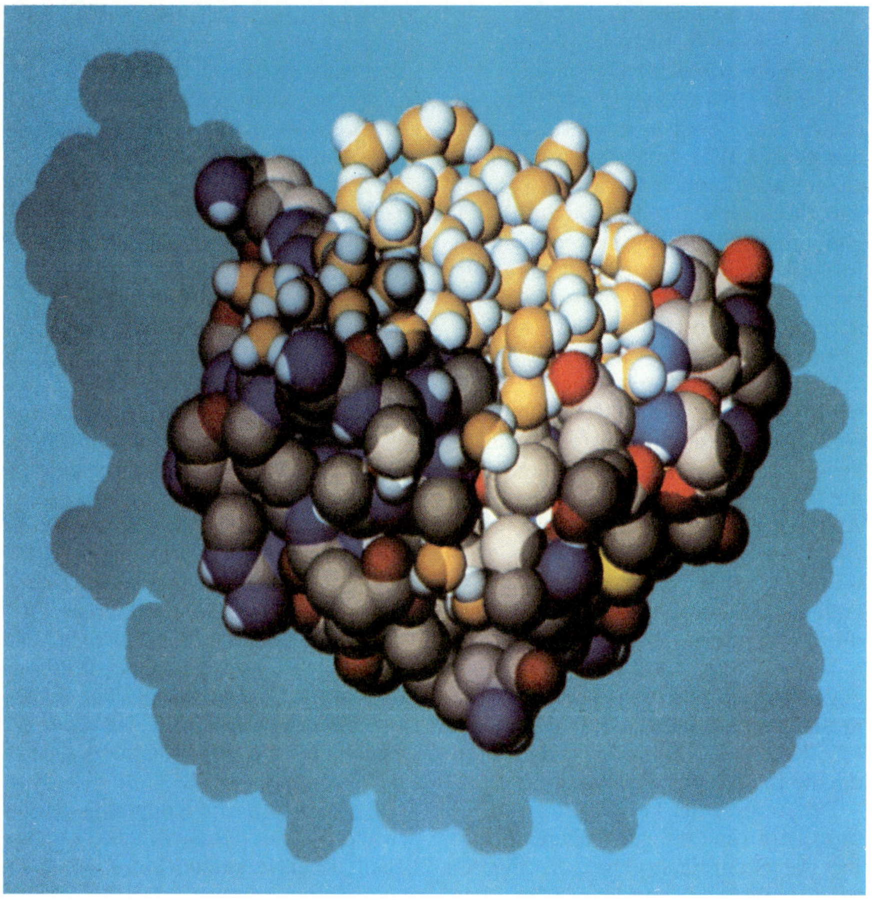

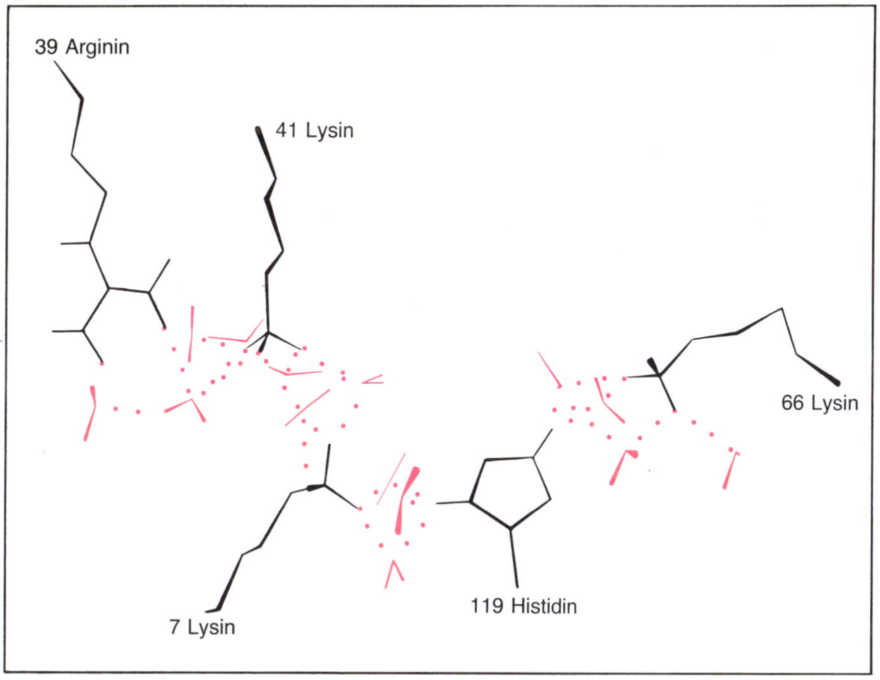

Bild 8: Bei der Grenzbereich-Simulationsmethode braucht nicht das vollständige Enzym, umgeben von Wasser, simuliert zu werden. Man beschränkt sich vielmehr auf das aktive Zentrum des Enzyms und ersetzt das restliche Molekül durch einen Grenzbereich, der die Wassermoleküle am aktiven Zentrum festhält und einen Energieaustausch zwischen diesem und der Umgebung zuläßt. Diese Computergraphik wurde von Axel Brünger an der Harvard-Universität erstellt und zeigt das aktive Zentrum des Enzyms Ribonuclease und die daran angelagerten Wassermoleküle (orange und weiß). Schatten am aktiven Zentrum sowie im Hintergrund deuten den restlichen Teil des Enzyms an, der nicht explizit in die Simulation einbezogen wurde. Die bei der Simulation verfolgten Wassermoleküle (farbige Linien in der unteren Zeichnung) bilden ein Netz aus Wasserstoffbrücken-Bindungen (farbige punktierte Linien), das die geladenen Seitenketten im aktiven Zentrum verknüpft. Bei jeder solchen Bindung teilen sich ein Wassermolekül und eine Aminosäure je ein Wasserstoffatom. Diese Bindungen tragen dazu bei, die Gestalt des aktiven Zentrums aufrechtzuerhalten.

schrittweisen Vorgehen erhält man eine Kurve, die den Verlauf der potentiellen Energie des Moleküls als Funktion des Scharnier-Drehwinkels angibt (Bild 7). Diese Energiekurve erweist sich für den ganzen Weg vom Apo- zum Holoenzym als ziemlich flach – so flach, daß die ungerichtete Brownsche Bewegung der Flügel in dem entspannten Molekül bei Zimmertemperatur genug Energie bereitstellt, um die Flügel innerhalb von Nanosekunden auf- und zuklappen zu lassen.

Die atomaren Verschiebungen, die beim Entspannenlassen des Monomers auftreten, bleiben mit wenigen Ausnahmen unter 50 Pikometer. Sie liegen damit in der Größenordnung normaler Atombewegungen in einem Protein bei Zimmertemperatur. Da sie, wie erwähnt, innerhalb von Pikosekunden ablaufen, sind sie sehr viel schneller als die großräumige Bewegung bei der Scharnierdrehung. Dies rechtfertigt die angewandte Simulationsmethode: Jede der kleinen Drehungen läßt genug Zeit für die lokalen Umordnungen, durch die die Energie jeweils minimiert wird.

Die Analyse der Leber-Alkoholdehydrogenase (und einiger weiterer Proteine mit Scharnierstruktur, die theoretisch untersucht wurden) zeigt, wie wichtig kleine, rasche Verschiebungen für das Zustandekommen großer, kollektiver Proteinbewegungen sind.

Der Wirkungsmechanismus von Enzymen

Zu den Zielen von Simulationen der Moleküldynamik gehört es, im Detail und quantitativ zu klären, wie Enzyme biochemische Reaktionen beschleunigen. Nach bisherigem Kenntnisstand tun sie das über mehrere, ineinandergreifende Mechanismen. So bringen sie die Ausgangsstoffe zusammen, indem sie sie an sich binden. Sodann richten sie elektrische Ladungen, die sich an den Seitenketten bestimmter Aminosäuren befinden, derart aus, daß diese die Reaktion fördern, und so weiter.

Keine enzymatische Reaktion ist jedoch so gut bekannt, daß man ihre Geschwindigkeit voraussagen könnte. Außer von der Bewegung der Atome im Enzym und von der Art der Substratmoleküle hängt die Reaktionsgeschwindigkeit wahrscheinlich auch von der Anordnung und dem Verhalten der Wassermoleküle im Bereich des aktiven Zentrums ab. Bei vielen Enzymen bleibt das aktive Zentrum während der gesamten Reaktion für das Lösungsmittel zugänglich, ja das Wasser fungiert selbst als einer der Reaktionspartner. Bei anderen dagegen (wie der Leber-Alkoldehydrogenase) wird das Lösungsmittel offenbar ferngehalten.

Bei der enzymatischen Katalyse spielen wie bei allen chemischen Reaktionen Atombewegungen eine wesentliche Rolle. Ein molekular-dynamischer Ansatz scheint daher sehr erfolgversprechend. Allerdings brächte es wenig (und wäre sehr teuer), die Bewegung des ganzen Enzyms samt den Lösungsmittelmolekülen im Computer simulieren zu wollen. Es empfiehlt sich vielmehr, die Simulation auf die „Reaktionszone" zu beschränken. Dazu gehören das aktive Zentrum selbst, seine Nachbaratome, das Substrat und die es umgebenden Lösungsmittelmoleküle.

Dennoch darf der Rest des Systems nicht einfach ignoriert werden. Man ersetzt ihn durch einen Grenzbereich, der die Lösungsmittelmoleküle am Entweichen hindert und die simulierten Proteinatome einem Kraftfeld aussetzt, das sie dieselben Bewegungen vollführen läßt wie im Gesamtverband des Proteins. Überdies werden die Bewegungsgleichungen für die Proteinatome und Lösungsmittelmoleküle im Grenzbereich um Brownsche Kopplungs-Terme erweitert, die es diesen Teilchen ermöglichen, Energie aufzunehmen oder abzugeben, als wären sie vom Rest des Systems umschlossen.

Mit dieser Methode werden derzeit mehrere Proteine untersucht. Dazu zählt auch das Enzym Ribonuclease, das Ribonucleinsäure (RNA) zwischen zwei Nucleotiden (den Grundbausteinen des RNA-Stranges) zerschneidet. Für das native Enzym (das heißt für eine Ribonuclease, an die keine Substratmoleküle gebunden sind) wurden bereits Simulationen durchgeführt. Das gleiche gilt für verschiedene Zwischenformen, die im Verlauf der enzymatischen Spaltung des RNA-Stranges auftreten. Ein Ergebnis der Berechnungen betrifft die Stabilität derjenigen Strukturbereiche der Ribonuclease, die an der Bindung des Substrates beteiligt und daher für die Spezifität des Enzyms von Bedeutung sind.

So haben die Simulationsversuche gezeigt, daß mehrere Aminosäuren in der Ribonuclease ein Netz von Wasserstoffbrücken-Bindungen zum Substrat aufbauen. Dabei handelt es sich um elektrostatische Wechselwirkungen zwischen geladenen oder partiell geladenen (polaren) Atomen, die sich ein Wasserstoffatom teilen. An diesem Netz sind unter anderem die Seitenketten des Asparagins 67 (es ist die 67. Aminosäure im Protein), des Glutamins 69 und des Asparagins 71 beteiligt (die die Bindungsstelle für das Nucleotid Adenosinphosphat bilden) sowie die des Threonins 45 und des Serins 123 (aus ihnen besteht die Bindungsstelle für das Nucleotid Cytidinphosphat).

Im nativen Enzym besetzen Wassermoleküle die Positionen, an die sich sonst die polaren Substratatome anlagern. Ebenso wie diese bilden sie ein Netz von Wasserstoffbrücken-Bindungen und halten so die Aminosäuren an der Bindungsstelle in der für die Bindung des Substrats geeigneten Position (Bild 8). Da sie sich ablösen, wenn das Substrat sich anlagert, müssen Bindung und Abtrennung der Lösungsmittelmoleküle einen festen Bestandteil des Reaktionsmechanismus bilden, der sich am besten durch die Simulation der Moleküldynamik erforschen läßt.

Andere Aminosäuren (beispielsweise Histidin 119 und Lysin 41) scheinen dagegen nicht so fest fixiert zu sein. Ihre relative Lage ist in der nativen Ribonuclease in erster Linie durch ein Netzwerk von Wassermolekülen bestimmt, das durch polare Gruppen auf den Seitenketten der Aminosäuren stabilisiert wird. Diese Aminosäuren können sich daher in Gegenwart eines Substrats oder eines Reaktionszwischenproduktes ziemlich leicht umordnen. Das begünstigt ihre Beteiligung an Katalyseprozessen.

Für eine vollständige Analyse der RNA-Spaltung durch die Ribonuclease bedarf es noch weiterer Untersuchungen. Aber bereits die vorliegenden Ergebnisse zeigen, wie wichtig es ist, die aus der Röntgenstrukturanalyse erhaltenen Daten durch solche aus Simulationen der Moleküldynamik zu ergänzen.

Anhand der beschriebenen Methoden und Ergebnisse läßt sich die Zukunft molekulardynamischer Simulationen leicht voraussagen. Offene Fragen gibt es allein bei Proteinen mehr als genug (von den Nucleinsäuren und Lipidmolekülen der Zellmembran ganz zu schweigen). In den nächsten Jahren sollte es gelingen, einen Weg zu finden, die Geschwindigkeiten enzymatischer Reaktionen, die Bindung kleiner Moleküle an große und viele andere wichtige biologische Prozesse aus Strukturparametern zu berechnen. Bis dahin wird man auch viel genauer verstehen, welche Bedeutung die Flexibilität eines Makromoleküls und die Unruhe seiner Atome für seine Funktion besitzt. Zugleich sollte sich ermitteln lassen, wie das interne Bewegungsmuster eines Proteins von seiner Aminosäuresequenz und vom Lösungsmittel abhängt.

In dem Maße, wie die Zuverlässigkeit der Ergebnisse zunimmt, wird das Studium der Proteindynamik auch auf praktische Probleme Anwendung finden – so etwa in der Gentechnologie und bei der Optimierung industriell eingesetzter Enzyme.

Die Moleküle der Zellmembran

Lipidmoleküle sind die Bausteine aller biologischen Membranen. Sie bilden eine Doppelschicht, in die Proteine eingebettet sind. Beide vermitteln zwischen dem Inneren und der äußeren Umgebung von Zelle und Organell.

Von Mark S. Bretscher

Biologische Membranen umschließen alle höheren Zellen und unterteilen sie in verschiedene Reaktionsräume, sogenannte Kompartimente, in denen die vielfältigen biochemischen Aktivitäten wohlgeordnet ablaufen können. Grundbausteine aller Membranen sind Moleküle aus der Klasse der Lipide. Sie können sich aufgrund ihrer Wechselwirkungen untereinander in wäßrigen Lösungen so zusammenlagern, daß abgeschlossene und flexible Kompartimente entstehen. In die Lipidgrundsubstanz (Matrix) sind viele verschiedene Proteinmoleküle eingebettet, die jedem Membrantyp eine eigene Identität verleihen und seine charakteristischen Aufgaben ausführen.

Es ist die Hauptfunktion aller Membranen, das Innere ihres Kompartiments von der Umgebung abzutrennen. Innerhalb der Zelle zum Beispiel schirmen die Membranen die chemischen Reaktionen, die in den Zellorganellen ablaufen, vom umgebenden Cytoplasma ab. Die Zelle selbst ist von einer eigenen Membran, der Plasmamembran, umschlossen. Da diese bis jetzt am besten untersucht ist, steht sie im Zentrum dieses Artikels.

Natürlich müssen Nährstoffe, die in die Zelle hineingelangen sollen, und das Abfallmaterial, das die Zelle verlassen soll, irgendwie die Barriere überwinden, die die Lipidmatrix der Plasmamembran bildet. Für die Passage sind gewöhnlich globuläre Proteinmoleküle zuständig, die sich über die gesamte Dicke der Membran erstrecken. Sie katalysieren den Transport spezifischer Nähr- und Abfallstoffe.

Einige der Nährstoffmoleküle, die die eukaryontische Zelle benötigt, sind allerdings zu groß, als daß sie die Plasmamembran so passieren könnten. Sie werden statt dessen an bestimmte Rezeptormoleküle gebunden, die mit ihrem Schwanz in der Plasmamembran verankert sind, und mittels der sogenannten Endocytose dem Zellinneren einverleibt (Bild 9): Dabei senkt sich die Membran zu Grübchen ein, in denen sich dann viele solcher Rezeptormoleküle sammeln, mitsamt ihren daran gebundenen Nährstoffmolekülen (zu diesem Zeitpunkt als Liganden bezeichnet). Die Grübchen schnüren sich schließlich zu Bläschen (Vesikeln) ab, die in das Cytoplasma wandern (Bilder 1 und 8). Gleichzeitig fusionieren (verschmelzen) andere, aus dem Zellinnern kommende Vesikel mit der Plasmamembran und entleeren ihren Inhalt nach außen. Über dieses ständige Abknospen und Fusionieren zirkulieren Teile der Membran von der Oberfläche der Zelle nach innen und wieder zurück. In nur 50 Minuten durchläuft eine Membranfläche, die so groß ist wie die gesamte Zelloberfläche, den gesamten Recycling-Zyklus.

Beim Studium der Plasmamembran haben sich die Wissenschaftler in den letzten Jahren vor allem auf den Ablauf und die Folgen dieses Recyclings konzentriert. Zwar ist seit einiger Zeit bekannt, daß der Endocytose-Zyklus vor allem dazu dient, spezifische Nährstoffe in die Zelle zu transportieren. Doch wird zunehmend klar, daß er auch noch andere Aufgaben in der Zelle wahrnehmen kann. Zum Beispiel haben meine letzten Arbeiten – auf die ich hier nicht näher eingehen möchte – gezeigt, daß sich die Zelle mit Hilfe des Endocytose-Zyklus auf einem Untergrund bewegen kann.

Eine weitere Kernfrage ist, wie jeder einzelne Membrantyp – einschließlich der Plasmamembran – seine charakteristischen Proteine erhält, die sowohl die Identität als auch die Funktion der Membran bestimmen. Der ständige Fluß von Membranteilen zwischen den verschiedenen Zellorganellen, wie er etwa während des Endocytose-Zyklus stattfindet, kompliziert das Problem. Denn wie kann eine Membran ihre typische Proteinaus-

Bild 1: Wie ein Korbgeflecht überzieht ein Netz aus Proteinmolekülen – sogenanntes Clathrin – ein Vesikel oder membranumhülltes Bläschen, das man Stachelsaum-Vesikel nennt. Es wurde aus der menschlichen Plazenta isoliert. Solche Vesikel entstehen aus der Plasmamembran in einem dynamischen Prozeß, der rezeptor-gekoppelte Endocytose heißt; dabei werden große Moleküle in die Zelle eingeschleust. Sobald sich die betreffenden Moleküle an die Rezeptoren in der äußeren Schicht der Zellmembran binden, bildet sich auf der innenliegenden Seite der Membran eine Hülle aus Clathrin-Molekülen. Diese Moleküle – sie bestehen jeweils aus einer Kette von 1600 Aminosäuren – lagern sich in geordneter Weise zusammen, so daß die Hülle eine wabenartige Struktur erhält. Während sich die Hülle vergrößert, stülpt sich die angrenzende Membran in die Zelle ein und hängt an der Zelloberfläche wie ein Tropfen am Wasserhahn. Die Ausbuchtung schnürt sich von der Zelloberfläche ab und wird so zu einem Vesikel, an dessen Innenseite die Rezeptoren mit ihren Liganden (ihren gebundenen Molekülen) sitzen. Auf seiner Oberfläche bleibt die wabenförmige Struktur der Clathrin-Moleküle erhalten. Dies ist auf der Abbildung zu erkennen, die ein Computer anhand elektronenmikroskopischer Aufnahmen aus verschiedenen Blickwinkeln konstruierte. Sie stammen von Guy Vigers vom Medical Research Council's Laboratory of Molecular Biology in Cambridge. Das Vesikel ist hier mehr als zweimillionenfach vergrößert.

stattung und damit ihre Identität erhalten und bewahren, wenn sich alles unablässig vermischt?

Die Doppelschicht

Alle Membranen bestehen in erster Linie aus einer Doppelschicht von Lipidmolekülen. Diese Grundstruktur haben E. Gorter und F. Grendel von der Universität Leiden schon im Jahre 1925 vorgeschlagen. In der Natur gibt es viele verschiedene Lipidmoleküle, denen eines gemeinsam ist: Ein Ende des Moleküls ist in Wasser löslich, es ist chemisch gesehen also hydrophil (wasserliebend); das andere Ende besteht aus einem Kohlenwasserstoff, der nicht in Wasser, aber in Fett löslich ist und deshalb als hydrophob (wassermeidend) oder lipophil (fettliebend) bezeichnet wird.

Die meisten Membranlipide gehören zur Klasse der Phospholipide. Sie besitzen einen hydrophilen Kopf aus einer Phosphatgruppe, an die entweder Cholin, Ethanolamin, Serin oder Inosit gebunden ist (Bild 2). Mit dem Kopf sind zwei hydrophobe Schwänze verknüpft – beides Fettsäure-Ketten.

Das häufigste und am besten untersuchte Phospholipid trägt einen Cholinrest und wird daher Phosphatidylcholin

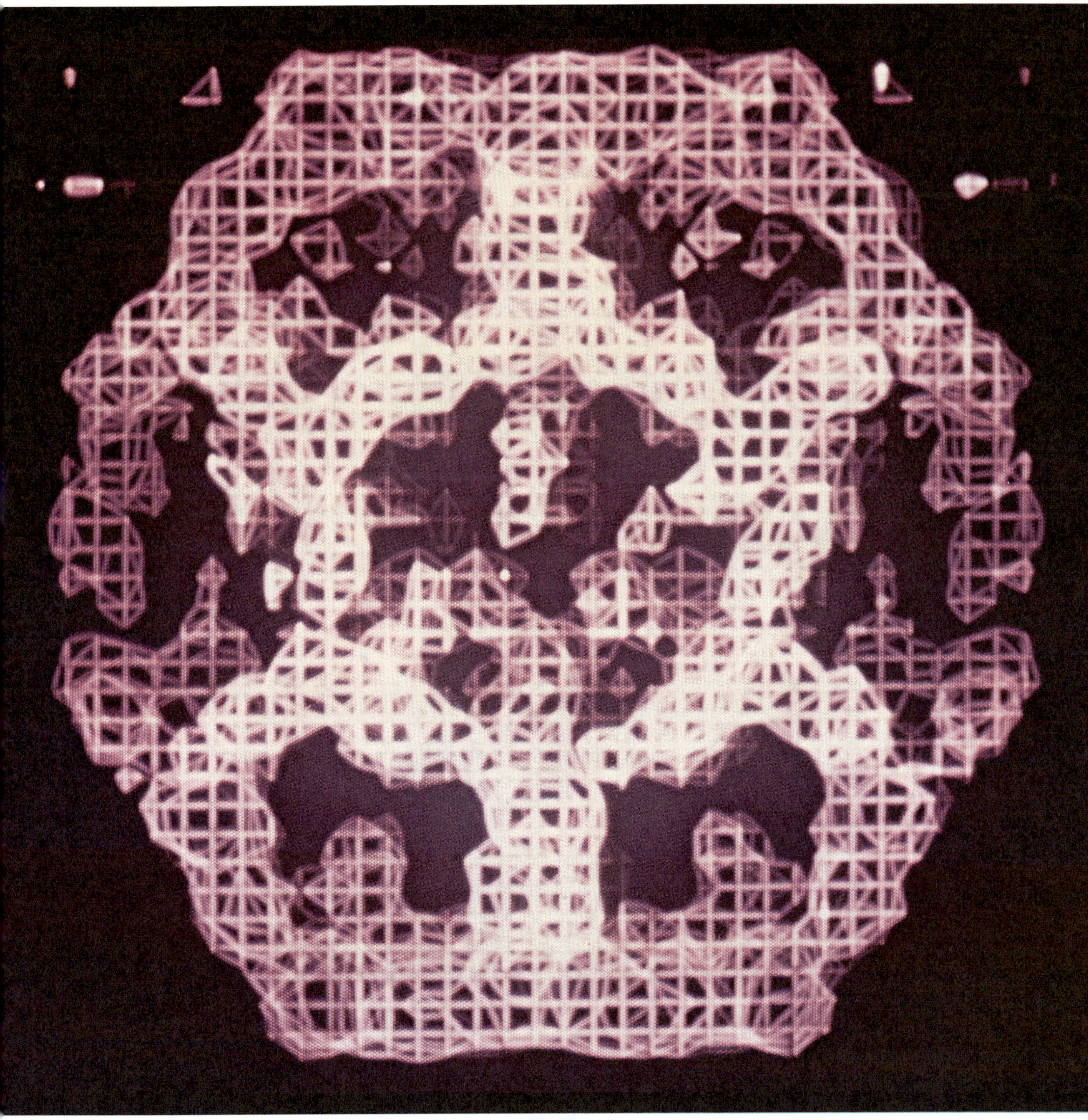

(Lecithin) genannt. Genau wie die anderen Phospholipide hat es eine bemerkenswerte Eigenschaft: Gelangt es in eine wäßrige Lösung, lagern sich seine Moleküle spontan zu einer Doppelschicht zusammen (Bild 5). In ihr stehen sich die Phospholipid-Moleküle gegenüber, wobei ihre Längsachsen etwa senkrecht zur Ebene der Doppelschicht angeordnet sind. Die hydrophilen Köpfe weisen beiderseits nach außen, bilden also die Grenzfläche zum umgebenden Wasser, während die hydrophoben Schwänze in der Mitte aneinanderstoßen und dort das Wasser verdrängen. Diese Anordnung ist in wäßriger Lösung der energetisch günstigste Zustand für diese Moleküle.

Im Jahre 1965 haben Alec D. Bangham und seine Mitarbeiter am Agricultural Research Council's Institute of Animal Physiology in Cambridge (Großbritannien) gezeigt, daß solche Doppelschichten aus Phospholipiden in Wasser geschlossene, kugelförmige Vesikel bilden können. Dabei schließen sie die Flüssigkeit in ihrem Innern vom umgebenden Medium ab, trennen also ein inneres und ein äußeres Kompartiment. Solche Vesikel bilden sich, weil bei einem offenen Ende der Doppelschicht einige der hydrophoben Bereiche der Phospholipide mit Wasser in Kontakt kommen könnten; und das wäre energetisch ungünstig. Diese Fähigkeit, sich energetisch optimal zu arrangieren, macht die Lipide so effektiv in biologischen Systemen: Sie bilden spontan eine geschlossene Hülle, die eine erstaunliche mechanische Stabilität aufweist.

Zwei generelle Eigenschaften der Doppelschicht sind für die Bildung einer biologischen Membran wichtig (Bild 3). Erstens sind die Membranen, da in ihrem Innern Kohlenwasserstoff-Ketten liegen, für die meisten biologischen Moleküle wie Aminosäuren, Zucker, Proteine und Nucleinsäuren sowie für Ionen im wesentlichen undurchlässig. Diese sind nämlich alle gut in Wasser, nicht aber in organischen Lösungsmitteln löslich. Die Doppelschicht wirkt somit als Barriere.

Zum zweiten ist eine Doppelschicht aus natürlich vorkommenden Phospholipiden eine Flüssigkeit (Bild 4). Sie zeigt in zweierlei Hinsicht die für die flüssige Phase charakteristischen zufälligen Bewegungen. Zum einen schwänzeln die Kohlenwasserstoff-Ketten der Phospholipid-Moleküle hin und her, so daß die Doppelschicht weich und flexibel ist; in ihrer Viskosität gleicht sie eher Olivenöl als Paraffinwachs. Zum anderen können die Moleküle innerhalb der Ebene ihrer Einzelschicht frei nach allen Seiten wandern. Zwei in der Schicht benachbarte Phospholipide können daher ihre Plätze in jeder Mikrosekunde rund einmal miteinander tauschen. Die Phospholipid-Moleküle gegenüberliegender Schichten tauschen dagegen fast nie ihre Plätze: im Durchschnitt höchstens einmal pro Jahr. Daher ist jede Lage eine zweidimensionale Flüssigkeit. Physiologisch ist der flüssige Charakter der Membran recht bedeutsam: Wäre sie starr, würden beispielsweise die Nervenzellen im Nacken brechen, wenn man nickt.

Die Zusammensetzung der Membran

Eigentlich wäre zu erwarten, daß in einer natürlichen Membran die verschiedenen Arten von Phospholipiden zufällig auf beide Seiten der Doppelschicht verteilt sind. 1972 habe ich jedoch entdeckt, daß sie nach einem bestimmten Prinzip angeordnet sind. In der Plasmamembran roter Blutkörperchen kommen in der äußeren Schicht nur Phosphatidylcholin und das mit ihm nahe verwandte Sphingomyelin vor, das ebenfalls Cholin enthält. Dagegen besteht die innere, an das Cytoplasma grenzende Schicht aus Phosphatidylethanolamin und Phosphatidylserin. Auf dieser Seite sitzt vermutlich auch Phosphatidylinosit.

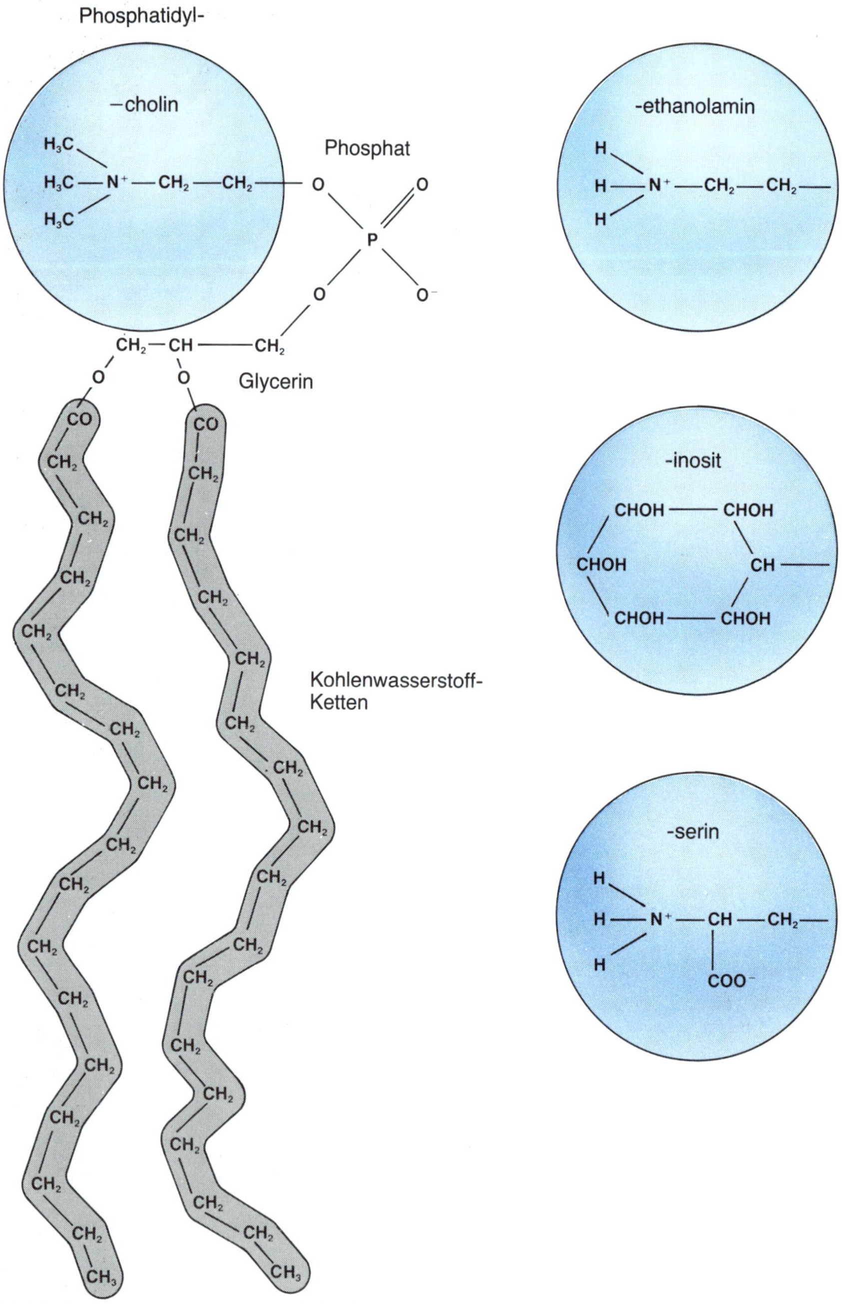

Bild 2: Phospholipid-Moleküle sind der Hauptbestandteil aller Zellmembranen. In tierischen Membranen findet man vier verschiedene Arten von Phospholipiden. Links ist das Phosphatidylcholin abgebildet. Die anderen drei weichen lediglich im Kopfbereich (farbige Kreise) ab. Da die Köpfe elektrische Ladungen tragen, sind sie hydrophil (wasserliebend). Die Kopfgruppe sitzt an einem Glycerinmolekül, an dem wiederum zwei Kohlenwasserstoff-Ketten hängen. Die Ketten – oder auch Schwänze – sind unpolar und daher hydrophob (wasserabstoßend).

Außer Phospholipiden findet man in den Membranen tierischer Zellen noch zwei andere Arten von Lipiden: Glykolipide und Cholesterin. Die Glykolipid-Moleküle haben einen hydrophoben Schwanz, ähnlich dem des Sphingomyelins. Wie die Vorsilbe andeutet (*glyko*, von griechisch „süß"), besteht das hydrophile Ende der Glykolipide aus verschiedenen einfachen Zuckern. Sie sind zu linearen oder verzweigten Strukturen verknüpft, die als Oligosaccharide bezeichnet werden. Glykolipide stellen nur einen kleinen Teil der Membranlipide und sind auf die Außenschicht beschränkt.

Cholesterin zählt dagegen – genau wie die Phospholipide – zu den Hauptlipiden der Membran. Es ist ein großes, scheibenförmiges Molekül aus vier verbundenen Kohlenstoffringen, die ihm seine starre Struktur verleihen. Ein Ende des Cholesterins ist hydrophil, der übrige Teil hydrophob. Er fügt sich in die hydrophoben Bereiche der Plasmamembran ein. In der Plasmamembran eukaryontischer Zellen (solcher mit einem Zellkern) sind ungefähr genauso viele Cholesterin- wie Phospholipid-Moleküle vorhanden. Die Einlagerung von Cholesterin in die Phospholipidmatrix vermindert die Flexibilität und die Durchlässigkeit der Membran ein wenig.

Noch geben die Lipide der Plasmamembran einige Rätsel auf. So ist zum Beispiel die biologische Rolle der Glykolipide noch unbekannt. Auch für die Verteilung der einzelnen Phospholipide in der Doppelschicht gibt es bis jetzt noch keine überzeugende Erklärung. Warum bestehen die Membranen einer eukaryontischen Zelle aus verschiedenen Sorten von Phospholipiden statt nur aus einer wie beispielsweise Phosphatidylcholin? Welche Funktion hat die asymmetrische Verteilung der Phospholipide? Schließlich ist die Geometrie der Doppelschicht selbst ein Problem. Zwar sind die beiden Lagen im wesentlichen voneinander unabhängig, doch umschließen sie natürlich denselben Raum. Welche seitlichen Kräfte wirken dabei in jeder Schicht? Wird die eine Lage komprimiert und die andere gedehnt, oder ist der laterale Druck in beiden gleich?

Während die Lipide die Grundsubstanz, die Matrix der Membran stellen, sind die Proteine für ihre spezifischen Funktionen verantwortlich. Anhand der Gestalt ihrer Domäne (strukturellen Untereinheit) im hydrophoben Inneren der Membran lassen sie sich in zwei Hauptklassen einteilen. Die einen sind in diesem Bereich stäbchenförmig. Die Aminosäuren der Polypeptid-Kette sind dabei räumlich so angeordnet, daß das Rückgrat der Kette eine enggewickelte Schraube, die sogenannte Alpha-Helix,

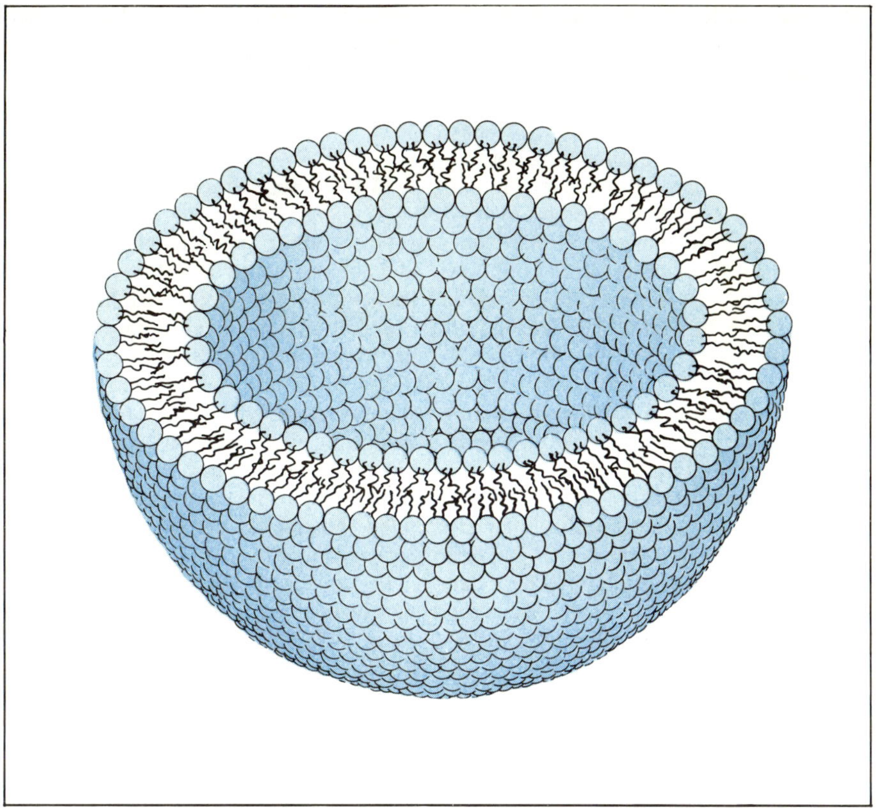

Bild 3: Die molekulare Architektur der tierischen Zellmembran wird vor allem durch die Wechselwirkungen zwischen Phospholipid-Molekülen und Wasser bestimmt. Für Phospholipide ist es energetisch am günstigsten, wenn sie sich in Wasser zu einer etwa 4 Nanometer dikken Doppelschicht anordnen. Die hydrophoben Schwänze der Moleküle liegen dabei im Innern der Schicht, während sich die hydrophilen Köpfe (farbig) auf der Außenseite anordnen und dem Wasser zugewandt sind. Läge das seitliche Ende der Doppelschicht offen im Wasser, hätten die hydrophoben Schwänze dort Kontakt mit dem Wasser. Da dieser Zustand energetisch ungünstig wäre, schließt sich die Doppelschicht zu einer Kugel, dem Vesikel, und trennt die Flüssigkeit im Innern vom ungebenden Medium ab. Die Membran wirkt somit als Barriere.

bildet, aus der die Aminosäure-Seitenketten herausragen. Die andere Art von Membranproteinen scheint innerhalb der hydrophoben Region der Membran eine deutlich globuläre (kugelig gefaltete) Struktur zu besitzen.

Alphahelicale und globuläre Membranproteine

Ein treffendes Beispiel für ein Membranprotein mit alphahelicaler Struktur ist das Glykophorin, das hauptsächliche Glykoprotein der roten Blutkörperchen. Seine Funktion ist zwar noch nicht bekannt, seine Struktur aber schon recht gut geklärt.

Der größte Teil des Moleküls liegt auf der Außenseite der Zelle. Dieser extrazelluläre Bereich besteht aus einer langen Kette von Aminosäuren, an denen als hydrophile Seitenketten Oligosaccharide sitzen.

Im Jahre 1971 habe ich gezeigt, daß sich das Glykophorin quer durch die ganze Dicke der Membran erstreckt. Zwei Jahre später hat Vincent T. Marchesi, der damals am amerikanischen National Institute of Arthritis, Metabolism and Digestive Diseases arbeitete, ein Modell für die Struktur der Domäne dieses Moleküls vorgeschlagen, die innerhalb der Membran liegt. Zusammen mit seinen Mitarbeitern bestimmte er die Aminosäuresequenz des Proteins und stellte so fest, daß der extrazelluläre Teil an einem aus 26 hydrophoben Aminosäuren bestehenden Abschnitt hängt. An diesem sitzt wiederum ein kleiner hydrophiler Schwanz. Der hydrophobe Abschnitt ist als Alpha-Helix genauso lang, wie die Membran dick ist. Der kurze, hydrophile Schwanz ragt wie ein Anker in das Cytoplasma und gibt so dem Protein in der Membran Halt.

Mittlerweile kennt man viele Arten von Membranproteinen, die mit einer einzigen Alpha-Helix in der Zelloberfläche stecken und mit einem kurzen, hydrophilen Schwanz im Cytoplasma verankert sind. Meist dienen sie als Rezeptoren für extrazelluläre Moleküle oder als spezifische Zellmarker (wie zum Beispiel als jene Haupt-Transplantationsantigene, die bei Mäusen die Bezeichnung

H2 und bei Menschen die Bezeichnung HLA tragen). An diesen Markern kann das Immunsystem erkennen, ob die Zelle zum eigenen oder zu einem fremden Organismus gehört. Zur gleichen Proteinklasse gehören auch die Immunglobulinrezeptoren auf den B-Lymphocyten und die Spikeproteine vieler Membranviren. Da in erster Linie die extrazelluläre Domäne dieser Proteine für deren Funktion verantwortlich ist, braucht die Domäne innerhalb der Membran nicht besonders groß zu sein.

Es mag vielleicht nicht überraschen, daß die zweite Klasse von Membranproteinen – die mit der globulären Membrandomäne – Funktionen ausübt, die eine massive Struktur innerhalb der Membranebene verlangen. Zu ihnen gehört eines der häufigsten Proteine in der Membran der roten Blutkörperchen: der sogenannte Anionen-Kanal. Wie der Name sagt, katalysiert dieses globuläre Transportprotein den passiven Austausch negativ geladener Ionen, wie Chlorid- oder Bicarbonat-Ionen, zwischen dem Blutplasma und dem Cytoplasma. Wie funktioniert ein solches Protein?

Die Passage durch die Membran

Nach einer mittlerweile veralteten Vorstellung sollte das Protein das zu transportierende Ion beziehungsweise Molekül auf der einen Seite der Membran binden, dann durch die Membran diffundieren und auf der anderen Seite wieder freigeben. Nach einer anderen Erklärung sollte sich das Molekül innerhalb der Membran drehen und seine Bindungsstelle mitsamt dem darangehefteten Substrat von der einen Seite auf die andere bringen.

Es stellte sich aber heraus, daß keine der beiden Hypothesen richtig ist. Im Jahre 1971 habe ich nämlich gezeigt, daß sich das Protein – inzwischen als Anionen-Kanal bekannt – quer durch die ganze Membran erstreckt und in ihr in einer bestimmten festen Orientierung verankert ist. Heute nimmt man an, daß es in dem Protein einen schmalen Tunnel gibt, durch den die Anionen die Lipid-Doppelschicht der Membran passieren können.

Eines der bestuntersuchten globulären Membranproteine ist das Bacteriorhodopsin, das in der Membran des salzliebenden (halophilen) Bakteriums *Halobacterium halobium* vorkommt. *Halobacterium* lebt in den Salzseen in der Bucht von San Francisco. Das Bacteriorhodopsin wirkt als Protonenpumpe: Es absorbiert aus dem Sonnenlicht Photonen und benutzt diese Energie, um Protonen gegen das Energiegefälle durch die Membran zu pumpen. Dadurch entsteht an der Membran ein Protonengefälle, in dem potentielle Energie gespeichert ist. Mit Hilfe dieses Gradienten kann die Zelle Adenosintriphosphat (ATP) erzeugen, das dem Bakterium die Energie für Biosynthese-Prozesse liefert.

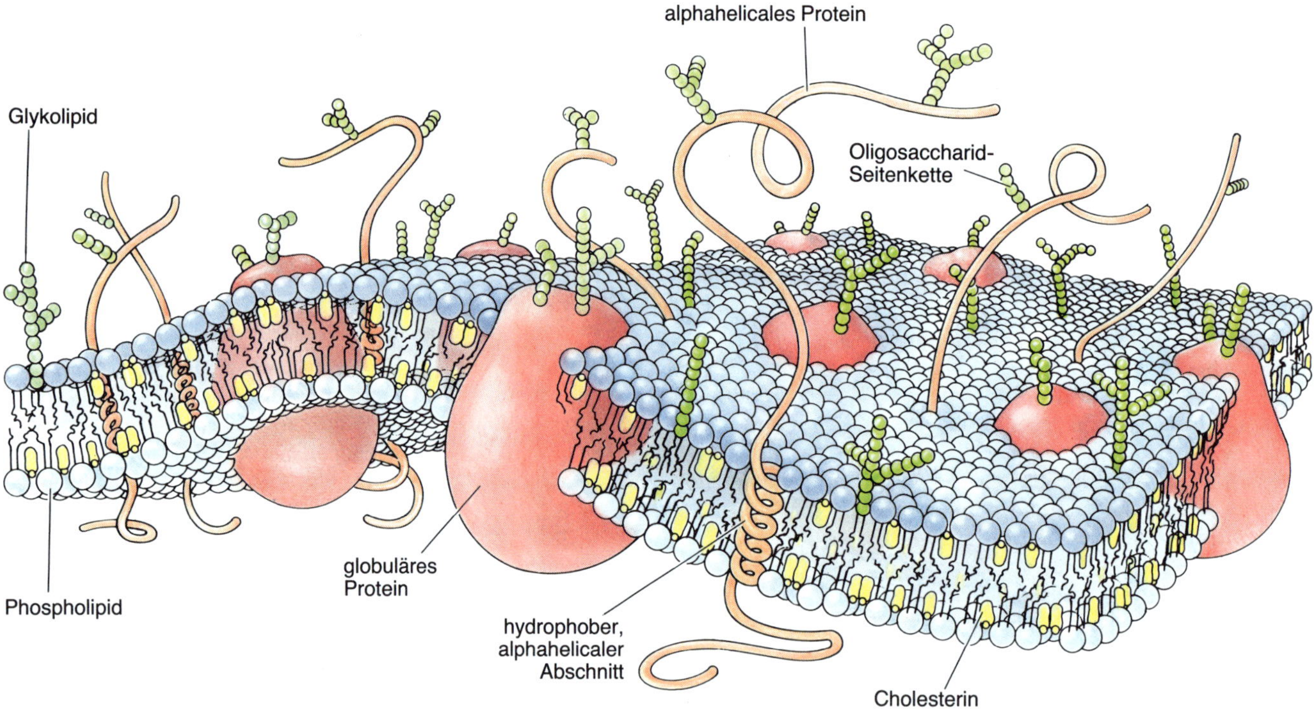

Bild 4: Die Plasmamembran besteht aus einer Doppelschicht von Phospholipiden, in die Cholesterin und verschiedene Protein-Moleküle eingelagert sind. Die Phospholipid-Moleküle der äußeren, dem umgebenden Medium zugewandten Schicht sind als dunkelblaue Kugeln mit zwei „wackelnden" Schwänzen dargestellt. Das linke Diagramm zeigt die chaotische Brownsche Bewegung der Moleküle innerhalb ihrer eigenen Schicht. Die unregelmäßige Anordnung der Schwänze soll die Fluidität des Kohlenwasserstoff-Inneren andeuten. Die untere, dem Cytoplasma zugewandte Schicht ist aus anderen Phospholipiden zusammengesetzt (hellblau). Es ist möglich, wenn auch äußerst selten, daß die Phospholipid-Moleküle von einer Schicht in die andere wandern. Zwei Arten von Proteinen erstrecken sich quer durch die Doppelschicht. Bei den einen sitzt nur eine einzelne Kette aus Aminosäuren innerhalb der Membran. Diese Kette ist zu einer Schraube, einer sogenannten Alpha-Helix, gewunden (hellbraun). Die anderen Membranproteine haben eine globuläre Struktur (rot). Zur Verdeutlichung ist das Verhältnis von Phospholipiden zu Proteinen in dieser Abbildung erheblich gegenüber einer natürlichen Membran vergrößert. Die starren Cholesterinmoleküle (gelb) halten die Schwänze der Phospholipide in der Nähe der hydrophilen Köpfe relativ fest am Platz, während die unteren Teile der Schwänze, die mehr im Innern der Membran liegen, sich frei bewegen können. Seitenketten aus Zuckermolekülen, die an Proteinen und Lipiden sitzen, sind grün gezeichnet.

Die Struktur des Bacteriorhodopsins wurde 1975 von Nigel Unwin und Richard Henderson aufgeklärt, die damals am Medical Research Council's Laboratory of Molecular Biology in Cambridge arbeiteten. Nach ihrem Modell führt die Polypeptid-Kette siebenfach im Zickzack quer durch die Doppelschicht. Die membranständigen Teile haben jeweils die Struktur einer Alpha-Helix, liegen aber eng beieinander und sind so zu einer globulären Struktur gepackt. Die Photonen werden von einem Molekül mit dem Namen Retinal (einem Verwandten des Vitamin A) aufgefangen, das mit dem Protein kovalent (fest) verknüpft ist. Bis jetzt weiß man noch nicht, wie die Lichtenergie so umgewandelt wird, daß mit ihr die Protonen durch die Membran gepumpt werden können.

Normalerweise tragen in eukaryontischen Zellen alle Membranproteine an ihren extrazellulären Domänen eine oder mehrere Oligosaccharid-Ketten – genau wie das Glykophorin. Wie bei den Glykolipiden ist bis jetzt jedoch noch nicht geklärt, welche Funktionen diese Oligosaccharid-Ketten haben. Alle Membranproteine – ob globulär oder alphahelical – werden in der Doppelschicht durch dieselben Kräfte verankert, die auch die Lipidmoleküle dort zusammenhalten: Dort, wo die Aminosäure-Seitenketten des Proteins Kontakt mit den hydrophoben Lipidketten haben, sind sie auch hydrophob, während die anderen Teile dieser Proteine hydrophil sind.

Da die Doppelschicht flüssig ist, können sich die Membranproteine – genau wie die Lipidmoleküle – darin bewegen. Wie schnell dies geschieht, hängt von der Viskosität der Phospholipidmatrix ab. Rhodopsin zum Beispiel kann in einer Minute 10 Mikrometer zurücklegen, wie Mu-ming Poo und Richard A. Cone von der Harvard-Universität 1974 gezeigt haben. Wahrscheinlich diffundieren die meisten anderen Membranproteine mit etwa der gleichen Geschwindigkeit. Falls sie nicht irgendwie daran gehindert werden, können daher die Membranproteine in den meisten eukaryontischen Zellen in durchschnittlich wenigen Minuten von einer Seite der Zelle zur anderen gelangen.

Diffusion von Molekülen im Epithel

Welche Hindernisse sich einer Wanderung (Diffusion) der Moleküle in der Membran entgegenstellen, kann man wohl am besten in Zellen beobachten, die, dicht an dicht seitlich aneinander gelagert, eine Deckschicht (ein Epithel) bilden (Bild 6). Solche Deckschichten kommen auf allen inneren und äußeren Oberflächen mehrzelliger Organismen vor. Sie können einschichtig, also nur eine Zellage dick sein wie die Epithelien, die Darm, Leber, Bauchspeicheldrüse und Niere auskleiden, oder mehrschichtig wie unsere Oberhaut.

Die beiden Seiten eines Epithels sind unterschiedlichen Milieus ausgesetzt. Im Darm zum Beispiel grenzt die eine „obere" Seite an die Darmhöhle, die andere „untere" an das Blutgefäßsystem. Da die Darmepithelzellen nur verwertbare Stoffe vom Darm in das Blut transportieren sollen, müssen sie ohne Zwischenräume miteinander verbunden sein. Sie werden daher durch die sogenannten „geschlossenen Kontakte" (in der Fachsprache *Tight Junctions*, englisch für „feste Kontakte") zusammengehalten.

Diese Zellkontakte ziehen sich wie ein Gürtel- oder Dichtungsring in der Plasmamembran um die Zelle herum. Dieser Gürtel verhindert nicht nur, daß das Epithel undichte Stellen hat (nicht einmal Ionen können zwischen den Zellen hindurchsickern), sondern er teilt auch die Plasmamembran in zwei Bereiche: einen apikalen (oberen) und einen basolateralen (unteren und seitlichen). Innerhalb ihres eigenen Bereichs können sich die Membranproteine frei bewegen, doch sie können nicht in den anderen gelangen, da die geschlossenen Kontakte sie daran hindern.

Durch die Zweiteilung der Membran wird die funktionelle Asymmetrie der Epithelzelle bewahrt, die sie braucht, um Stoffe gezielt in einer Richtung zu transportieren. So tragen zum Beispiel die Darmepithelzellen an ihrer apikalen Seite Proteine, die Natrium-Ionen vom Darm in die Zelle schleusen. Auf der basolateralen Seite sitzt dann eine andere Gruppe von Membranproteinen, die das Natrium aus der Zelle ins Blut pumpen. So wird das Natrium ganz selektiv durch das Epithel transportiert. Ein solch gezielter Transport ist möglich, weil die spezifischen Proteine, die für jeden

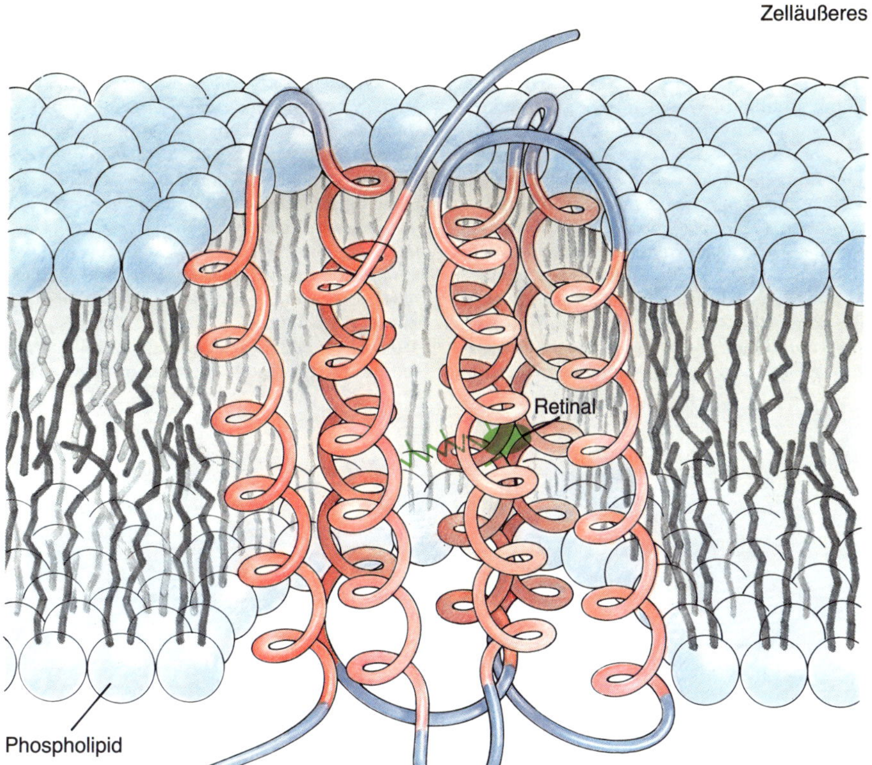

Bild 5: Das globuläre Membranprotein Bacteriorhodopsin besteht aus sieben hauptsächlich hydrophoben Abschnitten, die durch kurze, hydrophile Abschnitte verbunden sind. Aufgrund der Resultate von Nigel Unwin und Richard Henderson, die damals am Laboratorium für Molekularbiologie arbeiteten, glaubt man heute, daß jede der sieben hydrophoben Aminosäuresequenzen eine Alpha-Helix bildet (rötlich), die im inneren Teil der Membran liegt, eingebettet in deren Kohlenwasserstoff-Kernbereich. Die hydrophilen Sequenzen verbinden die Helices auf beiden Seiten der Membran (blau). Ein auch im menschlichen Sehfarbstoff vorkommendes Molekül, das Retinal (grün), ist an die Mitte einer der Helices angeheftet. Retinal fängt Photonen des Sonnenlichts ein und veranlaßt das Protein bei gewissen salzliebenden Bakterien dazu, Protonen durch die Membran zu pumpen. Durch diesen Prozeß wird eine ganz ungewöhnliche Variante der Photosynthese in Gang gesetzt. Die blauen Kugeln mit ihren Schwänzen stellen die Phospholipid-Doppelschicht der bakteriellen Membran dar.

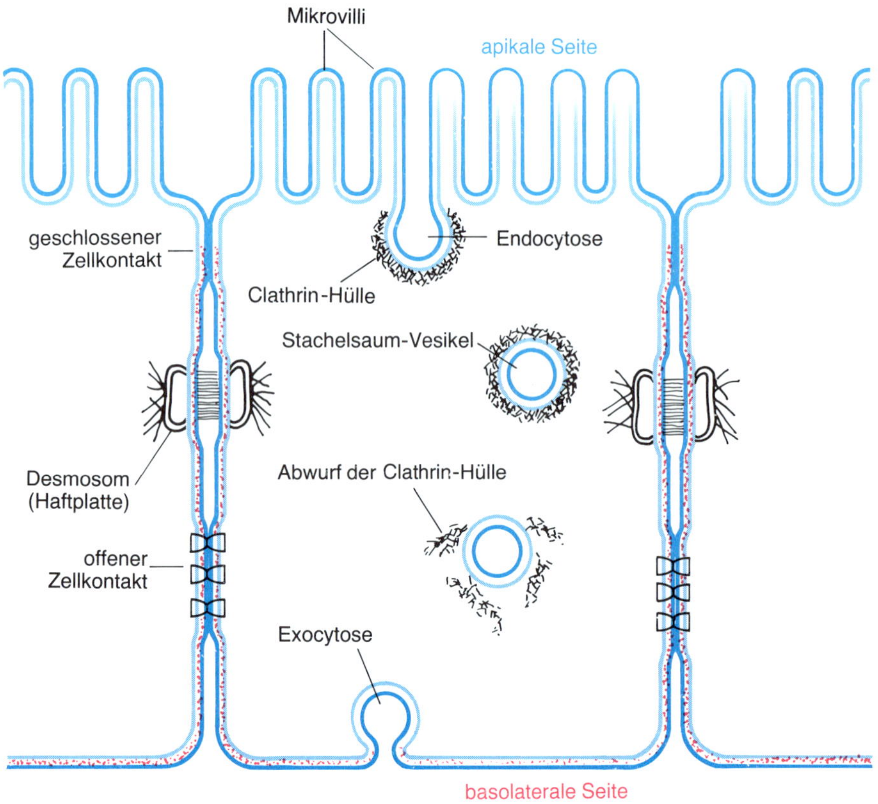

Bild 6: Eine Epithelzelle und die angrenzenden Teile der beiden benachbarten sind hier schematisch dargestellt. Solche Zellen kleiden den Darm aus und fungieren auch in anderen inneren Organen als Grenzschicht. Im Darm bilden sie eine dichte Barriere zwischen Darminhalt und Blut. Der Verschluß hält so dicht, weil die Zellen durch die sogenannten geschlossenen Kontakte (*Tight Junctions*) miteinander verbunden sind. Die geschlossenen Kontakte teilen die Zelle in eine obere, apikale Seite, die dem Darminneren zugewandt ist, und einen unteren, basolateralen Bereich, der mit dem Blut Kontakt hat. Unter dem geschlossenen Kontakt liegt ein Desmosom (Haftplatte), das die beiden benachbarten Zellen miteinander verschweißt. Darunter befindet sich ein offener Zellkontakt (*Gap Junction*), durch den kleine Moleküle vom Cytoplasma der einen Zelle direkt ins Cytoplasma der Nachbarzelle strömen können (Bild 7). Nährstoffe aus dem Darm können das Epithel nur überwinden, wenn sie zunächst von einer Epithelzelle aufgenommen werden. Einige Makromoleküle werden durch Endocytose (Bild 8) absorbiert. Ein Endocytose-Vesikel kann dann seinen Inhalt umgekehrt – nämlich durch Exocytose – ins Blut abgeben, indem es mit der basolateralen Membran verschmilzt. Die apikale und die basolaterale Membran sind mit unterschiedlichen Proteinen ausgestattet.

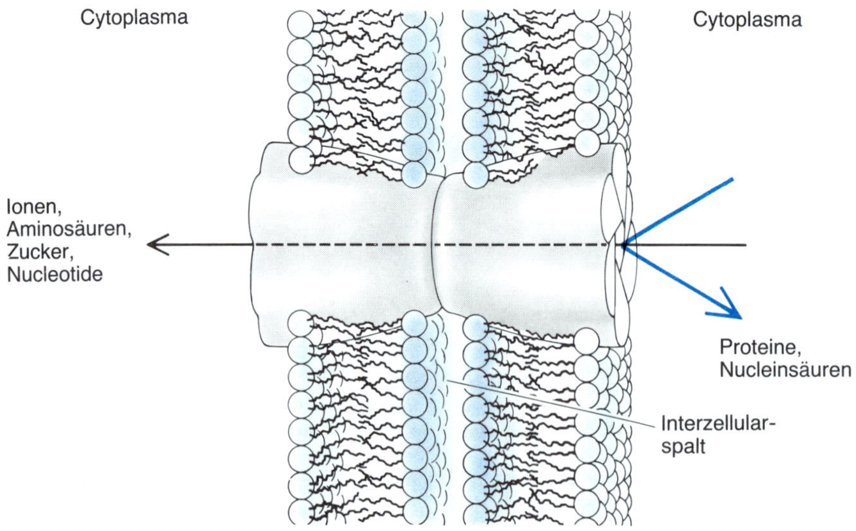

Bild 7: Der offene Zellkontakt zwischen zwei Epithelzellen besteht aus zwei sechseckigen Protein-„Dübeln" (grau), die in die Doppelschicht der jeweiligen Zellmembran (blaue Kugeln mit Schwänzen) eingebettet sind. Die beiden Dübel werden wie „Druckknöpfe" in dem Spalt zwischen den Zellen aneinandergepreßt. Ionen, Aminosäuren, Zucker, Nucleotide und andere Moleküle mit einem Durchmesser unter 2 Nanometern können den Kanal passieren. Nicht durchgelassen werden dagegen Proteine, Nucleinsäuren und andere große Moleküle.

Transportschritt gebraucht werden, auf den Teil der Membranoberfläche beschränkt sind, an dem sie ihre Aufgabe richtig erfüllen können.

Wie bilden sich nun geschlossene Kontakte, und wie können die Epithelzellen ihre Membranproteine auf die beiden Bereiche verteilen? Der erste Teil der Frage ist noch offen, aber für den zweiten zeichnen sich bereits Antworten ab. Dies ermöglicht eine Entdeckung von Enrique Rodriguez Boulan und David D. Sabatini von der Medizinischen Fakultät der New York University aus dem Jahre 1978. Als sie die Gewebekultur eines einschichtigen Epithels mit Grippeviren infizierten, verließen die Virus-Nachkommen die Zellen nur an deren apikaler Oberfläche. Andererseits erschienen die Viren der vesikulären Stomatitis, die bei Rindern eine leichte Erkrankung der Mundschleimhäute hervorrufen, nur auf der basolateralen Seite. Bevor ein Virus seine Wirtszelle verläßt, muß es sich eine schützende Hülle aus Proteinen zulegen. Daher nehmen Boulan und Sabatini an, daß die Zelle die Hüllproteine des Grippevirus zur apikalen Oberfläche dirigiert, die Hüllproteine des Stomatitis-Virus hingegen zur basolateralen Seite. Die beiden Viren bilden somit ein vorzügliches Modellsystem, an dem man untersuchen kann, wie sich die Asymmetrie in den Epithelzellen entwickelt.

Die Zellen eines Epithels können auch durch einen offenen Zellkontakt, eine sogenannte *Gap Junction* (englisch für „lückenhafte Verbindung"), miteinander verbunden sein. Er gleicht einem Druckknopf, der in der Mitte ein Loch hat (Bild 7). Durch die Öffnung können benachbarte Zellen miteinander kommunizieren und ihre Aktivitäten aufeinander abstimmen. Auch kleine Moleküle mit einem Durchmesser von weniger als etwa 2 Nanometer können sie passieren und durch den offenen Kontakt ungehindert vom Cytoplasma der einen Zelle ins Cytoplasma der nächsten strömen.

Die Struktur dieses Zellkontaktes klärten Unwin – er ist jetzt an der Stanford-Universität – und seine Mitarbeiter auf. Jeder offene Kontakt besteht aus zwölf Untereinheiten von Proteinen, zu denen jede der beiden Zellen sechs beisteuert. Diese sechs Untereinheiten liegen als Sechseck in der Plasmamembran und sind so mit dem Sechseck der benachbarten Zelle verzahnt, daß ein Kanal zwischen den beiden Zellen entsteht. Der Kanal kann geöffnet und geschlossen sein; wie jedoch diese Vorgänge kontrolliert werden, ist noch unbekannt.

Offene Kontakte lagern sich häufig zusammen und bilden dann auf der Zelloberfläche eine ganze Ansammlung. Die Größe der Ansammlung und ihre Beschränkung auf den Membranbereich zwischen zwei Zellen machen es wahrscheinlich, daß die offenen Kontakte relativ unbeweglich in der Lipid-Doppelschicht liegen.

Die Identität von Membranen

Bis jetzt habe ich es bewußt vermieden, genauer auf die vielen anderen Membranen in der eukaryontischen Zelle einzugehen. So sind viele intrazelluläre Organellen von einer Membran umschlossen; und diese spielt eine große Rolle bei Transportvorgängen, bei der Kommunikation sowie der geordneten Verarbeitung von chemischen Stoffen und Informationen in der Zelle.

An der Bildung der Membranbausteine sind einige der wichtigsten intrazellulären Organellen beteiligt. Im endoplasmatischen Retikulum (einem vernetzten Membranlabyrinth) werden die Membranen zusammengesetzt; die Oligosaccharide werden im Golgiapparat (einem Stapel flacher, tellerartiger Membransäckchen) an die Membranproteine gehängt. Zwischen vielen Organellen herrscht also ein reger Austausch. Zum Beispiel werden laufend Membranteile des endoplasmatischen Retikulums zum Golgiapparat transferiert und gelangen dann von dort zur Plasmamembran. Dieser Transfer wird wahrscheinlich immer über Vesikel bewerkstelligt, die von Phospholipidmembranen umhüllt sind.

Solch ein kontinuierlicher Membranfluß, verbunden mit dem Abschnüren und Verschmelzen von Vesikelmembranen, wirft die Frage auf, wie die Membranen ihre Identität beibehalten können. Warum gelangen Membranproteine, die für eine gegebene Organelle bestimmt sind oder ihr angehören, bei diesem Transfer nicht in andere Organellen? Dieses Problem ist bis heute noch nicht eindeutig geklärt. Es scheint allerdings sicher, daß nicht ein beliebiges Stück der Spendermembran transferiert wird. Wie das geschieht, beginnt man jetzt bei einer bestimmten Art des Materialtransfers zu verstehen, der Endocytose, an der zwei Membranen beteiligt sind.

Die meisten kleinen Moleküle, die eine tierische Zelle zum Leben braucht, synthetisiert sie entweder selbst oder importiert sie aus dem Blut. Die zu importierenden Moleküle werden normalerweise durch spezifische Proteinkanäle oder Pumpen in die Zelle eingeschleust. Einige wichtige Nährstoffe können allerdings aus unterschiedlichen Gründen nicht so einfach aufgenommen werden.

Das sind zum Beispiel Cholesterin – notwendig für die Synthese von Membranen – und das Eisen(III)-Ion, ein Eisen-Atom mit drei positiven Ladungen, benötigt für die Synthese großer, farbiger Moleküle, der Cytochrome. Beide sind im Blutkreislauf an große Komplexe gebunden: Cholesterin liegt in Form von Cholesterinestern vor, die den hydrophoben Kern des sogenannten Lipoproteins geringer Dichte (LDL, für englisch *low-density lipoprotein*) bilden, eines

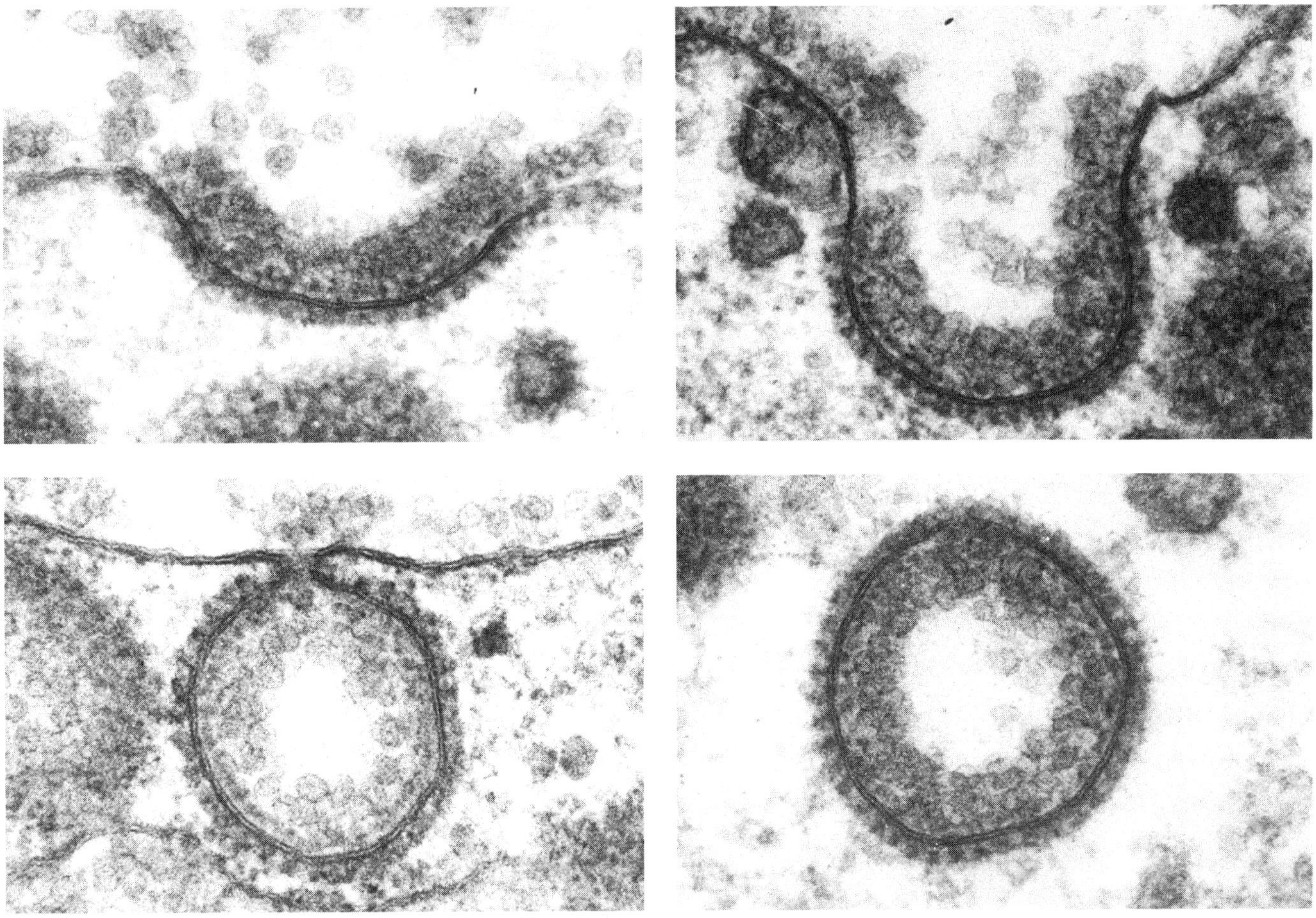

Bild 8: Diese Folge von elektronenmikroskopischen Aufnahmen zeigt die einzelnen Stadien, in denen sich ein Stachelsaum-Vesikel an der Membran unreifer Hühner-Eizellen bildet. Die leichte Einbuchtung der Plasmamembran ist ein Stachelsaumgrübchen (oben links). Es enthält viele Lipoproteine, die es aus der Umgebung der Zelle aufgenommen hat. Direkt unter dem Grübchen – auf der dem Cytoplasma zugewandten Seite – erkennt man die Hülle aus Clathrin-Molekülen. Das Grübchen vertieft sich (oben rechts), und die äußere Membran schließt sich wieder über ihm (unten links). Es löst sich ab und bildet ein Stachelsaum-Vesikel, das Lipoprotein-Moleküle in die Zelle bringt (unten rechts). Diese Vorstellung vom Transport dieser Nährstoffe zeichnete sich erstmais in den sechziger Jahren ab. Die elektronenmikroskopischen Aufnahmen machten M. M. Perry und A. B. Gilbert vom Agricultural Research Council's Poultry Research Centre in Edinburgh. Die Vergrößerung beträgt 1 zu 135 000.

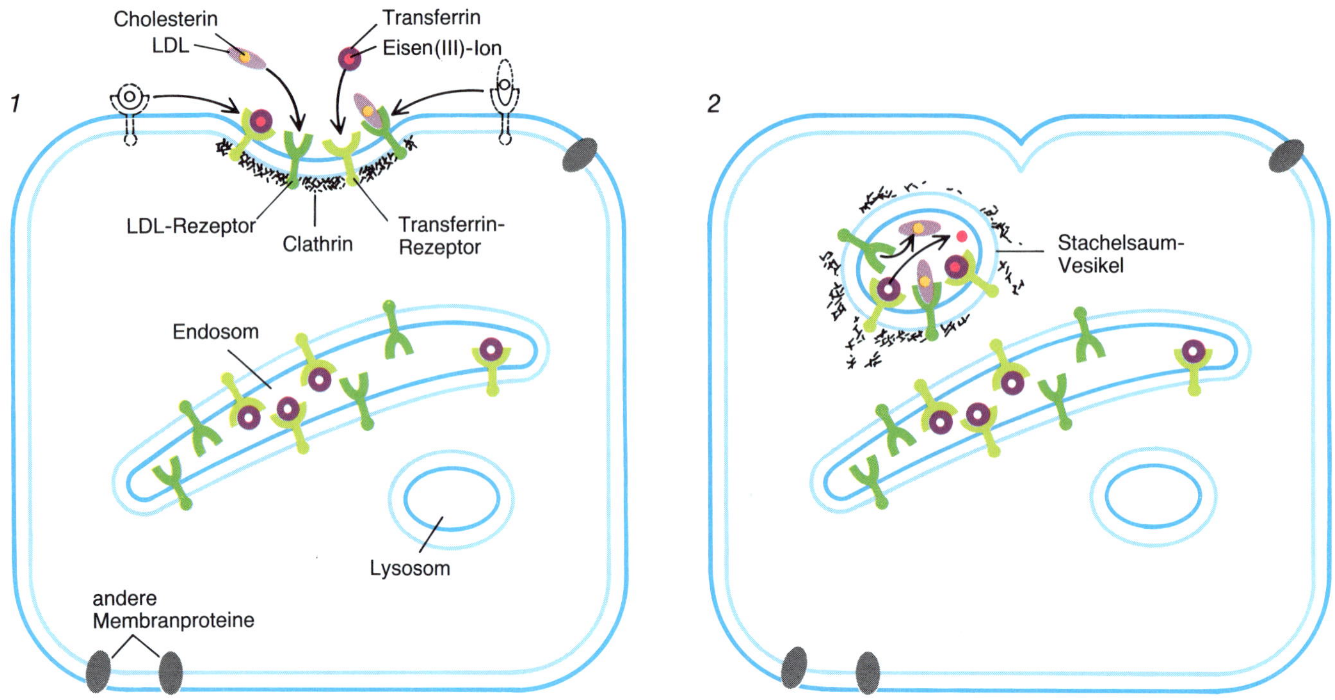

Bild 9: Die Zyklen von Endocytose und Exocytose sind in ihren vier wichtigsten Stadien vereinfacht dargestellt. An die Rezeptoren der Plasmamembran binden sich Transferrin-Moleküle, die Eisen(III)-Ionen transportieren, und das Lipoprotein geringer Dichte (LDL, englisch *low-density lipoprotein*), das Cholesterin-Moleküle enthält. Die Rezeptoren wandern mit dem darangebundenen Transferrin beziehungsweise LDL in ein Stachelsaumgrübchen, das auf irgendeine noch unbekannte Weise andere Membranproteine am Eindringen hindert (1). Bald nachdem sich das Grübchen in die Zelle abgeschnürt hat und zu einem Stachelsaum-Vesikel geworden ist, wird die Clathrinhülle abgeworfen. Da das Medium

Partikels mit rund 20 Nanometer Durchmesser. Die Eisen(III)-Ionen sind im Blut in ein großes Transportprotein mit dem Namen Transferrin eingeschlossen. Sowohl LDL als auch Transferrin sind viel zu groß, als daß sie durch einen schmalen Kanal oder eine Pumpe in die Zelle gelangen könnten. Die Zelle muß daher eine ganz neue Strategie anwenden, damit sie diese wichtigen Nährstoffe aufnehmen kann.

Die Bildung von Stachelsaum-Vesikeln

Die heutige Vorstellung vom Transport dieser Nährstoffe zeichnete sich erstmals im Jahre 1964 bei Thomas F. Roth und Keith R. Porter ab, die damals in Harvard arbeiteten. Sie untersuchten, wie unreife Eizellen (Oocyten) des Moskito ihren Dotter aufbauen (Bild 8). Als sie Dünnschnitte der Eizellen unter dem Elektronenmikroskop betrachteten, entdeckten sie, daß die Vorstufe des Dotters an die Plasmamembran der Oocyte gebunden ist. An der Anheftungsstelle war die Membran eingebuchtet und trug auf der dem Cytoplasma zugewandten Seite eine dicke, stachelig wirkende dunkle Schicht (Bild 8). Diese Stellen werden danach als Stachelsaumgrübchen (englisch *coated pits*) bezeichnet. In denselben Eizellen entdeckten Roth und Porter auch Vesikel, die mit Vorstufen der Dottersubstanz gefüllt und zugleich außen von einer dicken Schicht umhüllt waren. Diese Strukturen nannten sie Stachelsaum-Vesikel. Sie entstehen, wenn sich die Stachelsaumgrübchen ins Zellinnere abschnüren; und sie fungieren als „Zwischenspediteur" beim Transport der Dottervorstufen aus der Umgebung in die großen Speichervesikel der Oocyte.

Durch neuere Arbeiten entstand ein zusammenhängendes Bild der frühen Endocytose-Stadien. Dies sind zunächst Forschungen von Richard G. W. Anderson, Michael S. Brown und Joseph L. Goldstein vom University of Texas Health Science Center in Dallas über die Aufnahme des LDL; weiterhin sind die Arbeiten anderer Gruppen und meiner eigenen zu nennen, welche die Aufnahme des Transferrins und weiterer großer Moleküle behandeln (Bild 9). Die meisten wachsenden tierischen Zellen tragen an ihrer Außenseite spezifische Proteinrezeptoren für LDL, für Transferrin und für andere große Import-Moleküle.

Während die Rezeptoren über die Zelloberfläche wandern, können sie LDL oder Transferrin an sich binden. Trifft ein LDL- oder Transferrin-Rezeptor auf ein Stachelsaumgrübchen, wandert er in es hinein. Andere Membranproteine werden allerdings von dem Grübchen ferngehalten, das also wie eine „molekulare Sortiermaschine" wirkt. In ungefähr einer Minute hat das Stachelsaumgrübchen seinen vollen Durchmesser von ungefähr 0,3 Mikrometern erreicht. Dann senkt es sich tiefer nach innen, schnürt sich von der Plasmamembran ab und wandert als Stachelsaum-Vesikel ins Cytoplasma. Die mechanischen Kräfte, die diese Prozesse bewirken, werden wahrscheinlich durch den Mantel erzeugt, der auf der dem Cytoplasma zugewandten Grübchenseite liegt.

Der Membranfluß

Wenige Sekunden, nachdem das Stachelsaum-Vesikel im Cytoplasma angekommen ist, wirft es seine Hülle ab. Danach geschehen zwei Dinge: Das Vesikel verschmilzt mit einer intrazellulären membranumhüllten Organelle, dem Endosom. Dabei sinkt im Endosom der pH-Wert auf ungefähr 5. In dieser sauren Umgebung löst sich das LDL von seinem Rezeptor, und das Eisen(III)-Ion verläßt das Transferrin. Danach werden die Rezeptoren für LDL und die für Transferrin (an denen noch immer die Liganden, also Transferrinmoleküle, sitzen) wieder zur Plasmamembran gebracht. Die einzelnen Schritte dieses Prozesses sind allerdings noch nicht bekannt. Zur gleichen Zeit werden das LDL, die Eisen(III)-Ionen und die anderen eingeschleusten Moleküle vom Endosom – wieder über Vesikel – zu den Lysosomen transportiert. Die Lysosomen sind einfache Ver-

3

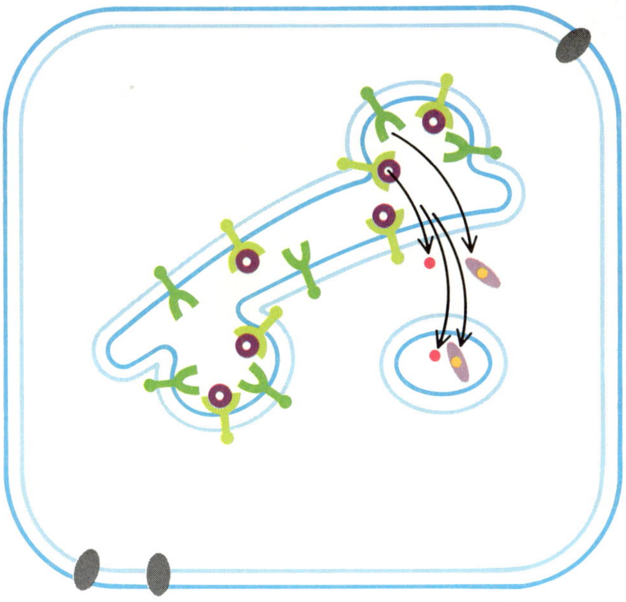

4

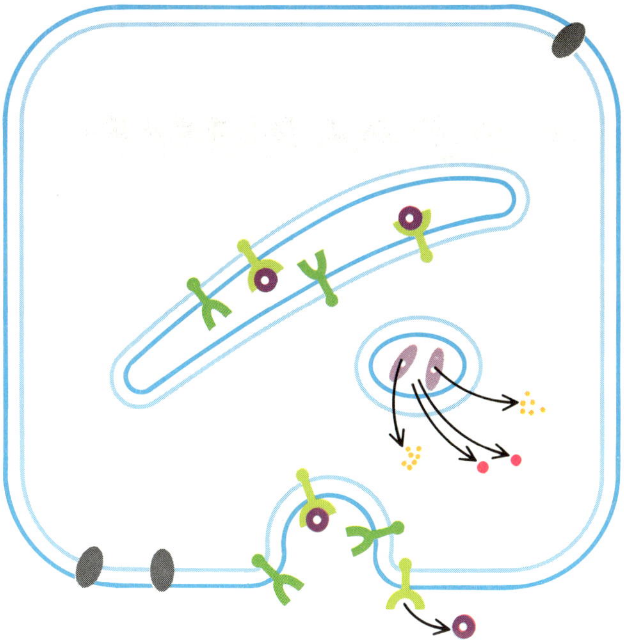

im Innern des Vesikels immer saurer wird, trennt sich das LDL von seinem Rezeptor und das Eisen(III)-Ion vom Transferrin (2). Dann verschmilzt das Vesikel mit einem Endosom, das schon Rezeptoren aus früheren Endocytose-Zyklen enthält. Die freigesetzten Eisen(III)-Ionen und das LDL werden durch Vesikel, die sich vom Endosom abschnüren (3) zu einem Lysosom transferiert. Die Vesikel mit den leeren LDL-Rezeptoren und dem eisenfreien Transferrin verschmelzen mit der Plasmamembran, und so stehen die Rezeptoren für einen neuen Endocytose-Zyklus bereit. Im Lysosom wird das Cholesterin aus dem LDL freigesetzt; die Eisen(III)-Ionen und das Cholesterin werden in andere Teile der Zelle gebracht (4).

dauungs-Organellen und bauen LDL ab. Dabei wird das Cholesterin frei und steht so der Zelle zur Verfügung – allerdings noch nicht ganz; denn, um ihren endgültigen Bestimmungsort in der Zelle zu erreichen, müssen das Cholesterin und das Eisen(III)-Ion zumindest noch eine Membran, nämlich die Membran der Lysosomen passieren.

Betrachtet man den Endocytose-Zyklus, der von den Stachelsaumgrübchen ausgeht, stellt sich die Zelle als dynamisches System dar. Ständig buchten sich gerade etwa 2 Prozent der Zelloberfläche einer in Kultur gezüchteten Zelle zu Stachelsaumgrübchen ein.

Bei einem derart starken Membranfluß von der Plasmamembran durch das endosomale Kompartiment und wieder zurück würde man erwarten, daß die beiden Membranen in kürzester Frist die gleiche Proteinausstattung besitzen. Jedoch vermischen sich die Proteine nicht, da die Stachelsaumgrübchen nur ganz bestimmte Proteine der Plasmamembran aufnehmen und in die Zelle transportieren. Man nimmt an, daß eben diese Membranproteine, die dann in der Membran der Endosomen stecken, durch einen ähnlichen Selektionsmechanismus in die Plasmamembran zurückgebracht werden. Dieser selektive Transfer über Stachelsaumgrübchen mag erklären, warum die vielen verschiedenen Membrankompartimente – trotz des regen Austauschs – ihre Identität bewahren.

Bemerkenswert ist auch, daß die Membranen während des Endocytose-Zyklus ihre Topologie und Asymmetrie immer beibehalten.

Die Clathrin-Hülle

Noch versteht man allerdings nicht ganz, wie die Stachelsaumgrübchen Proteine aus der Plasmamembran selektieren. Untersuchungen an den nahe verwandten Stachelsaum-Vesikeln haben jedoch bereits viel zum Verständnis dieses Vorgangs beigetragen.

Im Jahre 1976 isolierte Barbara M. F. Pearse vom Laboratorium für Molekularbiologie Stachelsaum-Vesikel. Sie konnte zeigen, daß die Hülle, eine Art Gitter, aus einem großen, faserigen Protein besteht, das sie Clathrin nannte (Bild 1). Solche Stachelsaum-Vesikel tragen ebenfalls Rezeptoren, an denen die Liganden sitzen, und viele andere Proteine, welche die Interaktionen zwischen Clathrin und den Rezeptoren vermitteln könnten. Die Stachelsaum-Vesikel entstehen nicht nur aus der Plasmamembran, sondern werden auch von intrazellulären Organellen wie dem Golgiapparat gebildet. Es besteht daher Hoffnung, daß man bald diesen Sortiermechanismus erklären kann.

Aus all diesen Arbeiten ergibt sich folgendes Bild der Plasmamembran: In der Lipid-Doppelschicht liegen viele verschiedene Proteine. Einige haben eine globuläre Struktur und katalysieren einfach den Transport kleiner Moleküle durch die Schicht. Andere wiederum werden nur durch einen kleinen hydrophoben helicalen Abschnitt in der Membran gehalten. Ein Teil von ihnen dient als Rezeptoren, die große Moleküle in die Zelle hineinbringen. Während sich alle diese Moleküle – oder fast alle – frei in der Lipidschicht bewegen (diffundieren) können, sind andere Strukturen, wie die offenen und geschlossenen Zellkontakte, relativ stationär. Im Gegensatz dazu steht die hochdynamische Bewegung von Membranen während des Endocytose-Zyklus.

Die Plasmamembran ist auch noch an vielen anderen intrazellulären Prozessen beteiligt, die ich hier nicht besprechen werde. Da sie der Umschlagplatz zwischen der Zelle und dem übrigen Organismus ist, muß sie auch an den Verlagerungen der Zelle beteiligt sein und einen Einfluß darauf haben, wie diese Bewegungen während des Wachstums und der Entwicklung gesteuert werden. Die Plasmamembran spielt auch eine Rolle beim entarteten Krebswachstum, bei dem ja die Zellen unkontrolliert wachsen und wandern. Wir verstehen zwar diese Prozesse noch nicht auf molekularer Ebene. Mit den jetzigen Kenntnissen über die Struktur von Membranen allerdings ist man diesem Ziel entscheidend nähergekommen.

Die Struktur von Membranproteinen

Membranproteine müssen einer besonderen Umwelt Genüge tun, denn sie stecken zwar im Lipidfilm ihrer Membran, ragen aber in ein wäßriges Milieu. Welche strukturellen Anpassungen es ihnen ermöglichen, mit zwei gegensätzlichen Medien Kontakt zu haben, beginnt sich nun zu klären.

Von Nigel Unwin und Richard Henderson

Zellen sind ebenso wie ihre Organellen von einer Membran umhüllt, einer außerordentlich dünnen, aber zähen, stabilen Schicht aus Lipid- und Proteinmolekülen. Biologische Membranen wirken grundsätzlich als eine Art Grenzkontrolle, als – so der Fachbegriff – selektive Permeabilitätsschranke: Sie teilen einzelne Reaktionsräume ab und verhindern, daß sich die Inhaltsstoffe dieser verschiedenen Kompartimente regellos miteinander vermischen. So können die chemischen Lebensprozesse geordnet ablaufen.

Biologische Membranen sind keineswegs bloße Hüllen, vielmehr hochspezifische Vermittler zwischen Innen und Außen, also zwischen Zelle und Umgebung oder zwischen Organell und Zellplasma. Die unterschiedlichen Funktionen verschiedener Zellen und Organellen bedingen großenteils die Konstruktion der jeweiligen Membran und die Eigenschaften der darin vorkommenden Proteine.

Die Membranproteine haben eine Vielzahl lebenswichtiger Funktionen. So wirken bestimmte Proteine als Kanäle oder gar Pumpen, die nur gewisse Ionen oder Moleküle passieren lassen oder sie gegen einen Konzentrationsgradienten transportieren. Und das ist der Grund für die hochselektive Permeabilität der Membran. Andere Proteine fungieren als spezifischer Rezeptor, der Hormone, Überträgersubstanzen für Nervensignale (Neurotransmitter) oder körperfremde Stoffe (Fremd-Antigene) erkennt und ihre spezifische Botschaft an das Zellinnere weitergibt. Das ermöglicht es dann der Zelle, auf solche Signale zu reagieren. Wieder andere Proteine wie zelleigene Antigene oder Enzyme sind einfach in der Membran verankert. Damit läuft dort eine bestimmte Reaktion örtlich fixiert ab.

Um die kritische Rolle der Membranproteine verstehen zu können, muß man ihre dreidimensionale Struktur kennen und wissen, wie sie sich auf bestimmte Reize hin verändert. Wir haben die Struktur von Membranproteinen mit Hilfe des Elektronenmikroskops analysiert. Einige strukturelle Einzelheiten beginnen nun sich zu klären.

Lipide und Proteine

Die Grundstruktur einer biologischen Membran bildet eine Doppelschicht aus Lipidmolekülen (Bild 2). Ein solches Molekül ist amphiphil, das heißt, es besitzt ein hydrophiles (wasserliebendes) und ein hydrophobes (wassermeidendes) Ende. So reagiert sein massiger hydrophiler Kopf leicht mit Wasser, wobei sich in der Regel Wasserstoff-Brücken ausbilden. Die beiden langen, aus Kohlenwasserstoff-Ketten bestehenden Schwänze des Moleküls hingegen sind hydrophob; sie können keine Wasserstoff-Brücken bilden und stoßen deshalb Wasser ab.

Unter wäßrigen physiologischen Bedingungen reihen sich Lipidmoleküle spontan zu einer bimolekularen Membranschicht aneinander. Ihre hydrophoben Schwänze kommen dabei, vom Wasser abgewandt, ins Innere der Schicht zu liegen, so daß sie untereinander in Wechselwirkung treten. Die hydrophilen Köpfe hingegen richten sich alle nach außen, wo sie mit den Wassermolekülen ihres Milieus in Wechselwirkung treten: Das kann der Raum zwischen den Zellen, das Zellplasma oder das Innere eines Organells sein. Durch diese Zusammenlagerung entsteht eine Membran von ungefähr 4,5 Nanometer Dicke (ein Nanometer = ein Millionstel Millimeter).

Die Lipidmoleküle sind gewöhnlich in ständiger thermischer Bewegung und können sich innerhalb der Membranebene frei bewegen. Damit verhält sich die Doppelschicht wie ein zweidimensionaler Flüssigkeitsfilm, nur wenig viskoser als Wasser. Trotz ihrer fluiden, geradezu hauchdünnen Struktur ist die Doppelschicht aber stabil, da die Lipidmoleküle in ihr die günstigste Orientierung haben.

Zwischen die Lipidmoleküle eingeschoben sitzen dicht an dicht die Membranproteine. Einige verteilen sich über die gesamte Membran, andere drängen sich in bestimmten Bereichen zusammen. Was die diversen Membranproteine von anderen wasserlöslichen Prote-

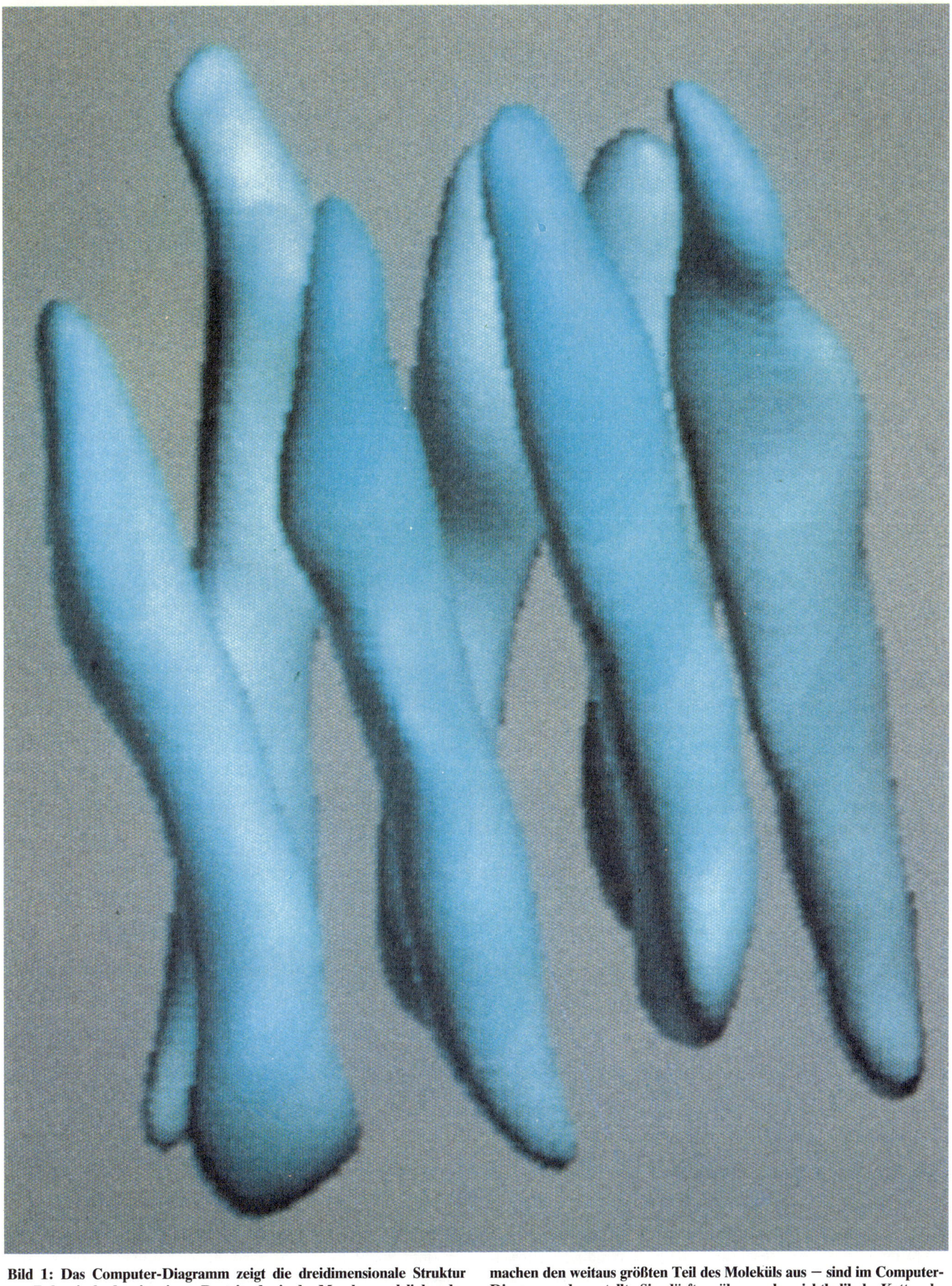

Bild 1: Das Computer-Diagramm zeigt die dreidimensionale Struktur von Bakteriorhodopsin, einem Protein, das in der Membran salzliebender Bakterien vorkommt und die treibende Kraft für eine ungewöhnliche Form der Photosynthese ist. Es besteht aus einer einzigen, 248 Aminosäuren umfassenden Polypeptidkette, die mit einer lichtempfindlichen Retinal-Gruppe gekoppelt ist. Sie enthält sieben lange Abschnitte, die als Alpha-Helix gewunden sind (Bild 3). Diese sieben Alpha-Helices – sie machen den weitaus größten Teil des Moleküls aus – sind im Computer-Diagramm dargestellt. Sie dürften über sechs nichthelikale Kettenabschnitte miteinander verbunden sein. Weder diese Verbindungsstücke noch das Retinal sind bei einer Auflösung von 0,7 Nanometer zu erkennen, die in den Höhenlinien-Karten der Atomdichten erreicht werden konnte (Bild 9). Das Computer-Diagramm wurde nach diesen Dichteverteilungskarten von einem der Autoren (Henderson) und A. M. Lesk hergestellt.

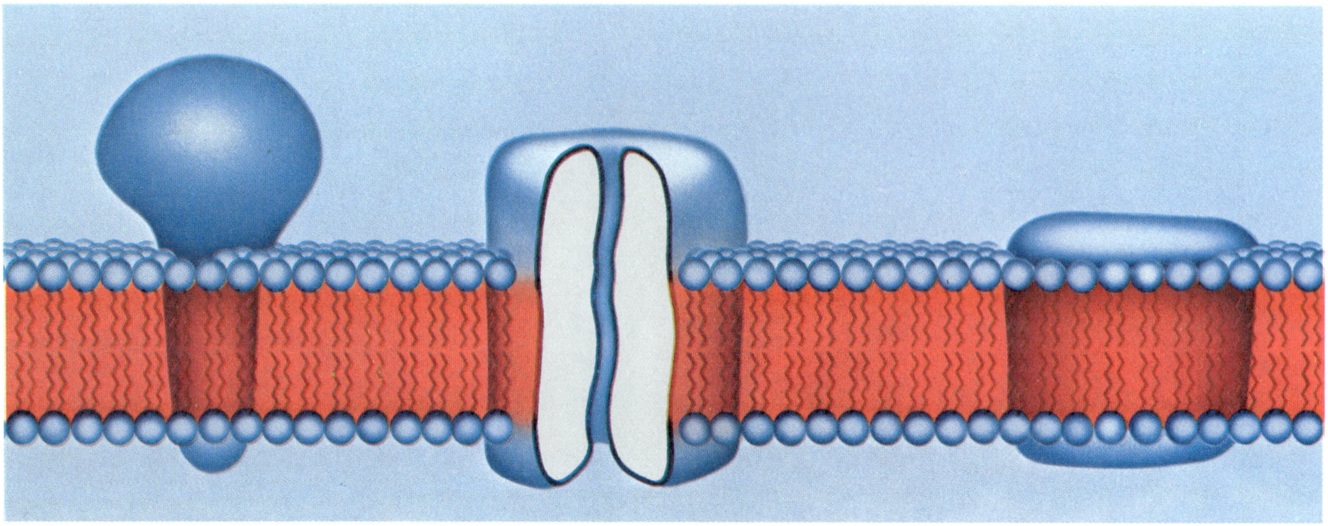

Bild 2: Grundgerüst einer biologischen Membran ist eine bimolekulare Schicht aus dicht gepackten Lipidmolekülen, zwischen denen Proteine sitzen. Die hydrophilen, also wasserliebenden Köpfe der Lipide (blaue Kügelchen) wenden sich dem wäßrigen extra- oder intrazellulären Medium (hellblau) zu. Die hydrophoben, also wasserabstoßenden Kohlenwasserstoff-Ketten der Lipide (rot) richten sich zum Inneren der Doppelschicht hin aus. Die dem Membran-Milieu ausgesetzten Teile der Proteine sind entweder hydrophil oder hydrophob, je nachdem, ob sie mit den Lipid-Köpfen und Wassermolekülen an den Oberflächen oder mit den hydrophoben Schwänzen der Lipidmoleküle in Wechselwirkung treten.

inen unterscheidet ist, daß sie Kontakt mit zwei verschiedenen Phasen haben: mit dem Lipidfilm, in dem sie stecken, und mit der wäßrigen Phase, in die sie hineinragen, oft sogar auf beiden Seiten der Membran.

Die Proteine können sich zwar in der Membranebene bewegen, doch sind sie fest in den Lipidfilm eingebunden. Denn sie besitzen sowohl hydrophile Bereiche, die mit den Lipid-Köpfen an der Oberfläche der Membran sowie mit dem Wasser dort in Wechselwirkung treten, als auch hydrophobe Bereiche, die das gleiche mit den Lipid-Schwänzen im Inneren der Membran tun. Außerdem können die Membranproteine auch untereinander, mit wasserlöslichen Proteinen oder mit kleinen lipidlöslichen Molekülen in Wechselwirkung treten.

Die besondere Umgebung, wie die Lipid-Doppelschicht sie bietet, muß – so überlegten wir uns – der Struktur der darin eingebetteten Proteine gewisse Beschränkungen auferlegen. Dabei sollten sich die gleichen Grundregeln anwenden lassen, wie sie für die Struktur anderer Proteine gelten.

Die Bausteine der Proteine, die Aminosäuren, sind über Peptidbindungen linear zu einer langen Polypeptidkette verknüpft. Eine solche (oder auch mehrere gemeinsam) faltet sich von selbst in spezifischer Weise, und zwar so, wie es die Sequenz ihrer Aminosäuren festlegt. Die Sequenz bestimmt die Faltung, weil sich die für jede der 20 Aminosäuren charakteristischen Seitengruppen in Größe, Gestalt, Ladung, Fähigkeit zur Wasserstoffbrücken-Bildung und chemischer Reaktionsfähigkeit unterscheiden. Durch natürliche Auslese haben sich Sequenzen herausgebildet, die eine stabile, funktionsfähige Struktur ergeben.

Bei den meisten der bislang untersuchten wasserlöslichen Proteine wechseln relativ regelmäßige Konformationen der Polypeptidkette, wie die Alpha-Helix und die Beta-Faltblattstruktur, mit weniger regelmäßig gefalteten Verbindungsstücken ab. Bei der Alpha-Helix verläuft das Rückgrat der Kette in einer eng gewundenen Schraube und bildet dabei einen geraden Zylinder, aus dem die Seitengruppen der Aminosäuren herausragen (Bild 3, links). Bei der Beta-Faltblattstruktur hingegen ist das Rückgrat fast gestreckt. Zwei oder mehr solcher Zick-Zack-Ketten sind darin parallel (oder antiparallel) angeordnet, so daß die Seitengruppen ihrer Aminosäuren senkrecht aus der Ober- und Unterseite des Faltblattes herausragen (Bild 3, rechts).

Alpha-Helix und Beta-Faltblatt

Alpha-Helix und Beta-Faltblattstruktur werden beide durch Wasserstoffbrücken zwischen den hydrophilen NH- und CO-Gruppen im Rückgrat der Polypeptidkette stabilisiert. Bei der Alpha-Helix bilden sich diese Brücken zwischen Gruppen aufeinander folgender Helix-Windungen aus, bei der Beta-Faltblattstruktur hingegen zwischen Gruppen benachbarter Stränge. In den weniger regelmäßigen Proteinabschnitten, etwa dort, wo die Kette zwei aufeinanderfolgende Alpha-Helices miteinander verknüpft, bilden sich diese stabilisierenden Brücken möglicherweise nicht aus. Denn im Rückgrat der Kette gibt es freie hydrophile Gruppen, und die haben normalerweise Wasserstoffbrücken zu Wassermolekülen. Eine Struktur, in der die Gruppen nicht mit sich selbst oder mit Wassermolekülen in Wechselwirkung treten können, wäre instabil. So gewinnen lösliche Proteine ihre Stabilität, indem sie sich gerade so falten, daß die sich selbst stabilisierenden Alpha- und Beta-Strukturen weitgehend innen, die weniger regelmäßigen Biegungen und Schleifen der Kette aber außen liegen, wo Wassermoleküle Zugang haben.

Ähnliche, vielleicht sogar noch strengere Regeln müssen sicherlich für ein Protein gelten, das in dem hydrophoben Milieu der Lipid-Schwänze eingebettet ist. Die weniger regelmäßigen Biegungen und Schleifen mit ihren freien, Wasserstoffbrücken bildenden Gruppen sollten hauptsächlich in Regionen liegen, wo das Protein mit den hydrophilen Lipid-Köpfen Kontakt hat oder der wäßrigen Umgebung ausgesetzt ist. Umgekehrt sollten die Alpha-Helices und Beta-Faltblattstrukturen mit ihren sich untereinander „absättigenden" hydrophilen Gruppen im Rückgrat innerhalb der Membran, also in der hydrophoben Umgebung der Lipid-Schwänze stecken. Gleiches sollte auch für die stärker hydrophoben Seitengruppen der Aminosäuren gelten.

Man könnte sich nun eine Reihe möglicher Konfigurationen für Membranproteine vorstellen, beispielsweise Bündel aus Alpha-Helices, zu Röhren aufgerollte Beta-Faltblattstrukturen oder Kombinationen aus beiden. Solche Konfigurationen könnten funktionsfähige

Proteine oder Untereinheiten von komplexeren zusammengesetzten Strukturen bilden.

Um diese Hypothesen zu prüfen, haben wir vor rund zehn Jahren damit begonnen, die Struktur von Membranproteinen mit Hilfe des Elektronenmikroskops zu untersuchen. Dabei konnten wir Methoden übernehmen, die ursprünglich Kristallographen für die Röntgenstrukturanalyse kristallisierter löslicher Proteine entwickelt hatten.

Analyse mit dem Elektronenmikroskop

Ein Kristall besteht aus vielen identischen Molekülen, deren Lage und Ausrichtung innerhalb des Gitters durch ihre Struktur bestimmt wird. Die Struktur des Kristalls ergibt sich praktisch aus der Struktur jeder seiner periodischen Untereinheiten. Die Art und Weise, in der die Atome eines Kristalls Röntgenstrahlen beugen, liefert Informationen über die Lage dieser Atome in den einzelnen Molekülen.

Das meiste, was man über die Struktur löslicher Proteine weiß, die Alpha- und Beta-Konfigurationen nicht ausgenommen, entstammt der Röntgenstrukturanalyse großer dreidimensionaler Proteinkristalle. Membranproteine hingegen konnten bis vor kurzem auf solche Weise nicht analysiert werden, da es nicht gelang, daraus dreidimensionale Kristalle zu züchten.

Diese Proteine, die regelrecht in der Lipid-Doppelschicht schwimmen, sind an eine zweidimensionale Welt angepaßt. Sie lagern sich leichter in zwei als in drei Dimensionen aneinander. Einige neigen dazu, innerhalb der Membran in zweidimensionalen Gittern zu aggregieren. Andere bilden solche Gitter, also praktisch zweidimensionale Kristalle, mit einiger Nachhilfe. Dafür muß man sie in reiner Form aus der biologischen Membran isolieren und dann in eine künstliche Lipidmembran einbauen. Das gelingt, wenn man dem Protein eine geeignete Menge extrahierter Lipidmoleküle zugibt, die sich in einem wäßrigen Milieu spontan zu einer bimolekularen Membran zusammenlagern.

Röntgenstrahlen werden beim Durchdringen eines solch dünnen Kristalls so gut wie gar nicht gebeugt. Elektronen hingegen, die mit den Atomkernen in Wechselwirkung treten, werden in viel stärkerem Maße gestreut als Röntgenstrahlen und ergeben daher ein Beugungsmuster. Außerdem sind Elektronen geladene Teilchen, so daß sich die Elektronenstrahlen, wie es im Elektronenmikroskop geschieht, zu einem Bild fokussieren lassen. Das Elektronen-Beugungsmuster

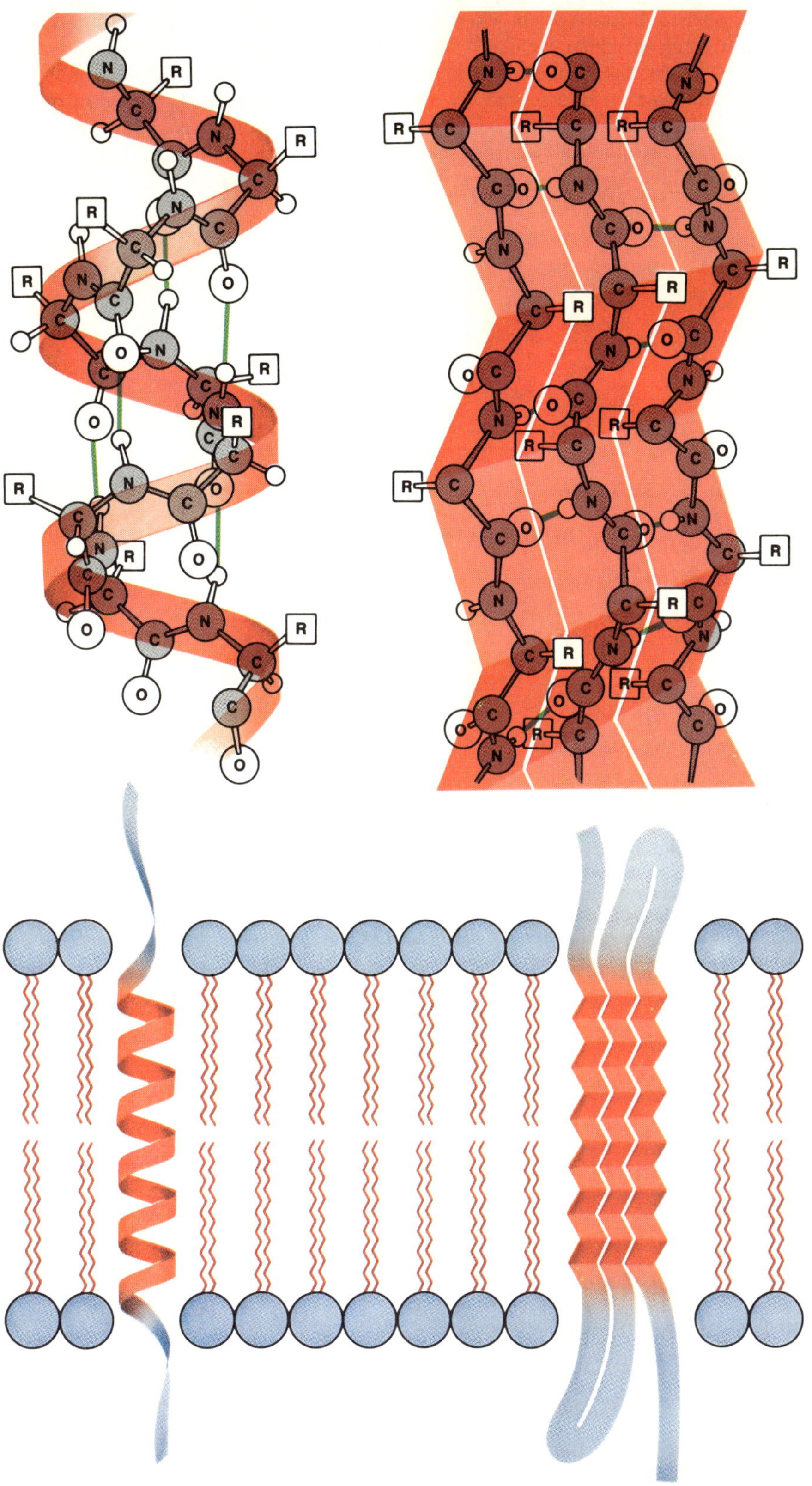

Bild 3: Die beiden wichtigsten regelmäßigen Konformationen einer Polypeptidkette sind die Alpha-Helix und die Beta-Faltblattstruktur. Bei der Alpha-Helix (links oben) ist das Rückgrat der Kette (grau) schraubenförmig gewunden und bildet so eine im Ganzen stäbchenartige Struktur, aus der die Seitengruppen der Aminosäuren (R) herausragen. Bei der Beta-Faltblattstruktur (rechts oben) sind zwei oder mehr Ketten nebeneinander angeordnet. In beiden Fällen wird die Struktur durch Wasserstoff-Brücken (grün) zwischen NH- und CO-Gruppen des Rückgrats stabilisiert. Diese Gruppen sind hydrophil und brauchen, wenn sie nicht untereinander solche Brücken bilden können, Wasser-Moleküle als Partner. So sollten die Teile der Membranproteine, die im hydrophoben Inneren der Membran stecken, weitgehend als Alpha-Helix oder Beta-Faltblattstruktur vorliegen (unten). Die weniger regelmäßigen Abschnitte der Kette, in denen die NH- und CO-Gruppen nicht durch Wasserstoff-Brücken untereinander „geschützt“ sind, sollten daher an der hydrophylen Oberfläche der Membran sitzen oder in die wäßrige Umgebung ragen, wo sie solche Brücken ausbilden können.

liefert gewisse Informationen über die Struktur eines einzelnen Moleküls; weitere lassen sich dann aus dem elektronenmikroskopischen Bild gewinnen.

Für die Untersuchung im herkömmlichen Durchstrahlungs-Elektronenmikroskop muß die Membran, da sie selbst keinen hinreichenden Kontrast liefert, in eine hauchdünne „elektronendichte" Schicht aus einem Schwermetall-Salz eingebettet werden. Das Kontrastmittel bleibt auch in feinsten Vertiefungen an der Oberfläche haften, so daß diese Negativkontrastierung die Umrisse der äußeren, hydrophilen Oberflächenstrukturen der Membran gewissermaßen nachzeichnet und damit deren Gestalt erkennen läßt. Strukturelle Einzelheiten innerhalb der Lipid-Doppelschicht und in den Proteinmolekülen bleiben dagegen verborgen.

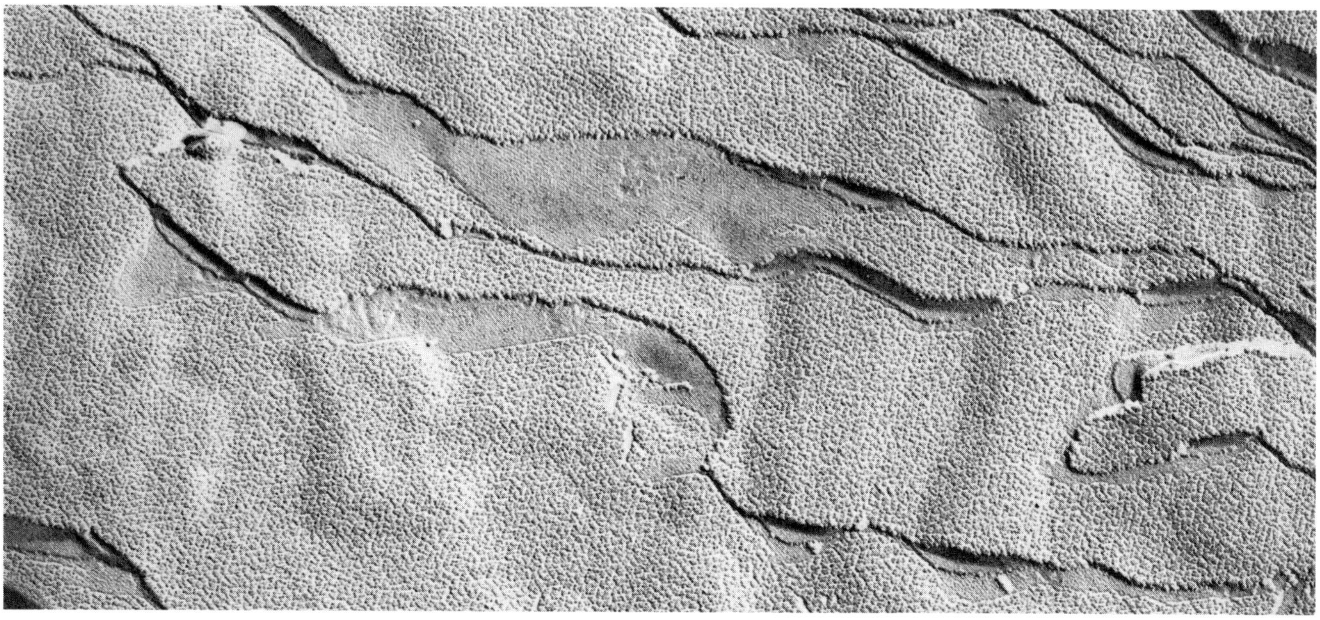

Bild 4: Die elektronenmikroskopische Aufnahme zeigt kistalline Bereiche von Bakteriorhodopsin (Bild 1) in rund hunderttausendfacher Vergrößerung. Dazu wurde ein Stapel von Membranen gefriergebrochen, das heißt, die tiefgefrorenen Membranen in flachem Winkel, fast horizontal zu ihrer Oberfläche gespalten, mit Platin schattiert und durch eine aufgedampfte Kohleschicht verstärkt. Die beiden Bedampfungen erzeugen einen sogenannten Abdruck, ein hauchdünnes Häutchen, das sich den Höhen und Tiefen der Präparatoberfläche anschmiegt. Dieser Abdruck wird dann anstelle des Präparats für die elektronenmikroskopische Aufnahme verwendet. Bei nahezu horizontaler Spaltrichtung brechen Membranen meist zwischen ihren beiden Lipidlagen auseinander (Bild 2). Die grob strukturierten Partien der Mikrophotographie zeigen die Bruchfläche, also das Innere der jeweils zytoplasmatischen Lipidlagen. Sie ist regelrecht mit hexagonal angeordneten Bakteriorhodopsin-Molekülen bespickt, die bei der Spaltung in ihr stecken blieben. Die glatteren, weniger strukturierten Partien zeigen die jeweils extrazelluläre Seite der äußeren Lipidlagen.

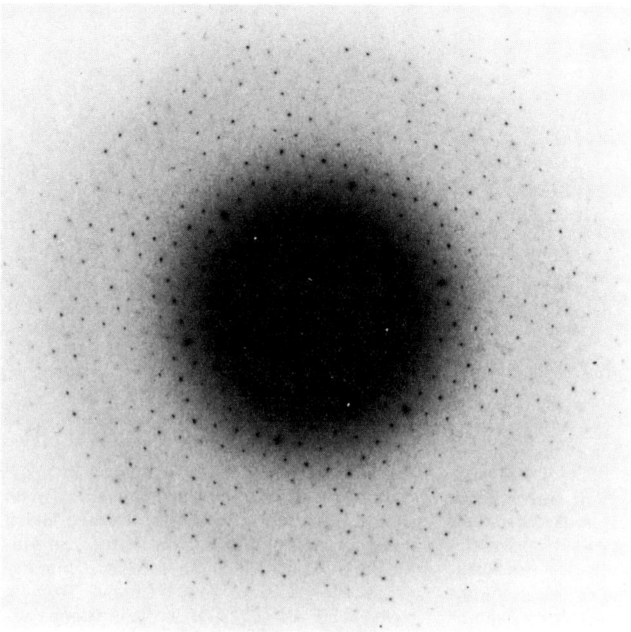

Bild 5: Mit dem Elektronenmikroskop lassen sich sowohl Beugungsmuster als auch normale Abbildungen kristalliner Bereiche, wie hier von Bakteriorhodopsin, herstellen. Aus dem Beugungsmuster (links) ergibt sich die Amplitude der Sinuswellen, aus denen sich das Bild der Struktur zusammensetzt. Die relative Phasenverschiebung der Wellen läßt sich hingegen nur durch Bildanalyse einer elektronenmikroskopischen Aufnahme bestimmen. Die Aufnahme einer „ungefärbten", nicht mit Kontrastmittel behandelten Membran (rechts) unterscheidet sich ganz wesentlich von der einer gefriergebrochenen Membran (Bild 4). Das Signal-Rausch-Verhältnis ist so klein, daß sich keine regelmäßigen Strukturmerkmale erkennen lassen. Erst eine Fourier-Analyse ermöglicht es, strukturelle Informationen aus einer solchen Aufnahme herauszuziehen (Bild 6).

Um diese Details zu erkennen, muß man das Kontrastmittel weglassen und das Präparat direkt betrachten. Dies ist allerdings nicht ohne weiteres auszuführen, weil das biologische Material, anders als das Kontrastmittel, vom Elektronenstrahl in kürzester Frist geschädigt wird. Elemente wie die Alpha-Helix oder das Beta-Faltblatt werden bereits von einer weitaus geringeren Elektronen-Dosis zerstört als man braucht, um solche Strukturen in der elektronenmikroskopischen Aufnahme eines einzelnen Proteinmoleküls überhaupt scharf hervortreten zu lassen.

Die Lösung besteht darin, einen kristallinen Bereich aus mehreren Tausend Molekülen möglichst schonend, also mit sehr geringer Dosis, zu durchstrahlen und dann das Bild lichtoptisch-mathematisch zu rekonstruieren. Dafür wird ein Summierungsverfahren angewandt, das echte Bilddetails, die zu der periodischen molekularen Struktur gehören, als Signal verstärkt und das starke, mit der geringen Elektronen-Dosis einhergehende Rauschen (also Zufallssignale) unterdrückt. Auf diese Weise läßt sich aus einzelnen Informationsfragmenten, die jede der periodischen Einheiten beisteuert, ein vollständiges, scharfes Bild des interessierenden Moleküls rekonstruieren.

Die Fourier-Transformierten

Diese Verstärkung ist beispielsweise zu erreichen, indem man aufeinanderfolgende periodische Einheiten aus der Mikrophotographie herausgreift und sie zu einem Bild überlagert. Damit werden Informationen aufsummiert, die echte periodische Strukturdetails widerspiegeln, Rauschsignale aber herausgemittelt.

Oft ist es allerdings schwierig, die genaue Position der sich wiederholenden Einheiten zu bestimmen, und dann versagt dieses Mittelungsverfahren. Ein eleganteres, leistungsfähigeres Verfahren haben vor einigen Jahren David J. DeRosier und Aaron Klug vom molekularbiologischen Laboratorium des Medical Research Council in Cambridge entwikkelt, um elektronenmikroskopische Aufnahmen von regelmäßigen Molekülaggregaten, wie es Viruspartikel sind, zu analysieren. Die Mittelung geschieht in mehreren Schritten (Bild 6).

Als erstes wird die Mikrophotographie eines kristallinen Objektes mit einem Mikro-Densitometer abgetastet und dabei ein zweidimensionales Feld aus Zahlen erzeugt, die für die photographische Dichte, die Schwärzung, eines jeden Bildpunktes stehen. Als zweites wird die Fourier-Transformierte des Zahlenfeldes errechnet; sie ist praktisch das numerische Analogon des Beugungsmusters, das ein solches Objekt liefern würde. Als drittes werden aus der Fourier-Transformierten nur Informationen herausgezogen, die von den regelmäßigen periodischen Strukturen des Objektes herrühren. Als letztes schließlich ist die Abbildung des Objektes zu rekonstruieren. Dazu werden eben diese Informationen in einer zweiten Fourier-Transformation, einer Fouriersynthese, vereint, die nun das ursprüngliche Bild ohne sein störendes Rauschen rekonstruiert.

Bis auf den dritten Schritt ist der gesamte Prozeß analog der Bildentstehung in einem einfachen zweilinsigen Lichtmikroskop. Die erste Linse erzeugt ein Beugungsmuster des Objektes, was der ersten Fourier-Transformierten entspricht. Die zweite Linse erzeugt das Bild, was der zweiten Fourier-Transformierten – also der Fouriersynthese – entspricht. Häufig inspizieren wir sogar die Mikrophotographien mit einem optischen Diffraktometer, das ihr Beugungsmuster (die erste Transformierte) zeigt. An ihm prüfen wir die Bildqualität, ehe wir die Bilder weiter auswerten.

Der dritte Schritt trennt, wie erwähnt, die echten, zu den periodischen Strukturdetails gehörenden Informationen von den zufälligen, vom Rauschen herrührenden Schwankungen in der photographischen Dichte. Um ihn zu verstehen, muß man einige Eigenschaften von Fourier-Transformierten kennen.

Man kann sich ein Bild aus Sinuswellen verschiedener Wellenlänge zusammengesetzt denken, die sich in ihrer Am-

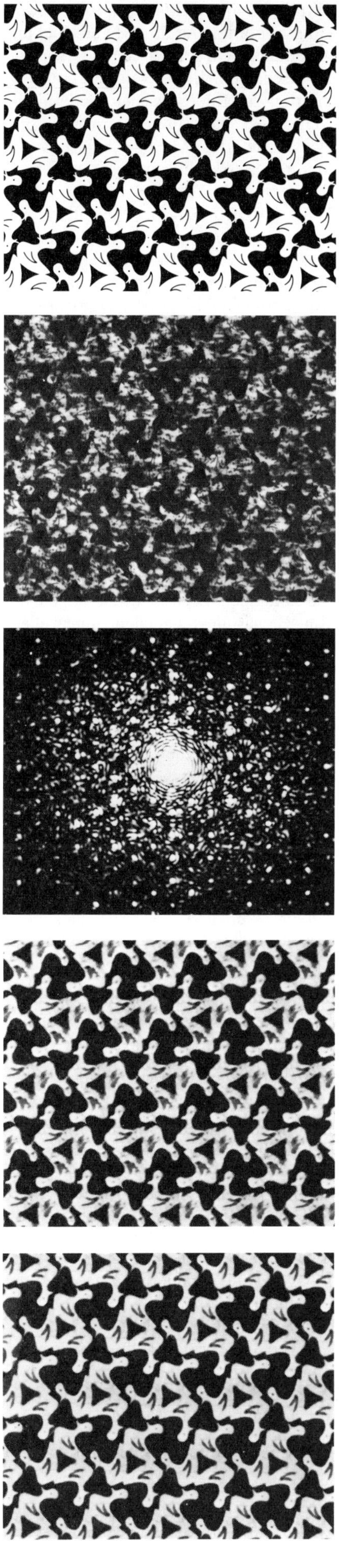

Bild 6: Bildsignale, die Informationen über periodische Strukturen eines Objektes liefern, lassen sich durch Fourier-Transformation von Rauschsignalen trennen. Zur Veranschaulichung dieses Prozesses wurde eine regelmäßige Struktur, ein „Kristallgitter" aus Enten (oben), mit einem körnigen Negativ überdeckt und abphotographiert, um eine verrauschte elektronenmikroskopische Aufnahme zu simulieren (zweites Bild oben). Die Photographie wurde dann mit einem Mikro-Densitometer abgetastet, das die photographische Dichte, die Schwärzung, der einzelnen Bildpunkte mißt. Die Fourier-Transformierte des sich ergebenden Zahlenfeldes ist praktisch das numerische Analogon zum Beugungsmuster des untersuchten Objektes (drittes Bild von oben). Jetzt lassen sich die zu den Enten gehörenden Signale, also die starken, in einem regelmäßigen Gitter angeordneten Maxima, von den Rauschsignalen, den zufällig verteilten Maxima, trennen. In der Photographie waren beide miteinander vermischt. Aus der Signalinformation wurde über eine zweite Transformation, die Fourier-Synthese, schließlich das Bild rekonstruiert (viertes Bild von oben). Das Rauschen ist darin unterdrückt und das periodische Muster der Enten kräftig verstärkt. Ein noch klareres Bild ergibt sich durch ein Mittelungsverfahren, das jene Maxima aufsummiert, die durch die Gittersymmetrie einander äquivalent sind. Das störende Rauschen mittelt sich dabei heraus (unten).

plitude (Stärke), Polarisation (Schwingungsrichtung) und Phase (Verschiebung gegenüber dem gemeinsamen Ursprung) unterscheiden. In der Fourier-Transformierten des Bildes erscheint jede Sinuswelle, also jeder Fourierterm, in Form zweier scharfer Maxima beidseits des Ursprungs. Sie liegen symmetrisch zu ihm, wobei ihr Abstand von ihm umgekehrt proportional zur Wellenlänge ist. Jedes Maximum hat eine Amplitude und eine Phase, welche die Stärke und relative Verschiebung der Welle angeben. Das Muster der Maxima in der Transformierten spiegelt daher die periodischen Strukturen und Symmetriebeziehungen in der Abbildung wider.

Da die Dichten der Atome, die den Kristall aufbauen, auf einem periodischen Gitter angeordnet sind, liefert die erste Fourier-Transformierte ein regelmäßiges Muster starker Maxima, die sich von den wenigen auf das Gitter entfallenden Sinuswellen-Komponenten ableiten. Es ergeben sich zwar auch Maxima, die vom Rauschen herrühren. Doch da die zufälligen Dichteschwankungen des Rauschens alle möglichen Sinuswellen-Komponenten enthalten, sind solche Maxima auch überall zufällig verteilt. Die erste Fourier-Transformierte, die im zweiten Schritt aus der Schwärzung, den Dichtedaten des elektronenmikroskopischen Bildes, errechnet wurde, besteht daher aus einem Gitter starker Maxima, das den zufälligen Hintergrundsignalen überlagert ist.

Im dritten Schritt nun trennt ein entsprechend programmierter Computer jene Maxima, die ein regelmäßiges Muster bilden, von den dazwischenliegenden Maxima, die dem Rauschen entstammen. Nur Informationen, die tatsächliche Strukturdetails widerspiegeln, gehen schließlich in die abschließende Fourier-Synthese ein, durch die das Bild rekonstruiert wird.

Dabei läßt sich zusätzlich das Mittelungsverfahren anwenden. Es identifiziert und summiert durch Überlagerung gerade jene Maxima auf, die durch die Gittersymmetrie einander äquivalent sind. Diese Verstärkung liefert ein noch klareres Bild von der wahren Struktur des Moleküls (Bild 6, unten).

Daß nicht nur die Struktur eines Molekülaggregates, sondern sogar die eines einzelnen Moleküls erkennbar sein sollte, wenn man ein „schlechtes" elektronenmikroskopisches Bild entsprechend analysieren könnte – diese Idee gab es bereits, noch ehe die technischen und methodischen Möglichkeiten dafür vorhanden waren. So hatte Robert M. Glaeser von der University of California in Berkeley Computersimulationen durchgeführt, die die enormen Möglichkeiten dieses Verfahrens aufzeigten. Praktikabel wurde es jedoch erst, als leistungsfähigere Computer die großen Fourier-Transformierten (mit mehreren Hunderttausend Termen) innerhalb einer vertretbaren Zeitspanne berechnen konnten, und als neu entwickelte Methoden gewährleisteten, daß nichtkontrastierte Membranpräparate im Vakuum des Elektronenmikroskops überhaupt ihren Originalzustand beibehielten.

Eine von uns gefundene Methode besteht darin, das Präparat in eine Glucoselösung zu tauchen. Verdunstet das Wasser im Vakuum, so bleibt ein nichtkristalliner Glucose-Film zurück, der der Membran das hydrophile Medium ihrer natürlichen wäßrigen Umgebung ersetzt. Bei einer anderen Methode – sie wurde von Kenneth A. Taylor und Glaeser in Berkeley entwickelt – wird das Präparat in einem Film aus Wasser oder einer Salzlösung eingefroren und bei so tiefer Temperatur untersucht, daß das Eis nicht sublimieren kann.

Bakteriorhodopsin

Wir machten uns diese Fortschritte nun zunutze, um zunächst die Struktur von Bakteriorhodopsin aufzuklären. Dieses einfache Protein kommt in der Zellmembran der Halobakterien vor, die nur in Wasser mit sehr hoher Kochsalz-Konzentration gedeihen, wie in Salzseen und Salzgärten (das sind flache hintereinandergeschaltete Becken, in denen man Sole zur Salzgewinnung verdunsten läßt). Das eigentliche Protein, eine Kette aus 248 Aminosäuren, ist mit einer Gruppe verbunden: dem Retinal, dem Aldehyd des Vitamin A. Retinal ist das lichtabsorbierende Element in tierischen Sehpigmenten, so auch im Rhodopsin, dem „Sehpurpur" in den Stäbchen der menschlichen Netzhaut.

In der Purpurmembran der Halobakterien arbeitet das Bakteriorhodopsin als lichtgetriebene Protonen-Pumpe, die eine ungewöhnliche Form der Photosynthese unterhält. Bakteriorhodopsin aggregiert, was ebenso ungewöhnlich ist, innerhalb der Membran zu kristallinen Bereichen. Darin liegen dann Zehntausende von Proteinmolekülen und Hunderttausende von Lipidmolekülen dicht gepackt in einem hexagonalen Gitter zusammen (Bild 4). Solche Stellen lassen sich ohne große Schwierigkeit isolieren und, in einen Glucosefilm eingebettet, direkt untersuchen.

Wir wollten zuerst das Elektronen-Beugungsmuster der kristallinen Anordnung und dann Aufnahmen von ihr für die Fourier-Transformationen herstellen. Für das Beugungsmuster unterbricht man einfach den üblichen Strahlengang im Elektronenmikroskop: Die von den Atomen im Präparat abgelenkten Elektronen werden nicht durch die bilderzeugende magnetische Linse des Mikroskops fokussiert, sondern direkt auf einem photographischen Film registriert.

Die Purpurmembran erwies sich jedoch als so strahlenempfindlich, daß es unmöglich war, das übliche Verfahren einzuhalten, bei dem das Beugungsmuster zunächst auf einem fluoreszierenden Bildschirm betrachtet und dann aufgenommen wird. Das Beugungsmuster verschwand einfach schon vor unseren Augen. Wir schafften es, auf diese Vorbestrahlung zu verzichten, und bekamen einige klare hexagonale Beugungsmuster (Bild 5, links). Die Intensität der Punkte gab uns die Stärke der Sinuswellen an, aus denen sich das Bild der kristallinen Molekülanordnung zusammensetzt; sie lieferte uns also die Amplituden der Fourierterme.

Um die Phase der Sinuswellen und damit ihre Phasenverschiebung gegenüber einem gemeinsamen Ursprung zu bekommen, machten wir anschließend eine richtige Aufnahme der molekularen Anordnung. Eine nicht kontrastierte Purpurmembran liefert allerdings bei geringer Elektronen-Dosis nur eine nichtssagende strukturlose Mikrophotographie, über die jeder in Elektronenmikroskopie Erfahrene entsetzt wäre (Bild 5, rechts). Betrachtet man das Bild aber in einem optischen Diffraktometer, so zeigt sich ein scharf gezeichnetes, kristallines Beugungsmuster. Die schwachen periodischen Details, die im Bild über Tausende sich wiederholender Einheiten verstreut sind, sind nun zu einer sehr viel kleineren Anzahl scharfer Punkte zusammengefaßt.

Bereiche auf der Mikrophotographie, die Berechnungen nach mindestens mehrere Tausend Bakteriorhodopsin-Moleküle umfassen, wurden dann mit einem Mikro-Densitometer abgetastet. Die Fourier-Transformierten dieser Schwärzungswerte wurden schließlich zusammen mit den aus dem Beugungsmuster gewonnenen Amplituden benutzt, eine gemittelte Darstellung der molekularen Anordnung zu synthetisieren. Man erhält so eine Höhenlinien-Karte der Atomdichten, die die Struktur der Purpurmembran in Projektion – also in Aufsicht ohne Tiefe – zeigt. Die Bildeigenschaften des Mikroskops begrenzten das Auflösungsvermögen dieser Karte auf 0,7 Nanometer, das heißt, zwei enger beieinander liegende Strukturen waren praktisch nicht mehr als getrennte Merkmale zu unterscheiden.

Die Karte zeigte aber ein auffallendes Muster von Maxima, als würde man ein Bündel von Stäbchen von seiner Stirnseite betrachten (Bild 8). Die Maxima hatten einen Abstand von 1,05 Nanometer.

Bei anderen Proteinen waren solche stäbchenartigen Muster in niedrig aufgelösten Höhenlinienkarten als Alpha-Helices identifiziert worden. Es sah also so aus, als weise das Bakteriorhodopsin-Molekül als Hauptkennzeichen einen Satz von Alpha-Helices auf, die ungefähr senkrecht zur Lipid-Doppelschicht verlaufen. Und genau eine solche alpha-helikale Packung der Peptidkette hatten einer von uns (Henderson) sowie Allen E. Blaurock vom King's College in London anhand von Röntgenbeugungsmustern zentrifugierter und daher dicht gepackter Purpurmembranen bereits vorausgesagt.

Die offensichtliche Bestätigung war zwar erfreulich, aber einige quälende Fragen blieben. So konnten wir keine Aussagen darüber machen, wie weit die Helixstäbchen in die Doppelschicht eintauchen oder wie groß ihr Anteil am Gesamtmolekül ist. Denn neben den deutlichen Maxima zeigte die Höhenlinienkarte eines jeden Moleküls noch einen kontinuierlichen Dichtestreifen, der sich jeder Interpretation entzog (Bild 8). Es war klar, daß wir dreidimensional analysieren mußten.

Die dreidimensionale Struktur des Proteins

DeRosier und Klug hatten allgemeine Regeln für die Aufklärung der dreidimensionalen Struktur biologischer Moleküle aufgestellt. Dazu werden die Informationen, die in einer Anzahl verschiedener zweidimensionaler Ansichten stecken, miteinander kombiniert.

Bei einem optischen Stereomikroskop sieht jedes Auge das Objekt aus einem etwas anderen Winkel; das Gehirn verrechnet dann die beiden ebenen Bilder zu einem einzigen und schafft so den räumlichen Eindruck. Ganz ähnlich kann man auch mit einem Elektronenmikroskop ein Objekt unter zwei verschiedenen Winkeln aufnehmen und dann die beiden Mikrophotographien durch ein Stereoskop betrachten. Allerdings liefert dieses Verfahren zu wenig Detailinformationen für eine genaue dreidimensionale Rekonstruktion des Objektes. Der Fouriertheorie nach ist jedoch eine solche Rekonstruktion möglich, wenn man nicht nur zwei Ansichten, sondern eine ganze Serie unter jeweils geringfügig anderen Winkeln aufnimmt und auswertet. Jede Aufnahme einer solchen Kippserie zeigt eine andere Projektion des Objektes (Bild 7). Sie wird dann – wie beschrieben – in ihre Transformierte zerlegt, so daß sich Signale und Rauschen über die Fourierterme trennen lassen. Aus den Termen aller Projektionen wird ein vollständiger dreidimensionaler Satz von Termen konstruiert, aus dem sich

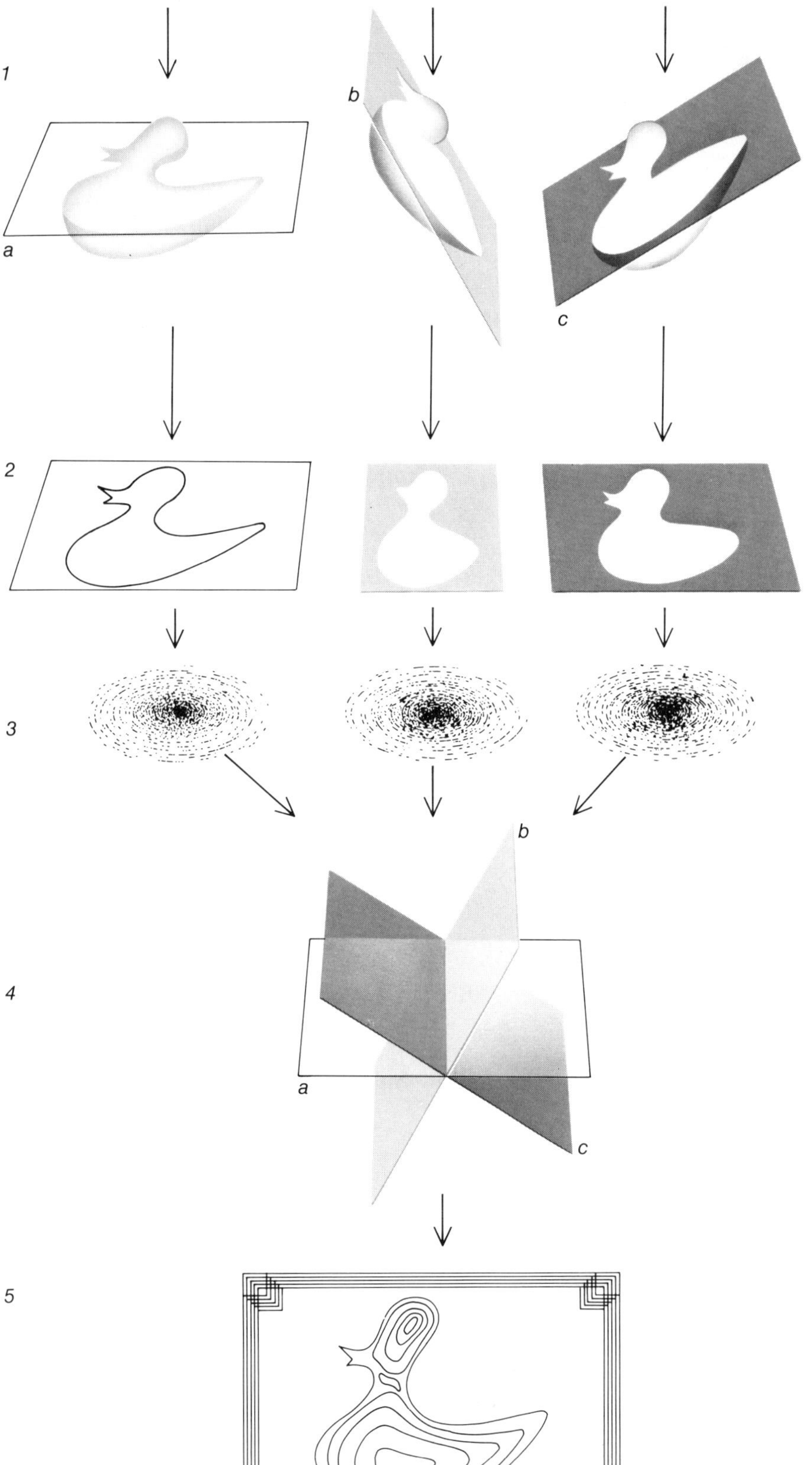

Bild 7: Eine dreidimensionale Ansicht läßt sich aus einer Serie von Mikrophotographien rekonstruieren, bei denen das Präparat schrittweise gegenüber dem Elektronenstrahl geneigt wurde (1). Die Mikrophotographien einer solchen Kippserie zeigen das Objekt in verschiedenen Projektionen (2). Aus ihnen werden die zugehörigen Fourier-Transformierten errechnet (3). Sie entsprechen jeweils einer anders geneigten Ebene durch den Ursprung einer dreidimensionalen Fourier-Transformierten (4). Aus einer Vielzahl solcher Ebenen, drei sind hier nur dargestellt, läßt sich die vollständige dreidimensionale Transformierte ermitteln. Nach ihr zeichnet dann ein Computer eine Serie von Höhenlinienkarten auf transparente Folie. Da jede Karte die Dichtewerte einer anderen Schichtebene des Objektes zeigt, ergeben sie übereinandergestapelt die vollständige dreidimensionale Struktur (5). Bild 9 zeigt einen solchen Stapel.

dann eine dreidimensionale Darstellung des Objektes synthetisieren läßt.

Für eine perfekte dreidimensionale Darstellung des Bakteriorhodopsins hätten wir die Purpurmembran unter Neigungswinkeln von 0 bis 90 Grad aufnehmen müssen. Das war zwar nicht möglich, doch gelang es uns, 18 Mikrophotographien aus dem Bereich zwischen 0 und 57 Grad zu bekommen. Wir haben dazu das Präparat so bewegt, daß jede Aufnahme von einem anderen Bereich der Membran stammte, der noch nicht vom Elektronenstrahl geschädigt war. Aus den Fourier-Transformierten dieser Mikrophotographien erhielten wir die Amplituden und Phasen des ganzen Satzes von Fouriertermen.

Um bessere Amplitudenwerte zu bekommen, nahmen wir auch 15 Beugungsmuster unter unterschiedlichen Neigungswinkeln auf. Die Ergebnisse der Fouriersynthese wurden schließlich in zehn übereinander gestaffelten Höhenlinienkarten graphisch dargestellt; jede entsprach einer anderen Schichtebene in der Membran (Bild 9).

Jetzt war zu erkennen, daß sich das Bakteriorhodopsin-Molekül aus sieben „Dichtestäbchen", also vermutlich sieben alpha-helikalen Abschnitten, zusammensetzt, die sich in voller Länge durch die Membran erstrecken. Dabei stecken drei der Stäbchen tatsächlich senkrecht in der Doppelschicht, wie wir bereits aus der Projektionsansicht vermutet hatten. Die anderen vier Stäbchen sind etwas geneigt, so daß sich in der zweidimensionalen Projektion verschiedene Querschnitte von ihrer Dichte teilweise überlagert hatten. So waren diese Stäbchen darin nur unscharf aufgelöst worden. Die Richtung, in der die Stäbchen geneigt sind, steht in Einklang mit theoretischen Überlegungen, die Francis H. C. Crick bereits 1953 für nebeneinander gepackte Alpha-Helices angestellt hatte.

Die Abschnitte der Polypeptidkette, die diese sieben Stäbchen miteinander verbinden, sind bei einer Auflösung von 0,7 Nanometern nicht auszumachen. Wir konnten jedoch die Gesamtlänge dieser nicht-helikalen Abschnitte abschätzen, indem wir von den 248 Aminosäuren des vollständigen Proteins die Anzahl jener abzogen, die für die sieben Helices in etwa erforderlich ist. Aus der Differenz von rund 70 Aminosäuren war zu schließen, daß die nicht-helikalen Abschnitte nur kurze Zwischenstücke sein konnten, die auf beiden Seiten der Membran die Helices miteinander verbinden.

Das bestätigte sich, als Jurij A. Owtschinnikow vom M. M. Schemjakin-Institut für bioorganische Chemie in Moskau und die Arbeitsgruppe von H. Gobind Khorana am Massachusetts Institute of Technology die Aminosäurese-

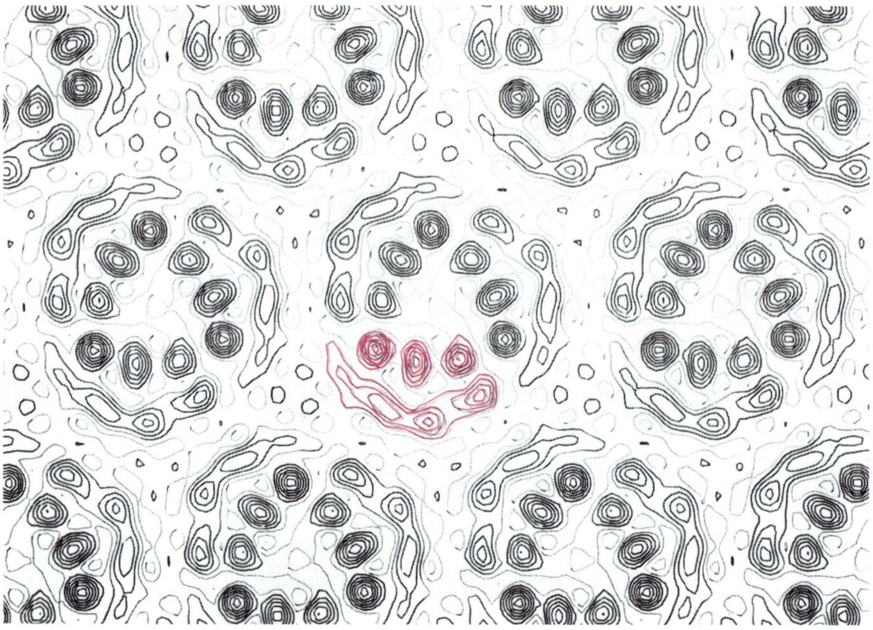

Bild 8: Diese zweidimensionale Höhenlinienkarte zeigt eine Projektion der kristallin angeordneten Bakteriorhodopsin- und Lipidmoleküle, wie sie aus einer elektronenmikroskopischen Aufnahme (Bild 5) durch Fourier-Analyse ermittelt wurde. Eines der Proteinmoleküle ist farbig hervorgehoben. Die Höhenlinien verbinden Punkte gleicher Atomdichte. Da die Werte einer einzigen, quer zum Elektronenstrahl orientierten Ansicht entstammen, sind in dieser Karte die Dichtewerte einer jeden Schichthöhe aufsummiert (Bild 7, unten). Dadurch lassen sich nur senkrecht zur Membran verlaufende Strukturen ohne weiteres identifizieren. Im Bakteriorhodopsin sind das die drei deutlichen Dichtemaxima (konzentrische Höhenlinien); sie deuten auf drei von der Stirnseite zu sehende Alpha-Helices hin. Das Molekül weist außerdem einen kontinuierlichen Dichtestreifen auf (gratartige Höhenlinien), der sich erst anhand einer dreidimensionalen Ansicht, wie sie in Bild 9 dargestellt ist, erklären ließ.

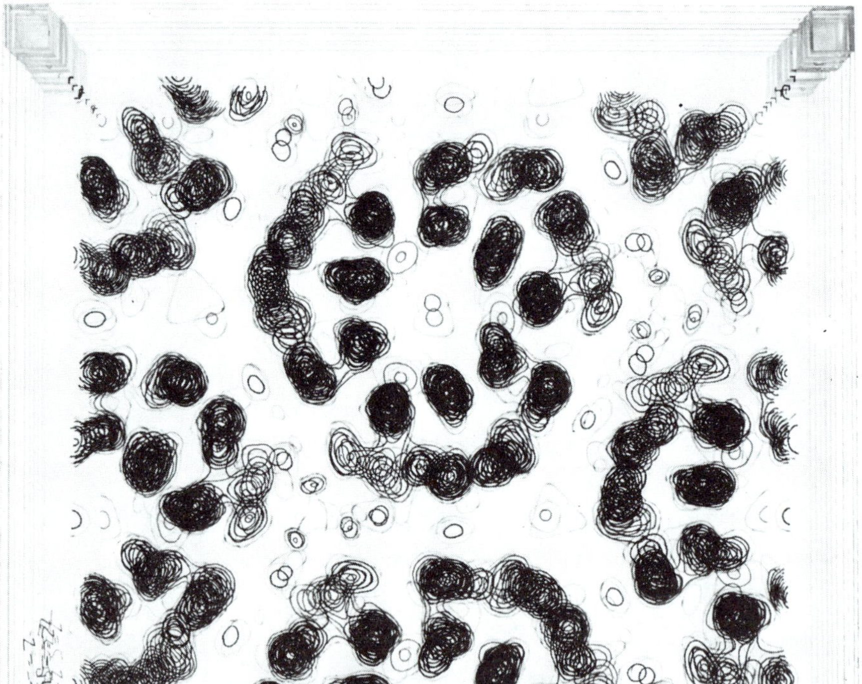

Bild 9: Eine dreidimensionale Darstellung der Bakteriorhodopsin- und Lipid-Moleküle ergibt sich aus übereinandergestapelten Höhenlinienkarten, die jeweils die Dichtewerte unterschiedlicher Schichthöhen zeigen (Bild 7, unten). Hierin lösen sich nun die gratartigen Höhenlinien der Projektion (oben) in vier getrennte Gruppen nahezu kreisförmiger Höhenlinien auf. Sie entsprechen vier weiteren Alpha-Helices, die schräg zur Senkrechten stehen. Demnach enthält jedes einzelne Bakteriorhodopsin-Molekül sieben Alpha-Helices. Das in Bild 1 gezeigte Computerdiagramm ergibt sich aus der Umhüllenden aller dargestellten Höhenlinien.

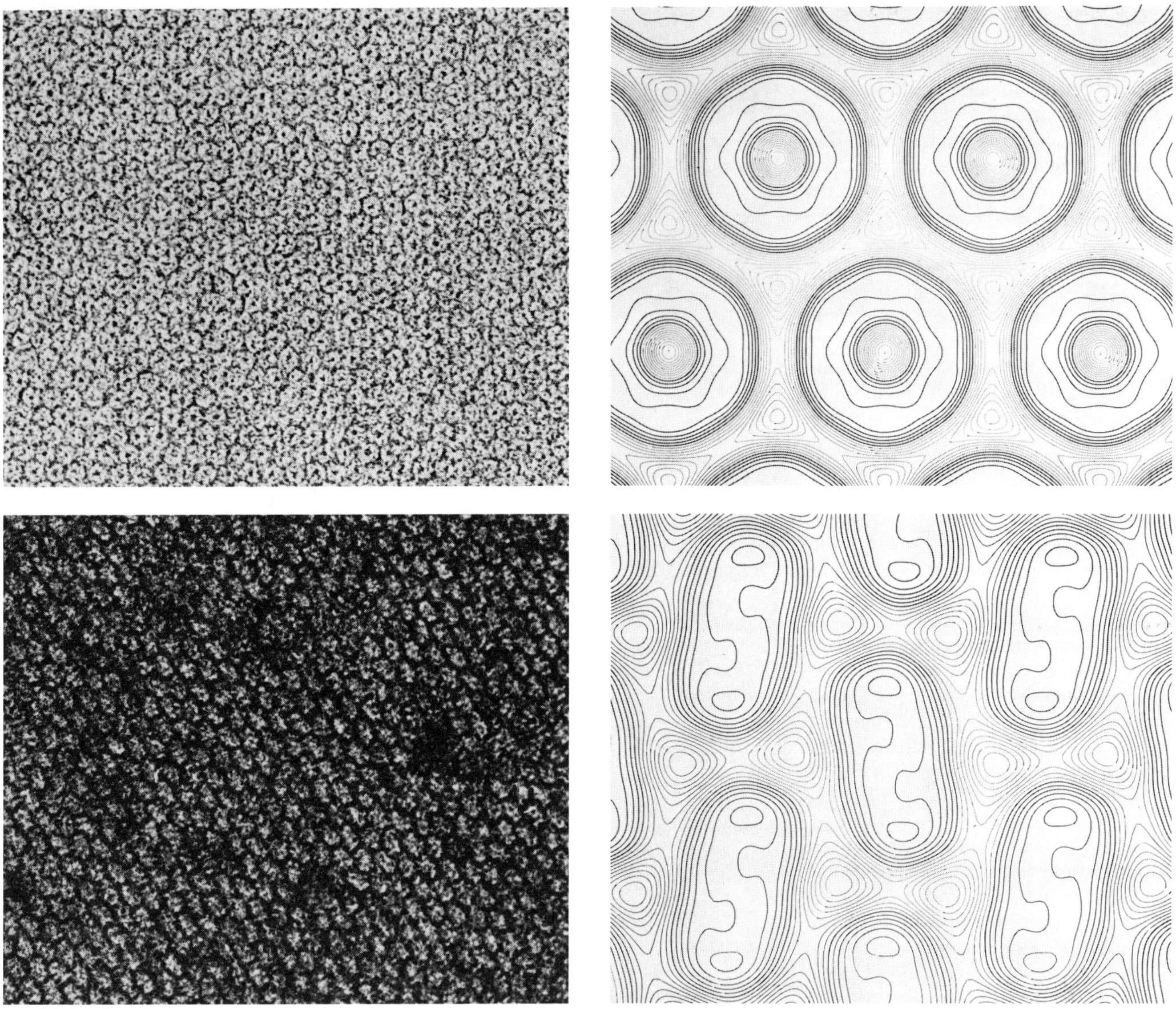

Bild 10: Zwei größere Membranproteine, das Connexon (oben) und die Cytochrom-*c*-Oxidase (unten), wurden ebenfalls von den Autoren und deren Mitarbeitern untersucht. Die Mikrophotographien sind links, die zugehörigen Höhenlinienprojektionen rechts dargestellt. Die Mikrophotographien sind zwar kontrastreicher als die des Bakteriorhodopsins (Bild 5), weil die Präparate mit Negativkontrastmittel behandelt wurden; doch kommen bei diesen größeren Proteinen weniger periodische Einheiten auf eine gegebene Fläche. Deshalb ist die Auflösung der Höhenlinienkarten geringer: beim Connexon ungefähr 1,8 Nanometer, bei der Cytochrom-*c*-Oxidase sogar nur etwa 2,5 Nanometer. Die gewellten schwarzen Höhenlinien auf der Connexon-Karte deuten auf einen sechslappigen Ring hin, der einen zentralen Bereich geringerer Dichte (graue Höhenlinien) umgibt. Er entspricht dem Kanal im Inneren des Connexons. Aus Karten der Cytochrom-*c*-Oxidase ist zu schließen, daß das Protein als Dimer vorliegt, dessen beide Moleküle sich durch Drehung um 180 Grad ineinander überführen lassen. Sie haben also eine zweizählige Symmetrieachse. Dreidimensionale Höhenlinienkarten lieferten schließlich weitere strukturelle Einzelheiten und damit ein Modell der beiden Proteine (Bild 11).

quenz des Bakteriorhodopsins bestimmten. Sie enthält sieben Abschnitte mit vorwiegend hydrophoben Aminosäuren und sechs kurze, sie trennende hydrophile Stücke – eine Abfolge, die wohl den sieben alpha-helikalen Stäbchen im hydrophoben Inneren der Membran und den sechs Verbindungsstücken an der hydrophilen Oberfläche der Membran entspricht.

Die verfügbaren chemischen und strukturellen Daten reichen allerdings noch nicht aus, das Bakteriorhodopsin und seinen Protonen-Pumpmechanismus vollständig zu beschreiben. Dafür muß man erst die genaue räumliche Position jeder einzelnen Aminosäure und die der Retinal-Gruppe kennen. Unsere Ergebnisse geben aber doch die Zuversicht, daß die allgemeinen, aus der Röntgenstrukturanalyse wasserlöslicher Proteine gewonnenen Strukturregeln auch für die fettlöslichen Proteine in biologischen Membranen gelten.

Connexone

Benachbarte Zellen müssen miteinander kommunizieren können, wenn sie ihren Stoffwechsel aufeinander abstimmen und auch sonst in einem Gewebe zusammenarbeiten sollen. Sie haben dafür besondere Kontaktstrukturen, sogenannte Zellhafte. Eine davon ist die *gap junction*, deren Name aus dem Englischen übernommen wurde. An ihr nähern sich benachbarte Membranen bis auf einen sehr schmalen Spalt (englisch *gap*).

In diesen kleinen plattenartigen Membranbereichen sitzen Bündel aus kurzen Röhren, die aus je zwei hintereinandergeschalteten, etwa zylindrischen Proteinen, den Connexonen (von lateinisch *connexio*, Verknüpfung), bestehen. Jedes Connexon ist in seiner Zellmembran verankert und ragt in den Interzellularraum, wo es dann mit einem Connexon der benachbarten Membran verknüpft ist. Auf diese Weise entsteht eine durchgehende Verbindung zwischen dem Inneren beider Zellen, die den Interzellularraum überbrückt.

Ein Connexon besteht aus mehreren Protein-Untereinheiten, die alle ungefähr das gleiche Molekulargewicht haben wie ein Bakteriorhodopsin-Molekül. Die Untereinheiten sind so angeordnet, daß sie einen zentralen Kanal, das Innere der interzellulären Röhre, zwischen sich freilassen.

Werner R. Loewenstein und seine Mitarbeiter an der University of Miami School of Medicine haben den Durchmesser eines solchen Kanals bestimmt, indem sie fluoreszierende Farbstoffe unterschiedlicher Molekülgröße einer einzelnen Zelle injizierten und die Ausbreitung in benachbarte Zellen beobachteten. Der Kanal hat danach einen Durchmesser von 1,5 bis 2 Nanometern und ist damit weit genug, daß nicht nur kleine Ionen, sondern auch gewisse Nährstoff- und Boten-Moleküle wie cyclisches Adenosinmonophosphat (cAMP) passieren können.

Die Connexone tragenden Zellhafte lassen sich mit einem Detergens isolieren. Man gewinnt dadurch kristalline, hexagonale Anordnungen von Connexonen, die in zwei gegenüberliegenden Membranschichten stecken und noch miteinander verknüpft sind. Diese kristallinen Bereiche enthalten weniger periodische Einheiten pro Fläche als die Purpurmembran. Ihre elektronenmikroskopische Analyse liefert daher nur Höhenlinienkarten mit recht niedriger Auflösung (Bild 10, oben).

Zum Sichtbarmachen unterschiedlicher Strukturbereiche wandten wir zwei sich ergänzende Verfahren an: die Negativkontrastierung, die nur die Umrisse der äußeren, hydrophilen Oberfläche sichtbar macht, und das erwähnte Einfrieren in einem hauchdünnen Film aus Wasser.

Die Dichteunterschiede zwischen Protein, Lipid und Eis erzeugen genügend Kontrast, so daß sich Einzelheiten im Inneren der Membran erkennen lassen. Der Dichteunterschied zwischen Protein und Wasser (der im Vergleich zu dem zwischen Protein und Glucose sehr groß ist) macht überdies auch die Teile des Proteins sichtbar, die aus der Doppelschicht herausragen. Im Falle der Connexone tragenden Zellhafte wiegt der Vorteil einer wirklich wäßrigen Umgebung die Schwierigkeit auf, das Präparat im Vakuum des Elektronenmikroskops dauerhaft eingefroren zu halten.

Auf negativkontrastierten Aufnahmen sieht das Connexon wie ein Ring aus, der einen zentralen, mit Kontrastmittel „gefüllten" Bereich umschließt: Das ist sein Kanal.

Um zu klären, wie sich die Protein-Untereinheiten um diesen Kanal ordnen,

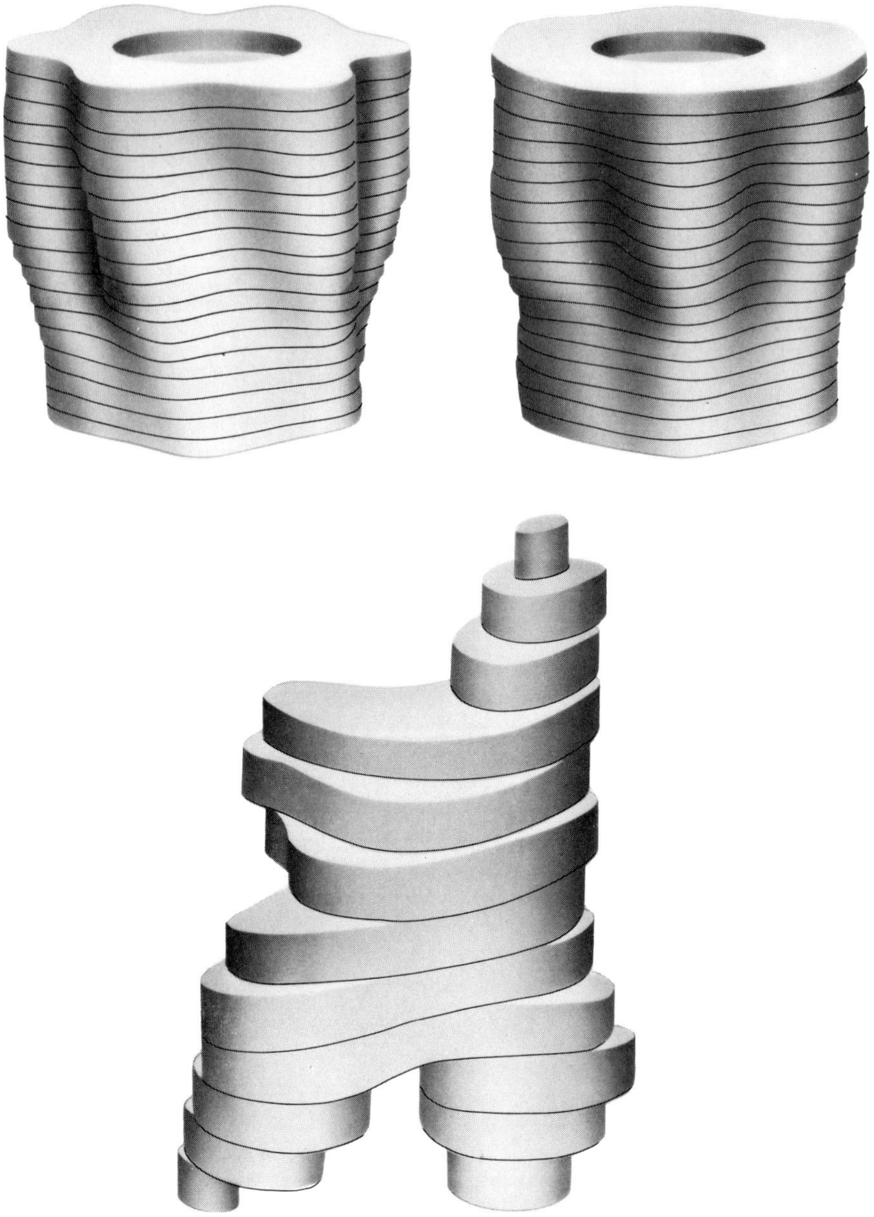

Bild 11: Diese schematische Darstellung zweier Connexon-Moleküle (oben) und eines einzelnen Cytochrom-*c*-Oxidase-Moleküls (unten) basiert auf Modellen, die sich aus den dreidimensionalen Höhenlinienkarten ergeben haben. Das Connexon wurde sowohl in einem calciumfreien Medium (links) als auch in einem calciumhaltigen Medium (rechts) untersucht. Die Calcium-Ionen veranlassen die sechs schräg geneigten Untereinheiten des Moleküls, sich zu drehen und mehr senkrecht zur Membranebene zu stellen. Dadurch verengen die Untereinheiten offensichtlich den von ihnen eingeschlossenen Kanal. Das recht große Einzelmolekül der Cytochrom-*c*-Oxidase hat die Form eines Y (unten). Sein Stamm ragt aus der inneren Membran der Mitochondrien heraus und reagiert dort mit dem Cytochrom *c*.

haben Guido A. Zampighi vom Duke University Medical Center und einer der Autoren (Unwin) die beschriebenen Bildanalyse- und Rekonstruktions-Verfahren herangezogen. Bei einer Auflösung von 1,8 Nanometern ließen die ringförmigen Höhenlinien der gewonnenen Karte sechs regelmäßige Ausbuchtungen erkennen (Bild 10, rechts oben). Sie deuten auf sechs den Kanal umschließende Protein-Untereinheiten hin. Da sich in der Projektion jedoch die beiden gegenüberstehenden Connexon-Moleküle überlagerten, konnte auch hier erst eine dreidimensionale Karte die Konfiguration der ganzen Struktur erhellen.

Eine Serie von Mikrophotographien – aufgenommen unter verschiedenen Winkeln sowie entsprechend aufbereitet und ausgewertet – zeigte, daß tatsächlich sechs Untereinheiten vorliegen. Sie ragen aus beiden Seiten der Membran heraus. Nach innen, zum Zytoplasma hin, stehen sie weniger als 1 Nanometer über; nach außen hingegen, wo sie das gegenüberliegende Connexon berühren, sind es zwischen 1,5 und 2,0 Nanometer (Bild 12, Mitte).

Die Untereinheiten sind so gegenüber der Kanalachse gekippt, daß sie eine schwach trichterförmige Öffnung bilden. Ihre Neigungsrichtung ist die gleiche wie die der alpha-helikalen Elemente im Bakteriorhodopsin. Der Kanal selbst verjüngt sich dadurch etwas; am extrazellulären Ende (im Interzellularraum) ist er vielleicht 2,0 Nanometer weit, am intrazellulären Ende aber so eng, daß er sich auf unserer Karte nicht mehr vollständig auflösen läßt.

Der Tor-Effekt

In lebendem Gewebe öffnen und schließen sich diese Kanäle: Sie reagieren damit auf entsprechende Veränderungen in der Zelle. Dieser Tor-Effekt ist für organisches Gewebe lebensentscheidend. So riegelt er unter anderem lebende Zellen hermetisch von sterbenden ab und verhindert damit den Verlust wichtiger Nährstoffe.

Wie der molekulare Mechanismus arbeitet, war aus einigen unserer Aufnahmen zu schließen. Dort war nämlich eine offenbar andere Connexon-Form mit einem weniger scharf abgegrenzten Innenkanal zu erkennen. Die aus diesen Aufnahmen gewonnene dreidimensionale Karte zeigte eine Konfigurationsänderung der Untereinheiten. Diese waren am intrazellulären Ende weniger gegenüber der Achse gekippt und damit näher zusammengerückt, was den Kanal dort verengte. Die Konfigurationsänderung war anscheinend durch kleine Gleit- und Kippbewegungen der Untereinheiten entlang ihrer Berührungsflächen zustandegekommen. Solche Verlagerungen, die ein wenig den Bewegungen der Lamellen in einer photographischen Irisblende ähneln, könnten, so schien es uns, für das Öffnen und Schließen der Kanäle in lebendem Gewebe verantwortlich sein.

Ob dies zutrifft, wurde kürzlich von Peter D. Ennis und einem von uns (Unwin) an der Stanford University School of Medicine geprüft. Bekannt war, daß das Öffnen und Schließen der Kanäle in den Connexone tragenden Zellhaften vom intrazellulären Gehalt an Calcium-Ionen abhängt. Wir untersuchten daher die Struktur des Kanal-Proteins sowohl in Abwesenheit als auch in Anwesenheit von Calcium-Ionen. Die Membran war dabei wieder in einem dünnen Eisfilm eingefroren.

Tatsächlich bewirkte Calcium, daß sich die Untereinheiten gerade aufrichteten und die Kanäle verengten (Bild 11, oben). Dies bestätigte uns, daß eben diese Umordnung doch mit ziemlicher Wahrscheinlichkeit den Molekültransport von Zelle zu Zelle reguliert.

Noch wissen wir wenig über den inneren Aufbau des Connexons. Doch gibt es einige auf röntgenologischen Untersuchungen basierende Ergebnisse. So haben Lee Makowski, Donald L. D. Caspar, Daniel A. Goodenough und Walter C. Phillips von der Brandeis-Universität Röntgen-Beugungsmuster von zentrifugierten und daher dicht gepackten Membranen erhalten, aus denen hervorgeht, daß die Polypeptidketten des Connexons im Gegensatz zum Bakteriorhodopsin einige Bereiche mit Beta-Faltblattstruktur aufweisen, also nicht fast ausschließlich alpha-helikal gewunden sind.

Wir hoffen, kristalline Anordnungen von Connexonen herstellen zu können, die eine größere Zahl periodischer Einheiten enthalten als die bislang von uns untersuchten Proben. Damit könnten wir die Auflösung unserer Karten erhöhen und zugleich die Expositionsdauer der Präparate verkürzen, was das Problem der Strahlenschädigung lösen würde. Besser auflösende Karten sollten die Struktur der Polypeptidketten genauer sichtbar machen.

Cytochrom-*c*-Oxidase

Das dritte Membranprotein, dessen dreidimensionale Struktur sich zu klären beginnt, ist die Cytochrom-*c*-Oxidase. Dieses Enzym besteht aus mindestens sieben Polypeptidketten und ist rund sechsmal so groß wie das Bakteriorhodopsin. Es sitzt nicht in der Zellmembran, sondern in der inneren Membran der Mitochondrien. Diese energieliefernden Zell-Organellen sind von einer Doppelmembran umhüllt, die den sogenannten Intermembranraum zwischen sich einschließt.

Das Enzym katalysiert die Oxidation von Cytochrom *c*, das an der Außenseite der inneren Membran, also im Intermembranraum, vorliegt. Bei dieser Reaktion werden vier aus dem Innenraum der Mitochondrien stammende Protonen mit vier von Cytochrom-*c*-Molekülen gelieferten Elektronen und einem Sauerstoff-Molekül unter Bildung von zwei Molekülen Wasser vereinigt. Da der Matrix, dem Mitochrondien-Innenraum, Protonen entzogen werden, baut sich ein Protonen-Gradient quer durch die Innenmembran auf. Dieser Gradient ist die unmittelbar treibende Kraft für die Bildung von Adenosintriphosphat (ATP), das dann Energie für den Zellstoffwechsel liefert.

In den Membranen lebender Mitochondrien gibt es keine kristallinen Bereiche von Cytochrom-*c*-Oxidase. Sie lassen sich aber erzeugen, indem man Mitochondrien mit Detergentien behandelt, die einige Bestandteile selektiv ex-

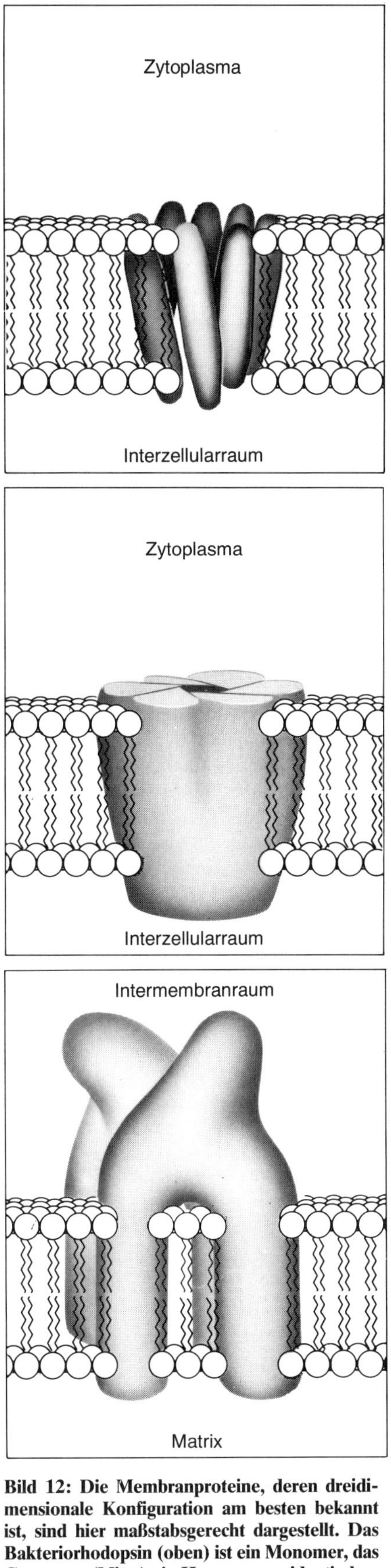

Bild 12: Die Membranproteine, deren dreidimensionale Konfiguration am besten bekannt ist, sind hier maßstabsgerecht dargestellt. Das Bakteriorhodopsin (oben) ist ein Monomer, das Connexon (Mitte) ein Hexamer aus identischen Untereinheiten, die Cytochrom-*c*-Oxidase (unten) ein dimerer Komplex aus je sieben Polypeptidketten. Die ersten beiden Proteine kommen in Zellmembranen vor, das dritte Protein sitzt in der inneren der beiden Membranen, welche die Mitochondrien, die Kraftwerke der Zellen, umhüllen. Es ragt mit seinem Stamm in den dazwischenliegenden Intermembranraum hinein.

trahieren und dadurch andere anreichern.

Roderick A. Capaldi von der University of Oregon stellte fest, daß zwei solcher kristallinen Anordnungen nur Cytochrom-*c*-Oxidase enthalten. James F. Deatherage und einer von uns (Henderson) haben nun zusammen mit Capaldi und Stephen D. Fuller diese beiden kristallinen Anordnungen analysiert.

Um die aus der Membran herausragenden Teile der Proteine sichtbar zu machen, haben wir die Präparate negativkontrastiert. Für die in der Membran eingebetteten Teile haben wir hingegen den Glucose-Film herangezogen.

Die sieben Polypeptidketten der Cytochrom-*c*-Oxidase unterscheiden sich in ihrer Größe und Aminosäure-Sequenz. Die chemische Asymmetrie spiegelt sich auch in der Gestalt des Proteins wider. Der Teil, der weitgehend in die Lipid-Doppelschicht eingebettet ist, läßt sich in zwei klar aufgelöste Domänen trennen, die weniger als 2 Nanometer weit in die Matrix hineinragen. Diese beiden sind mit einer größeren dritten Domäne verbunden, die aus der gegenüberliegenden, also äußeren Seite der Innenmembran rund 5,5 Nanometer in den Intermembranraum vorspringt (Bild 12, unten). An dieser Seite reagiert das Enzym mit dem Cytochrom *c*. Insgesamt sieht das Molekül wie ein schiefes Y aus, dessen Arme weitgehend in der Lipid-Doppelschicht eingebettet sind und dessen Stamm in den Intermembranraum hineinragt.

Glücklicherweise waren die Proteinmoleküle in unseren beiden kristallinen Präparationen verschieden angeordnet, so daß wir die Begrenzungen zwischen den benachbarten Molekülen verfolgen konnten (Bild 10, unten). In der einen Anordnung, die vermutlich den Zustand des Enzyms in normaler Umgebung widerspiegelt, liegt das Protein als Doppelmolekül – als Dimer – vor, in dem sich die beiden Einzelmoleküle durch Drehung um 180 Grad ineinander überführen lassen. (Man spricht von einer zweizähligen Drehachse.)

Wie bei den Connexonen ist auch bei der Cytochrom-*c*-Oxidase die Zahl periodischer Einheiten innerhalb einer gegebenen Fläche des zweidimensionalen Kristalls relativ klein, was nur eine niedrige Auflösung in unseren Bildern zuließ. Die Oxidase ist ein besonders großes Protein: Der dimere Komplex aus sieben verschiedenen Polypeptidketten bringt es auf ein Molekulargewicht von 330 000. Wahrscheinlich wird daher die hochauflösende Strukturanalyse der beiden kleineren Proteine eher beendet sein als die der Cytochrom-*c*-Oxidase.

Was läßt sich aus diesen vorläufigen dreidimensionalen Untersuchungen allgemein über die Struktur von Membranproteinen sagen? Die Analysen zeigen, daß die Polypeptidketten solcher Proteine in ihrer Faltung und anderen strukturellen Merkmalen denen wasserlöslicher Proteine ähneln. Die Ketten falten sich vermutlich zu regelmäßigen Gruppen aus Alpha-Helices und Beta-Faltblatt-Strukturen in den Proteinteilen, die das hydrophobe Innere der Lipid-Doppelschicht durchqueren. Und sie dürften außerhalb der Membran unregelmäßige Biegungen und Schleifen bilden.

Die Struktur von Membranproteinen

Die Gruppen aus Helices und Faltblatt-Strukturen vereinigen sich vermutlich zu kompakten, globulären Molekülen, die sich in Größe, Gestalt und Zahl ihrer Polypeptidketten unterscheiden. Mehrere solcher Moleküle lagern sich dann möglicherweise in der Membranebene zusammen. Zusammengesetzte Strukturen wie diese wären bestimmten wasserlöslichen Enzymen vergleichbar, die aus zahlreichen Untereinheiten bestehen und auf bestimmte Signale hin kleine kooperative Umlagerungen ausführen. Solche strukturellen Merkmale müssen erst im einzelnen geklärt sein, wenn man verstehen soll, wie Membranproteine überhaupt funktionieren. Bessere elektronenmikroskopische Methoden ermöglichen es vielleicht zusammen mit Sequenzanalysen schon bald, zumindest bei einigen Proteinen die dreidimensionale Struktur mit der exakten Lage der einzelnen Atome zu bestimmen, also Karten mit einer Auflösung von rund 0,2 Nanometern zu erstellen.

Auch bei der Röntgen-Beugung von Membranproteinen sind Fortschritte erzielt worden. So hat Hartmut Michel am Max-Planck-Institut für Biochemie in Martinsried eine neue Methode entwikkelt, nach der sich solche Proteine dreidimensional kristallisieren lassen. Er behandelt dazu die Membran mit niedermolekularen Detergentien. Jürg Rosenbusch und Michael Garavito vom Biozentrum in Basel haben eine verwandte Methode entwickelt.

Die neue Möglichkeit, große dreidimensionale Kristalle von Membranproteinen herzustellen, bedeutet, daß sich nun auch solche Moleküle der bewährten, hochauflösenden Röntgenstrukturanalyse unterziehen lassen. Ihre Struktur kann damit in atomarer Auflösung geklärt werden. Die Wissenschaftler in München und Basel, die mit zwei völlig verschiedenen Membranproteinen arbeiten, haben jedenfalls bereits ausgezeichnete Forschritte erzielt.

Die Moleküle des Zellskeletts

Proteine im Cytoplasma bilden ein hochstrukturiertes, aber keineswegs statisches Fasergerüst, das die Gestalt, die Teilung und die Bewegung der Zelle bestimmt und den Transport von Vesikeln und Organellen erleichtert. Wahrscheinlich beeinflußt es sogar das Stoffwechselgeschehen.

Von Klaus Weber und Mary Osborn

Das Cytoplasma der Zelle besteht nicht etwa aus einer formlosen Gallerte, in der der Zellkern und die anderen Organellen verstreut liegen; vielmehr ist es hochgradig strukturiert. Ein als Cytoskelett bekanntes Gerüst aus Eiweißfasern erstreckt sich vom Zellkern zur Innenseite der Zellmembran; es gibt der Zelle ihre Form und spielt eine Rolle bei der Zellbewegung und Zellteilung. Möglicherweise beeinflußt es auch die Bewegung von Organellen innerhalb der Zelle und wirkt sich sogar auf den Stoffwechsel aus, indem es als Schauplatz für wichtige molekulare Prozesse in der Zelle dient.

Mit dem Mikroskop wurden schon im 19. Jahrhundert in einigen wenigen Zelltypen erstmals Fasern entdeckt. Später gelang es mit Silber und anderen Färbemitteln, die Elemente des Cytoskeletts im Lichtmikroskop klarer erkennbar zu machen. In den fünfziger und sechziger Jahren unseres Jahrhunderts ließen sich mit der Elektronenmikroskopie drei Fasersysteme im Cytoplasma unterscheiden. Biochemische und immunologische Untersuchungen aus neuerer Zeit zeigten, welche Sätze von Proteinen für jedes dieser Systeme kennzeichnend sind.

Die drei Systeme differieren sowohl in ihrer Ultrafeinstruktur als auch in ihren biochemischen Eigenschaften. Die feinsten Fasern bezeichnet man als Mikrofilamente; sie sind im Mittel nur etwa sechs Nanometer (milliardstel Meter) dick und bestehen aus dem Protein Aktin. Die Mikrotubuli haben einen Durchmesser von 22 Nanometern und bauen sich aus dem Protein Tubulin auf. Die Fasern des dritten Systems schließlich, die intermediären Filamente, messen sieben bis elf Nanometer im Querschnitt; sie setzen sich je nach Zelltyp aus unterschiedlichen Proteinen zusammen.

Aufschlüsse durch die Immunfluoreszenzmikroskopie

Die für jedes Fasersystem charakteristischen Proteine lassen sich im Laboratorium rein gewinnen. Dadurch ist es möglich, sich mit der Immunfluoreszenzmikroskopie einen Überblick über die Anordnung der einzelnen Fasertypen innerhalb der Zelle zu verschaffen. Für diese Technik, die 1974 erstmals auf eine Komponente des Cytoskeletts (das Mikrofilamentsystem) angewandt wurde, braucht man Antikörper gegen ein bestimmtes Protein. Dazu wird Versuchstieren das gereinigte Protein injiziert. Die aus ihrem Blut isolierten Antikörper führt man dann in eine fixierte Zelle ein, wo sie sich an das Zielprotein heften.

Anschließend behandelt man die Zelle mit Antikörpern einer zweiten Art. Diese sind gegen die ersten Antikörper gerichtet und wurden vorher mit einer fluoreszierenden Verbindung markiert. Betrachtet man die Zelle nun im Fluoreszenzmikroskop, so enthüllen die gebundenen fluoreszierenden Antikörper die Verteilung der ersten Antikörper und damit die des Proteins, an das diese sich geheftet haben (Bild 1).

Sind die ersten Antikörper spezifisch für Aktin, dann läßt die Fluoreszenzmarkierung eine Anordnung von „Streßfasern" erkennen: lange, dicke Bündel von Mikrofilamenten, die unmittelbar unter der Plasmamembran und parallel zu ihr verlaufen (Bild 2). Streßfasern finden sich besonders in ausgebreiteten Zellen, das heißt in Zellen, die flach auf dem Untergrund liegen. Viele normale und auch durch Tumorviren transformierte Zellen sind dagegen abgerundet und besitzen keine Streßfasern.

Zudem zeigen die Antikörper gegen Aktin ein feinmaschiges Gespinst aus Mikrofilamenten unter der Membran (Bild 4). Es ist am deutlichsten am gekräuselten Rand einer fixierten Zelle zu erkennen, der die Vorderseite einer lebenden Zelle kennzeichnet, die über den Untergrund kriecht.

Tubulinspezifische Antikörper machen eine ganz andere Art der Verteilung sichtbar. Die Mikrotubuli, deren Anordnung sie widerspiegeln, häufen sich nicht an der Plasmamembran, son-

Bild 1: Ein Gespinst aus Proteinen im Cytoplasma eines Fibroblasten (einer Bindegewebszelle) wurde durch Fluoreszenzmikroskopie sichtbar gemacht. Die Farben zeigen die Verteilung der verschiedenen Proteine; Aktin, das Strukturprotein der Mikrofilamente, erscheint blau, Vinculin, ein mit Aktin assoziiertes Protein, rot und Tubulin, das Strukturprotein der Mikrotubuli, grün. Aktin wurde direkt mit der fluoreszierenden Substanz Phalloidin (einem Giftstoff des Grünen Knollenblätterpilzes) angefärbt; Vinculin und Tubulin dagegen wurden immunologisch sichtbar gemacht: über Antikörper gegen das jeweilige Protein, an die eine fluoreszierende Verbindung gekoppelt war. J. Victor Small und Gottfried Rinnerthaler vom Institut für Molekularbiologie in Salzburg setzten das Bild aus drei einzelnen Schwarzweißaufnahmen zusammen, die jeweils nur ein Protein zeigten. Dazu nahmen sie die Schwarzweißbilder durch Farbfilter auf und kombinierten sie auf photographischem Weg. Weiße Flächen sind Artefakte, während gelbe Bereiche von der Überlagerung mehrerer Farben herrühren.

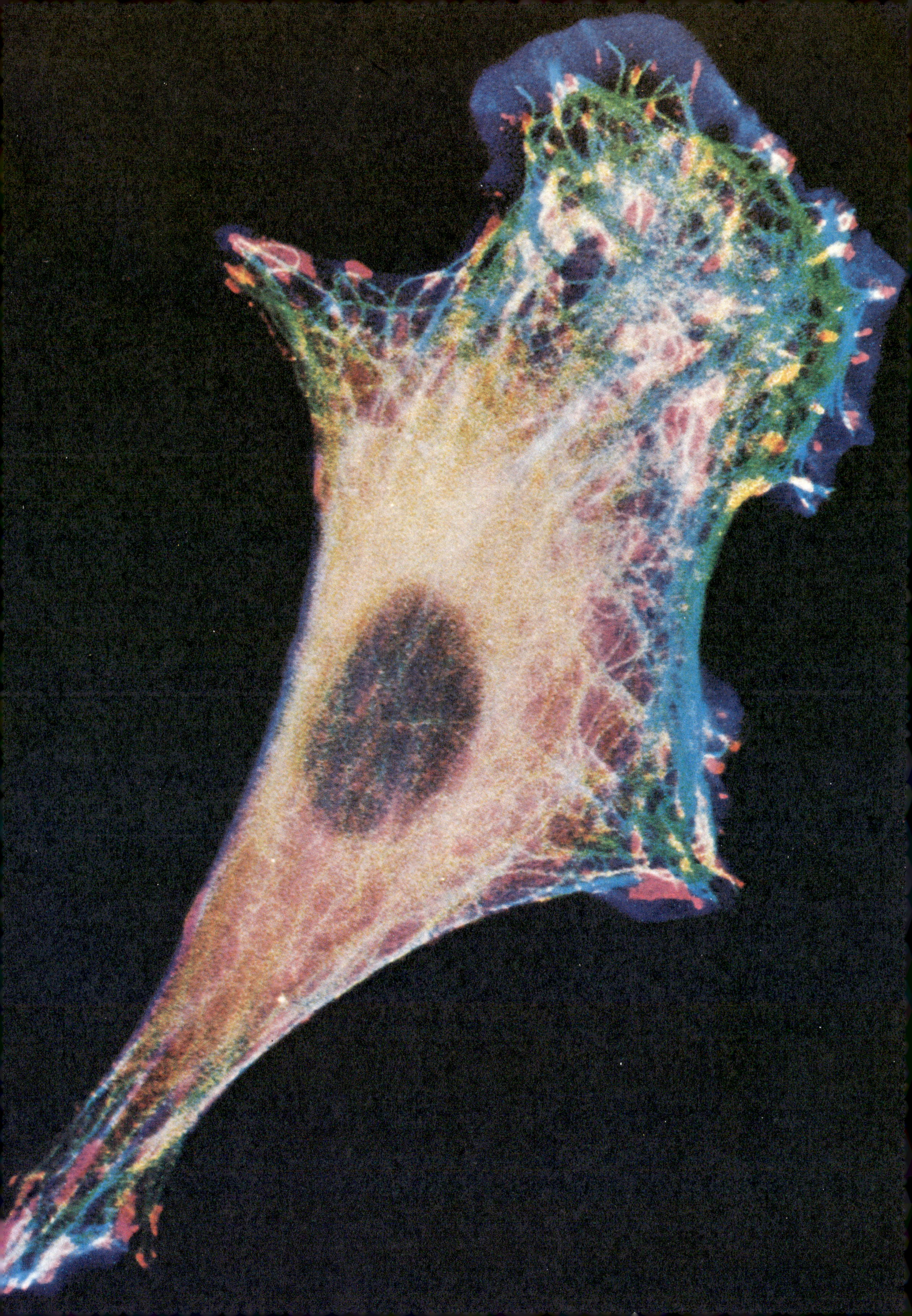

dern strahlen von einem Organisationszentrum nahe dem Zellkern aus, das als Centrosom oder Cytocentrum bekannt ist. Das Centrosom besteht aus zwei kompakten, zylinderförmigen Strukturen, den Centriolen (Zentralkörperchen), und dem sie umgebenden Material. Von den Centriolen erstrecken sich einzelne Mikrotubuli bis fast unter die Plasmamembran.

Im Gegensatz zu den Streßfasern verschwinden die strahlenförmig ausgerichteten Mikrotubuli nicht, wenn eine flach ausgebreitete Zelle eine rundere Form annimmt, obwohl sie dabei ihre Länge ändern müssen. In runden Zellen ist es jedoch schwieriger, benachbarte Mikrotubuli unter dem Fluoreszenzmikroskop aufzulösen; daher kommt wohl die frühere Annahme, der Mikrotubulikomplex werde in transformierten Zellen abgebaut und sei dort somit nur schlecht ausgeprägt.

Zu Beginn der Mitose (der normalen Zellteilung) allerdings ordnet sich der Mikrotubulikomplex in auffälliger Weise um. Während die Chromosomen im Kern kondensieren und sich in zwei Sätze zu teilen beginnen, werden, wie die Fluoreszenzmikroskopie zeigt, die Mikrotubuli umgebaut. Es entstehen neue Strukturen, die die mitotische Spindel bilden: ein Faserbündel aus parallelen Mikrotubuli, die sich von den gegenüberliegenden Polen der sich teilenden Zelle zu den Chromosomen in der Mitte erstrecken, aber auch die beiden Pole direkt miteinander verbinden (Bild 4). Die Spindel leitet die Chromosomensätze zu den Polen hin und liefert wahrscheinlich auch die Triebkraft für diese Bewegung. Sie ist also dasjenige Element im Cytoskelett, das für die exakte Aufteilung des genetischen Materials der Mutterzelle unter die beiden Tochterzellen sorgt.

Die zur Beobachtung des dritten Fasersystems der Zelle, der intermediären Filamente, benötigten Antikörper hängen von dem Protein ab, das die intermediären Filamente aufbaut, und dieses wiederum variiert von Zelltyp zu Zelltyp. Entsprechend ihrem uneinheitlichen biochemischen Verhalten sind die intermediären Filamente auch je nach Gewebetyp verschieden angeordnet (und scheinen in einigen wenigen Zellen sogar ganz zu fehlen). Sie durchziehen in der Regel das gesamte Cytoplasma, in einigen Zelltypen gebündelt, in anderen als Einzelfasern. In vielen Zellen scheint ihre Anordnung mit der der Mikrotubuli in Beziehung zu stehen.

Die Immunfluoreszenzmikroskopie leistet gute Dienste, wenn man die Verteilung von Cytoskelettfasern innerhalb der ganzen Zelle ermitteln will. Ebenso hilft sie zu bestimmen, welche anderen Proteine mit den verschiedenen Filamentsystemen der Zelle gekoppelt sind. Mit ein paar Tricks gelingt es sogar, drei Proteine gleichzeitig in ein und derselben Zelle sichtbar zu machen (siehe Bild 1) oder stereoskopische Bilder zu erhalten, die einen räumlichen Eindruck vermitteln.

Untersuchungen mit dem Elektronenmikroskop

Eine höhere Auflösung als mit der Immunfluoreszenzmikroskopie läßt sich mit der Elektronenmikroskopie erzielen. Ein Schnitt für das Elektronenmikroskop ist jedoch ungefähr 200mal dünner als eine Zelle und vermittelt daher keinen Gesamteindruck von der Organisation des Cytoskeletts. Mit neuen Hochspannungselektronenmikroskopen lassen sich allerdings auch dickere Schnitte untersuchen, in denen man den Verlauf einzelner Cytoskelettfasern über größere Strecken verfolgen kann.

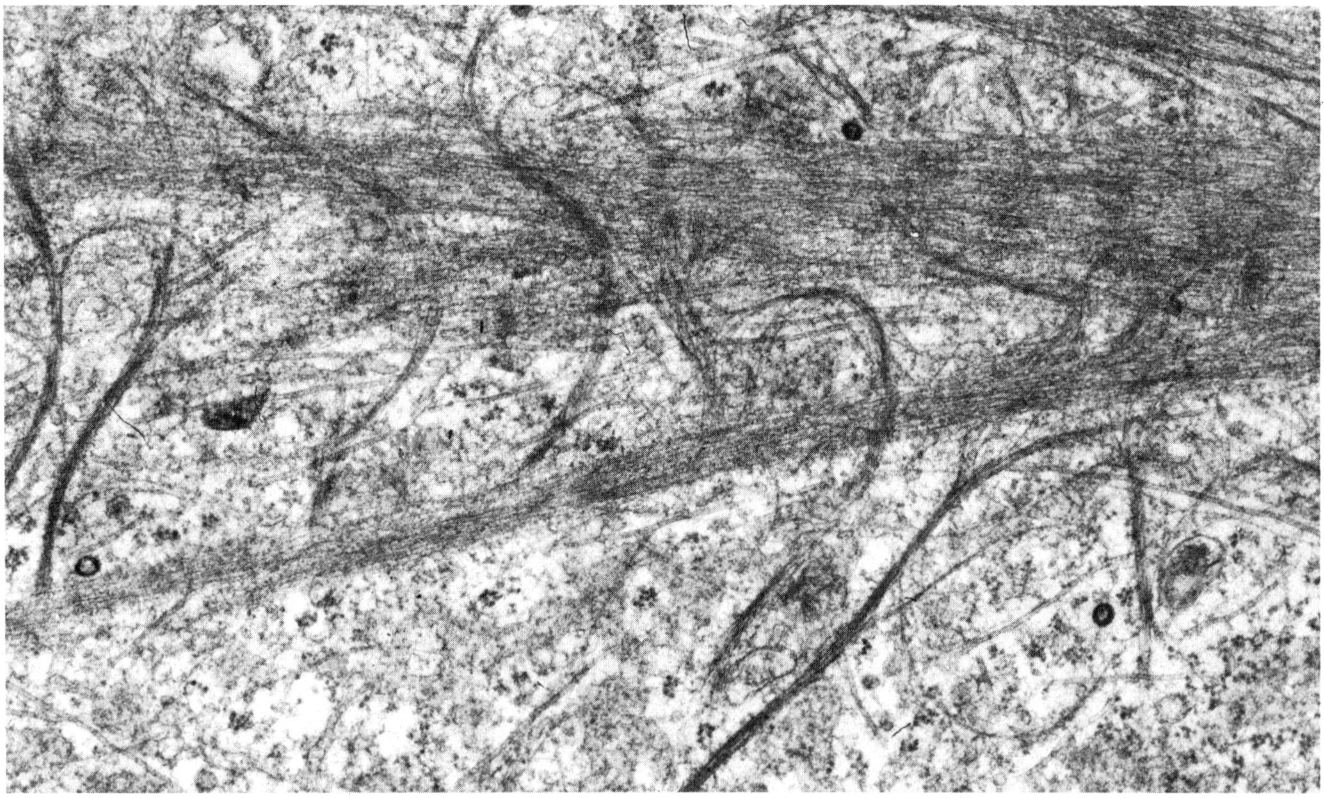

Bild 2: Proteinfasern durchziehen das 38 000fach vergrößert dargestellte Cytoplasma einer Epithelzelle der Känguruhratte. (Epithelzellen bedekken äußere und innere Oberflächen wie Haut oder Darm.) Die drei Fasertypen des Cytoskeletts unterscheiden sich im Durchmesser und im äußeren Erscheinungsbild. Die zu dicken Bündeln vereinigten geraden Fasern sind Mikrofilamente. Sie haben einen Durchmesser von sechs Nanometern und bestehen aus dem Protein Aktin. Die Bündel bezeichnet man als Streßfasern. Die isolierten, dickeren Fasern, die an Eisenbahngleise erinnern, sind Mikrotubuli. Sie messen 22 Nanometer im Querschnitt und sind aus Tubulin aufgebaut. Die gebogenen Bündel schließlich bestehen aus intermediären Filamenten, die einen Durchmesser von sieben bis elf Nanometern haben. Ihr Protein variiert je nach Zelltyp; in Epithelzellen setzen sie sich aus Keratin zusammen. David Henderson machte diese Aufnahme, während er mit den Autoren zusammenarbeitete.

Eine weitere Möglichkeit, die weiträumige Struktur des Cytoskeletts im Elektronenmikroskop zu beobachten, bietet die Behandlung von Zellen mit milden Detergenzien (oberflächenaktiven Substanzen). Das Detergens durchlöchert die Plasmamembran, so daß viele Proteine aus dem Cytoplasma heraustreten, während die Mikrofilamente, Mikrotubuli und intermediären Filamente intakt bleiben. Derart präparierte Zellen brauchen für die elektronenmikroskopische Untersuchung nicht in Schnitte zerlegt zu werden.

Die räumliche Anordnung der Cytoskelett-Elemente läßt sich auch mit der Schockgefrier-Tiefätz-Elektronenmikroskopie sichtbar machen. Dabei wird eine Zelle schlagartig tiefgefroren und danach aufgebrochen. Im Vakuum läßt man einen Teil des Eises an den Bruchflächen absublimieren und dampft dann eine dünne Platinschicht auf. Im Elektronenmikroskop liefert die so behandelte Probe eindrucksvolle, räumlich wirkende Bilder des freigelegten Cytoskeletts (Bild 7).

Die Elektronenmikroskopie erreicht auch die biochemische Spezifität der Immunfluoreszenzmikroskopie, wenn man Antikörper verwendet, die mit einem elektronendichten Stoff wie Ferritin oder kolloidalem Gold markiert sind. Dessen Verteilung spiegelt dann die des Zielproteins wider.

Die bisher genannten Techniken vermitteln jedoch nur einen statischen Eindruck vom Cytoskelett, einen „Schnappschuß" der Zelle im Moment der Fixierung. Andere Methoden beginnen, auch das Verhalten des Cytoskeletts in der lebenden Zelle aufzudecken. So kann man ein Cytoskelettprotein im Reagenzglas chemisch mit einer fluoreszierenden Verbindung markieren und anschließend mit einer feinen Glaskapillare direkt in die Zelle injizieren. Dank der Fluoreszenzmarkierung läßt sich mit einer bildverstärkenden Videokamera der Einbau des Proteins in das Zellgerüst verfolgen. Um die Rolle eines bestimmten Cytoskelettproteins im Verhalten und in der Physiologie der Zelle zu ergründen, kann man Antikörper gegen das Protein in die Zelle einbringen; dadurch wird dieses oft inaktiviert. Veränderungen im Verhalten der Zelle lassen sich dann als Anhaltspunkte für die Funktion des Proteins in normalen Zellen werten.

Die Mikrofilamente

Mikroskopische Techniken gewähren zwar einen Einblick in die Struktur und das Verhalten der Zelle; um aber die molekularen Grundlagen von beidem zu erkennen, muß man zusätzlich die Ergebnisse biochemischer Experimente heranziehen. In-vitro-Versuche, bei denen Cytoskelettproteine gereinigt und die Wechselwirkungen zwischen ihnen untersucht werden, liefern die Grundlage für eine biochemische Beschreibung vieler im Mikroskop beobachteter Phänomene. Besonders gut wurden auf diese Weise zum Beispiel die Proteine charakterisiert, die für die Organisation und die Dynamik der Mikrofilamente verantwortlich sind.

Der wichtigste Vertreter dieser Proteine ist das Aktin, das Grundprotein der Mikrofilamente. In gereinigter Form liegt es als Monomer vor (wie man eine aus einem einzelnen Molekül bestehende Einheit bezeichnet, die sich mit ihresgleichen verbinden kann und dann ein sogenanntes Polymer, ein Kettenmolekül et-

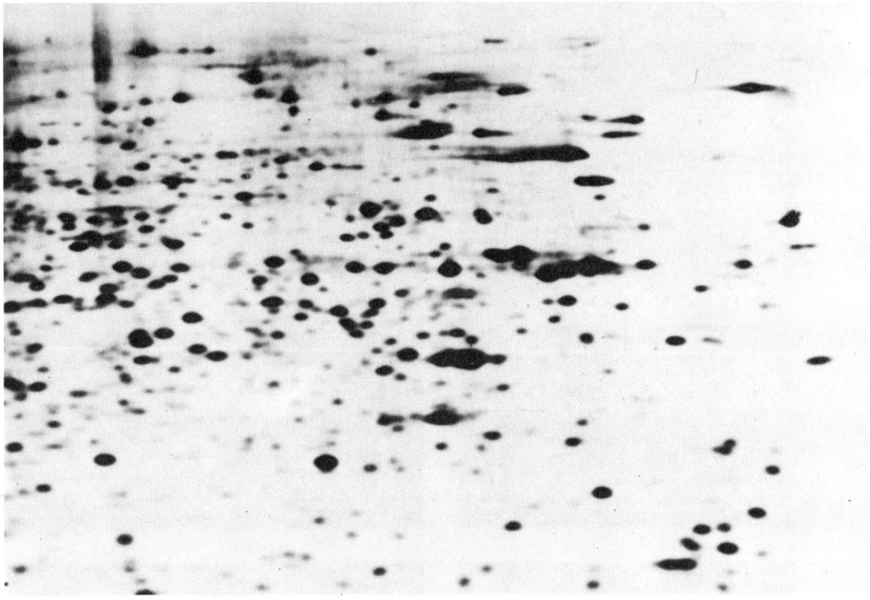

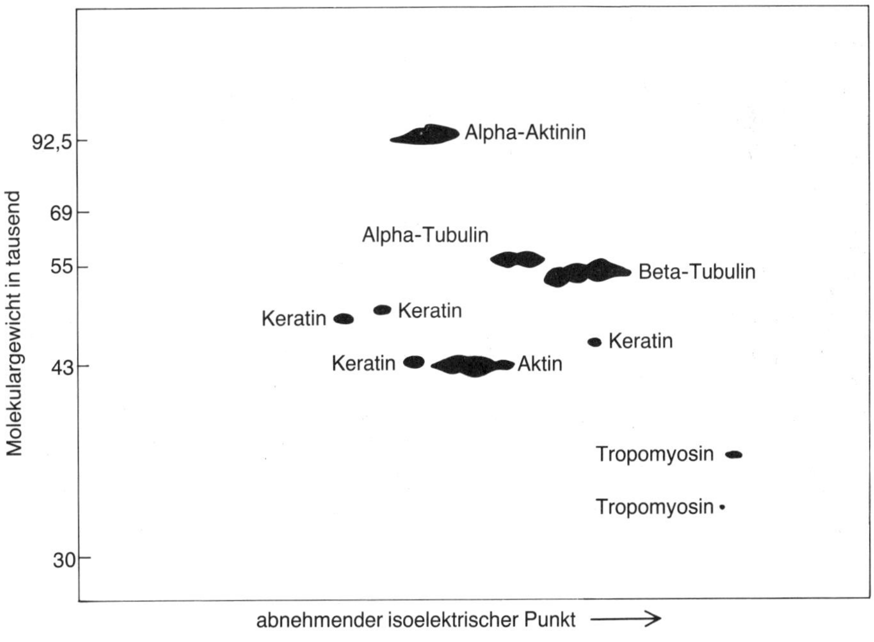

Bild 3: Proteine aus Epithelzellen wurden mit der zweidimensionalen Gel-Elektrophorese erst nach ihrer Ladung aufgetrennt, die durch ihren isoelektrischen Punkt wiedergegeben ist (von links nach rechts), und dann nach ihrem Molekulargewicht (von oben nach unten). Vor der Elektrophorese hatte man lebende Zellen mit einer Mischung radioaktiv markierter Aminosäuren behandelt, so daß sie diese in ihre Proteine einbauten. Nach der Trennung wurde das Gel mit einer lichtempfindlichen Emulsion beschichtet; die Proteine gaben sich wegen ihrer Radioaktivität als schwarze Flecken darauf zu erkennen (oberes Bild). Die Proteine des Cytoskeletts bilden die Hauptbestandteile der Zelle. Aktin, Tubulin und Keratin, in der Zeichnung unten namentlich gekennzeichnet, sind die Grundsubstanzen der Mikrofilamente, der Mikrotubuli beziehungsweise der intermediären Filamente (in Epithelzellen). Die anderen aufgeführten Proteine sind in der Zelle mit den drei erwähnten Proteinen verbunden. Die Aufnahme stammt von R. Bravo und J. E. Celis von der Universität Århus.

wa, bildet); dieses wird als globuläres oder G-Aktin bezeichnet. In Gegenwart der Verbindung Adenosintriphosphat (ATP), einem zellulären Energieträger, und einer physiologischen Pufferlösung polymerisiert G-Aktin zu langen helikalen (schraubenartig gewundenen) Filamenten, dem sogenannten filamentösen Aktin oder F-Aktin. Dabei verwandelt sich das ATP in Adenosindiphosphat (ADP).

Die F-Aktinkette ist polar: Sie neigt dazu, sich an einem Ende (dem Plusende) zu verlängern (weiter zu polymerisieren) und sich am anderen (dem Minusende) zu verkürzen (zu depolymerisieren). F-Aktin ist das hauptsächliche Strukturelement der Mikrofilamente; im Cytoskelett tritt es jedoch zusammen mit einer Reihe anderer Proteine auf, die als aktinbindende Proteine bezeichnet werden.

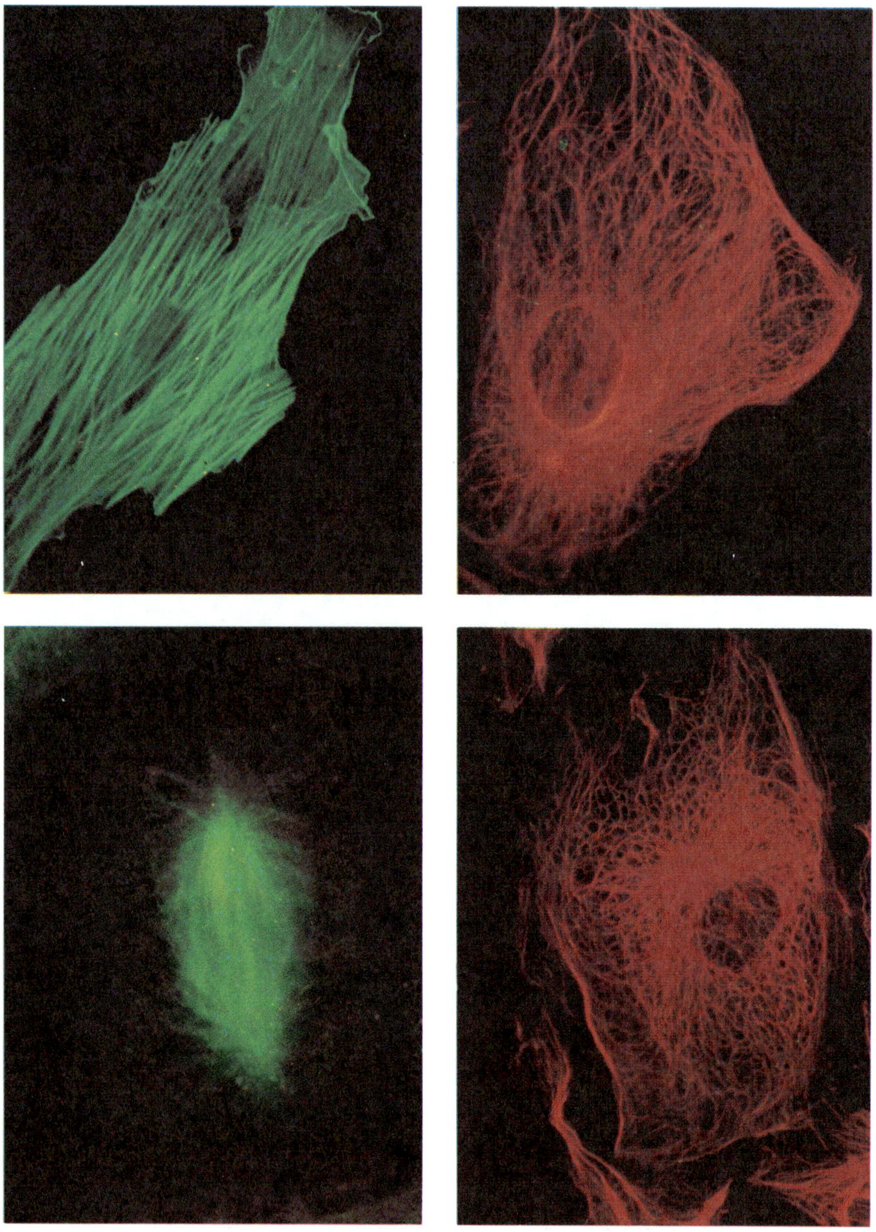

Bild 4: Die Fasersysteme des Cytoskeletts sind, wie immunfluoreszenzmikroskopische Abbildungen zeigen, unterschiedlich angeordnet. Mikrofilamente (oben links) verlaufen parallel zur Plasmamembran in Bündeln, den Streßfasern, deren Funktion im Sich-Zusammenziehen bestehen könnte. Direkt unterhalb der Membran bilden sie außerdem ein feinmaschiges Gespinst, das hier andeutungsweise am gekräuselten oberen Zellrand zu erkennen ist; er kennzeichnet die Vorderseite einer sich fortbewegenden lebenden Zelle. Mikrotubuli, die in der Aufnahme oben rechts einzeln zu erkennen sind, strahlen von einer Region in der Nähe des Zellkerns aus, die als Cytozentrum bezeichnet wird (am stärksten angefärbter Bezirk). In einer sich nicht teilenden Zelle dienen sie möglicherweise als radiale Leitschienen für intrazelluläre Transportvorgänge. Zu Beginn der Zellteilung werden sie jedoch abgebaut, und ihr Tubulin lagert sich zu den Fasern der mitotischen Spindel neu zusammen; die Spindel ist in der Aufnahme unten links dargestellt, für die ein anderer Fluoreszenzfarbstoff verwendet wurde. Intermediäre Filamente (unten rechts) durchziehen das gesamte Cytoplasma. In einer Epithelzelle wie der gezeigten bilden sie dicke, gewellte Bündel, die wahrscheinlich zur Festigung der Zellstruktur dienen. In anderen Zelltypen sind die intermediären Filamente gewöhnlich nicht so dicht gepackt wie im Epithelgewebe, und über ihre Funktion dort ist noch weniger bekannt.

Die Rolle aktinbindender Proteine

Die aktinbindenden Proteine bestimmen die räumliche Anordnung und das Verhalten des F-Aktins. Mehrere Dutzend solcher Proteine sind schon bei der Untersuchung von quergestreifter und glatter (nicht dem Willen unterworfener) Muskulatur sowie von verschiedenen Nichtmuskelzellen und -geweben gefunden worden; weitere kommen sicherlich noch hinzu. Einige sind bestimmten Zelltypen eigentümlich, aber viele liegen in einer ganzen Reihe verschiedener Zellen vor. Sie alle werden nach der Wirkung bezeichnet, die sie in vitro („im Reagenzglas") auf die Polymerisation und die Struktur des Aktins haben (Bild 5). Gelierfaktoren lassen die Viskosität (Zähigkeit) von gereinigtem F-Aktin stark ansteigen; sie bilden biegsame, aber feste Verbindungen zwischen sich überkreuzenden Filamenten. Bündelungsfaktoren, eine Gruppe sehr kompakter Proteine, binden parallele Filamente starr aneinander; die entstehenden dichten Bündel sind im Lichtmikroskop sichtbar. Stabförmige Abstandsfaktoren bilden Brücken zwischen parallelen Aktinfasern und verknüpfen sie dabei über Entfernungen von bis zu 200 Nanometern hinweg.

Trenn- und Stabilisierungsfaktoren heften sich nicht an zusammengelagerte Aktinstränge, sondern nur an einzelne Filamente und bestimmen ihre Länge und Stabilität. Trennfaktoren scheinen sich zwischen zwei Untereinheiten einer Faser zu schieben und sie dadurch zu spalten; zugleich bilden sie eine Kappe am neuentstandenen Plusende. Versetzt man eine gelartige Lösung von F-Aktin mit Trennfaktoren, nimmt ihre Viskosität deutlich ab, weil die Fasern verkürzt werden. Stabilisierungsfaktoren wirken dem Zerschneiden entgegen. Auch als kofilamentöse Proteine bezeichnet, legen sie sich dem Aktinfilament parallel an und schützen es so. Tropomyosin, ein relativ kurzes fibrilläres Protein, scheint in Nichtmuskelzellen als derartiger Stabilisierungsfaktor für F-Aktin zu dienen.

Es gibt noch andere Proteine, die den Zusammenbau einzelner F-Aktinfilamente steuern. Da Aktinfilamente dazu neigen, G-Aktin-Untereinheiten an einem Ende anzulagern und am anderen abzuspalten, findet ein Fließen von Untereinheiten durch die Kette statt, wenn sie mit freiem G-Aktin im Gleichgewicht steht. Dieses sogenannte Treadmilling („Tretmühlenprozeß") wird von Verkappungsfaktoren reguliert. Verkappungsmoleküle setzen sich spezifisch entweder auf das Plus- oder das Minusende des Filaments. Ein Verkappungsfaktor vermag daher entweder die Anlagerung oder die Abspaltung von Untereinheiten am Filamentende zu stoppen; dadurch kann er den Anteil an Aktinmolekülen regulieren, die in polymerisierter Form vorliegen.

Eine andere Gruppe aktinbindender Proteine, die das Gleichgewicht zwischen G- und F-Aktin beeinflußt, heftet sich an das Monomer statt an das Polymer. Diese sogenannten Sequestrierfaktoren bilden mit G-Aktin einen Komplex und hindern es dadurch an der Polymerisation. Sie schaffen so einen Vorrat an monomerem Aktin, den die Zelle anzapfen kann, wenn sie neue Fasern braucht.

Wie reguliert eine Zelle den Aufbau, die Verknüpfung, die Verkappung und

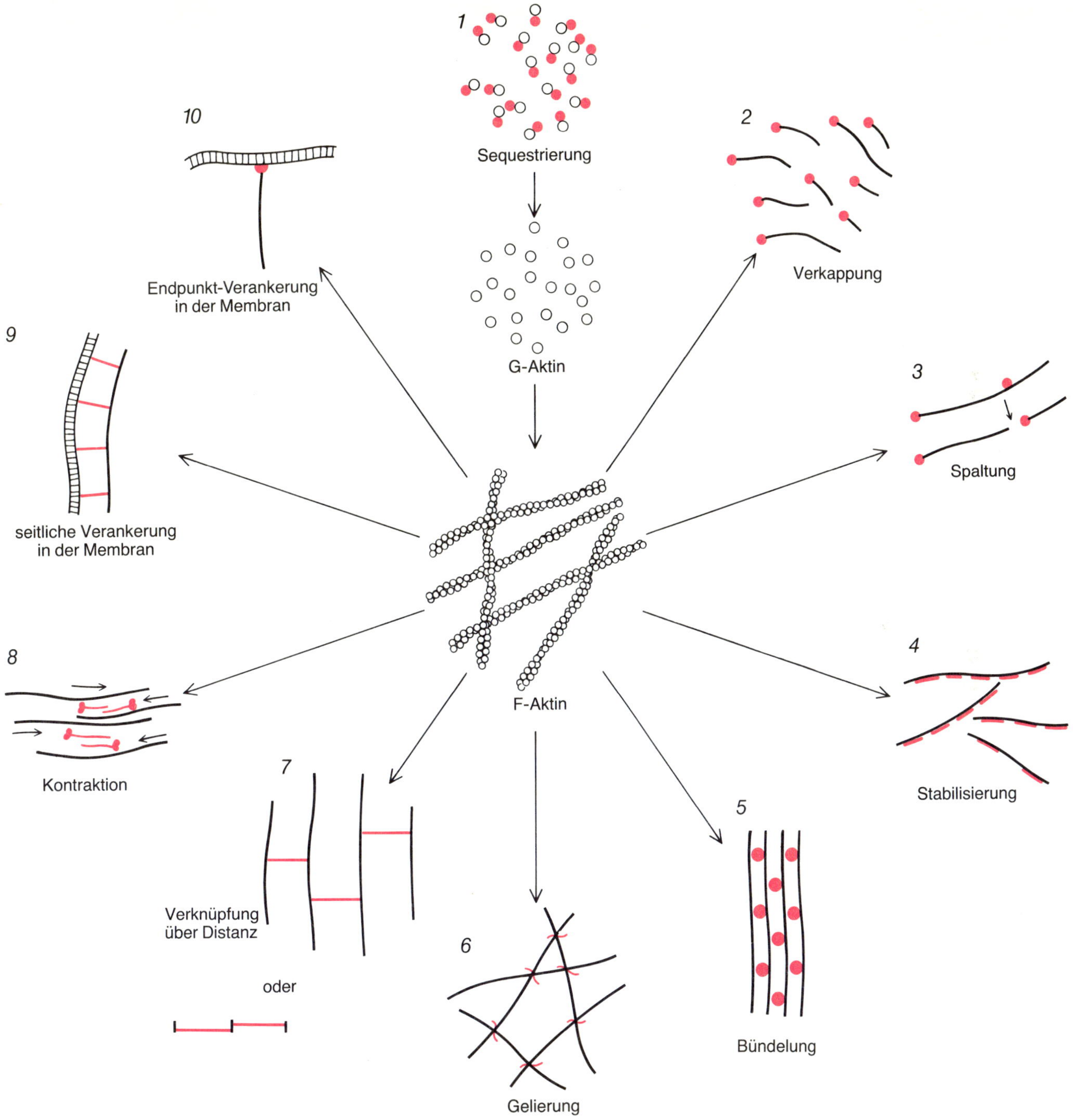

Bild 5: Aktinbindende Proteine (farbig) bestimmen die Organisation und die Aktivität von Aktin (schwarz), dem Grundprotein der Mikrofilamente. Das Protein Profilin, ein sogenannter Sequestrierungsfaktor (1), bindet globuläres Aktin (G-Aktin), die Proteinuntereinheit der Mikrofilamente, und hält so stets einen Vorrat davon parat. Wird es abgespalten, polymerisiert das G-Aktin und bildet schraubenförmig gewundene (helikale) Stränge, die als filamentöses Aktin (F-Aktin) bezeichnet werden. F-Aktinstränge sind polar: Sie neigen dazu, an einem Ende G-Aktin anzulagern und es am anderen abzuspalten. Diesen Prozeß regulieren sogenannte Verkappungsfaktoren (2), indem sie sich jeweils an dem einen oder anderen Ende des Stranges festheften. Trennfaktoren (3) teilen ganze Stränge, während Stabilisierungsfaktoren (4) dieser Spaltung entgegenwirken: Sie legen sich dem Aktin in Längsrichtung an und schirmen es so ab. Bündelungs- (5), Gelier- (6) und Abstandsfaktoren (7) entscheiden über die räumliche Anordnung der Aktinfilamente. Der Kontraktionsfaktor Myosin (8) bringt Bewegung in das System: Er bindet sich an Aktinfilamente entgegengesetzter Polarität (Pfeile) und läßt sie aneinander entlanggleiten. Dieser Vorgang verbraucht Energie, die von dem Energieträger Adenosintriphosphat (ATP) geliefert wird. Weitere Proteine (9, 10) dienen zur Verankerung des Netzwerkes an der Zellmembran.

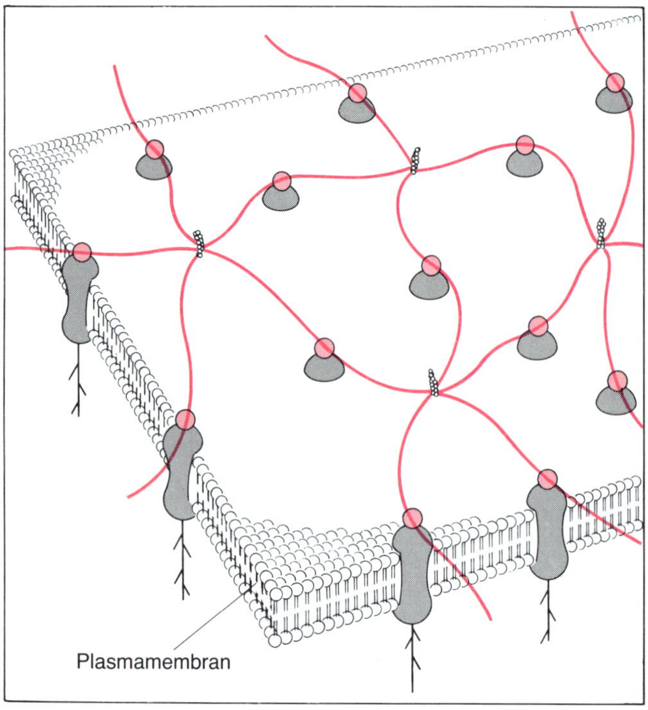

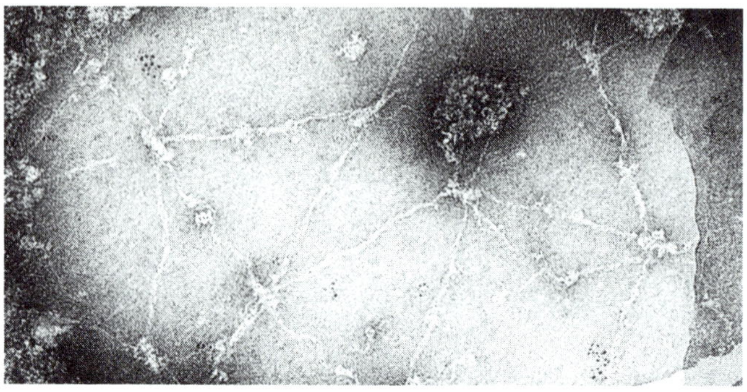

Bild 6: Ein Gerüst aus Aktin und Spektrin auf der Innenseite der Plasmamembran verleiht menschlichen roten Blutkörperchen Festigkeit und Flexibilität zugleich. Sehr kurze Aktinketten (schwarz in der Zeichnung links) bilden die Knotenpunkte des Netzes; sie sind durch lange, dünne Moleküle des Abstandsfaktors Spektrin (farbige Linien) miteinander verknüpft. Das Spektrin bindet sich außerdem an ein Protein namens Ankyrin (hellfarbige Kreise); dieses verankert das gesamte Gerüst schließlich an einem als Bande III bezeichneten Protein (grau), das in die Plasmamembran eingebettet ist und außen aus ihr herausragt. Andere, in dieser Zeichnung nicht dargestellte Proteinkomponenten stabilisieren und festigen das Gerüst unterhalb der Plasmamembran weiter. Die von John Glenney während seiner Zusammenarbeit mit den Autoren gemachte elektronenmikroskopische Aufnahme eines gereinigten, spektrinähnlichen Proteins (oben rechts) zeigt dessen längliche Gestalt. Im mikroskopischen Bild der Plasmamembran eines roten Blutkörperchens (unten rechts), die auf zehnfache Größe gedehnt wurde, um die Organisation des darunterliegenden Fasernetzes sichtbar zu machen, sind die Spektrinverbindungen, die Ansatzstellen des Ankyrins auf ihnen und die Aktinketten deutlich zu erkennen. Die Aufnahme stammt von Timothy J. Byers und Daniel Branton von der Harvard-Universität in Cambridge (Massachusetts).

die Zerlegung ihrer Mikrofilamente? Zumindest einige aktinbindende Proteine, insbesondere die Trenn- sowie gewisse Verkappungs- und Abstandsfaktoren, werden durch eine örtliche Änderung der Konzentration an freien Calcium-Ionen gesteuert. (Calcium ist als wichtiger innerzellulärer Botenstoff bekannt.) Die Sequestrierfaktoren reagieren dagegen vielleicht auf gewisse Lipide; in vitro scheinen sie jedenfalls durch bestimmte Fettstoffe dazu veranlaßt zu werden, das von ihnen aufgegriffene G-Aktin wieder freizugeben. Sehr wahrscheinlich kontrollieren einige Zellen ihre Mikrofilament-Architektur aber auch dadurch, daß sie das Mengenverhältnis der aktinbindenden Proteine zueinander verschieben.

Myosin und Zellbewegung

Aktinbindende Proteine beeinflussen nicht nur die Organisation, sondern auch die Aktivität des Aktinnetzwerkes. So spielen die Verkappungs- und Trennproteine möglicherweise eine Rolle bei gewissen Arten der Fortbewegung von Zellen sowie bei intrazellulären Bewegungsabläufen, indem sie lokale Verkürzungen und Verlängerungen von Aktinfasern induzieren.

Als Motor für die Zellbewegung und auch für bestimmte Transportvorgänge innerhalb der Zelle gilt allgemein ein weiteres aktinbindendes Protein, nämlich Myosin. Im Zusammenspiel mit F-Aktin vermag Myosin die chemische Energie des ATP in eine Kontraktionsbewegung umzuwandeln. Es handelt sich im Grunde also um eine ATPase, ein Enzym, das ATP in ADP und Phosphat spaltet. Durch die Bindung an F-Aktin wird seine Aktivität gesteigert.

Die Verknüpfung von Myosin und F-Aktin ist in Muskelzellen eindeutig nachgewiesen; die beiden Proteine bilden dort regelmäßig aufgebaute, kontraktile Einheiten: die sogenannten Sarkomere. Das Cytoplasma von Nichtmuskelzellen enthält weit weniger Myosin in einem längst nicht so geordneten Zustand. Statt wie im Muskel dicke, bipolare (doppelköpfige) Fasern zu bilden, verliert sich das Myosin auf gewöhnlichen elektronenmikroskopischen Abbildungen solcher Zellen im allgemeinen Gewirr des Cytoskeletts. Nach der Immunfluoreszenzmikroskopie tritt es jedoch auch dort gemeinsam mit den Mikrofilamenten auf.

Die Bedeutung des Myosins bei der Kontraktion läßt sich in vitro demonstrieren, und auch die biochemischen Vorgänge, die wahrscheinlich dahinterstecken, sind mittlerweile aufgeklärt. Wiederum wirkt ein Strom von Calcium-Ionen als Auslöser. Myosinkinase, ein weiteres Protein, das mit den Mikrofilamenten assoziiert ist, verändert zusammen mit Calmodulin, einer Vermittlersubstanz für viele Calcium-Effekte, die räumliche Anordnung der Myosinmoleküle. Die Moleküle strecken sich und lagern sich zu kleinen, bipolaren Fasern zusammen. Die Calcium-Ionen aktivieren zugleich Trennfaktoren, die das Aktinnetzwerk in bestimmten Bereichen durchschneiden. Die bipolaren Myosinfasern heften sich dann mit ihren beiden Enden an passend ausgerichtete Aktinfasern und lassen sie in Gegenwart von ATP aneinander vorbeigleiten. Es ist aber auch möglich, daß fest verankerte Myosinmoleküle auf einzelne Aktinfilamente einen Zug ausüben.

Ein vor kurzem mit den gereinigten Proteinen durchgeführter Versuch lieferte den direkten Beweis, daß Myosin zusammen mit F-Aktin die in ATP gespeicherte Energie in Bewegung umsetzt. Ein System parallel laufender und mit gleicher Polarität angeordneter Aktinfasern wurde auf einem Kohlefilm befestigt. Dann wurden kleine, mit Myosinmolekülen verbundene Polystyrolkugeln zugefügt. Bei Zugabe von ATP begannen die Kugeln an den Fasern entlangzuwandern. Ihr Tempo stimmte mit der Geschwindigkeit der Muskelkontraktion und gewisser Formen der Zellbewegung überein. Wie im einzelnen eine lebende Zelle solche Prozesse auf molekularer Ebene in ihre eigene Fortbewegung und in die Verfrachtung von Organellen in ihrem Innern umsetzt, ist jedoch noch unklar.

Wechselwirkungen zwischen Mikrofilamenten und Zellmembran

Die Beziehung, in der das Mikrofilament-Netzwerk zur Architektur der Zelle steht, ist besser bekannt als die Rolle, die es bei der Bewegung spielt. Mikrofilamente beherrschen den Randbereich des Cytoplasmas und haben daher einen starken Einfluß auf die Eigenschaften der Zelloberfläche. Bei einigen Zelltypen befindet sich direkt unterhalb der Plasmamembran ein spezialisiertes Aktingerüst. Bei gewissen Zellen konnte es unversehrt gereinigt und isoliert werden. Mit immunologischen und biochemischen Techniken ließ sich die Beschaffenheit der isolierten Proteinstrukturen ermitteln.

Ein Beispiel bieten die roten Blutkörperchen. Unmittelbar unter ihrer Plasmamembran bilden sehr kurze Aktinfilamente und ein aktinbindendes Protein ein zweidimensionales Netz, das für die Flexibilität der Zellen verantwortlich zu sein scheint; dank dieser Biegsamkeit können rote Blutkörperchen selbst äußerst feine Kapillaren noch passieren. Die Aktinketten enthalten wahrscheinlich nur rund ein Dutzend Aktinmonomere und sitzen an den Knotenpunkten des Netzwerks (Bild 6). Sie sind durch lange Moleküle eines Abstandsfaktors, des Spektrins, miteinander verbunden. Ein drittes Protein namens Ankyrin („Ankerprotein") verknüpft die Spektrin-Querverbindungen mit einem Transmembranprotein (einem Protein, das durch die Plasmamembran hindurchragt) und verankert so das Netzwerk in der Zellmembran. Diese Grundkonstruktion wird durch andere Proteine weiter stabilisiert.

Die freiliegende Oberfläche einer Epithelzelle des Darms ist komplizierter geformt und das Fasergerüst darunter entsprechend verwickelter (Bild 7). Eine einzelne solche Zelle trägt etwa tausend fingerförmige Fortsätze, sogenannte Mikrovilli, die dazu dienen, die für die Nährstoffaufnahme nutzbare Zelloberfläche zu vergrößern. Die Mikrovilli sind vollgepackt mit Verdauungsenzymen und biochemischen Transportsystemen, die die Nährstoffe weiterverarbeiten.

Jeder Mikrovillus ist in Längsrichtung durch ein F-Aktinbündel verstärkt, in dem die Proteine Villin und Fimbrin als Bündelungsfaktoren wirken. Eine Reihe von helikalen Brücken verbindet das Bündel seitlich mit der Plasmamembran des Mikrovillus. Das Protein, aus dem die Brücken bestehen, ist noch nicht vollständig charakterisiert; es könnte sich um ein Transmembranprotein handeln, das nach innen bis zum Aktinbündel reicht. Die Aktinfasern wurzeln an der Basis des Bündels in einem horizontalen Netz, dessen Hauptbestandteil ein spektrinähnlicher Abstandsfaktor ist. Das Netz hält die vielen zentralen Fasern der vielen Mikrovilli in Position.

Auf elektronenmikroskopischen Abbildungen wurden noch viele andere Arten von Wechselwirkungen zwischen Mikrofilamenten und der Plasmamembran beobachtet. Viele davon haben gewiß auch strukturelle Bedeutung. Die molekularen Details dieser Wechselwirkungen sind hier jedoch noch nicht so gut erforscht wie bei den roten Blutkörperchen oder den Epithelzellen des Darms.

Wahrscheinlich spielt das Mikrofilamentnetz unterhalb der Plasmamembran auch eine wichtige Rolle für die Zellphysiologie. In roten Blutkörperchen dient das nach seiner Lage in Elektrophorese-Gelen als Bande III bezeichnete Transmembranprotein zur Verankerung gewisser glykolytischer Enzyme, die den Abbau von Glucose vermitteln. Bande III wirkt auch als Kanal für den Austausch von Ionen durch die Membran. Es ermöglicht den roten Blutkörperchen, Kohlendioxid abzugeben, wenn sie das Lungengewebe passieren, und dafür Sauerstoff aufzunehmen. In anderen Zelltypen enthält das Netzwerk unter der Zellmembran Proteinkinasen (Substanzen, die als Regulatoren in die Zellphysiologie eingreifen). Überdies könnten Signale, die Rezeptoren auf der Außenseite der Membran von Botenmolekülen empfangen, das Netz unter der Oberfläche direkt beeinflussen.

Vielleicht wirken auch gewisse Tumorviren auf das Netzwerk unter der Plasmamembran ein. Möglicherweise enthält es in transformierten Zellen Proteine, die von den Onkogenen (krebserzeugenden Genen) der Viren codiert werden. Solche Proteine können einschneidende Veränderungen im Cytoskelett hervorrufen; in einigen Fällen hat man Hinweise, daß ihre Wirkung in der Phosphorylierung spezifischer Cytoskelett-Proteine bestehen könnte (dabei hängen sie den Proteinen eine Phosphatgruppe an).

Die Mikrotubuli und mit ihnen verbundene Proteine

Das zweite Filamentsystem, das der Mikrotubuli, unterscheidet sich – wie immunfluoreszenzmikroskopische Abbildungen erkennen lassen – in seiner Organisation insgesamt deutlich von den Mikrofilamenten. Es hat auch ein ganz anderes Funktionsspektrum. Es scheint eine entscheidende Rolle bei der intrazellulären Organisation sowie bei Transportvorgängen in der Zelle zu spielen und die Architektur der Zelle als ganzes wesentlich mitzubestimmen. Wie die Mikrofilamente enthalten die Mikrotubuli ein Hauptstrukturprotein: das Tubulin, das auch verwandten Organellen wie Cilien (Wimpern) und Flagellen (Geißeln), den Basalkörpern, an denen beide befestigt sind, sowie den Centriolen als Baustein dient.

Ebenso wie das Aktin der Mikrofilamente bildet Tubulin Polymere. Es selbst ist ein globuläres Protein, das aus zwei verschiedenen, aber ähnlichen Polypeptiden, dem Alpha-Tubulin und dem Beta-Tubulin besteht. Man kann die Polymerisation des Tubulins in vitro verfolgen (Bild 8). In Gegenwart von Guanosintriphosphat (GTP), einem Energieträger wie ATP, vereinigen sich Tubulindimere (zweiteilige Moleküle aus Alpha- und Beta-Tubulin) zu einer hohlen Röhre. (Merkwürdigerweise ist auch rund 20 Jahre, nachdem die Struktur der Mikrotubuli im Elektronenmikroskop erstmals beobachtet wurde, nicht bekannt, ob der zentrale Hohlraum mit einem Durchmesser von etwa zehn Nanometern irgendeine Funktion besitzt.)

Wie aus mikroskopischen und biochemischen Untersuchungen hervorgeht, sind Mikrotubuli wie Mikrofilamente mit anderen Proteinen assoziiert, die ihre Organisation und Aktivität beeinflussen. Elektronenmikroskopische Abbildungen zeigen, daß einige dieser Proteine von der Wand der Mikrotubuli ins Cytoplasma hineinragen, manchmal Dutzende von Nanometern weit. Möglicherweise dienen sie dazu, Mikrotubuli mit anderen Komponenten des Cytoplasmas zu verknüpfen oder eine Schutzzone um jeden Mikrotubulus zu errichten.

Die biochemischen Eigenschaften des Tubulins legen die Existenz weiterer assoziierter Proteine nahe. Mikrotubuli verhalten sich ebenso wie F-Aktin in vitro polar: Ein Ende neigt dazu, sich durch Polymerisation zu verlängern, das andere sich zu verkürzen. Es kommt also auch hier zu einem Treadmilling. Daher könnten in Analogie zum Aktin gleichfalls gewisse Proteine oder komplizierter aufgebaute Stoffe als Verkappungsfaktoren wirken und auf diese Weise die Bildung und den Abbau von Mikrotubuli

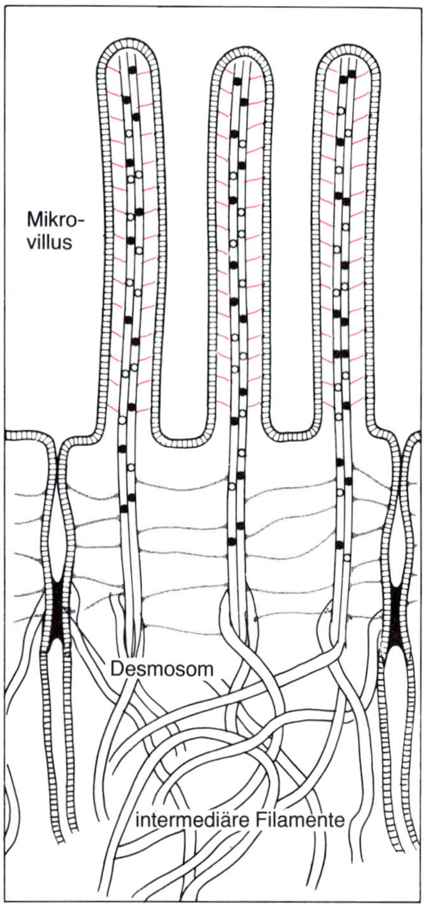

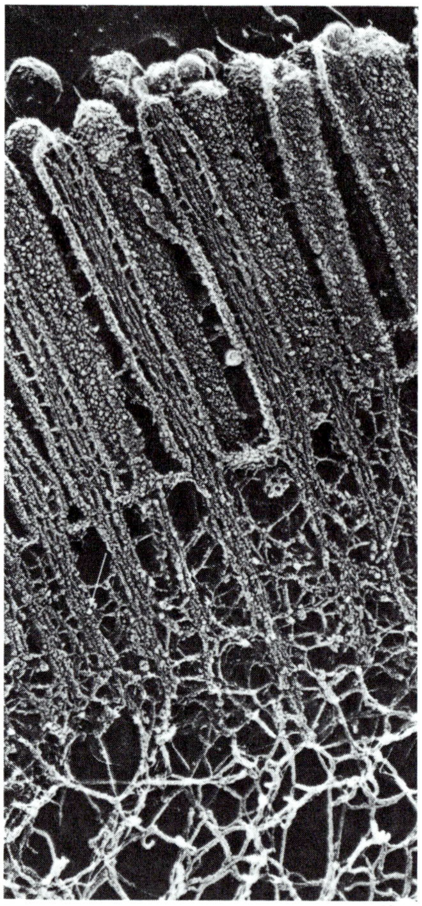

Bild 7: Ein hauptsächlich aus Aktin bestehendes Gerüst versteift die Mikrovilli (fingerförmige Fortsätze) an der Oberfläche einer Epithelzelle des Darms. In jedem Mikrovillus vereinigen die Bündelungsfaktoren Villin (Kreise im linken Diagramm) und Fimbrin (Punkte) Aktinfilamente (schwarz) zu einem längsgerichteten Bündel. Ein weiteres Protein (farbig) bildet seitliche Brücken zwischen dem Bündel und der Plasmamembran des Mikrovillus. Wie das Bündel an der Spitze befestigt ist, weiß man nicht. Unterhalb der Mikrovilli erzeugt eine Variante des Abstandsfaktors Spektrin (grau) ein Netzwerk, in dem die Aktinbündel wurzeln. Noch tiefer in der Zelle vermischen sich die Aktinfasern mit den intermediären Filamenten, die bei diesem Zelltyp aus Keratin bestehen. Die Keratinfilamente sind ihrerseits an sogenannten Desmosomen mit der Zellmembran verankert. Desmosomen sorgen für den Zusammenhalt der Epithelzellen. Die tiefätz-elektronenmikroskopische Aufnahme (rechts) einer Darmzelle zeigt etliche Mikrovilli. In einigen davon sind die Aktinbündel und ihre Verbindungen mit der Plasmamembran sowie das Spektrin- und Keratingeflecht darunter zu sehen. Die Aufnahme stammt von John E. Heuser von der Washington-Universität in St. Louis.

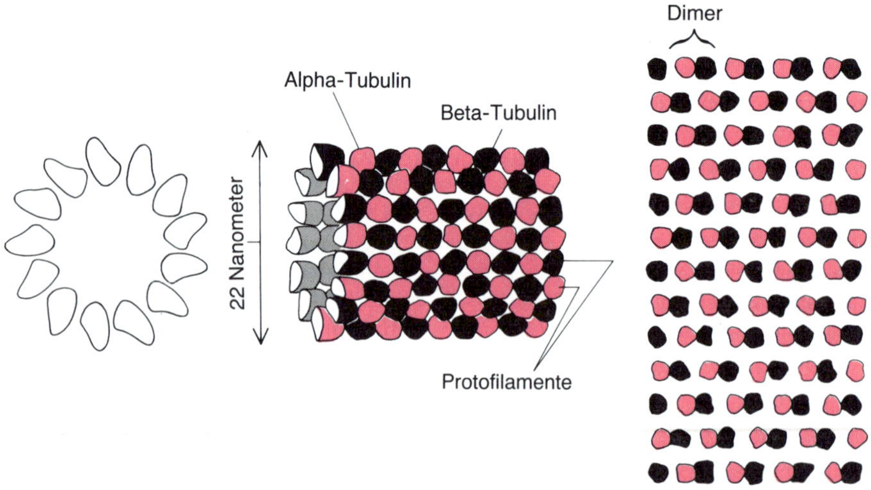

Bild 8: Beim Zusammenbau des Tubulins werden Dimere aus Alpha- und Beta-Tubulin zu Protofilamenten verknüpft, von denen sich je 13 parallel um einen Hohlraum herum anordnen. So entsteht ein röhrenförmiger Mikrotubulus mit einem Durchmesser von 22 Nanometern, wie er hier von vorn (links), von der Seite (Mitte) und aufgerollt (rechts) gezeigt ist.

beeinflussen. In vitro scheinen Centrosomen als Keime für die Ausbildung von wachsenden und schrumpfenden Mikrotubuli zu wirken. Diese dynamische Instabilität könnte gewisse Aspekte des Verhaltens der Mikrotubuli in vivo – insbesondere in der mitotischen Spindel – erklären. Interessanterweise scheinen diejenigen Mikrotubuli-Enden, die (die energiereiche Form) GTP enthalten, sich nicht so leicht durch Depolymerisation zu verkürzen wie die Enden mit einem größeren Anteil an Guanosindiphosphat (GDP).

Manche tubulinassoziierten Proteine treten vielleicht nur in spezifischen Zellstadien oder Zellkompartimenten auf – ein Hinweis darauf, daß sie sehr spezielle Funktionen ausüben dürften. Neuerdings gibt es zum Beispiel interessante Anzeichen für die Existenz assoziierter Proteine, die ausschließlich mit dem Tubulin der mitotischen Spindel verknüpft sind. Auch in Nervenzellen scheinen die Mikrotubuli in den Dendriten (Verästelungen) mit anderen Proteinen assoziiert zu sein als im Axon (in der Nervenfaser). In Cilien und Flagellen verbindet sich Tubulin mit einem „beweglichen" Protein namens Dynein. Wie beim Myosin handelt es sich dabei um eine ATPase, welche die Energie für den Cilien- oder Flagellenschlag liefert.

Auch im Cytoplasma könnte sich Dynein oder ein anderes ATP-abhängiges Gegenstück des Myosins an Tubulin heften. Ein solches Tubulin-Dynein-System im Cytoplasma wäre möglicherweise eine weitere Basis für die Zellbewegung. Tubulin könnte vielleicht auch über die Verkürzung oder Verlängerung von Mikrotubuli mittels Verkappungsfaktoren an gewissen Bewegungsvorgängen mitwirken.

Der Transport von Vesikeln in den Ausläufern von Nervenzellen dürfte auf der Wechselwirkung zwischen Tubulin und einem anderen tubulinassoziierten Protein beruhen, das erst kürzlich gefunden wurde. Die gleiche Wechselwirkung sorgt vielleicht auch für die Verfrachtung anderer Organellen im Cytoplasma.

Wie kürzlich eine in-vitro-Untersuchung zeigte, wandern aus den Riesenaxonen des Tintenfischs isolierte Vesikel mit Geschwindigkeiten von bis zu einem Mikrometer pro Sekunde an gereinigten Mikrotubuli entlang, sofern ATP und ein Rohextrakt zellulärer Proteine zugesetzt werden. Als Motor vermutet man ein bis jetzt noch nicht näher charakterisiertes Protein in der Mischung, das sich gleichzeitig an die Vesikel und an einen Mikrotubulus binden soll. Diese Komponente scheint wie eine ATPase zu wirken und durch Spaltung von ATP die für die Verlagerung der Vesikel benötigte Energie zu gewinnen.

Mikrotubuli als Strukturelemente

Wie Mikrotubuli im einzelnen Bewegungsvorgänge im Cytoplasma vermitteln, bleibt vorerst unklar; ihre Rolle als Strukturelemente ist dagegen sicherer belegt. Wahrscheinlich besitzen alle Mikrotubuli, die vom Centrosom ausstrahlen, die gleiche Polarität.

Behandelt man eine Zelle mit dem Mitosegift Demecolcin, dann depolymerisieren die Mikrotubuli und lösen sich praktisch auf. Nach Auswaschen des Giftes erscheinen sie wieder; dabei wachsen sie mit einer Geschwindigkeit von etwa einem Mikrometer pro Minute (bei einer Temperatur von 37 Grad Celsius) erstaunlich gleichförmig nur in eine Richtung: vom Centrosom weg. Mit ungefähr der gleichen Geschwindigkeit polymerisiert auch Tubulin in vitro. Nach etwa 75 Minuten ist wieder ein komplettes Mikrotubuli-Gerüst wie in einer normalen Zelle vorhanden. Da Mikrotubuli also einseitig nur nach außen wachsen, könnten sie als Leitschienen für den gerichteten, radialen Transport innerhalb der Zelle dienen.

Mikrotubuli scheinen auch dazu beizutragen, daß gewisse Zellen eine typische Gestalt und Orientierung aufrechterhalten. Ein Fibroblast (eine Bindegewebszelle) ist zum Beispiel asymmetrisch – mit gekräuselter Vorderseite und einem schlanken Schwanz –, wenn er über eine Unterlage kriecht. Löst man in einer solchen Zelle mit Demecolcin die Mikrotubuli auf, so wird sie symmetrischer und bewegt sich nicht mehr weiter.

Eine solche Behandlung bringt auch das innere Getriebe der Zelle sichtbar durcheinander. Die charakteristische Bewegung von Organellen und von gewissen Vesikeln – ein sprunghaftes, gerichtetes Wandern – hört auf. Die Membranen des Golgiapparates verlieren ihre regelmäßige Anordnung und entfernen sich von ihrem normalen Aufenthaltsort in der Nähe des Centrosoms. Das endoplasmatische Retikulum, ein System untereinander verbundener Kanäle, zieht sich zusammen.

Bei Nichtepithelzellen scheint das Zerstören der Mikrotubuli auch ein anderes Fasersystem zu beeinträchtigen, nämlich die intermediären Filamente. Sie ziehen sich ins Innere der Zelle zurück und wickeln sich um den Zellkern.

Experimente mit anderen Chemikalien, die die normale Anordnung der Mikrotubuli stören, haben weiteres Beweismaterial dafür geliefert, daß Mikrotubuli den räumlichen Aufbau der Zelle bestimmen. Taxol, eine Substanz, welche die Polymerisation des Tubulins fördert statt hemmt, veranlaßt die Mikrotubuli einer Zelle, Bündel zu bilden, die nicht mehr mit dem Centrosom verbunden

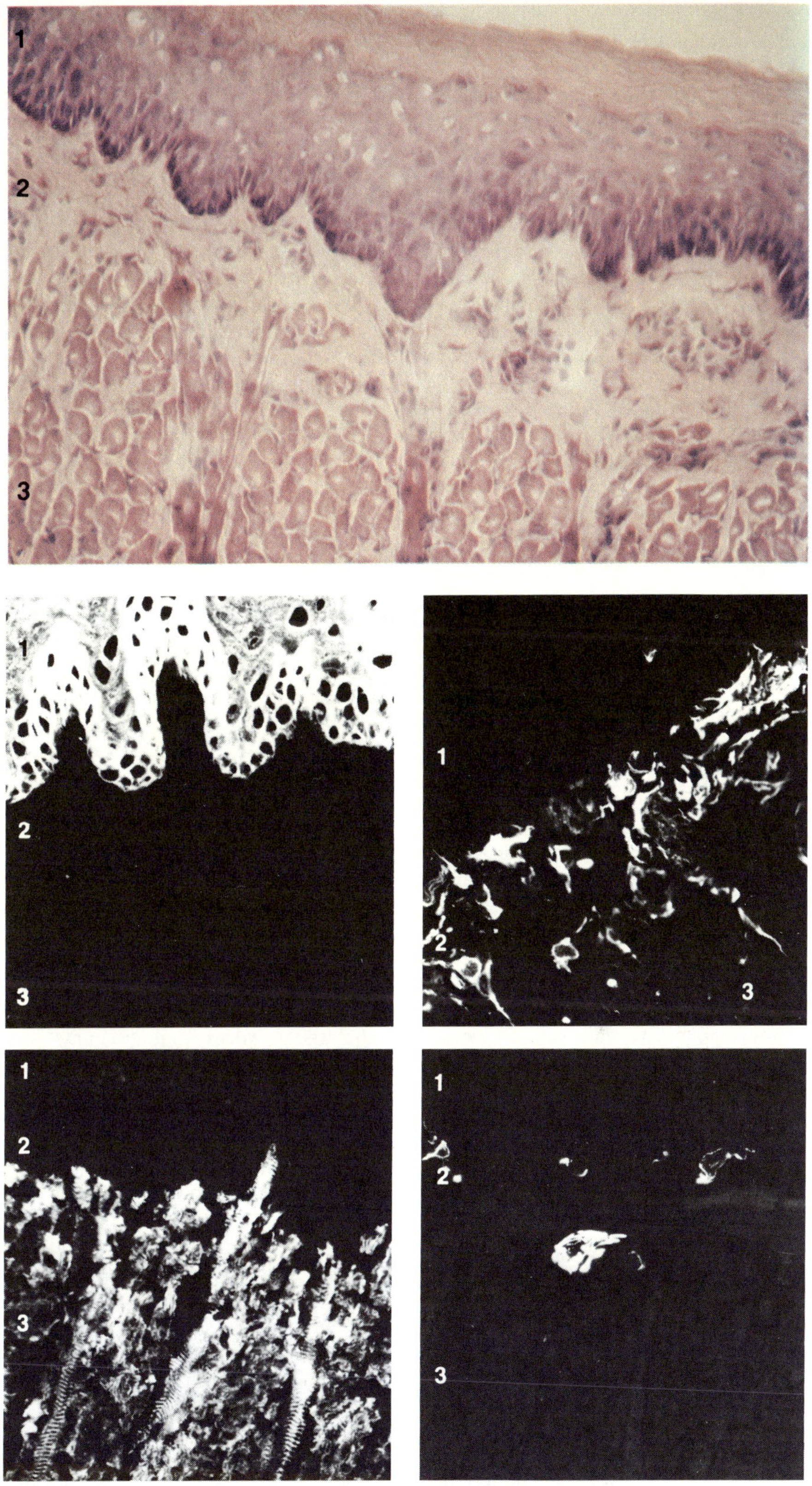

Bild 9: Einzelne Zelltypen lassen sich in Mischgeweben anhand der Proteine unterscheiden, aus denen ihre intermediären Filamente bestehen. Die Abbildungen zeigen vergleichbare Dünnschnitte an der Rattenzunge. Bei den vier unteren Bildern wurde das Gewebe mit fluoreszenzmarkierten Antikörpern gegen verschiedene Proteine der intermediären Filamente behandelt. Oben ist zum Vergleich ein wie üblich mit Hämatoxylin-Eosin gefärbter Schnitt gezeigt. In den verschiedenen Aufnahmen sind gleiche Gewebelagen durch gleiche Zahlen gekennzeichnet. Antikörper gegen Keratin heften sich an die intermediären Filamente der Epidermiszellen in der Schicht 1 und machen sie so sichtbar (Mitte links). Antikörper gegen Vimentin verbinden sich dagegen nur mit den intermediären Filamenten von Bindegewebs- oder Blutgefäßzellen, die in Schicht 2 konzentriert sind (Mitte rechts). Mit Antikörpern gegen Desmin andererseits kann man selektiv die Muskelzellen sichtbar machen, aus denen Schicht 3 besteht (unten links). Antikörper gegen das Protein der Neurofilamente schließlich zeigen Axone von Nervenzellen, die über den gesamten Schnitt verteilt sind (unten rechts).

sind. Eine ähnliche Wirkung hat die Injektion tubulinspezifischer Antikörper in eine Zelle.

Mikrotubuli scheinen demnach die Geometrie der Zelle aufrechtzuerhalten, indem sie quasi als Gleise anderen zellulären Strukturen und Vorgängen die Richtung weisen. In Zellen mit begrenzten Abmessungen mag eine solche Wegweiserfunktion entbehrlich sein – zumindest für den intrazellulären Transport: Die durch die Brownsche Bewegung verursachten zufälligen Ortsveränderungen könnten ausreichen, um Vesikel und andere Organellen an ihren Bestimmungsort in der Zelle zu bringen. In hochgradig asymmetrischen Zellen wie den Neuronen, deren Axone sich bei manchen Tieren über mehrere Meter erstrecken, ist eine solche Leitung jedoch für den Transport innerhalb der Zelle möglicherweise unerläßlich.

Die intermediären Filamente

Über die Funktion des dritten Elements des Cytoskeletts, der intermediären Filamente, ist weniger bekannt. Auch über ihre biochemischen Eigenschaften lassen sich nicht so leicht verallgemeinernde Aussagen machen.

Die Grundproteine der intermediären Filamente sind in einer einzigen Familie von Genen verschlüsselt; je nach Zell- und Gewebetyp werden jedoch unterschiedliche Mitglieder dieser Familie exprimiert. Ende der siebziger Jahre ergaben immunologische und biochemische Untersuchungen, daß die Expression dieser Gene in Einklang steht mit der Entwicklung, die ein Gewebe während der Embryogenese nimmt.

Parallel zu diesen Entwicklungswegen erkennt man fünf biochemisch unterschiedene Arten intermediärer Filamente: epitheliale Keratine in Epithelzellen, Neurofilamente in den meisten (aber wohl nicht allen) Nervenzellen, Desminfilamente in Muskelzellen, Gliafilamente in Gliazellen (Stützzellen in Gehirn, Rückenmark und peripherem Nervensystem) und Vimentinfilamente in Zellen mesenchymalen Ursprungs wie jenen im Bindegewebe und in Blut- und Lymphgefäßen. Die epithelialen Keratine lassen sich weiter in Subtypen unterteilen. Rund 20 verschiedene Moleküle dieser Art wurden in menschlichen Geweben katalogisiert; einige davon erwiesen sich als spezifisch für morphologisch verschiedene Epithelgewebe.

Die Proteine der intermediären Filamente besitzen alle in der Mitte eine stabförmige Region gleicher Länge, in der sie sich ähneln: Zwischen 30 und 70 Prozent der Aminosäuren stimmen hier miteinander überein. Die stabförmige Region ist die strukturelle Basis für den Zusammenbau der intermediären Filamente. Ein Querschnitt durch ein einzelnes, zehn Nanometer dickes Filament würde ungefähr 30 miteinander verzahnte Moleküle zeigen. Im Gegensatz zur Polymerisation von Mikrofilamenten und Mikrotubuli aus globulären Untereinheiten sind zum Aufbau der intermediären Filamente weder ATP noch GTP erforderlich.

Die Endabschnitte der Proteine, aus denen die intermediären Filamente bestehen, variieren in ihrer Größe und ihrem relativen Gehalt an einzelnen Aminosäuren weit stärker als die stabförmigen zentralen Bereiche; normalerweise sind sie nicht an der Verknüpfung der Moleküle zur Faser beteiligt. Wahrscheinlich ragen sie von der Faser in das Cytoplasma hinein, wo sie zur Ankopplung des Filaments an andere Strukturelemente dienen können. Ein Endabschnitt des größten Neurofilamentproteins erzeugt zum Beispiel die „flaumartigen“ Querbrücken, die auf elektronenmikroskopischen Aufnahmen als Verbindungsstücke zwischen benachbarten Neurofilamenten einer Nervenfaser zu sehen sind.

Wie die anderen Fasersysteme verfügen auch die intermediären Filamente über einen Satz assoziierter Proteine; nur einige wenige davon sind jedoch bisher bekannt. Ihre Rolle, ja die Funktion des ganzen Netzwerkes überhaupt, liegt noch ziemlich im dunkeln. Injiziert man Antikörper gegen Proteine der intermediären Filamente in kultivierte Zellen, so scheint das weder Zellbewegung noch Zellteilung zu beeinträchtigen. Die intermediären Filamente besitzen möglicherweise eine sehr subtile Funktion in der Zelldynamik, die an isolierten, in einer Laborkultur gewachsenen Zellen nur schwer festzustellen ist.

In einigen Zellen und Geweben fungieren die intermediären Filamente jedoch offenbar als Strukturelemente. Viele Forscher glauben, daß intermediäre Filamente mit einem Ende an der Kernhülle, das heißt an der Doppelmembran, die den Zellkern umgibt, haften könnten; außerdem ist bekannt, daß in Epithelzellen viele der Keratinfilamente an besonders ausgebildeten Regionen der Plasmamembran verankert sind, die man Desmosomen nennt (Bild 7). Desmosomen bilden eine Art interzellulärer Verbindung, durch die benachbarte Zellen zusammenhalten.

Bei einem Desmosom reichen spezialisierte Proteine durch die Plasmamembranen der beiden Zellen hindurch und strecken ein Glykoprotein-Ende nach außen. Die Glykoproteine treten mit ihren Gegenstücken in der anderen Desmosomhälfte in Wechselwirkung und binden die Zellen so aneinander. Keratinfasern und Desmosomen zusammen integrieren das Epithelgewebe und geben ihm so eine gewisse Stabilität und Festigkeit. In einigen Nichtepithelzellen sind die intermediären Filamente möglicherweise statt dessen mit dem Aktin-Spektrin-Netz unterhalb der Plasmamembran verbunden.

Wechselwirkungen zwischen verschiedenen Fasersystemen

Die drei Filamentsysteme sind keine völlig voneinander getrennten und unabhängigen Elemente der Zellarchitektur. Die Ähnlichkeit in der Anordnung von Mikrotubuli und intermediären Filamenten sowie die Auswirkungen, die die Zerstörung von Mikrotubuli in Nichtepithelzellen auf die intermediären Filamente hat, lassen auf eine Verbindung zwischen den beiden Systemen schließen, die wahrscheinlich durch assoziierte Proteine hergestellt wird. Zudem wirken die Mikrotubuli wahrscheinlich als Gestell, über dem das dauerhaftere Gerüst der intermediären Filamente errichtet wird. Elektronenmikroskopische Aufnahmen zeigen andeutungsweise auch Verbindungen zwischen Mikrofilamenten und intermediären Filamenten. Tatsächlich ist die Vorstellung, daß die drei Filamentsysteme ein zusammenhängendes Gerüst bilden, an das sich Organellen und vielleicht sogar Enzyme sowie lösliche Proteine anheften können, eine vieldiskutierte Hypothese.

Einige Wissenschaftler haben die Ansicht vertreten, daß ein viertes Fasersystem die anderen Filamentsysteme zusammenfügt. Dieses „Mikrotrabekelgitter“ erschien in vielen hochspannungselektronenmikroskopischen Abbildungen. Es soll aus einem unregelmäßigen Geflecht feiner Fasern bestehen, deren Durchmesser von weniger als zwei bis zu mehr als zehn Nanometern reicht. Alle anderen Fasern der Zelle wären ebenso wie die Organellen in die als Grundsubstanz der Zelle fungierenden Mikrotrabekeln eingebettet. Deren Proteinbausteine sollten sich von denen der drei anderen Systeme unterscheiden. Es ist aber wenig wahrscheinlich, daß ein zusätzliches, häufiges Zellprotein existiert, das bei den biochemischen Analysen des Cytoplasmas noch nicht identifiziert worden ist.

Statt ein viertes System zu verkörpern, scheint das in den Abbildungen sichtbare Gitter wohl eher die verwickelten Verflechtungen und Verzahnungen der drei bekannten Systeme darzustellen. Auch ist nicht auszuschließen, daß durch Aufdrehung gewisser Cytoskelettstrukturen Artefakte erzeugt werden. Ebenso be-

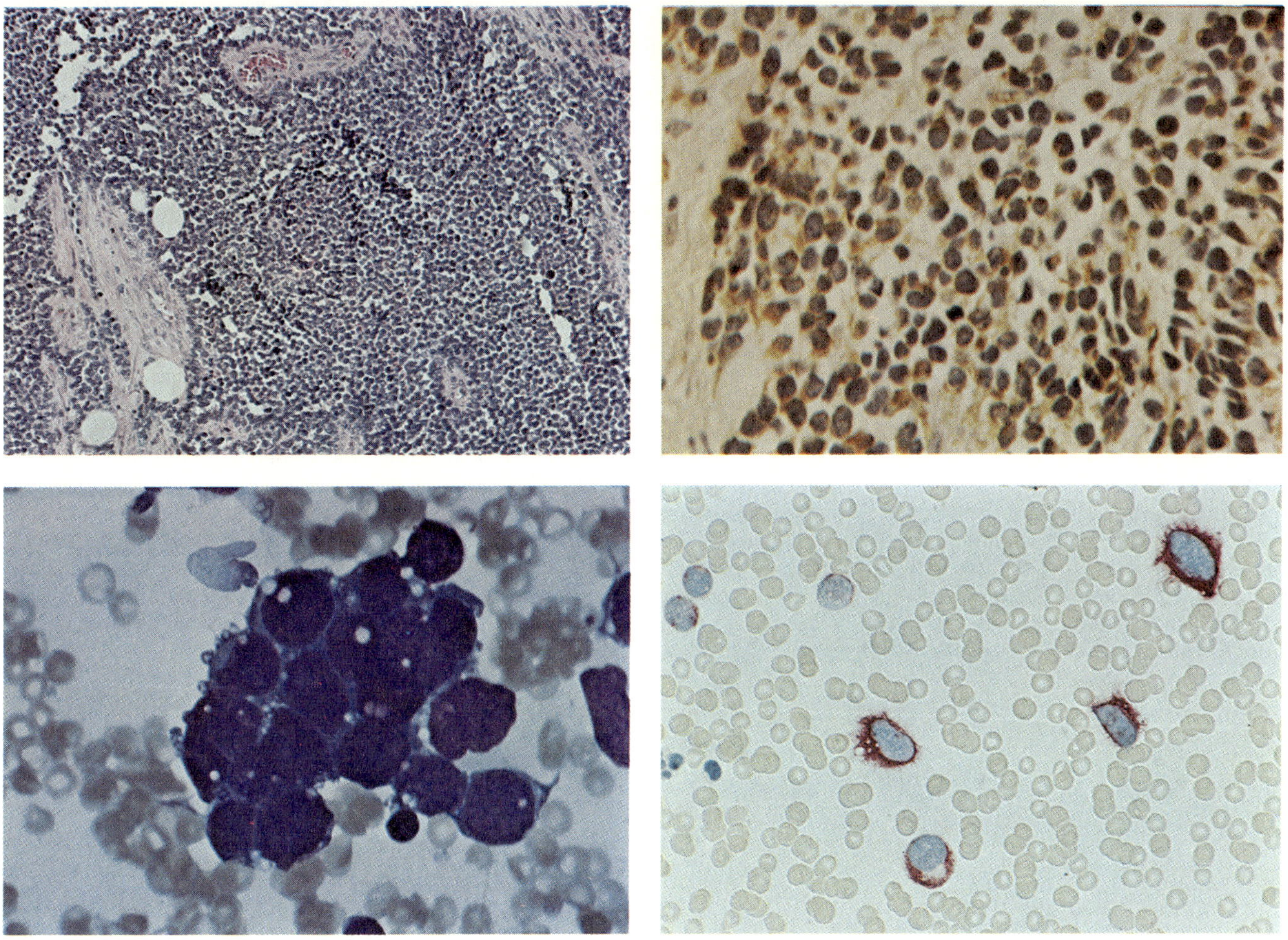

Bild 10: Auch die Herkunft von Tumorzellen läßt sich anhand der intermediären Filamente erkennen. Links sind mit normalen histologischen Methoden angefärbte Zellen zweier Krebspatienten abgebildet: oben ein Schnitt durch dem Körper entnommenes Tumorgewebe und unten ein Knochenmarksausstrich. Auf keinem Bild läßt sich der Tumortyp sicher diagnostizieren. In einem alternativen Verfahren wurden ähnliche Proben zuerst mit einem Antikörper gegen Desmin, eines der verschiedenen Grundproteine der intermediären Filamente, und dann mit Antikörpern gegen den ersten Antikörper behandelt; letztere waren beim Tumorschnitt mit Meerrettich-Peroxidase und beim Knochenmarksausstrich mit alkalischer Phosphatase markiert. Beidesmal wurde das Cytoplasma der Tumorzellen durch die Immunsonde intensiv angefärbt (braune Zellen oben rechts, rote Zellen unten rechts). Desmin ist das charakteristische Protein der intermediären Filamente in Muskelzellen. Durch seinen Nachweis ließ sich der Tumor in beiden Fällen als Rhabdomyosarkom identifizieren: ein Krebstyp, der von der quergestreiften Muskulatur ausgeht. Die zwei oberen Abbildungen entstanden im Labor der Autoren in Göttingen, die unteren stammen von David Mason von der Universität Oxford.

steht die Möglichkeit, daß sich im Cytoplasma gelöste Proteine während der Präparation der Proben für das Hochspannungselektronenmikroskop auf den Fasergeflechten niederschlagen und sie so komplexer erscheinen lassen, als sie tatsächlich sind. Durch Fortschritte in den Fixierungstechniken gelangen kürzlich hochspannungselektronenmikroskopische Aufnahmen, auf denen das Mikrotrabekelgitter wesentlich reduziert ist.

Ebenso wie wir das Cytoskelett noch nicht als einheitliche Struktur zu beschreiben vermögen, bildet sich ein umfassendes Verständnis seiner Rolle in der Zelldynamik nur langsam heraus. Mikrofilamente sind von entscheidender Bedeutung für die Fortbewegung von Zellen sowie für die Verformung ihrer Oberfläche, und ohne Mikrotubuli gibt es keine normale Mitose; aber die molekularen Details ihrer jeweiligen Funktionen sind weitgehend unbekannt. Oft ist nicht einmal klar, ob das Cytoskelett für eine besondere Zellfunktion notwendig ist, oder ob es diese nur fördert. So kann man sich zum Beispiel auf den Standpunkt stellen, daß die Zellbewegung dadurch zustandekommt, daß der Vorderrand der Zelle durch den Einbau zusätzlicher Membranstücke erweitert wird; die durch Myosin vermittelte Kontraktion der Mikrofilamente würde dann nur als ein Folgemechanismus dafür sorgen, daß die restliche Zelle hinter der vorrükkenden Membran nachgezogen wird.

Molekulargenetische Techniken könnten die Funktion der Cytoskelettproteine klären helfen. So hat man bereits nachgewiesen, daß gewisse Mutationen im Aktin-Gen der Hefe die Synthese, den Zusammenbau und den Zusammenhalt der Plasmamembran sowie den Transport von Sekretvesikeln an die Zelloberfläche stören. Offenbar sind Mikrofilamente an beiden Prozessen beteiligt. Durch Erzeugung von Mutationen an bestimmten Stellen in für Cytoskelett-Elemente codierenden Genen sowie durch Einführung klonierter DNA, die für veränderte Cytoskelett-Proteine codiert, sollte es möglich sein, die Auswirkungen einer einzigen Abweichung ebenso wie die Folgen mehrfacher Veränderungen im Cytoskelett zu beobachten. Mit derartigen Techniken müßten sich die strukturellen und dynamischen Wechselwirkungen zwischen den verschiedenen Cytoskelettproteinen aufdecken lassen.

Obwohl es noch viel über das Zellskelett in Erfahrung zu bringen gibt, haben die bisherigen Erkenntnisse schon einen Beitrag zur Diagnose von Krankheiten und deren Erforschung geleistet. Da gewisse Strukturen des Cytoskeletts, insbesondere die der intermediären Filamente, je nach Gewebe anderer Proteine enthalten, kann man sie zur Unterscheidung von Zelltypen heranziehen (Bild 9).

Intermediäre Filamente in der Krebsdiagnose

Die Fähigkeit zur korrekten Klassifikation von Zellen ist entscheidend bei der Diagnose und Behandlung von verschiedenen Krebsarten, die weit entfernt von ihrem Ursprungsgewebe Metastasen bilden können. Die richtige Behandlung kann nämlich entscheidend davon abhängen, daß man weiß, von welchem Zelltyp der Tumor im Einzelfall abstammt.

Durch Charakterisierung der intermediären Filamente mit der Immunfluoreszenzmikroskopie lassen sich die Hauptarten von Tumoren unterscheiden (Bild 10). So findet man in Karzinomen (aus Epithelzellen gebildeten Tumoren) Keratine, in Tumoren, die von Gliazellen ausgehen, das Protein der Gliafilamente, in Muskelzell-Sarkomen Desmin, in Lymphomen und Nichtmuskelzell-Sarkomen Vimentin und in Tumoren, die aus dem sympathischen Nervensystem stammen, die Proteine der Neurofilamente. Im Fall von Karzinomen erlauben die verschiedenen Subtypen der Keratine sogar noch feinere diagnostische Unterscheidungen – so etwa zwischen Plattenepithel- und Adenokarzinom. Mit dieser Technik sollten Pathologen einige unter den fünf bis zehn Prozent der Tumoren, die mit den üblichen Färbemethoden nur schwer zu diagnostizieren sind, jetzt schnell und sicher erkennen können. Da der Nachweis äußerst empfindlich ist, lassen sich damit auch aus nur wenigen Tumorzellen bestehende Mikrometastasen in den Lymphknoten oder im Knochenmark entdecken.

Die Typisierung der intermediären Filamente hat noch andere klinische Anwendungen. In Verbindung mit der Amniocentese (der Fruchtwasseruntersuchung bei Schwangeren) erlaubt sie, bestimmte angeborene Mißbildungen zu erkennen. Findet man im Fruchtwasser zum Beispiel Zellen, die Glia- oder Neurofilamente enthalten, kann das ein Hinweis auf eine Schädigung des fetalen Nervensystems sein.

Mit der geschilderten Technik wurden auch Unregelmäßigkeiten an den intermediären Filamenten in den Muskeln von Patienten entdeckt, die an gewissen Erkrankungen am Herzen und an der Skelettmuskulatur leiden; ähnliche Unregelmäßigkeiten fanden sich in der Leber von Alkoholikern und möglicherweise auch im Gehirn von Menschen mit Alzheimer-Krankheit. Solche Anwendungen machen deutlich, wie die zellbiologische Grundlagenforschung einen Beitrag zur Diagnose und zum Verständnis von Krankheiten beim Menschen leisten kann.

Die Moleküle des Immunsystems

Die Proteine, die fremde Eindringlinge erkennen oder ein Individuum auszeichnen, zählen zu den vielfältigsten Proteinen überhaupt. Codiert werden sie von Hunderten getrennter Genteile, die sich in millionenfacher Weise miteinander kombinieren und zudem noch abwandeln können.

Von Susumu Tonegawa

Ein funktionierendes Immunsystem ist überlebensnotwendig: Versagt es, bedeutet dies fast unausweichlich den Tod durch Infektion. Von seiner lebenswichtigen Rolle einmal abgesehen, ist es ein faszinierendes Beispiel für die Genialität der Natur.

Unablässig patrouillieren die Zellen und Moleküle dieses Abwehrsystems auf der Suche nach Krankheitserregern durch den Körper. Sie können eine praktisch unbegrenzte Vielfalt fremder Zellen und Substanzen erkennen und von körpereigenen unterscheiden. Dringt ein Krankheitserreger in den Körper ein, so spüren sie ihn auf und machen regelrecht mobil, um ihn außer Gefecht zu setzen. Sie „erinnern" sich zudem an jede Infektion, so daß sie bei neuerlichem Zusammentreffen mit dem gleichen Organismus wirkungsvoller fertigwerden. Das alles bewerkstelligen sie überdies mit einem ziemlich kleinen Verteidigungsbudget, beanspruchen sie doch nur einen bescheidenen Anteil des Genoms und der körperlichen Ressourcen.

Entscheidend für das Auslösen einer Immunantwort ist, die chemischen Marker zu erkennen, in denen sich „Selbst" von „Nichtselbst" unterscheidet. Mit dieser Aufgabe sind Proteine betraut, deren faszinierendste Eigenschaft ihre strukturelle Variabilität ist.

Im allgemeinen sind alle Moleküle eines bestimmten Proteins in einem Individuum absolut identisch: Sie haben dieselbe Aminosäuresequenz. Höchstens sind zwei Versionen anzutreffen, die eine vom mütterlichen, die andere vom väterlichen Gen codiert. Die Erkennungsproteine des Immunsystems treten dagegen in Millionen, vielleicht auch Milliarden abgewandelten Formen auf. Dank dieser Unterschiede kann jedes Molekül ein spezifisches Ziel erkennen.

Die bekanntesten Erkennungsproteine sind die Antikörper, die Immunglobuline. Man hat inzwischen wesentliche Einblicke in ihre Struktur und in den genetischen Mechanismus gewonnen, der für ihre Vielfalt verantwortlich ist. Und zwar gehen die unzähligen verschiedenen Antikörper aus einem Repertoire relativ weniger Genteile hervor, die sich in allen möglichen Kombinationen zu funktionsfähigen Antikörper-Genen zusammenstellen lassen. Damit liefern die Antikörper-Gene den schlagenden Beweis, daß die DNA eines Individuums kein fest sortiertes Archiv ist, sondern sich im Laufe des Lebens verändern kann. Das Ausschneiden und Zusammenfügen von Gensequenzen für die Antikörper-Synthese ist keine zufällige Eigenart des genetischen Prozesses, sondern die wesentliche Voraussetzung für das Funktionieren des Immunsystems.

Eine weitere Klasse von Erkennungsmolekülen umfaßt die *T*-Zell-Rezeptoren, antennenartige Proteine auf der Oberfläche bestimmter Immunzellen. Da sie sich schwieriger isolieren lassen, sind ihre Eigenschaften noch nicht so gut erforscht wie die der Antikörper.

Strukturell und der Abstammung nach sind sie eindeutig mit den Antikörpern verwandt. Auch ihre Vielfalt geht auf einen entsprechenden genetischen Mechanismus zurück, aber ihre Arbeitsweise ist etwas anders. Ein *T*-Zell-Rezeptor erkennt nur solche Zellen, die sowohl körpereigene als auch körperfremde Marker tragen (Bild 3). Aufgrund dieser Eigentümlichkeit können die *T*-Zellen direkt gegen Virusinfektionen vorgehen und zudem andere Komponenten des Immunsystems regulieren.

Die *B*-Zellen

Die wichtigsten Zellen des Immunsystems sind die Lymphocyten, eine Gruppe weißer Blutkörperchen. Wie andere Blutzellen gehen auch sie aus Stammzellen im Knochenmark hervor. Die eine Klasse von Lymphocyten, die *B*-Zellen, vollenden bei Säugern ihre Reifung im Knochenmark. Eine zweite Klasse, die *T*-Zellen, differenzieren sich in der Thymusdrüse weiter. Die Zellen beider Klassen ähneln sich in Größe und Ausse-

Bild 1: Antikörper erkennen körperfremde Stoffe; entscheidend dabei ist die Bindung zwischen Antigen und Antikörper. Das Computerbild zeigt als gebundene Substanz allerdings kein vollständiges Antigen, sondern ein Hapten, einen niedermolekularen Stoff mit einer Affinität zu einem bestimmten Antikörper (Haptene wirken nur in Verbindung mit einem makromolekularen Träger immunogen). Bei dem dargestellten Hapten handelt es sich um Phosphocholin. Elektrostatische Wechselwirkungen lenken es an die Antigen-Bindungsstelle des Antikörpers, wo es genau in eine Tasche der Oberfläche paßt. Wie es sich während der Annäherung an die Bindungsstelle ausrichtet (Mitte oben), läßt sich aus Berechnungen von Elizabeth D. Getzoff, John A. Tainer und Arthur J. Olson vom Forschungsinstitut der Scripps-Klinik schließen. Ihre Kalkulation basiert auf der atomaren Struktur des Antikörper-Hapten-Komplexes, die von Eduardo A. Padlan, Gerson H. Cohen und David R. Davis von den National Institutes of Health bestimmt wurde. Das Grundgerüst des Proteins und des sich nähernden Hapten-Moleküls ist von einem Schwarm farbiger Punkte umhüllt, der die für Wassermoleküle zugängliche Oberfläche darstellt. Von einem anderen Hapten – es sitzt eingeklemmt an der Antigen-Bindungsstelle direkt unterhalb des ersten Haptens – ist nur das Skelett angegeben. Die Farbe der Punkte kennzeichnet das berechnete elektrostatische Potential von verschiedenen Regionen der Molekül-oberfläche: Blau entspricht dem positiven, rot dem negativen Maximum des Potentials. Die Pfeile geben die Richtung des elektrostatischen Feldes an, ihre Farben das elektrostatische Potential an ihren Ursprungspunkten. Das Bild wurde mit Hilfe zweier Programme erstellt: mit GRAMPS, entwickelt von Olson und T. J. O'Donnell von den Abbot-Laboratorien, und mit GRANNY, geschrieben von Olson und Michael L. Connolly von der Scripps-Klinik.

hen, sind aber an verschiedenen Formen der Immunantwort beteiligt.

Die *B*-Lymphocyten synthetisieren die Antikörper. Ihre grundlegende Arbeitsweise läßt sich mittels der klonalen Selektionstheorie verstehen, die von Sir Macfarlane Burnet vor 30 Jahren vorgeschlagen worden ist. Jede *B*-Zelle wird während ihrer Reifung im Knochenmark auf die Synthese von Antikörpern festgelegt, die ein spezifisches Antigen, eine bestimmte molekulare Struktur also, erkennen. Im einfachsten Fall behalten alle Nachkommen einer Zelle dieselbe Spezifität, sie bilden daher einen Klon immunologisch identischer Zellen. (In Wirklichkeit entstehen einige Varianten, während sich die Zellen vermehren.)

Die von einer *B*-Zelle synthetisierten Antikörper werden zunächst nicht abgegeben; sie bleiben an der Außenseite der Zellmembran als Rezeptormoleküle sitzen (Bild 2). Bindet sich ein Antigen an einen solchen membranständigen Antikörper, so wird die zugehörige Zelle zur Vermehrung angeregt. Dieser Prozeß ist die klonale Selektion. Im allgemeinen reagieren viele Klone auf einen einzigen Erreger. Denn die von den Antikörpern erkannten antigenen Marker sind vergleichsweise kleine molekulare Strukturen, und ein einzelnes Virus oder Bakterium trägt viele verschiedene solcher Erkennungszeichen.

Einige Nachkommen der selektierten Klone bleiben als zirkulierende *B*-Lym-

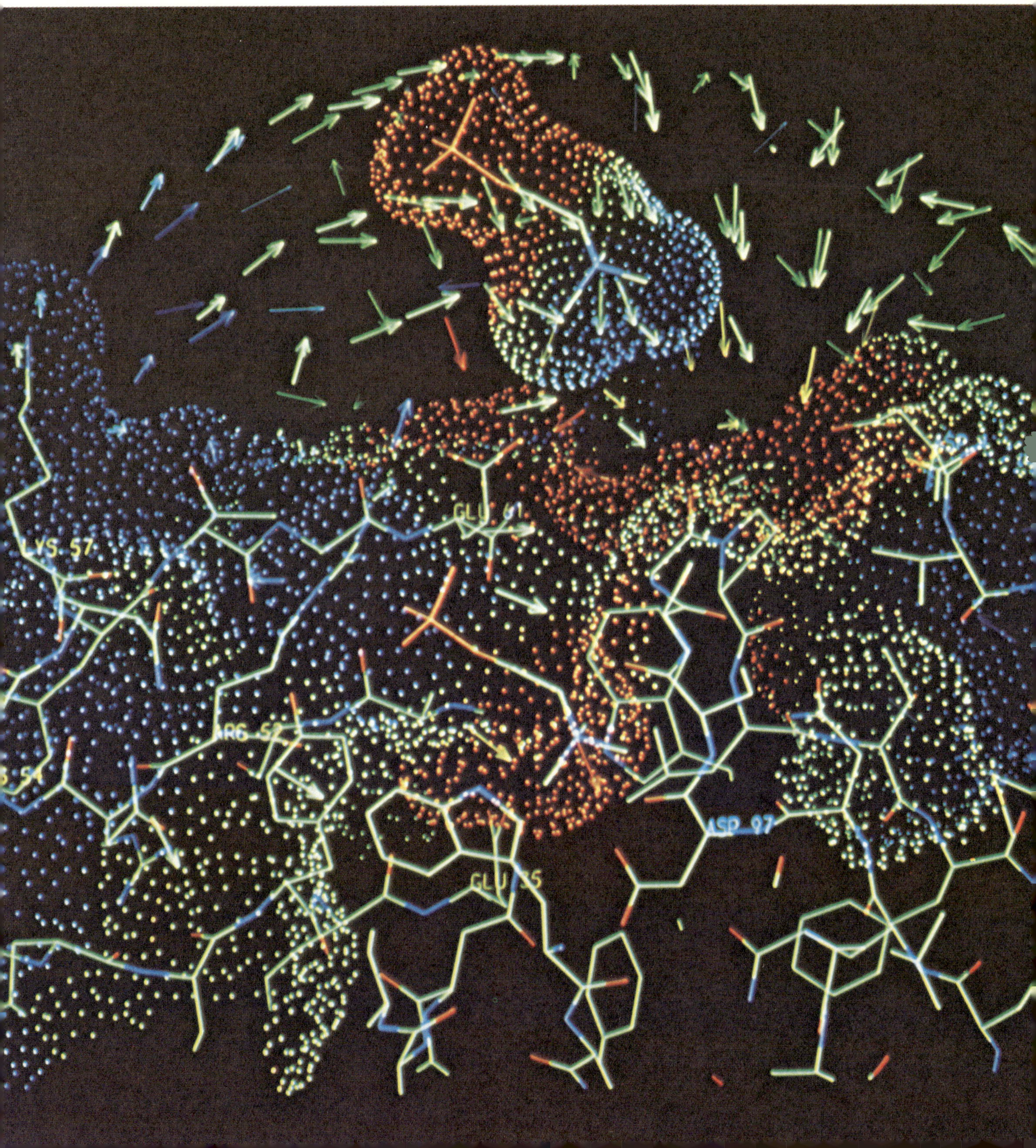

phocyten erhalten. Sie bilden das Gedächtnis des Immunsystems und sorgen bei neuerlichem Kontakt mit demselben Antigen für eine schnellere Immunreaktion. Die Gedächtniszellen sind für die Immunität verantwortlich, die sich auf viele Infektionen hin oder aufgrund einer Impfung entwickelt.

Andere Zellen aus den selektierten *B*-Zell-Klonen durchlaufen eine Enddifferenzierung: Sie werden größer, teilen sich nicht mehr und widmen sich sozusagen mit ganzer Kraft der Antikörperproduktion. In diesem Stadium werden sie als Plasmazellen bezeichnet. Sie leben zwar nur noch einige Tage, geben aber große Mengen an Immunglobulinen ab.

Antikörper-Moleküle können einen fremden Organismus nicht direkt vernichten, sie markieren ihn nur als Angriffsziel für andere, zerstörende Abwehrsysteme. Eines davon ist das Komplement-System. Es umfaßt mehr als ein Dutzend verschiedene Proteine, die nacheinander auf der Oberfläche einer Zelle aktiviert werden, wenn diese mit Antigen-Antikörper-Komplexen besetzt ist. Die Komplement-Proteine sorgen letztlich für eine Perforation der Zellmembran.

Antigen-Antikörper-Komplexe ziehen auch Makrophagen an, die fremde Partikel verschlingen und verdauen. Eine Reihe anderer Zellen kann ebenfalls an der Immunraktion beteiligt sein.

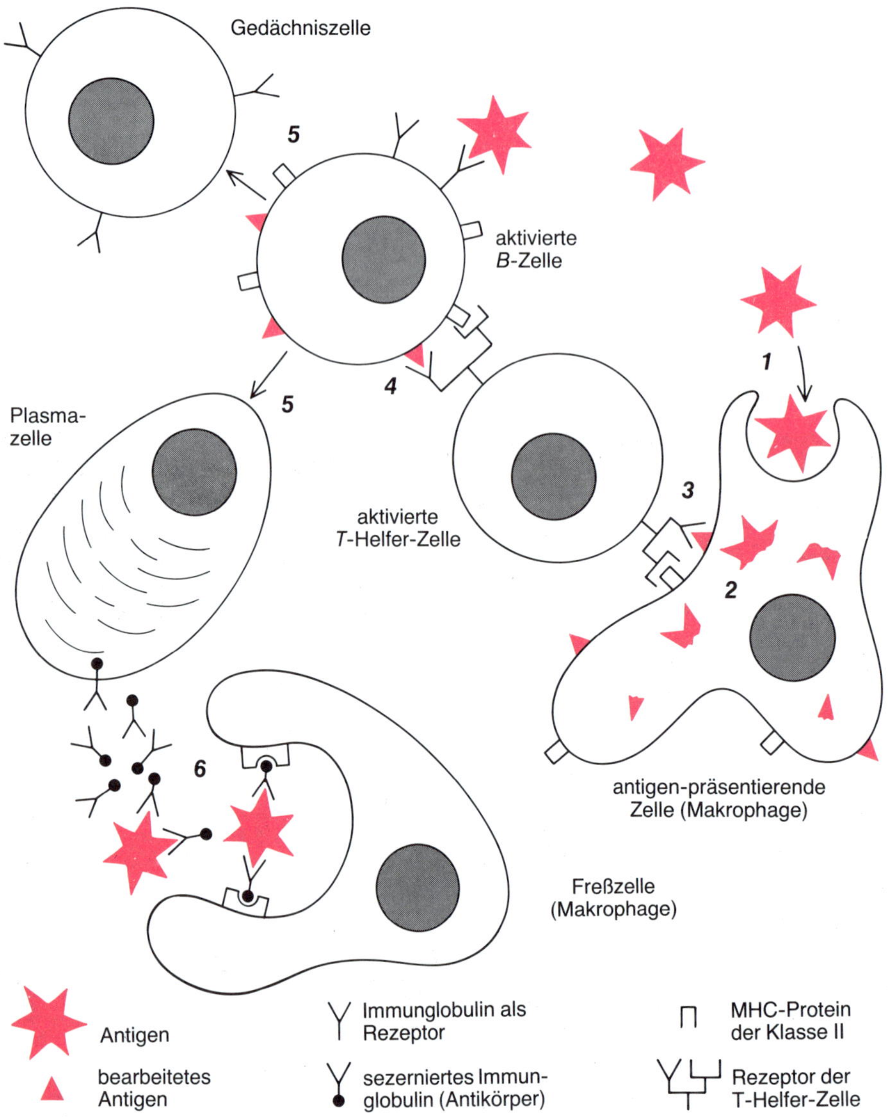

Bild 2: Eine Infektion mobilisiert mehrere kooperierende Populationen von Immunzellen. Die *B*-Zellen tragen Immunglobuline als Oberflächenrezeptoren, die zirkulierende Antigene erkennen und sie binden. Im allgemeinen jedoch werden sie allein davon nicht aktiviert. Zuerst muß das Antigen von einer antigen-präsentierenden Zelle aufgenommen werden (1); diese Funktion kann ein Makrophage übernehmen. Das Antigen wird von ihm bearbeitet (2) und erscheint dann an seiner Oberfläche. Wenn eine *T*-Helfer-Zelle es erkennt, wird sie aktiviert (3) und aktiviert ihrerseits *B*-Zellen, die das gleiche bearbeitete Antigen tragen (4). Diese *B*-Zellen vermehren sich und differenzieren sich aus. (5): Einige Nachkommen werden zu Gedächtniszellen, die bei neuerlicher Infektion eine schnellere Immunreaktion ermöglichen, andere entwickeln sich zu antikörperausscheidenden Plasmazellen. Die freien Antikörper (ebenfalls Immunglobuline) binden sich an das Antigen und markieren es damit für die Zerstörung durch andere Elemente des Immunsystems, unter anderem durch Makrophagen (6).

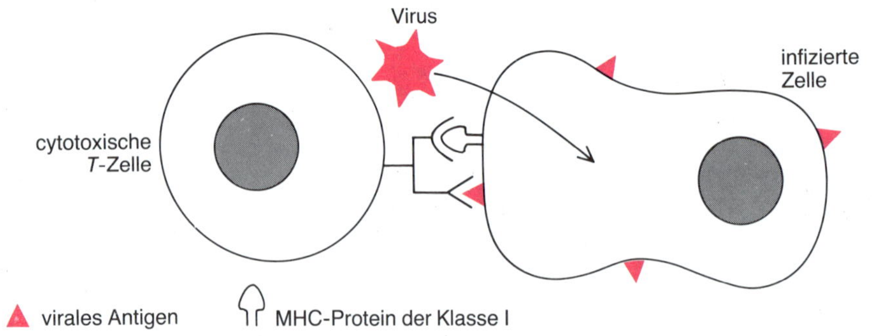

Bild 3: Virusinfektionen rufen andere Elemente des Immunsystems auf den Plan. Dringt ein Virus in eine Zelle ein, so bleiben virale Proteine in der Zellmembran zurück. Cytotoxische *T*-Zellen (Killer-Zellen) erkennen spezifisch solche fremden Moleküle, die zusammen mit charakteristischen wirtseigenen Proteinen dargeboten werden, und zwar mit den Klasse-I-Proteinen des Haupthistokompatibilitäts-Komplexes (englisch *major histocompatibility complex*, abgekürzt MHC). Die infizierte Zelle wird dann von der cytotoxischen *T*-Zelle getötet.

Struktur von Antikörpern

Wie erkennt nun ein Antikörper-Molekül sein Antigen? Die Antwort brachte die Analyse der Aminosäuresequenz und der Raumstruktur. Ein charakteristisches Antikörper-Molekül besteht aus vier Polypeptidketten: zwei identischen leichten Ketten von ungefähr 220 Aminosäuren Länge und zwei identischen schweren Ketten von 330 oder 440 Aminosäuren Länge (Bilder 4 und 5). Alle vier sind über Disulfidbrücken und nicht-kovalente Bindungen zu einem Y-förmigen Molekül verbunden.

Gemeinsames Bauelement der schweren wie der leichten Ketten ist eine strukturelle Untereinheit, eine Domäne, von rund 110 Aminosäuren Länge. Es sieht also so aus, als ob sich im Laufe der Evolution ein Gen für ein etwa so großes Ur-Protein wiederholt verdoppelt und verändert und auf diese Weise die längeren Gene beider Immunglobulin-Ketten hervorgebracht hat. Eine leichte Kette enthält zwei etwas verschiedene Kopien der Domäne, eine schwere Kette drei oder vier (Bild 5). Sämtliche Kopien falten sich räumlich weitgehend gleich auf.

Bei den schweren wie den leichten Ketten unterscheidet sich die Domäne

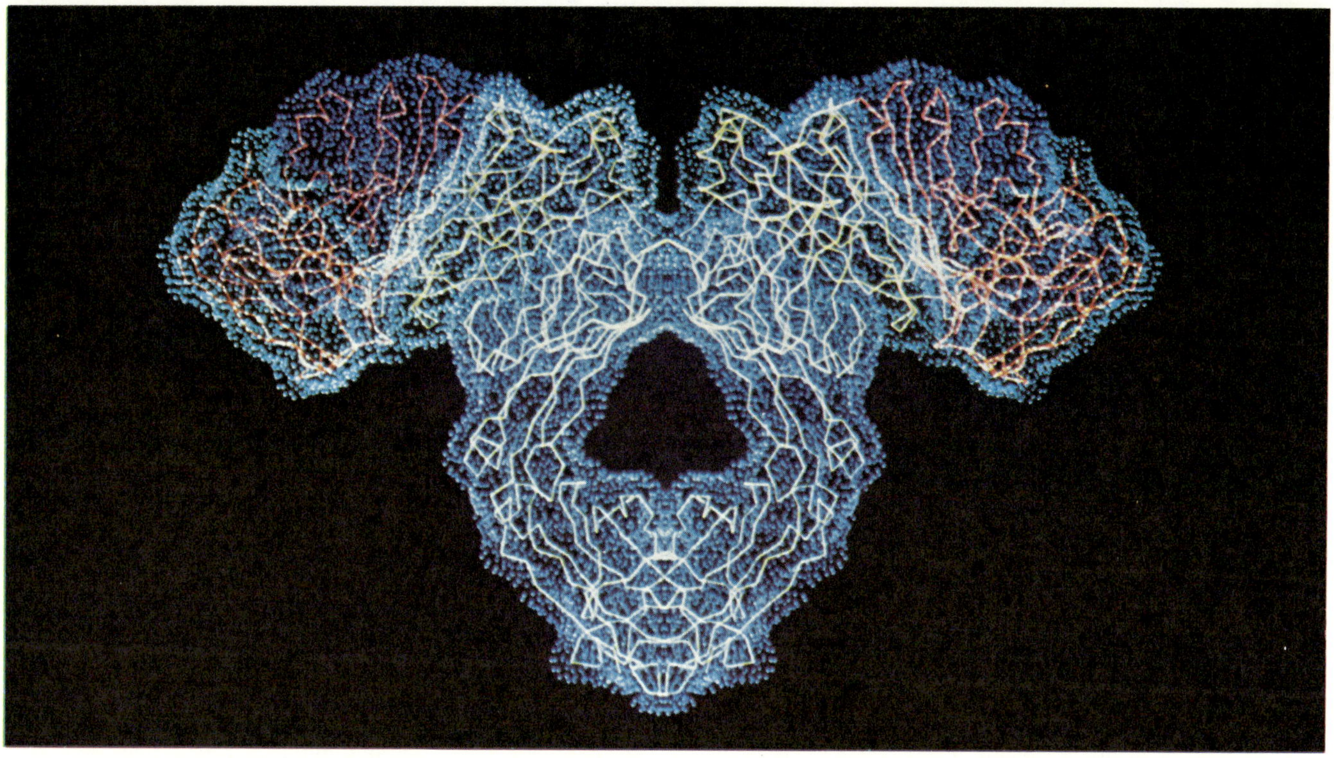

Bild 4: Typische Antikörpermoleküle bestehen aus vier Polypeptidketten, die zusammen eine Y-förmige Struktur erzeugen. Den Stamm des Ypsilons bilden zwei schwere Ketten (blaue Oberflächen), die sich bis in die beiden Arme erstrecken; zwei leichte Ketten (grüne Oberflächen) beschränken sich nur auf die Arme. Jedes Polypeptid besitzt konstante Regionen (weiß und gelb) und variable (rot). Alle Antikörper eines bestimmten Typs haben dieselben konstanten Regionen, während sich die variablen Regionen von einem *B*-Zell-Klon zum anderen unterscheiden. Am Ende jeden Armes sind die variablen Regionen der schweren und leichten Kette zu einer Antigen-Bindungsstelle gefaltet. Die Computerzeichnung hat Olson mit Hilfe derselben Programme erstellt, die auch für die Darstellung der Antigen-Bindung in Bild 1 benutzt wurden.

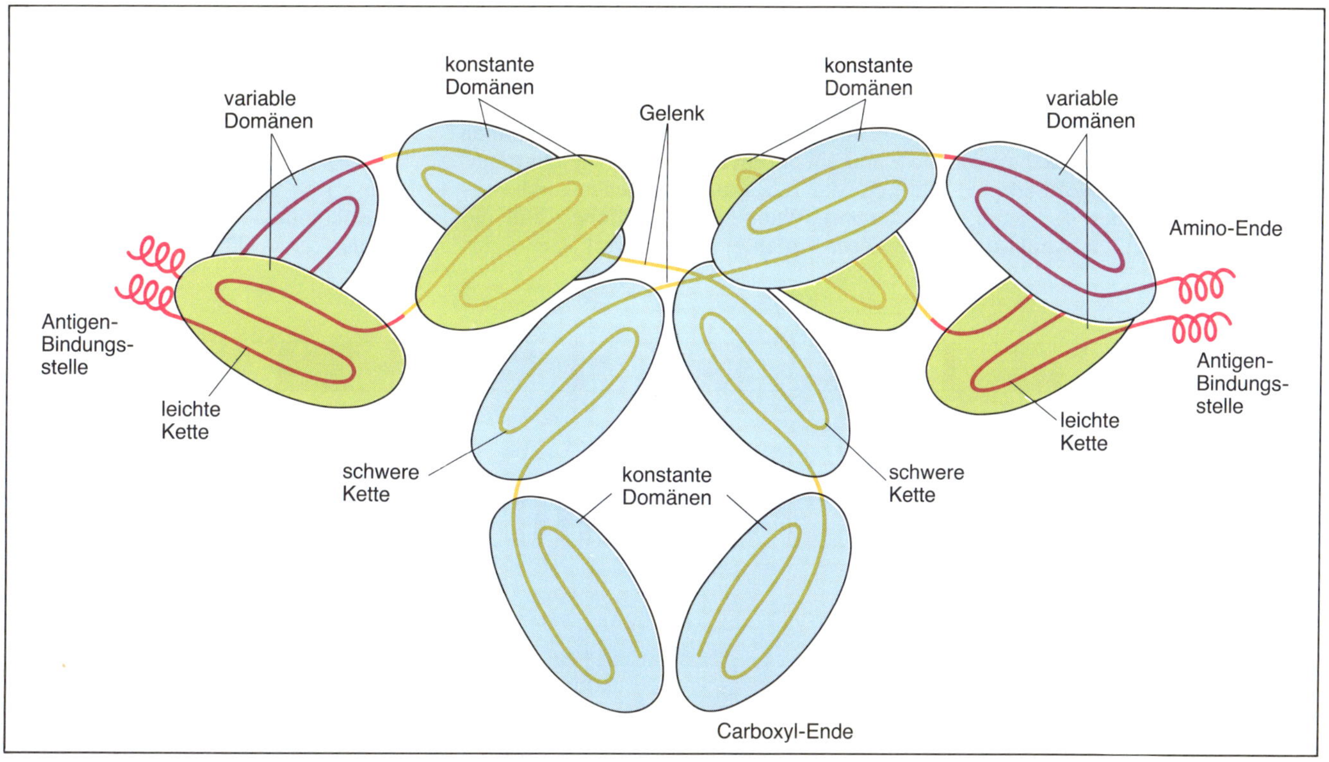

Bild 5: Ein Antikörper ist aus sich wiederholenden Domänen aufgebaut, das sind unabhängige Faltungseinheiten der Polypeptidketten. Eine leichte Kette besteht aus zwei solcher Domänen, die hier gezeigten schweren Ketten besitzen vier davon. In der Domäne ist die Polypeptidkette auf charakteristische Weise gefaltet: Einige Abschnitte darin bilden eine sogenannte Beta-Faltblattstruktur. Die variable Region jeder Kette beschränkt sich auf eine einzige Domäne am Amino-Ende. In ihr gibt es drei Schleifen (die hypervariablen Regionen), die zur Antigen-Bindungsstelle beitragen. Die Domänenstruktur ist hier stark schematisch wiedergegeben, die Kette in Wirklichkeit komplizierter gefaltet. Ähnliche Domänen kommen in den Rezeptoren der *T*-Zellen vor (Bild 8) sowie in den Proteinen des Haupthistokompatibilitäts-Komplexes (MHC), welche die körpereigenen Zellen kennzeichnen. Alle drei Molekülfamilien haben sich wahrscheinlich aus einem gemeinsamen Vorfahren entwickelt.

am Amino-Ende – das als erstes synthetisiert wird – entscheidend von den anderen. Hier sind die meisten Veränderungen in der Aminosäuresequenz zu finden. Man unterscheidet daher variable und konstante Regionen. Im Antikörper-Molekül nehmen diese variablen Bereiche die äußere Hälfte eines jeden Y-Arms ein. Sie stammen jeweils von einer schweren und einer leichten Kette.

In jeder variablen Region gibt es drei kleine Abschnitte, wo die Aminosäuresequenzen besonders stark variieren. Diese „hypervariablen" Teile legen sich an den Enden beider Arme zu einer taschenartigen Vertiefung, der Bindungsstelle für das Antigen, zusammen. Die Spezifität des Moleküls hängt von der Form der Tasche und von den Eigenschaften der chemischen Gruppen ab, die ihre Wände auskleiden. Welcher Antikörper welches Antigen erkennt, wird also hauptsächlich von der Aminosäuresequenz in den hypervariablen Regionen bestimmt.

Aber selbst in den konstanten Regionen stimmen nicht alle Moleküle überein. So existieren bei Säugern für die leichten Ketten zwei Typen von konstanten Regionen: Sie werden mit den griechischen Buchstaben Kappa und Lambda gekennzeichnet. Bei den schweren Ketten kennt man fünf Typen konstanter Regionen: Mü, Delta, Gamma, Epsilon und Alpha. (Sie bestimmen die Klassenzugehörigkeit.) Antikörper mit denselben variablen Regionen, aber anderen Klassen von schweren Ketten erkennen zwar dieselben Antigene, haben aber unterschiedliche Funktionen bei der Immunantwort. Beispielsweise besitzen die membrangebundenen Antikörper, die als *B*-Zell-Rezeptoren fungieren, Mü- oder Delta-Ketten. Die Antikörper hingegen, die auf einen Antigen-Kontakt hin ausgeschüttet werden, enthalten zumeist Gamma- oder Alpha-Ketten.

Worauf beruht die Vielfalt?

Viele Jahre lang gab es zwei konkurrierende Theorien zur genetischen Grundlage der Antikörper-Vielfalt. Die eine besagt, daß in der Keimbahn (das ist die Gesamtheit aller Gene, die von einer Generation auf die nächste weitergegeben wird) für jedes Polypeptid, das in einem Antikörper erscheint, ein eigenes Gen vorhanden sein müsse. Demnach würden die Immunglobulin-Gene genauso wie alle anderen Protein-Gene exprimiert. Die Keimbahn-Theorie verlangt zwar keine speziellen genetischen Bearbeitungsmechanismen, setzt aber enorm viele Immunglobulin-Gene voraus.

Nach der zweiten Theorie gibt es nur eine begrenzte Anzahl von Antikörper-Genen in der Keimbahn. Sie sollten sich dann irgendwie in vielfältiger Weise verändern, während sich die *B*-Lymphocyten aus ihren Stammzellen entwickeln. Die Vielfalt entstünde nach dieser Theorie in somatischen Zellen, Körperzellen also, und nicht in Keimzellen, also Ei- und Samenzellen.

Eine interessante Variante der Keimbahn-Theorie stellten 1965 William J. Dreyer und J. Claude Bennett vom California Institute of Technology auf. Für jeden Typ Antikörper-Ketten soll die Keimbahn demnach viele *V*-Gene enthalten – nämlich für jede mögliche variable Region eines (daher *V*) –, aber nur ein einziges *C*-Gen für die konstante Region (abgekürzt *C*, nach englisch *constant*). Während der Reifung wählt die Zelle zufällig eines der *V*-Gene aus und vereinigt es mit dem *C*-Gen zu einem einzigen DNA-Stück, das die Information für die vollständige Kette enthält.

Das Dreyer-Bennett-Modell weist gewisse Vorzüge auf, die es besonders attraktiv machen. Es verlangt keine riesigen DNA-Mengen für die Antikörper-Gene, und es bietet eine natürliche Erklärung dafür an, wie Antikörper in einem Strukturteil stark variieren, in anderen aber konstant bleiben können.

Bis Mitte der siebziger Jahre stand jedoch seiner Anerkennung eines vor allem im Wege: Es benötigte Mechanismen, welche Gene in den somatischen Zellen irgendwie neu ordnen können. Kein einziger war aber bekannt, und viele Wissenschaftler hielten es für unwahrscheinlich, daß überhaupt welche existieren. Daß ein Gen immer für ein Polypeptid codiert und das Genom während der gesamten Entwicklung eines Organismus unverändert bleibt, wurde damals als allgemein erwiesenes Prinzip der Biologie angesehen.

In den vergangenen zehn Jahren hat sich nun mittels der neuartigen gentechnologischen Untersuchungsmöglichkeiten herausgestellt, daß die Immunglobulin-Gene tatsächlich eine somatische Rekombination durchlaufen – aber auf eine viel kompliziertere Art, als Dreyer und Bennett vorgeschlagen hatten. Aus diesen komplexen Um- und Neuordnungen geht die große Vielfalt der *V*-Regionen hervor.

Kombinationen, Ungenauigkeiten und Mutationen

Den ersten Hinweis auf eine somatische Rekombination bei Immunglobulin-Genen entdeckte 1976 Nobumichi

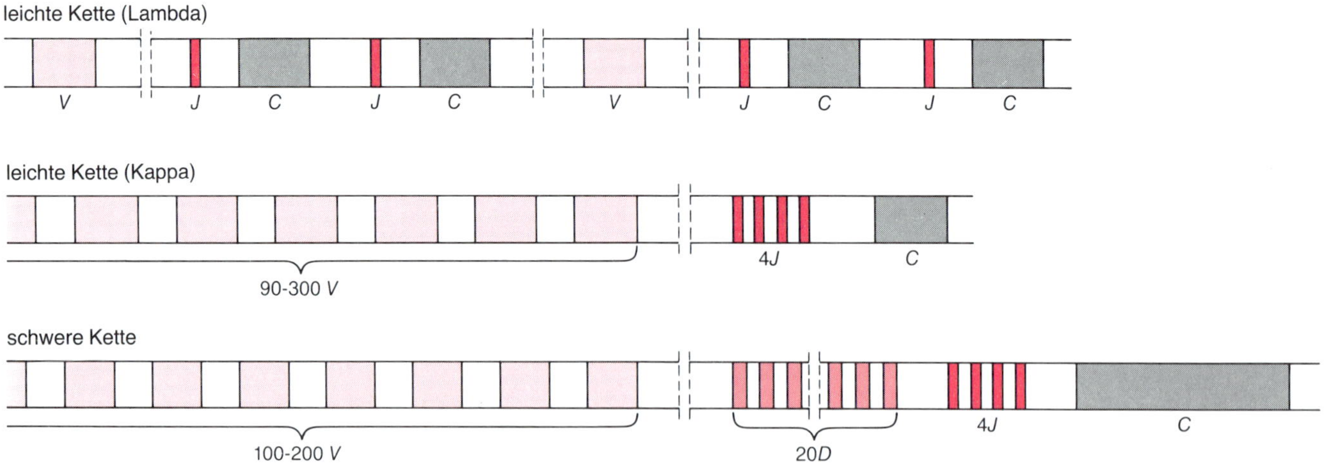

Bild 6: Die Gene für die verschiedenen Ketten der Antikörper sind in etliche kleine, weit auseinander liegende Stücke aufgeteilt. Bei Säugetieren gibt es zwei verschiedene Typen von leichten Ketten: Lambda und Kappa. Bei der leichten Lambda-Kette der Maus codieren zwei *V*-Gene für den größten Teil der variablen Region und vier *C*-Gene für die konstante Region. Vor jedem *C*-Gen befindet sich ein kurzer DNA-Abschnitt, das *J*-Segment (*J* für englisch *joining*, verbindend), das die übrige variable Region bestimmt. Jedes *V*-Gen läßt sich mit jedem *J-C*-Paar kombinieren. Für die leichte Kappa-Kette existieren einige hundert *V*-, vier *J*-Segmente und ein einziges *C*-Gen. Die Gene für die schweren Ketten sind ähnlich organisiert, doch ist hier die DNA für die variable Region noch weiter unterteilt: Zusätzlich zu den *V*- und *J*-Abschnitten gibt es rund 20 *D*-Segmente (*D* für englisch *diversity*, Vielfalt). Die Gene für die *T*-Zell-Rezeptoren sind ganz ähnlich wie die für die schweren Ketten aufgebaut.

Hozumi gemeinsam mit mir. Wir arbeiteten damals am Institut für Immunologie in Basel mit Restriktionsenzymen, die DNA-Moleküle an spezifischen Stellen durchschneiden. Die Ergebnisse zeigten, daß bei embryonalen Mäusezellen die für die *V*- und *C*-Regionen der leichten Ketten codierenden DNA-Sequenzen einigen Abstand zueinander haben, bei einer reifen, Antikörper sezernierenden Zelle aber viel enger beieinander liegen. (Wir nahmen dazu keine normalen reifen *B*-Zellen, sondern Zellen aus einem Myelom, einem Lymphocyten-Krebs. Solche entarteten Zellen lassen sich viel besser in Kultur halten.)

Wie das Umordnen der Immunglobulin-DNA-Sequenzen geschieht, zeigte sich, als DNA-Fragmente in Bakterien kloniert (vermehrt) und schließlich analysiert wurden. Die ersten derartigen Experimente führten Ora Bernard und ich in Basel aus, und zwar in Zusammenarbeit mit Allan Maxam und Walter Gilbert von der Harvard-Universität. Wir verwendeten einen DNA-Klon, der embryonalen Mäusezellen entstammte, und bestimmten die Nucleotidsequenz eines DNA-Abschnittes, der das *V*-Gen einer leichten Lambda-Kette enthielt. Zu unserer Überraschung fehlten die Nucleotide, die den letzten dreizehn Aminosäuren der variablen Region entsprechen.

Christine Brack aus meinem Labor entdeckte sie dann: Tausende von Basenpaaren von dem DNA-Abschnitt für die restliche *V*-Region entfernt und rund 1300 Basenpaare „stromaufwärts" vor der *C*-Region (Bild 6 oben). Dieses kurze Stück erhielt wegen seiner verbindenden (englisch: *joining*) Funktion die Bezeichnung *J*-Segment. Jede leichte Lambda-Kette wird durch Kombination der verstreut liegenden *V*-, *J*- und *C*-Abschnitte zusammengestellt.

Bald darauf wurden auch die leichte Kappa-Kette und die variable Region der schweren Kette auf ähnliche Weise analysiert. An diesen Arbeiten waren verschiedene Laboratorien beteiligt, vor allem mein eigenes in Basel, das von Philip Leder an den amerikanischen National Institutes of Health und das von Leroy E. Mood am California Institute of Technology.

Auch die Kappa-Kette ist in *V*-, *J*- und *C*-Abschnitten verschlüsselt. Bei ihr gibt es, wie sich herausstellte, ein paar hundert *V*-Segmente mit etwas unterschiedlicher Aminosäuresequenz sowie vier verschiedene *J*-Segmente (Bild 6 Mitte). Die Multiplikation beider Zahlen ergibt die Anzahl der möglichen variablen Regionen für die Kappa-Ketten.

Die potentielle Vielfalt der schweren Ketten ist sogar noch größer. Zusätzlich zu den *V*- und *J*-Segmenten enthalten die Gene für die variable Region der

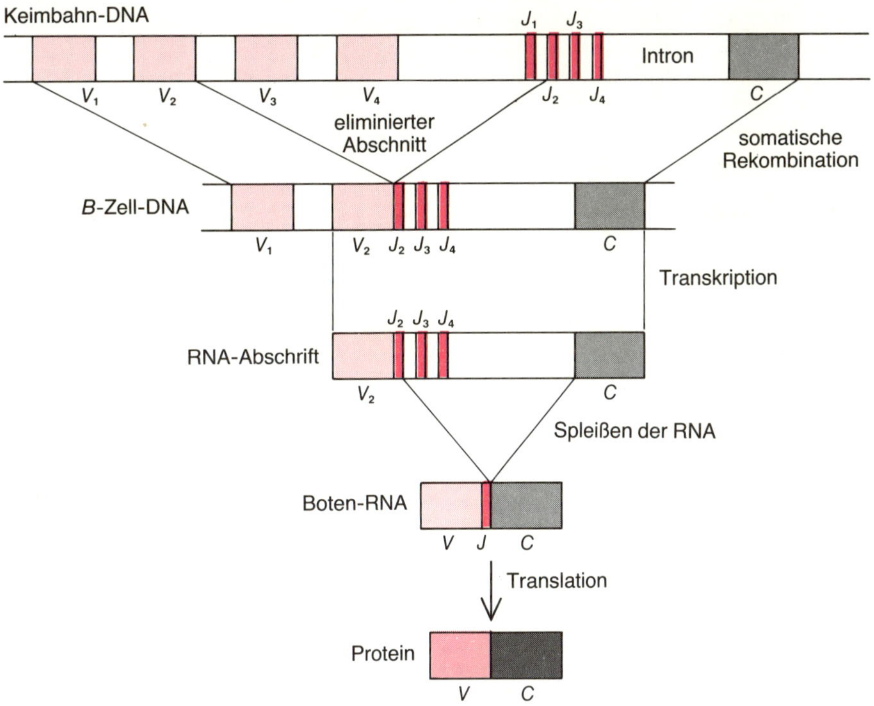

Bild 7: Ein Antikörper-Gen wird, wie hier am Beispiel einer leichten Kappa-Kette dargestellt, in zwei Schritten zusammengebaut. Als erstes werden zufällig ausgewählte *V*- und *J*-Abschnitte mit Hilfe von Enzymen verbunden, die sämtliche dazwischenliegende DNA eliminieren: hier das Stück mit V_3, V_4 und J_1, so daß V_2 und J_2 zusammenkommen. Als nächstes wird die DNA auf ganzer Länge vom Start des V_2-Gens bis zum Ende des *C*-Gens in RNA umgeschrieben. Standard-Spleißenzyme, die an der Expression vieler Gene beteiligt sind, schneiden dann die ganze RNA vom Ende des J_2-Segments bis zum Beginn des *C*-Gens heraus. Die zusammengespleißte Sequenz der reifen Boten-RNA wird schließlich in Protein übersetzt.

schweren Kette noch ein drittes Stück, das den Buchstaben *D* erhielt (für englisch *diversity*, Vielfalt). Die Keimbahn-Zellen der Maus beispielsweise besitzen über hundert *V*-, rund 20 *D*- und vier *J*-Segmente, das heißt, im Prinzip existieren allein dafür weit über 10 000 Kombinationsmöglichkeiten (Bild 6 unten). Leichte und schwere Kette zusammen können wahrscheinlich mehr als 10 Millionen verschiedene Antigen-Bindungsstellen zustande bringen.

Die zusammenhängende Information für eine funktionsfähige Immunglobulin-Kette entsteht in zwei Schritten (Bild 7). Als erstes werden auf der DNA die *V*- und *J*-Abschnitte (im Falle einer leichten Kette) beziehungsweise die *V*-, *D*- und *J*-Segmente (im Falle einer schweren Kette) zusammengebracht. Dann wird die DNA in ein durchgehendes RNA-Molekül umgeschrieben: Es umfaßt den *V/J*- oder *V/D/J*-Komplex, das C-Gen sowie das Intron, das nichtcodierende Stück dazwischen. Schließlich wird das Intron mitsamt den überflüssigen *J*-Elementen herausgeschnitten, die Boten-RNA aus dem Zellkern herausgeschleust und in Protein übersetzt.

Dieser zweite Schritt beruht auf RNA-Spleißmechanismen, die vielen Familien eukaryontischer Gene gemeinsam sind. Der erste Schritt, bei dem die DNA selbst und nicht ihre RNA-Abschrift in hochspezifischer Weise verändert wird, ist weniger üblich und könnte sogar auf das Immunsystem beschränkt sein. Offensichtlich ist daran eine Gruppe von Enzymen beteiligt, die entfernte *V*-, *D*- und *J*-Abschnitte zusammenbringen können und die oftmals die gesamte DNA dazwischen entfernen.

Die Enzyme selbst sind noch nicht isoliert, doch hat man Signalsequenzen entdeckt, die wahscheinlich ihre Aktivität steuern. So liegt direkt hinter jedem *V*-Gen der Kappa-Kette eine charakteristische Konstellation aus einem Heptamer – einer Gruppe aus sieben Nucleotiden – gefolgt von einem Spacer, einem „Abstandshalter", und einem Nonamer – einer Gruppe aus neun Nucleotiden. Direkt vor dem *J*-Segment befindet sich eine annähernd komplementäre Einheit, also Nonamer, Abstandshalter und Heptamer. Diese Einheiten könnten Enzymen, welche die Doppelhelix spalten und wieder verbinden. als Orientierungshilfe dienen. Ähnliche Signalsequenzen sind bei den Genen für die schweren Ketten zu finden, und zwar so angeordnet, daß beim Spleißen ein *D*-Segment zwischen die *V*- und *J*-Segmente eingeschlossen wird.

Die vielen Kombinationsmöglichkeiten, die sich aus mehreren hundert Gen-

Abschnitten ergeben, liefern den Schlüssel für die Vielfalt der Antikörper, doch tragen noch mindestens zwei weitere Dinge dazu bei. Erstens arbeitet die Maschinerie, welche die *V*-, *D*- und *J*-Abschnitte miteinander verbindet, etwas ungenau, so daß sich die Vereinigungsstelle um mehrere Basenpaare verschieben kann. Bei der Vereinigung werden zudem manchmal noch zusätzliche Basenpaare eingeschoben. Beides vermag die Aminosäuresequenz des Polypeptids zu ändern. Selbst wenn also zwei Antikörper aus derselben Kollektion von Genabschnitten hervorgehen, können sie etwas verschiedene Antigen-Bindungsstellen haben.

Zweitens wird die Vielfalt entscheidend durch somatische Mutationen vergrößert. Im Jahr 1970 bestimmte Martin Weigert – er arbeitete im Labor von Melvin Cohn am Salk-Institut für Biologische Studien in San Diego (Kalifornien) – die Aminosäuresequenz leichter Lambda-Ketten von 18 Mäuse-Myelomen. Alle Tiere gehörten demselben Inzuchtstamm an, hätten also genetisch identisch sein sollen. Tatsächlich waren auch 12 der 18 Lambda-Ketten identisch, die anderen sechs aber davon wie auch untereinander verschieden.

Die Abweichungen beruhten wahrscheinlich auf spontanen genetischen Veränderungen in den sich entwickelnden Zellen, überzeugende Indizien aber brachte erst die Klonierung und Sequenzierung der Immunglobulin-Gene. Im Jahre 1977 konnten Brack und Bernard zeigen, daß der Inzucht-Mäusestamm nur ein Keimbahn-Gen für die *V*-Region der Lambda-Kette trägt und daß dessen Nucleotidsequenz der Aminosäuresequenz entspricht, die in 12 der 18 Myelome vorkommt. Die logische Folgerung daraus ist, daß die sechs Varianten durch somatische Mutation entstanden sind.

Inzwischen wurden auch mehrere Aminosäuresequenzen von Kappa-Ketten und schweren Ketten mit Keimbahn-Nucleotidsequenzen verglichen. In jedem Fall waren die Proteine vielfältiger als die Keimbahn-DNA. Die Mutationen treten in der variablen Domäne und in den unmittelbar benachbarten Regionen auf, nicht aber in den konstanten Domänen.

Der geschätzten Mutationsrate nach sollte sich alle drei bis dreißig Zellteilungen eine Veränderung in der V-Region ereignen. Dies liegt um einige Größenordnungen über der durchschnittlichen Mutationsrate eukaryontischer Gene. Die *B*-Zellen oder ihre Vorläufer scheinen daher eine spezielle Ausstattung von Enzymen zu besitzen, die in der variablen Region von Immunglobulin-Genen Mutationen induzieren. Wie diese Enzyme aussehen, ist bislang gänzlich unklar.

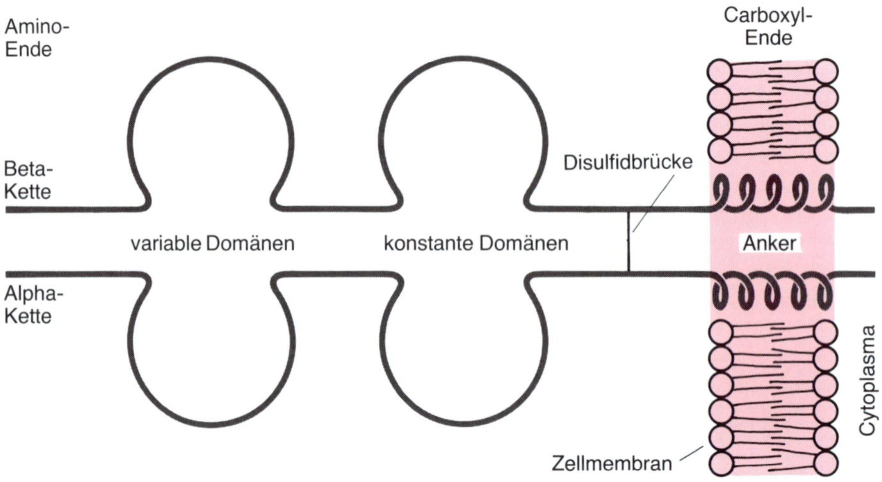

Bild 8: Die Struktur des *T*-Zell-Rezeptors ist noch nicht im einzelnen bekannt, seine Polypeptidkomponenten aber hat man bereits identifiziert. Jedes Rezeptormolekül enthält eine Alpha- und eine Beta-Kette, jede Kette wiederum eine konstante und eine variable Domäne. Eine an hydrophoben Aminosäuren reiche Region verankert das Protein in der Zellmembran.

Das Faszinierende ist, daß kombinatorische wie auch mutationserzeugende Prozesse zur Vielfalt der Antikörper-Gene beitragen. Warum haben sich im Laufe der Evolution zwei Systeme mit demselben Zweck entwickelt? Eine plausible Erklärung deuten neuere Untersuchungen an. Beide Mechanismen scheinen während der Individualentwicklung der *B*-Lymphocyten unter strenger Kontrolle zu stehen.

Als erstes werden die verschiedenen Abschnitte der Immunglobulin-Gene rekombiniert. Dieser Prozeß ist um den Zeitpunkt herum abgeschlossen, wenn die Zellen erstmals in Kontakt mit Antigenen kommen. Er hat eine Zellpopulation mit einer großen Variationsbreite in der Spezifität hervorgebracht, aus der jedes gegebene Antigen nur wenige Zellen selektiert. Während der Proliferation dieser ausgewählten *B*-Zell-Klone beginnt der Mutationsmechanismus tätig zu werden. Er verändert einzelne Nucleotidbasen und besorgt so die Feinabstimmung der Immunantwort: Es entstehen Immunglobulin-Gene, deren Produkte genauer zum Antigen passen.

Wie stark die ungenaue Vereinigung der DNA-Abschnitte, der Einbau zusätzlicher Basen und die somatischen Mutationen die Antikörper-Vielfalt erhöhen, läßt sich nur schwer quantitativ erfassen; alles zusammen vergrößert aber die Anzahl unterschiedlicher Antigen-Bindungsstellen sicherlich auf das Hundertfache, wahrscheinlich sogar mehr. Wenn also die kombinatorischen Prozesse allein schon 10 Millionen verschiedene Antikörper hervorbringen, könnte die Gesamtzahl gut mehr als eine Milliarde erreichen.

Da *B*-Zellen und ihre Antikörper produzierende Maschinerie bereits so kompliziert sind, ist es etwas entmutigend, daß sie erst das halbe Immunsystem ausmachen. Die *T*-Zellen sind nicht minder komplex und für die immunologische Kompetenz unerläßlich. Ein Tier ohne *T*-Zellen kann gegen die meisten Antigene keine wirkungsvolle Immunantwort aufbauen, auch wenn seine *B*-Zellen unversehrt sind.

Die T-Zellen und ihr Rezeptor

Man kennt drei Subpopulationen von *T*-Zellen. Sie sehen alle gleich aus, unterscheiden sich aber in ihren Funktionen (Bild 2). Die eine umfaßt die cytotoxischen *T*-Zellen, die Killer-Zellen, die ihre Zielzellen direkt töten. Die Vernichtungsmethode ist nicht bekannt. Eine aktivierte cytotoxische *T*-Zelle heftet sich zwar an ihr Angriffsziel, verschlingt es aber nicht (wie es ein Makrophage, eine Freßzelle, tut); sie erzeugt eine tödliche Verletzung (Bild 3).

Die beiden anderen Unter-Populationen, die Helfer-Zellen und Suppressor-Zellen, haben eine regulatorische Funktion. Wenn die Helfer-Zellen ein Antigen erkennen, stimulieren sie andere Teile des Immunsystems, darunter die *B*-Zellen und sonstige, für dasselbe Antigen spezifische *T*-Zellen. Die Suppressor-Zellen wirken genau entgegengesetzt, das heißt, sie schwächen die Aktivität derselben Zellgruppen ab.

Der Name Helfer-Zellen läßt an eine unterstützende und untergeordnete Rolle denken, so als würden sie nur eine Reaktion fördern, die auch ohne sie stattfände. Tatsächlich aber dürften die Helfer-*T*-Zellen die Schlüsselrolle im Immunsystem spielen. *B*-Zellen beispielsweise erkennen Antigene unabhängig von der *T*-Zell-Stimulation, aber sie müssen gewöhnlich von Helfer-Zellen aktiviert werden, damit sie proliferieren und sich ausdifferenzieren können.

Die Suppressor-Zellen scheinen wohl genauso wichtig zu sein: indem sie für die negative Rückkopplung sorgen, durch die sich die Immunreaktion selbst Zügel anlegt. Sie könnten auch an der Elimination von *B*- und *T*-Zellen beteiligt sein, die gegen körpereigene Strukturen gerichtet sind.

Da die *T*-Zellen antigen-spezifisch sind, müssen sie Rezeptormoleküle tragen, analog den membrangebundenen Immunglobulinen der *B*-Zellen. Dies wurde zwar bereits vor mehr als 20 Jahren erkannt, aber die *T*-Zell-Rezeptoren erwiesen sich als schwer zu analysieren oder auch nur zu identifizieren, denn sie werden nicht wie Antikörper in großen Mengen ausgeschüttet.

Erstmals zu fassen bekamen sie James P. Allison von der Universität von Texas in Austin, John W. Kappler vom National Jewish Hospital in Denver (Colorado) und Ellis L. Reinherz von der Medizinischen Fakultät der Harvard-Universität. Sie präparierten Antikörper, die sich an ein Protein auf der Oberfläche der *T*-Zellen binden; das derart identifizierte Protein wurde als recht guter Rezeptor-Anwärter angesehen, da seine Struktur von Zellklon zu Zellklon variiert. Es ist ungefähr ein Drittel kleiner als ein Immunglobulin und besteht aus zwei Ketten, die mit den griechischen Buchstaben Alpha und Beta gekennzeichnet werden.

Tak W. Mak und seine Mitarbeiter an der Universität Toronto sowie Mark M. Davis und seine Kollegen an der Medizinischen Fakultät der Stanford-Universität klonierten und sequenzierten 1984 ein Gen, das in *T*-, nicht aber in *B*-Zellen exprimiert und neu zusammengestellt wird. Mak arbeitete mit Zellen einer menschlichen *T*-Zell-Leukämie und Davis mit einem Hybridom, einer Zell-Linie, die durch Fusion von Mäuse-Helfer-Zellen mit malignen *T*-Zellen erzeugt worden war. Trotz ihrer unterschiedlichen Herkunft codieren beide Gene, wie sich herausstellte, für dasselbe Protein.

Die von Mak und Davis analysierten Nucleotidsequenzen sind mit denen der Immunglobulin-Gene homolog, und es existieren auch globale Merkmale, die eine Familienähnlichkeit mit den Immunglobulinen anzeigen. Die Gene sind in verstreut liegende Abschnitte unterteilt, die in der sich entwickelnden *T*-Zelle neugeordnet werden können. Ihre „vorderen" Abschnitte (sie entsprechen dem zum Amino-Ende hin gelegenen Bereich des Polypeptids) sind variabel, die hinteren dagegen haben eine konstante Sequenz (Bild 8). Wie die membrangebundenen Immunglobuline enthält das Proteinmolekül nahe an seinem Carboxyl-Ende eine Reihe hydrophober (wasserabweisender) Aminosäuren, die es in der Membran verankern. Eine direkte Bestimmung der Aminosäuresequenz durch Reinherz und seine Mitarbeiter hat inzwischen bestätigt, daß die beiden Gene für die Beta-Untereinheit des *T*-Zell-Rezeptors codieren.

Zwei weitere *T*-Zell-DNA-Klone wurden isoliert, und zwar von Haruo Saito in meinem Labor am Massachusetts Institute of Technology und von David M. Kranz am Labor von Herman N. Eisen, ebenfalls am MIT. In diesem Fall kamen die Gene aus cytotoxischen Mäuse-*T*-Zellen. Trotzdem stimmt der hintere Abschnitt der einen DNA-Sequenz im wesentlichen mit dem Gen für die konstante Region der Beta-Kette von Helfer-Zellen überein. Die zweite DNA-Sequenz hat eine Reihe von Eigenschaften mit den Genen für die Beta-Kette gemein. Sie ist Immunglobulin-Genen homolog, besteht aus Abschnitten, die nur in *T*-Zellen neugeordnet und exprimiert werden, und besitzt einen Bereich für den hydrophoben Anker. Die logische Hypothese daraus war, daß dieses Gen für die Alpha-Kette des Rezeptormoleküls codiert.

Kurz darauf isolierte aber Saito aus demselben Klon cytotoxischer *T*-Zellen ein drittes Gen. Es besitzt ebenfalls alle von einem *T*-Zell-Rezeptor zu erwartenden Eigenschaften; doch zu seinen Gunsten spricht noch mehr. Die parallel mit der Gen-Klonierung durchgeführte chemische Analyse des Proteins ergab, daß der Rezeptor Kohlenhydrat-Seitenketten besitzt, die über die Aminosäure

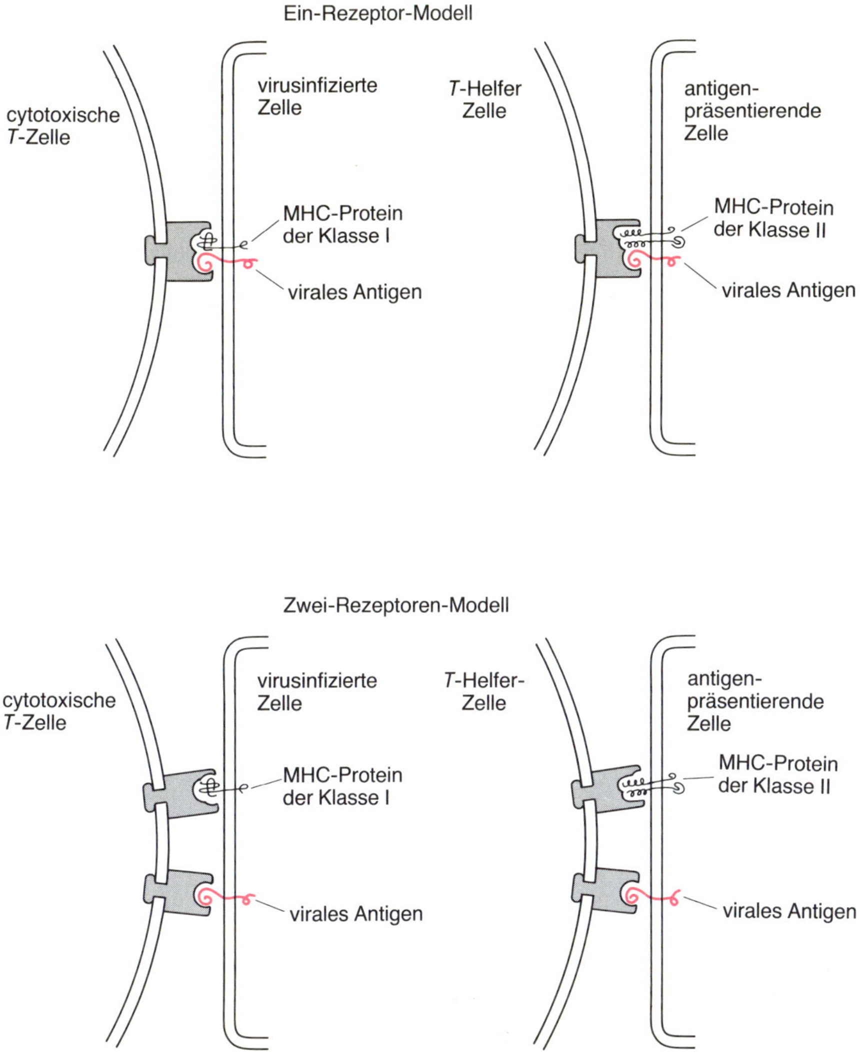

Bild 9: Das Rezeptorsystem der *T*-Zelle reagiert nicht – wie ein Antikörpermolekül – auf ein Antigen allein: Dieses muß an der Oberfläche einer Zelle geboten werden, die zugleich eines der Proteine des Haupthistokompatibilitäts-Komplexes (MHC) trägt. Cytotoxische *T*-Zellen erkennen ein Antigen in Verbindung mit einem auf fast allen Körperzellen vorkommenden MHC-Protein der Klasse I. *T*-Helfer-Zellen binden sich dagegen an ein Antigen, das mit einem MHC-Protein der Klasse II assoziiert ist; diese Moleküle kommen nur auf Zellen des Immunsystems wie Makrophagen und Lymphocyten vor. Noch unklar ist, ob die *T*-Zellen einen Rezeptor mit zwei Bindungsstellen besitzen oder zwei getrennte Rezeptormoleküle.

Asparagin mit ihm verbunden sind. Dem früheren Alpha-Ketten-Anwärter fehlen geeignete Asparagin-Einheiten, der neue hingegen besitzt mehrere in passenden Positionen. Eine Teilsequenzierung der Alpha-Protein-Untereinheit durch Kappler und seine Mitarbeiter bestätigte, daß der dritte DNA-Klon das wahre Gen für die Alpha-Kette ist. Das gleiche Gen wurde auch von Y.-H. Chien und anderen in Davis' Labor in Stanford aus einem Helfer-Zell-Hybridom isoliert.

Damit ist das zweite von Saito und Kranz gefundene Gen – der verworfene Alpha-Ketten-Kandidat – scheinbar ohne Funktion. Es ist jedoch so eng mit den anderen Genen verwandt, daß es fast mit Sicherheit irgendeine Rolle bei der Erkennung von Antigenen spielt. Es codiert vermutlich für ein Protein, das man jetzt als Gamma-Kette bezeichnet. Ich werde später noch auf seine mögliche Funktion eingehen.

Aus den Nucleotidsequenzen für die Alpha- und Beta-Ketten läßt sich die Struktur des *T*-Zell-Rezeptors weitgehend ableiten. Jede Kette besteht aus zwei Domänen, die in ihrer Gesamtstruktur der sich wiederholenden Domäne der Immunglobuline ähneln (Bild 8). Der Homologiegrad zu den Immunglobulinen bewegt sich zwischen 25 und 35 Prozent. Die beiden Ketten sind über eine Disulfidbrücke zwischen ihrer konstanten Region und ihrem Membran-Anker verbunden. Moleküle aus Helfer-Zellen und cytotoxischen *T*-Zellen haben in ihren Alpha- und Beta-Ketten identische konstante Regionen.

Auch in ihrer Molekulargenetik ähneln die *T*-Zell-Rezeptoren verblüffend Immunglobulinen. Die variablen Regionen beider Rezeptorketten sind in drei den *V*-, *D*- und *J*-Segmenten entsprechenden Abschnitten verschlüsselt, die sich in den Keimzellen über ein Chromosom verteilen, in reifen *T*-Lymphocyten aber miteinander verbunden sind. Die den Immunglobulin-Genteilen benachbarten Heptamer-Nonamer-Signalsequenzen sind ebenfalls in der Nähe der Genteile für den *T*-Zell-Rezeptor zu finden – ein Hinweis darauf, daß die somatische Rekombination von dem gleichen oder zumindest einem sehr ähnlichen Enzymsystem bewerkstelligt wird.

Die „Selbst"-Erkennung

Angesichts all dieser genetischen Ähnlichkeiten zwischen Immunglobulinen und *T*-Zell-Rezeptoren darf man wohl mit gutem Grund annehmen, daß die beiden Proteine auch ihre Antigene auf gleiche Weise erkennen. Die *T*-Zell-Rezeptoren könnten also eine Antigen-Bindungsstelle haben, die von den variablen Regionen der Alpha- und Beta-Ketten gebildet wird, und zwar von Gruppen hochvariabler, in spezifischen Bereichen lokalisierter Aminosäuren. Dies ist eine verlockende Hypothese, denn sie erklärt die Erkennungsfähigkeiten beider Proteine auf dieselbe Weise.

Aber auch wenn sich die Hypothese als richtig erweisen sollte, kann sie doch nicht alles erklären. Denn die Bedingungen, unter denen die beiden Teile des Immunsystems ihre Antigene erkennen, sind verschieden. Eine *B*-Zelle kann schon auf Antigene allein reagieren, die *T*-Zellen eines Individuums aber werden nur dann aktiviert, wenn das Antigen auf der Oberfläche einer Zelle sitzt, die auch körpereigene Marker trägt.

Hier kommen die Moleküle ins Spiel, die die Identität eines Individuums kennzeichnen. Es sind dies Proteine, die von einer großen Ansammlung von Genen, dem Haupt-Histokompatibilitäts-Komplex (englisch *major histocompatibility complex*, abgekürzt MHC), codiert werden. Sie bilden eine dritte Klasse von Proteinen mit einer lebenswichtigen Rolle bei der Immunerkennung.

Die MHC-Proteine wurden bei experimentellen Gewebe-Transplantationen entdeckt. Sind Spender und Empfänger eines Transplantats nicht genetisch identisch (wie das bei eineiigen Zwillingen oder bei Mäusen eines Inzuchtstammes der Fall ist), so wird es im allgemeinen abgestoßen. Denn der Empfänger entwickelt eine Immunreaktion gegen die MHC-Proteine des Spenders.

Die verbreitete Abstoßung von fremdem Gewebe bedeutet, daß nicht verwandte Individuen fast immer verschiedene Gruppen von MHC-Genen exprimieren. Tatsächlich sind die MHC-Proteine – neben den Immunglobulinen und den *T*-Zell-Rezeptoren – die vielfältigsten, die man kennt. Antikörper und *T*-Zell-Rezeptoren variieren von Zelle zu Zelle, MHC-Proteine hingegen von Individuum zu Individuum.

Zwei Klassen von MHC-Proteinen hat man identifiziert. Moleküle der Klasse I bestehen aus einer großen Polypeptidkette (ungefähr so groß wie eine schwere Immunglobulin-Kette), die mit einer viel kleineren Untereinheit, dem sogenannten Beta-2-Mikroglobulin, verbunden ist. Sie kommen auf fast allen Zellen vor. Die MHC-Proteine der Klasse II erscheinen hingegen nur auf einigen an der Immunantwort beteiligten Zelltypen wie den *B*-Lymphocyten, Makrophagen und spezialisierten Epithelzellen. Auch diese Moleküle setzen sich aus zwei Polypeptidketten zusammen. Beide sind ungefähr so groß wie eine leichte Immunglobulin-Kette. Alle MHC-Polypeptide zeigen eine gewisse Homologie zu den Immunglobulinen, die Ähnlichkeit ist aber nicht so stark wie die zwischen *T*-Zell-Rezeptoren und Immunglobulinen.

Da eine Gewebeübertragung zwischen Individuen in der Natur kaum vorkommt, kann die Transplantat-Abstoßung nicht die Hauptaufgabe der MHC-Proteine sein. Ihre eigentliche Funktion haben sie woanders im Immunsystem, sie steuern nämlich die Reaktionen der *T*-Zellen. Eine *T*-Zelle erkennt ein Antigen, wenn es zusammen mit einem Selbst-MHC-Protein auf der Oberfläche derselben Zelle auftritt. Daß beide Signale zusammen zur Erkennung erforderlich sind, bezeichnet man als MHC-Restriktion (Bild 9). Cytotoxische *T*-Zellen reagieren auf eine Kombination aus Antigen und einem MHC-Protein der Klasse I; *T*-Helfer-Zellen brauchen ein Protein der Klasse II.

Was für einen Nutzen zieht der Organismus aus der MHC-Restriktion? Sie lenkt doch die Aktivitäten der *T*-Zellen auf körpereigene Zellen und nicht auf Bakterien oder freie Fremdmoleküle. Eine plausible Erklärung ist, daß sich die cytotoxischen Zellen, die Killer-Zellen, zum Schutz gegen Virusinfektionen entwickelt haben. Eine Zelle, in die ein Virus eingedrungen ist, trägt vom viralen Genom codierte Hüllproteine auf ihrer Plasmamembran. Sie zeigt also genau das richtige Muster an Oberflächenmarkern, um von *T*-Zellen erkannt zu werden: ein fremdes Molekül in Kombination mit eigenen, individuellen Proteinen. Eine cytotoxische Zelle, die nun das virale Antigen und eines der Klasse-I-Proteine erkennt, kann die infizierte Zelle töten, ehe sich das Virus vermehrt.

Die Proteine der Klasse II und die regulatorischen *T*-Zellen haben sich vielleicht entwickelt, damit die Immunantwort effizienter wird. Helfer-Zellen lassen sich von anderen Zellen aktivieren, die zirkulierende Antigene aufnehmen und zusammen mit MHC-Proteinen der Klasse II auf ihrer Oberfläche präsentieren. Die auf *B*-Lymphocyten und Makrophagen vorhandenen Klasse-II-Proteine könnten den Schlüssel dafür liefern, wie Helfer-Zellen mit beiden Zellen kommunizieren und sie dabei zu einer Immunantwort heranziehen.

„Berufsausbildung" zu *T*-Zellen

Wenn eine *T*-Zelle zwei Oberflächenmarker erkennen muß, stellt sich zwangsläufig die Frage, ob sie dafür zwei getrennte Rezeptoren besitzt oder nur einen mit einer Doppelfunktion. Einige neuere Experimente scheinen für das Ein-Rezeptor-Modell zu sprechen, die Ergebnisse sind aber keineswegs schlüssig. Wenn doch noch ein zweiter Rezeptor gefunden werden sollte, könnte er

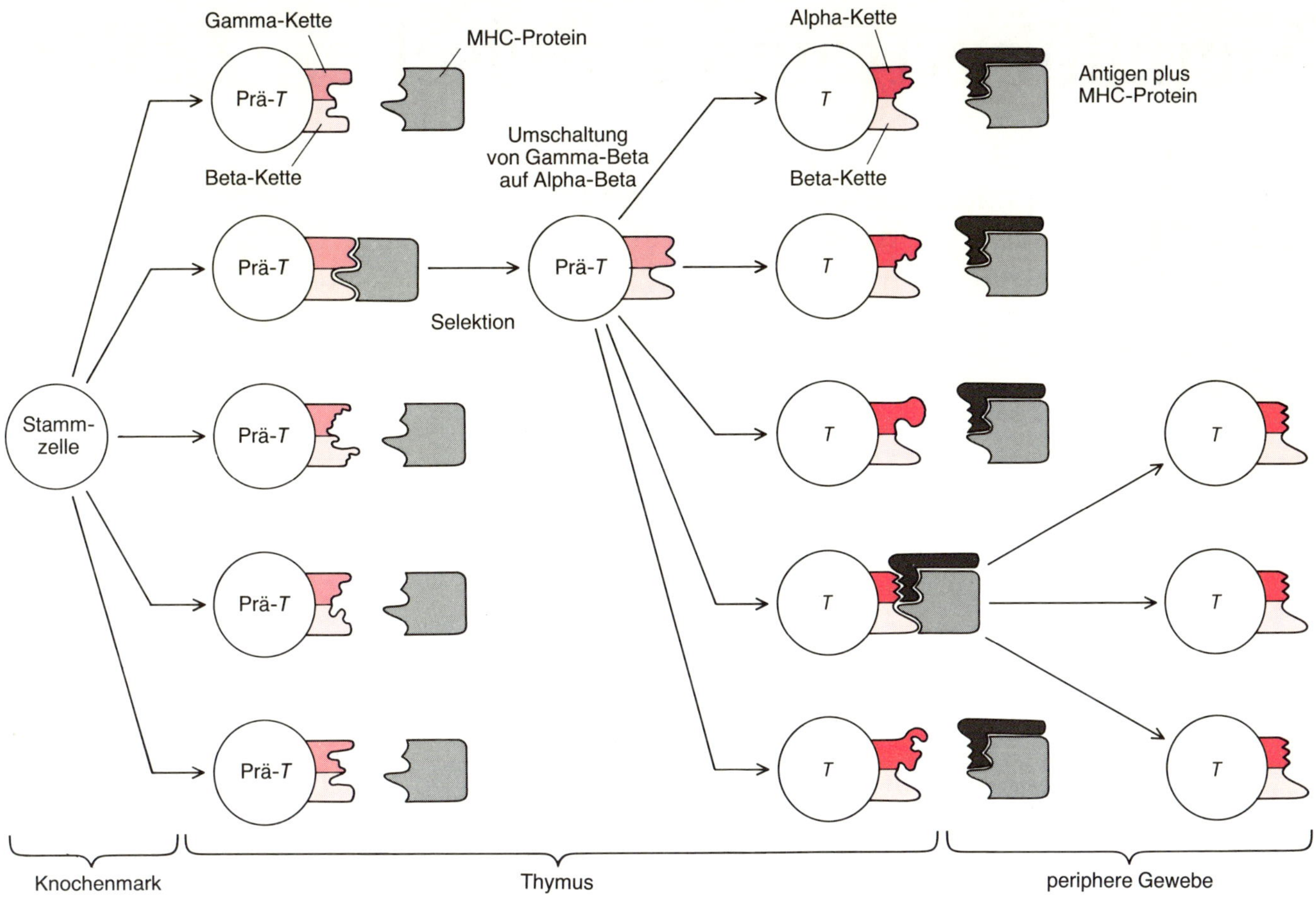

Bild 10: Die „Thymus-Ausbildung" ist für die Entwicklung funktionsfähiger *T*-Lymphocyten unerläßlich. David Raulet und der Autor haben eine mögliche Erklärung für diesen Prozeß vorgeschlagen. Gemäß ihrem Modell stellen unreife *T*-Zellen zuerst Rezeptoren her, die aus je einer Gamma- und Beta-Kette bestehen. Im Thymus werden die Lymphocyten mit MHC-Proteinen konfrontiert. Dort dürfen nur jene Zellen sich vermehren, deren Affinität zu diesen „Selbst"-Markern hinreichend groß ist. Würden die selektierten Zellen aber aus dem Thymus entlassen werden, so würden sie körpereigenes Gewebe angreifen. Die Affinität der Rezeptormoleküle für die Selbst-Antigene muß deshalb reduziert werden. Jeder Rezeptor behält die Beta-Kette des selektionierten Klons, seine Gamma-Kette aber wird gegen eine aus einer Vielzahl verschiedener Alpha-Ketten ausgetauscht. Die modifizierten *T*-Zellen sprechen dann auf ein Selbst-MHC-Protein einzig in Kombination mit einem Antigen an.

vielleicht die „verwaiste" Gamma-Kette enthalten, die zwar alle von einem Rezeptorprotein erwarteten Eigenschaften aufweist, im Schema der *T*-Zell-Operationen aber noch keinen Platz hat.

Für die Gamma-Kette ist noch eine andere Funktion denkbar. Die *T*-Lymphocyten werden erst nach einer gewissen Aufenthaltszeit im Thymus reif und funktionsfähig, und diese thymale „Berufsausbildung" bringt sie dazu, Antigene nur in Kombination mit den körpereigenen MHC-Proteinen zu erkennen. Wie die Ausbildung geschieht, ist noch nicht endgültig geklärt, doch sind viele Immunologen der Meinung, daß als entscheidender Schritt eine Subpopulation unreifer *T*-Zellen selektiert werden muß, und zwar durch deren Wechselwirkung mit Selbst-MHC-Proteinen, die ihnen von Thymuszellen dargeboten werden.

Einer Modellvorstellung nach reagiert jede unreife *T*-Zelle nur auf ein bestimmtes MHC-Protein (oder auf eine kleine Gruppe davon), die Population als Ganzes umfaßt aber Zellen, die auf alle möglichen Marker ansprechen. Im Thymus dürfen sich dabei nur die Zellen vermehren und weiter differenzieren, die eine genügend hohe Affinität zu den körpereigenen MHC-Proteinen haben.

Damit dieses System funktioniert, müssen unreife *T*-Zellen die MHC-Moleküle allein, also ohne ein begleitendes Antigen, erkennen und auf sie reagieren können. Werden die reifen *T*-Zellen aus dem Thymus entlassen, so haben sie offenkundig diese Fähigkeit verloren, denn sonst würden sie die körpereigenen Gewebe angreifen. Worauf beruht dieser Wechsel in der Reaktivität?

Neuere Untersuchungen zeigen, daß unreife *T*-Zellen das Alpha-Gen gering exprimieren, die Beta- und Gamma-Gene aber stärker, so daß deren Proteine in größeren Mengen produziert werden. Auf diesen Befunden aufbauend haben David Raulet vom MIT und ich ein Modell der *T*-Zell-Entwicklung vorgeschlagen, das wir Umschalten von Gamma-Beta auf Alpha-Beta nennen. Danach besitzen unreife Zellen Rezeptoren, die aus einer Gamma- und einer Beta-Kette bestehen und nur auf MHC-Proteine reagieren (Bild 10). Im Laufe der Differenzierung wird das Gamma-Gen ab- und das Alpha-Gen angeschaltet, so daß die reifen Zellen Alpha-Beta-Rezeptoren haben. Diese Veränderung reduziert die Affinität der Zelle zu Selbst-MHC-Proteinen, löscht sie aber, da die Beta-Kette noch vorhanden ist, nicht völlig aus. Ein analoger Mechanismus ist in den roten Blutkörperchen am Werk, wenn sie von der fetalen auf die Adultform des Hämoglobins umschalten.

Die von uns vorgeschlagene Funktion der Gamma-Kette ist noch experimentell zu überprüfen, doch hat man jetzt das Rüstzeug, diese und viele andere Fragen zum *T*-Zell-Rezeptor zu klären. Im Idealfall werden strukturelle und genetische Untersuchungen ein ebenso tiefes Verständnis dieser Moleküle ermöglichen, wie man es inzwischen von den Immunglobulinen hat. Dann bestünde Hoffnung, einige der größten Rätsel der Immunologie zu lösen: wie sich die *T*-Lymphocyten im Thymus entwickeln, wie sie ihre Zielzellen erkennen und wie sie das restliche Immunsystem kontrollieren.

Signalübertragung zwischen Zellen

Zellen kommunizieren mittels chemischer Botenstoffe – direkt, und damit schneller, über Neurotransmitter und indirekt über Hormone. Zwischen beiden Informationssystemen bestehen allerdings fließende Übergänge.

Von Solomon H. Snyder

Ein Einzeller wie die Amöbe vermag sämtliche lebenserhaltenden Funktionen auszuüben. So kann eine solche Zelle Nährstoffe aus ihrer Umgebung aufnehmen, sich fortbewegen und mit Hilfe ihres Stoffwechsels sich mit Energie versorgen und neue zelluläre Moleküle synthetisieren.

In mehrzelligen Organismen hingegen ist die Situation beträchtlich komplexer. Die vielfältigen Aufgaben sind auf zahlreiche verschiedene Zellpopulationen, Gewebe und Organe verteilt, die eventuell weit voneinander entfernt liegen. Um all diese Funktionen zu koordinieren, muß es Mechanismen geben, welche die einzelnen Zellen oder Zellgruppen zur Kommunikation befähigen.

In den meisten höheren Organismen gibt es primär zwei Wege, Signale zwischen Zellen zu übertragen: über das Hormonsystem und über das Nervensystem. Bei beiden Systemen verständigen sich Zellen mit Hilfe von chemischen Botenstoffen. Der Hauptunterschied besteht darin, wie direkt sie Information austauschen.

Ein Neuron, eine Nervenzelle sendet einzelne Signale jeweils an eine spezifische Gruppe von Zielzellen: Muskelzellen, Drüsenzellen oder andere Nervenzellen (Bilder 2 und 6). Es übermittelt seine Botschaft, indem es eine chemische Substanz, Neurotransmitter genannt, an speziellen Stellen, den Synapsen, zur Zielzelle entläßt. Die Moleküle des Neurotransmitters binden sich an Rezeptoren (normalerweise Proteinmoleküle) auf der Oberfläche der nachgeschalteten Zelle und lösen dadurch in ihrer Membran und ihrem Innern chemische Veränderungen aus.

Hormone wirken gewöhnlich weniger direkt (Bild 3). Zwar gibt es die sogenannten autokrinen und parakrinen Mechanismen, bei denen ein Hormon entweder direkt die Zelle beeinflußt, die es freigesetzt hat, oder eine angrenzende Zelle (Bild 2). Doch läuft die übliche Form der hormonellen Kommunikation über das endokrine, also innersekretorische System: Eine Drüse setzt Hormone frei, diese wiederum wirken auf Zellen oder Organe irgendwo im Körper. Endokrine Drüsen haben keinen Ausführgang: Sie geben ihre Hormone an die Blutbahn ab. An jeder Zielzelle sitzen Rezeptoren, die nur die für sie vorgesehenen Hormonmoleküle binden. Sie greifen die Moleküle aus dem Blutstrom heraus und übermitteln das Signal in die Zelle.

Es gibt also bemerkenswerte Unterschiede zwischen neuronaler und hormoneller Kommunikation. Nervenzellen wirken über kurze Distanzen hinweg auf bestimmte Zellen oder Zellgruppen und ermöglichen so eine neuronale Kommunikation innerhalb von wenigen Millisekunden. Im Gegensatz dazu kann ein Hormon, das von einer bestimmten Drüse freigesetzt und mit dem Blutstrom verteilt wird, bei Zellen oder Organen nahezu überall im ganzen Körper Reaktionen auslösen. Mitunter dauert die hormonelle Kommunikation dann Stunden.

Allerdings sind diese beiden Systeme auf molekularer Ebene nicht so verschieden, wie man zunächst annehmen könnte. Beide haben dieselbe Arbeitsweise: Sie lassen spezielle Botenmoleküle in Kontakt mit spezifischen Rezeptoren der Zielzelle treten. Außerdem scheinen bestimmte Neurotransmitter ganz wie Hormone nur spezialisierten Kommunikationssystemen anzugehören und besondere Funktionen auszuüben.

Ein Bote – mehrere Botschaften

Vor kurzem zeigte sich, daß zwischen den beiden Hauptsystemen interzellulärer Kommunikation sogar eine noch engere Beziehung besteht: Viele Botenmoleküle werden gleicherweise in beiden Systemen verwendet (Bild 1). So wird Noradrenalin zum einen als Hormon von der Nebennierenrinde ausgeschüttet; es fördert die Herzkontraktionen, erweitert die Bronchien in der Lunge und stärkt die Kontraktionskraft der Arm- und Beinmuskulatur. Zum anderen ist Noradrenalin aber auch ein Neurotransmitter des sympathischen Nervensystems; dann verengt es die Blutgefäße und erhöht damit den Blutdruck.

Das gleiche Botenmolekül kann also im hormonellen System eine ganz andere

Bild 1: Vasopressin-Moleküle übertragen im hormonellen sowie im neuralen Kommunikationssystem Botschaften zwischen verschiedenen Zellen. Vasopressin wird als Hormon von Zellen im Hinterlappen der Hypophyse (der Hirnanhangdrüse) freigesetzt. Es steigert den Blutdruck durch Verengung der Blutgefäße und hemmt die Harnproduktion, indem es die Fähigkeit der Niere zur Rückresorption von Wasser steigert. Vasopressin ist aber auch ein Neurotransmitter, eine Substanz, die Botschaften von einer Nervenzelle zur anderen überträgt. In dieser Funktion läßt sich Vasopressin im Gehirn nachweisen, wo es vermutlich bei der Gedächtnisbildung eine Rolle spielt. In der vorliegenden Abbildung der Tripos Associates in St. Louis bedeuten die durchgehenden Linien Bindungen zwischen Atomen. Die gepunkteten Areale kennzeichnen die Moleküloberflächen. Die Farbe der Bindungen und Punkte zeigt, welche Atome in den einzelnen Regionen vorkommen: Weiß steht für Kohlenstoff oder Wasserstoff, Blau für Stickstoff, Rot für Sauerstoff, Orange für Phosphor und Gelb für Schwefel.

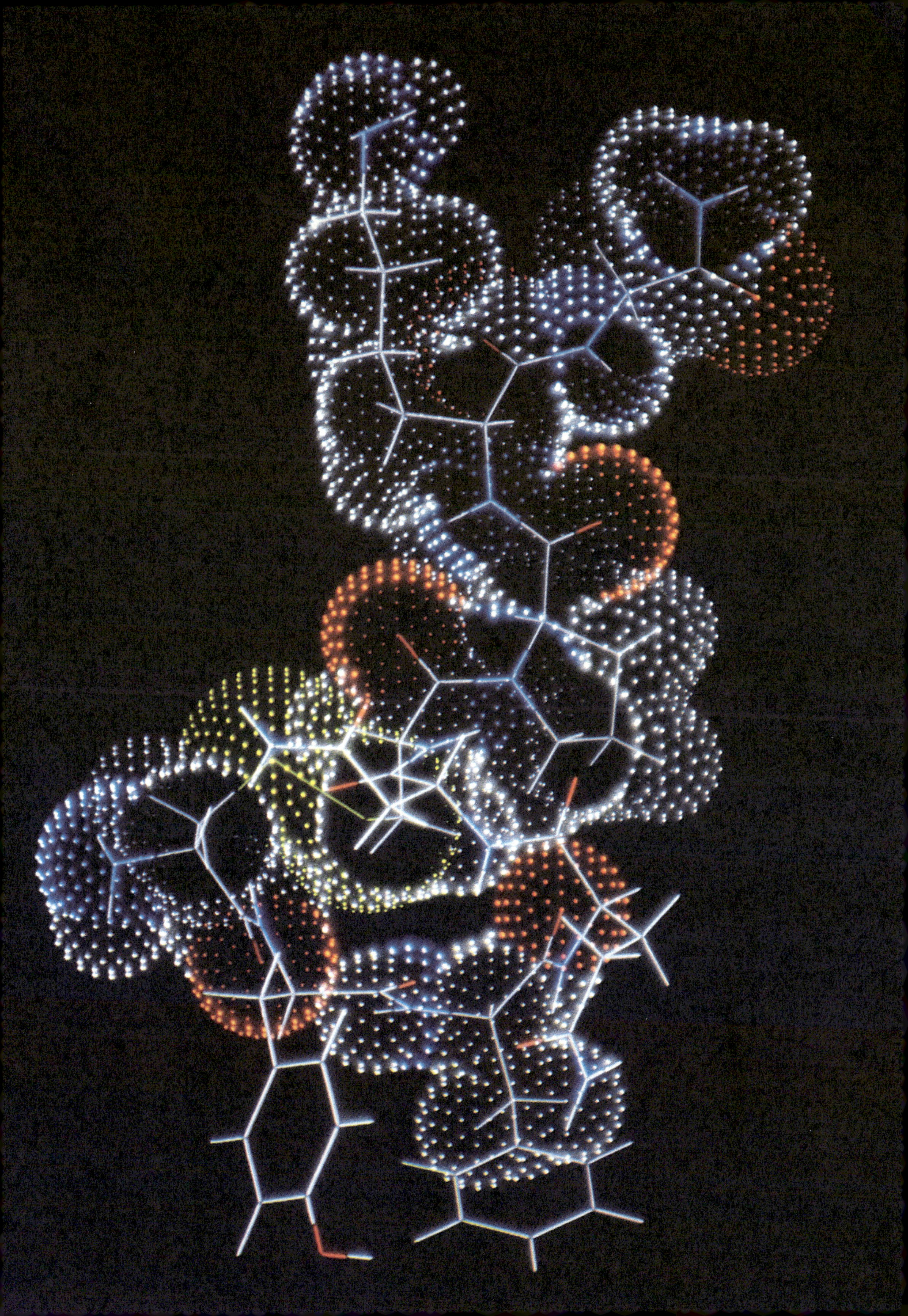

Botschaft übertragen als im Nervensystem. Offenbar sind bestimmte Moleküle besonders gute Medien dafür.

Die Steroidhormone

Hormonmoleküle lassen sich im allgemeinen einer von zwei chemischen Stoffklassen zuordnen: den Peptiden oder den Steroiden. Peptide bestehen wie Proteine aus aneinandergeketteten Aminosäuren, sind aber wesentlich kürzer. Die Steroidhormone sind große, vom Cholesterin abgeleitete Moleküle. Ihr Grundkörper besteht – wie beim Cholesterin – aus 17 Kohlenstoff-Atomen, die zu einem kompakten Viererringsystem miteinander verknüpft sind (Bild 4).

Kleine Unterschiede in den chemischen Gruppen, die an den Kohlenstoffringen hängen, bewirken die unterschiedlichen Funktionen der Hormone. Zu den wichtigsten Steroidhormonen des Menschen gehören die Glucocorticoide Cortisol und Corticosteron, die den Glucose-Metabolismus regulieren und eine breite Skala weiterer Stoffwechselfunktionen steuern, ferner die Mineralocorticoide wie das Aldosteron, die das Elektrolytgleichgewicht des Körpers beeinflussen, und schließlich die Sexualhormone, zu denen Progesteron, Testosteron und die Östrogene gehören.

Die weiblichen Sexualhormone (die Östrogene und das Progesteron) sind besser untersucht als die meisten anderen Hormone. An ihrem Beispiel läßt sich vorbildlich demonstrieren, wie Hormone synthetisiert, freigesetzt und reguliert werden. Östradiol, das wichtigste Östrogen, und Progesteron bereiten während des normalen Menstruationszyklus die Gebärmutter auf die Einnistung eines befruchteten Eies vor. Dabei wird die Schleimhaut aufgebaut und die Gebärmutter stärker durchblutet. Ein abrupter Abfall des Östradiol- und Progesteronspiegels löst dann die Menstruationsblutung aus.

Die Freisetzung der Sexualhormone wird – wie bei den meisten Hormonen – von anderen Hormonen und von sogenannten Releasing-Faktoren gesteuert, die aus zwei übergeordneten Organen, der Hypophyse (Hirnanhangdrüse) und dem Hypothalamus (einem Teil des Zwischenhirns, Bild 5) stammen. Allgemein veranlaßt der Hypothalamus eine peripher gelegene Drüse zur Ausschüttung eines Steroidhormons, indem er einen Releasing-Faktor (nach englisch *release*, freisetzen) abgibt. Dieser wirkt auf die Hypophyse, die ihrerseits andere Hormone freisetzt, auf die nun die peripheren Drüsen reagieren: Sie schütten Hormone aus, die schließlich auf die Zielzellen einwirken.

Bei den weiblichen Sexualhormonen ist der wichtigste vom Hypothalamus freigesetzte Faktor das Gonadotropin-Releasing-Hormon. Am Anfang des monatlichen Menstruationszyklus gibt der Hypothalamus – gesteuert von einem als Zeitgeber fungierenden Gehirnareal – das Gonadotropin-Releasing-Hormon ins Blut ab; es wird gelegentlich auch Luteinisierungshormon-Releasing-Hormon genannt. Dieses Hormon besetzt die Oberflächenrezeptoren von Hypophysenzellen, die ihrerseits nun Hormone freisetzen: das luteinisierende Hormon und das follikelstimulierende Hormon (Follitropin).

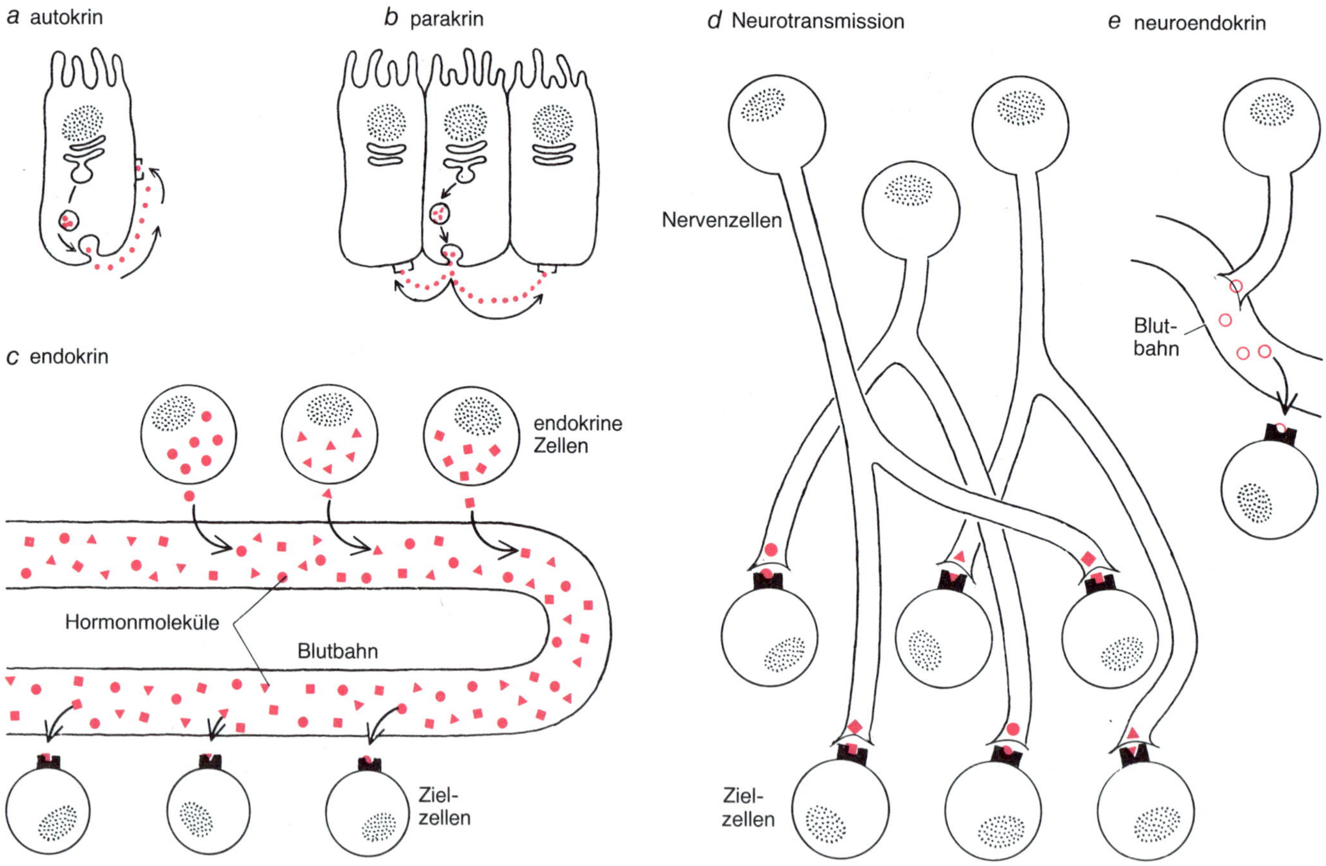

Bild 2: Der Kommunikationsmechanismus des Hormonsystems funktioniert im allgemeinen weniger direkt als der des Nervensystems. Zwar gibt es sogenannte autokrine Hormone (*a*), die auf die Zelle zurückwirken, die sie freigesetzt hat, und sogenannte parakrine Hormone (*b*) – sie wirken auf angrenzende Zellen; doch gehören die meisten Hormone zum endokrinen System, das Zellen oder Organe irgendwo im Körper beeinflußt. Endokrine Drüsen (*c*) schütten Hormonmoleküle in das Blut aus, von wo aus sie in Kontakt mit spezifischen Rezeptoren der Zielzellen gelangen. Der Rezeptor erkennt die für seine Zelle bestimmten Hormone und bindet sie. Nervenzellen (*d*) übermitteln Signale, indem sie Neurotransmitter unmittelbar an der spezifischen Zielzelle (Muskelzelle, Drüsenzelle oder Nervenzelle) freisetzen. Typisch für die Kommunikation zwischen Neuronen ist also, daß sie gezielt Botschaften über kurze Entfernungen weitergeben. Einige dieser Zellen jedoch spielen auch im Hormonsystem eine Rolle: Bei neuroendokrinen Vorgängen (*e*) sezernieren Nervenzellen Substanzen, die als Hormone wirken, direkt ins Blut.

Das follikelstimulierende und in Grenzen auch das luteinisierende Hormon regen im Eierstock das Wachstum eines Follikels an, eines bläschenartigen Gebildes, das die Eizelle umschließt. Dieser bildet aus Cholesterin Östradiol und gibt es ins Blut ab. Östradiol leitet den Aufbau der Gebärmutterschleimhaut ein. Einige Tage später setzt die Hypophyse eine gewisse Menge an luteinisierendem Hormon frei. Es verändert die Struktur des Eifollikels, führt zum Eisprung und wandelt ihn in den sogenannten Gelbkörper um.

Dieser synthetisiert weniger Östradiol und fängt an, aus Cholesterin Progesteron zu bilden. Das Hormon fördert die Durchblutung der Gebärmutter und bremst die Gebärmutterkontraktionen. Das Zusammenspiel von Östradiol und Progesteron hat damit die Gebärmutterschleimhaut für die Aufnahme eines befruchteten Eies vorbereitet.

Kurz nach dem Eisprung fängt die Hypophyse an, weniger luteinisierendes Hormon auszuschütten und veranlaßt schließlich den Gelbkörper, die Progesteronsynthese zu stoppen. Anschließend werden die Zellen, die die Gebärmutter auskleiden, abgestoßen, und die Menstruationsblutung beginnt.

Die Hormonmengen, die die verschiedenen Drüsen absondern, muß der Organismus während des Menstruationszyklus genau kontrollieren, damit ihre richtige Konzentration im Blut sichergestellt ist. Erreicht wird dies über ein sorgfältig abgestimmtes System von Rückkopplungsmechanismen (Bild 5). Zum Beispiel wirkt Östradiol, das in den Eierstöcken freigesetzt wird, nicht nur auf die Zielzellen in der Gebärmutter, sondern auch auf die Hypophysenzellen, die das follikelstimulierende Hormon ausschütten. Hier hindert es die Hypophyse daran, die Eierstöcke zu einer übergroßen Östradiolproduktion anzuregen. Außerdem wirkt Östradiol auch auf den Hypothalamus, wo es die Freisetzung des Gonadotropin-Releasing-Hormons blokkiert. Der Östradiolspiegel des Blutes bestimmt also, wieviel weiteres Östradiol ausgeschüttet wird. Vergleichbares geschieht zum Beispiel in einem Haus mit automatischer Temperaturregelung, in dem die Raumtemperatur die Wärmezufuhr bestimmt.

Es gibt für Östradiol noch eine weitere Rückkopplungsschleife. Wenn die Follikel in den Eierstöcken Östradiol produzieren, erzeugen sie auch eine als Inhibin bezeichnete Substanz. Sie hemmt in der Hypophyse die Produktion von follikelstimulierendem Hormon und im Hypothalamus die Erzeugung von Gonadotropin-Releasing-Hormon.

Andere Steroidhormone mit den unterschiedlichsten Funktionen sind ähnli-

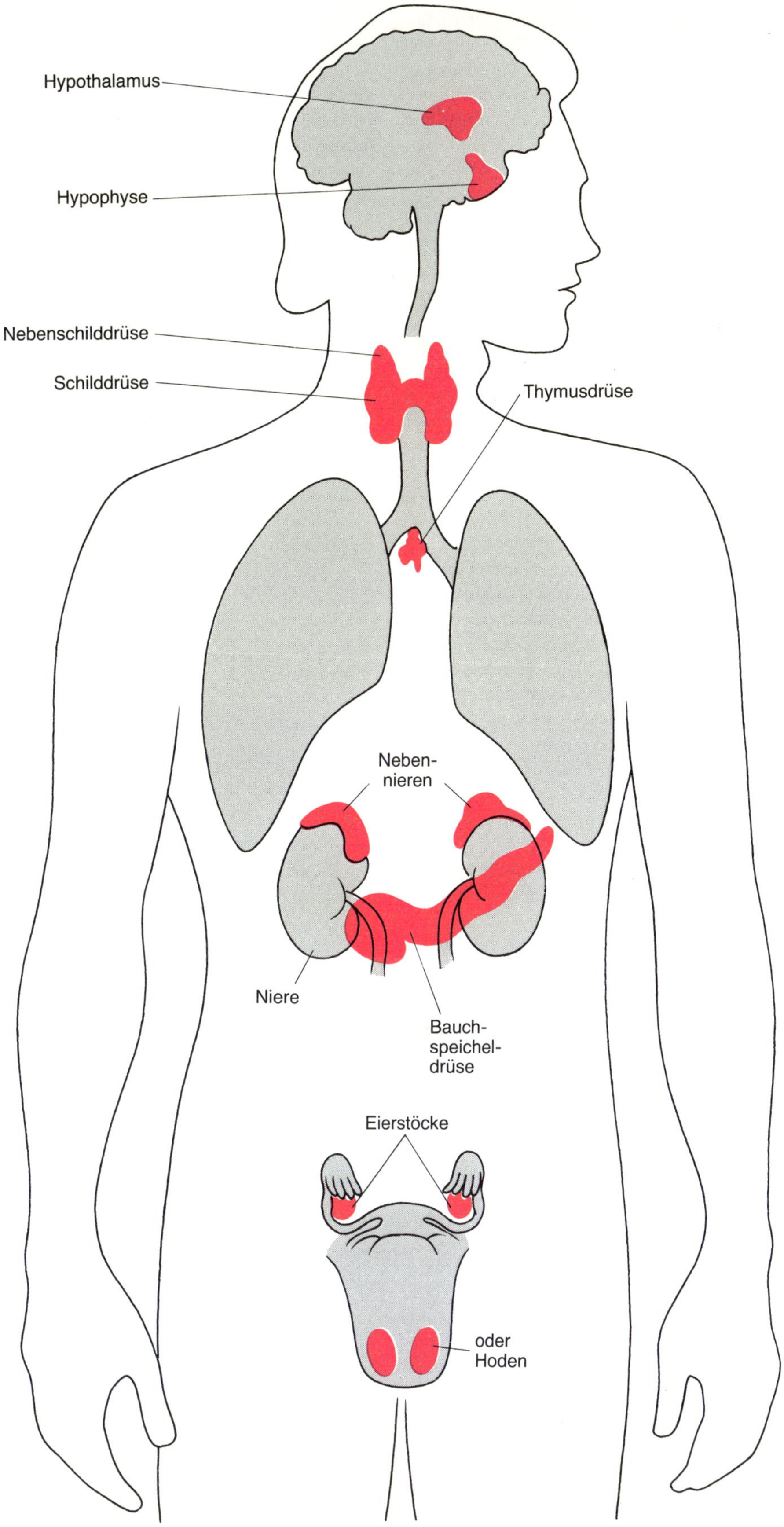

Bild 3: Das endokrine System besteht aus einer Anzahl verschiedener Drüsen und Kontrollzentren. Die endokrinen Drüsen werden alle durch die Hypophyse kontrolliert; sie ist gewissermaßen eine übergeordnete Steuerzentrale. Sie sondert Hormone ab, die andere Drüsen anregen, ihre eigenen Hormone zu synthetisieren und auszuschütten. Die Hypophyse wiederum wird vom Hypothalamus, einem bestimmten Teil des Zwischenhirns, kontrolliert: Releasing-Faktoren, die vom Hypothalamus freigesetzt werden, steuern die Ausschüttung von Hypophysenhormonen. Die hormonelle Kommunikation kann mitunter Stunden dauern. Wie die eingezeichneten Geschlechtsorgane zeigen, sind hier Mann und Frau in einer Person dargestellt.

chen Rückkopplungs- und Kontrollmechanismen unterworfen. Zum Beispiel werden Glucocorticoide wie Cortisol dann synthetisiert und ausgeschüttet, wenn entsprechende Hypothalamus- und Hypophysenhormone die Nebennierenrinde stimulieren. Östradiol wirkt nur auf wenige spezifische Zielorgane; Cortisol hingegen beeinflußt fast sämtliche Gewebe im Körper und löst Stoffwechselveränderungen aus, die den Organismus besser befähigen, mit anhaltendem Streß fertigzuwerden.

In den meisten Geweben verstärkt Cortisol die Aufnahme von Aminosäuren und die Synthese von Proteinen, in der Leber hingegen beschleunigt es die Umwandlung von Aminosäuren in Zukker. Die Nebennierenrinde wird von einem in der Hypophyse gebildeten Hormon, dem Corticotropin (oder auch adrenocorticotropes Hormon, abgekürzt ACTH), dazu angeregt, Cortisol zu bilden und auszuschütten. Wylie Vale vom Salk Institute for Biological Studies zeigte vor kurzem, daß die Sekretion von Corticotropin wiederum vom Hypothalamus aus über den sogenannten Corticotropin-Releasing-Faktor reguliert wird.

Die Peptidhormone

Die Releasing-Faktoren des Hypothalamus, die über die Hypophyse die Freisetzung von Steroidhormonen steuern, sind selbst keine Steroide. Sie gehören zu der anderen wichtigen chemischen Stoffklasse der Hormone, den Peptidhormonen.

Im Gegensatz zu den Steroidhormonen, die alle von demselben Molekül (Cholesterin) herrühren, stammt jedes Peptidhormon von einem spezifischen Vorläufermolekül ab: einer langen Aminosäurekette, die das Hormon ein- oder mehrfach zusätzlich zu anderen Peptidsequenzen enthält, die nichts mit dem Hormon zu tun haben. Dieses Vorläufermolekül – auch als Prohormon bezeichnet – wird von Enzymen gespalten, die so das Peptidhormon „freilegen“. Zwar leitet sich jedes Peptidhormon von einem anderen Vorläufermoleküle ab, doch sind einige der bearbeitenden Enzyme gleichzeitig für verschiedene Systeme von Peptidhormonen zuständig.

Eines der wichtigsten Peptidhormone ist das Insulin, das spezifische Zellen der Bauchspeicheldrüse – die Beta-Zellen – synthetisieren. Insulin beeinflußt nahezu jede Körperzelle. Bekannt ist vor allem seine Eigenschaft, den Blutzuckergehalt zu senken, indem es die Zellen anregt, Glucose aufzunehmen. Zusätzlich erfüllt Insulin jedoch noch viele weitere Funktionen, von denen man einige nur andeutungsweise durchschaut. Insulin beeinflußt zum Beispiel auf irgendeine Weise den Fettstoffwechsel, so daß der Blutfettspiegel sinkt. So entwickeln Diabetiker, die ja an Insulinmangel leiden, häufig eine Arteriosklerose, bei der ganze Areale fettiger Ablagerungen (sogenannte Plaques) die Blutgefäße auskleiden.

Viele Peptidhormone sind im Magen-Darm-Trakt tätig. Ein Beispiel dafür ist Gastrin, das die Sekretion von Säure in den Magen fördert. Bei Patienten mit gastrin-produzierenden Tumoren entwikkeln sich durch überschüssige Säureproduktion oft böse Magengeschwüre. Ein weiteres Peptidhormon ist Somatostatin, das dem Gastrin entgegenwirkt, indem es die Säuresekretion bestimmter Zellgruppen des Mageninnern blockiert.

Cholecystokinin schließlich wird von bestimmten Zellen des Darmes an das Blut abgegeben. Von hier aus gelangt es zur Gallenblase, regt dort die Entleerung von Galle in den Darm an und fördert so die Verdauung. Cholecystokinin hat noch eine weitere Funktion: Es dient im Gehirn als Neurotransmitter.

Auch viele andere Peptidhormone weisen diese Doppelfunktion als Botenmolekül der hormonalen wie der neuralen Kommunikation auf. So ist das sogenannte vasoaktive Intestinal-Polypeptid zum einen ein Darmhormon, das die Darmbeweglichkeit steuert; zum andern fungiert es im Gehirn als Neurotransmitter. Die Enkephaline (Bild 7), zwei nur geringfügig voneinander verschiedene Peptide, wirken im Gehirn wie Opiate; im Darm dagegen regulieren sie als Hormone die Bewegung des Speisebreis durch den Verdauungstrakt, indem sie dessen rhythmische peristaltische Kontraktionen verändern.

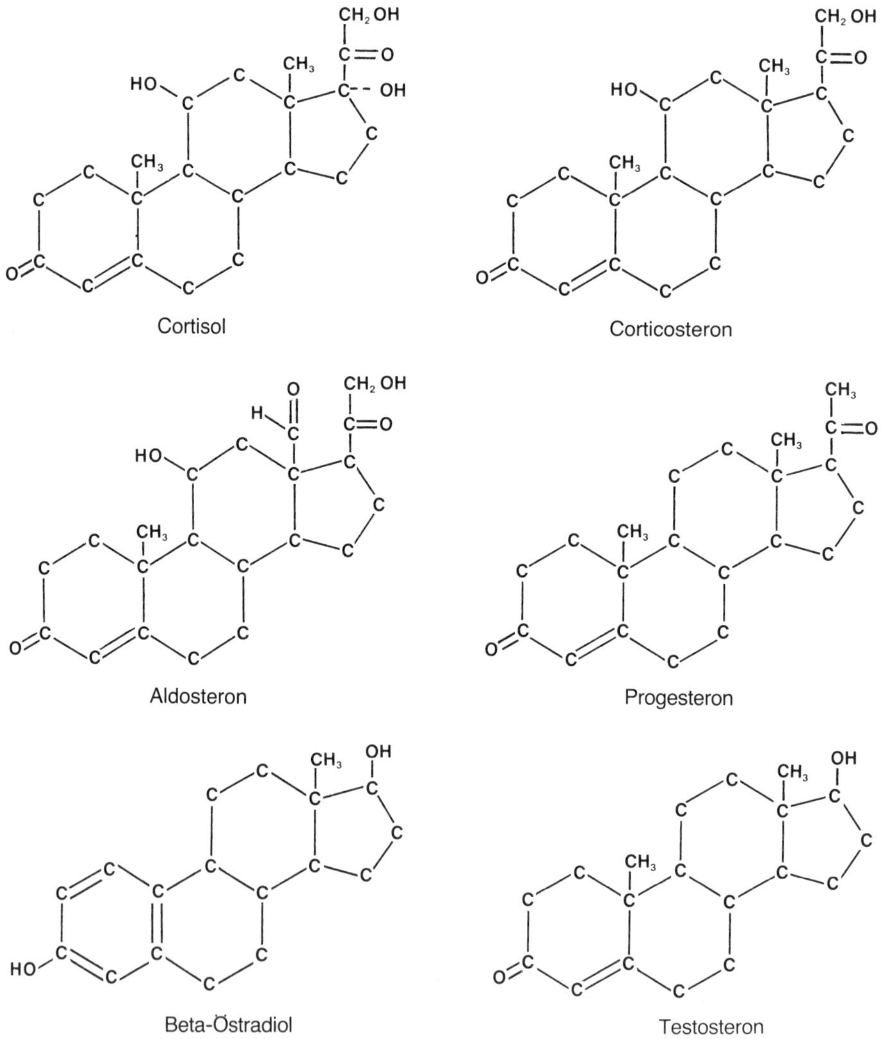

Bild 4: Die Steroidhormone stammen alle vom Cholesterin ab und haben darum ein gemeinsames Grundgerüst aus 17, zu einem Viererringsystem vereinten Kohlenstoff-Atomen. Die unterschiedlichen chemischen Gruppen, die den Kohlenstoffringen anhängen, bedingen auch sehr verschiedene Funktionen der Hormone. Die in dieser Darstellung gezeigten Moleküle stellen die wichtigsten Steroidhormone dar. Cortisol und Corticosteron fördern die Bildung von Glucose in der Leber – weshalb sie auch Glucocorticoide heißen. Durch Aldosteron hält die Niere Natrium zurück, statt es mit dem Urin auszuscheiden. Progesteron und Östradiol sind die wichtigsten weiblichen Sexualhormone, Testosteron das wichtigste männliche.

Bis zur Mitte der siebziger Jahre wußte man nicht, daß Peptide als Neurotransmitter fungieren können. Dagegen waren viele der Peptidhormone bereits bekannt. Die ersten identifizierten Neurotransmitter waren das Acetylcholin und die biogenen Amine, insbesondere die Monoamine, die sich aus einer Aminosäure ableiten und eine Amino-Gruppe aufweisen (Bild 8). Zu den Monoaminen gehören zum Beispiel die Catecholamine Dopamin, Noradrenalin und Adrenalin, die alle von der Aminosäure Tyrosin abstammen. Noradrenalin und Adrenalin sind Hormone sowie Neurotransmitter; sie werden vom Nebennierenmark gebildet und steigern die Herzfrequenz, den Blutdruck sowie die Freisetzung von Zuckerreserven aus der Leber ins Blut.

Die Funktion der Neurotransmitter

In den sechziger Jahren stellten zahlreiche Arbeitsgruppen fest, daß auch eine Anzahl unmodifizierter Aminosäuren in einigen Fällen als Neurotransmitter eingesetzt wird. Dazu gehört die Gamma-Aminobuttersäure, die nahezu ausschließlich als Neutrotransmitter dient. Andere als Neurotransmitter fungierende Aminosäuren wie Glutaminsäure, Asparaginsäure und Glycin sind auch Bestandteile von Proteinen.

Insgesamt gibt es nicht mehr als zehn Neurotransmitter, die Amine oder Aminosäuren sind – und das reicht nach dem klassischen Modell der Neurotransmitter-Funktion bereits mehr als aus. Nach diesem Modell nämlich dient ein Neurotransmitter als chemischer Schalter, der die angesprochene Nervenzelle veranlaßt, entweder zu „feuern“ oder dies zu unterlassen. Träfe diese Vorstellung zu, so käme das Gehirn mit nur zwei Neurotransmittern aus, einem erregenden und einem hemmenden. Seit jedoch 1975 die Enkephaline als Neurotransmitter entdeckt wurden, die Opiatrezeptoren im Gehirn stimulieren, haben Forscher nahezu 50 weitere Neuropeptide isoliert. Welche Funktion haben sie?

Sorgfältige elektrophysiologische Untersuchungen zeigten, daß verschiedene Neurotransmitter viele unterschiedliche Effekte an Synapsen hervorrufen können. In der Membran einer nachgeschalteten Nervenzelle gibt es verschiedene Typen von Kanälen. Neurotransmitter können diese Kanäle öffnen oder schließen, so daß Ionen wie die von Chlor, Natrium, Kalium und Calcium die Membran der Nervenzelle zu passieren vermögen. Für jedes Ion scheinen viele Kanaltypen zu existieren, und je nach Kanal wird auch ein anderes Signal übermittelt. Neurotransmitter können dabei

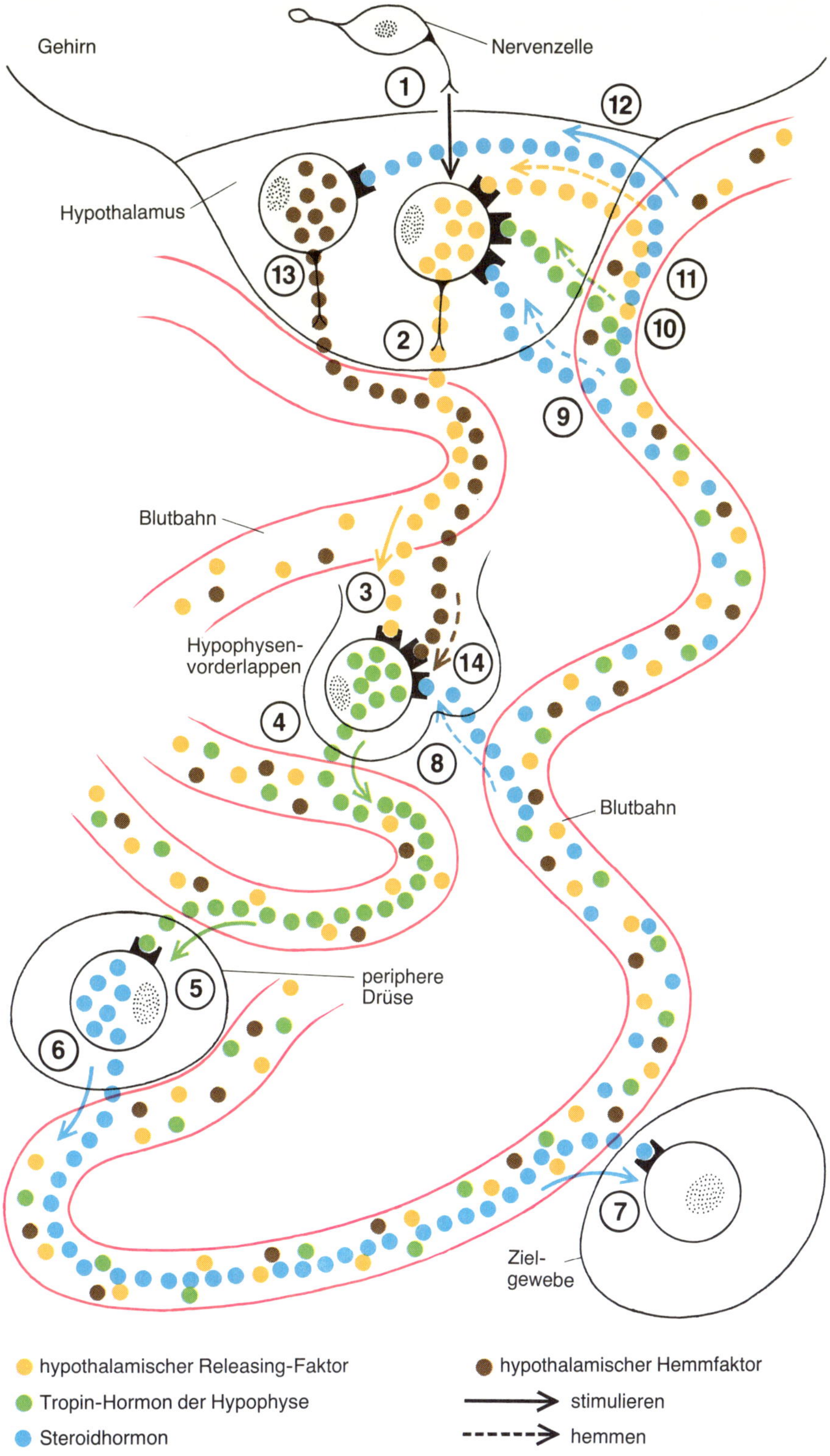

Bild 5: Rückkopplungs- und Kontrollmechanismen lösen die Ausschüttung von Steroidhormonen aus und gewährleisten die richtige Hormonkonzentration im Blut. Wird der Hypothalamus durch Gehirnnervenzellen stimuliert (1), gibt er einen Releasing-Faktor (für englisch *release*, freisetzen) (2) in das Blut ab. Spezialisierte Rezeptoren, die auf den Oberflächen bestimmter Hypophysenzellen (3) sitzen, binden einige Moleküle des Faktors, welche nun diese Zellen veranlassen, ein Tropin (beispielsweise Corticotropin oder Follitropin) auszuschütten (4). Dieses gelangt über den Blutstrom zu einer peripheren Drüse (5) und veranlaßt sie, beispielsweise ein Steroidhormon zu produzieren (6). Das Hormon beeinflußt jetzt seinerseits bestimmte Gewebe (7). Verschiedene Rückkopplungsschleifen halten die richtigen Hormonkonzentrationen im Blut aufrecht. So wirkt das Steroidhormon selbst auf die Hypophyse (8) zurück und hemmt die Produktion des entsprechenden Hypophysenhormons. Es beeinflußt auch den Hypothalamus und schränkt die Produktion des Releasing-Faktors ein (9). Das jeweilige Tropin-Hormon und der hypothalamische Freisetzungs-Faktor selbst drosseln ebenfalls die Produktion des Faktors im Hypothalamus (10 und 11). Weiterhin veranlassen die Steroidhormone (12) bestimmte Zellen im Hypothalamus, einen hypothalamischen Hemmfaktor zu produzieren (13), der die Ausschüttung des Hypophysenhormons einschränkt.

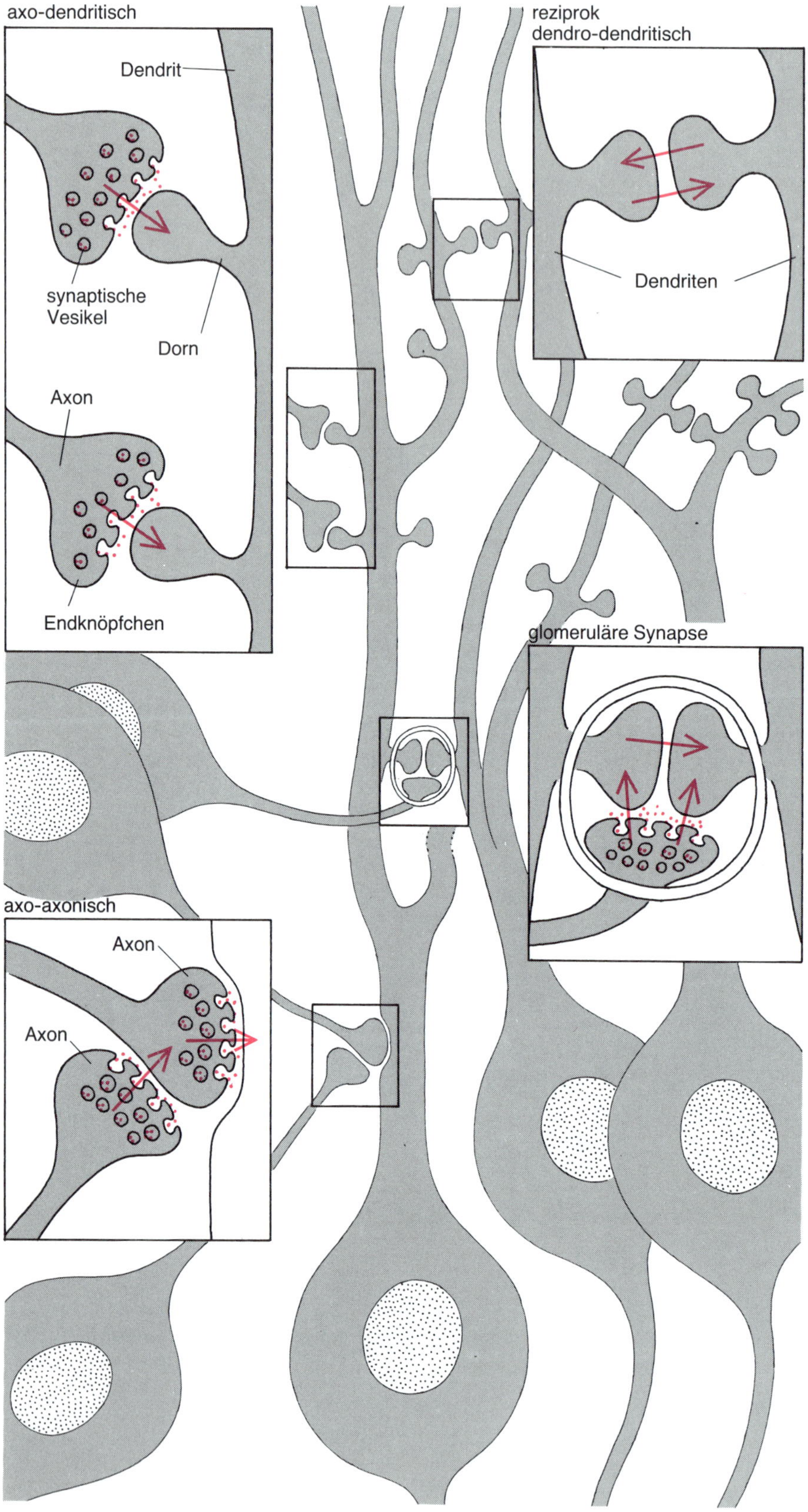

Bild 6: Bei der interzellulären Kommunikation von Neuronen wird das Signal über einen schmalen Spalt an der Synapse, der Schaltstelle zwischen Nervenendigung und Membranregion der nachgeschalteten Zelle übertragen. Bei der axo-dendritischen Synapse (*a*) setzen synaptische Vesikel in der langen Nervenfaser (Axon) eines Neurons einen Neurotransmitter nach außen frei, der die Rezeptoren auf einem Dendriten der benachbarten Nervenzelle besetzt. Diese kurzen Nervenzell-Fortsätze können auch über sogenannte dendro-dendritische Synapsen eine Botschaft übermitteln. In einer reziproken dendro-dendritischen Synapse (*b*) gibt jeder Dendrit Signale an einen zweiten Dendriten über jeweils eine separate Synapse weiter. Bei den axo-axonischen Synapsen (*c*) wird eine Botschaft von dem Axon einer Nervenzelle über das Axon einer zweiten an den Dendriten einer dritten Nervenzelle übermittelt. In einer glomerulären Synapse (*d*) gibt die Nervenendigung Informationen an die Dendriten von zwei anderen Nervenzellen weiter. Diese Dendriten können auch untereinander kommunizieren.

die Kanäle in verschiedener Weise beeinflussen.

Überdies kann sich ein einzelner Neurotransmitter, abhängig von der Art der Synapse, unterschiedlich auswirken. Wenn sich zum Beispiel der Neurotransmitter Acetylcholin an Muscarinrezeptoren bindet, die an den Synapsen zu den Muskelzellen der glatten Darmmuskulatur vorkommen, werden bestimmte Kanäle geschlossen, durch die normalerweise Kalium-Ionen aus der Zelle strömen. Dieser (noch nicht ganz verstandene) Wirkungsmechanismus verursacht eine langsam ansteigende Dauererregung des Muskels. Bindet sich Acetylcholin dagegen an die Nikotinrezeptoren der Synapsen zu Skelettmuskeln, öffnen sich Natriumkanäle, so daß die Muskeln spontan und schnell kontrahieren.

Durch die Entdeckung der Neuropeptide wurde nicht allein die Hypothese widerlegt, die Neurotransmitter übermittelten lediglich einfache „Ein"- oder „Aus"-Signale; vielmehr wurde nun auch die traditionelle Vorstellung revidiert, jede Nervenzelle könne nur einen Transmitter freisetzen. Im Jahre 1977 erkannte nämlich Thomas G. M. Hökfelt vom Karolinska-Institut in Stockholm, daß die Endigungen vieler, wenn nicht gar der meisten Nervenzellen zwei oder drei Botenstoffe enthalten, von denen einer immer ein Peptid ist. Offenbar arbeiten die Co-Transmitter in synergistischer Weise zusammen und können dadurch differenziertere Informationen übermitteln, als es mit einem einzelnen möglich wäre. Der Mechanismus dieser Kooperation ist allerdings noch nicht genau geklärt.

Die Neuropeptid-Forschung

Viele Eigenschaften von Neuropeptiden lassen sich am Beispiel der beiden Enkephaline darstellen. Beide bestehen aus einer Kette von jeweils fünf Aminosäuren. Sie unterscheiden sich nur hinsichtlich ihrer fünften Aminosäure: Das eine, das sogenannte Met-Enkephalin, endet mit Methionin und das andere, das Leu-Enkephalin, mit Leucin.

Enkephaline lassen sich in bestimmten Schaltbahnen des Gehirns nachweisen, und zwar in ungefähr denselben Bezirken, in denen auch Opiatrezeptoren zu finden sind. Dies spricht für die Hypothese, daß die Enkephaline wie Opiate wirken.

Die Enkephaline leiten sich von zwei großen Vorläuferproteinen ab, dem Proenkephalin *A* und dem Proenkephalin *B*. Proenkephalin *A* enthält sechsmal das Met-Enkephalin und einmal das Leu-Enkephalin, während Proenkephalin *B* dreimal das Leu-Enkephalin und kein

Met-Enkephalin enthält. Also stammt sämtliches Met-Enkephalin vom Proenkephalin *A* ab, während Leu-Enkephalin von beiden Vorläufermolekülen gebildet werden kann.

Innerhalb der Vorläufermoleküle ist jedes Enkephalin von einem Signal flankiert, das aus jeweils zwei Aminosäuren besteht: entweder zweimal Lysin oder zweimal Arginin oder je eins von beiden. Die Enkephaline werden in zwei aufeinanderfolgenden enzymatischen Schritten herausgeschnitten. Im ersten Schritt spaltet ein Enzym jeweils die rechte Peptidbindung an jeder der flankierenden Aminosäuren (Bild 7). Daraus resultiert ein Molekül, das aus einem Enkephalin mit einer noch rechts anhängenden überflüssigen Aminosäure besteht. Ein zweites Enzym entfernt diese Aminosäure und bildet damit das Enkephalin. Die Ge-

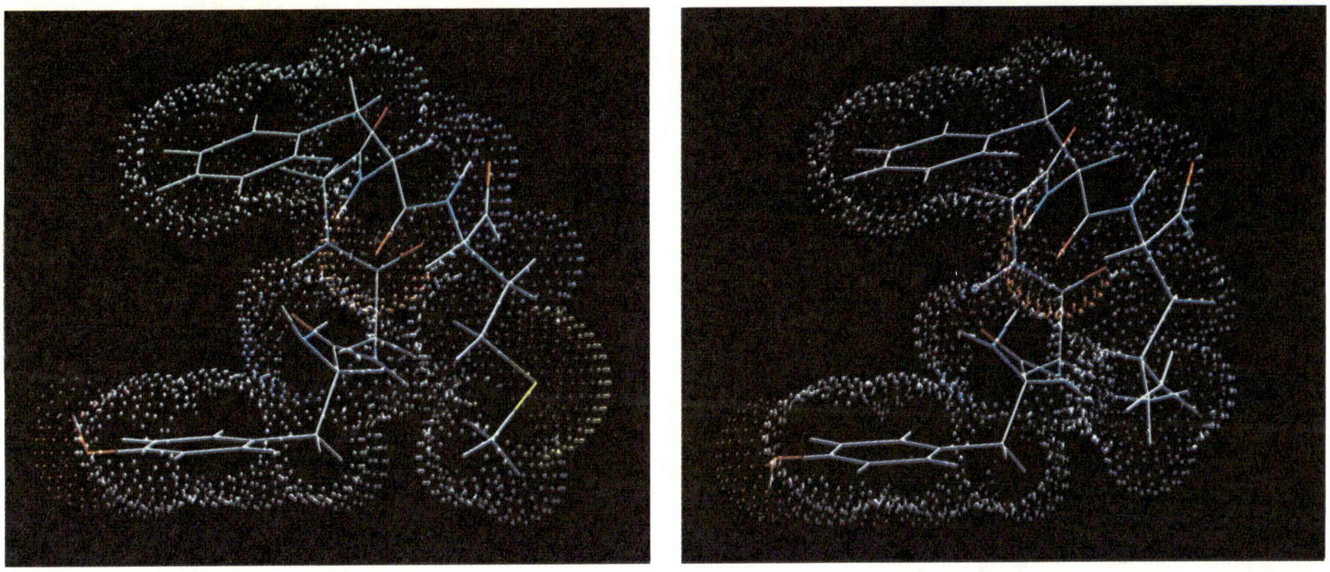

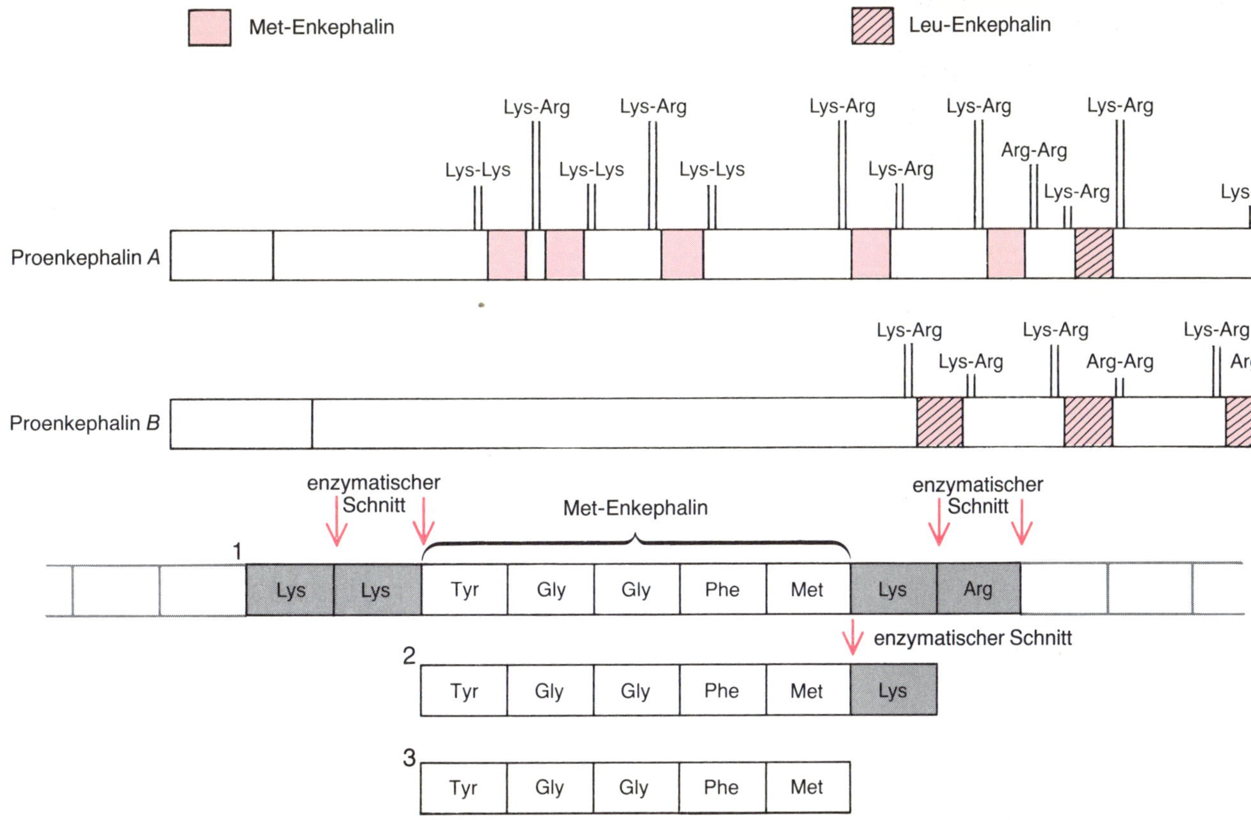

Bild 7: Die Enkephaline fungieren sowohl als Neurotransmitter als auch als Hormone. Sie werden durch enzymatische Spaltung wesentlich größerer Vorläufermoleküle gebildet. Jedes Enkephalin besteht aus einer Kette von fünf Aminosäuren. Die beiden Enkephaline unterscheiden sich nur in ihrer jeweils fünften Aminosäure, die beim Met-Enkephalin (oben links) aus Methionin und beim Leu-Enkephalin (oben rechts) aus Leucin besteht. Es gibt zwei Sorten von Vorläufermolekülen für die Enkephaline (Mitte). Proenkephalin *A* enthält sechsmal Met-Enkephalin und einmal Leu-Enkephalin, Proenkephalin *B* dreimal Leu-Enkephalin und keinmal Met-Enkephalin. In den Vorläufermolekülen ist jedes Enkephalin an beiden Seiten von einem Aminosäurepaar flankiert, das als Signal dient. Dieses kann entweder aus zwei Molekülen Lysin oder zwei Molekülen Arginin oder aus einem Molekül Lysin und einem Molekül Arginin zusammengesetzt sein. Zwei verschiedene Enzyme werden benötigt, um Enkephalin aus seinem Vorläufermolekül herauszuschneiden. Das erste (1) schneidet rechts jeder Signal-Aminosäure (Lysin oder Arginin), wodurch rechts am Enkephalinmolekül eine Aminosäure übrigbleibt. Der zweite enzymatische Schnitt (2) trennt auch diese Aminosäure ab, so daß Enkephalin entsteht (3). Wie schnell dies geschieht, variiert je nach Bedingungen. Die obigen Abbildungen sind von den Tripos Associates.

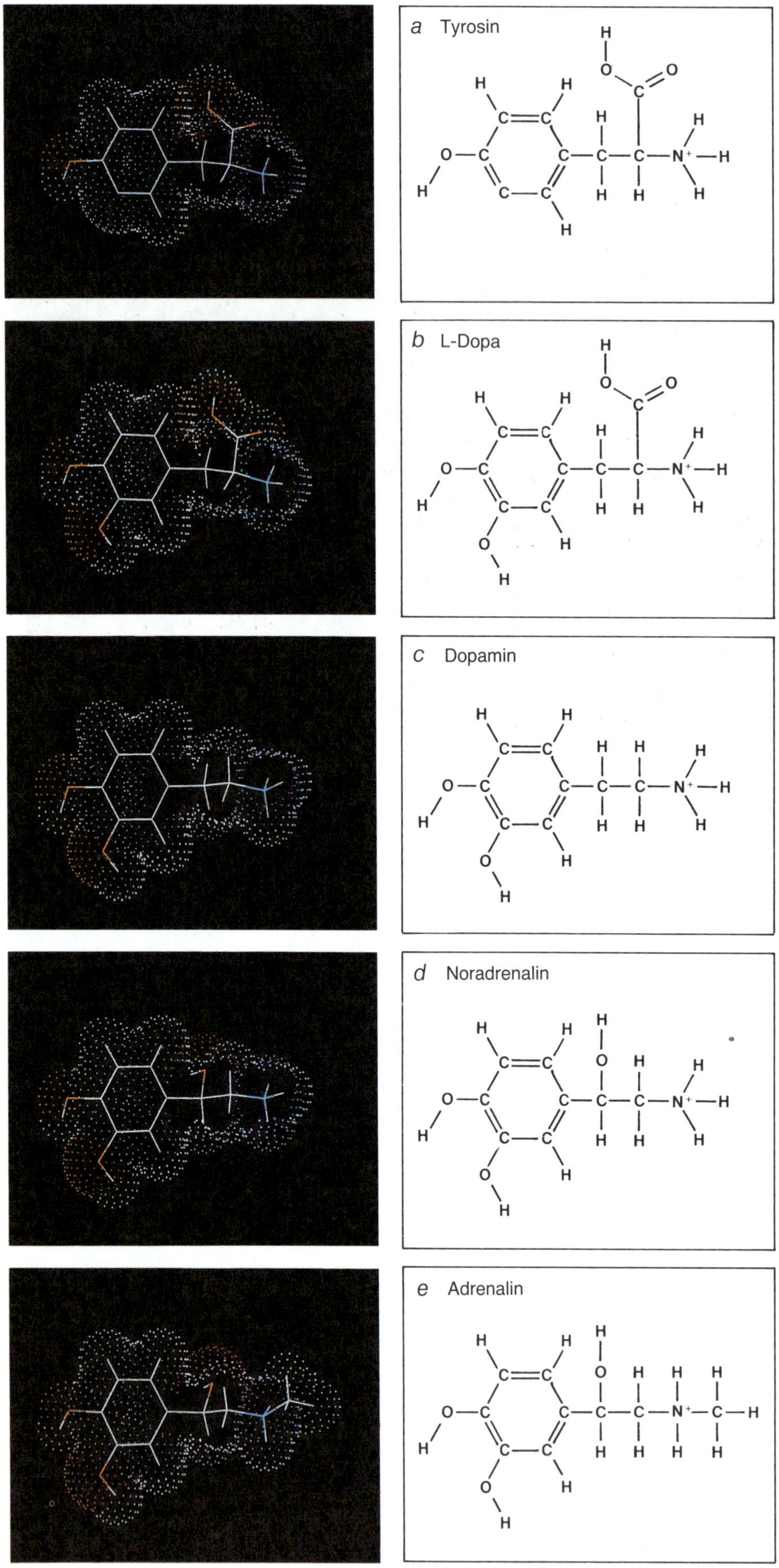

Bild 8: Diese Catecholamin-Neurotransmitter Dopamin, Noradrenalin und Adrenalin (die auch als Hormone fungieren) stammen von der Aminosäure Tyrosin ab. Tyrosin (*a*) wird zunächst durch Anhängen einer Hydroxylgruppe (OH-Gruppe) in L-Dopa (*b*) umgewandelt. Ein Wasserstoff-Atom ersetzt danach eine COOH-Gruppe und bildet so Dopamin (*c*). Kommt eine OH-Gruppe hinzu, entsteht Noradrenalin (*d*); wird hier eine Methylgruppe (CH_3) angehängt, ergibt sich Adrenalin (*e*). Die linken Abbildungen stammen von Tripos Associates.

schwindigkeit, mit der Enkephalin entsteht, variiert je nach Bedingung. So steigt sie vermutlich bei schmerzhaften Streßzuständen an. Die Geschwindigkeit läßt sich auf zweierlei Weise steuern: zum einen, indem sich die Transkriptionsrate der Proenkephalin-Gene verändert; zum anderen über die unterschiedliche Verfügbarkeit jener Enzyme, welche die Peptidbindungen beiderseits des Enkephalins im Vorläufermolekül spalten.

Viele Enzyme sind in der Lage, die beiden enzymatischen Schritte durchzuführen, die zur Umwandlung von Proenkephalin in Enkephalin notwendig sind. Eine der großen ungelösten Fragen ist, ob gewisse allgemein anwendbare Enzyme sämtliche Hormon- und Neurotransmitter-Peptide bearbeiten, oder ob für jedes Peptid spezifische Enzyme vorhanden sind.

Aus der Antwort werden sich weitgehende praktische Konsequenzen ergeben. Sollten spezifische Enzyme beteiligt sein, könnte man gezielt Medikamente entwickeln, welche nur die Biosynthese eines bestimmten peptidischen Neurotransmitters blockieren, und so die neurochemischen Prozesse eines Patienten präzise kontrollieren.

Die neuesten Forschungsergebnisse sprechen für die Hypothese, daß es tatsächlich solche spezifischen Enzyme gibt. Lloyd D. Fricker, Stephen M. Strittmatter und David R. Lynch aus meinem Labor an der Medizinischen Fakultät der Johns-Hopkins-Universität haben ein Enzym isoliert und beschrieben, das wir Enkephalin-Konvertase nennen. Es entfernt die einzelne Aminosäure, die dem fast fertigen Enkephalin noch anhängt.

Wir stellten auch fest, daß die Enkephalin-Konvertase ausschließlich an denselben Stellen im Gehirn vorkommt wie das Enkephalin selbst. Dies zeigt, daß es dort zur Bildung von Enkephalin beiträgt – was allerdings nicht ausschließt, daß es woanders im Körper auch andere Funktionen haben könnte. Mit einigen Wirkstoffen, die wir getestet haben, ließ sich die Enkephalin-Konvertase rund tausendmal besser hemmen als jedes andere Enzym.

Aus der Neuropeptid-Forschung ergibt sich also die aufregende Möglichkeit, neue Wirkstoffe zu entwickeln, die effektiver, spezifischer und sicherer sind als die heute gebräuchlichen Psychopharmaka. Praktisch alle in Neurologie und Psychiatrie verwendeten Medikamente hemmen oder steigern den Effekt irgendeines Neurotransmitters. Die meisten wirken sich auf einen der klassischen Botenstoffe aus. Die gerade entdeckten Peptidtransmitter hingegen könnten eine neue Generation von Wirkstoffen liefern, welche die Synthese, die Freisetzung und die Rezeptoreffekte von spezifischen Neuropeptiden beeinflussen. Mit einem Arsenal von Mitteln, mit denen sich jedes der vielen Neuropeptide steuern ließe, könnten wir feiner auf das Fühlen und Denken einwirken und so emotionale und neurologische Krankheiten wesentlich besser lindern.

Die Neurorezeptor-Typen

Wie die momentan gebräuchlichen Wirkstoffe mit Transmittern reagieren, läßt sich am besten anhand eines klassischen Amintransmitters beschreiben, des Noradrenalins. Es wird im sympathischen Nervensystem – einem Teil des vegetativen Nervensystems – als Botenstoff verwendet. Das sympathische Nervensystem macht den Körper bereit, schnell seine Leistung zu steigern, indem es zum Beispiel gewisse Blutgefäße erweitert, die Herzfrequenz erhöht und den Verdauungsprozeß verlangsamt. Außerdem ist Noradrenalin eine Überträgersubstanz im Gehirn.

Nervenzellen, die Noradrenalin enthalten, kommen – wie jene, die Enkephalin enthalten –in speziellen Gehirnarealen hochkonzentriert vor. Eine der wichtigsten noradrenergen Bahnen geht von einem kleinen bläulichen Kern im Gehirnstamm aus, dem *Locus coeruleus*. Von dort ziehen die Nervenfasern in viele Gehirnregionen, so daß die relativ wenigen Nervenzellen des *Locus coeruleus* buchstäblich Milliarden anderer Neuronen beeinflussen können.

Es gibt vier wichtige Noradrenalin-Rezeptoren, die Alpha 1, Alpha 2, Beta 1 und Beta 2 genannt werden. Da die verschiedenen Noradrenalin-Rezeptoren in unterschiedlichen Bereichen des Körpers zu finden sind, lassen sich speziell für sie bestimmte erregende oder hemmende Stoffe entwickeln. Zum Beispiel erhöht sich der Blutdruck, wenn die Alpha-1-Rezeptoren des peripheren Nervensystems stimuliert werden. Folglich hat man viele Mittel gegen Bluthochdruck so entwickelt, daß sie selektiv die Alpha-1-Rezeptoren blockieren.

Wenn man andererseits Rezeptoren vom Typ Beta-1 oder Beta-2 erregt, erhöht sich die Herzschlagfrequenz und die bronchialen Verästelungen in der Lunge werden erweitert. Ein Beta-Stimulans (Beta-Mimetikum) kann darum bei der Behandlung von Asthma, ein Beta-Blokker bei der Bekämpfung von Angina pectoris eingesetzt werden.

Ein Beta-Mimetikum gegen Asthma könnte allerdings den Herzschlag übermäßig beschleunigen, und ein Beta-Blocker gegen Angina pectoris könnte eine gleichzeitig vorhandene Asthma-Erkrankung verschlimmern. Diese Nebenwirkungen lassen sich jedoch ausschalten, weil das Herz hauptsächlich Beta-1-Rezeptoren trägt, die Lunge aber größtenteils Beta-2-Rezeptoren. Die pharmakologische Forschung konnte deshalb selektive Beta-2-Mimetika entwickeln, die Asthmasymptome lindern, ohne Herzklopfen zu verursachen, und Beta-1-Blocker, die Beschwerden der Angina pectoris mildern, ohne Asthma-Anfälle auszulösen. Viele weitere Pharmaka nutzen die vielfältigen Rezeptor-Typen aus, die für die meisten Neurotransmitter existieren.

Eine Reihe von Substanzen arbeitet nach einem etwas anderen Prinzip. Eine freigesetzte Überträgersubstanz muß, nachdem sie ihre Wirkung am Rezeptor entfaltet hat, irgendwie wieder beseitigt werden, damit die Kontaktstellen auf den nächsten Nervenimpuls reagieren können. Die meisten Neurotransmitter werden durch einen pumpenähnlichen Mechanismus „inaktiviert“, der den Botenstoff in die Nervenendigung zurücktransportiert, aus der er stammt. Der therapeutische Effekt einiger Pharmaka besteht nun darin, daß sie diesen Wiederaufnahmemechanismus hemmen.

Beispielsweise blockieren die gebräuchlichsten, die trizyklischen Antidepressiva die Wiederaufnahme von Noradrenalin und Serotonin, so daß mehr Botenstoffe zu den Rezeptoren gelangen. Da sich mit solchen Wirkstoffen tatsächlich Depressionen beheben lassen, ist anzunehmen, daß Depressionen zum Teil von einem Mangel an Noradrenalin, Serotonin und anderen biogenen Aminen herrühren.

Bestimmte andere Pharmaka schließlich beeinflussen die Enzyme, die Noradrenalin synthetisieren oder abbauen. So läßt sich zum Beispiel der Noradrenalinspiegel im Gehirn erhöhen, indem man die Monoamin-Oxidase hemmt, die Catecholamine wie Noradrenalin abbaut. Wegen des erhöhten Spiegels und des daraus resultierenden Konzentrationsgefälles tritt Noradrenalin vermehrt aus der Nervenendigung aus. Monoamin-Oxidasehemmer können so die synaptische Aktivität von Noradrenalin steigern und deshalb als Antidepressiva dienen.

Die Kommunikation zwischen Zellen oder Zellgruppen ist für das Überleben eines jeden vielzelligen Organismus entscheidend. In höheren Lebewesen beruht sie auf einer großen Anzahl hochspezialisierter Botenmoleküle. Die Eigenschaften und Funktionen aller dieser interzellulären Boten zu erforschen, ermöglicht es schließlich auch, sicherere und wirksamere Medikamente für so unterschiedliche Erkrankungen zu entwickeln wie hormonelle Dysregulationen, Herzerkrankungen und auch Geistesstörungen.

Gestörte Kommunikation zwischen Zellen

Zellen können sich untereinander verständigen. Sie sind in der Lage, sich Nachrichten zu übermitteln, indem sie Botensubstanzen freisetzen, für die es an den Oberflächen der Empfängerzellen Anlegestellen (Rezeptoren) gibt. Störungen in diesem System der Nachrichtenübermittlung scheinen die Ursachen vieler Krankheiten zu sein.

Von Edward Rubenstein

Seit jeher war es ein Ziel der medizinischen Forschung, die Ursachen der Krankheiten aufzudecken, die Menschen und Tiere befallen können. Neuerdings ist deutlich geworden, daß so verschiedenartige Krankheiten wie Cholera, Überfunktion der Schilddrüse, hochgradige Muskelschwäche und einige Formen der Zuckerkrankheit (des Diabetes) sich insofern gleichen, als bei ihnen der Nachrichtenaustausch zwischen den Zellen gestört ist. Dadurch kann der Körper einige seiner Fuktionen nicht mehr regulieren.

Zellen übermitteln einander Nachrichten, indem sie Substanzen ausschütten, die als chemische Boten (Mediatoren) wirken. Diese wandern bis zur Nachbarzelle oder gelangen im Blutstrom bis in entfernte Körperteile. In der Membran, die die Empfängerzelle umhüllt, befinden sich Eiweißmoleküle, die als Anlegestellen für die Mediatoren dienen und die man als Rezeptoren bezeichnet. Diese Rezeptoren übermitteln auf eine Weise, die wir noch erläutern werden, die im Mediator enthaltene Nachricht ins Innere der Zelle, das darauf mit biochemischen Veränderungen reagiert.

Die Reaktion der Zelle kann schnell eintreten, wenn die dafür benötigten Substanzen fertig oder als Vorstufen im Zellplasma vorrätig sind. Die vom Nebennierenmark ausgeschütteten Hormone Adrenalin und Noradrenalin sind Mediatoren, die rasche Antworten auslösen. Dagegen bewirken Hormone der Nebennierenrinde und die Geschlechtshormone auf dem Umweg über die Gene im Zellkern die Synthese von Eiweißstoffen in der Zelle. Dieser Vorgang braucht Zeit, und die Reaktion der Zelle tritt daher verzögert ein.

Welcher Art ist die erste Veränderung, die sich in einer Zelle nachweisen läßt, nachdem sich eine Botensubstanz an einen Rezeptor angelagert hat? In vielen Fällen steigt der Gehalt an cyclischem Adenosin-monophosphat (cAMP) im Zellplasma. cAMP entsteht – wie in Bild 2 gezeigt – aus dem allgegenwärtigen Adenosin-triphosphat (ATP), wenn das Enzym Adenylat-Cyclase von diesem zwei der drei Phosphatgruppen abspaltet. Das freie Ende der im Molekül verbleibenden Phosphatgruppe schließt einen Ring mit dem Kohlenstoffatom 3' im Riboseteil des Moleküls, und dieser Ring gibt dem Adenosin-monophosphat den Beinamen „cyclisch". Das cAMP wird unwirksam, wenn ein anderes Enzym, die Phosphodiesterase, den Ring wieder öffnet. Dann entsteht normales Adenosin-monophosphat (AMP).

Die Bildung von cAMP ist die erste Stufe der zellulären Reaktion auf die Ankunft einer Botensubstanz. In der zweiten Stufe wandelt das cAMP Enzyme, die man als Kinasen bezeichnet, aus unwirksamen Formen in wirksame Formen um. Die aktivierten Kinasen übertragen Phosphatgruppen auf Enzyme der dritten Stufe und schalten diese damit an oder aus. Erst die Enzyme der dritten Stufe bringen die Veränderungen im Stoffwechsel hervor, die die Botensubstanz auslösen soll. Für die Entdeckung des cAMP und die Klärung seiner Schlüsselrolle im Stoffwechsel erhielt der amerikanische Biochemiker Earl W. Sutherland 1971 den Nobelpreis für Medizin.

Damit cAMP entsteht, muß das an der Innenseite der Zellmembran sitzende Enzym Adenylat-Cyclase aktiviert werden, sobald die Botensubstanz an der Außenseite der Zellmembran mit ihrem Rezeptor in Wechselwirkung tritt. Man vermutet, daß die Vermittlung zwischen Innen- und Außenseite einem Eiweißstoff (einem Protein) zufällt, das Guanosin-triphosphat (GTP, ein Analogon des ATP) enthält. Dieses Protein scheint nicht nur die Adenylat-Cyclase zu aktivieren, sondern auch die Fähigkeit des Rezeptors herabzusetzen, die Botensubstanz zu erkennen und zu binden. Damit ließe sich zum Teil die Beobachtung erklären, daß eine erhöhte Menge an Botensubstanz die Bindungsfähigkeit der Rezeptoren vermindert. So sinkt beispielsweise die Zahl der Adrenalin-Rezeptoren an den weißen Blutkörperchen, wenn man Asthma-Patienten mit adrenalin-ähnlichen Medikamenten behandelt. Insulin wirkt in ähnlicher Weise auf Insulin-Rezeptoren.

Die von einer Zelle freigesetzte Botensubstanz bezeichnet man oft als „ersten Boten", und Substanzen wie das cAMP heißen „zweite Boten". Diese Namen sind insofern irreführend, als der „erste Bote" meist gar nicht das erste Signal ist, sondern aufgrund eines vom Zentralnervensystem kommenden Befehls ausgeschüttet wird, der seinerseits in einer Sinneswahrnehmung oder in einem psychischen Ereignis seine Ursache haben kann.

Mediatoren, Rezeptoren und Membranen

Botensubstanzen (Mediatoren) sind Moleküle, die sehr einfach, aber auch sehr kompliziert gebaut sein können. Ihre Größe reicht von einem Dutzend bis zu mehreren hundert Atomen. Die Re-

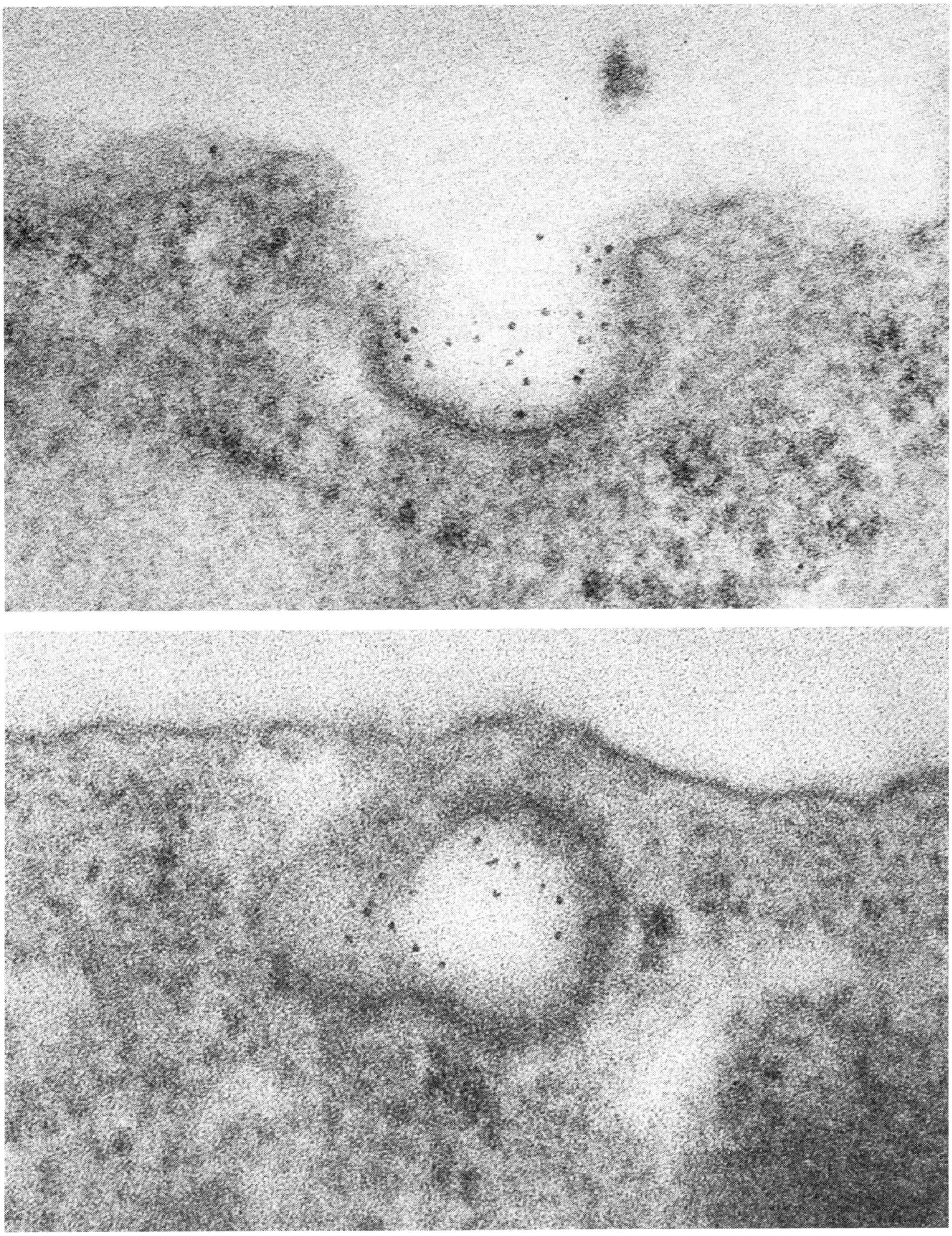

Bild 1: Diese elektronenmikroskopischen Aufnahmen zeigen in etwa 227 000-facher Vergrößerung einen Ausschnitt aus einer menschlichen Bindegewebszelle (einem Fibroblasten). Die Membran dieser Zelle weist im oberen Teilbild eine Grube auf, die mit Rezeptoren für ein fetthaltiges Eiweißmolekül (ein Lipoprotein) ausgekleidet ist. Das Lipoprotein wird in der Leber gebildet und dient als Träger des Cholesterins, das die Zellen für den Aufbau ihrer Membranen brauchen (siehe Bild 3). Das Lipoprotein ist in der Grube in Form der kleinen schwarzen Flecken zu erkennen, denn es hat sich mit dem eisenhaltigen Protein Ferritin assoziiert, das eine große Elektronendichte besitzt und dadurch die Sichtbarkeit der Moleküle verbessert. Im unteren Teilbild hat sich die Grube geschlossen. Sie bildet jetzt ein Bläschen, das ins Innere des Fibroblasten wandert, wo das Cholesterin genutzt wird. Haben die Zellen eines Menschen nicht genug Rezeptoren für das cholesterinhaltige Lipoprotein, so können sie dieses dem Blut nicht in ausreichender Menge entziehen. Die Folge ist ein zu großer Cholesteringehalt im Blut, der zu krankhaften Veränderungen der Herzkranzgefäße, der Haut und der Sehnen führt.

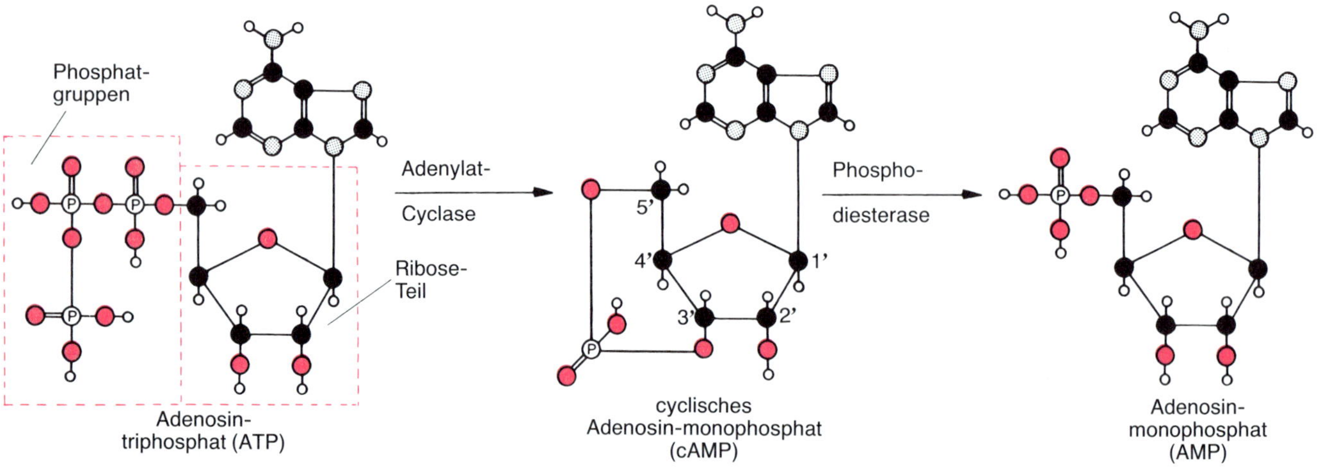

Bild 2: Botensubstanzen, die Nachrichten von einer Zelle zur anderen bringen, treten mit einem Rezeptor in der Membran der Empfängerzelle in Wechselwirkung. Dadurch lösen sie in der Empfängerzelle gewöhnlich eine Kette chemischer Reaktionen aus, an deren Anfang häufig die Bildung von cyclischem Adenosin-monophosphat (cAMP) steht. Das Enzym Adenylat-Cyclase bewirkt die Bildung des cAMP, indem es aus Adenosin-triphosphat (ATP) zwei der drei Phosphatgruppen abspaltet. Das freie Ende der im Molekül verbleibenden Phosphatgruppe verbindet sich mit dem Kohlenstoffatom 3′ des Riboseteils zu einem Ring, der dem Adenosin-monophosphat den Beinamen „cyclisch" eingetragen hat. Das Enzym Phosphodiesterase inaktiviert das cAMP, indem es diesen Ring öffnet. Dabei entsteht normales Adenosin-monophosphat (AMP). Die Atome sind schematisch durch Kreise dargestellt (schwarz = Kohlenstoff, rot = Sauerstoff, weiß = Wasserstoff, grau = Stickstoff, P = Phosphor). Die kleinen Zahlen am Riboseteil des cAMP zeigen die Numerierung der Kohlenstoffatome.

zeptoren, mit denen sie in Wechselwirkung treten, sind große Aggregate aus vielen Molekülen, die so zusammengefügt sind, daß jede Rezeptor-Art ihre besondere Struktur besitzt.

Unter den Mediatoren sind wasserlösliche (hydrophile) und fettlösliche (hydrophobe) Substanzen zu unterscheiden. Wasserlösliche Mediatoren sind im allgemeinen nicht in der Lage, eine Zellmembran zu durchdringen. Ihre Rezeptoren müssen sich daher auf der Außenseite der Membran befinden. Fettlösliche Mediatoren können dagegen ins Innere einer Zelle gelangen, und treffen dort ihre Rezeptoren. Beispielsweise scheinen sich die Rezeptoren für die Schilddrüsenhormone im Zellkern zu befinden.

Die Zellmembran spielt also im System der zellulären Nachrichtenübermittlung eine wichtige Rolle. Die Bilder 3 und 4 zeigen schematisch ihren Aufbau: sie besteht aus einer Doppelschicht von Phospholipid-Molekülen (phosphathaltigen fettähnlichen Substanzen), die hydrophile und hydrophobe Abschnitte in sich vereinen. Diese Moleküle sind so angeordnet, daß ihre wasserlöslichen Gruppen die Ober- und Unterseiten der Zellmembran bilden, während die fettlöslichen Bestandteile die Mittelschicht der Membran ergeben, in der sich auch Cholesterin-Moleküle befinden (Bild 3). Aggregate von Proteinmolekülen sind beweglich in diese Membranstruktur eingelagert oder an sie angeheftet (Bild 4). Einige von ihnen erstrecken sich durch die gesamte Dicke der Membran, andere befinden sich nur an der inneren oder äußeren Membranfläche und wirken vermutlich zum Teil wie Schleusen, die wasserlöslichen Substanzen Einlaß ins Zellinnere gewähren.

Einige Rezeptoren für wasserlösliche Substanzen, beispielsweise der Insulin-Rezeptor, vereinigen sich mit den zu ihnen gehörenden Mediatoren und wandern dann zu einem Zielort im Zellinneren, beispielsweise zur Membran des Zellkerns (Bild 5). Am Zielort lösen sie ihre Wirkung aus, wobei diese Rolle möglicherweise dem Rezeptor zufällt und der Mediator nur dazu dient, dem Rezeptor die Bewegung ins Zellinnere zu ermöglichen.

Die Wechselwirkung zwischen Mediator und Rezeptor ist spezifisch, das heißt, ein Mediator kann nur mit dem Rezeptor reagieren, mit dem er aufgrund seiner Gestalt oder aufgrund der Verteilung elektrischer Ladungen ähnlich gut zusammenpaßt wie aneinandergrenzende Teile eines Puzzlespiels. Besonders eindrucksvoll läßt sich das am Beispiel der Hormone Oxytocin und Vasopressin zeigen. Beide sind Eiweißmoleküle, die aus neun Bausteinen (Aminosäuren) bestehen (Bild 6). Sie unterscheiden sich nur in zwei Aminosäuren und haben daher nahezu gleiche Größe, Gestalt und Ladungsverteilung. Aber die Unterschiede sind groß genug, um den Hormonen verschiedene biologische Wirkungen zu geben: Oxytocin reagiert mit Rezeptoren in den glatten Muskelzellen der Gebärmutterwand und löst Wehen aus. Vasopressin dagegen reagiert mit Rezeptoren in den Zellen, die die Sammelrohre der Niere auskleiden. Dadurch steigt die Durchlässigkeit (Permeabilität) der Sammelrohre, so daß die Niere größere Wassermengen zurückgewinnt. Das Ergebnis ist ein kleineres Harnvolumen. Vasopressin wirkt nicht auf die Gebärmutter und Oxytocin nicht auf die Niere.

Obwohl die Paßgenauigkeit zwischen Mediator und Rezeptor sehr groß ist, können Fehler vorkommen. Ein Rezeptor kann mit einer „falschen" Substanz reagieren, wenn diese nach Gestalt oder Ladungsverteilung dem „richtigen" Mediator gleicht. Die Zelle, zu der der Rezeptor gehört, reagiert dann auf ein falsches Signal. Ein Beispiel ist die Wirkung des Pharmakons Carbacholin auf Schaltstellen im vegetativen Nervensystem, die den Blutdruck und die Darmbewegung steuern:

Die Stelle, an der eine Nervenfaser mit einer Nervenzelle, auf die sie ihre Signale überträgt, in Kontakt tritt, bezeichnet man als Synapse (Bild 7). Die Nervenfaser bildet dort ein Endknöpfchen, das durch einen schmalen, mit Flüssigkeit gefüllten Spalt von der Nervenzelle getrennt ist. Im Endknöpfchen befinden sich membranumhüllte Bläschen, die eine Überträgersubstanz (einen Neurotransmitter), beispielsweise das Acetylcholin, enthalten. Wenn ein Nervensignal das Ende der Nervenfaser erreicht, werden einige Bläschen in den synaptischen Spalt entleert. Die Moleküle der Überträgersubstanz durchwandern den Spalt und reagieren mit Rezeptoren an der postsynaptischen Membran (Bild 7). Das Pharmakon Carbacholin ist dem Acetylcholin ähnlich genug, um es bei der Reaktion mit dem Rezeptor zu ersetzen und als synthetischer Neurotransmitter zu dienen. Die postsynaptische Zelle reagiert also auf ein falsches Signal, das in diesem Fall von einem Medikament ausgeht.

Störungen in der zellulären Kommunikation können nicht nur durch Reaktionen von Rezeptoren mit „falschen" Mediatoren entstehen. Fehlerhafte Mediatoren kommen als Ursachen ebenso in Frage, wie fehlerhafte oder gar nicht vorhandene Rezeptoren.

Cholera

Eine Krankheit, die auf der Reaktion eines Rezeptors mit einem falschen Mediator beruht, ist die Cholera. Sie wird vom Bakterium *Vibrio cholerae* verursacht, das den Darmkanal besiedelt, ohne das Darmgewebe zu befallen oder zu zerstören. Das Bakterium kann weder in die Epithelzellen des Darmes eindringen, noch sich zwischen ihnen hindurchgraben, um in die Lymphkanäle oder in den Blutstrom zu gelangen. Die Krankheit, die bei fünfzig Prozent aller nicht behandelten Patienten mit dem Tod endet, beruht vielmehr darauf, daß die Darmzellen auf eine von den Bakterien produzierte Substanz (das Cholera-Toxin) so reagieren, als wäre sie das „richtige" Signal.

Die Hauptfunktionen des Dünndarms sind die Verdauung der Nahrung und die Übergabe der Verdauungsprodukte an das Blut. Enzyme, die von der Bauchspeicheldrüse und vom Dünndarm abgesondert werden, zerlegen Eiweißstoffe, Kohlenhydrate und Fette in ihre Bestandteile. Diese Enzyme arbeiten am besten im alkalischen Milieu. Wenn Nahrung vom Magen in den Dünndarm gelangt, reagiert eine Substanz (unklaren Ursprungs) mit Rezeptoren an den Dünndarmzellen und bewirkt die Bildung von cAMP (Bild 8). Die Zellen scheiden daraufhin etwa zwei Liter einer alkalischen Flüssigkeit in den Darmkanal aus. Diese Flüssigkeit bildet das geeignete Milieu für die Verdauung der Nah-

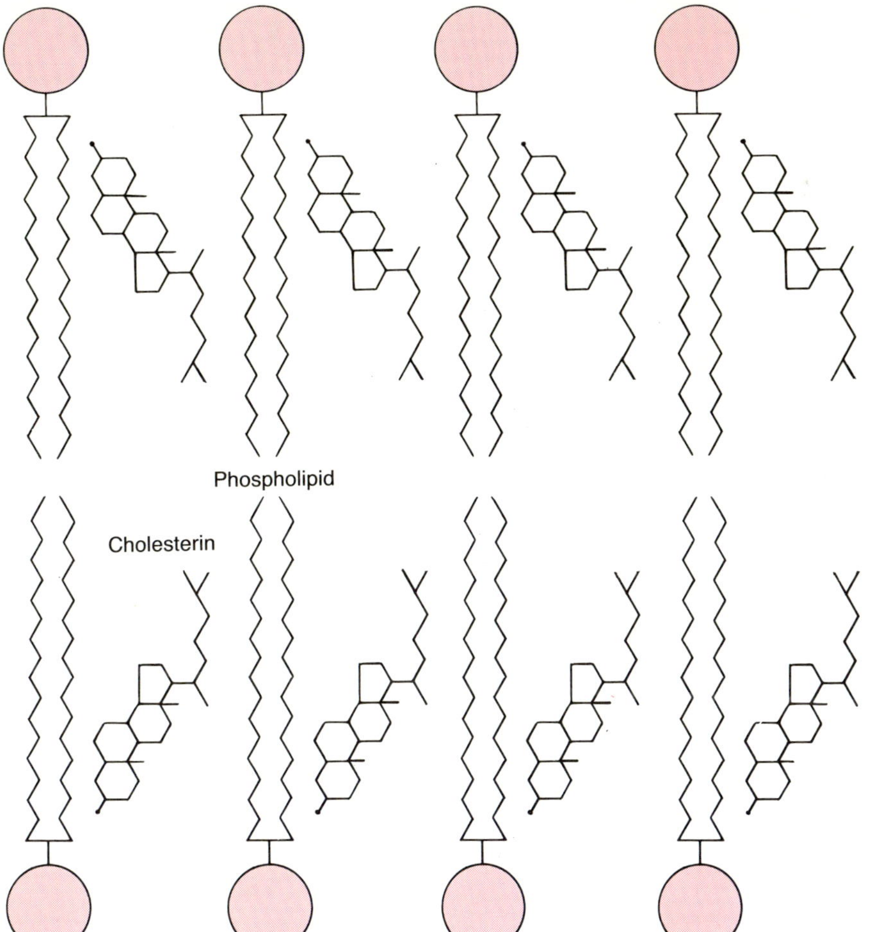

Bild 3: Die Membran, die eine Zelle nach außen begrenzt, besteht aus einer Doppelschicht von Phospholipid-Molekülen, zwischen denen sich Cholesterin-Moleküle befinden. Die Phospholipid-Moleküle bestehen aus wasserlöslichen (hydrophilen) und fettlöslichen (hydrophoben) Teilen, die hier durch die farbigen Kreise und die Zick-Zack-Linien gekennzeichnet sind. Die Moleküle lagern sich — wie aus Bild 4 ersichtlich — so zusammen, daß die hydrophilen Teile die Ober- und Unterseiten der Membran und die hydrophoben Teile (gemeinsam mit den Cholesterin-Molekülen) die Innenschicht bilden.

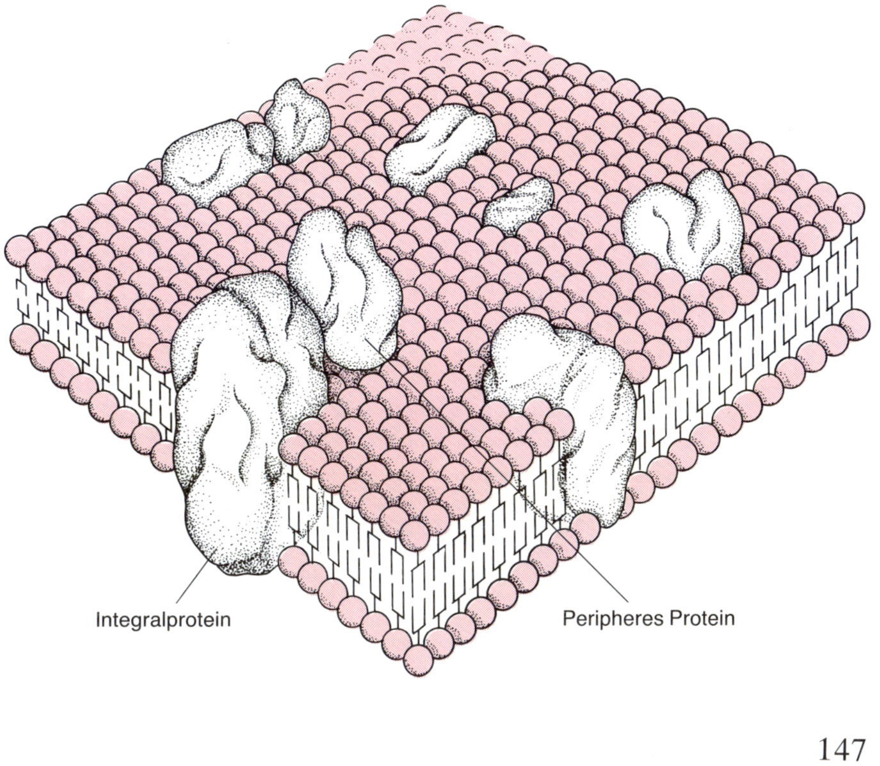

Bild 4: An und in der Zellmembran sitzen Eiweißstoffe (Proteine). Man nimmt an, daß einige davon als Rezeptoren wirken. Proteine, die sich über die gesamte Dicke der Membran erstrecken, werden Integralproteine genannt. Periphere Proteine befinden sich an der inneren und äußeren Oberfläche der Membran und sind an die Integralproteine gebunden. Einige der Eiweißstoffe bilden wahrscheinlich Kanäle, durch die wasserlösliche Substanzen in die Zelle eingeschleust werden. Fettlösliche Substanzen können offenbar ohne „fremde" Hilfe durch die Zellmembran dringen.

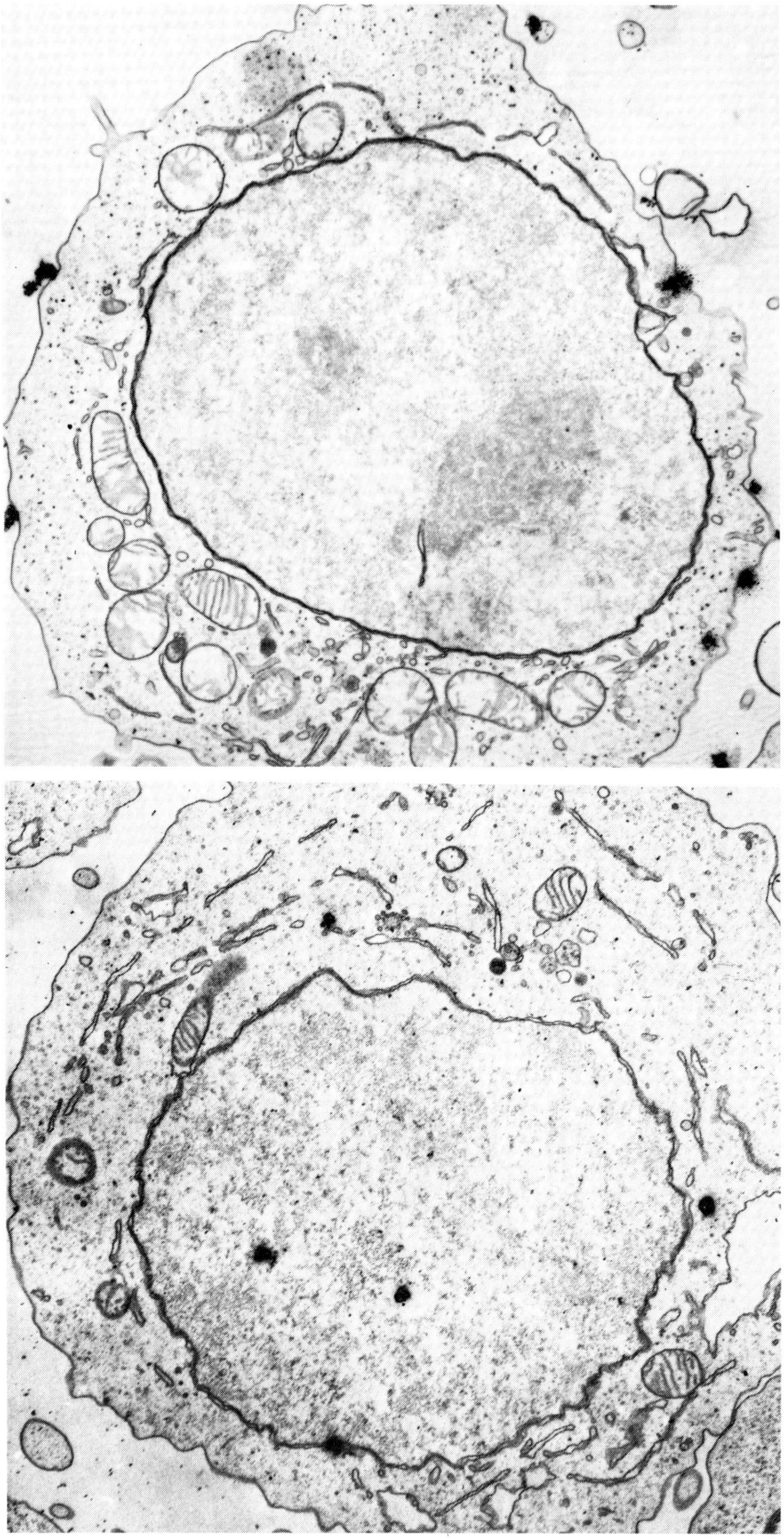

Bild 5: Diese elektronenmikroskopischen Aufnahmen zeigen je eine menschliche Lymphzelle aus einer Gewebekultur in 13 300-facher Vergrößerung. In die Gewebekultur wurde radioaktiv markiertes Insulin gegeben, das in Form der kleinen schwarzen Flecken zu erkennen ist. Die obere Aufnahme zeigt die Positionen der Insulin-Moleküle dreißig Sekunden, nachdem sie der Zell-Kultur zugesetzt wurden. Sie befinden sich noch im Bereich der Zellmembran (äußere Begrenzungslinie). Dreißig Minuten später (untere Aufnahme) sind sie in die Zelle eingedrungen, und ein Teil von ihnen hat sogar die Membran des Zellkerns (innere Begrenzungslinie) durchquert. Vermutlich wurde das Insulin von seinen Rezeptoren gebunden, mit denen zusammen es sich ins Innere der Zelle bewegte.

rung und wird später weiter unten im Dünndarm sowie im Dickdarm von den Zellen der Darmwand wieder aufgenommen.

W. E. von Heyningen an der Universität Oxford konnte nachweisen, daß das von den Cholerabakterien produzierte Gift von Rezeptoren der Zellen gebunden wird, die den Dünndarm auskleiden. Zwei Forschungsgruppen an der Harvard-Universität (Daniel V. Kimberg und Michael Field, sowie Geoffrey W. Sharp und Sixtus Hynie) fanden, daß das Gift die Aktivität der Adenylat-Cyclase in den Zellen steigert und dadurch die Abgabe großer Flüssigkeitsmengen in den Darm auslöst (Bild 8). Das Molekül des Cholera-Toxins besteht aus zwei Untereinheiten. Von diesen reagiert eine mit dem Rezeptor, während die andere die Adenylat-Cyclase dermaßen stimuliert, daß die Zellen zwanzig bis dreißig Liter Wasser in den Dünndarm pumpen. Da solche Flüssigkeitsmengen von den Zellen nicht in kurzer Zeit wieder aufgenommen werden können, gehen sie dem Körper größtenteils durch Erbrechen und Durchfall verloren. Der starke Flüssigkeitsverlust bedroht das Leben des Patienten. Man behandelt die Erkrankten, indem man ihnen viel Flüssigkeit zuführt. Das Antibiotikum Tetracyclin hilft nur insofern, als es die Dauer der Krankheit verkürzt und dafür sorgt, daß die Patienten den Erreger nicht weitergeben.

Überfunktion der Schilddrüse, Muskelschwund und erhöhter Cholesterinspiegel

Eine häufige Ursache der Schilddrüsenüberfunktion ist die Basedow-Krankheit. Die Schilddrüse vergrößert sich und produziert übermäßig viel Hormon. Die Folge der starken Hormonausschüttung ist eine schlechte Ausnutzung der Energie in den Körperzellen, die ihrerseits zu einem überhöhten Stoffdurchsatz führt. Der Patient ist nervös, schwitzt, zittert, hat eine hohe Pulsfrequenz, verträgt keine Wärme und magert ab.

Die Hormonproduktion der Schilddrüse wird normalerweise vom schilddrüsen-stimulierenden Hormon Thyreotropin reguliert, das in der Anhangdrüse des Zwischenhirns (in der Hypophyse) entsteht (Bild 9). Es reagiert mit Rezeptoren an den Zellen der Schilddrüse, aktiviert dadurch die Adenylat-Cyclase und steigert so die Bildung der Schilddrüsenhormone, die an das Blut abgegeben werden. Die Schilddrüsenhormone hemmen ihrerseits die Freisetzung des Thyreotropins (Bild 9). Ein thyreotropin-freisetzender Faktor aus dem im Zwischenhirn gelegenen Hypothalamus reguliert die Grundaktivität des gesamten Systems.

Bild 6: Die Strukturen der Hormone Oxytocin und Vasopressin sind hier schematisch dargestellt. Beide Molekülarten bestehen aus je neun Bausteinen (Aminosäuren genannt), die durch einen farbigen Kreis und drei Buchstaben gekennzeichnet sind. Man sieht, daß sich die beiden Hormone nur in zwei Aminosäuren unterscheiden (farbig gerasterte Kreise). Dieser Unterschied genügt, um sie mit verschiedenen Rezeptoren reagieren und verschiedene Wirkungen hervorbringen zu lassen: Oxytocin beeinflußt die Gebärmutter und ruft Wehen hervor, Vasopressin wirkt auf die Niere und sorgt dafür, daß weniger Harn gebildet wird.

In Blutplasma von Basedow-Patienten findet sich ein Antikörper gegen das Thyreotropin. S. Quasim Mehdi und Joseph P. Kriss an der Stanford-Universität haben gezeigt, daß dieser Antikörper mit den Thyreotropin-Rezeptoren an den Zellen der Schilddrüse reagiert und diese dadurch ständig aktiviert. Offenbar haben das Thyreotropin-Molekül und das Antikörper-Molekül funktionelle Ähnlichkeiten. Was die Bildung des Antikörpers verursacht, ist unbekannt. In einigen Fällen scheint ein Schaden im Gewebe der Schilddrüse die Ursache zu sein, und möglicherweise spielt auch eine Veranlagung eine Rolle. Jedenfalls wird die Schilddrüse eines Basedow-Patienten durch den Antikörper gesteuert, und nicht mehr durch das Thyreotropin, so daß auch die Hemmung der Hormonproduktion durch Rückkoppelung nicht mehr funktioniert.

Ähnlich scheinen die Verhältnisse bei der hochgradigen Muskelschwäche (Myasthenia gravis) zu liegen, bei der besonders die Sprach-, Kau- und Schluck-Muskulatur bei längerer Beanspruchung zunehmend erlahmt. Die Kiefermuskulatur ermüdet beim Kauen, die Augenlider fallen nach einiger Zeit zu, und die Stimme wird im Verlauf einer Unterhaltung immer schwächer. Im Blut der Patienten findet man meistens einen Antikörper, der nicht nur mit den Acetylcholin-Rezeptoren an den Kontaktstellen zwischen Nervenfasern und Muskelzellen reagiert, sondern diese Rezeptoren auch zerstört. In manchen Fällen arbeitet die für die Bildung bestimmter Immunzellen verantwortliche Thymusdrüse anomal. Bei schwangeren Frauen, die an hochgradiger Muskelschwäche leiden, können die Antikörper durch den Mutterkuchen (die Plazenta) in den Kreislauf des Fetus gelangen. Allerdings werden sie in den ersten Wochen nach der Geburt im Organismus des Säuglings abgebaut, und das Kind erholt sich.

Untersuchungen von Michael S. Brown und Joseph L. Goldstein an der Universität von Texas ergaben, daß ein Rezeptor-Mangel die Ursache der familiären Hypercholesterinämie ist. Bei dieser Krankheit, die auf die Hälfte der Nachkommen eines Paares vererbt wird, erreicht die Cholesterin-Konzentration im Blut überhöhte Werte, was zur Folge hat, daß die Herzkranzgefäße vorzeitig erkranken und daß sich Cholesterin in der Haut und in einigen Sehnen ablagert. Die Zellen des Körpers benötigen Cholesterin zum Aufbau ihrer Zellmembranen (Bild 3). Die Substanz wird in der Leber synthetisiert und als Teil eines fetthaltigen Eiweißes (eines Lipoproteins) an das Blut abgegeben. Benötigt eine Zelle Cholesterin, so vermehren sich auf ihrer Membran die Rezeptoren, die das cholesterinhaltige Eiweiß abfangen (Bild 1). Hat die Zelle genug Cholesterin

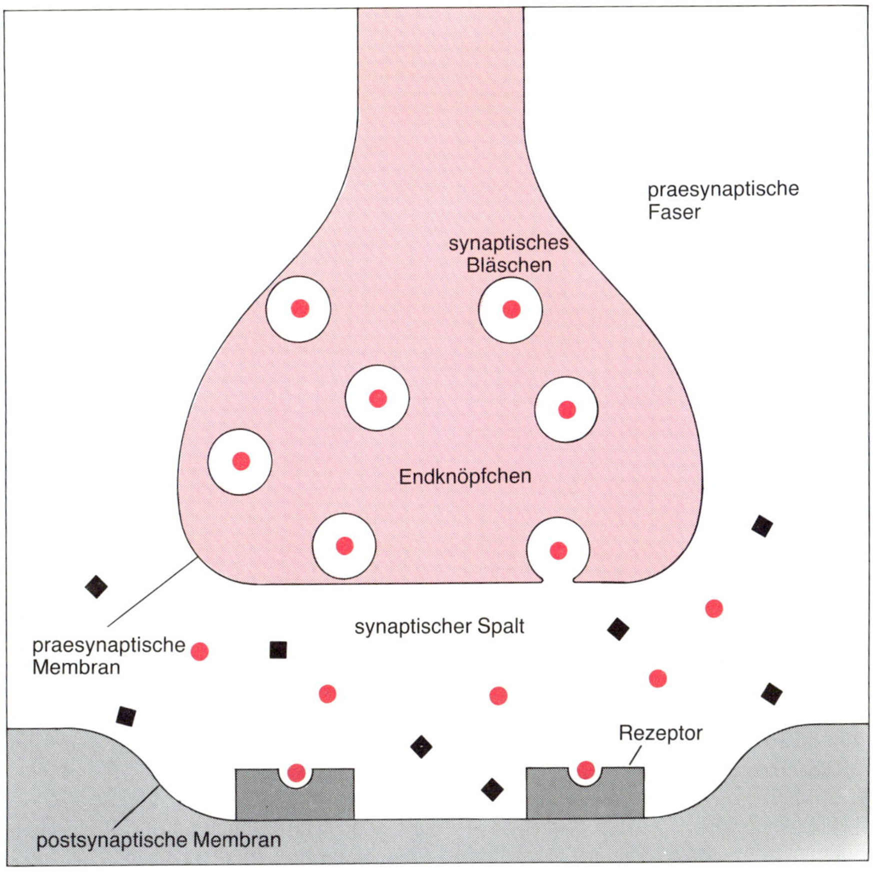

Bild 7: Die Kontaktstelle zwischen dem Ende einer Nervenfaser und der nächsten Nervenzelle bezeichnet man als Synapse. Die Nervenfaser endet im Endknöpfchen, das Bläschen enthält, die mit einer Überträgersubstanz (farbige Punkte) gefüllt sind. Erreicht ein elektrisches Nervensignal das Ende der Nervenfaser, so entleeren sich einige Bläschen in den schmalen, mit Flüssigkeit gefüllten synaptischen Spalt, der das Endknöpfchen von der Oberfläche der nächsten Nervenzelle trennt. Die Moleküle der Überträgersubstanz durchqueren den Spalt, reagieren mit Rezeptoren in der Membran der nächsten Nervenzelle (der postsynaptischen Membran) und geben auf diese Weise das Signal an die Zelle weiter. Nur die Moleküle der Überträgersubstanz passen zu den Rezeptoren. Andere Substanzen (hier durch schwarze Quadrate dargestellt) können mit den Rezeptoren nicht in Wechselwirkung treten.

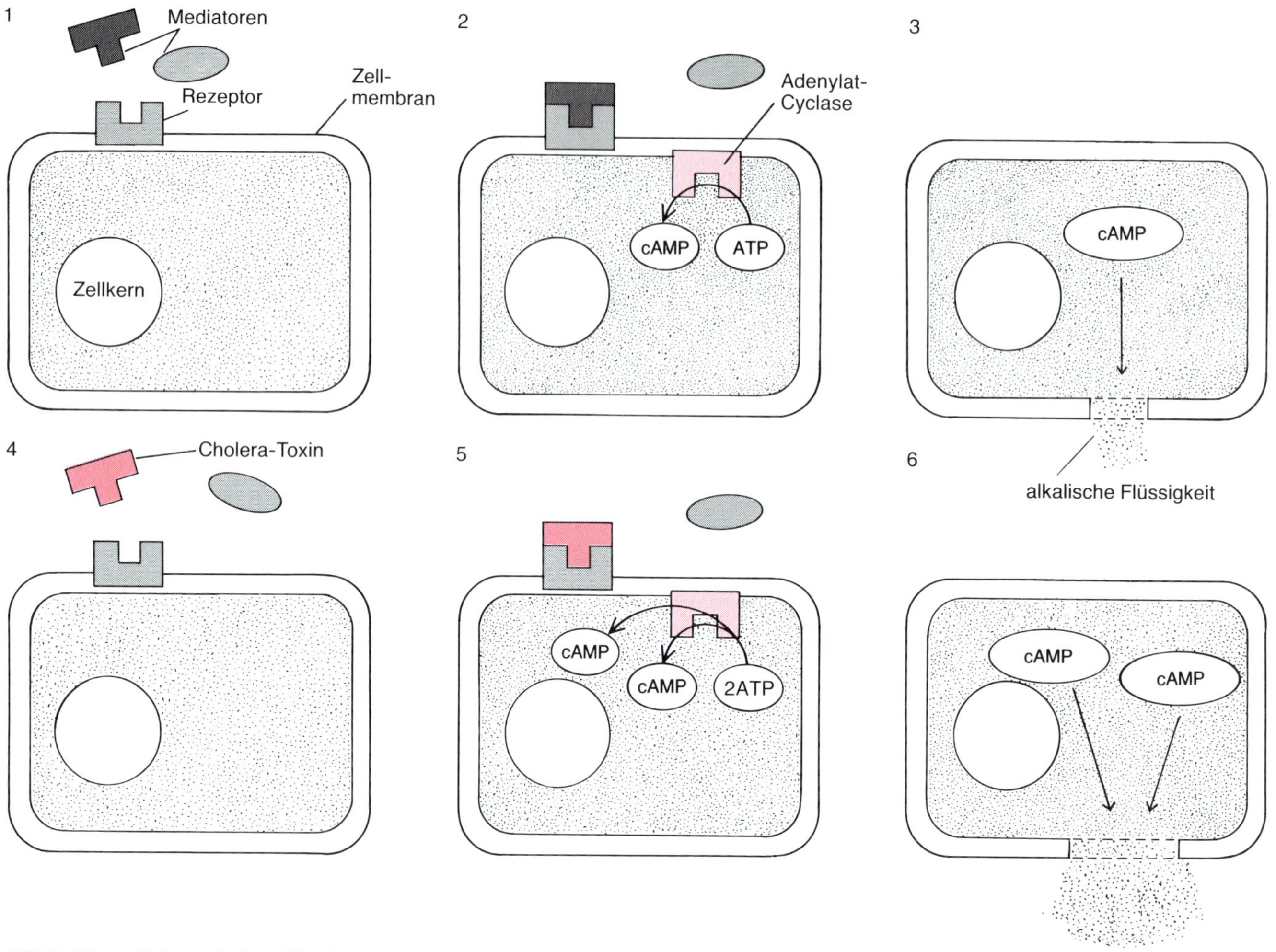

Bild 8: Wenn Nahrung in den Dünndarm gelangt, trifft bei den Zellen, die den Darmkanal auskleiden, eine Botensubstanz (ein Mediator) ein, die mit Rezeptoren in den Zellmembranen reagiert (1). Nur solche Mediator-Moleküle treten mit den Rezeptoren in Wechselwirkung, die zu ihnen passen, was hier durch die T- und U-förmigen Figuren angedeutet ist. Die Reaktion zwischen Mediator und Rezeptor aktiviert das Enzym Adenylat-Cyclase (2), das die Umwandlung von Adenosin-triphosphat (ATP) in cyclisches Adenosin-monophosphat (cAMP) bewirkt (siehe Bild 2). Das cAMP seinerseits sorgt dafür, daß die Zelle eine alkalische Flüssigkeit in den Darmkanal ausscheidet (3), die dort optimale Bedingungen für die Verdauung schafft. Die Flüssigkeit wird später von den Darmzellen wieder aufgenommen. Erkrankt ein Mensch an Cholera, so bevölkern Bakterien seinen Darm, die ein Gift (das Cholera-Toxin) produzieren. Dieses Gift vermag mit den gleichen Rezeptoren zu reagieren (4) wie der normale Mediator, aber es bewirkt eine übermäßige Aktivierung der Adenylat-Cyclase (5). Infolgedessen geben die Zellen unverhältnismäßig viel Flüssigkeit an den Darmkanal ab (6). So viel Flüssigkeit können die Darmzellen nicht wieder aufnehmen. Der Überschuß geht durch Erbrechen und Durchfall verloren. Der Flüssigkeitsverlust kann zum Tod führen.

bekommen, so nimmt die Zahl der Rezeptoren wieder ab. Patienten, die an familiärer Hypercholesterinämie leiden, vermögen Rezeptoren für das cholesterinhaltige Eiweiß nur in ungenügender Zahl zu bilden. Ihre Zellen nehmen daher zu wenig Cholesterin aus dem Blut auf.

Homozygot erkrankte Kinder (das heißt Kinder, die das für die Krankheit verantwortliche defekte Gen von beiden Eltern ererbt haben) bilden überhaupt keine derartige Rezeptoren. Ihr Blut enthält außerordentlich viel Cholesterin, und sie sterben frühzeitig an Herzversagen. Durch eine Analyse des Fruchtwassers läßt sich die Erkrankung heute bereits beim Ungeborenen feststellen.

Bei einer anderen Form der gleichen Krankheit werden die Rezeptoren für das cholesterinhaltige Eiweiß normal gebildet, aber das Cholesterinmolekül kann nicht in die Zelle eingeschleust werden.

Zuckerkrankheit und Insulin

Auch bei einigen Arten der Zuckerkrankheit (des Diabetes) vermutet man eine gestörte Funktion der Rezeptoren. Der im Blut enthaltene, als Glucose bezeichnete Zucker stammt aus der Nahrung und kann bei Bedarf auch in der Leber synthetisiert werden. Es dient dem Organismus als Energiequelle und als Baumaterial für die Zellen. Die Nervenzellen des Gehirns können ohne Glucose nur wenige Minuten überleben. Muskel- und Fettzellen vermögen Glucose nur aufzunehmen, wenn gleichzeitig Insulin vorhanden ist. Wächst nach einer Mahlzeit der Glucosegehalt des Blutes, so steigt auch der Gehalt an Insulin, das von den Betazellen der Bauchspeicheldrüse gebildet und ausgeschüttet wird. Das Insulin aktiviert Rezeptoren an den Zellmembranen, die dafür sorgen, daß Glucose und andere Substanzen in die Zellen gelangen können.

Bald nachdem sich das Insulin mit seinen Rezeptoren verbunden hat, wandern die Insulin-Rezeptor-Komplexe ins Zellinnere. Viele von ihnen erreichen die Membran des Zellkerns (Bild 5), und lösen dort vermutlich die langfristigen Veränderungen des Stoffwechsels aus, die zu den Wirkungen des Insulins gehören.

Insulin spielt eine Schlüsselrolle bei der Regulation des Kohlenhydratstoffwechsels: solange der Insulinspiegel im Blut hoch ist, speichert die Leber Glucose in Form von Glykogen. Sinkt der Insulinspiegel, wird Glykogen abgebaut und Glucose an das Blut abgegeben.

Ursache des jugendlichen Diabetes ist wahrscheinlich eine Virusinfektion der

Betazellen der Bauchspeicheldrüse (siehe „Ursachen des Diabetes“ in Spektrum der Wissenschaft, Januar 1980). Die Betazellen werden entweder vom Virus selbst oder von einem gegen das Virus gerichteten Antikörper zerstört. In beiden Fällen hört die Insulin-Produktion auf. Infolgedessen gibt die Leber große Mengen Glucose aus Blut ab, die aber von den Muskel- und Fettzellen nicht aufgenommen werden können. Injiziert man dem Patienten Insulin, so geht die Glucose-Ausschüttung der Leber zurück, die Insulin-Rezeptoren werden aktiviert und der Zucker wird von den Muskel- und Fettzellen aufgenommen.

Bei einer anderen Form des Diabetes, die vor allem im mittleren Lebensalter häufig auftritt, findet man an den Zellen mehrerer Gewebearten eine Verminderung der Insulin-Rezeptoren. Einige Patienten scheinen übermäßig viel Insulin zu produzieren. Geht die Krankheit mit Fettleibigkeit einher, so steigt die Zahl der Insulin-Rezeptoren an den Zellmembranen, wenn die Patienten abnehmen. Diese Beziehung zwischen Fettleibigkeit und Insulin-Rezeptoren scheint generell zu gelten. Andere Formen des Diabetes beruhen auf der Bildung anormaler Insulin-Moleküle.

Insulin-Rezeptoren hat man auch im Gehirn der Ratte gefunden, und zwar vor allem längs der Nervenbahnen, die die Nahrungsaufnahme regulieren. Da die Nervenzellen des Gehirns kein Insulin brauchen, um Glucose aus dem Blut aufzunehmen, ist die Funktion der Insulin-Rezeptoren im Gehirn unklar. Möglicherweise beeinflußt das Insulin hier den Appetit, woraus sich vielleicht der Zusammenhang zwischen Diabetes und übermäßiger Nahrungsaufnahme erklären ließe.

Substanzen im Gehirn

Im Gehirn gibt es zahlreiche Substanzen, die die Reaktionen der Nervenzellen auf Nervensignale verstärken oder schwächen. Zu diesen Stoffen gehören einige Geschlechtshormone, Prostaglandine, Hormone der Nebenniere sowie körpereigene Opiate, das heißt Substanzen, die mit den gleichen Rezeptoren reagieren wie das im Opium enthaltene Morphin (siehe: „Biochemische und pharmakologische Aspekte der Drogensucht“ in Spektrum der Wissenschaft, April 1980). Avram Goldstein an der Stanford-Universität hat im Gehirn ein körpereigenes Opiat (das Dynorphin) entdeckt, das zweihundertmal so wirksam ist wie das Morphin und fünfzigmal so wirksam wie das gleichfalls vom Gehirn produzierte Beta-Endorphin. Vermutlich reguliert das Gehirn mit den körpereigenen Opiaten die Stärke der Schmerzempfindung.

Untersuchungen an Nagetieren haben gezeigt, daß Keimdrüsenhormone nicht nur das Verhalten steuern, sondern auch die geschlechtliche Differenzierung des Gehirns bestimmen. Diese Beobachtung ist im Zusammenhang mit der Frage von Bedeutung, in welchem Verhältnis Hormone und soziale Umwelt die geschlechtliche Identität eines Menschen beeinflussen. Julianne Imperato-McGinley von der Cornell-Universität entdeckte bei Einwohnern der Dominikanischen Republik eine seltene erbliche Form der scheinbaren Zwitterbildung (des Pseudohermaphroditismus). Die Patienten haben männliche Chromosomen und wiesen als Kinder einen für Jungen typischen Testosteronspiegel im Blut auf, wurden aber als Mädchen aufgezogen, da ihre primären Geschlechtsmerkmale weiblich zu sein schienen. Mit der Pubertät wechselten sie ihre Geschlechtsrolle, das heißt, die Wirkungen der männlichen Geschlechtshormone waren offenbar stärker als die der „weiblichen“ Erziehung.

Auch einige Verhaltensstörungen lassen sich auf Fehler in der zellulären Kommunikation zurückführen. Beispielsweise scheinen bei bestimmten Formen der Depression die Funktionen der Neurotransmitter Serotonin und Noradrenalin beeinträchtigt zu sein, denn man kann mit Substanzen, die die Verfügbarkeit der Neurotransmitter herabsetzen, Depressionen auslösen oder verschlimmern.

In den Gehirnen schizophrener Patienten ist im Bereich einiger Nervenbahnen eine abnorm hohe Konzentration des Neurotransmitters Dopamin zu beobachten. Gibt man den Patienten Amphetamin (das wie Dopamin wirkt), so verschlimmert sich ihr Zustand, während Medikamente, die die dopamin-abhängige Erregungsübertragung im Nervensystem blockieren, die Symptome bessern.

Auch die Parkinsonsche Krankheit dürfte auf einer Störung der zellulären Kommunikation beruhen. Ihre unmittelbare Ursache ist eine Schädigung von Kerngebieten des Gehirns durch Hirnentzündung (Enzephalitis), Arteriosklerose, Gifte oder Stoffwechseldefekte. Die Patienten fallen durch Gang- und Haltungsstörungen auf: beim Gehen schwingen die Arme nicht mehr mit, die Schritte sind kurz und schlurfend, und plötzlich auftretende schnelle Bewegungen beugen den Körper nach vorn. Lähmungserscheinungen an der Lid-, Wangen- und Lippen-Muskulatur lassen das Gesicht starr erscheinen und machen es dem Patienten schwer, selbst tief empfundene Gefühlsbewegungen im Mie-

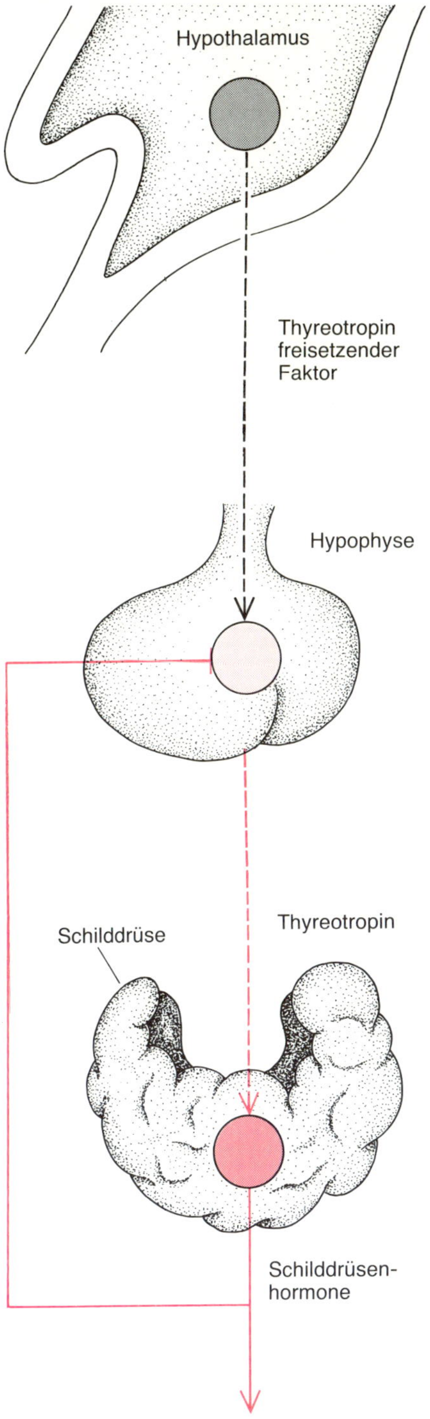

Bild 9: Die Schilddrüse schüttet Hormone aus, nachdem sie von der Hypophyse (von der Anhangdrüse des Zwischenhirns) ein chemisches Signal erhalten hat. Das Signalmolekül ist das Thyreotropin. Die Schilddrüsenhormone werden vom Blut auch zur Hypophyse transportiert und hemmen dort die weitere Produktion des Thyreotropins, um eine Überschwemmung des Körpers mit Schilddrüsenhormonen zu vermeiden. Die Grundaktivität des Systems wird durch einen Thyreotropin freisetzenden Faktor reguliert, den der Hypothalamus (ein Zentrum im Zwischenhirn, das den Stoffwechsel steuert) abgibt. Bei der Basedow-Krankheit enthält das Blut des Patienten einen Antikörper gegen das Thyreotropin, der die Schilddrüse ständig zur Hormonproduktion anregt, ohne daß die Hormone in der Lage wären diese Stimulierung zu hemmen.

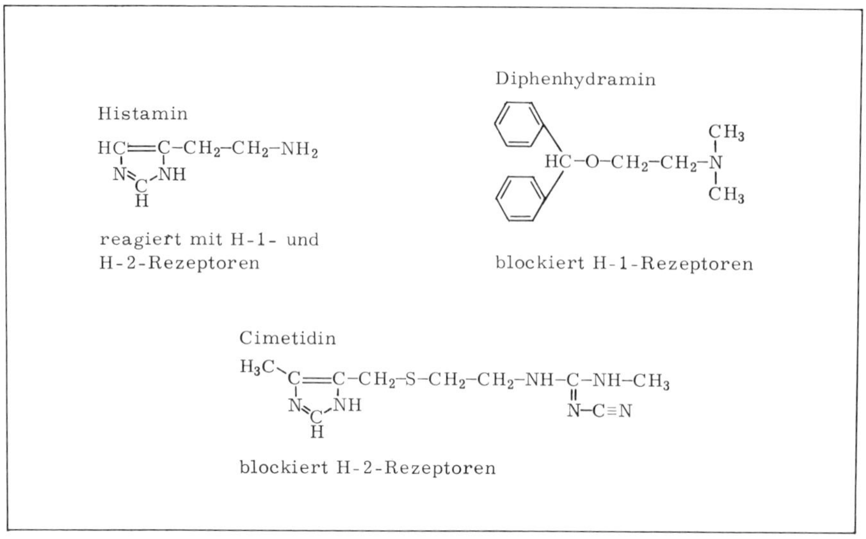

Bild 10: Histamin (ein Gewebehormon) reagiert als chemisches Signal mit zwei Arten von Rezeptoren, die man mit den Symbolen H-1 und H-2 bezeichnet. Die H-1-Rezeptoren liegen in den Atemwegen und spielen bei allergischen Erkrankungen wie Heuschnupfen und Asthma eine Rolle. Die H-2-Rezeptoren sitzen in den Magenwänden und beeinflussen die Produktion der Magensäure. Diphenhydramin, das zur Behandlung von Allergien verwendet wird, blockiert die H-1-Rezeptoren, so daß sie nicht mehr mit dem Histamin reagieren können. In gleicher Weise dient Cimetidin, das die H-2-Rezeptoren blockiert, zur Behandlung von Magengeschwüren. Die Atome, aus denen die Moleküle der drei Substanzen bestehen, sind hier – wie in der Chemie üblich – durch Buchstaben gekennzeichnet. Es bedeuten: C = Kohlenstoff, H = Wasserstoff, N = Stickstoff, O = Sauerstoff, S = Schwefel.

nenspiel zum Ausdruck zu bringen. Ruht der Patient, so bemerkt man oft ein rhythmisches Zittern. Die Analyse der geschädigten Hirngebiete ergibt einen Mangel an Dopamin und den im Stoffwechsel daraus entstehenden Produkten. Da Dopamin die Blut-Hirn-Schranke nicht passieren kann, wird Dopa, eine Vorstufe des Dopamins, verabreicht, um den Mangel auszugleichen. Nur ein Teil der Patienten spricht auf diese Behandlung an, was wahrscheinlich damit zusammenhängt, daß sich die Krankheit nicht immer auf eine Störung des Dopamin-Haushaltes beschränkt.

Auch der Veitstanz, eine erbliche und verheerende Erkrankung des Zentralnervensystems, die mit fortschreitendem geistigem Zerfall und endlosen zuckenden und windenden Bewegungen einhergeht, scheint auf eine Funktionsstörung im System der Neurotransmitter zurückzugehen. Unglücklicherweise kommt die Krankheit erst im Erwachsenenalter zum Ausbruch, so daß sie häufig unbemerkt an die Nachkommen weitergegeben wird. Patienten, die am Veitstanz leiden, haben in bestimmten Hirngebieten einen starken Mangel an Nervenzellen, die mit Gamma-Aminobuttersäure (GABA) als Neurotransmitter arbeiten. Es scheint, als sei die primäre Ursache der Krankheit eine Unregelmäßigkeit in den Phospholipiden der Nervenzellmembranen, durch die die Gamma-Aminobuttersäure nicht an ihre Rezeptoren gelangen kann. Da Gamma-Aminobuttersäure die Blut-Hirn-Schranke nicht zu passieren vermag, muß man nach Substanzen suchen, die wie GABA wirken, um ein Medikament zu finden, mit dem sich die Krankheit behandeln läßt.

Andere Erkrankungen

Histamin ist ein Gewebehormon und vermutlich auch ein Neurotransmitter. Außerhalb des Gehirns gibt es wenigstens zwei Arten von Histamin-Rezeptoren, die man mit den Symbolen H-1 und H-2 (H steht für Histamin) bezeichnet. Die H-1-Rezeptoren findet man im Bereich der Atemwege auf Blutgefäßen, glatter Muskulatur und Schleimzellen. Sie spielen bei allergischen Reaktionen wie Asthma und Heuschnupfen eine Rolle. H-2-Rezeptoren befinden sich vor allem im Magen, wo sie die Produktion von Magensäure fördern, wenn sie aktiviert werden.

Seit langem verwendet man zur Behandlung allergischer Erkrankungen Antihistaminika, die die H-1-Rezeptoren blockieren, während Substanzen, die mit den H-2-Rezeptoren reagieren, die Säuresekretion im Magen drosseln und daher zur Behandlung von Magengeschwüren dienen. Bild 10 zeigt die Strukturen des Histamins und der beiden Antihistaminika Diphenhydramin und Cimetidin.

Eine andere Gruppe wichtiger Arzneimittel blockiert die Adrenalin-Rezeptoren im Herz und in den Blutgefäßen. Diese Substanzen, unter denen Propanolol die zur Zeit am häufigsten angewandte ist, verhindern eine Steigerung der Herztätigkeit bei physischem oder psychischem Streß, können bestimmte Formen von Herzrhythmusstörungen verhindern oder den Blutdruck senken.

Schließlich sei erwähnt, daß die Hormonbehandlung des weiblichen Brustkrebses nur dann erfolgreich sein kann, wenn die Krebszellen Hormonrezeptoren aufweisen. Da es ein Verfahren gibt, mit dem sich Östrogen-Rezeptoren zuverlässig nachweisen lassen, ist es möglich, diejenigen Patientinnen auszuwählen, die eine Chance haben, auf eine Hormonbehandlung günstig zu reagieren.

Ich hoffe, mit diesen Beispielen gezeigt zu haben, wie wichtig die Untersuchung der zellulären Kommunikation ist. Mit Sicherheit wird man weitere Krankheiten finden, die auf der Über- oder Unterproduktion von Mediatoren oder auf Fehlern in der Wechselwirkung zwischen Mediatioren und Rezeptoren beruhen. Da es sich dabei um chemische Systeme handelt, eröffnen solche Untersuchungen auch die Möglichkeit, Substanzen zu finden, mit denen sich die krankhaften Fehlleistungen korrigieren lassen.

Die Signalübertragung in die Zelle

Ein Signal gelangt in mehreren Etappen vom Zelläußeren ins Zellinnere. Dabei wird es über die Plasmamembran an einen internen, sekundären Boten übermittelt, der es dann weiterleitet. Störungen der innerzellulären Kommunikation scheinen die Hauptursache von Krebs zu sein.

Von Michael J. Berridge

Arbeitsteilung in einem vielzelligen Organismus bedeutet, daß die einzelnen Zellen und Zellverbände zu einem gegenseitigen Geben und Nehmen imstande sein müssen. Die dazu nötige Koordination wird im wesentlichen über chemische Signale erreicht.

Die meisten der ankommenden Nachrichten gelangen jedoch niemals direkt in das Zellinnere, sondern werden an der äußeren Zellmembran von molekularen „Antennen" abgefangen. Diese sogenannten Rezeptoren erkennen ein eintreffendes Botenmolekül und aktivieren daraufhin eine Signalkette, die schließlich zelluläre Vorgänge wie Sekretion, Kontraktion, Stoffwechsel oder Wachstum in Gang setzt oder unterdrückt.

Die hauptsächliche Barriere für einen ungehinderten Informationsfluß bildet die Zellumhüllung, die Plasmamembran. Hier müssen externe Signale durch spezielle Mechanismen in interne umgewandelt werden; ein weiterer Botenstoff, der sekundäre Bote, leitet die Nachricht dann weiter. Für ihn ist in der Fachsprache auch der englische Terminus *second messenger* gebräuchlich.

Technisch gesehen, wäre die Situation dem Eintreffen einer über Funk vermittelten codierten Nachricht vergleichbar, die dann in einem Fernschreiber aufgenommen, entziffert und weitergegeben würde. Auf molekularer Ebene läuft dieser Prozeß über eine Reihe von Membranproteinen ab, von denen jedes durch Konformationsänderung – Änderung der räumlichen Anordnung des Eiweißmoleküls und damit auch seiner Funktion – die jeweilige Information zum nachgeschalteten Protein weiterleitet. An verschiedenen Stellen wird die Nachricht durch kleinere Moleküle oder sogar Ionen im Zellplasma vermittelt. Diese sind die eigentlichen zellulären Boten, durch deren Diffusion ein Signal sich innerhalb der Zelle rasch ausbreiten kann.

Die Anzahl sekundärer Botenstoffe erscheint angesichts der Unmenge von Zellen – beim Menschen schwanken die Schätzungen zwischen 10^{12} und 10^{14} – überraschend klein; das heißt, die internen Signalwege sind für alle Zellen erstaunlich einheitlich. Trotzdem vermögen die bekannten Botensubstanzen eine Unzahl verschiedener physiologischer und biochemischer Prozesse zu regeln. Die Aufklärung der Identität bestimmter sekundärer Botenstoffe erweist sich daher als fundamental für unser Verständnis von der Steuerung der Zellaktivitäten.

Zwei Hauptsignalwege sind inzwischen bekannt: Der eine verläuft über den sekundären Boten cyclisches Adenosinmonophosphat (kurz cAMP); der andere besteht aus Calcium-Ionen im Verein mit zwei weiteren Substanzen, Inosittriphosphat (IP_3) und Diacylglycerin (DG). Beide haben eine erstaunliche Herkunft: Sie werden aus der Plasmamembran selbst abgespalten.

Die Signalwege haben vieles gemeinsam (Bilder 2 und 4). So übermittelt zunächst bei beiden das Rezeptormolekül die Information von der Zelloberfläche durch die Zellmembran hindurch in das Zellinnere; dies geschieht mittels einer Familie sogenannter *G*-Proteine. Diese Membranproteine werden erst dann aktiv, wenn sie Guanosintriphosphat (GTP) gebunden haben. In beiden Fällen aktivieren die *G*-Proteine ein Verstärkerenzym an der Innenseite der Membran, das Vorläufermoleküle in sekundäre Botenstoffe umwandelt. In aller Regel sind diese Vorstufen stark phosphoryliert, enthalten also zahlreiche Phosphatgruppen (PO_4). So wandelt das Verstärkerenzym Adenylatcyclase Adenosintriphosphat (ATP) in cyclisches AMP um; die zum zweiten Signalsystem gehörende Phospholipase *C* spaltet das Lipid Phosphatidylinosit-4,5-diphosphat (PIP_2), das in der Plasmamembran verankert ist, in Diacylglycerin und IP_3 (Bilder 1 und 3).

Auch am Ende des Signalweges verhalten sich beide Systeme ähnlich: Die zweiten Botenstoffe rufen eine Änderung in der Struktur zellulärer Proteine

Bild 1: Diese Abbildungen zeigen einen Boten für die intrazelluläre Signalvermittlung (unten) und seine molekulare Vorstufe (oben). Diese ist Adenosintriphosphat (ATP), das normalerweise dazu dient, der Zelle Energie für chemische Reaktionen zu liefern. ATP besteht aus drei Teilen. Die stickstoffhaltige Base Adenin ist der Teil des Moleküls rechts oben; ihre Struktur wird durch einen Sechser- und einen Fünferring von Kohlenstoff- (weiß) und Stickstoff-Atomen (blau) bestimmt. Das Adenin ist mit einem anderen Fünferring, dem Zucker Ribose, verbunden, den man in dieser Abbildung im unteren Teil des ATP-Moleküls von der Seite sieht. Die Ribose ist ihrerseits mit einer Kette von drei Phosphatgruppen verknüpft, deren jede ein zentrales Phosphor-Atom (gelb) und daran hängende Sauerstoff-Atome (orange) besitzt. Die Kette setzt an der Ribose an und erstreckt sich nach links. Zur Umwandlung in einen zellulären Boten wird ATP in cyclisches Adenosinmonophosphat (cAMP) überführt (unten). Dabei werden zwei der drei Phosphatgruppen entfernt, und die verbleibende Gruppe bildet über eines ihrer freien Sauerstoff-Atome mit dem Rest des Moleküls einen Ring. Diese Computerzeichnungen von den Tripos Associates beruhen auf kristallographischen Daten.

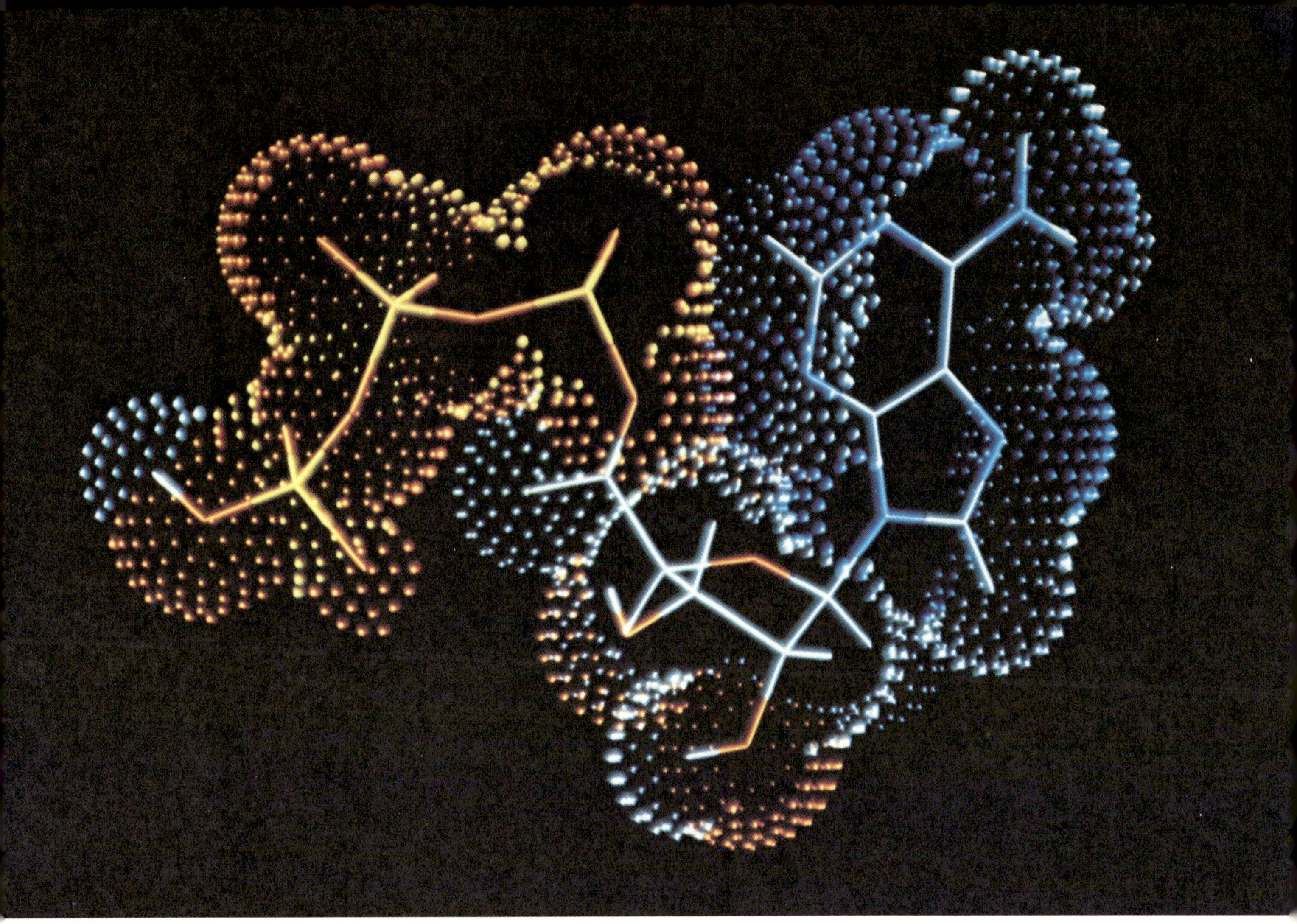

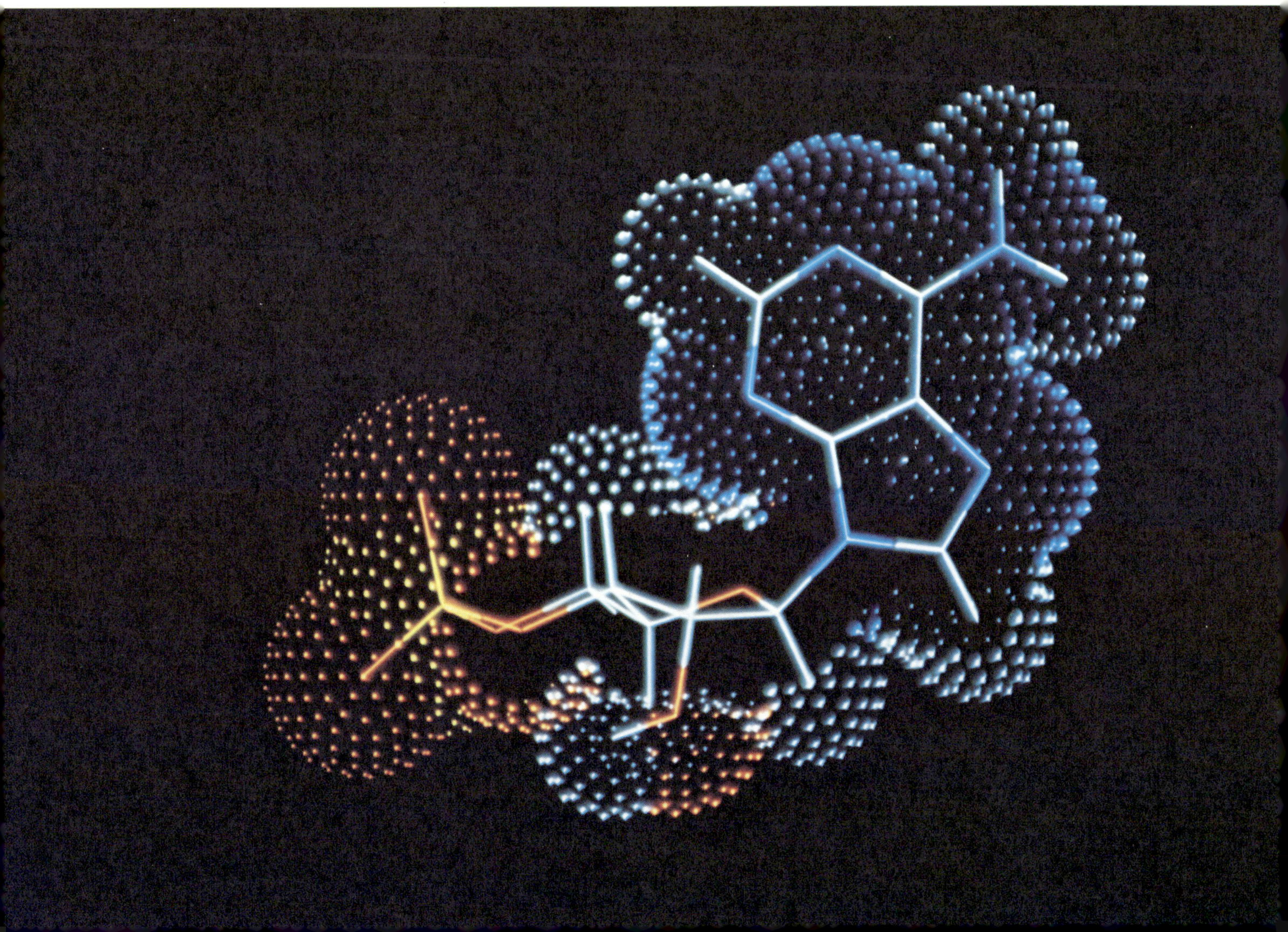

hervor: In der einen dreidimensionalen Anordnung ist das Protein inaktiv, in der anderen löst es eine zelluläre Funktion wie zum Beispiel Sekretion oder Kontraktion aus.

Sekundäre Boten wirken im wesentlichen auf zwei Arten. Bei der einen agieren sie direkt: Sie binden sich an ein Protein – genauer gesagt: an die regulatorische Komponente des Proteins – und bewirken so eine Konformationsänderung. Ein klassisches Beispiel dafür läßt sich in der Skelettmuskulatur beobachten. Dort bindet sich der sekundäre Bote Calcium an das Muskelprotein Troponin *C* und ändert so die räumliche Anordnung des Eiweißmoleküls; als Folge davon zieht sich der Muskel zusammen.

Häufiger allerdings wirkt der zweite Botenstoff indirekt: Er aktiviert ein Enzym, eine Proteinkinase, die dem Proteinmolekül daraufhin Phosphatgruppen anhängt, es also phosphoryliert. Erst dadurch verändert das Protein seine Gestalt.

Signalumwandlung und -verstärkung

Von allen Schritten in der Signalübertragung versteht man zwei heute am besten: die Signalumwandlung (Signaltransduktion) und die Signalverstärkung, bei der schließlich cAMP gebildet wird. Die Vorgänge wurden etappenweise ab 1958 geklärt, dem Jahr, in dem Earl W. Sutherland jr. und Theodore W. Rall von der Case Western Reserve University in Cleveland (Ohio) das cyclische AMP entdeckten.

1971 wiesen Martin Rodbell und seine Kollegen von den amerikanischen National Institutes of Health nach, daß GTP für den Transduktionsmechanismus zum Erzeugen von cyclischem AMP notwendig ist.

Alfred G. Gilman und seine Kollegen vom Zentrum für Gesundheitswissenschaften der Universität von Texas in Dallas klärten den ganzen Vorgang schließlich im Detail auf. Zwei Dinge müssen geschehen, damit Informationen die Membran passieren können: Das von

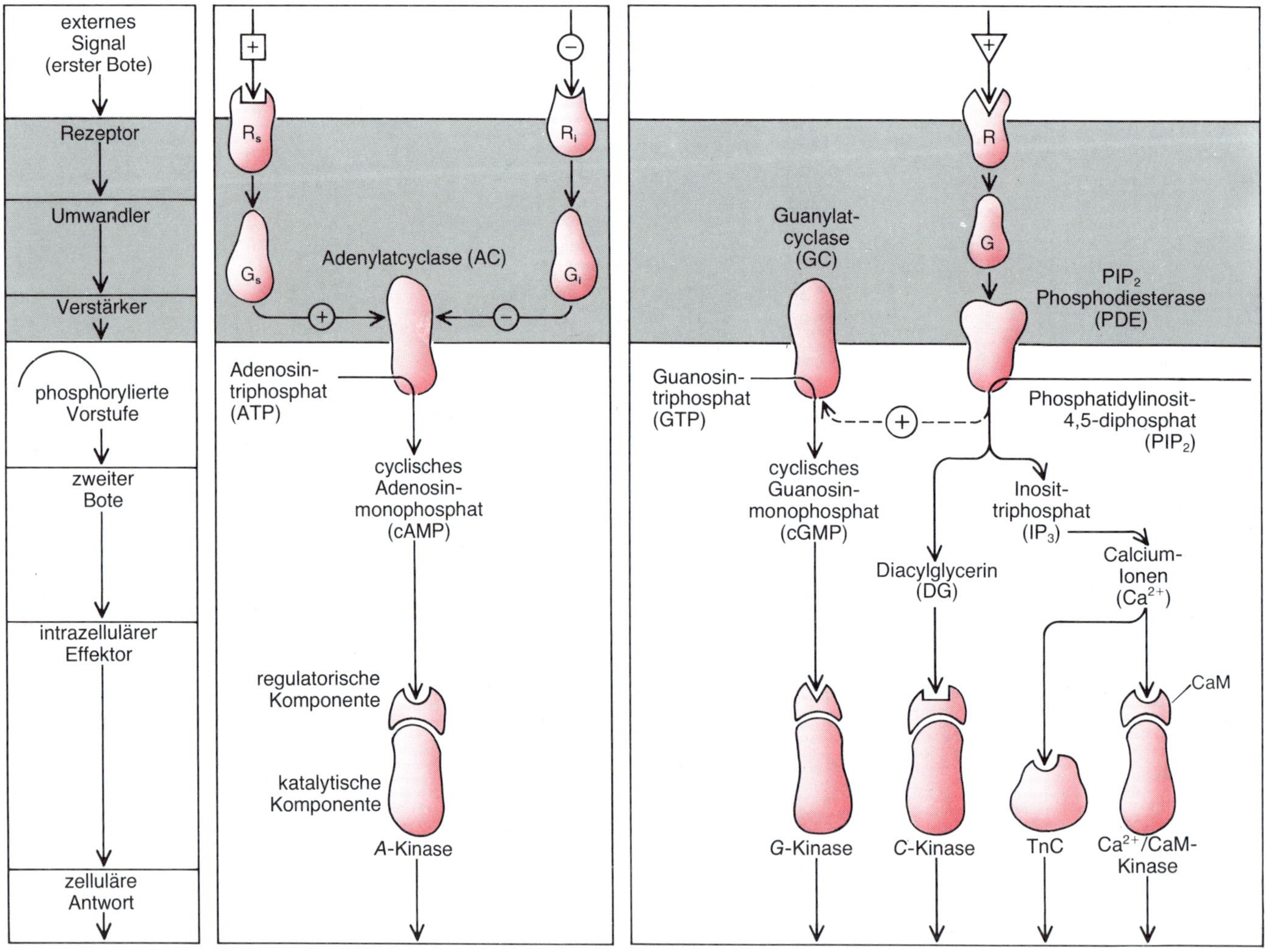

Bild 2: Es sind nur wenige Signalbahnen in Zellen bekannt, und diese haben einige Schritte gemeinsam (links). Ein an der Zellmembran ankommendes Signalmolekül bindet sich an ein Rezeptormolekül in der Plasmamembran (grau). Dieses aktiviert eine nah verwandte Familie von Übertragermolekülen, die Signale durch die Membran weiterleiten. Zugleich mobilisiert es Verstärkerenzyme, welche interne Signale auslösen, die von sogenannten sekundären Bote weitergeleitet werden: Die cyclisches AMP als zweiten Boten benutzende Signalbahn (Mitte) hat anregende (R_s) und hemmende (R_i) Rezeptoren, die mit dem Verstärkerenzym Adenylatcyclase (AC) zusammenwirken; dies geschieht mittels stimulatorischer und inhibitorischer Überträgerproteine, die *G*-Proteine heißen, weil sie Guanosintriphosphat (GTP) zu ihrer Funktion benötigen. Adenylatcyclase verwandelt ATP in cAMP. Von der anderen Hauptsignalbahn (rechts) ist nicht bekannt, daß sie hemmende äußere Signale erkennt. Bei ihr wird über ein stimulatorisch wirkendes *G*-Protein das Verstärkerenzym Phosphodiesterase (PDE) aktiviert. Dieses Enzym spaltet Phosphatidylinosit-4,5-diphosphat (PIP_2) in ein Paar sekundärer Boten, nämlich Diacylglycerin (DG) und Inosittriphosphat (IP_3). IP_3 wiederum mobilisiert intrazellulär einen weiteren Boten, nämlich Calcium-Ionen (Ca^{2+}). Diese Signalbahn bringt überdies das Verstärkerenzym Guanylatcyclase (GC) dazu, GTP in den zellulären Boten cyclisches Guanosinmonophosphat (cGMP) umzuwandeln. Im allgemeinen binden sich die zweiten Boten an die regulatorische Komponente einer Proteinkinase, die daraufhin meist ihre katalytische Einheit abspaltet; diese überträgt dann Phosphatgruppen auf bestimmte Proteine und bringt so zelluläre Prozesse in Gang. Calcium bindet sich an eine Proteinfamilie, zu der Calmodulin (CaM) und Troponin *C* (TnC) gehören. CaM aktiviert seinerseits eine Proteinkinase, während TnC die Muskelkontraktion direkt stimuliert.

außen ankommende Signal-Molekül muß sich an der Zelloberfläche an seinen Rezeptor binden; zugleich müssen sich in der Zelle GTP-Moleküle an ihr zuständiges *G*-Protein anlagern.

G-Proteine können vom anregenden (stimulierenden) oder hemmenden (inhibitorischen) Typ sein. Das stimulierende Protein G_S bindet sich an R_S genannte Rezeptoren. Trifft nun ein externes Signal auf seinen Rezeptor, ändert dieser seine Konformation. Dadurch wird das in der Membran liegende G_S aktiviert, das nun GTP aus dem Zellinneren binden kann. Durch die Bindung von GTP ändert das G_S-Protein erneut seine Konformation. In seiner jetzigen Gestalt aktiviert es die Adenylatcyclase und kurbelt so die Synthese von cyclischem AMP an.

Das externe primäre Signal hat damit die Zellmembran passiert und pflanzt sich im Innern in Form eines sekundären Botenstoffs fort. Am Ende des Zyklus wird der G_S-GTP-Komplex durch die Hydrolyse (Spaltung durch Wasser) des GTP zum GDP inaktiviert und damit der gesamte vorher in Gang gesetzte Prozeß wieder abgeschaltet.

Die Hydrolyse wird durch das Enzym GTPase beschleunigt (katalysiert). Zufällig vermag ein von den Cholera-Bazillen erzeugter Giftstoff die Aktivität der GTPase zu hemmen. Dadurch bleibt der G_S-GTP-Komplex länger bestehen, so daß die Zelle auch ohne externes Signal weiter cyclisches AMP produziert. Dies erklärt den schweren Durchfall, unter dem Choleraopfer leiden: In den Epithelzellen des Darms veranlaßt cyclisches AMP die Absonderung von Flüssigkeit.

Der andere *G*-Protein-Typ wirkt bei der cAMP-Signalvermittlung hemmend. Erreicht ein externes Signal einen R_i genannten Rezeptor, ändert sich die Konformation des als G_i bezeichneten *G*-Proteins; Voraussetzung dafür ist ebenfalls die Bindung von GTP. Das *G*-Protein drosselt nun die Aktivität von Adenylatcyclase.

Auch hier kann ein bakterielles Toxin die Weiterleitung des Signals unterbinden – und zwar das des Keuchhusten-Erregers *Bordetella pertussis*. Pertussis-Toxin verhindert die Hemmung der Adenylatcyclase. Es ist jedoch zur Zeit noch nicht bekannt, ob diese Blockade für eines der bekannten Krankheitssymptome verantwortlich ist. Bakterielle Toxine sind im übrigen hervorragend geeignet, die jeweilige Rolle der *G*-Proteine experimentell zu bestimmen.

Aus den Wurzeln des indischen Nesselgewächses *Coleus forskohlii* läßt sich ebenfalls ein wirksames Pharmakon gewinnen, das Forskolin. Extrakte dieser Pflanze werden auch heute noch in der asiatischen Volksmedizin als Heilmittel

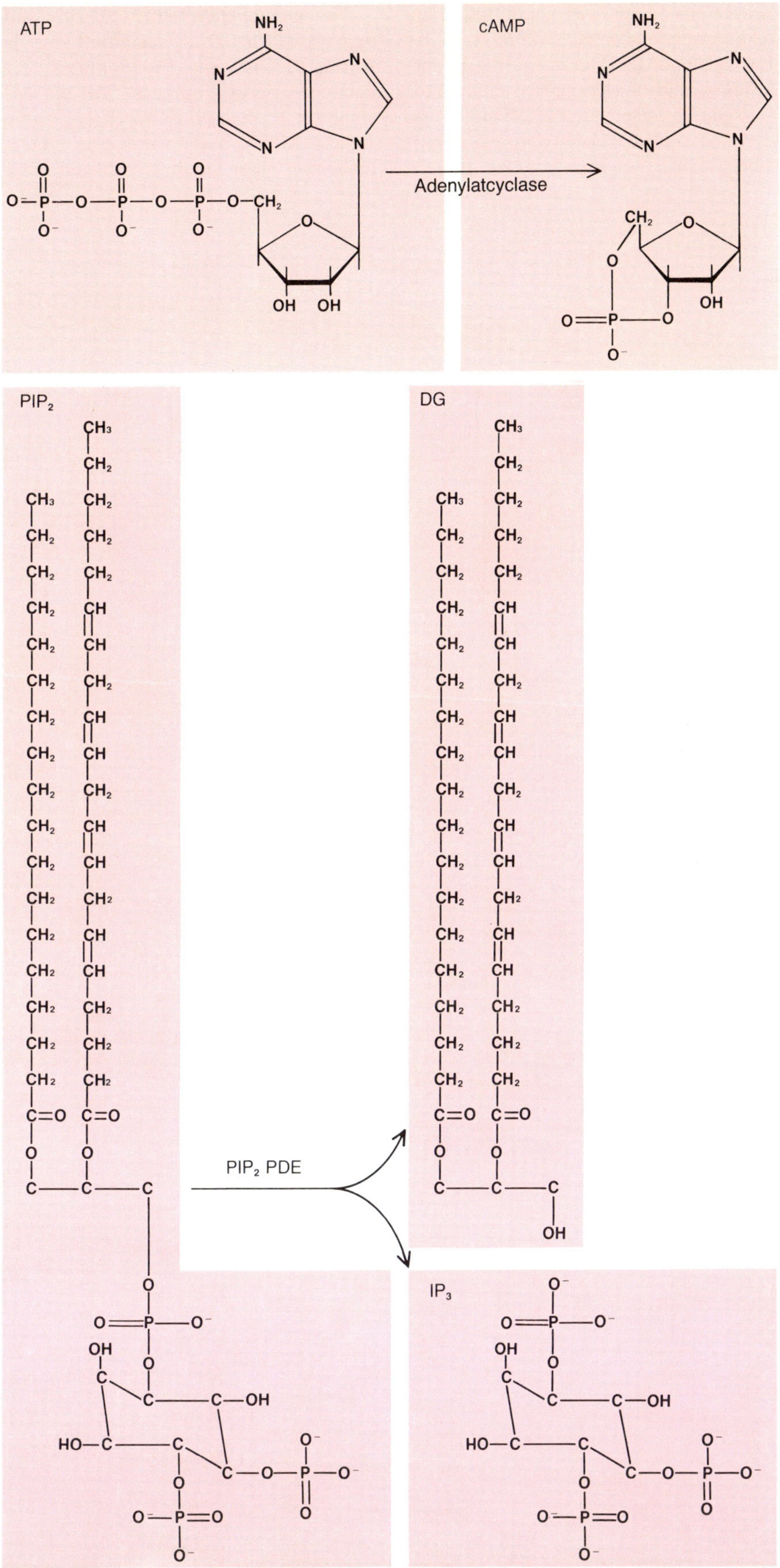

Bild 3: Die chemische Struktur der bereits bestimmten sekundären Boten ist hier bei drei von ihnen dargestellt: cAMP (siehe auch Bild 1), DG und IP_3. Cyclisches AMP (oben) entsteht durch Abspaltung von zwei der drei Phosphatgruppen des ATP. DG und IP_3 (unten) bilden sich in einer relativ einfachen chemischen Reaktion aus PIP_2, einem Phospholipid, das sich an der cytoplasmatischen Seite der Plasmamembran befindet. Dabei wird der negativ geladene „Kopfteil" der Vorstufe von dem „Rückgrat" des Glycerin-Moleküls abgespalten; die beiden Fettsäure-„Schwänze" des Vorläufers verbleiben nun in Diacylglycerin.

bei verschiedenen Leiden und Beschwerden verwendet, so bei Erkrankungen des Herzens und der Atemwege, bei Schlaflosigkeit und bei Krämpfen. Pharmakologische Untersuchungen haben gezeigt, daß Forskolin die Adenylatcyclase aktiviert.

Die letzten chemischen Schritte auf dem cAMP-Signalweg vermittelt eine *A*-Kinase: Es ist eine Proteinkinase, die nach Aktivierung durch cAMP ein bestimmtes Protein phosphorylieren kann. Jede *A*-Kinase besteht aus zwei Untereinheiten, einer katalytischen und einer regulatorischen. Cyclisches AMP bindet sich an die regulatorische Untereinheit, wodurch sich die katalytische ablöst und so die entsprechenden Proteine phosphorylieren kann.

In Fettzellen wird zum Beispiel durch das Enzym Lipase das Energiereservoir

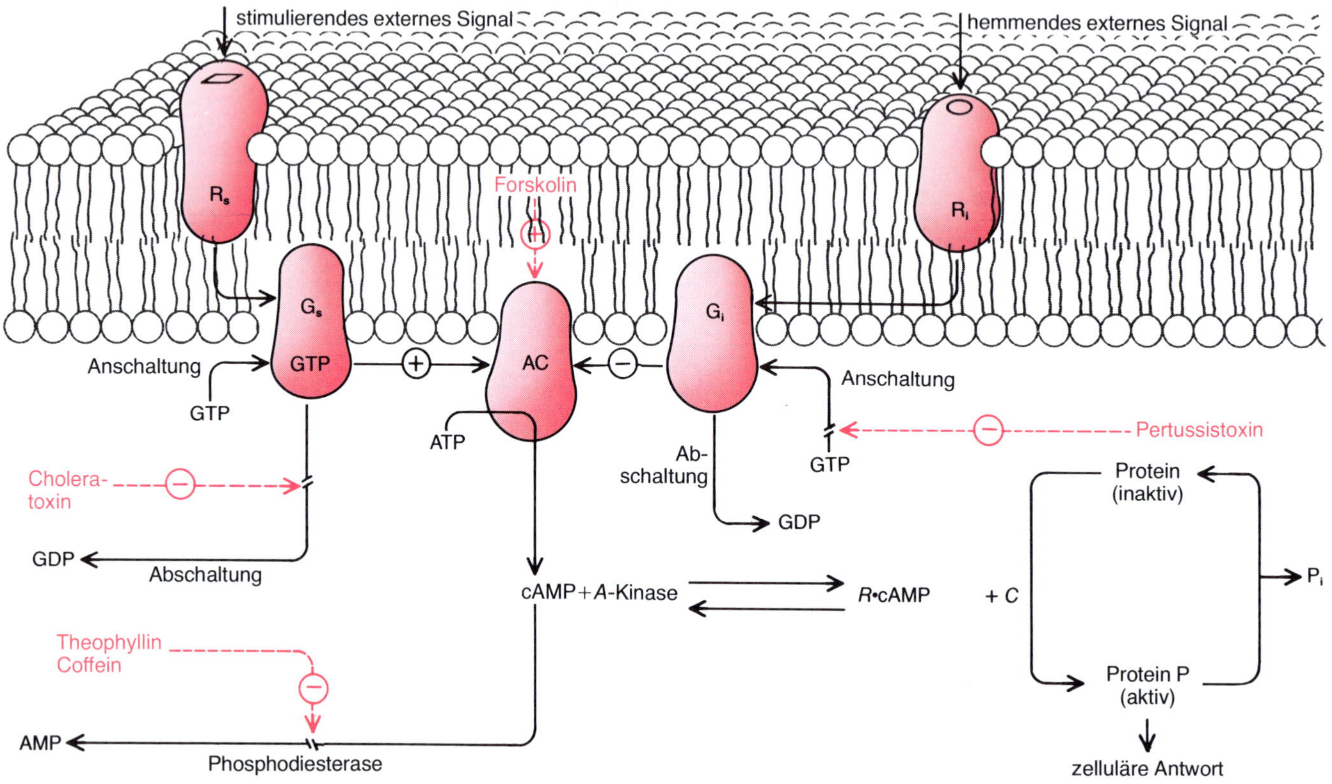

stimulierendes externes Signal	hemmendes externes Signal	Gewebe	zelluläre Antwort
Adrenalin (Beta-Rezeptoren)		quergestreifte Muskulatur	Glykogenabbau*
Adrenalin (Beta-Rezeptoren)		Fettzellen	verstärkter Fettabbau
Adrenalin (Beta-Rezeptoren)		Herz	Pulserhöhung und Verstärkung der Kontraktion*
Adrenalin (Beta-Rezeptoren)		Eingeweide	Sekretion*
Adrenalin (Beta-Rezeptoren)		glatte Muskulatur	Entspannung*
Thyreotropin		Schilddrüse	Thyroxinabgabe
Vasopressin (V_2-Rezeptoren)		Niere	Rückresorption von Wasser
Glucagon		Leber	Glykogenabbau*
Serotonin		Speicheldrüse (Schmeißfliege)	Sekretion
Prostaglandin I_1		Blutplättchen	Hemmung der Aggregation und Sekretion*
	Adrenalin ($Alpha_2$-Rezeptoren)	Blutplättchen	Stimulation der Aggregation und Sekretion*
	Adrenalin ($Alpha_2$-Rezeptoren)	Fettzellen	verminderter Lipidabbau
	Adenosin	Fettzellen	

Bild 4: Die Signalwege sind hier im Detail dargestellt. Beim cAMP-Weg (links) treffen an dem Verstärkerenzym Adenylatcyclase (AC) Signale von stimulatorischen (R_s) und inhibitorischen (R_i) Rezeptoren zusammen; im aktivierten Zustand wandelt Adenylatcyclase ATP in cAMP um. *G*-Proteine vermitteln zwischen dem aktivierten Rezeptor und der Adenylatcyclase; sie selbst werden durch Bindung an GTP aktiviert (Reaktionsbeginn) und durch Hydrolyse von GTP zu GDP inaktiviert (Reaktionsende). Das cAMP heftet sich an die regulatorische Einheit (R) der Proteinkinase, wobei die katalytische Untereinheit (C) freigesetzt wird und dann spezifische Proteine phosphoryliert, die die zelluläre Reaktion steuern. Pharmakologisch wirksame Substanzen, die während dieser Signalsequenz eingreifen können, sind farbig aufgeführt. Die Tabelle darunter zeigt einige bekannte zelluläre Reaktionen. In den mit Sternchen versehenen Fällen dient cAMP offenkundig dazu, Calcium als weiteren

der Fettmoleküle erschlossen. Dies geschieht über Hormone wie das Adrenalin, das sich an der Zelloberfläche an entsprechende Rezeptoren heftet. Nun läuft wieder die bereits beschriebene Kaskade ab: Die Rezeptoren bringen über *G*-Proteine die Adenylatcyclase dazu, cyclisches AMP zu produzieren; dieses stimuliert eine *A*-Kinase, die ihrerseits durch Phosphorylierung das Enzym Lipase aktiviert.

Inzwischen kennen wir noch weitere Beispiele, in denen cAMP über die *A*-Kinase zelluläre Enzyme oder zelluläre Prozesse wie den Ionentransport aktivieren kann.

Als die letzten Abschnitte des cAMP-Signalwegs untersucht wurden, stellte sich bei einer Vielzahl von Zelltypen heraus, daß cAMP oft einen weiteren sekundären Boten aktiviert, das Cal-

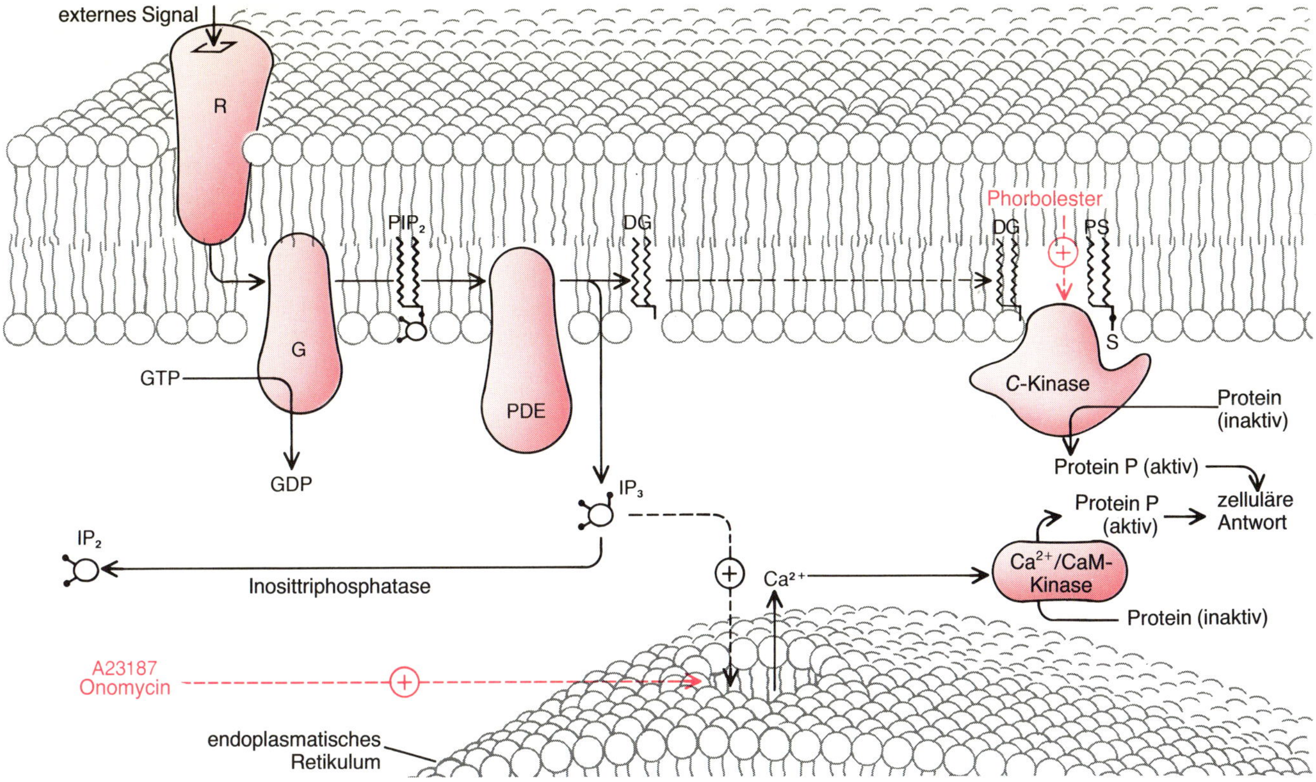

externes Signal	Gewebe	zelluläre Antwort
Vasopressin	Leber	Glykogenabbau
Acetylcholin	Bauchspeicheldrüse	Amylase-Sekretion
Acetylcholin	glatte Muskulatur	Kontraktion
Acetylcholin	Oocyten (*Xenopus*)	Chlorid-Permeabilität
Acetylcholin	Beta-Zellen des Pankreas	Insulinabgabe
Serotonin	Speicheldrüse (Schmeißfliege)	Speichelsekretion
Thrombin	Blutplättchen	Plättchen-Aggregation
Antigen	Lymphocyten	DNA-Synthese
Antigen	Mastzellen	Histamin-Freisetzung
Wachstumsfaktoren	Fibroblasten	DNA-Synthese
Licht	Photorezeptoren (*Limulus*)	Phototransduction
Spermatozoen	Seeigeleier	Befruchtung
Thyreotropin freisetzendes Hormon	Hypophysenvorderlappen	Prolaktin-Sekretion

sekundären Boten zu aktivieren; erst das Calcium löst die zelluläre Antwort aus. Bei der PIP_2-Signalbahn (rechts) lagern sich externe Signal-Moleküle an Rezeptoren (R) an, die über ein *G*-Protein Phosphodiesterase (PDE) aktivieren. Diese spaltet daraufhin PIP_2 in die zweiten Boten Inosittriphosphat (IP_3) und Diacylglycerin (DG). IP_3 ist wasserlöslich und kann so ungehindert in das Plasma diffundieren. Dort löst es die Freisetzung von Calcium aus, das in einem vernetzten Membranlabyrinth, dem endoplasmatischen Retikulum, gespeichert ist. Calcium wiederum stimuliert eine Proteinkinase. DG verbleibt in der Membran, wo es das Enzym *C*-Kinase aktiviert. Dazu ist noch das Membran-Phospholipid Phosphatidylserin (PS) nötig. In beiden Zweigen dieser PIP_2-Signalbahn werden verschiedene Proteingruppen phosphoryliert. Farbig aufgeführte Substanzen können jeweils einen Gabelast aktivieren. Die von dieser Signalbahn eingeleiteten Zellreaktionen sind ebenfalls tabellarisch zusammengefaßt.

cium. Die Hauptwirkung der einen Signalbahn besteht also offenkundig darin, die andere Signalsequenz zu modulieren.

Das Herz bietet dafür ein inzwischen klassisches Beispiel: Dort beeinflußt Adrenalin über den cAMP-Signalweg den intrazellulären Calciumgehalt. Auf diese Weise steuert ein kurzer Calcium-Einstrom die Stärke des Herzschlags. Auch in anderen Zellen – zum Beispiel in Muskel-, in sekretorischen und in Nervenzellen – kann die cAMP-Signalbahn den Calcium-Botenweg beeinflussen.

Die Entdeckung von Calcium als intrazellulärer Bote

Calcium wurde erstmals 1883 von dem Engländer Sydney Ringer als Botenstoff in der Zelle beschrieben. Der Arzt und Physiologe entdeckte, daß Muskelfasern sich nicht zusammenzogen, wenn er in seinen Gewebekulturen das Londoner Leitungswasser durch destilliertes Wasser ersetzte. Als Grund erkannte er bald, daß destilliertes Wasser kein Calcium enthält. Eine Fülle von Beobachtungen zeigte dann, daß Calcium nicht nur die Muskelkontraktion reguliert, sondern auch viele weitere zelluläre Prozesse. Es entpuppte sich als der wichtigste sekundäre Botenstoff in der Zelle überhaupt.

Woher kommt das Calcium? Für manche Zellen, so die Nervenzellen (Neuronen), läßt sich diese Frage ohne weiteres beantworten: aus der extrazellulären Flüssigkeit. Treffen Nervenimpulse an der Endigung des Axons (der Nervenfaser) ein, vermindert sich die Spannung zwischen Zelläußerem und Zellinnerem, die in Ruhe −70 Millivolt beträgt. Aufgrund dieser Depolarisation öffnen sich die spannungsabhängigen Calcium-Kanäle in der Membran. Bevor die Nervenzelle depolarisiert wird, liegt die intrazelluläre freie Calciumkonzentration bei etwa 1×10^{-7} Mol pro Liter, das entspricht etwa 6×10^{14} Calcium-Ionen pro Zentiliter Cytoplasma. Die Calciumkonzentration außerhalb der Nervenzelle ist etwa vier Größenordnungen höher. Infolge der Depolarisation strömen nun Calcium-Ionen in das Neuron ein und lösen dort eine Reaktion aus. Dabei können sogar relativ geringe Änderungen der Calciumkonzentration die zelluläre Aktivität erheblich beeinflussen. In den Axon-Endigungen zum Beispiel bewirkt Calcium die Ausschüttung von Neurotransmittern.

Die extrazelluläre Flüssigkeit kann jedoch nicht die einzige Quelle für Calcium-Ionen sein. So zeigte sich, daß selbst das Fehlen von extrazellulärem Calcium den primären Botenstoff Acetylcholin nicht daran hindert, Pankreaszellen zur Freisetzung des Verdauungsenzyms Amylase zu stimulieren. Aufgrund solcher Befunde hat sich allmählich die Einsicht durchgesetzt, daß das Calcium, das für die intrazelluläre Signalvermittlung benötigt wird, auch aus zelleigenen Beständen kommen kann.

Inzwischen gibt es zahlreiche Beispiele für Hormone oder Neurotransmitter, die zelluläres Calcium zur Steuerung von physiologischen Prozessen benutzen. Das von außen kommende Signal bekommt dabei Zugriff auf das zelleigene Calcium, indem es die Hydrolyse eines Fettmoleküls in der Plasmamembran stimuliert.

Im Jahre 1953 stellten Mabel N. und Lowell E. Hokin vom Montreal General Hospital mittels radioaktiver Markierung mit Phosphor-32 fest, daß die Gabe von Acetylcholin in sekretorischen Zellen der Bauchspeicheldrüse (Pankreas) den Einbau von Phosphatgruppen (PO_4-Gruppen) in Phosphatidylinosit (PI), eines der Phospholipide von Zellmembranen, stimuliert. Wie andere Membranlipide hat PI einen hydrophoben (wassermeidenden) Schwanz - zwei Fettsäureketten, die mit dem Glyceringerüst verbunden sind - und einen hydrophilen (wasserliebenden) Kopf, in diesem Fall aus Inositphosphat. Substanzen wie Acetylcholin bewirken, daß Phosphatidylinosit in diese beiden Komponenten zerlegt wird. Der von den Hokins beobachtete verstärkte Einbau von Phosphor-32 geschieht in einem Folgeschritt, in dem Phosphatidylinosit wieder neu aufgebaut wird.

Die Mobilisierung von Calcium

Kernpunkt dieser Entdeckung war, daß ein externes Signal den Stoffumsatz – nämlich Hydrolyse und Neusynthese – eines Membranlipids stimuliert. Daraus schlossen die Hokins, daß der erhöhte Lipidumsatz etwas mit dem Mechanismus der Exocytose zu tun haben müsse, bei dem Pankreaszellen ihre Verdauungsenzyme nach außen abgeben.

Bei nachfolgenden Untersuchungen ergab sich, daß der erhöhte Umsatz eine Reaktion auf viele Stimuli ist und nicht nur auf solche, die die Sekretion aktivieren. Und so verstärkte sich der Eindruck, daß der Umsatz der Membranlipide im Leben von Zellen ganz allgemein eine Rolle spielt.

Robert Michell von der Universität Birmingham stellte 1975 diese These auf. Er erkannte, daß die Fähigkeit eines externen Signals zur Stimulation des Inositlipid-Umsatzes eng mit der Freisetzung von Calcium in der Zelle verknüpft ist. Daraus schloß er, daß eine Veränderung im Lipidumsatz – hervorgerufen durch ein externes Signal – verantwortlich für das Auslösen zelleigener Calcium-Signale sei. Mit seinen Mitarbeitern zusammen machte er eine weitere Feststellung: Von den drei inosithaltigen Lipiden der Zellmembran ist es anscheinend nur eines – das in relativ geringen Mengen vorhandene Phosphatidylinosit-4,5-diphosphat (PIP_2) –, dessen Umwandlung (genauer: Hydrolyse) zur intrazellulären Calcium-Mobilisierung beitragen kann.

Wie kommt es, daß die Hydrolyse eines bestimmten Membranlipids die intrazelluläre Calciumkonzentration ansteigen läßt? Es dauerte immerhin fast ein Jahrzehnt, bis diese Frage im einzelnen geklärt war.

Um zu verstehen, wie sekundäre Boten aus der Zellmembran freigesetzt werden und funktionieren, ist ein kleiner biochemischer Exkurs über den molekularen Aufbau einer Zellmembran erforderlich. Gibt man Phospholipide (zu denen inosithaltige Lipide zählen) in ein wäßriges Medium, schließen sich die einzelnen Moleküle zu einer geordneten Doppelschicht zusammen, die die Grundstruktur aller biologischen Membranen ist. In traditioneller Sicht war die Lipid-Doppelschicht eine relativ inaktive, durchlässige Barriere. Phospholipiden wurde folglich eine ziemlich passive Rolle im Lebenszyklus der Zelle zugewiesen. Es war also eine kleine Überraschung, daß Membranphospholipide an der intrazellulären Signalübermittlung beteiligt sein sollten.

Der Kreislauf des Phosphatidylinosits

Phosphatidylinosit ist ein typisches Phospholipid, das hauptsächlich auf der Innenseite der Lipid-Doppelschicht liegt. Bemerkenswert an ihm ist, daß es in PIP_2 überführt werden kann. PIP_2 ist ein ungewöhnliches Phospholipid, da es drei Phosphatgruppen enthält anstatt wie alle anderen Membranlipide nur eine. Die zusätzlichen Phosphatgruppen stammen von ATP; sie werden nacheinander angefügt, und zwar spezifisch an die Kohlenstoff-Atome in den Positionen 4 und 5 innerhalb des sechsatomigen Ringgerüstes von Inosit (Bild 5).

PIP_2 war das Phospholipid, das Michell interessierte. Als Reaktion auf ein externes Signal wird es zu Diacylglycerin und Inosittriphosphat (IP_3) hydrolisiert. Zwei Forschergruppen, nämlich Richard Haslam und Monica Davidson von der McMaster-Universität in Ontario sowie Shamshad Cockcroft und Bastion D. Gomperts vom University College London, fanden heraus, daß für diese Reaktion auch GTP notwendig ist. Auch hier scheint ein *G*-Protein den außen liegenden Rezeptor an einen Verstärker zu koppeln, in diesem Falle an das Enzym Phospholipase *C*. Am Ende werden Diacylglycerin und IP_3 wieder in den Phospholipid-Aufbau eingeschleust – das erstere über eine Serie von Reaktionen, die den sogenannten Fettzyklus ausmachen, und IP_3 über Reaktionsschritte, die man als Inositphosphat-Zyklus bezeichnet. Beide Zyklen laufen zusammen und bilden so Phosphatidylinosit zurück.

Der letzte Schritt im Inositphosphat-Zyklus ist besonders interessant; dabei setzt das Enzym Inosit-1-monophosphatase aus Inositmonophosphat (IP_1) Inosit frei. James Allison und William R. Sherman von der Medizinischen Fakultät der Washington-Universität in St. Louis konnten zeigen, daß dieses Enzym durch Lithium-Ionen gehemmt wird. Lithium könnte daher die Neusynthese von Phosphatidylinosit verlangsamen; dadurch würde es alle neuronalen Mechanismen beeinträchtigen, bei denen PIP_2 als Signalüberträger fungiert. Vielleicht liegt es daran, daß Lithium-Ionen bei der Behandlung von Manisch-Depressiven Besserung bringen.

Die Rolle von Inosittriphosphat

Ich wurde erstmals auf Inosittriphosphat aufmerksam, als ich die Geschwindigkeit maß, mit der in der Speicheldrüse der Fliege als Reaktion auf das Hormon Serotonin Inositphosphate gebildet werden. Unter den wasserlöslichen Stoffwechselprodukten, die ich aus der Speicheldrüse gewonnen hatte, fanden sich mindestens vier unterschiedliche Substanzen: Eine war freies Inosit, die anderen erwiesen sich als IP_1, IP_2 und IP_3. Bei der Analyse halfen mir Robin Irvine und Rex Dawson vom Landwirtschaftlichen Forschungsrat in Babraham sowie Peter Downes vom Medizinischen Forschungsrat in Cambridge. Dawson hatte schon 1964 das Enzym untersucht, welches PIP_2 hydrolysiert; dabei hatte er eines der Reaktionsprodukte, das IP_3, in einer Tiefkühltruhe in Babraham aufbewahrt. Nahezu zwei Jahrzehnte später diente es als Standard beim Identifizieren der Stoffwechselprodukte aus der Speicheldrüse von Fliegen.

Indem John P. Heslop und ich das Auftreten von IP_3 mit dem Beginn der physiologischen Antwort (der Absonderung von Flüssigkeit aus den Speicheldrüsenzellen des Insekts) verglichen, konnten wir zeigen, daß sich bei Zugabe von Serotonin so rasch IP_3 bildet, daß IP_3 durchaus ein sekundärer Bote sein könnte: Es würde in der Zelle Calcium mobilisieren, was seinerseits die Speichelsekretion in Gang brächte. Um eine sol-

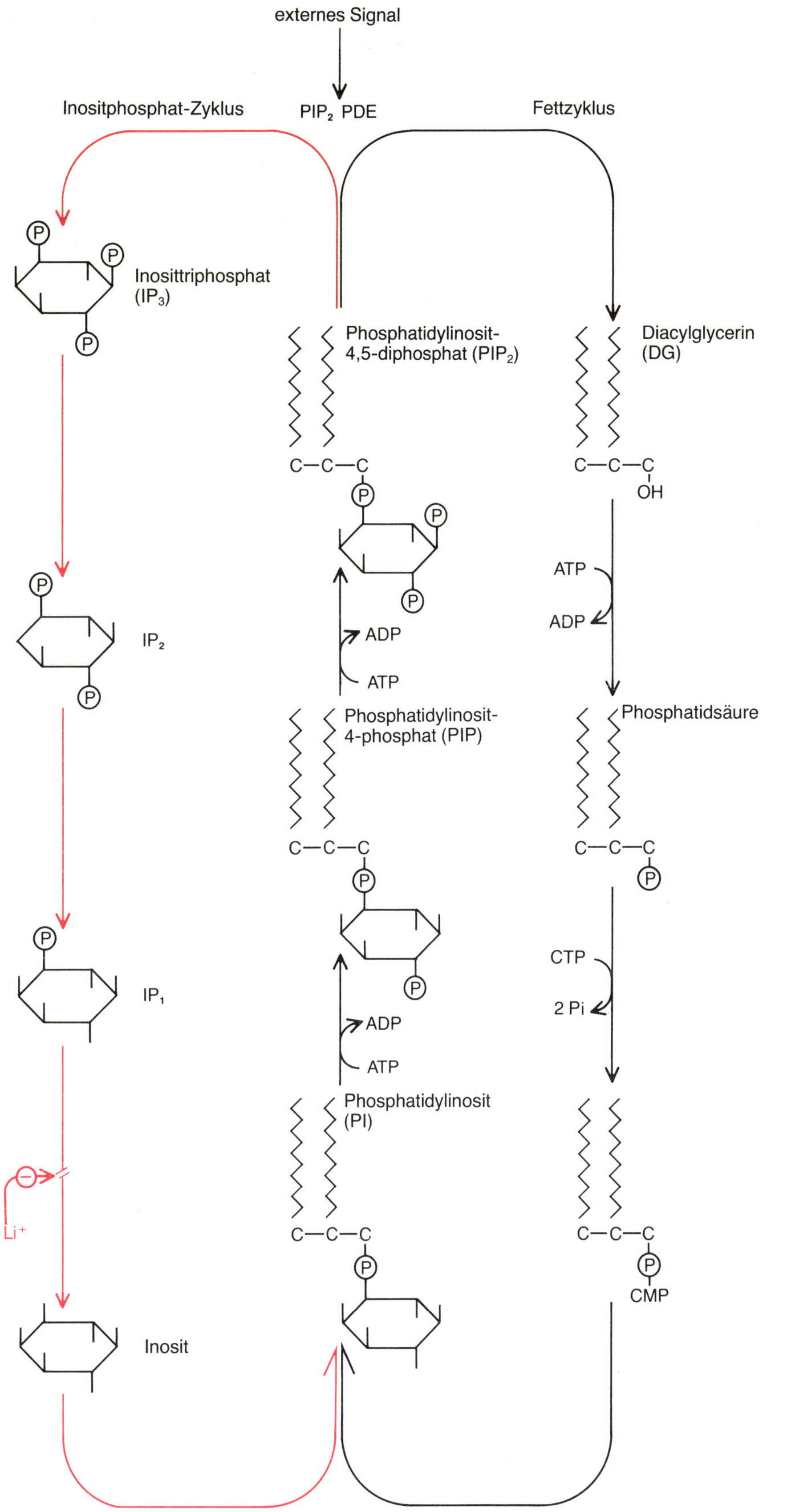

Bild 5: Im Inositphosphat- und Lipid-Zyklus wird PIP_2 zurückgebildet. Externe Signale bewirken über das Enzym PIP_2-Phosphodiesterase eine Spaltung von PIP_2 in die sekundären Boten DG und IP_3. Über eine Folge chemischer Reaktionen werden beide später wieder zu Phosphatidylinosit (PI) zusammengeführt, aus dem schließlich erneut PIP_2 entsteht. Dieser Zyklus erfordert einen stetigen Nachschub an ATP und Cytosintriphosphat (CTP), die als Quellen für Phosphatgruppen (P_i) dienen. Von den wenigen bekannten Substanzen, die diesen Zyklus beeinflussen, ist Lithium (farbig) hervorzuheben. Es blockiert die Umwandlung von Inositphosphat in freies Inosit, das zur Synthese von Phosphatidylinosit benötigt wird. Auf diese Weise kann Lithium in die PIP_2-Signalbahn eingreifen, indem es die Rückbildung von PIP_2 stört.

che Funktion unmittelbar nachweisen zu können, sandten wir eine Probe von IP_3, welche Irvine aus roten Blutkörperchen gewonnen hatte, an das Max-Planck-Institut für Biophysik in Frankfurt. Dort fanden Hans Peter Streb und Irene Schulz, daß IP_3 in Pankreas-Zellen der Ratte große Mengen Calcium freisetzt, sofern die Zellen vorher für IP_3 durchlässig gemacht worden waren.

Diesen ersten Nachweis für eine Ausschüttung von Calcium unter dem Einfluß von IP_3 hat man inzwischen bei einer Reihe anderer Zelltypen bestätigen können. So zeigten Gillian Burgess und James W. Putney jr. vom Medical College of Virginia und John R. Williamson von der Medizinischen Fakultät der Universität von Pennsylvania, daß Inosittriphosphat gespeichertes Calcium als Teil eines hormonellen Mechanismus ausschüttet, bei dem Glucose aus der Leber freigesetzt wird.

Weiterhin konnten Yoram Oron und seine Kollegen von der Universität Tel Aviv nachweisen, daß eine intrazelluläre Injektion von IP_3 bei unreifen Eizellen des Frosches *Xenopus* ebenso einen Fluß von Chlorid-Ionen auslöst wie Acetylcholin. Ferner spielt IP_3 in der Frühphase der Befruchtung eine wesentliche Rolle. Zum Beispiel werden normalerweise innerhalb weniger Minuten nach der Befruchtung Körnchen (Granula) abgesondert, die dicht unterhalb der Eioberfläche gespeichert sind; sie formieren sich zu einer dicken Schutzschicht, der Fruchtmembran. Diese Sekretion ist calcium-abhängig und läßt sich auch durch Injektion von IP_3 in die Eier auslösen. In allen Fällen beruht die Wirkung von IP_3 vermutlich vor allem darauf, daß es gespeichertes Calcium aus dem endoplasmatischen Retikulum, einem innerzellulären Kanalsystem, freisetzt. Das Calcium löst dann die eigentliche zelluläre Antwort aus.

Die Gabelung der Signalbahn

Nachdem IP_3 als sekundärer Bote entdeckt war, stellte sich die Frage, ob es nicht auch in dieser Funktion in der Skelettmuskulatur zu finden sei. Bei Muskeln ist die äußere Membran in Form von zottenartigen Röhren ins Faserinnere eingestülpt. Die Depolarisation dieser Einstülpungen sorgt irgendwie dafür, daß Calcium aus dem sarkoplasmatischen Retikulum, einer dem endoplasmatischen Retikulum entsprechenden Struktur, freigesetzt wird. Das Calcium löst dann die Muskelkontraktion aus.

Roger Y. Tsien und Julio Vergara von der Universität von Kalifornien in Berkeley und Tullio Pozzan und seine Mitarbeiter von der Universität Padua fanden heraus, daß sich isolierte Muskelfasern nach Gabe von Inosittriphosphat zusammenziehen. Man kann sich also vorstellen, daß Inosittriphosphat das fehlende Bindeglied zwischen Depolarisation und Calcium-Freisetzung darstellt. Erwiese sich diese Spekulation als zutreffend, wäre dies die Krönung der IP_3-Hypothese; denn seit Jahrzehnten rätseln Physiologen darüber, wie Calcium-Signale im Skelettmuskel entstehen.

Der genannte Transduktionsmechanismus verdient auch deshalb großes Interesse, weil sich die Signalbahn gabelt. So ist das IP_3, dessen Funktion ich hier beschrieben habe, nur *ein* Produkt der Hydrolyse von PIP_2. Das andere Produkt, das Diacylglycerin, verbleibt in der Plasmamembran; gleichwohl wirkt es dort – wie IP_3 – als sekundärer Bote. Yasutomi Nishizuka und seine Mitarbeiter von der Universität Kyoto schlagen als Erklärung vor, daß es eine membrangebundene Proteinkinase aktiviert, die sie *C*-Kinase nennen.

Mit pharmakologisch aktiven Substanzen, welche die Wirkung eines der beiden sekundären Boten nachahmen, läßt sich unterscheiden, welches Gleis bei einer bestimmten Zellfunktion befahren wird. Zum Beispiel imitieren Phorbolester – das sind Substanzen, die sich im Öl aus dem Samen eines kleinen südostasiatischen Baumes, des *Croton tiglium*, befinden – den Effekt von Diacylglycerin, indem sie direkt auf die *C*-Kinase einwirken. (Phorbolester rufen Entzündungen der Haut hervor und können bei Tieren in Kombination mit einem Karzinogen Tumore erzeugen.) Andererseits ahmen Calcium-Ionophoren – das sind Moleküle, welche die elektrische Ladung des Calcium-Ions abschirmen und es so durch die Zellmembran „schmuggeln" – die Wirkung von Inosittriphosphat nach, da sie der Zelle freies Calcium zuführen.

Nach den bisher vorliegenden Ergebnissen scheinen sich beide Gleise synergistisch zu ergänzen: So zeigte Nishizuka, daß eine Kombination von Phorbolester und Calcium-Ionophor in Blutplättchen erhebliche Mengen an Serotonin freisetzt – und zwar bei einer Dosierung, in der jede dieser Substanzen allein noch wirkungslos bleibt.

Die Bedeutung der Signalbahn-Gabelung ist kaum zu überschätzen: Durch die kombinierte Gabe von Phorbolester und Calcium-Ionophor läßt sich eine Vielzahl zellulärer Prozesse experimentell in Gang bringen. Einer der aufregendsten Befunde war, daß dadurch die DNA-Synthese angekurbelt werden kann – aufregend deshalb, weil danach Signalsequenzen, die normalerweise für zelluläre Routineaktivitäten wie die Sekretion oder die Kontraktion verantwortlich sind, auch das Zellwachstum regulieren könnten.

Daß Phorbolester die Tumorbildung fördern, beruht wahrscheinlich auf ihrer Fähigkeit, über das DG/*C*-Kinase-Gleis des PIP_2-Signalweges in das Zellgeschehen einzugreifen. In der Tat setzt sich heute zunehmend die Ansicht durch, daß Abwandlungen der intrazellulären Signalbahnen Krebs verursachen könnten; schließlich entsteht Krebs ja dadurch, daß die normale Regulation des Zellwachstums entgleist.

Das Zellwachstum

Zellen vermehren sich, indem sie nacheinander die einzelnen Stadien des Zellzyklus durchlaufen (Bild 6). In der ersten Wachstumsphase, G_1, vergrößern sie sich. Dann – während der sogenannten S-Phase oder DNA-Synthesephase – verdoppeln sie ihre Chromosomen und bereiten sich in der zweiten Wachstumsphase, G_2, auf die Zellteilung vor. In der Mitosephase oder M-Phase schließlich teilen sie sich.

Direkt danach entscheidet sich, in welcher Richtung es weitergeht: Entweder tritt die Zelle wieder in den Zellzyklus ein und teilt sich erneut; oder die Tochterzelle schlägt den Weg der Differenzierung ein, die G_0-Phase, in der sie für ihre spezielle Funktion in einem Gewebe des Körpers ausreift. Für bestimmte Zelltypen, so die Nervenzellen, bedeutet Differenzierung das Ende der Teilungsfähigkeit, andere Zelltypen können auch danach wieder in den Zellzyklus eintreten. Die Rückkehr in den Zellzyklus wird durch Wachstumsfaktoren ausgelöst: von einem bestimmten Zellverband freigesetzte Substanzen, die das Wachstum anderer Zellen stimulieren.

Wie sie das tun, ist freilich noch weitgehend unbekannt. Klar ist jedoch, daß sie sich an Rezeptoren auf der Zelloberfläche binden und Signale ins Zellinnere schicken; diese müssen dorthin gelangen, wo die DNA verdoppelt wird, nämlich zum Zellkern. Im folgenden werde ich zwei mögliche Wege aufzeigen, von denen der eine noch wenig geklärt ist. Er wird von Wachstumsfaktoren wie Insulin und EGF (*epidermal growth factor*, epidermaler Wachstumsfaktor) benutzt; dabei scheint – vermittelt durch einen Rezeptor – das Enzym Tyrosinkinase aktiviert zu werden. Der Weg besteht vielleicht im wesentlichen aus einer Kaskade von Phosphorylierungsschritten, wobei nacheinander auf verschiedene Proteine Phosphatgruppen übertragen werden.

Die andere Signalbahn, die zum Beispiel der Platelet-Derived Growth Factor (PDGF, von Blutplättchen abgeleiteter Wachstumsfaktor) benutzt, scheint mit der von Hormonen und Neurotransmittern verwendeten identisch zu sein. Das an der Zelloberfläche ankommende PDGF stimuliert die Hydrolyse von PIP_2 zu den sekundären Boten IP_3 und Diacylglycerin; diese fördern dann vielleicht Vorgänge, wie sie in der Wachstumsphase G_1 ablaufen und zur Vorbereitung der DNA-Synthese dienen. Genauer gesagt, mobilisiert Inosittriphosphat anscheinend intrazelluläres Calcium, während Diacylglycerin die *C*-Kinase aktiviert und dadurch einen membrangebundenen Ionenaustausch in Gang setzt: Dabei werden Protonen (Wasserstoff-Ionen) aus der Zelle heraustransportiert, was den intrazellulären pH-Wert erhöht. Die Aktivierung von Calcium und der Anstieg des pH-Wertes tragen – wie man annimmt – zur RNA- und Proteinsynthese bei, welche die Synthese von neuer DNA vorbereiten.

Entgleiste Wachstumskontrolle und Krebs

Da jede Signalbahn aus einer Reihe von Reaktionen besteht, die von spezifischen Proteinen (Rezeptoren oder Enzymen) kontrolliert werden, muß das genetische Material der Zelle auch die Gene enthalten, die für die Synthese dieser Kontrollproteine benötigt werden. Jede funktionelle Abweichung bei solchen Genen könnte daher Abnormitäten im Zellwachstum hervorrufen, zum Beispiel unkontrolliertes Wachstum und strukturelle Veränderungen, wie sie für Krebs typisch sind. Inzwischen hat man 25 Gene identifiziert, deren abnorme Funktion mit dem Auftreten von Krebs in Zusammenhang gebracht wird. Man bezeichnet sie als Onkogene oder Krebsgene.

Bis vor kurzem war nicht klar, welche Funktion solche Gene im normalen Zellgeschehen haben. Inzwischen hat sich aber herausgestellt, daß in einem Teil von ihnen die Struktur von Komponenten der Signalbahnen verschlüsselt ist, die das Zellwachstum kontrollieren.

Den ersten Zusammenhang zwischen einem Onkogen und einer Komponente einer intrazellulären Signalbahn fanden zwei Gruppen gleichzeitig: Die eine leitete Russell F. Doolittle von der Universität von Kalifornien in San Diego, die andere Michael Waterfield von den Imperial Cancer Research Fund Laboratories in London. Beide Teams fanden heraus, daß das Onkogen *sis* die Synthese des PDGF kontrolliert (Bild 6).

Ähnlich wichtige Entdeckungen gelangen dann in anderen Laboratorien. So erwies sich, daß das *erb b*-Gen für ein Protein codiert, das nahezu identisch mit dem EGF-Rezeptor ist. Dieser Rezeptor besteht aus drei Hauptteilen: Der äußere, an der Zelloberfläche liegende Abschnitt enthält die EGF-Bindungsstelle; der mittlere Teil ist in die Zellmembran eingebettet, während der innere, an der cytoplasmatischen Seite der Zellmembran gelegene, als Tyrosinkinase wirkt, die Proteine zu phosphorylieren vermag. Das Produkt des *erb b*-Gens ist eine verstümmelte Form des Rezeptors, dem der äußere Teil fehlt. Es ist nun denkbar, daß dieses Rudiment Signale in das Zellinnere sendet, selbst wenn kein EGF vorhanden ist.

In diese Gruppe gehört auch das *ras*-Onkogen, von dem man weiß, daß es in vielen Krebszelltypen aktiv ist. Seine Funktion ist noch unbekannt, aber sein Produkt hat Charakteristika eines *G*-Proteins: Es ist integraler Bestandteil der Zellmembran und bindet und hydrolysiert GTP. Es könnte also in das Zusammenspiel von Wachstumsfaktor-Rezeptoren und Signalverstärkern wie der Phosphordiesterase, die PIP_2 in die sekundären Boten IP_3 und Diacylglycerin spaltet, eingreifen.

Zwei weitere Onkogene, *src* und *ros*, scheinen bei der Umwandlung von Phos-

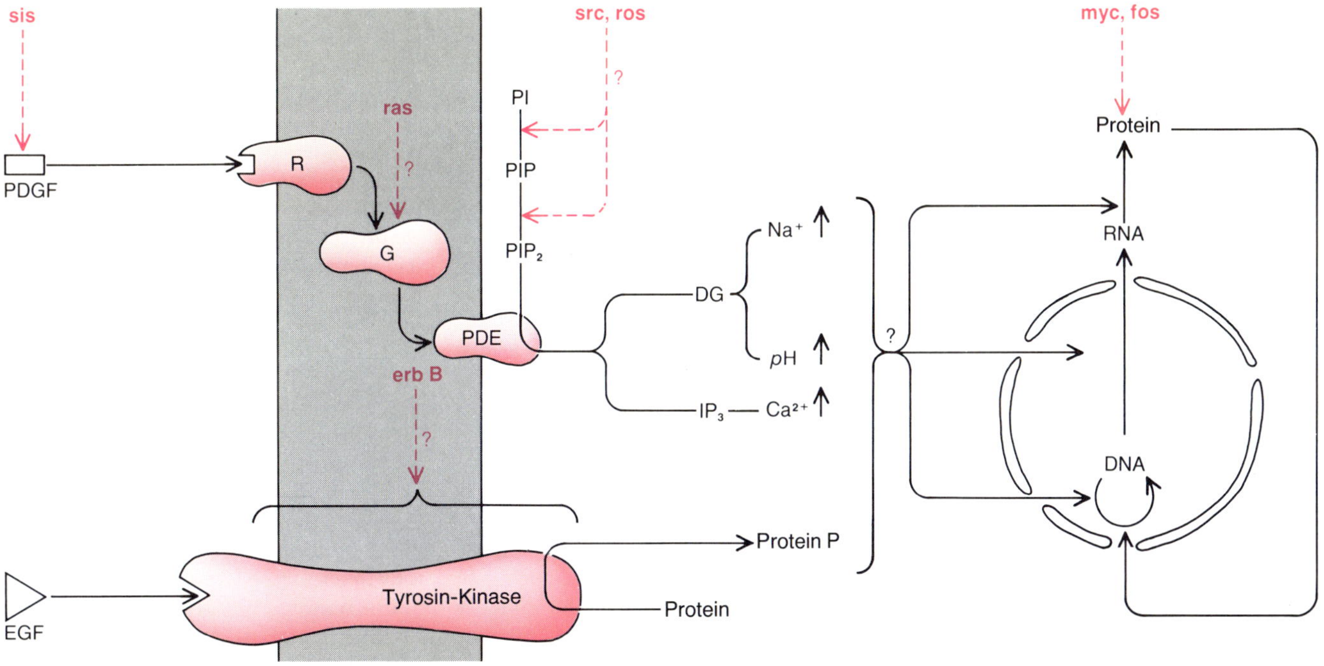

Bild 6: Das Zellwachstum wird wahrscheinlich über Signalbahnen reguliert, die mit sekundären Boten arbeiten. Eine Kernfrage heißt daher: Wie können die externen Signale – Wachstumsfaktoren, die sich an Rezeptoren auf der Zelloberfläche binden (links) – die Maschinerie im Zellkern (rechts) anweisen, all die komplexen Abläufe in Gang zu bringen, die schließlich in der DNA-Synthese gipfeln? Einige Wachtumsfaktoren, zum Beispiel der von den Blutplättchen abstammende Faktor PDGF (englisch *platelet-derived growth factor*), scheinen die konventionelle PIP_2-Signalbahn zu benutzen: IP_3 mobilisiert Calcium, wohingegen DG eine membrangebundene Pumpe aktiviert, die Protonen gegen Natrium-Ionen austauscht und so den intrazellulären pH-Wert sowie die Konzentration an Natrium-Ionen erhöht. Jede dieser Änderungen könnte die Anweisung zur DNA-Synthese an den Zellkern übermitteln. Andere Wachstumsfaktoren, darunter der epidermale Wachtumsfaktor (EGF, *epidermal growth factor*), scheinen einen anderen Weg zu benutzen. Der EGF-Rezeptor, dessen drei Teile die Plasmamembran durchziehen, kann mit seinem inneren, dem Cytoplasma zugewandten Teil Proteine phosphorylieren, wirkt also als Tyrosinkinase. Eine Vielzahl von Onkogenen – Krebsgenen, deren Entgleisung Krebs herbeiführen kann – vermag die das Wachstum kontrollierenden Signalbahnen zu unterbrechen. Das *erb b*-Onkogen codiert zum Beispiel für ein Protein, das mit einem Teil des EGF-Rezeptors identisch ist. Etliche andere Onkogene scheinen die PIP_2-Signalbahn zu beeinflussen. Die eher spekulativen Eingriffsmöglichkeiten sind im Bild mit einem Fragezeichen versehen.

phatidylinosit in PIP_2 eine Rolle zu spielen. Sie könnten also die Enzyme regulieren, die den Bestand am Vorläufer des sekundären Boten im Inositlipid-System auffüllen.

Wieder zwei andere Onkogene, *myc* und *fos*, mischen sich anscheinend am anderen Ende der intrazellulären Signal-Kaskade ein. Philip Leder und seine Mitarbeiter von der Medizinischen Fakultät der Harvard-Universität entdeckten, daß sich die Menge an mRNA, die vom *myc*-Onkogen transkribiert wird, bereits innerhalb einer Stunde beträchtlich erhöht, wenn Fibroblasten – das sind unreife Bindegewebszellen – mit PDGF behandelt werden; mRNA-Transkripte des *fos*-Onkogens traten sogar noch früher auf. Die *myc*- und *fos*-Gene enthalten den Bauplan von Zellkernproteinen und könnten so an der Vorbereitung der DNA-Synthese beteiligt sein.

Es zeichnet sich somit immer deutlicher ab, daß eine ineinandergreifende Kette von Onkogenprodukten für die Informationsübermittlung von der Zelloberfläche zum Zellkern verantwortlich ist. Einige Onkogene, zum Beispiel *sis*, codieren für Wachstumsfaktoren, die andere Onkogene, zum Beispiel *myc* und *fos*, zur Produktion von Substanzen anregen, die im Zellkern selbst aktiv sind. Ist das Zusammenspiel dieser Regulatoren gestört, kommt es zu unkontrolliertem Zellwachstum und Krebs.

Cyclisches GMP als sekundärer Bote?

Ich habe bis jetzt einen weiteren möglichen sekundären Boten nicht erwähnt, das cyclische GMP. Es unterscheidet sich strukturell vom cAMP dadurch, daß es anstelle von Adenosin ein Guanosin enthält. Zwar besitzt cyclisches GMP die typischen Merkmale eines sekundären Boten; dennoch ist sich die Fachwelt über seine Rolle bei der intrazellulären Signalvermittlung noch nicht genau im klaren.

Zwar ist Guanylatcyclase, das Enzym, das die Umwandlung von GTP in cyclisches GMP katalysiert, normalerweise nicht an einen Rezeptor gebunden; doch die Bildung von cyclischem GMP verläuft mitunter parallel zur Aktivierung des PIP_2-Weges. Offensichtlich können Hydrolyseprodukte von Inositlipiden die Bildung von cyclischem GMP bewirken.

Auch das Ende der Signalkette ist noch unklar. Wie wir wissen, kann cyclisches GMP eine Proteinkinase, besonders die *G*-Kinase, aktivieren, die wiederum bestimmte Proteine phosphoryliert; deren Funktionen sind jedoch noch unbekannt.

Gleichwohl hat cyclisches GMP einige beachtliche Wirkungen, die am besten im Nervensystem aufgezeigt worden sind. So konnte James W. Truman von der Universität von Washington in Seattle zeigen, daß cyclisches GMP bei Insekten ein komplexes Verhaltensmuster steuert. Am Ende der Metamorphose befreien sich Nachtfalter, in einem fein koordinierten Bewegungsablauf sich windend und krümmend, aus ihrem Kokon. Dieses vorprogrammierte Verhaltensmuster wird durch einen Anstieg im cGMP-Gehalt in Gang gesetzt, wenn ein Schlüpfhormon aus dem Gehirn auf das Nervensystem einwirkt.

Die Netzhaut des Auges, die Retina, ist ein weiteres Gewebe, bei dem wir die genaue Rolle des cyclischen GMP zu verstehen beginnen – insbesondere bei den Photorezeptoren von Wirbeltieren, also den lichtempfindlichen Zellen. Diese sogenannten Stäbchen vermitteln zwischen sichtbarer Welt und Hirn. Es handelt sich um längliche Zellen, die, wenn auf ihr eines Ende Photonen (Lichtquanten) treffen, am anderen Ende einen Neurotransmitter freisetzen und damit einen Nervenimpuls auslösen.

Zwei Dinge sind bei dieser Signalkette bemerkenswert: Erstens ist die von der Zelle freigesetzte Transmittermenge im Dunkeln am höchsten. Die Stäbchen reagieren also auf ein von außen ankommendes Signal, in diesem Falle Photonen, seltsamerweise mit einer Erniedrigung der Botenaktivität. Zweitens besteht der Empfänger an den Stäbchenzellen aus dem Molekül Rhodopsin, das sich innerhalb der Zelle in einem geldrollenförmigen Membranstapel befindet.

Nun wird die Freisetzung von Neurotransmittern aber reguliert, indem sich die Durchlässigkeit der Plasmamembran für Natrium-Ionen ändert. Dies bringt uns zum Kernproblem bei der Lichtsignal-Übermittlung: Welches ist der sekundäre Bote, der die Information vom Stapel im Zellinnern zur Plasmamembran weiterleitet?

Dunkle Wege

Zeitweise war die Fachwelt über diese Frage in zwei Lager gespalten. Die einen favorisierten das Calcium, die anderen das cyclische GMP. Die Wahrheit könnte in der Mitte liegen, das heißt, möglicherweise sind beide beteiligt.

Hier will ich mich auf das cyclische GMP konzentrieren. Die gängige Hypothese besagt, daß Natriumkanäle in der Plasmamembran der Stäbchen bei Dunkelheit durch einen hohen intrazellulären Gehalt an cyclischem GMP offengehalten werden. Ein überraschender Aspekt ergab sich aus Untersuchungen von Ewgenij Fesenko und seinen Mitarbeitern vom Moskauer Institut für Biophysik; demnach scheint cyclisches GMP die Kanäle direkt zu öffnen, ohne eine Proteinkinase aktivieren zu müssen. Ankommende Photonen werden vom Rhodopsin absorbiert; dieses veranlaßt daraufhin ein Molekül mit dem Namen Transducin – ein weiteres Mitglied der *G*-Proteinfamilie –, sich an GTP zu binden und so das Enzym cGMP-Phosphodiesterase zu aktivieren. Als Folge davon sinkt der Gehalt an cGMP drastisch, und die Natriumkanäle schließen sich.

Es sei jedoch angemerkt, daß sich in den Photorezeptoren der Königskrabbe die Wirkung von einfallendem Licht nicht mit cyclischem GMP, wohl aber mit injiziertem IP_3 imitieren läßt. Eventuell gibt es also artspezifische Unterschiede bei der visuellen Signalübertragung.

Das Interesse an cyclischem GMP nimmt wohl weiter zu, nachdem Ferid Murad von der Medizinischen Fakultät der Stanford-Universität nun auch gezeigt hat, daß ein vom Herzvorhof abgegebenes, neu entdecktes natriuretisches Hormon anscheinend die glatte Muskulatur rund um die Blutgefäße erschlaffen läßt und somit den Blutdruck senkt, indem es die Konzentration von cGMP erhöht. Wie cAMP könnte auch cGMP über die Regulation des freien Calciums im Zellinneren wirken.

Sind nun alle Signalbahnen von sekundären Boten entschlüsselt? Die Frage muß man höchstwahrscheinlich verneinen. Es gibt externe Signale, die über einen noch völlig unklaren Signalweg tiefgreifende Veränderungen in Zellen hervorrufen.

Ein interessantes Beispiel dafür liefert die Eireifung des Seesterns. Gibt man 1-Methyl-adenin – das Reifungshormon, das von den umgebenden Follikelzellen abgegeben wird – auf die Oberfläche der Seestern-Oocyten, löst sich der Kern auf; zugleich wird wieder die Meiose in Gang gesetzt, das heißt jene Zellteilung, durch welche sich die Zahl der Geschlechtszellen (wie zum Beispiel Oocyten) vermehrt. Es ist allerdings noch unerklärlich, wie das Auftragen einer so einfachen Substanz wie 1-Methyl-adenin auf die Zelloberfläche den Zellkern verschwinden lassen kann.

Ein weiteres Beispiel bietet das Insulin. Auch hier ist rätselhaft, wie es in Muskel- und Leberzellen den Fett- und Glykogenstoffwechsel ankurbelt. Joseph Larner und seine Mitarbeiter von der Medizinischen Fakultät der Universität von Virginia vermuten, daß es über ein Peptid (eine kurze Kette von Aminosäuren) wirken könne, jedoch fehlen bisher schlüssige Beweise. Sicher scheint vorerst nur, daß der Insulinrezeptor, wie der Rezeptor für EGF, als Tyrosinkinase wirkt.

Calmodulin: Schlüsselfigur im Zellgeschehen

Es war Pech, daß ein Enzym bei der Reinigung seine Wirksamkeit einbüßte. Doch dieses Pech führte zur Entdeckung eines der wichtigsten Regulatoren innerhalb der Zelle: Calmodulin steuert gemeinsam mit Calcium viele zentrale zelluläre Prozesse.

Von Wai Yiu Cheung

Damit ein Organismus funktionieren kann, müssen seine Zellen beständig Informationen untereinander austauschen. Sie tun das durch direkten Kontakt oder durch Übermittlung von Signalen in Form elektrischer Impulse oder chemischer Botenstoffe. Auch zwischen den Reaktionsräumen (Kompartimenten) und organähnlichen Gebilden (Organellen), in die sich eine Zelle gliedert, muß eine Art von Kommunikation stattfinden. Jedes Signal braucht dabei einen Empfänger; im Fall eines chemischen Signals ist das gewöhnlich ein spezielles Protein: Es registriert die Ankunft des Botenstoffes und reagiert auf die entsprechende Botschaft, indem es eine bestimmte Zellaktivität in Gang setzt oder unterbindet. Der wohl vielseitigste Botenstoff im Innern einer Zelle ist Calcium, und sein wichtigster Rezeptor, der die meisten der mannigfaltigen Aktivitäten des Calciums zu vermitteln scheint, ist ein allgegenwärtiges Protein: Calmodulin.

Sehr früh schon begann man die Bedeutung des Calciumions als eines grundlegenden zellulären Regulators zu würdigen. 1883 entdeckte der britische Physiologe Sydney Ringer, daß ein isoliertes Froschherz nur dann weiter schlägt, wenn die das Herz umspülende Lösung Calcium enthält. Er ging der Sache nach und stellte fest, daß auch viele andere physiologische Aktivitäten an die Gegenwart des Calciumions gebunden sind. In den fünfziger Jahren zeigte dann L. V. Heilbrunn von der Universität von Pennsylvania, daß sich eine Muskelfaser bei der Injektion von Calcium zusammenzieht. Inzwischen ist klar geworden, daß es kaum einen Aspekt der Zellphysiologie gibt, bei dem Calciumionen nicht ihre Hände im Spiel haben. (Calcium liegt im wäßrigen, zellulären Milieu grundsätzlich als zweifach positiv geladenes Ion, Ca^{2+}, vor; das ungeladene Calciumatom wäre unter physiologischen Bedingungen nicht beständig, sondern würde unter Abgabe zweier Elektronen in die ionische Form übergehen.)

Die Liste der zellulären Funktionen des Calciums ist entsprechend lang. Außer der Muskelkontraktion vermittelt es die Endo- und Exocytose (die Aufnahme und Abgabe von Substanzen durch die Zellmembran), die Beweglichkeit von Zellen, die Wanderung der Chromosomen vor der Zellteilung (Bild 8) und vielleicht auch den eigentlichen Teilungsprozeß. Ferner spielt es eine zentrale Rolle im Stoffwechsel des Glykogens, der Speicherform der Glucose (des Traubenzuckers). Und schließlich beeinflußt es sowohl die Synthese als auch die Freisetzung von Neurotransmittern: Molekülen, die ein Signal von einer Nervenzelle zur anderen übertragen. Wie das Ion aber als wahrer Hexenkünstler all dies bewerkstelligt, war bis vor kurzem noch ein großes Rätsel.

Erstes Licht auf die Funktionsweise des Calciums fiel, als man in den fünfziger Jahren herausfand, daß es sich in Skelett- und Herzmuskeln (die wegen ihres gestreiften Aussehens auf mikroskopischen Bildern auch als quergestreifte Muskeln bezeichnet werden) an ein Protein, das Troponin C, bindet. Wie es dagegen die Kontraktion der glatten Muskeln (dazu zählen die meisten nicht willkürlich steuerbaren Muskeln) und die Kontraktionsbewegungen nichtmuskulärer Zellen hervorruft oder wie es in anderen Geweben wirkt, blieb weiter offen. Erst allmählich fand man das Zauberwort, das das Tor zum Verständnis vieler dieser Vorgänge öffnete: es hieß Calmodulin. Seine Entdeckungsgeschichte zu erzählen sowie zu berichten, was über die Struktur und die vielen, weitreichenden Aktivitäten dieses Proteins bekannt ist, will ich mich hier unterfangen.

Ein „Geist" ...

In den späten fünfziger Jahren deckte Earl W. Sutherland jr. von der Western Reserve University den Mechanismus auf, nach dem ein Signal, das einer Zelle durch ein Hormon übermittelt wird, eine zelluläre Funktion anschaltet. Bei dem Hormon handelte es sich um Glucagon, die Zellen stammten aus der Leber, und die Funktion war der Abbau von gespeichertem Glykogen – eine Maßnahme, durch die sich der Körper in Streßsituationen auf einen steigenden Brennstoffbedarf einstellt. Sutherland fand, daß Glucagon durch die Anlagerung an einen Rezeptor in der äußeren Zellmembran ein Enzym namens Adenylatcyclase aktiviert, das in die Membran eingebettet ist und auf ihrer Innenseite herausragt. Die Adenylatcyclase wandelt Adenosintriphosphat (ATP) im Cytoplasma der Zelle in zyklisches Adenosinmonophosphat (zyklisches AMP) um, das als intrazellulärer Botenstoff die Botschaft des Hormons an die biochemische Maschinerie der Zelle weitergibt und diese so zum Abbau von Glykogen veranlaßt. Schon bald stellte sich heraus, daß zyklisches AMP in einer breiten Palette von Zellen, die auf verschiedenartige Hormone ansprechen, die Rolle des intrazellulären Botenstoffs spielt.

1964 beschäftigte ich mich an der Universität von Pennsylvania mit den Schwankungen in der intrazellulären Konzentration an zyklischem AMP. In diesem Zusammenhang interessierte mich auch die Frage, wie das Enzym Phosphodiesterase als Regulativ wirkt, indem es zyklisches AMP zu linearem AMP (5′-Adenosinmonophosphat) abbaut und damit seine Signalwirkung zerstört. Um die Phosphodiesterase aus Rinderhirn, wo sie reichlich vorkommt, zu reinigen, ließ ich den rohen Hirnextrakt durch eine mit einem Ionenaustauscher beschickte Säule laufen. Bei diesem chromatographischen Verfahren hält das negativ geladene Austauscherharz die im Rohextrakt enthaltenen Komponenten unterschiedlich stark fest. Wäscht man die Säule anschließend aus und unterteilt die Waschlösung in verschiedene Fraktionen, indem man sie nacheinander in verschiedenen Gläschen auffängt, so hat sich die gesuchte Komponente in bestimmten Fraktionen angereichert (Bild 2). Diese Fraktionen sollten dann – vorausgesetzt, es handelt sich bei der Komponente um ein Enzym – eine höhere Enzymaktivität zeigen als die übrigen.

Zu meiner Überraschung war die teilweise gereinigte Phosphodiesterase jedoch wesentlich weniger aktiv als der rohe Hirnextrakt. Ich wiederholte die ganze Prozedur – die Unstimmigkeit blieb. Wo steckte der Fehler – beim Chroma-

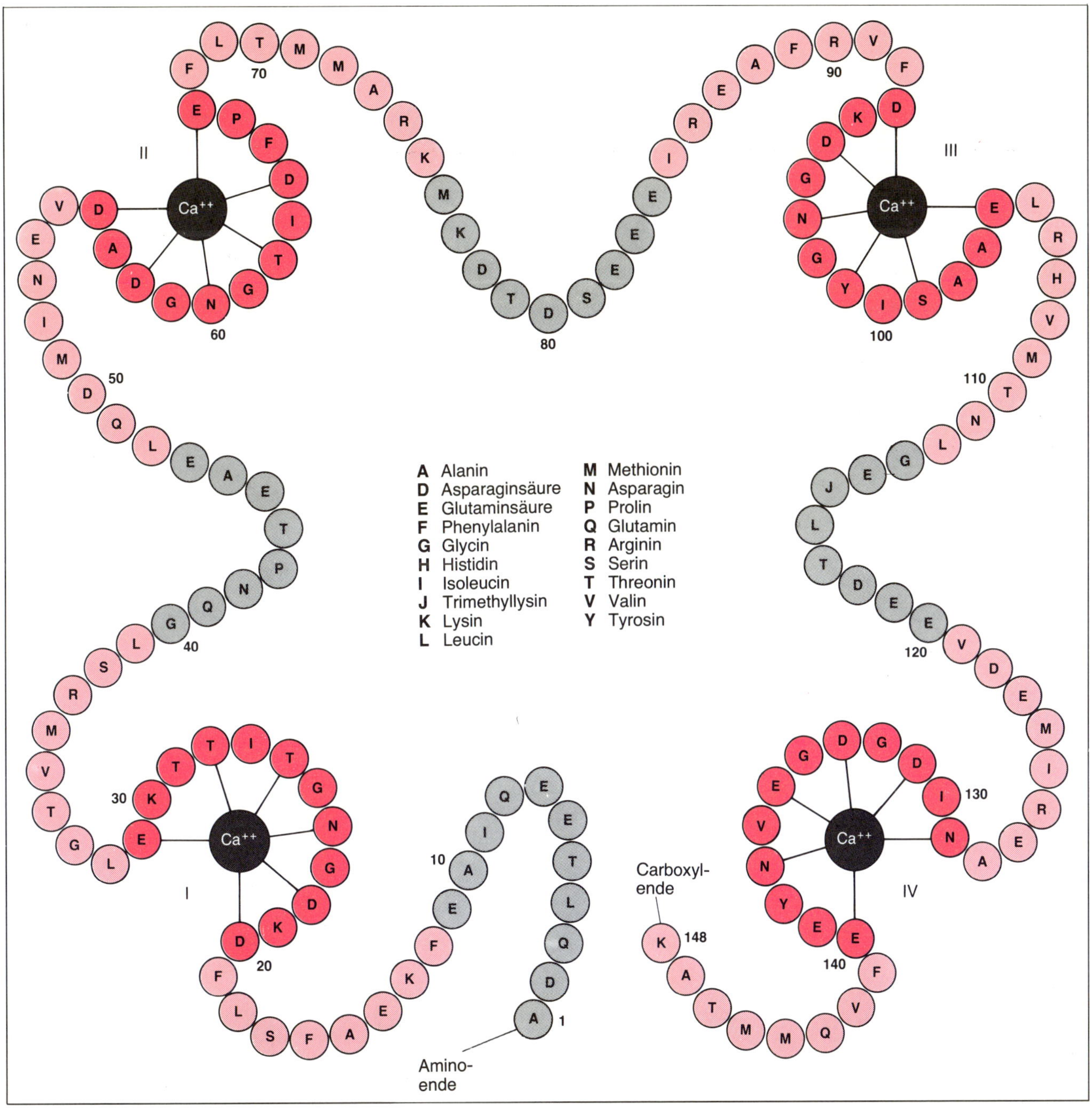

Bild 1: Calmodulin, der direkte Ansprechpartner und „Dolmetscher" des intrazellulären Botenstoffs Calcium, ist eine einzelsträngige Eiweißkette aus 148 Aminosäuren. Sie besteht aus vier sehr ähnlichen Domänen, die jeweils über eine Bindungsstelle für ein Calciumion (Ca^{++}) verfügen. Jede Bindungsstelle hat die Form einer Schleife (dunkle Farbe), an die sich helikale Abschnitte (helle Farbe) anschließen. Die Calciumionen werden vermutlich von sechs Aminosäuren festgehalten. Die schematische Zeichnung beruht auf einem Strukturvorschlag, den Robert H. Kretsinger von der Universität von Virginia anhand röntgenkristallographischer Untersuchungen gemacht hat, die er an Parvalbumin, einem calciumbindenden Protein mit einer dem Calmodulin ähnlichen Aminosäuresequenz, durchführte. Gezeigt ist die Aminosäuresequenz von Calmodulin aus Rinderhirn. Sie wurde von Thomas C. Vanaman und Mitarbeitern vom Medical Center der Duke-Universität bestimmt.

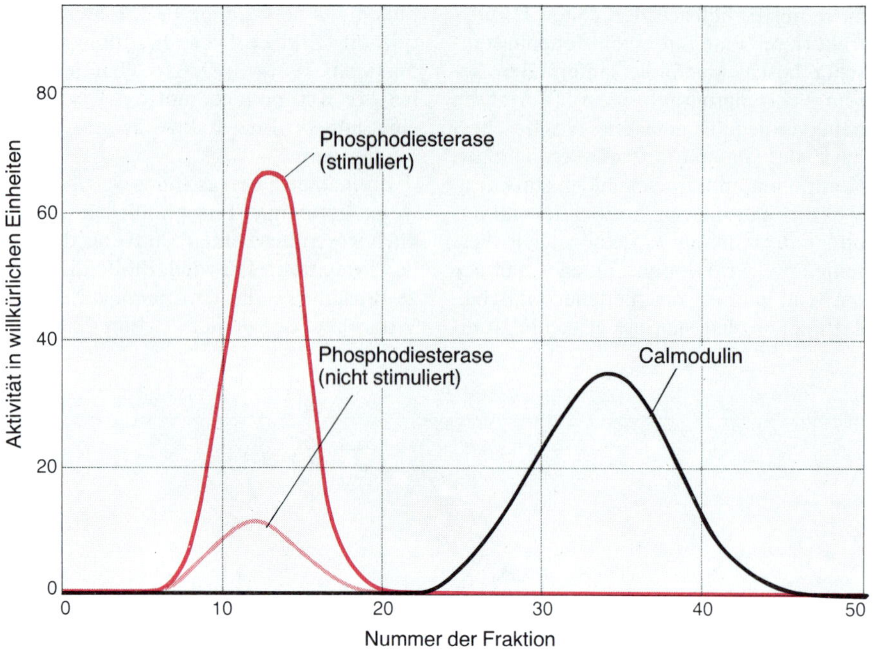

Bild 2: Bei der Reinigung des Enzyms Phosphodiesterase aus Rinderhirngewebeextrakt nimmt die Aktivität des Wirkstoffs überraschenderweise ab, weil im Verlauf der Reinigung das als Aktivator wirkende Calmodulin von ihm abgetrennt wird. Diese Unstimmigkeit war es, die den Autor auf die Spur des Calmodulins führte. Bei dem Versuch läßt man den Extrakt durch eine Ionenaustauschersäule laufen und wäscht die dabei am Austauscherharz adsorbierten (festgehaltenen) Proteine anschließend wieder aus. Da sie nach ihrer elektrischen Ladung mehr oder weniger fest am Harz haften, lösen sie sich unterschiedlich schnell in der Waschlösung, die man in mehreren Gläschen auffängt. Die Kurven zeigen die Phosphodiesteraseaktivität (farbig) und die Calmodulinaktivität (schwarz) in den einzelnen Fraktionen. Das gereinigte, nicht durch Calmodulin stimulierte Enzym besitzt nur eine geringe Wirksamkeit. Erst wenn man ihm Calmodulin oder Schlangengift (ein beim Test auf die Phosphodiesteraseaktivität verwendetes Reagens) zusetzt, entfaltet es seine volle Aktivität.

tographier-Verfahren oder vielleicht beim Test auf die Enzymaktivität? Ich führte diesen Test in zwei Schritten durch: zunächst behandelte ich zyklische AMP mit Phosphodiesterase, dann fügte ich Schlangengift zu der Lösung. Schlangengift enthält ein Enzym, das 5′-Adenosinmonophosphat, das Abbauprodukt des zyklischen AMP, in Adenosin und Phosphat spaltet. Anhand der dabei gebildeten Phosphatmenge läßt sich so schließlich die Phosphodiesteraseaktivität feststellen.

Man kann den Test freilich auch in einem Schritt durchführen, indem man Schlangengift und Phosphodiesterase einfach mischt. Auf Grund früherer Erfahrungen hätten die Ergebnisse bei beiden Vorgehensweisen dieselben sein müssen. Verwirrt von dem Rückgang an Phosphodiesteraseaktivität wiederholte ich den Test sowohl in einem als auch in zwei Schritten noch einmal sorgfältig. Im Falle des rohen Hirnextrakts ergaben sich keine Unterschiede: mit beiden Verfahren ließ sich eine gleich hohe Enzymaktivität nachweisen. Im Falle des gereinigten Enzyms dagegen erbrachte der Ein-Schritt-Test signifikant mehr Aktivität als das Zwei-Schritt-Verfahren. Während die Phosphodiesterase im Hirnextrakt also ohne äußeren Zusatz aktiv ist, braucht das gereinigte Enzym offenbar einen Hilfsstoff, wie er im Schlangengift enthalten ist, um voll wirksam zu sein.

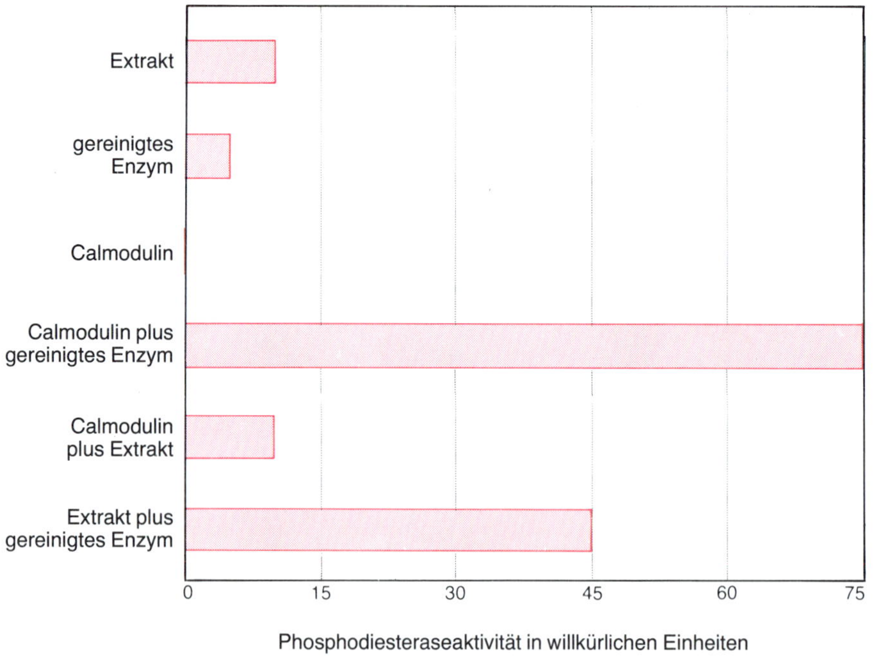

Bild 3: Die Bedeutung des Calmodulins als Aktivator der Phosphodiesterase kommt in den hier gezeigten Versuchsergebnissen zum Ausdruck. Das gereinigte Enzym ist weniger wirksam als der rohe Hirnextrakt, aus dem es stammt, während Calmodulin allein überhaupt keine Phosphodiesteraseaktivität besitzt. Gibt man es jedoch zum gereinigten Enzym, steigt dessen Aktivität beträchtlich an. Die Zugabe von Calmodulin zum Extrakt hat dagegen keinerlei Effekt, weil dieser ohnehin mehr als genug davon enthält. Der Beweis dafür ist, daß bei Zugabe von gereinigtem Enzym zum Hirnextrakt die Aktivität auf einen Wert ansteigt, der deutlich über der Summe der beiden Einzelaktivitäten liegt.

. . . materialisiert sich

Möglicherweise wurde während des Reinigungsverfahrens ein aktivierender Faktor aus dem Rohextrakt entfernt, und das Schlangengift glich diesen Verlust aus. 1967 (ich befand mich zu dieser Zeit am St. Jude Children's Research Hospital in Memphis) war ich soweit, veröffentlichen zu können, daß tatsächlich eine der chromatographischen Fraktionen einen für die Phosphodiesteraseaktivität notwendigen Faktor enthielt: ein Protein, das bei Zugabe zu der gereinigten, inaktiven Phosphodiesterase deren Enzymaktivität wiederherstellte, während es bei Zugabe zum rohen Hirnextrakt, in dem es vermutlich ohnehin vorhanden war, zu keiner Aktivitätssteigerung führte (Bilder 3 und 4). Andere Forscher, insbesondere Shiro Kakiuchi an der Universität Osaka, bestätigten bald darauf meine Ergebnisse.

Bei dem Protein handelte es sich um Calmodulin, aber diesen Namen erhielt es erst sehr viel später, nachdem seine Beziehung zum Calcium eindeutig nachgewiesen war. Zunächst war nur klar, daß es selbst keine enzymatische Aktivität besitzt, daß es Hitze bemerkenswert gut verträgt und daß es mit der Phosphodiesterase eher stöchiometrisch (nach Art einer gewöhnlichen chemischen Reaktion, bei der die Reaktionspartner in einem bestimmten Zahlenverhältnis zueinander stehen) als katalytisch (enzymähnlich) zusammenwirkt. In unserem und in anderen Laboratorien wurden daraufhin Methoden zur Reinigung und biochemischen Charakterisierung des Proteins entwickelt.

1973 fand Jerry H. Wang an der Universität von Manitoba, daß Calmodulin Calcium bindet. Das erklärte einige frühere Beobachtungen. So hatte Kakiuchi bemerkt, daß Phosphodiesterase aus Gehirngewebe Calciumionen braucht, um voll aktiv zu sein, und daß Calmodulin die Reaktion des Enzyms auf Calcium steigert; ich hatte festgestellt, daß nur zum Teil gereinigte Phosphodiesterase, der noch etwas Calmodulin anhaftete, auch eine geringe Calciummenge enthielt. Bald darauf war klar, daß Calmodulin als Vermittler zwischen Calcium und Phosphodiesterase fungiert: Calcium aktiviert das Calmodulin und dieses anschließend die Phosphodiesterase.

Aufbau und Wirkungsweise

Da sich viele Laboratorien mit Calmodulin beschäftigten, dauerte es nicht lange, bis das Protein in allen Einzelheiten charakterisiert war. Es erwies sich als eine aus 148 Aminosäuren bestehende Einzelkette mit einem Molekulargewicht von 16 700 (Bild 1). Bei einem Drittel der Kettenglieder handelt es sich um Glutaminsäure und Asparaginsäure: Aminosäuren mit sauren Seitenketten, über deren negativ geladene Carboxylgruppen (COO^-) das Calciumion in erster Linie gebunden wird. Es sieht so aus, als ob das Protein in vier weitgehend identische Domänen gefaltet sei, von denen jede eine Bindungsstelle für Calcium besitzt. Ob das Ion daran gebunden ist oder nicht, hängt von seiner Konzentration in der intrazellulären Umgebung ab. Mit dieser konzentrationsabhängigen Bindungsfähigkeit gegenüber Calcium erfüllt Calmodulin eine entscheidende Voraussetzung für einen signalempfindlichen Rezeptor.

Calmodulin ist ein ungewöhnlich zähes Molekül. Starke Säuren können ihm ebensowenig etwas anhaben wie kochendes Wasser – Behandlungen, die die meisten Proteine nicht unbeschadet überstehen. Innerhalb der Zelle schwimmt Calmodulin frei im Cytoplasma oder ist an Membranen und Organellen gebunden. Seine im Fließgewicht vorhandene Konzentration hängt von der Art der Zellen und den momentanen Bedingungen ab, scheint jedoch nie der entscheidende Faktor zu sein, der die Geschwindigkeit der enzymatischen Reaktionen begrenzt; anders gesagt: Calmodulin gibt es immer mehr als genug.

Außer durch seinen hohen Glutamin- und Asparaginsäuregehalt zeichnet sich Calmodulin durch das völlige Fehlen zweier leicht oxidierbarer (und daher leicht abbaubarer) Aminosäuren, Tryptophan und Cystein, aus. Ohne Cystein (das ein Schwefelatom enthält) können zwischen den verschiedenen Regionen der Kette keine Disulfidbrücken gebildet werden. Die Abwesenheit solcher Brücken sowie das Fehlen von Hydroxyprolin (einer abgewandelten Aminosäure, die häufig einen dauerhaften Knick in der Proteinkette verursacht) machen Calmo-

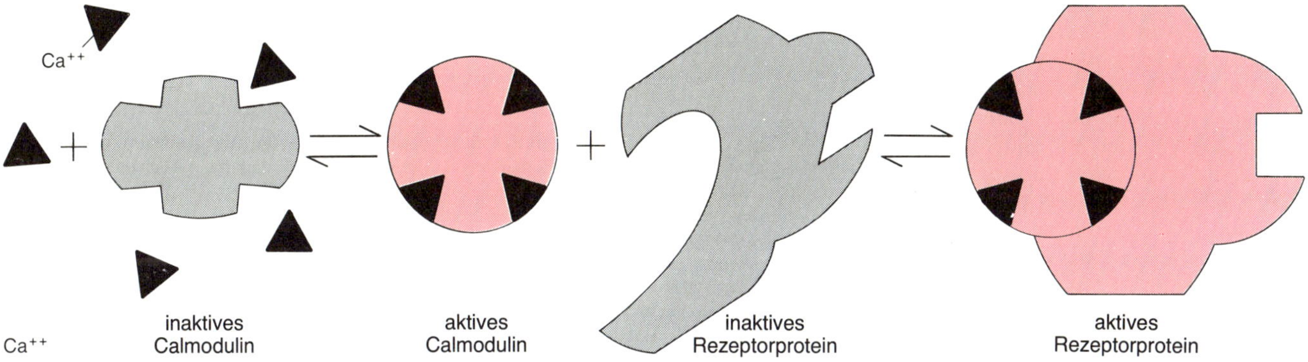

Bild 4: Wirkungsweise des Calmodulins in stark schematisierter Darstellung. Weder Calcium noch Calmodulin sind für sich allein wirksam. Indem Calmodulin vier Calciumionen an sich bindet, ändert es seine Gestalt und wird so aktiviert. In diesem Zustand kann es nun mit einem Enzym (oder einem anderen Protein) in Wechselwirkung treten. Dabei ändert sich die Gestalt des Enzyms, wodurch dieses gleichfalls aktiviert wird.

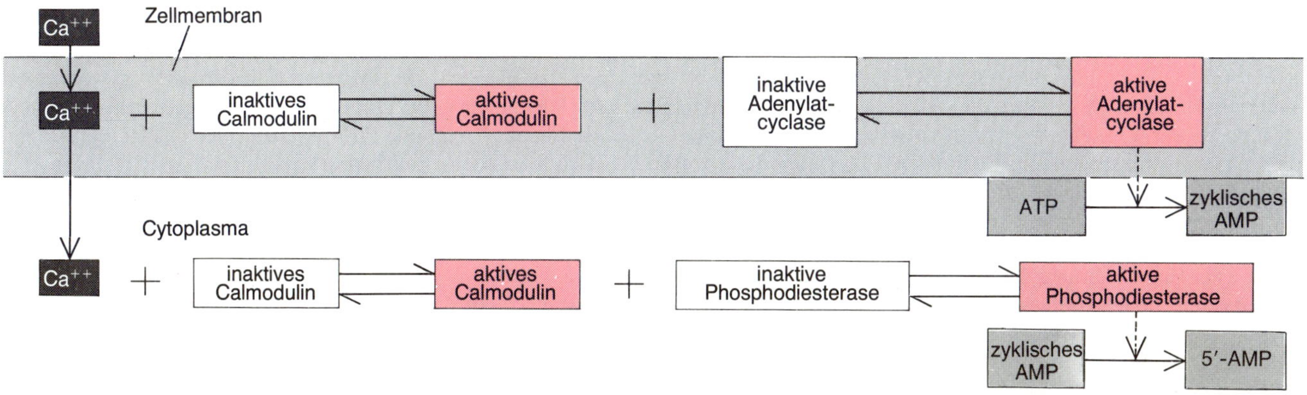

Bild 5: Durch die aufeinanderfolgende Aktivierung der Enzyme Adenylatcyclase und Phosphodiesterase im Gehirn (und vielleicht auch in anderen Geweben) schaltet Calcium im Verein mit Calmodulin eine Aktivität in der Zelle nicht nur an, sondern kurz darauf auch wieder ab. Sobald die Ankunft eines Nervenimpulses die äußere Membran der Zelle für Calcium durchlässig gemacht hat, dringen die Ionen in die Membran ein. Dort aktivieren sie Calmodulin, das daraufhin die membrangebundene Adenylatcyclase dazu anregt, die Umwandlung von Adenosintriphosphat (ATP) zu dem intrazellulären Botenstoff zyklisches Adenosinmonophosphat (zyklisches AMP) zu katalysieren. Nachdem dieses seine Botenfunktion erfüllt hat, wird es von der Phosphodiesterase zu 5′-Adenosinmonophosphat (5′-AMP) abgebaut. Auch die Aktivierung des abbauenden Enzyms übernehmen Calciumionen, die durch die Zellmembran eingedrungen sind und sich an Calmodulin im Cytoplasma angelagert haben.

dulin ausgesprochen flexibel. Diese Flexibilität dürfte nicht nur zu seiner Stabilität beitragen, indem sie das Molekül befähigt, auch nach starken Verzerrungen, die es unter extremen Bedingungen erleidet, seine ursprüngliche Gestalt wiederzuerlangen – sie dürfte auch für die Funktionsweise des Calmodulins von zentraler Bedeutung sein (siehe unten).

In puncto Vielseitigkeit stehen sich Calmodulin und sein Partner Calcium in nichts nach. Calcium ist in allen biologischen Systemen reichlich vorhanden. Seine Bedeutung als Botenstoff rührt zum Teil daher, daß es in der extrazellulären Flüssigkeit zwischen 1000 und 10 000 Mal häufiger ist als im Innern der Zelle. (Tatsächlich verträgt keine Zelle einen hohen Calciumgehalt in ihrem Innern; denn das Ion verbindet sich mit wichtigen organischen Phosphaten wie AMP und fällt sie dabei als unlösliche Salze aus.) Daß das steile Gefälle zwischen extra- und intrazellulärer Calciumkonzentration aufrecht erhalten bleibt, garantieren die für das Ion gewöhnlich praktisch undurchlässige Zellmembran sowie spezielle Mechanismen zur Beseitigung überschüssigen Calciums: entweder wird das Ion durch eine enzymatische Pumpe in der Membran aus der Zelle ausgeschleust oder von einer Organelle im Zellinnern eingeschlossen. Eine Erregung der Zelle durch einen elektrischen Impuls oder ein anderes Signal macht die Membran vorübergehend für Calcium durchlässig, und der plötzliche Einstrom von Calciumionen ist es, den die Zelle als Signal wahrnimmt.

Auf welche Art Calcium Enzyme wie die calciumabhängige Phosphodiesterase steuert, weiß man inzwischen sehr genau (Bild 4). Die Steuerung erfolgt in zwei aufeinanderfolgenden Aktivierungsschritten. Sobald das in die Zelle einströmende Calcium eine bestimmte Konzentration erreicht hat, binden sich je vier Ionen an ein Molekül Calmodulin. Dadurch erhält dieses eine neue, kompaktere Gestalt und wird aktiviert. Wie Daniel R. Storm an der Universität von Washington herausfand, besteht die Aktivierung in der Freilegung einer hydrophoben (wasserabstoßenden) Region des Moleküls. Diese Region tritt nun in Wechselwirkung mit der inaktiven Phosphodiesterase (oder einem anderen Enzym). Das Enzym nimmt daraufhin seinerseits eine neue Konfiguration an, in der es katalytisch wirksamer ist als vorher. Falls zuviel Calcium einströmt, wird der Überschuß von Organellen aufgenommen oder aus der Zelle hinausgepumpt. Die beiden Aktivierungsreaktionen sind umkehrbar. Wenn die Erregung der Zelle abklingt, sinkt die Calciumkonzentration auf ihr normales Niveau. Das Calmodulinmolekül verliert die gebundenen Calciumionen und kehrt in seine inaktive Form zurück. Dabei löst sich der Komplex aus Calmodulin und Phosphodiesterase auf, so daß auch das Enzym inaktiviert wird und die von Calcium eingeleitete Reaktion ihr Ende findet.

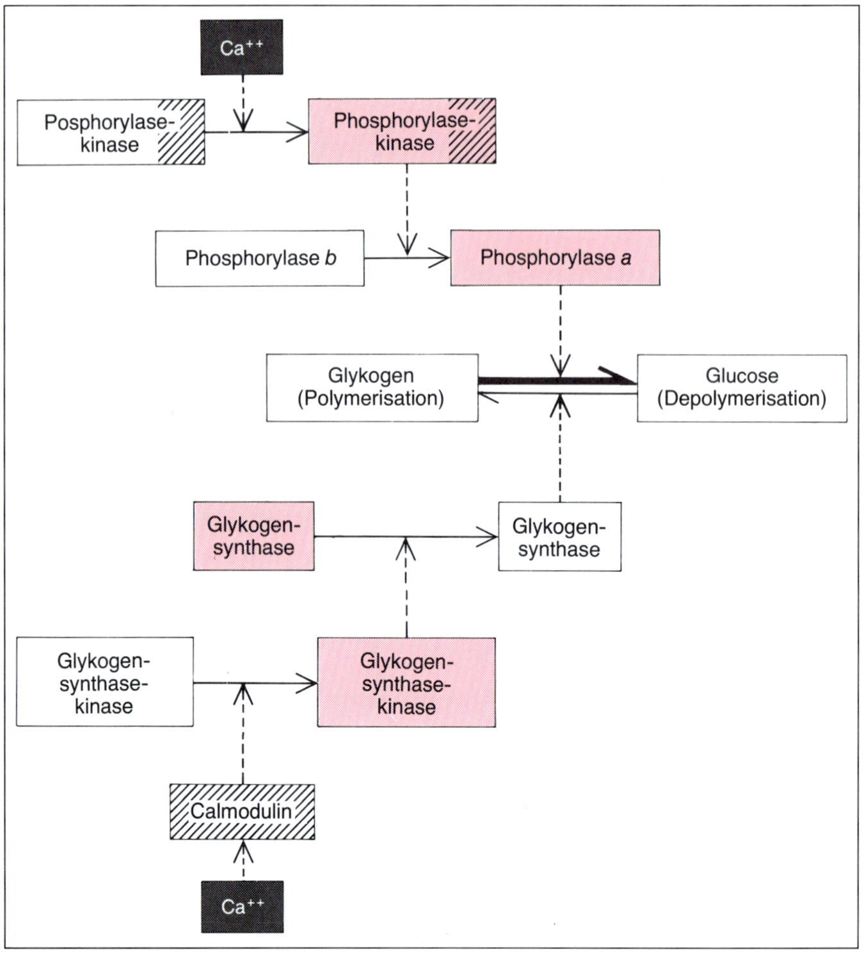

Bild 6: Der Glykogenstoffwechsel in der Skelettmuskulatur wird durch Calciumionen reguliert, die sich an ein Calmodulinmolekül (Schraffierung) heften, das eine Untereinheit des Enzyms Phosphorylasekinase bildet. Die so stimulierte Kinase (farbig) hängt Phosphatgruppen an das inaktive Enzym Phosphorylase b und überführt es dadurch in die aktive Form, Phosphorylase a. Die aktivierte Phosphorylase veranlaßt daraufhin den Abbau von Glykogen, der polymeren Speicherform der Glucose (des Traubenzuckers), zu einzelnen Glucosemolekülen, welche die für die Muskelkontraktion nötige Energie liefern. Gleichzeitig wird der umgekehrte Vorgang, die Polymerisation der Glucose zu Glykogen, gestoppt. Dazu heften sich Calciumionen an Calmodulin, worauf dieses das Enzym Glykogensynthasekinase aktiviert. Die aktivierte Kinase hängt nun Phosphatgruppen an die Glykogensynthase, das für die Polymerisation der Glucose zuständige Enzym, und schaltet es dadurch ab – eine notwendige Maßnahme, um zu verhindern, daß die Glucose in Glykogen zurückverwandelt wird.

Calmodulin wurde inzwischen in allen über den Bakterien stehenden Organismen und in sämtlichen Zellsorten eines jeden solchen Organismus nachgewiesen; mit anderen Worten: es ist offensichtlich ein Bestandteil aller eukrayotischen Zellen (Zellen mit echten Zellkernen). Calmoduline aus phylogenetisch (stammesgeschichtlich) unterschiedlichen Quellen haben identische oder zumindest sehr ähnliche biologische und biochemische Eigenschaften; selbst in der Reihenfolge der Aminosäuren entlang der Proteinkette scheint es kaum Abweichungen zu geben. Daher nimmt es kaum Wunder, daß das Enzym weder Art- noch Gewebespezifität aufweist: Im Reagenzglas ist aus einem einzelligen Protozoen (Urtierchen) gewonnenes Calmodulin in der Lage, ein Enzym wie die Phosphodiesterase aus Rinderhirn zu aktivieren.

Steuerung von Kontraktionsvorgängen

Die weite Verbreitung und biochemische Bedeutung von Calmodulin wurde nur allmählich erkannt. In den frühen siebziger Jahren untersuchte Thomas C. Vanaman von der Duke-Universität ein Hirnprotein, das eine Abart von Troponin C (des Calciumrezeptors in quergestreiften Muskeln) zu sein schien. Als meine Mitarbeiter und ich die Aminosäuresequenz des Calmodulins veröffentlichten, fiel Vanaman auf, daß sie der seines Eiweißstoffes auffallend ähnlich war. Er übersandte mir eine Probe des troponinähnlichen Proteins und bat mich festzustellen, ob es Phosphodiesterase aktiviere. Das tat es nicht schlechter als unser eigenes Calmodulin – kein Wunder; denn es war Calmodulin. Dieser Befund und die Ergebnisse anderer Untersuchungen brachen allmählich der Einsicht Bahn, daß frühere Berichte, wonach Troponin C im Gehirn und in anderen Geweben oder Zellen wie den Blutplättchen vorkommen sollte, falsch waren. Troponin C ist wahrscheinlich auf Herz- und Skelettmuskeln beschränkt; bei dem troponinähnlichen Protein in allen anderen Geweben handelt es sich um Calmodulin.

In meinem Laboratorium in St. Jude entdeckten wir, daß die Calmodulinkonzentration in verschiedenen Geweben nicht mit der Verteilung der Phosphodiesterase korreliert ist. Das warf die Frage auf, ob Calmodulin neben der Aktivierung der Phosphodiesterase noch andere Funktionen ausübt. 1972 berichtete Laurence S. Bradham von der Universität von Tennessee, daß die Adenylatcyclase – das Enzym, das die Synthese von zyklischem AMP katalysiert – im Gehirngewebe Calcium braucht, um ihre volle Wirksamkeit zu entfalten. Daraufhin führten Charles O. Brostrom und Donald J. Wolff von der Rutgers Medical School sowie Bradham gemeinsam mit unserer Gruppe den experimentellen Nachweis, daß Calmodulin im Gehirn Adenylatcyclase ebenso aktiviert, wie es die Phosphodiesterase stimuliert.

Interessanterweise steuert also das gleiche Molekül das Enzym für den Aufbau (die Adenylatcyclase) wie auch das für den Abbau (die Phosphodiesterase) derselben Substanz (zyklisches AMP). Das geht nur deshalb gut, weil die Adenylatcyclase an die Zellmembran gebunden ist, während die calciumabhängige Phosphodiesterase frei im Cytoplasma vorliegt (Bild 5). Durch die Außenmembran einströmendes Calcium bindet sich daher zunächst an Calmodulinmoleküle in der Membran und aktiviert so das Enzym Adenylatcyclase, das ATP in zyklisches AMP umwandelt. Etwas später erreichen die Calciumionen auch die Calmodulinmoleküle im Cytoplasma, heften sich an sie und aktivieren so die Phosphodiesterase. Die aufeinanderfolgende Aktivierung dieser beiden Enzyme könnte den vorübergehenden Anstieg der Konzentration an intrazellulärem zyklischem AMP erklären, den man bei der Stimulation bestimmter Gewebe beobachtet.

Kürzlich zeigte James D. Porter von der Universität Cincinnati, daß sich die beiden Enzyme in ihrer Empfindlichkeit

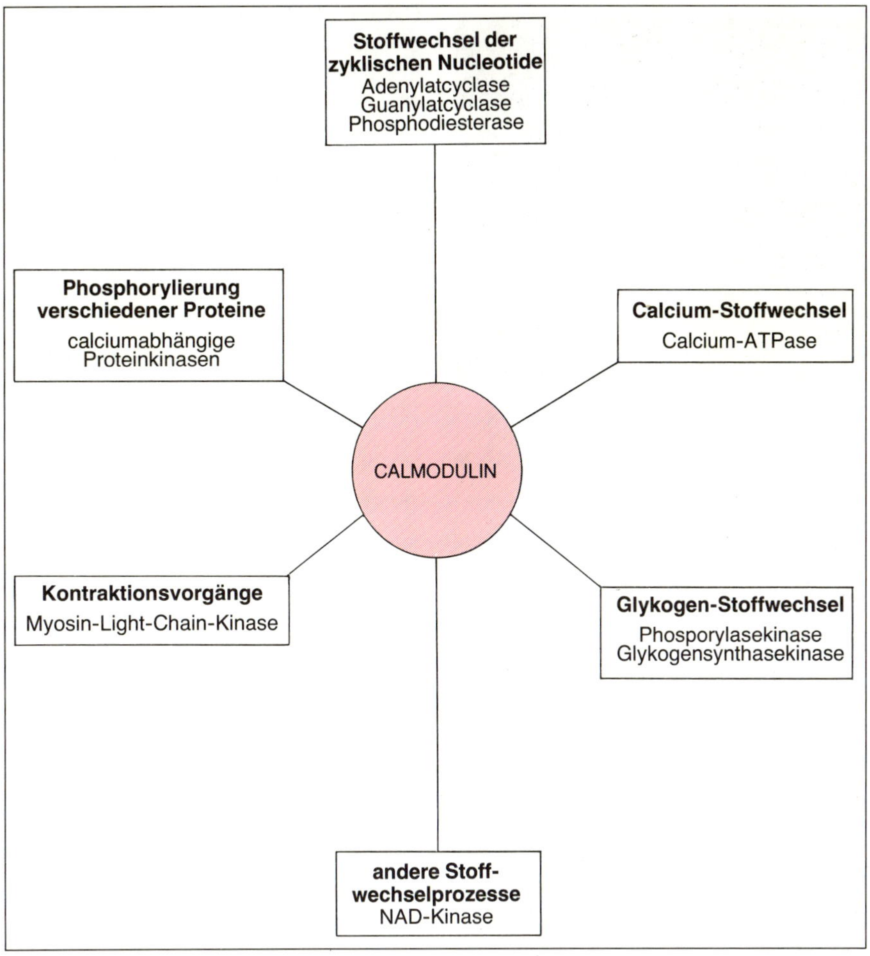

Bild 7: Die Palette der bislang entdeckten Aufgaben von Calmodulin ist vielfältig. Neben den einzelnen Funktionen sind hier auch die beteiligten Enzyme (soweit bekannt) zusammengestellt. Adenylatcyclase und Guanylatcyclase katalysieren die Synthese von zyklischem AMP beziehungsweise GMP (Guanosinmonophosphat), während die Phosphodiesterase die beiden zyklischen Moleküle wieder spaltet. Die Calcium-ATPase schleust als eine Art molekulare Pumpe überschüssige Calciumionen aus der Zelle aus. Phosphorylasekinase und Glykogensynthasekinase kontrollieren die Enzyme, die den Abbau beziehungsweise die Synthese von Glykogen einleiten. Die NAD-Kinase synthetisiert NADP (Nicotinamid-adenin-dinucleotidphosphat) aus dem Cofaktor NAD. Die Myosin-Light-Chain-Kinase steuert in glatten Muskelzellen sowie in nichtmuskulären Zellen deren Kontraktion. Schließlich scheint es noch weitere calciumabhängige Proteinkinasen zu geben, die verschiedene Proteine phosphorylieren – einschließlich solcher, die an der Synthese von Neurotransmittern beteiligt sind.

gegenüber Calcium unterscheiden. Das kann bedeuten, daß während der Anfangsphase des Calciumeinstroms ein vergleichsweise niedriger Calciumspiegel ausreicht, um die Adenylatcyclase zu aktivieren. Erhöht sich der Calciumspiegel, bewirkt das Ion zweierlei: Es aktiviert die Phosphodiesterase und hemmt (auf bislang ungeklärte Weise) die Adenylatcyclase; dadurch geht die Konzentration an zyklischem AMP schnell auf ihren Normalwert zurück.

Aber auch die Entdeckung, daß Calmodulin ein zweites Enzym steuert, konnte die hohe Calmodulinkonzentration im Gehirn nicht zur Genüge erklären (sie überstieg die für die Steuerung beider Enzyme gebrauchte Menge immer noch bei weitem), geschweige denn die Anwesenheit von Calmodulin in Geweben, die keines dieser Enzyme besaßen. So begann die Suche nach anderen Funktionen – mit großem Erfolg. Aber so lang die Liste solcher Funktionen inzwischen schon ist, sie wächst noch immer, und die meisten beteiligten Wissenschaftler erwarten, daß das Tempo, in dem zur Zeit neue Entdeckungen gemacht werden, noch einige Jahre unvermindert anhält.

1973 fand Guy H. Bond vom Medical College of Virginia in den roten Blutkörperchen des Menschen einen Faktor, der die Calcium-ATPase (jene enzymatische Pumpe in der Zellmembran, die Calcium aus der Zelle befördert) stimuliert. Frank F. Vincenzi an der Universität von Washington und John T. Penniston von der Mayo-Klinik identifizierten den Pumpenaktivator als Calmodulin. Es ist, wie sich später herausstellte, der gleiche Faktor, der auch in anderen Zellen die

Calcium-ATPasen aktiviert. Calmodulin gibt demnach nicht nur die vom Calcium überbrachte Botschaft an Empfängerproteine weiter, sondern „moduliert“ zugleich auch die intrazelluläre Konzentration des Botschafters (also Calcium) selbst (daran dachte ich, als ich den Namen Calmodulin prägte): Nachdem Calmodulin die Ankunft von Calcium registriert und unter Mitwirkung dieses Ions ein Enzym stimuliert hat, macht es sich daran, die Pumpe anzuschalten, die die Zelle wieder von überschüssigem Calcium befreit.

Wie oben erwähnt, war der erste identifizierte Calciumrezeptor das Troponin C in der quergestreiften Muskulatur. Ein am Muskel eintreffender Nervenimpuls setzt Calcium aus einem Speicher in der Muskelzelle, dem sogenannten sarkoplasmatischen Reticulum, frei. Die Ionen binden sich an das Troponin C, verändern dessen Gestalt und bringen so eine Lawine von Prozessen ins Rollen, an deren Ende die Freisetzung von Energie für die Muskelkontraktion durch die Hydrolyse von ATP steht. Bei der Kontraktion der glatten Muskulatur und der Filamente in Nichtmuskelzellen spielt dagegen Calmodulin den Vermittler zwischen Calcium und der Hydrolyse von ATP. Wie David J. Hartshorne an der Universität von Arizona und andere Wissenschaftler gezeigt haben, aktiviert Calmodulin, nachdem es Calciumionen gebunden hat, eine Proteinkinase: ein Enzym, das seinerseits ein Enzym oder irgendein Protein phosphoryliert (ihm eine Phosphatgruppe anhängt). Bei der glatten Muskulatur ist es eine regulatorische Komponente des Proteins Myosin, die eine Phosphatgruppe erhält und daraufhin eine ähnliche Kette von Prozessen auslöst, wie sie in quergestreiften Muskeln durch Vermittlung von Troponin C in Gang kommt.

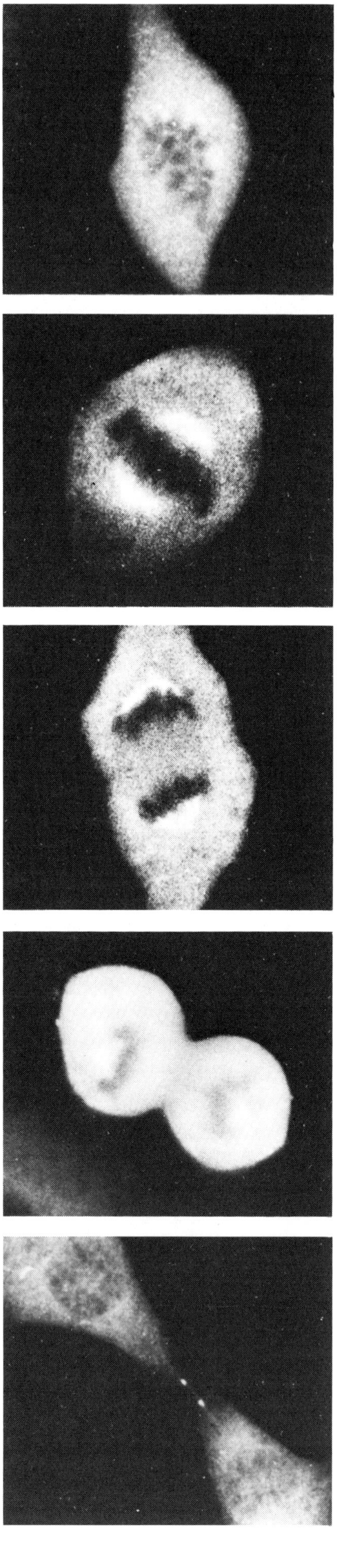

Bild 8: Calmodulin tritt gehäuft in der mitotischen Spindel auf: dem Apparat, der während der Zellteilung die beiden Chromosomensätze einer Zelle auseinanderzieht. Auf den von John R. Dedman, B. R. Brinkley und Anthony R. Means am Baylor College of Medicine gemachten mikroskopischen Aufnahmen ist ein sich teilender Fibroblast (eine Bindegewebszelle) einer Maus zu sehen, in dem Calmodulin durch die Technik der Immunofluoreszenz sichtbar gemacht wurde. Dazu wurde die Zelle mit aus Schafen gewonnenen Antikörpern gegen Calmodulin behandelt und dann mit weiteren, gegen die Schafantikörper gerichteten und mit einem Fluoreszenzfarbstoff markierten Antikörpern versetzt. Das helle Leuchten verrät, daß Calmodulin innerhalb der gesamten Zelle, besonders konzentriert aber in der Spindel vorkommt. Zu sehen sind die aufeinanderfolgenden Phasen der Zellteilung (von oben): Prophase, Metaphase, Anaphase, Telophase und zuletzt die Abschnürung der Tochterzellen.

Regulatorische Funktionen im Stoffwechsel

Die Energie verbrauchende Muskelkontraktion ist an eine Reihe Energie liefernder Stoffwechselvorgänge gekoppelt. Glykogen, die Speicherform der Glucose, bildet die Hauptquelle schnell verfügbarer Energie, und große Glykogenreserven sind in allen Muskelzellen leicht zugänglich. Weil Glykogen ein Polymer der Glucose (eine lange Kette aus aneinandergehängten Glucosemolekülen) ist, muß es zunächst depolymerisiert werden, ehe der weitere Abbau der Glucose die benötigte Energie liefern kann. Bei der Erregung einer Zelle innerhalb der quergestreiften Muskulatur lösen die vom sarkoplasmatischen Reticulum ausgeschütteten Calciumionen nicht nur die Kontraktion der Zelle, sondern auch die Depolymerisation von Glykogen aus (Bild 6). Dabei binden sie sich allerdings weder an Troponin C noch an freie Calmodulinmoleküle, sondern an eine Calmodulingruppe, die als Untereinheit bereits in das zu aktivierende Enzym eingebaut ist. Bei diesem Enzym handelt es sich um eine Kinase, deren Struktur Philip Cohen von der Universität Dundee aufgeklärt hat. Die aktivierte Kinase hängt eine Phosphatgruppe an das Enzym Phosphorylase, das dadurch aus der inaktiven b-Form in die aktive a-Form übergeht. Die Phosphorylase a veranlaßt nun den Abbau von Glykogen zu Glucose, deren weiterer Abbau schließlich ATP, die universelle Energiewährung der Zellen, liefert.

Aber damit ist die Geschichte noch nicht zu Ende. Muskelzellen haben nicht nur ein Enzym zur Spaltung von Glykogen, sondern auch eines, das umgekehrt Glucosemoleküle zu Glykogen verknüpft (Bild 6). Dieses Enzym, die Glykogensynthase, muß natürlich abgeschaltet werden, sobald die Muskelzelle Glucose braucht. Auch das geschieht durch Phosphorylierung des entsprechenden Enzyms, nämlich der Glykogensynthase, die im Gegensatz zur Phosphorylase allerdings im „nackten“ Zustand aktiv ist und im phosphorylierten gehemmt. Wie Thomas R. Soderling von der Vanderbilt-Universität kürzlich zeigte, hat Calmodulin bei dieser Aktion gleichfalls die Finger im Spiel: Es stimuliert die Glykogensynthasekinase – eben jenes Enzym, das die Glykogensynthase phosphoryliert und damit abschaltet. Folglich stellen Calcium und Calmodulin sicher, daß bei Energiebedarf der Zelle nicht nur der Glykogenabbau angeregt, sondern zugleich auch die Glykogensynthese unterdrückt wird. Beide Vorgänge wiederum sind durch Calcium (über Calmodulin) mit dem Kontraktionsprozeß selbst gekoppelt.

Häufig ist die Phosphorylierung eines Proteins durch eine Kinase der Schlüsselschritt in einem regulatorischen Prozeß. Vieles spricht dafür, daß es außer den drei Proteinkinasen, die an der Kontraktion glatter Muskeln und am Glykogenstoffwechsel beteiligt sind, weitere calmodulinabhängige Kinasen gibt. So hat Paul Greengard von der Yale-Universität eine Kinase entdeckt, die – je nachdem in welchem Gewebe sie aktiv ist – eine Reihe verschiedener Enzyme zu phosphorylieren scheint. Desgleichen fand Robert DeLorenzo von der Yale-Universität in der Membran der Faserendigungen von Nervenzellen eine calmodulinabhängige Kinase, die das Protein Tubulin phosphoryliert. Dabei ver-

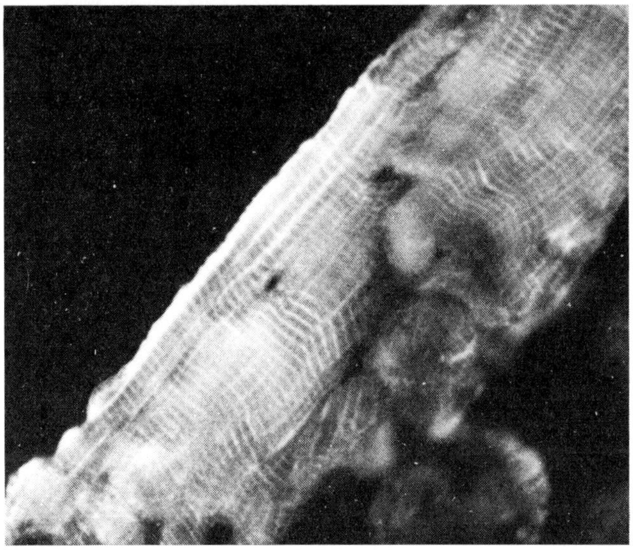

Bild 9: In den Skelettmuskeln scheint Calmodulin in einer bestimmten Bande (vermutlich der sogenannten I-Bande) in dem für diese Muskeln charakteristischen Muster aus periodischen Querstreifen lokalisiert zu sein. Außerdem findet es sich in einer längs verlaufenden Struktur – wahrscheinlich dem sarkoplasmatischen Reticulum, einem Calciumspeicher in Muskelzellen. Diese mikroskopische Aufnahme, die Jeffrey F. Harper und Alton L. Steiner von der Universität von Texas in Houston in Zusammenarbeit mit der Arbeitsgruppe des Autors hergestellt haben, zeigt ein Segment des Gastroknemiusmuskels aus einem Rattenbein in 800facher Vergrößerung. Calmodulin wurde wieder durch Immunofluoreszenz sichtbar gemacht.

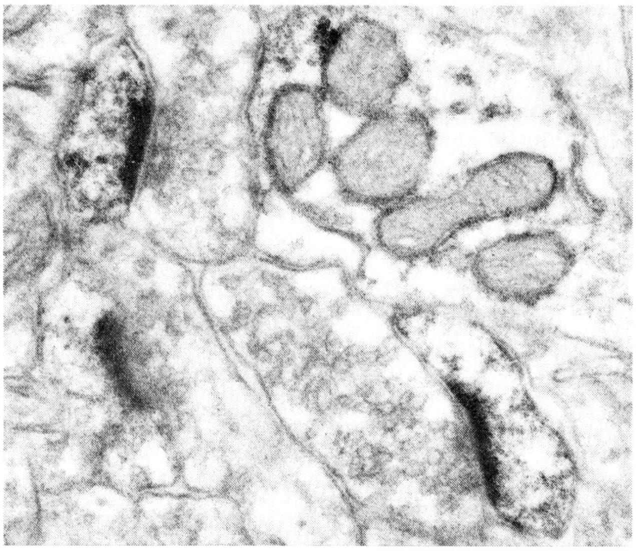

Bild 10: Im Gehirn findet sich Calmodulin nahe den postsynaptischen Regionen, an denen Nervenzellen die Signale von ihresgleichen empfangen. Auf dieser elektronenmikroskopischen Aufnahme, die John G. Wood von der Emory-Universität in Zusammenarbeit mit der Arbeitsgruppe des Autors gemacht hat, ist ein Dünnschnitt aus der Basalganglion genannten Region des Rattenhirns in 70 000facher Vergrößerung dargestellt. Der Schnitt wurde zunächst mit einem Kaninchenantikörper gegen Calmodulin und dann mit einem gegen diesen gerichteten und mit dem Enzym Peroxidase markierten zweiten Antikörper behandelt. Durch die Peroxidase ausgefällter Farbstoff zeigt, daß sich Calmodulin an den sogenannten postsynaptischen Verdickungen angereichert hat.

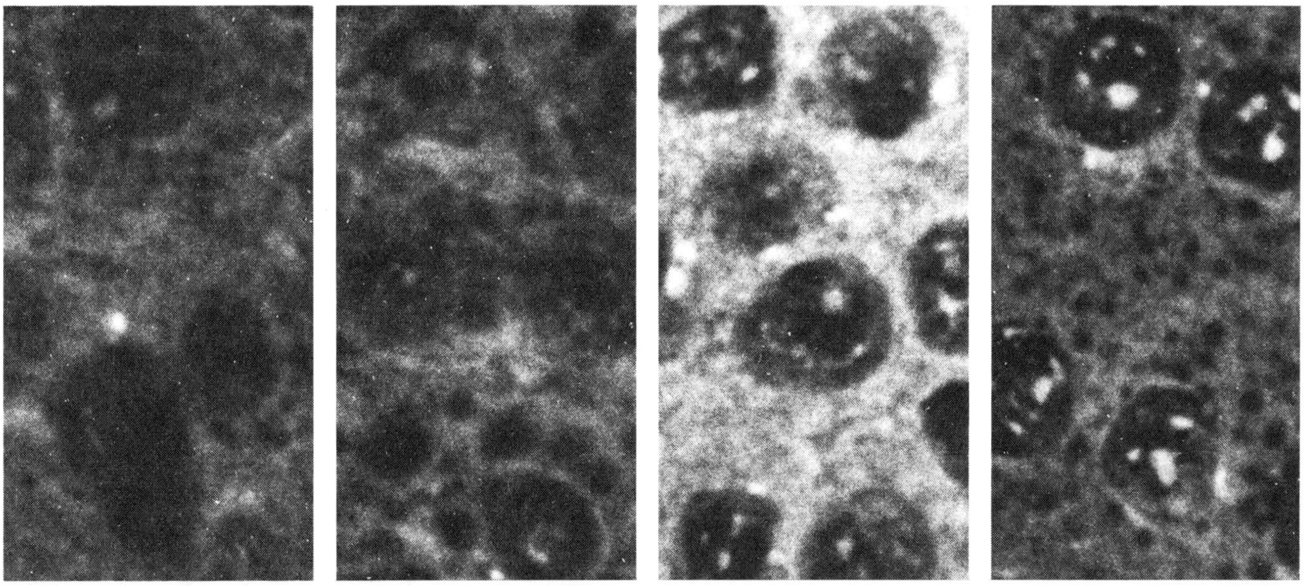

Bild 11: Wenn man die Nebennierenrinde der Ratte durch ein Hormon stimuliert, scheint sich Calmodulin an die Kerne der betroffenen Zellen anzulagern. Die von Harper und Steiner zusammen mit der Arbeitsgruppe des Autors gemachten mikroskopischen Aufnahmen zeigen Rindengewebe aus Nebennieren, die vor der Injektion von Corticotropin (das die Rinde zur Synthese von Steroidhormonen anregt) sowie zu verschiedenen Zeiten danach entfernt wurden. In nichtstimulierten Zellen (links) zeigt die Immunofluoreszenz nur etwas Calmodulin im Cytoplasma. Nach einer halben Stunde (zweite Aufnahme von links) fluoreszieren die Zellkerne leicht. Nach einer Stunde (dritte Aufnahme von links) ist die Konzentration an Calmodulin offenbar generell gestiegen. Nach elf Stunden (rechts) hat sich fast das gesamte Calmodulin an die Zellkerne angelagert, was darauf hindeutet, daß es an irgendeiner Funktion, die Corticotropin im Zellkern ausübt, beteiligt ist.

ändern sich die physikalischen und chemischen Eigenschaften des Tubulins dergestalt, daß es sich mit seinesgleichen zu filamentösen (faserigen) Strukturen zusammenlagert. (Bei den Filamenten scheint es sich allerdings nicht um Mikrotubuli, also jene kabelartigen Strukturen, zu handeln, die normalerweise von Tubulin gebildet werden.) DeLorenzo glaubt, daß die Filamente mit der Membran in Wechselwirkung treten und dadurch die Freisetzung von Noradrenalin fördern. Noradrenalin ist ein Neurotransmitter, also eine der Substanzen, die einen Nervenimpuls von einer Nervenzelle zu einer anderen oder zu einer Muskelzelle übertragen.

Auch bei der Synthese von Neurotransmittern spielt Calmodulin möglicherweise eine Rolle. Die Catecholamintransmitter Dopamin, Noradrenalin und Adrenalin werden in mehreren Schritten aus der Aminosäure Tyrosin synthetisiert; den ersten Schritt katalysiert das Enzym Tyrosin-3-monooxygenase. Hitoshi Fujisawa vom medizinischen Institut Asahikawa wies nach, daß dieses Enzym in den aktiven Zustand übergeht, wenn es durch eine calmodulinabhängige Kinase phosphoryliert wird. Ein weiteres Enzym, das durch eine calmodulinabhängige Phosphorylierung angeschaltet wird, ist die Tryptophan-5-monooxygenase. Sie katalysiert die Umwandlung der Aminosäure Tryptophan in den Neurotransmitter Serotonin.

Das Nicotinamid-adenin-dinucleotid-phosphat (NADP) ist als Cofaktor für die Synthese vieler Zellbestandteile wie der Steroid-Hormone, der Nucleotide (Untereinheiten der Nucleinsäuren) und der Fettsäuren nötig. NADP kann durch eine spezifische Kinase, die, wie Milton J. Cormier an der Universität von Georgia herausfand, von Calmodulin abhängig ist, aus Nicotinamid-adenin-dinucleotid (NAD) synthetisiert werden. Während der frühen Embryonalentwicklung sind NAD und NADP für viele Aktivitäten der Zelle erforderlich. Man weiß ferner, daß Calcium bei der Befruchtung eine wichtige Rolle spielt. David Epel an der Hopkins Marine Station der Stanford-Universität sowie Robert W. Wallace und ich haben gezeigt, daß der Calciumspiegel im Innern von Seeigeleiern kurz nach der Befruchtung ansteigt und daß dies zu einer vorübergehenden Aktivierung der NAD-Kinase durch Calmodulin führt. Die dadurch hervorgerufene vermehrte NADP-Synthese könnte dazu beitragen, Stoffwechselprozesse in Gang zu setzen, die für die aufeinanderfolgenden Zellteilungen verantwortlich sind, in deren Verlauf der junge Embryo entsteht.

Zyklisches Guanosinmonophosphat (zyklisches GMP) ist ein dem zyklischen AMP verwandtes Nucleotid, von dem man annimmt, daß es ebenfalls als intrazellulärer Botenstoff dient; über seine genauen Funktionen ist allerdings nur wenig bekannt. Kürzlich berichtete Yoshio Watanabe von der Universität Tsukuba, daß Calmodulin in dem Protozoen (einzelligen Urtierchen) *Tetrahymena* eine Guanylatcyclase aktiviert – ein Enzym, das die Synthese von zyklischem GMP katalysiert. Während Calmodulin für gewöhnlich keine Artspezifität aufweist, scheint die Guanylatcyclase des Protozoen nur durch dessen eigenes Calmodulin aktiviert zu werden. Von der Guanylatcyclase der Säugetiere weiß man, daß sie Calcium benötigt, um ihre volle Leistung zu erbringen; ob auch in

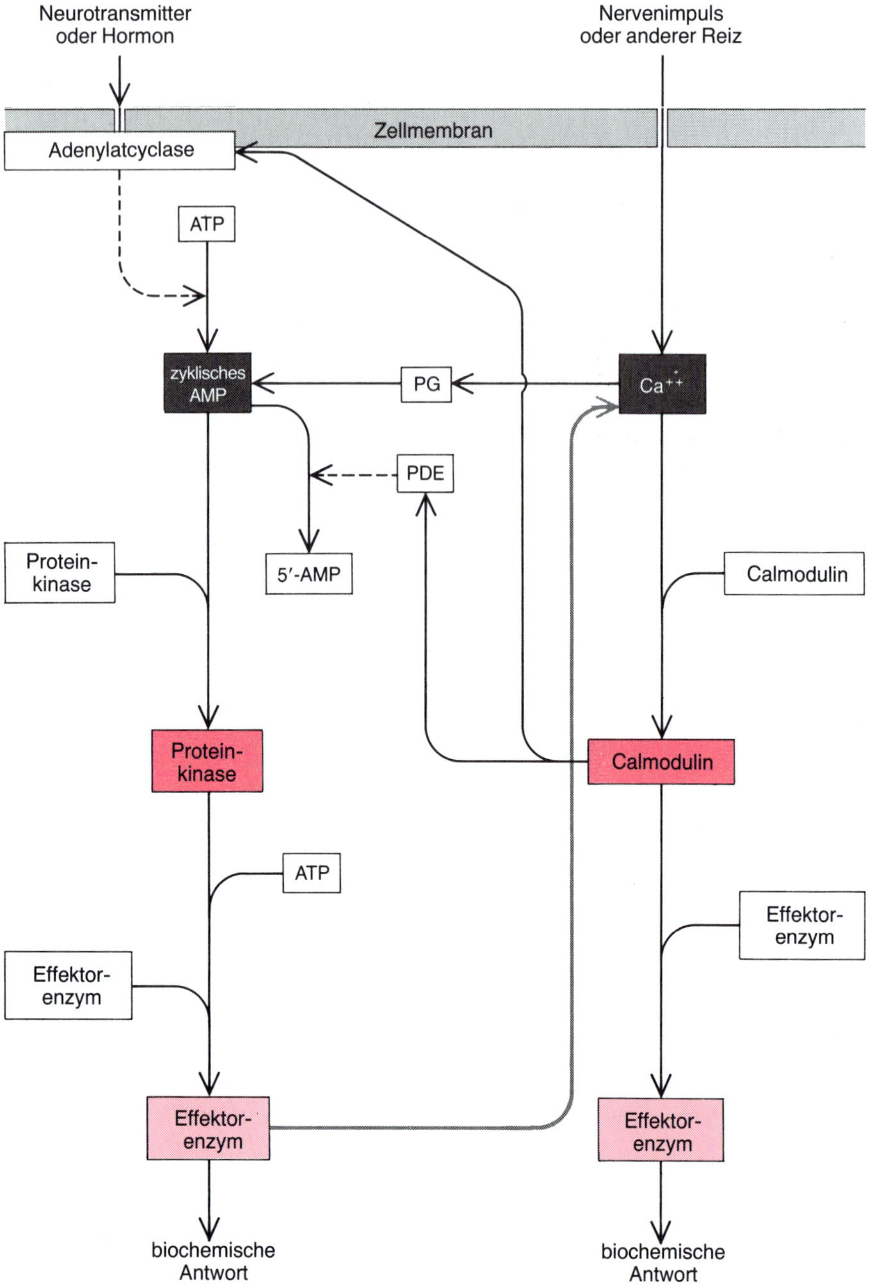

Bild 12: Wechselwirkung zwischen den beiden intrazellulären Nachrichtensystemen zyklisches AMP (links) und Calcium/Calmodulin (rechts). Die Ankunft eines interzellulären Botenstoffs stimuliert das Enzym Adenylatcyclase, das zyklisches AMP synthetisiert; dieser intrazelluläre Botenstoff aktiviert daraufhin eine Proteinkinase, die irgendein Effektorprotein phosphoryliert und es dadurch stimuliert oder hemmt. Analog regt Calmodulin, wenn es durch Calciumionen aktiviert wird, ein Effektorprotein dazu an, einen biochemischen Vorgang einzuleiten. Calcium stimuliert auf diese Weise die Aktivität der Adenylatcyclase und zugleich die der Phosphodiesterase (PDE), also jenes Enzyms, das zyklisches AMP abbaut. Calcium steuert ferner den Stoffwechsel der hormonähnlichen Fettsäure Prostaglandin (PG), die ihrerseits wieder den Stoffwechsel der Adenylatcyclase beeinflußt. Zyklisches AMP dürfte umgekehrt auf den Calciumgehalt der Zelle Einfluß nehmen – vermutlich, indem es eine Phosphorylierung bewirkt, die die Aufnahme von Calciumionen in Organellen fördert.

diesem Fall Calmodulin als Vermittler fungiert, bleibt noch zu klären.

Aufgaben bei der Signalübermittlung

Bisher habe ich ausschließlich Prozesse diskutiert, bei denen Calmodulin ein spezifisches Enzym mit bekannter Funktion steuert. Zweifelsohne entfaltet Calmodulin aber noch andere Aktivitäten, auch wenn es dafür vorerst nur indirekte Anzeichen gibt. So kommt es in vielen Geweben vor, wo man nicht weiß, was es dort eigentlich tut. In anderen Fällen kennt man zwar das Protein, an das es sich bindet, hat aber keine Vorstellung, was dessen Funktion ist.

Ein solches Protein ist Calcineurin, das gemeinsam mit Calmodulin in vielen Bereichen des Mäusehirns vorkommt. Calcineurin besteht aus zwei Untereinheiten – eine davon etwa so groß wie Calmodulin, die andere größer. Claude B. Klee vom Nationalen Krebsinstitut der USA fand heraus, daß die kleine Untereinheit wie Calmodulin vier Calciumionen bindet, während sich die große Untereinheit an Calmodulin anlagert. Die Funktion des Calcineurins ist noch nicht völlig geklärt, aber nach vorläufigen Befunden aus Cohens sowie meinem Laboratorium handelt es sich um eine Proteinphosphatase: ein Enzym, das die Abspaltung einer Phosphatgruppe von einem Protein katalysiert. Es tritt gehäuft an postsynaptischen Verdickungen in der Nähe der Rezeptoren für Neurotransmitter auf (Bild 10). Wie E. Ann Tallant aus meiner Arbeitsgruppe gezeigt hat, steigt seine Menge an, wenn sich während der Entwicklung Synapsen zwischen den Nervenzellen bilden. Diese Befunde legen nahe, daß Calcineurin eine Rolle bei der Übertragung von Nervenimpulsen spielt.

Der Stoffwechsel und die Funktionen von Calcium und zyklischem AMP sind eng miteinander verflochten (Bild 12). So habe ich dargelegt, wie im Gehirn Synthese und Abbau von zyklischem AMP durch Calciumionen über Calmodulin gesteuert werden; dasselbe dürfte auch für andere Gewebe gelten. Umgekehrt fördert zyklisches AMP die Aufnahme von Calcium in Organellen, beispielsweise in das sarkoplasmatische Reticulum – ein Prozeß, der mit zur Beendigung eines durch Calcium eingeleiteten Vorgangs beiträgt. Manchmal wirken Calcium und zyklisches AMP einander entgegen. Ein Beispiel bietet die Myosin-Light-Chain-Kinase, ein Enzym, das die „leichte Kette" des Myosins phosphoryliert und dadurch eine Kontraktion auslöst. Während calciumaktiviertes Calmodulin dieses Enzym in der glatten Muskulatur stimuliert, macht zyklisches AMP das gleiche Enzym (vorläufigen Befunden von Robert S. Adelstein vom Nationalen Herz-, Lungen- und Blut-Institut zufolge) solchen Stimulationen gegenüber unempfindlich. In wieder anderen Fällen ist in einem Gewebe Calcium, in einem anderen zyklisches AMP für ein und dieselbe Funktion zuständig. So wird die Phosphorylase im Muskel gewöhnlich von Calcium und Calmodulin zum Abbau von Glykogen veranlaßt, in der Leber dagegen von zyklischem AMP.

Warum das Calcium-Calmodulin- und das zyklische AMP-System unter verschiedenen Umständen aktiv sind, könnte mit ihren unterschiedlichen Merkmalen zusammenhängen. Calmodulin ist in jeder Zelle vorhanden, und Calcium gibt es in rauhen Mengen in der extrazellulären Flüssigkeit. Im Bedarfsfall sind beide Substanzen sofort einsatzbereit; daher reagiert das Calcium-System naturgemäß extrem schnell. Im Gegensatz dazu muß zyklisches AMP von der Adenylatcyclase immer erst frisch hergestellt werden, wenn ein entsprechendes Signal eingeht, und das dauert eine gewisse Zeit. Zudem ist der wichtigste Rezeptor für zyklisches AMP in eukaryotischen Zellen eine spezielle Proteinkinase, die nach der Aktivierung durch den Botenstoff eine Reihe verschiedener Substratproteine phosphorylieren kann. Demgegenüber verfügt das Calcium-System über wenigstens drei verschiedene calmodulinabhängige Kinasen, die spezifisch jeweils ein bestimmtes Substrat phosphorylieren, sowie wahrscheinlich über eine Reihe weiterer calmodulinabhängiger Kinasen, die verschiedenen Enzymen eine Phosphatgruppe anhängen. Schließlich reguliert Calcium über Calmodulin als Vermittler außer den Proteinkinasen noch viele andere Enzyme. Weil Calmodulin verformbar ist, kann es auf eine Vielzahl von Effektorenzymen einwirken; daher verleiht es dem Calciumion eine sehr viel größere Vielseitigkeit, als sie zyklisches AMP besitzt.

Die wichtigsten zellulären Botenstoffe in Säugetieren sind Hormone, zyklisches AMP (sowie andere zyklische Nucleotide) und Calcium. Hormone dienen vor allem der Verständigung zwischen den Zellen, während zyklisches AMP und Calcium Botschaften innerhalb einer einzelnen Zelle übermitteln. Die drei Botenstoffe ergänzen sich sowohl in zeitlicher als auch in räumlicher Hinsicht. Die Reaktionszeit und die Dauer des ausgelösten Vorgangs liegen bei Hormonen im Bereich von Minuten bis Stunden oder gar Wochen. Bei zyklischem AMP reichen sie von Sekunden bis Minuten, und beim Calcium bewegen sie sich wahrscheinlich im Millisekundenbereich. Häufig bezeichnet man Hormone als „primäre Botenstoffe" und weist dem zyklischen AMP entsprechend die Rolle eines „sekundären" Signalübermittlers zu. Nun könnte man versuchen, Calcium in dieses Schema einzupassen und ihm den Rang eines tertiären oder – anstelle des zyklischen AMP – den des sekundären Botenstoffs zuzuschreiben. Wenn man aber berücksichtigt, in welchem Maß die Funktionen des Calciumions und des zyklischen AMP miteinander verwoben sind und sich räumlich und zeitlich überschneiden, wäre es sinnvoller, beide Substanzen gemeinsam als zelluläre Botenstoffe zu klassifizieren.

Schluß

Mit der Entdeckung des Calmodulins ist klar geworden, wie Calcium auf molekularer Ebene wirkt. Bei der Aufklärung dieses Wirkungsmechanismus war eine Substanz besonders hilfreich, die die Aktivität des Calmodulins unterdrückt. Es handelt sich um das Psychopharmakon Trifluoperazin, das, wie Benjamin Weiss vom Medical College of Pennsylvania in den siebziger Jahren berichtete, die Wechselwirkung zwischen Calmodulin und seinen Rezeptorenzymen unterbindet. Die Droge hat nicht nur die Aufklärung bestimmter biologischer Funktionen des Calmodulins immens erleichtert, sondern auch den Bemühungen um die Entwicklung und Identifizierung von Medikamenten, die die Wirkung und den Stoffwechsel von Calcium beeinflussen, weiteren Auftrieb gegeben.

Wie kommt es, daß Calmodulin, das an allen calciumabhängigen, zellulären Prozessen beteiligt ist, über mehrere Jahrzehnte hinweg, während diese Prozesse intensiv untersucht wurden, unentdeckt blieb? Schuld daran ist – so paradox es klingt – in erster Linie seine Allgegenwart und Häufigkeit. Calmodulin scheint, anders als beispielsweise zyklisches AMP, bei keinem zellulären Vorgang der begrenzende Faktor zu sein; da es sowohl in Zellen als auch in Zellextrakten immer in ausreichender Menge vorkommt, macht es sich nie durch sein Fehlen bemerkbar. Seine Bedeutung kam nur dadurch ans Licht, daß es bei der routinemäßigen Reinigung der Phosphodiesterase völlig unbeabsichtigt von dem Enzym abgetrennt wurde.

Gewöhnlich ist es nur ärgerliches Pech, wenn im Verlauf der Reinigung die Enzymaktivität verlorengeht. Im Fall der Phosphodiesterase dagegen wollte es das Glück, daß die Diskrepanz zwischen den Ergebnissen zweier Testverfahren den Kern des Problems zutage förderte: Ein Aktivator war entfernt worden, und gerade dieser entpuppte sich letztlich als eine Schlüsselfigur im intrazellulären Geschehen.

Das Calcium-Signal

Das Calcium-Ion steuert eine Fülle von Prozessen im Körper, von der Muskelkontraktion bis hin zur Zellteilung. Eine Batterie verschiedener Proteine, die sich spezifisch nur an Calcium binden, regulieren seine Konzentration in der Zelle und vermitteln seine Wirkungen.

Von Ernesto Carafoli und John T. Penniston

Ein gemeinsamer Schaltmechanismus steuert so verschiedenartige biologische Prozesse wie die Muskelkontraktion oder die Ausschüttung von Hormonen. Als Schalter wirkt dabei ein winziger Strom von Calcium-Ionen. Calcium gehört zu den sogenannten „zweiten Boten" (*second messengers*) im Körper: Es überträgt elektrische und chemische Signale, die an der Oberfläche der Zelle ankommen, auf die biochemischen Systeme im Inneren der Zelle.

Um die Vorgänge in der Zelle wirksam steuern zu können, muß das Calcium freilich selbst einer Regelung unterliegen. Aus diesem Grund haben sich die Zellen ein kompliziertes System von Proteinen zugelegt, die mit Calcium-Ionen in Wechselwirkung treten und so die Übertragung und den Empfang des intrazellulären Signals überwachen. Bei Kenntnis dieser verwickelten Abläufe sollte sich der intrazelluläre Calciumspiegel klinisch besser einstellen lassen, was für die Behandlung bestimmter Erkrankungen von großer Bedeutung ist.

Die Vorzüge von Calcium als Botenstoff

Außer Calcium kommen noch verschiedene andere Ionen in biologischem Material vor. Dazu zählen das zweiwertige Magnesium-Ion und die einwertigen Ionen von Natrium, Kalium und Chlor. Warum hat im Verlauf der Evolution Calcium die Rolle des sekundären Botenstoffs übernommen?

Damit sich eine Substanz als zellinterner Bote eignet, muß sie durch ein bestimmtes Protein — meist ein Enzym — fest und mit hoher Spezifität gebunden werden können. Durch die Bindung ändert sich die Raumstruktur (Konformation) und damit auch die enzymatische Aktivität des Enzymmoleküls. Sollen auf diese Weise genügend Enzymmoleküle beeinflußt werden, muß die Konzentration des Botenstoffs stark variieren. Erst wenn sie vielleicht auf das Zehnfache steigt, springt der Zustand eines Enzyms in einer Zelle zum Beispiel von „aus" auf „ein".

Calcium-Ionen können in der Zelle weder gebildet noch zerstört werden. Eine Zelle muß die Konzentration an freiem Calcium im Cytosol (dem wäßrigen Medium, das die Organellen im Zellinneren umgibt) also auf andere Weise steuern. Das geschieht über Substanzen, die sich entweder an das Ion binden und es damit aus der Lösung entfernen oder es freisetzen, so daß es seine Botenfunktion ausüben kann.

Eine Substanz muß eine komplizierte Struktur aufweisen, um das Boten-Ion von den anderen in der Zelle vorhandenen Ionen unterscheiden und es fest an sich binden zu können. Wo im Zellgeschehen eine kompliziert aufgebaute Komponente benötigt wird, ist dies fast ausnahmslos ein Protein.

Calcium eignet sich viel besser für eine feste und spezifische Bindung als die anderen häufig vorkommenden Ionen. So sind das Kalium- und das Chlorid-Ion zu groß, um in die kompakten Bindungsstellen auf den Proteinen zu passen. Das Natrium-Ion hat zwar einen kleineren Durchmesser, der etwa dem des Calcium-Ions entspricht, trägt aber nur eine einfache elektrische Ladung, so daß es in Protein-Komplexen nur relativ locker gebunden ist. Mehratomige Ionen wie das Phosphat- oder das Hydrogencarbonat-Ion, die auch in biologischen Flüssigkeiten vorkommen, sind größer als selbst das Kalium-Ion und damit noch weniger geeignet, feste Komplexe einzugehen.

Damit verbleiben nur noch die Magnesium- und Calcium-Ionen. Beide sind klein und zweifach geladen und können daher feste Bindungen mit Proteinen eingehen. Warum hat die Evolution das Calcium bevorzugt? Die Antwort fand Robert J. P. Williams, der an der Universität Oxford die Bindungsmöglichkeiten von Calcium und Magnesium untersucht hat.

Beide Ionen bilden ohne Schwierigkeit mit einem Protein einen Komplex, wobei sie sechs Elektronendonatoren — meist Sauerstoff-Atome — in einer oktaedrischen Anordnung um sich gruppieren. Jeder Elektronenspender sitzt in einer Ecke des Oktaeders (einer Doppelpyramide mit quadratischer Grundfläche), und benachbarte Bindungen bilden jeweils rechte Winkel miteinander. Weil das Calcium-Ion größer als das Magnesium-Ion ist und eine kompliziertere Elektronenstruktur hat, kann es freilich auch mit sieben oder acht Elektronendonatoren auf einmal Bindungen eingehen (Bild 2).

Wegen seiner geringeren Größe sucht das Magnesium-Ion die Sauerstoff-Atome eines Proteins, mit dem es einen Komplex bildet, in eine feste, regelmäßige Anordnung zu zwingen. Proteine sind jedoch nicht biegsam genug, um eine so exakt bemessene und schmale Vertiefung bilden zu können, daß das kleine Magnesium-Ion gerade gut hineinpaßt. Magnesium geht daher mit dem Protein nicht den vollständigen Satz von sechs Bindungen ein, sondern umgibt sich statt dessen auch mit Wassermolekülen. Dadurch wird der Zusammenhalt mit dem Protein ganz erheblich geschwächt, weil insgesamt weniger Bindungen zwischen dem Ion und dem Protein zu brechen sind, um es freizusetzen.

Um Calcium festhalten zu können, muß ein Protein seine Konformation dagegen längst nicht so stark ändern. Daher vermag das Ion alle sechs theoretisch möglichen Bindungen mit dem Protein auch tatsächlich einzugehen.

Calcium wird aber nicht nur fester als Magnesium gebunden, sondern auch spezifischer. Als größeres Ion mit einer variablen Zahl von möglichen Bindungen paßt es nämlich auch in unregelmäßig geformte Bindungsstellen. Daher kann ein Protein Calcium sehr fest binden und Magnesium überhaupt nicht — und dies sogar im Cytosol, wo die Konzentration an Magnesium rund 1000mal so hoch ist wie die an Calcium. Dagegen lagert ein Protein, das Magnesium bindet, Calcium häufig gleich gut oder sogar besser an. Ein zellinterner Botenstoff aber muß sowohl sehr fest als auch hochgradig spezifisch gebunden werden. Nur Calcium erfüllt beide Bedingungen.

Die Vermittlung des Calcium-Signals

Proteine, die Calcium binden, lassen sich in zwei Gruppen unterteilen: membranständige und lösliche Proteine. Die löslichen Proteine befinden sich frei im Cytoplasma und im Innenraum der Organellen. Sie sind zwar imstande, den Calciumspiegel der Zelle in bestimmten Grenzen zu regulieren; doch kann nur so viel Calcium gebunden werden, wie lösliche Proteine vorhanden sind. Wirksamer vermögen die membranständigen Proteine die Calcium-Konzentration zu ändern; denn sie wirken als Transporteure: Ein einzelnes Proteinmolekül bindet ein Calcium-Ion auf der einen Membranseite, befördert es auf die andere Seite und setzt es dort wieder frei. Diesen Vorgang kann es unbegrenzt wiederholen. Die löslichen Proteine im Cytosol und in den Organellen haben dagegen vor allem die Aufgabe, die Wirkungen des Calcium-Ions in der Zelle zu vermitteln.

In einigen Fällen bewirkt das calcium-bindende Protein im Cytosol

Bild 1: Nur über die Bindung an Proteine kann Calcium seine Funktion als intrazellulärer Bote ausüben. Einige der Proteine, die mit ihm in Wechselwirkung treten, steuern seine Konzentration in der Zelle und erzeugen so das Calcium-Signal; andere empfangen es. Das hier gezeigte Troponin *C* kommt in Skelett- und Herzmuskeln vor. Durch Bindung von Calcium-Ionen ändert es seine Gestalt und löst so physiologische Reaktionen aus, die eine Muskelkontraktion bewirken. In diesem Computer-Bild sind die einzelnen Atome durch Kugeln dargestellt. Die farbigen Kugeln gehören zu Seitenketten mit bestimmten chemischen Eigenschaften. Das Bild wurde von Osnat Herzberg und Michael N. G. James an der Universität von Alberta nach den Daten einer Röntgenstruktur-Analyse des Proteins erstellt.

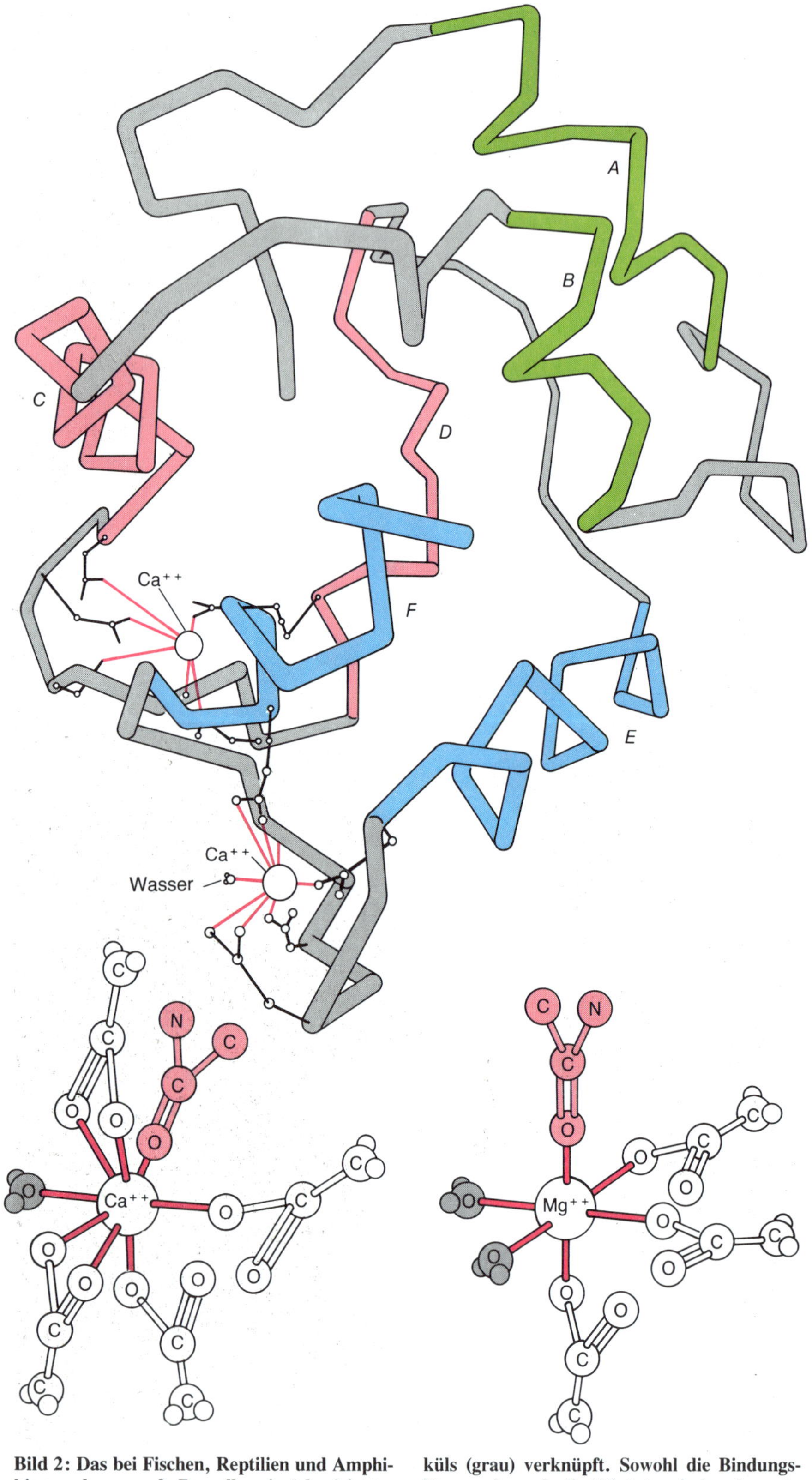

Bild 2: Das bei Fischen, Reptilien und Amphibien vorkommende Parvalbumin (oben) ist typisch für calcium-bindende Proteine. Es enthält sechs helikale (schraubenförmige) Bereiche (farbig), zwischen denen sich drei Calcium bindende Domänen befinden. Die „Hand" aus den Helices *A* und *B* und der von ihnen flankierten Domäne hat ihre Funktion verloren. In der *CD*- und *EF*-Hand ist jeweils ein gebundenes Calcium-Ion eingezeichnet. In der *EF*-Hand bildet das Ion Bindungen (links unten) mit sechs Sauerstoff-Atomen auf den Seitenketten und mit einem auf dem Rückgrat des Proteins (farbig). Durch eine achte Bindung ist es mit dem Sauerstoff-Atom eines Wassermoleküls (grau) verknüpft. Sowohl die Bindungslängen als auch die Winkel zwischen benachbarten Bindungen variieren. Das Magnesium-Ion ist der Hauptkonkurrent des Calciums als Bindungspartner für das Protein. Der Versuch, ein Magnesium-Ion in die *EF*-Hand einzupassen (unten rechts), zeigt, warum Calcium eine viel höhere Affinität zu dem Protein besitzt. Magnesium kann wegen seiner Elektronenstruktur und seiner geringeren Größe nur sechs Bindungen eingehen, und diese müssen zudem exakt oktaedrisch angeordnet sein. Da Parvalbumin dafür jedoch nicht flexibel genug ist, muß das Ion zwei Bindungen mit Wassermolekülen bilden, was die Haftung am Protein verringert.

selbst die Antwort der Zelle auf das Calcium-Signal. In der Regel aber wirkt es nur als Zwischenglied, das andere Enzyme aktiviert. Ein solches Protein wurde erstmals 1967 von Setsuro Ebashi und seinen Mitarbeitern an der Universität Tokio identifiziert. Sie beschrieben ein Protein, mit dessen Hilfe Calcium Skelettmuskeln sich zusammenziehen läßt, und nannten es Troponin. Aus weiteren Untersuchungen ging hervor, daß Troponin aus drei verschiedenen Untereinheiten besteht, von denen eine, das Troponin *C*, als Calcium-Rezeptor dient (Bild 1).

Der Proteinkomplex ist ein normaler Bestandteil der Muskelfaser. Befindet sich die Muskelzelle in Ruhe, so wirkt ein Teil des Troponinmoleküls als Inhibitor, der die Verknüpfung von Myosin, dem kontraktilen Muskelprotein, mit Aktin, dem Faserprotein, verhindert. Bindet nun die Untereinheit *C* Calcium-Ionen, so ändert das Troponinmolekül seine Gestalt derart, daß sich der hemmende Teil des Moleküls wegdreht; dadurch kann sich Myosin nun an Aktin binden, und das Muskelgewebe zieht sich zusammen.

Untersuchungen an einem zweiten cytoplasmatischen Protein, dem in Skelettmuskeln von Fischen, Reptilien und Amphibien reichlich vorhandenen Parvalbumin, haben aufklären helfen, wie Proteine Calcium binden. Über die Funktion von Parvalbumin besteht allerdings noch keine Klarheit.

Robert H. Kretsinger und seine Mitarbeiter an der Universität von Virginia haben durch Röntgenbeugung die dreidimensionale Struktur von Parvalbumin bestimmt (Bild 2). Das Molekül enthält drei ähnlich aufgebaute Abschnitte: Jeder besitzt eine zehn bis zwölf Aminosäuren lange calcium-bindende Schleife, die von zwei zehn Aminosäuren langen helikalen (schraubenförmig gewundenen) Abschnitten flankiert ist. Innerhalb jeder calcium-bindenden Schleife stellen sechs bis acht Sauerstoff-Atome auf den Seitenketten des Proteins und auf dem Rückgrat der Peptidkette Elektronen für die Bindung des Ions zur Verfügung. Eine der Schleifen hat allerdings ihre Funktion eingebüßt, weil zwei für die Calcium-Bindung notwendige Aminosäuren durch andere ersetzt worden sind.

Erst kürzlich gelang es, aus kristallographischen Untersuchungen die Strukturen weiterer calcium-bindender Proteine abzuleiten. Davor waren nur ihre Aminosäure-Sequenzen bekannt. Durch Vergleich mit der Aminosäure-Sequenz von Parvalbumin ließen sich die kristallographischen Daten für diese Proteine jedoch voraussagen. Bei solchen Vergleichen diente der Bereich des Parvalbumins, der die Helices *E* und *F* und die zugehörige calcium-bindende Schleife umfaßt (und als *EF*-Hand bezeichnet wird), als Modell für Calcium-Bindungsstellen auf anderen Proteinen.

Wie aus diesen Untersuchungen hervorging, sind andere calcium-bindende Proteine durchweg ähnlich wie Parvalbumin aufgebaut. Insbesondere enthalten sie mehr als eine Calcium-Bindungsstelle. Wahrscheinlich nehmen sie je nach Anzahl der besetzten Bindungsstellen eine andere Form an. Jede dieser Formen könnte mit einem anderen Zielprotein reagieren oder eine andere Wirkung bei ein und demselben Zielprotein hervorrufen.

Calcium und Calmodulin

Beim Calmodulin, einem dritten wichtigen calcium-bindenden Protein, vermutet man zumindest, daß es so wirkt. Calmodulin besitzt vier Bindungsstellen (siehe „Calmodulin – Schlüsselfigur im Zellgeschehen" von Wai Yiu Cheung in diesem Band). Nach kristallographischen Untersuchungen, die vor kurzem durchgeführt wurden, ähneln alle vier dem *EF-Bereich* des Parvalbumins. Ein Calmodulin-Molekül, auf dem nur eine oder zwei Bindungsstellen besetzt sind, hat vermutlich andere Eigenschaften als eines, das an allen vier Stellen Calcium enthält. Mit dieser Annahme läßt sich leichter erklären, wieso Calmodulin mit einer solchen Vielzahl von Proteinen in Wechselwirkung zu treten vermag. Calmodulin nämlich scheint der wichtigste Vermittler des intrazellulären Calcium-Signals zu sein, und es liegt in allen Arten von Säugetierzellen vor.

Calmodulin wirkt auf Enzyme, welche die Bildung oder Spaltung von Bindungen zwischen Phosphor und weiteren Atomen in biochemischen Verbindungen katalysieren. Zu diesen Enzymen gehören die Proteinkinasen: Substanzen, die andere Proteine zu phosphorylieren (ihnen Phosphatgruppen anzufügen) vermögen. Die Phosphorylierung ist oft der Schalter, durch den ein Enzym an- oder abgestellt wird.

Auf diese Weise reguliert Calmodulin eine Vielzahl zellulärer Funktionen. Nach neueren Untersuchungen ist es beispielsweise an der Freisetzung von Hormonen aus endokrinen Drüsen beteiligt. Außerdem beeinflußt es die Gestalt von Zellen und spielt bei der Zellteilung eine Rolle — beides vermutlich durch Wechselwirkung mit den Mikrotubuli, dünnen Röhrchen, die aus dem Protein Tubulin bestehen und in Form eines Netzwerks die ganze Zelle durchziehen. So kann Calmodulin, sofern bestimmte andere Regulatorproteine zugegen sind, den Abbau der Mikrotubuli einleiten. Da sich Krebszellen von Normalzellen in erster Linie durch ihre Gestalt und die Zellteilungsgeschwindigkeit unterscheiden, könnte calcium-aktiviertes Calmodulin bei bösartigen Wucherungen eine Rolle spielen.

Wohlbekannt ist die Steuerfunktion von Calmodulin im Skelettmuskel (Bild 3). Ein Anstieg im Calciumgehalt der Zellen läßt durch Vermittlung von Troponin den Muskel sofort kontrahieren. Zudem ändert sich — diesmal vermittelt durch Calmodulin — längerfristig der Stoffwechsel. Das durch Calcium aktivierte Calmodulin mobilisiert dabei eine Proteinkinase, die ein weiteres Enzym phosphoryliert. Dieses wird dadurch aktiviert und katalysiert nunmehr den Abbau von Glykogen, der Speicherform von Glucose (Traubenzucker). Aus der so freigesetzten Glucose gewinnt die Zelle durch ihren Stoffwechsel Energie für die Muskelarbeit.

Der Calciumspiegel einer ruhenden Zelle

Aber nicht nur für die rasche Änderung des intrazellulären Calciumspiegels ist die Bindung von Calcium an Proteine entscheidend, sie ermöglicht der Zelle auch, ihren normalen Calciumspiegel aufrechtzuerhalten. Sowohl die Plasmamembran der Zelle als auch die Membranen zweier Arten von Organellen, nämlich des endoplasmatischen Retikulums und der Mitochondrien, enthalten calcium-bindende Pro-

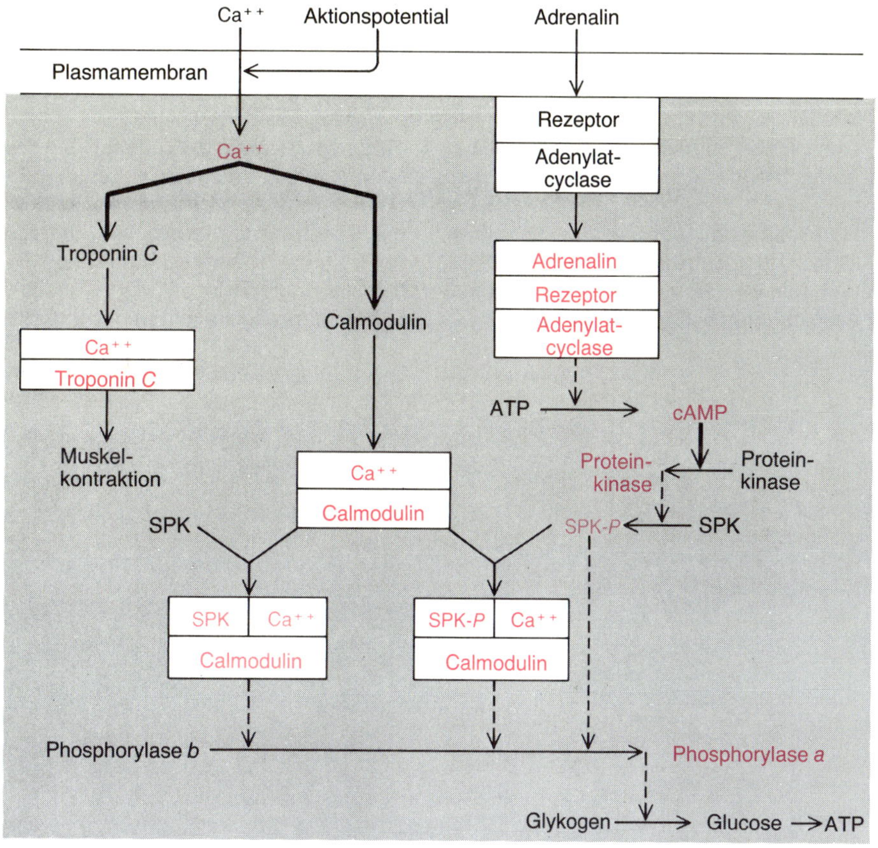

Bild 3: Calcium spielt in Skelettmuskeln eine Doppelrolle. Nachdem durch einen Nervenimpuls ein Aktionspotential an der Plasmamembran ausgelöst worden ist, diffundieren Calcium-Ionen in die Zelle (dicke Pfeile) und treten mit zwei calcium-bindenden Proteinen in Wechselwirkung, dem Troponin *C* und dem Calmodulin. Dadurch werden beide aus einer inaktiven (schwarz) in eine aktive Form (farbig) überführt. Troponin *C* läßt den Muskel sich zusammenziehen. Calmodulin dagegen vereinigt sich mit der inaktiven Form der Synthase-Phosphorylase-Kinase (SPK) und wandelt sie dadurch in eine partiell aktive Form um (hellfarbig). SPK wiederum katalysiert die Umwandlung von Phosphorylase *b* in deren aktive Form, die Phosphorylase *a*. (Gestrichelte Pfeile weisen auf katalytische Vorgänge hin). Phosphorylase *a* fördert den Abbau von Glykogen zu Glucose, bei deren „Verbrennung" die Zelle Adenosintriphosphat (ATP) gewinnt. ATP liefert die Energie für die Muskelarbeit. Calcium-Ionen wirken synergistisch mit dem cyclischen Adenosinmonophosphat (cAMP), einem weiteren intrazellulären Boten, zusammen. Wird ein Hormon wie Adrenalin durch einen Rezeptor auf der Zelloberfläche gebunden, so katalysiert das Enzym Adenylatcyclase die Bildung von cAMP. Dieses diffundiert in die Zelle und löst dort Enzymreaktionen aus, durch die SPK phosphoryliert wird. Das phosphorylierte SPK (SPK-*P*) ist ebenfalls nur partiell aktiv. Durch Bindung von calcium-beladenem Calmodulin wird es voll aktiv.

teine. Diese bilden das Hauptregulativ, mit dem der Gehalt an freiem Calcium im Cytosol und innerhalb der Organellen eingestellt wird.

Durch die Bindung des Ions oder durch dessen Transport aus dem oder in das Cytosol erzeugen sie einerseits die Schwankungen im Calciumgehalt, die das Calcium-Signal ausmachen. Zugleich aber sorgen sie dafür, daß die normale Calciumkonzentration in der Zelle sehr niedrig bleibt. Eine typische Säugetierzelle enthält nur 0,1 Mikromol oder 4 millionstel Gramm Calcium pro Liter Cytosol. Das entspricht ungefähr einem Zehntausendstel der Calciumkonzentration im Blutplasma.

Im Jahre 1976 wies Annemarie Weber an der Universität von Pennsylvania darauf hin, daß ein niedriger zellinterner Calciumspiegel eine unabdingbare Voraussetzung ist für den phosphatabhängigen Stoffwechsel, der alle höheren Organismen kennzeichnet. Den energiereichen Brennstoff für die meisten zellulären Prozesse bildet Adenosintriphosphat (ATP). Bei seinem Abbau wird anorganisches Phosphat freigesetzt. Enthielte die Zelle größere Mengen freies Calcium, würde es sich mit dem Phosphat zu unlöslichem Hydroxidapatit vereinigen, derselben steinartigen Substanz wie in Knochen und Zähnen. Die Zelle würde verkalken und schließlich zugrundegehen.

Dank dem niedrigen Calciumspiegel ist die Verwendung dieses Ions als zellinterner Botenstoff auch energetisch günstig. Der Transport von Calcium-Ionen durch die Membranen erfordert Energie, die meist als ATP zur Verfügung gestellt wird. Wäre der Ruhespiegel an Calcium in der Zelle hoch, müßte eine große Zahl von Ionen in das Cytoplasma befördert werden, damit die Konzentration um den Faktor zehn steigt, wie das üblicherweise zur Aktivierung eines Enzyms notwendig ist. Danach wäre der Calcium-Überschuß wieder aus der Zelle zu entfernen.

Durch den sehr niedrigen Calciumspiegel im Normalzustand müssen nur wenige Ionen transportiert werden. Daher genügt auch ein relativ kleiner Energiebetrag, um ein Enzym zu steuern. Das unterscheidet Calcium von dem anderen wichtigen zellinternen Botenstoff, dem cyclischen Adenosinmonophosphat (cAMP): Sooft dieses eine Botschaft übermitteln soll, muß es neu gebildet und anschließend wieder zerlegt werden — beides Vorgänge, die eine Menge Energie kosten.

Membran-ständige Proteine, die den Calciumgehalt der Zelle regulieren, kommen in mindestens sieben verschiedenen Transportsystemen vor, die mit vier verschiedenen biochemischen Mechanismen operieren (Bilder 4 und 5). Sie befinden sich sowohl in der Plasmamembran, welche die Zelle als Ganzes umhüllt, als auch in der Membran von Organellen wie dem endoplasmatischen Retikulum (einem in den meisten Zellen vorhandenen Kanalsystem), dem damit verwandten sarkoplasmatischen Retikulum (das in Muskelzellen vorkommt) und den Mitochondrien. Die Transportproteine unterscheiden sich in ihrer Funktion. Einige lassen als Reaktion auf einen äußeren Reiz Calcium ins Cytosol herein und erzeugen so das Calcium-Signal, während andere das Calcium aus der Zelle entfernen und damit den niedrigen intrazellulären Calciumspiegel aufrechterhalten, der dieses Signalsystem so wirksam macht.

Bei den Transportproteinen, die das Calcium aus dem Cytoplasma herauspumpen, sind erneut zwei Gruppen zu unterscheiden. Einige Proteine binden und transportieren die Ionen erst dann, wenn die Konzentration an Calcium rund ein Mikromol pro Liter beträgt, also weit oberhalb des Ruhespiegels liegt. Dafür können sie in kurzer Zeit eine große Zahl von Ionen aus der Zelle befördern. Solche Transportproteine mit geringer Affinität dienen vermutlich dazu, Calcium aus geschädigten oder stimulierten Zellen zu entfernen. Andere Transportproteine binden Calcium bereits bei sehr viel niedrigeren Konzentrationen, haben aber eine geringere Transportkapazität. Diese Transportproteine mit hoher Affinität zum Calcium sind für die Feineinstellung des Calciumspiegels in nicht stimulierten Zellen verantwortlich.

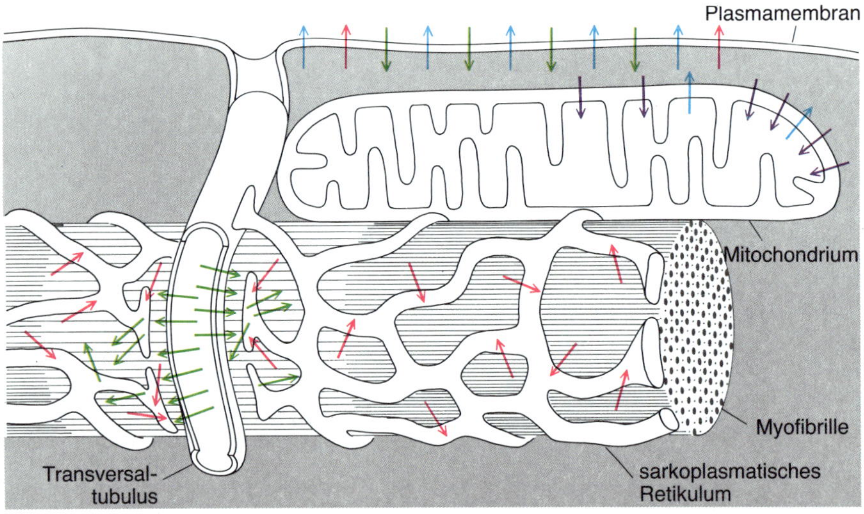

Bild 4: Insgesamt sieben Pumpen, Austauscher und Kanäle regulieren den Calciumspiegel im Cytosol einer Herzmuskelzelle. Calcium tritt über Calciumkanäle (grün) in der Plasmamembran in die Zelle ein. Besonders viele Calciumkanäle kommen in den Transversaltubuli (Einstülpungen der Plasmamembran) vor — vor allem an Stellen, wo diese sich dem sarkoplasmatischen Retikulum nähern. Ein Calcium-Einstrom von den Transversaltubuli in das sarkoplasmatische Retikulum bewirkt, daß dieses vermehrt Calcium freisetzt — wahrscheinlich durch Membrankanäle an den Enden des Retikulums, die denen in der Plasmamembran ähneln. Das freigesetzte Calcium läßt die Myofibrillen in der Muskelzelle sich zusammenziehen. Langsam und stetig schleusen Natrium-Calcium-Austauscher (blau) Calcium auch aus den Mitochondrien gegen Natrium-Ionen ins Cytosol. Mit einem ähnlichen Natrium-Calcium-Austauscher sowie mit einer Calcium pumpenden ATPase (rot) wird Calcium wieder aus der Zelle entfernt. Ebenso befördert eine ATPase in der Membran des Retikulums Calcium in das Innere dieser Organelle zurück. In der Innenmembran der Mitochondrien befindet sich ein Uniporter (violett), dessen Name daher rührt, daß er Calcium ohne kompensatorischen Transport anderer Ionen aus dem Cytosol in die Mitochondrien pumpt.

Eine ATPase als Calcium-Pumpe

In der Plasmamembran besteht das hochaffine System zum Herauspumpen von Calcium aus der Zelle aus einer ATPase: einem Enzym, das ATP spaltet, um Energie zu gewinnen. Mit dieser Energie vermag es Calcium gegen das steile Konzentrationsgefälle, das über die Plasmamembran herrscht, nach außen zu befördern.

Das System vereinigt in einem einzigen Molekül die gesamte Maschinerie, die für den Calciumtransport notwendig ist. Ein Teil spaltet ATP, und ein anderer Teil bindet und transportiert das Ion. Diese Pumpe war von H. J. Schatzmann an der Universität Bern zuerst in roten Blutkörperchen entdeckt worden. Später haben wir und viele andere Wissenschaftler gezeigt, daß sie praktisch in allen Arten von Säugetiergeweben vorkommt.

Mittels eines der Regulationsmechanismen für diese Calcium pumpende ATPase konnten wir in Zusammenarbeit mit Verena Niggli von der Eidgenössischen Technischen Hochschule in Zürich das Protein aus der Membran von roten Blutkörperchen gewinnen. Wenn intrazelluläres Calcium an Calmodulin gebunden wird, heftet dieses sich seinerseits an die Calcium-Pumpe und aktiviert sie dadurch. Zwar enthält die Membran eines einzigen roten Blutkörperchens nur 5000 Moleküle der Calcium-Pumpe, was etwa einem Tausendstel aller Membranproteine entspricht; dennoch ermöglichte die Spezifität und Stärke der Bindung zwischen Calmodulin und den Transportmolekülen, diese zu isolieren.

Zu diesem Zweck verankerten wir Calmodulin auf einer festen Unterlage. Zu diesem Präparat gaben wir Calcium sowie einen Extrakt aus den Membranen von menschlichen roten Blutkörperchen. Die ATPase verband sich mit dem immobilisierten Calmodulin und wurde dadurch vorübergehend unlöslich. Sodann wuschen wir das unlösliche Pumpenprotein mit einer calciumhaltigen Lösung, um andere Proteine zu entfernen. Durch Spülen mit einer calcium-freien Lösung setzten wir schließlich das gereinigte Protein wieder frei; indem wir nämlich das Calcium aus dem Calmodulin herauslösten, nahmen wir diesem die Fähigkeit, die ATPase weiter an sich zu binden. Anschließend bauten wir die gereinigte Pumpe in künstliche Membranen ein und zeigten, daß sie nach wie vor ATP zu spalten und Calcium zu pumpen vermochte.

Frau Niggli untersuchte die Eigenschaften der gereinigten Pumpe. Dabei stellte sie fest, daß die Pumpe beim Transport von Calcium aus der Zelle gleichzeitig Protonen (Wasserstoff-Ionen) einschleust. Nach diesen Resultaten dürfte die Zelle pro herausgepumptem Calcium-Ion zwei Protonen aufnehmen. Da das Calcium-Ion zwei positive Ladungen trägt, bleibt die Pumpe bei dem Austausch elektrisch neutral. Daher wird sie auch nicht durch die Ladungsdifferenz beeinflußt, die bei vielen Zellen zwischen Innen- und Außenseite der Plasmamembran herrscht.

Aus unseren Untersuchungen an gereinigter ATPase geht hervor, daß das Protein auch durch andere Substanzen als Calmodulin aktiviert wird. Eine davon ist ein saures Lipid in der Zellmembran, das Phosphatidylinositdiphosphat. Die Menge dieses Lipids nimmt ab, wenn eine Zelle durch bestimmte Hormone stimuliert wird. Die gleichen Hormone bewirken auch einen Calcium-Einstrom. Demnach sollte die Zelle nach dem Ende der Stimulation eine höhere Konzentration an freiem Calcium als im Normalzustand besitzen. Wegen dieses erhöhten Calcium-

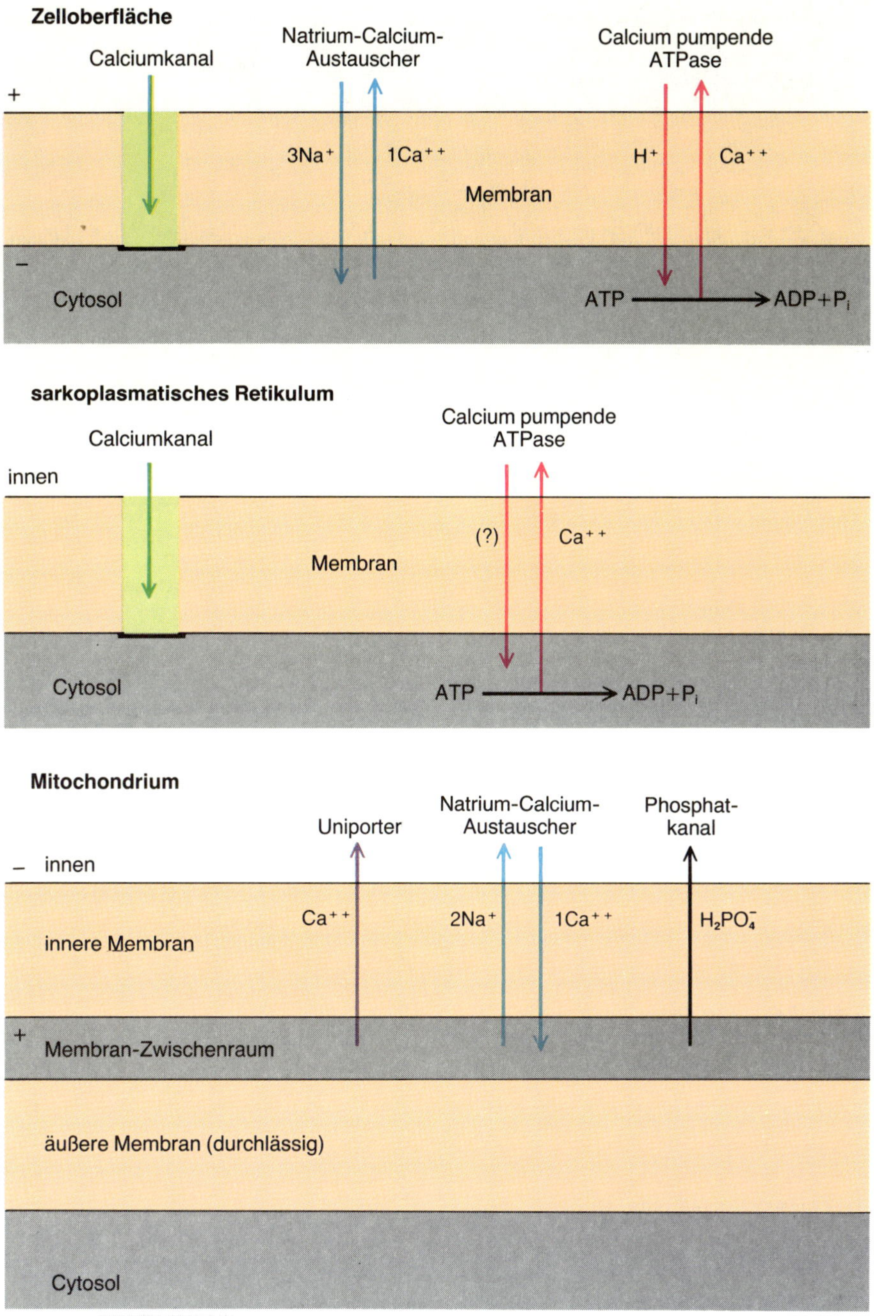

Bild 5: Der Calcium-Transport durch die drei Membranarten einer Muskelzelle differiert in Einzelheiten. Die Molekülstruktur der Transportproteine kennt man zwar noch nicht, aber ihre Wirkungsweise ist aufgeklärt. Die Calciumkanäle der Plasmamembran (oben) öffnen sich, wenn sich die elektrische Spannung über der Membran ändert. Calcium-Ionen können dann entlang dem steilen Calcium-Konzentrationsgefälle, das quer zur Plasmamembran herrscht, in die Zelle einströmen. Der Natrium-Calcium-Austauscher entfernt unter Ausnutzung des Natrium-Konzentrationsgradienten zwischen Innen- und Außenseite der Plasmamembran Calcium aus der Zelle. Außerdem wird der Austauscher durch die elektrische Spannung über der Membran angetrieben; denn er erzeugt ein Ladungsungleichgewicht, indem er für ein ausgeschleustes zweifach geladenes Calcium-Ion drei einwertige Natrium-Ionen in die Zelle bringt. Die Calcium pumpende ATPase befördert ebenfalls Calcium aus der Zelle heraus; sie bezieht die dazu nötige Energie jedoch aus der Spaltung von ATP zu Adenosindiphosphat (ADP) und anorganischem Phosphat (P_i). Aus dem sarkoplasmatischen Retikulum (Mitte) wird Calcium vermutlich durch ähnliche Kanäle freigesetzt, wie sie in der Plasmamembran den Einstrom von Calcium ermöglichen. Die treibende Kraft ist dabei das Konzentrationsgefälle zwischen Innenraum des Retikulums und Cytosol. Den Rücktransport in das Retikulum besorgt eine Calcium pumpende ATPase, die ihre Energie aus der Spaltung von ATP gewinnt. Die Freisetzung von Calcium durch die innere Membran der Mitochondrien (unten) bewirkt ein Natrium-Calcium-Austauscher, der durch die entgegengesetzt gerichteten Gradienten von Natrium und Calcium angetrieben wird. Umgekehrt können die Mitochondrien Calcium über einen Uniporter aufnehmen, der den positiv geladenen Calcium-Ionen erlaubt, in Richtung der negativ geladenen Innenseite der Organelle zu wandern. Ein dritter Transporter in der inneren Mitochondrienmembran ermöglicht schließlich den Einstrom von Phosphat-Ionen, die mit dem Calcium in den Mitochondrien Hydroxidapatit bilden: die Grundsubstanz von Zahnschmelz und Knochen.

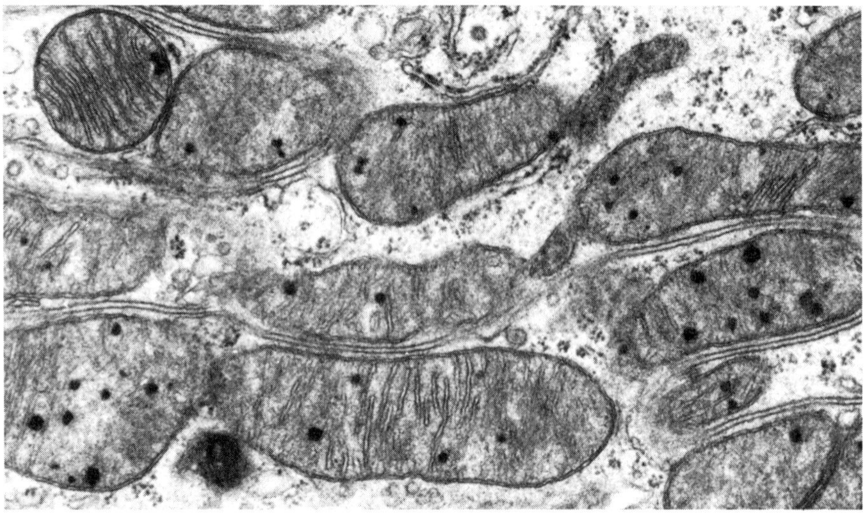

Bild 6: Calcium-Ablagerungen in Form des Minerals Hydroxidapatit sind auf dieser 30 000fach vergrößerten elektronenmikroskopischen Aufnahme von Mitochondrien aus Nierenzellen von Mäusen als schwarze Punkte zu erkennen. Wenn die Calciumkonzentration im Cytosol beträchtlich über ihren Normalwert steigt, nehmen die Mitochondrien das Ion aus dem Cytosol auf und speichern es als Hydroxidapatit. Im vorliegenden Fall wurde ein hoher intrazellulärer Calciumspiegel künstlich herbeigeführt: durch Behandlung der Maus mit Parathormon — einer Substanz, welche die Calcium-Ausscheidung über die Nieren drosselt. Die Aufnahme stammt von Feroze N. Ghadially von der Universität von Saskatchewan.

spiegels wäre sie bei einer weiteren Stimulation dann leichter anzuregen. Sie könnte sich also an die vorangegangene Stimulation „erinnern". Ein solches Erinnerungsvermögen ist ein wichtiges Merkmal bestimmter Nervenzellen.

Wahrscheinlich dient in der lebenden Zelle auch der Abbau der ATPase durch proteolytische Enzyme (Enzyme, die Proteine spalten) als regulatorischer Mechanismus. Mit einem Molekulargewicht von 138 000 gehört das Pumpenprotein in der Plasmamembran der roten Blutkörperchen zu den größten bekannten Einzelketten-Proteinen. Eine Verringerung seines Molekulargewichtes um 50 000 macht es nicht funktionsuntüchtig, im Gegenteil: Durch Abspalten dieses Bruchstückes wird es in vitro („im Reagenzglas") ebenso aktiviert wie durch Calmodulin oder Phosphatidylinositdiphosphat. Das offenbar nicht benötigte Bruchstück hat also wohl eine regulatorische Funktion. Vielleicht ist es aber auch an anderen, unbekannten Funktionen der ATPase beteiligt.

In der Plasmamembran von Herzmuskelzellen wurde noch ein vierter regulatorischer Mechanismus nachgewiesen. Er besteht in der Phosphorylierung des Pumpenproteins durch eine Proteinkinase, die durch cAMP aktiviert wird. Die relative Bedeutung der vier Aktivierungsmechanismen für die Calcium-Pumpen in der Plasmamembran der lebenden Zelle ist nicht bekannt. Daß es immerhin vier verschiedene solche Mechanismen gibt, unterstreicht jedoch die Bedeutung dieser Pumpen in der Physiologie der Zellen.

Der Natrium-Calcium-Austauscher

Als hochaffine Pumpe reagiert die Plasmamembran-ATPase bereits auf winzige Erhöhungen im intrazellulären Calciumspiegel. Bei größeren Erhöhungen tritt auch die andere Calcium-Pumpe in der Plasmamembran in Aktion: der sogenannte Natrium-Calcium-Austauscher. Dieses Transportprotein kommt in besonders großer Zahl in erregbaren Zellen, wie Nerven- und Muskelzellen, vor, bei denen immer wieder durch elektrische Impulse ein Calcium-Einstrom ausgelöst wird. Erstmals wurde es in Herzmuskelzellen und Nerven des Tintenfisches gefunden.

Im Gegensatz zur Calcium pumpenden ATPase kann der Natrium-Calcium-Austauscher die für den Calciumtransport nötige Energie nicht unabhängig nur nach eigenem Bedarf gewinnen. Vielmehr bezieht er einen Teil dieser Energie aus dem Natrium-Konzentrationsgefälle. So wie Calcium liegt auch Natrium in der Flüssigkeit, die die Zelle umgibt, in höherer Konzentration vor als im Cytoplasma. Während jedoch das Verhältnis von extra- zu intrazellulärer Konzentration beim Calcium mehr als 1000 zu eins beträgt, liegt es beim Natrium nur bei etwa zehn zu eins. Der Natriumgradient ist also relativ flach und liefert daher wohl kaum genügend Energie für den Ausstrom von Calcium gegen dessen sehr viel steileren Konzentrationsgradienten.

Man hat jedoch festgestellt, daß für jedes ausgeschleuste, zweifach geladene Calcium-Ion gleich drei einfach geladene Natrium-Ionen in die Zelle einströmen. Auf Grund dieses Ladungsungleichgewichts läßt sich das Membranpotential (die elektrische Spannung, die bei einer erregbaren Zelle zwischen Innen- und Außenseite der Membran besteht) für den Transportprozeß nutzen. Im Ruhezustand ist die Innenseite der Zellmembran negativ geladen, und die Spannung zwischen außen und innen beträgt 90 Millivolt. Da das Transportprotein pro Austauschzyklus unter dem Strich je eine positive Ladung von außen nach innen befördert, läßt es entlang dem elektrischen Potentialgefälle Ladung fließen. Es sind also sowohl chemische als auch elektrische Gradienten, die das Austauscher-Protein antreiben.

Die Kapazität dieses Austauschers ist hoch: In einer einzelnen Herzzelle kann das Protein bis zu drei Milliarden Calcium-Ionen pro Sekunde aus dem Cytosol entfernen. Allerdings beobachtet man diese Leistung nur dann, wenn die intrazelluläre Calciumkonzentration ziemlich hoch ist. Es braucht mindestens eine Konzentration von ein bis fünf Mikromol pro Liter — das ist mehr als das Zehnfache des Ruhespiegels —, damit die Pumpe auch nur die Hälfte ihrer Spitzenleistung erbringt. Diese Befunde bestätigen, daß der Natrium-Calcium-Austauscher hauptsächlich dazu dient, aus erregbaren Zellen nach der Stimulation große Calcium-Mengen hinauszuschaffen.

Calciumkanäle und Aktionspotential

Wie gelangt das Calcium überhaupt in die Zelle? Sowohl in erregbaren als auch in nicht erregbaren Zellen geschieht das über Calciumkanäle: von Molekülen gebildete Poren in der Membran, die einer großen Zahl von Calcium-Ionen erlauben, entlang dem Konzentrationsgefälle in die Zelle einzuströmen.

Bei erregbaren Zellen öffnen sich die Calciumkanäle als Reaktion auf ein Aktionspotential, das heißt eine Umkehrung der normalen Potentialdifferenz zwischen Innen- und Außenseite der Membran. Ein Aktionspotential entsteht dann, wenn sich ein Boten-Molekül (in der Regel ein Neurotransmitter) an einen Rezeptor auf der Zelloberfläche anlagert und dadurch eine gewisse Depolarisation (Spannungserniedrigung) auslöst. Daraufhin öffnen sich spannungsabhängige Natriumkanäle in der Membran und lassen positiv geladene Natrium-Ionen in die Zelle einfließen. Durch diesen Einstrom kehrt sich die Ladung auf der Innenseite der Membran von negativ nach positiv um.

Auch die normalerweise geschlossenen Calciumkanäle sind gegenüber dem Membranpotential empfindlich. Sie beginnen sich zu öffnen, sobald es positiver als −30 Millivolt wird. Bei einem Potential von +30 Millivolt sind 70 Prozent aller Calciumkanäle offen. Das Aktionspotential erreicht seinen Maximalwert bei etwa +40 Millivolt. Danach bringen andere Ionenbewegungen (zu denen der Ausstrom von Kalium-Ionen gehört) das Membranpotential auf −90 Millivolt zurück. Damit hört auch der Calcium-Einstrom auf.

Als Erklärung für die Spannungsempfindlichkeit des Calciumkanals nimmt man weithin an, daß eine seiner vermutlich drei Proteinkomponenten als Spannungsfühler wirkt. Ein solches Protein müßte aus einem elektrischen Dipol bestehen, der in der Öffnung des Kanals säße und sich als Reaktion auf eine Änderung des elektrischen Feldes umdrehen könnte.

Die spannungsabhängigen Calciumkanäle bleiben nur für etwa eine Millisekunde offen. In dieser Zeit lassen sie rund 3000 Calcium-Ionen in die Zelle hinein. Auch wenn das Membranpotential seinen höchsten Wert erreicht hat, stehen die Calciumkanäle jedoch nicht durchweg offen; vielmehr öffnen und schließen sie sich unablässig, wobei zu einem bestimmten Zeitpunkt im Mittel eben rund 70 Prozent der Kanäle offen sind.

Dieser Anteil kann unter dem Einfluß von cAMP allerdings noch um einiges steigen. Cyclisches AMP wird in der Plasmamembran gebildet, wenn sich Hormone an Rezeptoren auf der Außenseite der Plasmamembran anlagern. Es aktiviert Enzyme, die ihrerseits die Calciumkanäle phosphorylieren. Dadurch nimmt deren Öffnungswahrscheinlichkeit stark zu.

Da bei nicht erregbaren Zellen keine Aktionspotentiale entstehen, können deren Calciumkanäle auch nicht spannungsabhängig sein. Bei diesen Zellen bleiben die Calciumkanäle möglicherweise permanent geöffnet, oder sie werden durch cAMP gesteuert, das unterschiedlich starkes Öffnen oder Schließen der Kanäle erlaubt. In jedem Fall sollte die Anzahl der Kanäle oder ihre Durchlässigkeit relativ klein sein, damit nicht zuviel Calcium einströmen kann.

Dennoch haben die Calciumkanäle von nicht erregbaren und erregbaren Zellen mehrere wichtige Eigenschaften gemeinsam. Calcium-(Kanal-)Blocker, die wegen ihrer Fähigkeit, den Herzschlag zu regulieren, in großem Umfang bei Herzerkrankungen eingesetzt werden, hemmen beide Kanalarten. Dasselbe gilt für Ionen wie Kobalt; sie verstopfen die Kanäle, indem sie sich an deren Calcium-Rezeptoren binden.

Calcium und Muskelkontraktion

Eigentlich sollten die Mechanismen zum Ein- und Ausschleusen von Calcium durch die Plasmamembran ausreichen, um den Calciumspiegel in der Zelle zu regulieren. Bei Muskelzellen etwa, wo Calcium eine schnelle und vorübergehende Reaktion auslöst, muß das Ion jedoch sehr rasch freigesetzt und wieder beseitigt werden. Ein im Zellinneren, zum Beispiel in einer Organelle, untergebrachtes System zur Freisetzung oder Aufnahme von Calcium ist für diese Aufgabe besser geeignet, weil es sich näher am Wirkungsort des Calciums befindet. Außerdem verbraucht die Verfrachtung von Calcium innerhalb der Zelle vermutlich weniger Energie als der Transport zwischen Cytoplasma und Extrazellulärraum; denn die Konzentrationsgradienten über die Membranen von Organellen dürften flacher sein als die über die Plasmamembran.

An Herzmuskelzellen haben verschiedene Wissenschaftler die Flächen der Calcium transportierenden Membranen vermessen und die Ergebnisse mit dem verglichen, was über die Aktivität der Transporter-Proteine in den Membranen bekannt ist (Bild 7). Wie die Berechnungen ergaben, beruhen beim Herzmuskel Änderungen des Calciumspiegels im Cytosol in erster Linie auf intrazellulären Calcium-Bewegungen und nicht auf dem Transport des Ions durch die Plasmamembran.

Zwei der am zellinternen Calcium-Transport beteiligten Mechanismen laufen am endoplasmatischen Retikulum und am sarkoplasmatischen Retikulum ab. Beide Retikulum-Arten bestehen aus einem Netzwerk flacher Röhrchen, die innerhalb der Zelle ein abgeschlossenes Kanalsystem bilden. Eine ihrer Aufgaben ist es, Calcium getrennt vom Cytosol zu speichern. Das endoplasmatische Retikulum hat daneben noch weitere Funktionen — so die Proteinsynthese oder die Entgiftung körperfremder Stoffe. Die Hauptfunktion des sarkoplasmatischen Retikulums in Muskelzellen besteht dagegen darin, jene kurzzeitigen Fluktuationen im Gehalt an freiem Calcium herbeizuführen, als deren Folge sich die Muskelfasern zusammenziehen.

Nach dem heutigen Erkenntnisstand setzt das sarkoplasmatische Retikulum Calcium wahrscheinlich über Kanäle frei, die denen in der Plasmamembran ähneln. Diese Kanäle öffnen sich anscheinend immer dann, wenn nach der Öffnung der Plasmamembran-Kanäle auf Grund eines Aktionspotentials eine Welle von Calcium-Ionen ins Cytoplasma schwappt. Die Calciumkanäle in der Plasmamembran befinden sich vor allem in den sogenannten Transversaltubuli: röhrenförmigen Einstülpungen der Zellmembran, die sich in den Muskelfasern bis in die Nähe des sarkoplasmatischen Retikulums erstrecken (Bild 4). Auf diese Weise gelangt das einströmende Calcium in die unmittelbare Nähe des Ortes, an dem anschließend die intrazelluläre Calcium-Freisetzung erfolgt.

Noch weiß man nicht, wie der Einstrom von extrazellulärem Calcium bewirkt, daß Calcium aus dem sarkoplasmatischen Retikulum der Muskelzellen freigesetzt wird. Aus kürzlich durchge-

Membran (Calcium transportierendes System)	Prozent der gesamten Calcium transportierenden Membranfläche	Konzentration in Mikromol pro Liter 0,1	1	10
		Prozent der gesamten Calcium-Aufnahme		
Zelloberfläche	0,8			
(Calcium pumpende ATPase)		3,6	0,2	0,07
(Natrium-Calcium-Austauscher)		27	3	1,9
sarkoplasmatisches Retikulum (Calcium pumpende ATPase)	12,1	69	90	47
Mitochondrium (Uniporter)	87	0	6,4	51

Bild 7: Aus dem Vergleich zwischen den Flächen und den Aktivitäten der Calcium transportierenden Membranen in einer Herzmuskelzelle geht hervor, daß der Calcium-Einstrom in die Organellen und nicht der Calcium-Export aus den Zellen bei der Regulation der Calcium-Ionenkonzentration im Cytosol die wichtigste Rolle spielt. (Bei anderen Zellarten ist allerdings der Export wichtiger.) Bei einem Gehalt von 0,1 und 1 Mikromol pro Liter, den für ruhende beziehungsweise kontrahierende Zellen typischen Calciumspiegeln, entfernt das sarkoplasmatische Retikulum die meisten Calcium-Ionen aus dem Cytosol. Steigt die Konzentration auf 10 Mikromol pro Liter — einen Wert, wie er nur in beschädigten oder kranken Zellen auftritt —, nehmen dagegen die Mitochondrien das meiste Calcium auf.

führten Untersuchungen an anderen Zellen geht jedoch hervor, daß ein Abbauprodukt von Phosphatidylinositdiphosphat — also des Membranlipides, das die Calcium pumpende ATPase der Plasmamembran aktiviert — auch die Freisetzung von Calcium aus dem endoplasmatischen Retikulum auslöst.

Wenn sich Hormone auf bestimmte Rezeptoren an der Zelloberfläche setzen, wird dieses Lipid gespalten. Das eine Bruchstück, Diacylglycerin, bleibt vermutlich in der Membran. Dort bindet es zusammen mit einem weiteren Faktor Calcium und aktiviert daraufhin bestimmte Proteinkinasen, die regulatorische Funktionen ausüben. Das andere Spaltprodukt, Inosittriphosphat, löst sich im Cytoplasma und bewirkt die Calcium-Freisetzung. Derzeit wird untersucht, ob sich der gleiche Vorgang auch in Muskeln abspielt und wie er mit dem ursprünglichen Calcium-Einstrom zusammenhängt, der die Vorbedingung der Muskelkontraktion darstellt.

Die Calcium-Ionen, welche die Muskelkontraktion dann direkt auslösen, werden von einer Calcium pumpenden ATPase in das sarkoplasmatische Retikulum zurückbefördert. Wie die ATPase der Plasmamembran reagiert auch dieses Transportprotein rasch auf geringe Erhöhungen des cytoplasmatischen Calciumspiegels. Allerdings weichen seine Struktur und sein Regulationsmechanismus in vielen Einzelheiten von denen des Zellmembranproteins ab. Besagtes Transportprotein liegt in Muskelzellen in extrem hohen Mengen vor. So bestehen bei den Skelettmuskeln des Kaninchens 90 Prozent des sarkoplasmatischen Retikulums aus diesem Protein.

Mitochondrien als Notspeicher für Calcium

Während das sarkoplasmatische Retikulum als rascher und empfindlicher Modulator des intrazellulären Calciums fungiert, wirkt die andere an der Calcium-Regulation beteiligte Organelle, das Mitochondrium, als Langzeitregulator mit hoher Kapazität. In Mitochondrien läuft die Zellatmung ab, also der entscheidende Teil des Prozesses, mit dessen Hilfe aus Nahrungsstoffen Energie gewonnen wird.

Im Jahre 1961 entdeckten Frank D. Vasington und Jerome V. Murphy von der Johns-Hopkins-Universität in Baltimore (Maryland), daß Mitochondrien auch Calcium zu akkumulieren und freizusetzen vermögen. Man ist sich heute einig, daß Mitochondrien keine sehr raschen und feinen (submikromolaren) Änderungen im Calciumspiegel herbeiführen können. Sie tragen vielmehr entscheidend dazu bei, große Schwankungen in der zellulären Calciumkonzentration zu verhindern, das heißt die Fluktuationen im normalen Rahmen zu halten.

Mitochondrien werden von zwei Membranschichten umschlossen. Die Außenmembran ist für Ionen durchlässig und spielt beim Calcium-Transport daher nur eine passive Rolle. Als Energiequelle für die Calcium-Aufnahme durch die Innenmembran dient das mitochondriale Membranpotential von rund 180 Millivolt, wobei die Ladung auf der Membran-Innenseite negativ ist. Das Potential ermöglicht einem mutmaßlichen membran-ständigen Transportprotein, das positiv geladene Calcium-Ion nach innen in den negativ geladenen Bereich zu verfrachten. Das Protein verhält sich dabei als „Uniporter", schleust also nur Calcium hinein, aber keine anderen Ionen dafür heraus.

Bei isolierten Mitochondrien, die unter ähnlichen Bedingungen wie in der Zelle gehalten werden, erreicht die Geschwindigkeit der Calcium-Aufnahme die Hälfte ihres Maximalwertes erst dann, wenn die Konzentration an Calcium-Ionen im Cytosol auf 25 Mikromol pro Liter angestiegen ist. Dieser Wert liegt deutlich über dem normalen Calciumspiegel im Zellinneren. Der mitochondriale Calcium-Uniporter gehört demnach zu den niederaffinen Systemen. Dafür ist seine Transportkapazität entsprechend hoch. Die stark gefaltete Innenmembran der Mitochondrien repräsentiert rund 90 Prozent der gesamten Calcium transportierenden Membranen in den meisten Zellen höherer Organismen.

Die Speicherkapazität der Mitochondrien für Calcium entspricht ihrer hohen Aufnahmefähigkeit. Gesonderte Transportproteine in der Innenmembran befördern Phosphat-Ionen aus dem Cytosol in die Mitochondrien, wo sie mit dem Calcium Hydroxidapatit bilden (Bild 6). Auf diese Weise können Mitochondrien viel Calcium unterbringen.

Normale Zellen speichern in der Regel allerdings nur wenig Calcium in den Mitochondrien. Nach einer Zellschädigung jedoch, wenn durch Lecks in der Plasmamembran massenweise Calcium einströmt, können die Mitochondrien den Überschuß abfangen.

Die Pufferfähigkeit der Mitochondrien ist natürlich dennoch nicht unbegrenzt. Allzu hohe Mengen an intrazellulärem Calcium überschreiten schließlich auch ihre Speicherkapazität. Normalerweise ein lebenswichtiger Botenstoff, wird Calcium damit zum Zellmörder. Die von ihm gesteuerten Reaktionen laufen nun kontinuierlich und unkontrollierbar ab, und die überschüssigen Calcium-Ionen aktivieren schließlich Reaktionen, wie sie in einer normalen Zelle überhaupt nicht stattfinden.

Die Leerung des Notspeichers

In weniger katastrophalen Situationen, wenn die Mitochondrien nicht hoffnungslos mit Calcium überflutet werden, verschaffen sie der Zelle jedoch eine Gnadenfrist, indem sie den Calcium-Überschuß zunächst auffangen. Nachdem der Calcium-Ansturm nachgelassen hat, setzen sie das Ion so behutsam wieder frei, daß der Zellstoffwechsel nicht gestört wird.

Das geschieht über ein Transportprotein, das wie der Austauscher in der Plasmamembran Calcium durch Natrium ersetzt. Während dieser jedoch ein Ladungsungleichgewicht erzeugt, indem er für ein herausgepumptes Calcium drei Natrium-Ionen einschleust, wahrt das mitochondriale Protein die elektrische Neutralität: Es tauscht Calcium- gegen Natrium-Ionen im Verhältnis eins zu zwei. Dank der Ladungsneutralität vermag dieses System trotz des hohen Membranpotentials Calcium langsam aus den Mitochondrien herauszuschaffen. Bei einem Ladungsungleichgewicht würde dieser Vorgang je nach Vorzeichen entweder überhaupt nicht oder zu schnell ablaufen.

Einige Mitochondrien — wie die von Leberzellen — enthalten nur wenig oder gar kein Natrium-Calcium-Austauscherprotein. Wie hier das Calcium herausbefördert wird, ist noch nicht bekannt.

In Herzmuskelzellen scheinen der Uniporter und der Natrium-Calcium-Austauscher der Mitochondrien gleichzeitig auf einer niedrigen Stufe aktiv zu sein und unablässig Calcium ein- und auszuschleusen. Gemeinsam bilden die einander entgegengesetzten Transportprozesse ein Leerlaufsystem, das teilweise Energie verschwendet, die in dem von der Zellatmung erzeugten Membranpotential steckt. Die unablässige Aktivität der Transporter stellt jedoch sicher, daß die Mitochondrien auf eine plötzliche Calcium-Schwemme jederzeit vorbereitet sind.

Das in den Mitochondrien gespeicherte Calcium verhält sich dort keineswegs passiv, sondern spielt auch im Stoffwechsel der Organelle eine Rolle. Wie Richard M. Denton von der Universität Bristol kürzlich gezeigt hat, wird bei einem Anstieg des freien mitochondrialen Calciumspiegels auf mehr als ein Mikromol pro Liter die biologische Aktivität von mindestens vier Enzymen der Organelle gesteigert (Bild

8). Diese Enzyme fördern die Bildung von Substanzen, die aus der Oxidation von Nährstoffen stammende chemische Energie an die Atmungskette weitergeben. Die Atmungskette (eine Serie elektrochemischer Prozesse, die quer durch die innere Mitochondrienmembran verlaufen) überführt Energie auf den zellulären Energieträger ATP. Calcium beschleunigt also Stoffwechselprozesse, welche die Atmungskette mit Substraten versorgen, und kurbelt damit die ATP-Bildung an.

Dieser Vorgang könnte als Rückkopplungsmechanismus dienen, mit dessen Hilfe die Zelle sich des überschüssigen Calciums zu erwehren sucht. Wird die Zelle durch sehr hohe Calciumkonzentrationen belastet, muß sie alle Mechanismen zur Ausschleusung von Calcium aufbieten. Diese benötigen ausnahmslos Energie aus der Atmungskette. Die beiden Calcium transportierenden ATPasen verwenden ATP direkt, während der Natrium-Calcium-Austauscher in der Plasmamembran die im Membranpotential steckende Energie nutzt. Dieses Potential wird jedoch durch eine Natrium-Kalium-Pumpe aufrechterhalten, die ebenfalls eine ATPase ist. Der mitochondriale Uniporter schließlich macht sich das Membranpotential der Mitochondrien zunutze, das direkt durch die Zellatmung erzeugt wird. Über seine Stoffwechselwirkungen sorgt also ein Anstieg im Calciumgehalt der Mitochondrien dafür, daß Energie zur Entfernung eben dieses Calciums bereitgestellt wird.

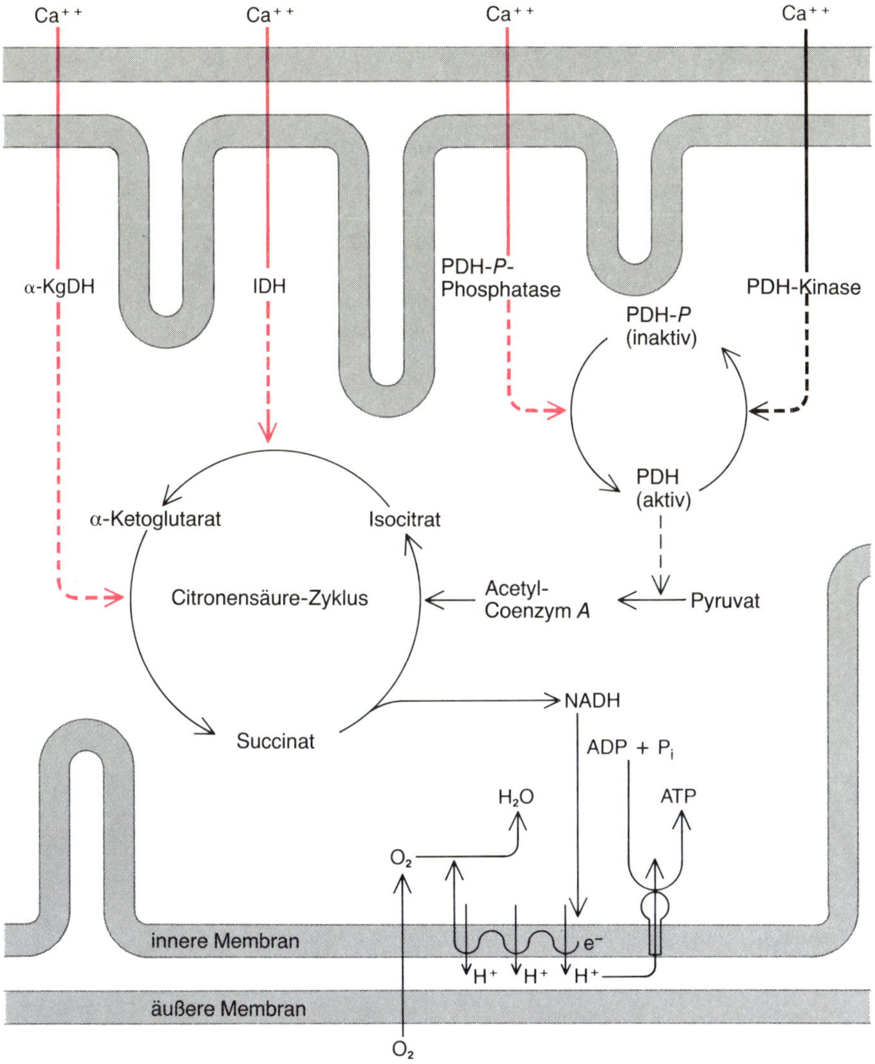

Bild 8: Calcium regt die Zellatmung an: den Prozeß, über den die Mitochondrien ATP synthetisieren. Das Calcium-Ion stimuliert (farbiger Pfeil) ein Enzym, das seinerseits die Pyruvatdehydrogenase (PDH) aktiviert. Zugleich hemmt es (dicker schwarzer Pfeil) dasjenige Enzym, das PDH inaktiviert. Aktives PDH fördert die Umwandlung von Pyruvat (dem primären Spaltprodukt der Glucose) in Acetyl-Coenzym *A*. Letzteres dient als Ausgangsmaterial für eine Serie von Reaktionen, die als Krebs- oder Citronensäure-Zyklus bekannt sind. Durch die verstärkte Zufuhr von Acetyl-Coenzym *A* beschleunigt sich der Citronensäure-Zyklus ebenso wie durch zwei andere Effekte von Calcium: die Stimulation zweier weiterer Enzyme, die Einzelschritte in diesem Zyklus katalysieren. Im Endeffekt wird so mehr energiehaltiges hydriertes Nicotinamid-adenin-dinucleotid (NADH) an die Atmungskette auf der inneren Mitochondrienmembran geliefert. Durch schrittweise Übertragung des Wasserstoffs auf Sauerstoff wird dort die Energie gewonnen, die für die ATP-Synthese notwendig ist.

Ein vernetzter Regelkreis

Die zellulären Mechanismen zur Calcium-Regulation arbeiten natürlich nicht unabhängig voneinander. Typisch für die Zellphysiologie sind Netzwerke und nicht isolierte Stoffwechselwege. Die zellinternen Signalsysteme bilden da keine Ausnahme. Ein Beispiel für Wechselwirkungen zwischen verschiedenen Botensystemen ist etwa der Einfluß von cAMP auf die Aktivität des Calciumkanals sowie der Calcium pumpenden ATPase in der Plasmamembran.

Die Regulation des Calciums ist zudem mit der anderer Ionen verflochten. So öffnen und schließen Natrium- und Kaliumströme Calciumkanäle, indem sie Aktionspotentiale in erregbaren Zellen bilden oder löschen. Umgekehrt kann das durch eine Serie von Aktionspotentialen angehäufte intrazelluläre Calcium die Öffnung von Kaliumkanälen in der Plasmamembran veranlassen; durch Änderung der elektrischen Membraneigenschaften setzt es so die Empfindlichkeit gegenüber nachfolgenden Depolarisationen herab.

Die komplizierten Details der Calcium-Regulation werden erst jetzt allmählich entschlüsselt. Eines der am längsten bekannten Arzneimittel, das Digitalis (der Giftstoff des Fingerhuts), veranschaulicht die klinische Bedeutung dieser Wechselwirkungen.

Im 18. Jahrhundert beschrieb der englische Arzt William Withering die Fähigkeit von Digitalis, den Herzschlag zu stärken. Heute wissen wir, daß Digitalis und seine derzeit eingesetzten Verwandten den intrazellulären Calciumspiegel im Herzen erhöhen. Dabei wirken sie nicht direkt auf die Calcium-Transporter, sondern auf die Natrium-Kalium-Pumpe in der Zellmembran. Indem sie diese Pumpe hemmen, erhöhen sie den zellulären Natriumspiegel. Dadurch flacht der Natriumgradient durch die Plasmamembran ab, während der durch die mitochondriale Membran steiler wird. Infolgedessen schleust der Natrium-Calcium-Austauscher in der Plasmamembran nur wenig oder gar kein Calcium aus, wogegen der mitochondriale Austauscher immer mehr Calcium in das Cytosol überführt. Das Ergebnis ist ein höherer intrazellulärer Calciumspiegel und — für die meisten Herzpatienten — ein längeres, beschwerdeärmeres Leben.

Die molekulare Grundlage der Entwicklung

Wie entsteht aus einer einfachen Zelle das hochspezialisierte Gefüge eines ausgewachsenen Lebewesens? Die Entdeckung eines kurzen DNA-Stücks, der sogenannten Homöobox, scheint bei einer Vielzahl von Organismen einen wichtigen Teil der Antwort zu liefern.

Von Walter J. Gehring

Wie kann die lineare Information, die in der DNA enthalten ist, die Entwicklung eines befruchteten Eies zu einem bestimmten dreidimensionalen Organismus steuern? Dies ist eines der großen ungelösten Rätsel der Biologie.

Jedes Organ des erwachsenen Tieres führt eine bestimmte Aufgabe aus und besteht aus spezialisierten Geweben, die sich ihrerseits aus spezialisierten Zellen zusammensetzen. Solche spezialisierten Zellen nutzen nur einen kleinen Teil des großen genetischen Potentials eines befruchteten Eies. Welcher Teil das ist, hängt davon ab, welche Gene ein- und welche ausgeschaltet sind.

Jede Zelle zeichnet sich durch ein spezielles Muster von aktiven und inaktiven Genen aus, das sich im Laufe der Entwicklung fortwährend ändert. Da das Genom (das gesamte Erbgut) eines höheren Organismus bis zu 50 000 Gene enthält, ist es unwahrscheinlich, daß jedes Gen einzeln gesteuert wird. Man muß vielmehr annehmen, daß die Steuerung gruppenweise geschieht, wobei ein Kontroll-Gen jeweils bestimmt, ob eine ganze Gen-Gruppe aktiv ist oder nicht. Obwohl solch ein Modell seit langem plausibel erscheint, hat sich die Suche nach den Kontroll-Genen als schwierig erwiesen.

In den letzten fünf Jahren jedoch wurden einige dieser Gene identifiziert. Soll die Entwicklung eines Embryos fehlerlos ablaufen, müssen natürlich sowohl der Zeitpunkt der einzelnen Entwicklungsschritte als auch die räumliche Anordnung der Gewebe präzise reguliert werden. Die jüngst entdeckten Gene betreffen beide Funktionen.

Eine Gen-Gruppe, die man in dem durchsichtigen Fadenwurm *Caenorhabditis elegans* gefunden hat, trägt anscheinend entscheidend dazu bei, den Zeitpunkt der Zelldifferenzierung in diesem Organismus festzulegen. Die eindrucksvollsten Ergebnisse betreffen jedoch die räumliche Organisation des Embryos, und sie wurden an der Taufliege *Drosophila melanogaster* gewonnen. Mit den neuen molekularbiologischen Techniken fanden meine Mitarbeiter und ich, daß viele der Gene, die die räumliche Organisation in *Drosophila* kontrollieren, ein Stück DNA gemeinsam haben. Dieser Abschnitt, der den Namen „Homöobox"

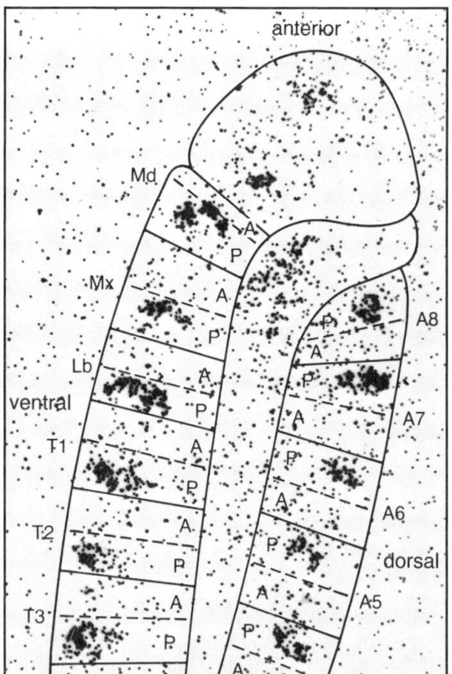

Bild 1: Das Expressionsmuster eines *engrailed* (gekerbt) genannten Gens ist aus der Anordnung von 14 hellen Flecken auf dem Dünnschnitt eines Embryos der Taufliege *Drosophila melanogaster* zu ersehen. Die hellen Flecken zeigen die Anwesenheit von *engrailed*-Transkripten (nach der Gen-Vorlage zusammengesetzten Boten-RNA-Molekülen), die sich an den Stellen im Embryo ansammeln, an denen das Gen exprimiert wird. Der gezeigte Schnitt verläuft längs durch einen sechs Stunden alten Embryo. Dieser ist bereits in Segmente unterteilt, die für den Bauplan der Fliege typisch sind (Aufschlüsselung in der Zeichnung). Es gibt mindestens drei Kopfsegmente (Md, Mx, Lb), drei Thoraxsegmente (T1 bis T3) und acht vollständige Abdominalsegmente (A1 bis A8). (Die Abdominalsegmente, die schließlich den Hinterleib des Insekts bilden werden, sind in einer komplizierten Bewegung von der ventralen oder Bauch- zur dorsalen oder Rückenseite gewandert.) Jedes Segment ist in ein vorderes oder anteriores (A) und in ein hinteres oder posteriores (P) Kompartiment unterteilt. *Engrailed* wird in den 14 posterioren Kompartimenten exprimiert und hilft ihnen ihre Identität zu entwickeln. Die *engrailed*-Transkripte wurden durch in-situ-Hybridisierung entdeckt. Auf den Schnitt eines Embryos gegebene radioaktiv markierte DNA vom *engrailed*-Gen hybridisierte (verband sich spezifisch) dabei mit *engrailed*-Boten-RNA (mRNA). Der Schnitt wurde anschließend mit einer photographischen Emulsion bedeckt und diese entwickelt. Jedes Stück radioaktiver DNA in einem DNA-RNA-Hybrid belichtete Silberkörner in der Emulsion und ließ so einen hellen Fleck entstehen.

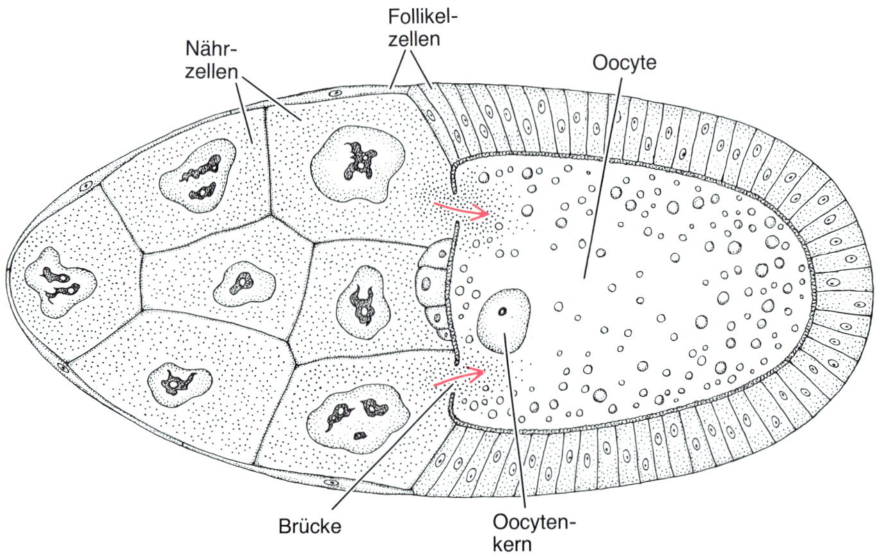

Bild 2: Eine *Drosophila*-Oocyte, aus der später das Ei entsteht, reift im Eierstock in einem Follikel genannten Gebilde heran. Hier ist ein solcher Follikel im Längsschnitt gezeigt. Die Oocyte und 15 Nährzellen werden von der gleichen Stammzelle durch vier Teilungszyklen gebildet. Über Cytoplasmabrücken können RNA, Proteine und Organellen aus den Nährzellen in das Ei gelangen. Unter den so übertragenen Stoffen könnten Moleküle sein, die die von Anfang an vorhandene räumliche Polarität der Zygote (des befruchteten Eies) festlegen.

erhielt, könnte die damit ausgestatteten Gene befähigen, die Aktivität einer Reihe anderer Gene zu regulieren.

Wenn ein Gen mit einer Homöobox in ein Protein übersetzt wird, ergibt sich eine Aminosäurekette, von der man glaubt, daß sie sich an die DNA-Doppelhelix anlagert. Dadurch kann dieses Protein vermutlich die entsprechenden Gene ein- oder ausschalten. Würde so der geeignete Satz von Genen in einer bestimmten Zellgruppe des *Drosophila*-Embryos eingeschaltet, würden diese Zellen beispielsweise auf einen Entwicklungsweg geführt, der sie zu Teilen des Flügels werden läßt; die Aktivierung eines anderen Gen-Satzes in einer zweiten Gruppe von Zellen dagegen könnte diese veranlassen, sich zu Teilen eines Beins zu entwickeln.

Die Bedeutung der Homöobox geht jedoch weit über *Drosophila* hinaus. Die gemeinsame DNA-Sequenz wurde inzwischen in einer Reihe von Organismen gefunden, die von Würmern bis hin zum Menschen reicht. Vielleicht erweist sich die Homöobox als Schlüssel für die Mechanismen, nach denen die Entwicklung aller höheren Tiere abläuft. Doch gleich, ob sich diese hohen Erwartungen erfüllen werden oder nicht – die Entwicklungsbiologie ist in den letzten fünf Jahren offensichtlich in eine Phase eingetreten, in der Erklärungen auf molekularem Niveau in greifbare Nähe gerückt sind.

Daß Gene bei *Caenorhabditis elegans* entdeckt wurden, die den zeitlichen Ablauf embryonaler Entwicklungsvorgänge steuern, liegt zum Teil an dem eingeschränkten Entwicklungsrepertoire dieses Fadenwurms. *C. elegans* entwickelt sich auf eine Weise, die der zeitlichen Abfolge der Ereignisse besonderes Gewicht beilegt.

Die Zellen von *C. elegans*-Embryonen verhalten sich wenig flexibel. Die Würmer haben eine genau feststehende Zahl von Zellen, deren Schicksal fast durchweg durch ihre Abstammung festgelegt ist. Jede der 959 Zellen im ausgewachsenen Tier läßt sich über seine Vorläuferzellen bis auf das befruchtete Ei zurückführen. Die Zellstammbäume sind bei den einzelnen Würmern praktisch konstant – es sei denn, ein Tier ist von einer Mutation betroffen. Damit die spezialisierten Strukturen des adulten Tieres entstehen können, muß sich der Zellstammbaum immer genau zum richtigen Zeitpunkt verzweigen.

Zeittakt-Gene

C. Elegans wurde in den sechziger Jahren von Sydney Brenner vom Laboratorium für Molekularbiologie des britischen Medizinischen Forschungsrates in Cambridge als Labortier eingeführt. Seither haben mehrere Forscher Gene entdeckt, die den Zeitpunkt beeinflussen, an dem die Zellen auf verschiedene Entwicklungswege festgelegt werden. Solche sogenannten Chronogene verrieten sich durch die Auswirkungen von Mutationen in ihnen. Bestimmte Mutationen in Chronogenen ändern die Zellstammbäume, indem sie einen Ast früher oder später abgehen lassen als bei der Entwicklung zum normalen Organismus.

C. elegans durchläuft normalerweise vier Larvenstadien und ein adultes Stadium. Am Ende jedes Larvenstadiums häutet sich der Wurm und erhält dabei eine neue Kutikula (äußere Körperbedeckung). Eine bestimmte Mutation des sogenannten *lin*-14-Gens läßt den Wurm jedoch zwei zusätzliche Häutungen durchlaufen. In den überzähligen Stadien hinkt die Entwicklung der Kutikula hinter der des Gesamtorganismus nach: Obwohl das Tier geschlechtsreif ist, behält es die Kutikula einer Larve.

Aus der Wirkung solcher Mutationen kann man schließen, daß es die Aufgabe des normalen (Wildtyp-) *lin*-14-Chronogens ist sicherzustellen, daß sich die kutikula-bildenden Zellen zur rechten Zeit in Richtung adulte Kutikula differenzieren. Weitere Chronogene, die seither gefunden wurden, beeinflussen die Zelldifferenzierung in vielen anderen Entwicklungsästen.

Bei einem Organismus wie *C. elegans*, dessen Entwicklungsprogramm einen festen Zellstammbaum voraussetzt, ist die Kontrolle über den Zeitpunkt entwicklungsrelevanter Ereignisse besonders wichtig. Die meisten Organismen entwickeln sich jedoch nicht auf diese Weise. *C. elegans* verkörpert ein Extrem im Spektrum möglicher Entwicklungsstrategien. Am anderen Ende dieses Spektrums stehen Organismen wie die Maus, deren embryonale Zellen sich eine beträchtliche Flexibilität bewahren. Eine Zelle in einem jungen Maus-Embryo kann Bestandteil nahezu jeder adulten Struktur werden. Ihr Entwicklungsschicksal ist nicht bestimmt durch ihre Position im Stammbaum, sondern durch die räumliche Lage, die sie zufällig im jungen Embryo einnimmt.

Die meisten Organismen liegen zwischen diesen Extremen. Dazu zählt auch *Drosophila*, der wir den Löwenanteil unseres derzeitigen Wissens über die genetische Steuerung der Embryonalentwicklung verdanken. Es war Thomas Hunt Morgan von der Columbia-Universität in New York, der Anfang dieses Jahrhunderts *Drosophila* als Labortier einführte; er demonstrierte an dieser Fliege die chromosomale Basis der Vererbung sowie die lineare Anordnung der Gene auf den Chromosomen.

Bestimmte Besonderheiten machen *Drosophila* zum idealen Studienobjekt für Untersuchungen zur Vererbung. Dazu zählen die polytänen oder Riesenchromosomen, die in vielen Zellen, insbesondere denen der Speicheldrüsen, vorliegen. Während in den Chromosomen der meisten Organismen jedes Gen nur einmal vorhanden ist, können die Riesenchromosomen von *Drosophila* von jedem Gen mehr als 1000 Kopien enthalten, die wie Streichhölzer nebeneinander aufgereiht sind. Dank dieser gewaltigen Vermehrung lassen sich einzelne Gene anfärben und als dunkle Banden im Lichtmikroskop erkennen. Zudem hat Drosophila viele Nachkommen, eine kurze Generationszeit und ein relativ kleines Genom.

Die Embryonalentwicklung der Taufliege

Die Entwicklung einer Taufliege beginnt im Ovar (Eierstock) eines Weibchens, wo eine primitive Keimzelle ein hochspezialisiertes Muster von Zellteilungen durchläuft. Bei vier solchen Teilungen entstehen aus ihr 15 Nährzellen und eine Oocyte, die später zum Ei wird. Sie alle liegen innerhalb einer als Follikel bezeichneten Funktionseinheit (Bild 2). Die Nährzellen dienen, wie ihr Name schon sagt, zur Ernährung des Eies. Durch Kanäle strömen von ihnen Proteine, RNA-Moleküle und Organellen (zum Beispiel Mitochondrien) in die Eizelle. Dadurch tragen die Nährzellen zur Ausbildung des Eies bei und helfen, es für die Befruchtung vorzubereiten.

Bei der Befruchtung vereinigen sich Ei und Spermium, so daß die entstehende Zygote Chromosomen von beiden Eltern enthält. Fast unmittelbar darauf teilt sich der Zygotenkern, und die Tochterkerne durchlaufen eine Folge von schnellen Teilungen (je eine alle zehn Minuten). Bei jeder dieser Teilungen muß der gesamte DNA-Gehalt in der Zelle verdoppelt werden. Diese gewaltige Aufgabe nimmt die Kerne der Zygote voll in Anspruch, so daß in diesem Stadium nur wenige Gene exprimiert werden.

Bei der normalen Art der Zellteilung werden die Kerne durch neu gebildete Zellmembranen voneinander getrennt. Die Tochterkerne der *Drosophila*-Zygote behalten während ihrer Teilungen jedoch ein gemeinsames Cytoplasma (Bild 3). Anfangs liegen die Kerne wahllos darin verstreut. Nach dem achten Teilungszyklus beginnen die nunmehr 256 Kerne jedoch in Richtung Ei-Oberfläche zu einer als Cortex bezeichneten Region zu wandern. Dort angekommen, reihen sie sich in einer einlagigen Schicht am Rand des cortikalen Cytoplasmas auf. Erst in diesem Stadium wird eine beträchtliche Zahl von Genen in der Zygote aktiviert. Nach 13 Teilungszyklen beginnen Zellmembranen das gemeinsame Cytoplasma zu unterteilen, und es bilden sich Zellen. Die entstandene einschichtige Zellage heißt Blastoderm.

Während sich der Embryo in den nächsten paar Stunden schnell fortentwickelt, wird er auf komplizierte Weise

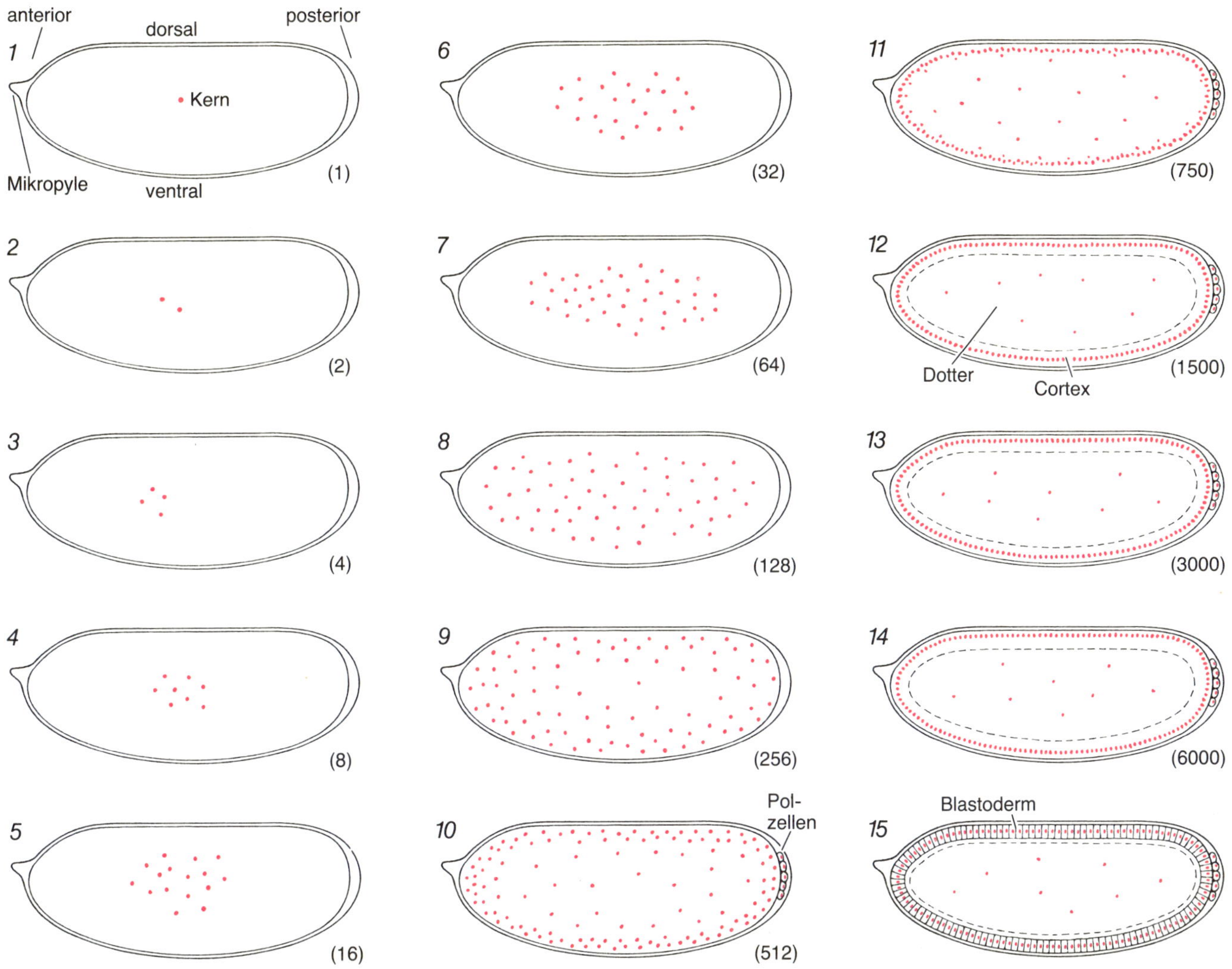

Bild 3: Während der frühen Entwicklungsstadien eines *Drosophila*-Embryos teilen sich die Zellkerne mehrfach in einem gemeinsamen Cytoplasma. Das Spermium dringt am vorderen Eipol durch eine als Mikropyle bezeichnete Struktur in das Ei ein (1). Der Spermienkern verschmilzt mit dem Eikern. Durch synchronisierte Kernteilungszyklen, die kurz nach der Befruchtung beginnen, verdoppelt sich die Kernzahl alle zehn Minuten (2 bis 8). Nach der achten Teilung, wenn 256 Kerne vorliegen, beginnen diese in den Cortex (Randbereich) des Eies zu wandern (9). Sobald 512 Kerne entstanden sind, bilden sich die ersten Zellmembranen um eine Gruppe von Kernen am Hinterende des Eies (10). Aus diesen Polzellen entstehen später die Keimbahnzellen der adulten Fliege. Die anderen Kerne teilen sich im Cortex weiter (11 bis 14). Wenn der Randbereich etwa 6000 Kerne enthält, werden diese schließlich durch Zellmembranen getrennt; es entsteht eine einschichtige Zellage, das Blastoderm (15).

räumlich umgeordnet. Bei dieser sogenannten Gastrulation bilden sich die inneren Zellschichten. Vielleicht das verblüffendste Ergebnis der Umordnung ist jedoch die Unterteilung des Embryos in Körperabschnitte, die den Segmenten des adulten Insekts entsprechen (Bild 4). Außer mindestens drei Segmenten, die später in den Kopf einbezogen werden (bezeichnet als Md, Mx und Lb), gibt es drei Thoraxsegmente (T1 bis T3) und acht vollständige Abdominalsegmente (A1 bis A8).

Einen Tag nach der Befruchtung schlüpft der Embryo; in der entstehenden Larve ist sein segmentales Muster jedoch weiter erhalten. Die Larve häutet sich zweimal, verpuppt sich und verwandelt sich schließlich zur fertig ausgebildeten, adulten Fliege.

Auch diese ist in Segmente unterteilt, aber die Gewebe der adulten Epidermis (Oberhaut) leiten sich nicht direkt von der Körperhülle der Larve her. Die adulte Epidermis entsteht vielmehr aus den Imaginalscheiben: kleinen Säcken aus Epithelzellen im Körper der Larve. Während der Metamorphose (Umwandlung zur Fliege) stülpen sich die Säcke nach außen und differenzieren sich in adulte Strukturen. So entstehen auf beiden Körperseiten aus je einer Imaginalscheibe ein Auge samt Antenne, während sich aus je drei Scheiben die Beine, die an den drei Thoraxsegmenten sitzen, und aus je einer Scheibe ein Flügel sowie ein großer Teil des mittleren Thoraxsegments bilden, mit dem der Flügel verwachsen ist. Die Imaginalscheiben dienen somit als Ausgangsteile für den Aufbau des adulten Körpers.

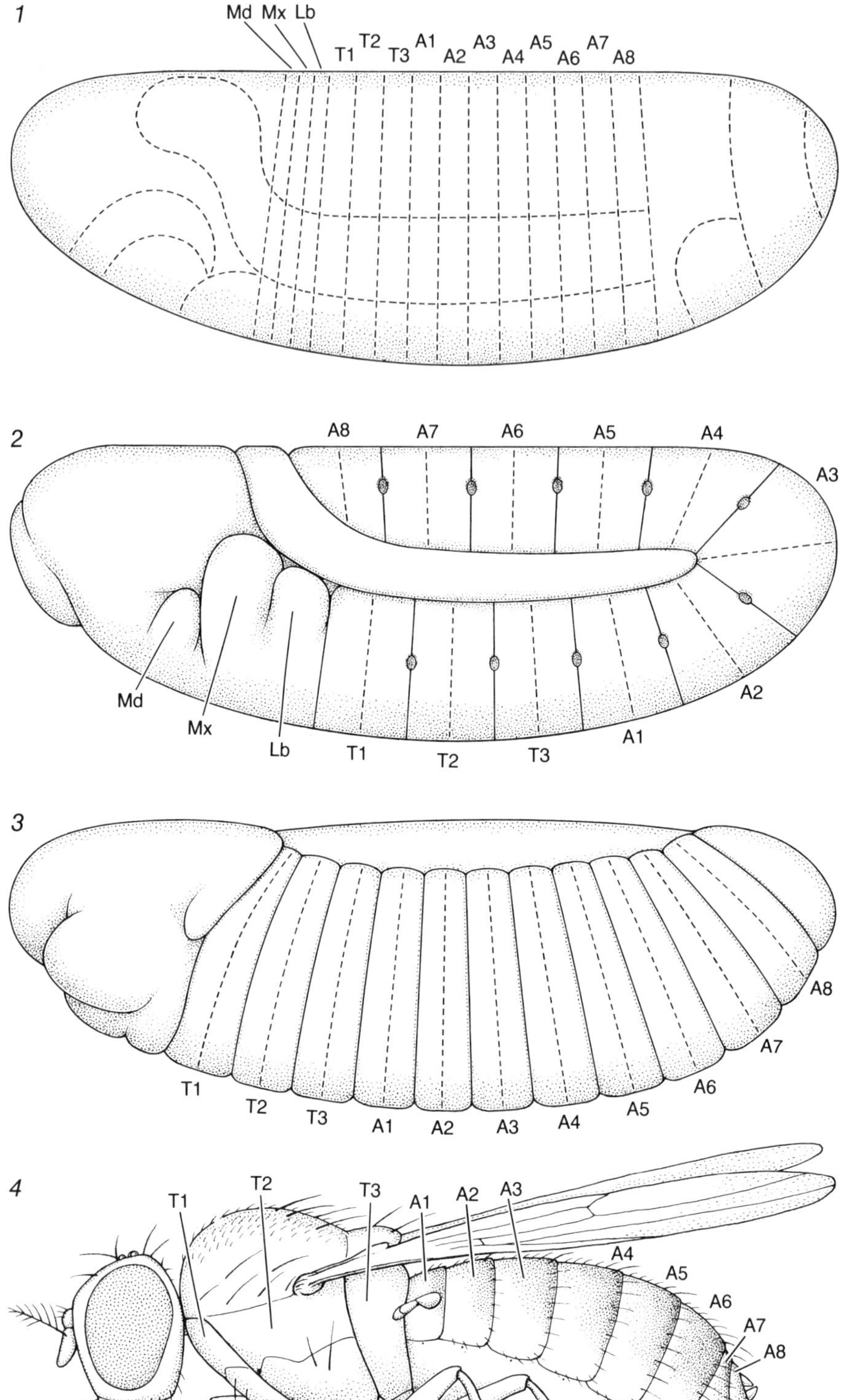

Bild 4: Kurz nach der Blastodermbildung werden einzelne Regionen im *Drosophila-Embryo* darauf festgelegt, bestimmte Körperstrukturen zu bilden. Diese ließen sich bis zu den Regionen des Blastoderms zurückverfolgen, aus denen sie hervorgegangen sind. So entstand ein Blastoderm-Anlageplan, auf dem die Körpersegmente als Streifen erscheinen (1). Der Embryo verlängert sich später so, daß die Abdominalsegmente über die dorsale Oberfläche nach vorn verschoben werden (2). In diesem Stadium wird das *engrailed*-Gen exprimiert; zugleich teilen sich die Segmente in je zwei Kompartimente auf. Der Embryo verkürzt sich nun wieder, wobei die Abdominalsegmente an das Hinterende zurückrücken und die Segmentgrenzen sichtbar werden (3). Anschließend schlüpft die Larve, häutet sich zweimal und verwandelt sich nach der Verpuppung zum adulten Tier (4). Dieses ist zwar auch segmentiert, doch stammt seine äußere Hülle nicht von derjenigen der Larve ab. Die äußeren Strukturen der ausgewachsenen Fliege entstehen statt dessen aus Imaginalscheiben genannten Taschen im Körper der Larve.

Wann wird eine Zelle auf ihr Schicksal festgelegt?

Da das Drosophila-Genom leicht manipuliert werden kann, ließen sich einzelne Zellen von adulten Strukturen bis zu ihrem Ursprung im Embryo zurückverfolgen. So gelang es herauszufinden, wann einzelne Zellgruppen auf einen bestimmten Entwicklungsweg festgelegt werden.

Durch genau dosierte Röntgenbestrahlung kann man Mutationen und Gen-Rekombinationen (Austausch von DNA zwischen Schwester-Chromosomen) auslösen. Die sichtbaren Folgen solcher genetischen Aberrationen (Abweichungen) dienen als Markierung bestimmter Zellen oder Kerne. Wenn man markierte Einheiten bis in die adulte Fliege verfolgt, kann man feststellen, wann diese determiniert, das heißt darauf festgelegt werden, einen bestimmten Teil der Larve oder des adulten Organismus zu bilden.

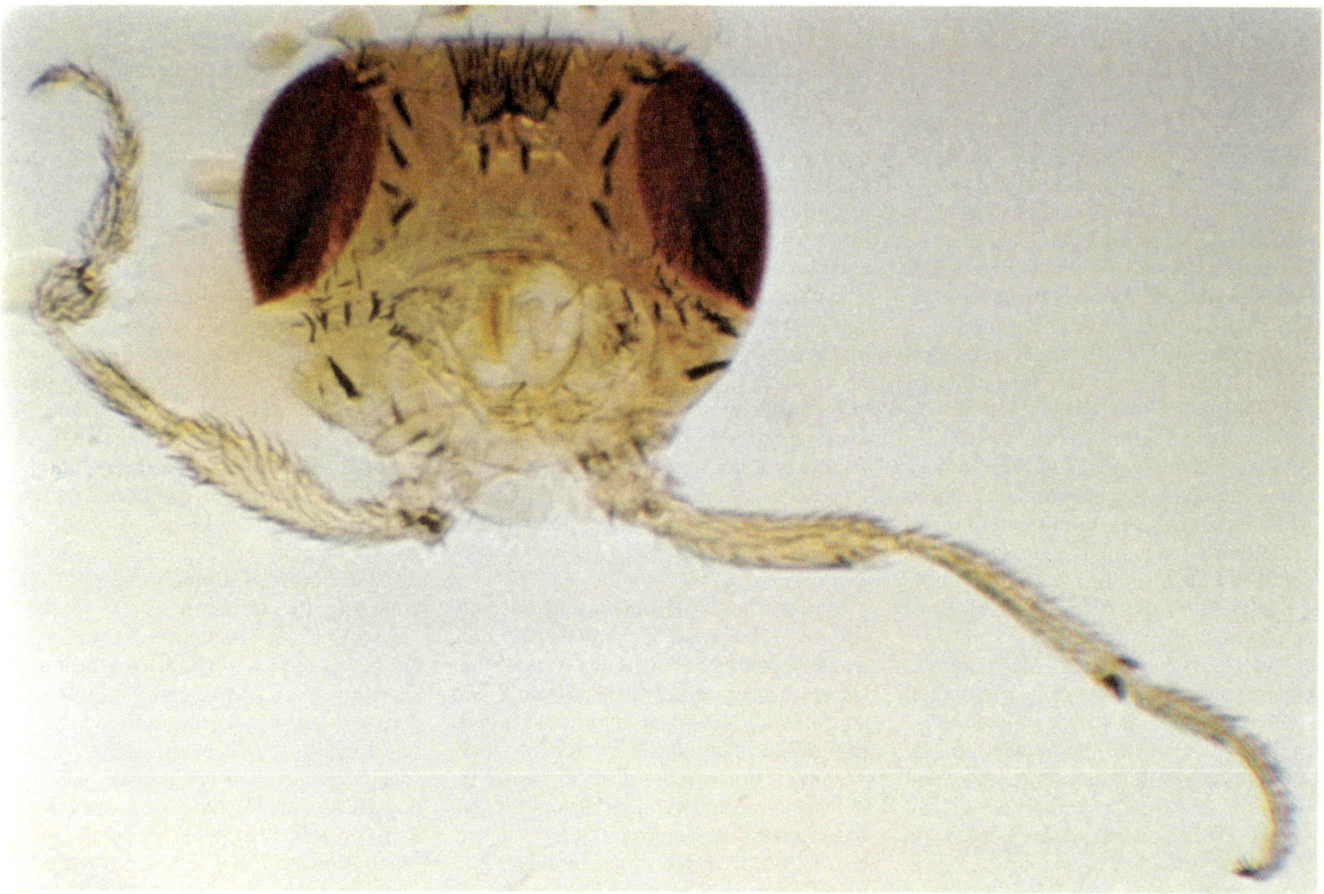

Bild 5: ***Nasobemia*** **ist eine Mutation, die Beine anstelle von Antennen auf dem Kopf von** ***Drosophila*** **wachsen läßt. Anscheinend verwandelt die Mutation die für die Antennenbildung zuständigen Imaginalscheiben in den Scheibentyp, aus dem das mittlere unter den drei Beinpaaren der Fliege hervorgeht. Der Effekt der Mutation ließ darauf schließen, daß das normale Gen dafür zu sorgen hat, daß die richtige Adultstruktur am richtigen Ort gebildet wird.** ***Nasobemia*** **wurde 1965 vom Autor entdeckt. Sie gehört zu einer Gruppe von Mutationen, die statt eines üblichen Körperteils eine Struktur entstehen läßt, die normalerweise zu einem anderen Segment gehört; solche Mutationen bezeichnet man als homöotisch.**

Mit solchen Methoden ließ sich zeigen, daß sich die Zellkerne bis zur Blastodermbildung ihren Entwicklungsspielraum vollständig bewahren. Ein Kern kann jeden beliebigen Abschnitt des cortikalen Cytoplasmas besiedeln, und Nachkommen eines Zellkerns aus einem Präblastodermstadium sind im Prinzip in jeder Struktur der adulten Fliege zu finden. Der aus diesen Nachkommen entstandene Zellklon bildet zwar gewöhnlich eine zusammenhängende Einheit, doch diese kann Teil jeder beliebigen adulten Struktur sein.

Doch bald nachdem sich das Blastoderm gebildet hat, setzt der Determinationsprozeß ein und schreitet rasch voran. Die ersten Determinationsschritte betreffen die Vorläuferzellen der embryonalen und larvalen Segmente sowie der Imaginalscheiben, welche die äußeren Strukturen des adulten Insekts bilden. Arbeiten in meinem Labor in den frühen siebziger Jahren zeigten, daß bereits im frühen Blastodermstadium die Vorläuferzellen der Imaginalscheiben darauf festgelegt werden, entweder vordere (anteriore) oder hintere (posteriore) adulte Strukturen zu bilden.

Frühe Blastoderm-Embryonen lassen sich in einzelne Zellen zerlegen und durch Transplantation dieser Zellen in die Leibeshöhle einer adulten Fliege oder Larve „kultivieren“. Derart behandelte Zellen können ihre gesamte Entwicklung unter Kulturbedingungen durchlaufen – bis hin zu den adulten Strukturen. Bei solchen Versuchen differenzierten sich Zellen vom vorderen Teil des Blastoderms nur in anteriore adulte Strukturen, während Zellen vom hinteren Teil des Blastoderms sich ausschließlich zu posterioren adulten Strukturen entwickelten.

Um das genaue Schicksal von Einzelzellen zu ermitteln, markierten wir bei anderen Versuchen einzelne Zellen im Blastoderm genetisch und verfolgten ihre Entwicklung bis zum adulten Tier, in dem die Nachkommen der markierten Zelle jeweils einen Klon (eine Zellfamilie) bilden. Dabei stellte sich heraus, daß Klone die Segmentgrenzen respektieren: Selbst sehr große markierte Klone überschreiten in keinem Fall die Grenze zwischen zwei benachbarten Segmenten. Offenbar sind die Blastodermzellen also schon darauf programmiert, einmal Teil eines bestimmten Segments zu werden.

Zusätzliche Informationen erhielt man durch Abtöten kleiner Gruppen von Blastodermzellen mit einem winzigen, exakt fokussierten Laserstrahl aus ultraviolettem Licht. Was aus den zerstörten Zellen geworden wäre, kann man aus den Defekten erschließen, die in der erwachsenen Fliege schließlich auftreten. Wenn man die Ergebnisse des Laser-Experiments auf das Abbild eines Blastoderm-Embryos projiziert, entsteht ein Anlageplan, auf dem die Regionen des Blastoderms mit Körperstrukturen korreliert werden. Auf ihm erscheinen die larvalen und adulten Segmente als regelmäßiges Streifenmuster (Bild 4).

Das segmentale Bauprinzip von *Drosophila* ist somit im Blastodermstadium bereits festgelegt: Gruppen von Blastodermzellen sind definitiv einem bestimmten Segment des larvalen und adulten Körpers zugeteilt.

Die Festlegung des Entwicklungswegs ist jedoch im Blastoderm noch keineswegs abgeschlossen. Unmittelbar nachdem die Segmente angelegt sind, wird jede Zelle darin entweder der vorderen oder der hinteren Segmenthälfte zugeordnet, das Segment also in zwei Kompartimente – ein anteriores und ein posteriores – unterteilt.

Auf die Kompartimentbildung folgt schließlich die Festlegung der äußeren Strukturen des ausgewachsenen Insekts. Zuerst werden die Imaginalscheiben voneinander unterschieden. Diese Scheiben setzen sich aus vielen kleinen Bereichen zusammen, aus denen jeweils ein Teil einer adulten Struktur hervorgeht – so zum Beispiel das zweite Glied eines Beines. Diese kleinen Bereiche erhalten ihre Differenzierungsprogramme in einer Serie von Schritten – ein Prozeß, der anscheinend bis zum Ende der Larvalphase anhält. Bei der Metamorphose schließlich wird jede kleine determinierte Zellgruppe der Imaginalscheibe unter der Wirkung von Hormonen in die entsprechende Struktur des ausgewachsenen Tieres umgewandelt.

Aus den genetischen Markierungsversuchen ließ sich der generelle Schluß ziehen, daß die Zellen des *Drosophila*-Embryos in einer Reihe immer feinerer Abstufungen determiniert werden, und zwar bis hin zur Metamorphose. Auf welche Weise wird diese Folge von Schritten gesteuert?

Die räumliche Polarität der Eizelle

Lange vor der Ära der Molekularbiologie gab es erste Hinweise auf den Determinationsmechanismus. Sie stammten von Untersuchungen an drei interessanten Mutationstypen, die in den Entwicklungsprozeß von *Drosophila* eingreifen: mütterliche Mutationen, Segmentierungs-Mutationen und homöotische Mutationen.

Bestimmte mütterliche Mutationen beeinflussen die räumliche Polarität des Embryos. Zum Beispiel liegen in einem normalen Follikel die Nährzellen immer nur am vorderen Pol des Eies (Bild 2). Bei der als *dicephalic* bezeichneten Mutante findet man sie jedoch an beiden Polen. Aus solchen bipolaren Follikeln entstehen Janusköpfe: Embryonen mit verdoppelten anterioren Strukturen, die in der Körpermitte spiegelbildlich verbunden sind; posteriore Strukturen fehlen ganz.

Daß die doppelköpfigen Monster auf einen Defekt im Genom der Mutter zurückzuführen sind, folgt aus genetischen Daten. *Drosophila*-Weibchen, die homozygot für die dicephalische Mutation sind, das heißt zwei Kopien des defekten Gens besitzen, erzeugen anomale Follikel (und somit auch anomale Embryonen) unabhängig vom genetischen Beitrag des Vaters. Heterozygote Mütter, die über ein defektes und ein normales Gen verfügen, erzeugen dagegen ausschließlich normale Eier. Offenbar wird die Vorn-hinten-Polarität bereits während der Eibildung im Ovar unter der Kontrolle des mütterlichen Genoms festgelegt. Andere mütterliche Mutationen beeinflussen die dorsoventrale Polarität (die Unterscheidung zwischen Bauch und Rücken).

Untersuchungen an mütterlichen Mutanten lassen vermuten, daß das Ei-Cytoplasma Stoffe enthält, die die räumlichen Koordinaten des künftigen Embryos festlegen. Nach der Befruchtung, wenn die Kerne in den Ei-Cortex einwandern, kommen sie mit diesen Substanzen in Berührung und werden, je nach ihrer Lage im cortikalen Cytoplasma, auf einen bestimmten Entwicklungsweg festgelegt.

Mütterliche Mutationen sind deshalb von Interesse, weil sie nahelegen, daß einige der ersten Schritte im Verlauf der Determination unter dem Einfluß des mütterlichen Genoms und nicht unter dem des befruchteten Eies stehen. Doch ist derzeit noch wenig darüber bekannt, welches die von den mütterlichen Genen codierten Substanzen sind und wie sie dem Ei-Cytoplasma seine räumliche Polarität aufprägen. Es gibt Hinweise darauf, daß die im Ei gelagerte mütterliche Boten-RNA (mRNA) bei der Festlegung der dorsoventralen Polarität eine Rolle spielt, doch sind die meisten anderen an der Festlegung der Polarität beteiligten cytoplasmatischen Substanzen noch unbekannt.

Mutationen, die statt Antennen Beine wachsen lassen

Im Gegensatz dazu haben Untersuchungen an den Segmentierungs-Genen und homöotischen Genen in den vergangenen Jahren bemerkenswerte neue Einblicke in deren Funktionsweise geliefert; ja man kann sagen, daß sie den Zugang zur molekularen Ebene in der Entwicklungsbiologie eröffnet haben.

Die meisten Segmentierungs-Mutationen und homöotischen Mutationen werden erst sichtbar, nachdem das zygotische Genom während der Blastodermbildung aktiviert worden ist. Jede Segmentierungs-Mutation greift auf besondere Weise in die regelmäßige Unterteilung des Embryos in gleichartige Untereinheiten ein.

Eine der auffälligsten Segmentierungs-Mutanten trägt den japanischen Namen *fushi tarazu*, was soviel wie „zu wenig Segmente" bedeutet. Bei einem *fushi-tarazu*-Embryo fehlen Teile bestimmter Segmente, und der verbleibende Rest ist mit benachbarten Segmenten verschmolzen. So sind die anterioren Teile der Segmente Mx, T1, T3, A2, A4, A6 und A8 mit den posterioren Teilen der jeweils folgenden Segmente verschweißt (Bild 6). Es entsteht ein Embryo mit 7 statt 14 Segmenten, der noch vor dem Schlüpfen abstirbt. Außer *fushi tarazu* gibt es eine Vielzahl anderer Mutationen, die auch das Segmentmuster durcheinanderbringen.

Die dramatischsten Entgleisungen der Entwicklung von *Drosophila* kommen jedoch durch homöotische Mutationen zustande. Eine homöotische Mutation bewirkt, daß statt eines Körperteils ein anderer gebildet wird, der normalerweise zu einem anderen Segment gehört. Das führt zu grotesken und verblüffenden Abnormitäten. Flügel wachsen, wo Augen hingehören, Beine entstehen anstelle des Rüssels, Beine werden zu Antennen und so weiter.

Homöotische Mutanten haben mich fasziniert, seit ich 1965 als Doktorand an der Universität Zürich eine Mutante entdeckte, die statt Antennen Beine auf ihrem Kopf trug (Bild 5). Bei der Namenssuche erinnerte ich mich an ein Gedicht des Dichters Christian Morgenstern, in dem er das Nasobem beschreibt: ein Phantasiewesen, das auf der Nase geht. Ich entschloß mich daher, die Mutante *Nasobemia* zu nennen.

Nasobemia gehört zu einer großen und vielgestaltigen Klasse von Mutationen, die intensiv untersucht worden ist. Bei *Drosophila* liegen, wie sich zeigte, die meisten homöotischen Gene in einer von zwei in sich zusammenhängenden Gruppen. Eine Gruppe, der sogenannte *Antennapedia*-Komplex, besteht aus Genen, die die Adultstrukturen am Kopf und an den vorderen Thoraxsegmenten determinieren; *Nasobemia* liegt im *Antennapedia*-Komplex. Der andere Komplex heißt *bithorax* und enthält Gene, welche die Determination der hinteren Thoraxsegmente sowie der Abdominalsegmente steuern.

Anhand einer umfassenden Analyse des *bithorax*-Komplexes entwickelte Edward B. Lewis vom California Institute of Technology ein Modell, wonach jedes der hinteren Segmente des adulten Tieres durch die gemeinsame Aktivität einer ganz bestimmten Gruppierung von homöotischen Genen determiniert wird. Dabei werden zur Determination des zweiten Thoraxsegments die wenigsten homöotischen Gene benötigt. Bei jedem darauf folgenden, also weiter hinten gelegenen Segment müssen zusätzlich ein oder mehrere homöotische Gene aktiviert werden, damit es seinen spezifischen Charakter erhält.

Homöotische Mutationen und Segmentierungs-Mutationen greifen so einschneidend in den Entwicklungsgang ein,

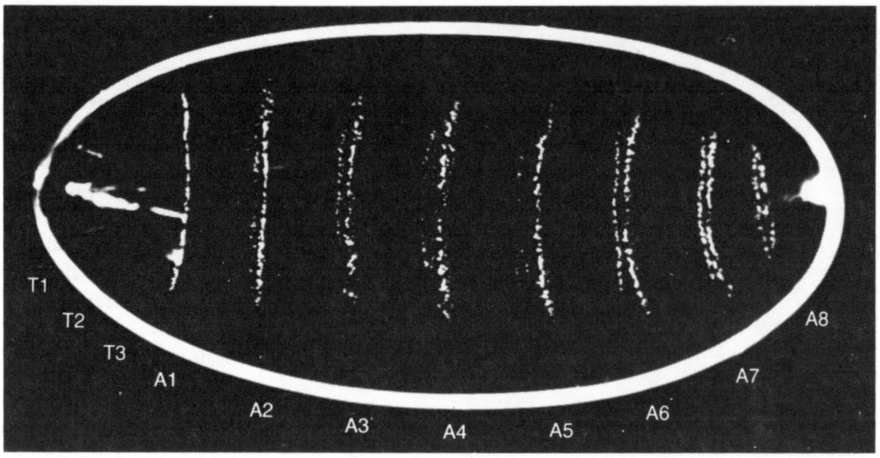

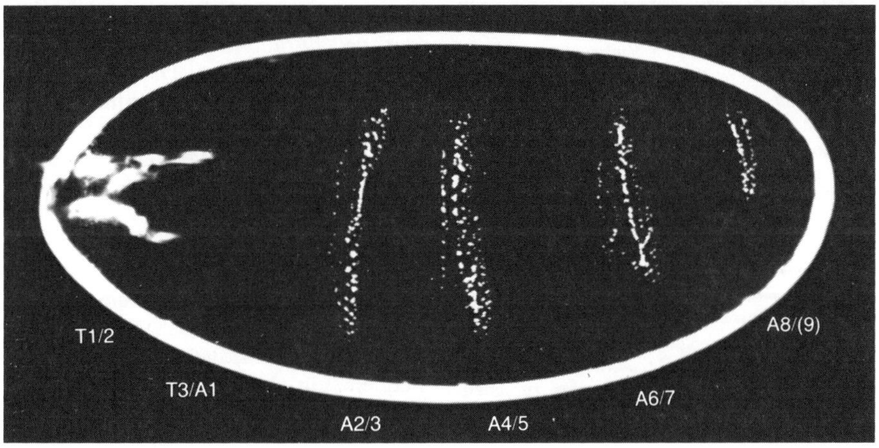

Bild 6: *Fushi tarazu* („zu wenig Segmente") ist ein Segmentierungs-Gen, von dessen Aktivität es abhängt, daß der *Drosophila*-Embryo korrekt in Segmente untergliedert wird. Ein Embryo mit dem normalen *fushi-tarazu*-Gen besitzt den vollen Satz von mindestens drei Kopf-, drei Thorax- und acht vollständigen Abdominalsegmenten (oberes Bild). Da die Kopfsegmente während des Entwicklungsprozesses in den Körper einbezogen werden, sind sie nicht sichtbar. Die Vordergrenze jedes Segments ist durch einen Gürtel winziger Zähnchen, sogenannter Dentikel, gekennzeichnet. Die Dentikel-Gürtel erscheinen als weiße, von oben nach unten verlaufende Streifen. Bei Embryonen mit einer Mutation im *fushi-tarazu*-Gen fehlen abwechselnd bestimmte Segmenthälften, und die verbleibenden sind miteinander verschmolzen (unteres Bild). So ist weder der hintere Teil von A2 vorhanden noch der vordere Teil von A3, an dem der Dentikel-Gürtel von A3 säße. Die verbliebenen Regionen von A2 und A3 sind zu dem zusammengesetzten Segment A2/3 verschmolzen. Die Mutation ist tödlich; sie ergibt einen Embryo mit der halben Segmentzahl, der noch vor dem Schlüpfen abstirbt.

daß die Annahme nahelag, bei den betreffenden Genen handle es sich um diejenigen, die auch den normalen Entwicklungsablauf koordinieren. Während eine Segmentierungs-Mutation die Anlage der Segmente des Embryos stört, reguliert das normale Gen anscheinend die richtige Konstruktion dieser Segmente. Und da durch eine homöotische Mutation Beine anstelle von Antennen wachsen, sollte das normale Gen für die Ausbildung von Beinen an der richtigen Stelle verantwortlich sein.

Nun muß jedes Gen, das derart fundamentale Prozesse bei der normalen Entwicklung zu dirigieren vermag, dazu viele andere Gene steuern. Untersuchungen über die Genetik von Bakterien haben gezeigt, daß einzelne Gene die Aktivität einer Gruppe anderer Gene regulieren können, indem sie für ein Protein codieren, das sich an die DNA zu binden vermag und deren Transkription unterdrückt oder fördert. Das Bakterien-Modell scheint eine plausible Hypothese zu bieten, wie Kontroll-Gene ganz allgemein die Entwicklung steuern. Doch selbst 1978 waren solche Überlegungen noch pure Spekulation, da es keine geeigneten Methoden gab, entwicklungsspezifische Gene höherer Organismen zu isolieren und zu manipulieren.

Die Isolierung homöotischer Gene

Innerhalb weniger Jahre veränderte sich die Situation jedoch radikal, als es durch Gen-Klonierungsmethoden möglich wurde, einzelne Gene zu isolieren, ohne irgendwelche biochemischen Informationen über ihre Produkte zu besitzen. Sofort machten sich mehrere Forschungsgruppen daran, homöotische Gene von *Drosophila* rein zu gewinnen. David S. Hogness von der Medizinischen Fakultät der Stanford-Universität und seine Mitarbeiter leisteten Pionierarbeit am *bithorax*-Komplex, während sich meine Gruppe auf die Gene des *Antennapedia*-Komplexes konzentrierte.

Die homöotischen Gene, einmal isoliert, erwiesen sich als überraschend groß und kompliziert. So enthält das *Antennapedia*-Gen die außerordentlich große Zahl von 100 000 Basenpaaren. Außerdem haben homöotische Gene eine komplizierte Struktur aus vielen durch Introns getrennten Exons. (Introns sind DNA-Sequenzen, die zwar in mRNA transkribiert, aber später aus dem Transkript entfernt werden; nur die Exons bleiben erhalten und werden zur fertigen mRNA zusammengefügt.) Während dieser Bearbeitung (Prozessierung) des *Antennapedia*-Transkripts können bis zu 60 000 Basenpaare in Form eines einzigen Introns verworfen werden.

Diese Erkenntnisse über die Struktur homöotischer Gene ließen sich jedoch erst gewinnen, nachdem einige von ihnen isoliert worden waren. Das *Antennapedia*-Gen, das dem ganzen Komplex den Namen gab, wurde von Richard Garber und Atsushi Kuroiwa in meiner Arbeitsgruppe isoliert. In einem ersten Schritt stellten die beiden Forscher einen Satz aufeinanderfolgender, sich geringfügig überlappender DNA-Fragmente zusammen, der die bekannte Chromosomenregion mit dem *Antennapedia*-Gen umfaßte.

Dies gelang durch einen sogenannten „Marsch auf dem Chromosom" (*chromosomal walking*). Diese von Hogness entwickelte Methode beruht darauf, daß die beiden Stränge der DNA-Doppelhelix komplementär zueinander sind und daher hybridisieren, das heißt sich zu einem doppelsträngigen Molekül zusammenlagern können. Wenn zwei DNA-Stücke von komplementären Strängen der Doppelhelix sich auf einem kurzen Abschnitt überlappen, hybridisieren sie in der Überlappungsregion. Man beginnt den Marsch also mit einem kurzen DNA-Fragment, von dem man weiß, daß es ziemlich nahe am gesuchten Gen liegt. Durch Hybridisierung wird ein kurzes DNA-Stück identifiziert, das an einem Ende mit dem bekannten DNA-Fragment überlappt und sich in Richtung des gesuchten Gens erstreckt. Indem man diesen Vorgang oft genug wiederholt, kann man den ganzen Abschnitt des Chromosoms, auf dem das Gen liegt, erfassen.

Nachdem der Satz DNA-Stücke zusammengestellt war, galt es herauszufin-

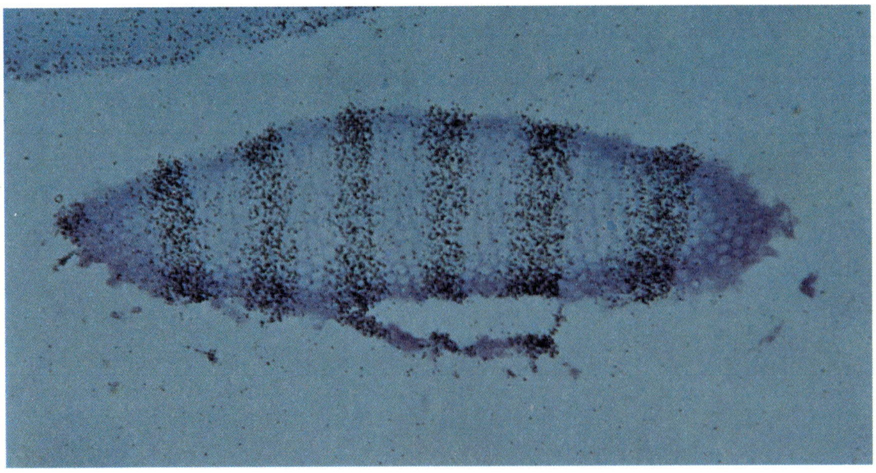

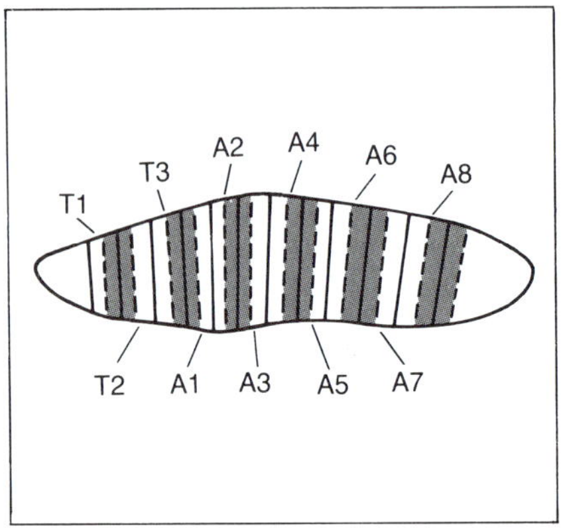

Bild 7: ***Fushi tarazu*** **wird im jungen Embryo in Segmentpaaren exprimiert. Gezeigt ist ein Dünnschnitt durch einen Embryo zweieinhalb Stunden nach der Befruchtung. Bei den hellen Kreisen, die am besten auf der rechten Seite des Bildes sichtbar sind, handelt es sich um Zellkerne, die gerade den Cortex erreicht haben und noch nicht durch Zellmembranen getrennt sind. Die dunklen Streifen zeigen mRNA des *fushi-tarazu*-Gens, deren Lage durch in-situ-Hybridisierung ermittelt wurde. (Je nach dem optischen System können die belichteten Stellen hell wie in Bild 1 oder dunkel wie hier erscheinen.) Jeder Streifen umfaßt, wie links gezeigt, zwei embryonale Segmente. Auf dem Schnitt fehlen die Kopfsegmente. Anderenfalls wären sieben anstatt sechs dunkle Streifen zu sehen.**

den, wo im untersuchten Chromosomenabschnitt das *Antennapedia*-Gen genau lag. Dazu isolierten wir zuerst einen cDNA-Klon: ein DNA-Fragment, das komplementär zur *Antennapedia*-mRNA ist. Ein solcher Klon hybridisiert mit chromosomalen DNA-Sequenzen, die komplementär zum mRNA-Molekül sind. Mit diesem Klon als Sonde hofften wir die Lage der DNA-Sequenz, die für die *Antennapedia*-mRNA codiert, zu bestimmen.

Überrascht stellten wir jedoch fest, daß unser Sonden-Molekül nicht nur mit der codierenden Sequenz von *Antennapedia* hybridisierte, sondern auch mit Sequenzen eines benachbarten Gens. Dieses erwies sich als *fushi tarazu*. Somit war klar, daß *fushi tarazu* und *Antennapedia* jeweils ein gleichartiges DNA-Stück enthalten. (Die gleiche Beobachtung machte unabhängig von uns auch Matthew P. Scott an der Universität von Colorado in Boulder.)

Die Homöobox: ein universelles Steuerelement?

Konnte es sein, daß die gemeinsame Sequenz ein Charakteristikum aller homöotischen Gene war? Zur Beantwortung dieser Frage untersuchten wir ein Gen im *bithorax*-Komplex, das *Ultrabithorax* genannt wird. Zu unserer großen Freude fand mein Mitarbeiter William J. McGinnis (jetzt an der Yale-Universität) das kurze DNA-Stück auch in *Ultrabithorax*. Das geschah vor zwei Jahren.

Die verblüffende Entdeckung eines gemeinsamen DNA-Stücks in meinem Laboratorium war Anlaß, in aller Eile das gesamte *Drosophila*-Genom danach zu durchmustern. Mit der kurzen gemeinsamen Sequenz als Sonde konnten wir binnen kurzem über ein Dutzend Gene identifizieren, die eine ähnliche Sequenz enthalten. Da viele der neu isolierten Gene zu bekannten homöotischen Mutanten gehörten, nannten wir die gemeinsame Sequenz „Homöobox".

Tatsächlich scheinen alle Gene, die eine Homöobox besitzen, entweder homöotisch oder anderweitig an der Festlegung der räumlichen Organisation des Embryos beteiligt zu sein. Die meisten liegen im *Antennapedia*- oder *bithorax*-Komplex. Von den Genen dieser beiden Komplexe wußte man, daß sie mit der Determination der räumlichen Organisation zu tun haben, und sie waren größtenteils schon identifiziert. Einige der anderen Gene mit einer Homöobox liegen jedoch an ganz anderen Stellen im Genom und wurden bisher nicht durch Mutationen charakterisiert.

Bemerkenswerterweise ist die Homöobox auch in Segmentierungs-Genen

	1																			20
Maus *MO*-10	Ser	Lys	Arg	Gly	Arg	Thr	Ala	Tyr	Thr	Arg	Pro	Gln	Leu	Val	Glu	Leu	Glu	Lys	Glu	Phe
Frosch *MM*3	Arg	Lys	Arg	Gly	Arg	Gln	Thr	Tyr	Thr	Arg	Tyr	Gln	Thr	Leu	Glu	Leu	Glu	Lys	Glu	Phe
Antennapedia	Arg	Lys	Arg	Gly	Arg	Gln	Thr	Tyr	Thr	Arg	Tyr	Gln	Thr	Leu	Glu	Leu	Glu	Lys	Glu	Phe
fushi tarazu	Ser	Lys	Arg	Thr	Arg	Gln	Thr	Tyr	Thr	Arg	Tyr	Gln	Thr	Leu	Glu	Leu	Glu	Lys	Glu	Phe
Ultrabithorax	Arg	Arg	Arg	Gly	Arg	Gln	Thr	Tyr	Thr	Arg	Tyr	Gln	Thr	Leu	Glu	Leu	Glu	Lys	Glu	Phe

	21																			40
Maus *MO*-10	His	Phe	Asn	Arg	Tyr	Leu	Met	Arg	Pro	Arg	Arg	Val	Glu	Met	Ala	Asn	Leu	Leu	Asn	Leu
Frosch *MM*3	His	Phe	Asn	Arg	Tyr	Leu	Thr	Arg	Arg	Arg	Arg	Ile	Glu	Ile	Ala	His	Val	Leu	Cys	Leu
Antennapedia	His	Phe	Asn	Arg	Tyr	Leu	Thr	Arg	Arg	Arg	Arg	Ile	Glu	Ile	Ala	His	Ala	Leu	Cys	Leu
fushi tarazu	His	Phe	Asn	Arg	Tyr	Ile	Thr	Arg	Arg	Arg	Arg	Ile	Asp	Ile	Ala	Asn	Ala	Leu	Ser	Leu
Ultrabithorax	His	Thr	Asn	His	Tyr	Leu	Thr	Arg	Arg	Arg	Arg	Ile	Glu	Met	Ala	Tyr	Ala	Leu	Cys	Leu

	41																			60
Maus *MO*-10	Thr	Glu	Arg	Gln	Ile	Lys	Ile	Trp	Phe	Gln	Asn	Arg	Arg	Met	Lys	Tyr	Lys	Lys	Asp	Gln
Frosch *MM*3	Thr	Glu	Arg	Gln	Ile	Lys	Ile	Trp	Phe	Gln	Asn	Arg	Arg	Met	Lys	Trp	Lys	Lys	Glu	Asn
Antennapedia	Thr	Glu	Arg	Gln	Ile	Lys	Ile	Trp	Phe	Gln	Asn	Arg	Arg	Met	Lys	Trp	Lys	Lys	Glu	Asn
fushi tarazu	Ser	Glu	Arg	Gln	Ile	Lys	Ile	Trp	Phe	Gln	Asn	Arg	Arg	Met	Lys	Ser	Lys	Lys	Asp	Arg
Ultrabithorax	Thr	Glu	Arg	Gln	Ile	Lys	Ile	Trp	Phe	Gln	Asn	Arg	Arg	Met	Lys	Leu	Lys	Lys	Glu	Ile

Bild 8: Die Homöodomäne besteht aus einer Kette von Aminosäuren, die von der sogenannten Homöobox codiert werden. Die Homöobox ist ein kurzes DNA-Stück, das in mehr als einem Dutzend homöotischer Gene und Segmentierungs-Gene von *Drosophila* vorkommt. Außerdem findet es sich in Genen einer Vielzahl anderer höherer Lebewesen. Gezeigt ist die Sequenz von 60 Aminosäuren (abgekürzt durch die üblichen drei Buchstaben) aus den Homöodomänen von fünf Genen. Dies sind das Maus-Gen *MO*10, das Frosch-Gen *MM*3 und die *Drosophila*-Gene *Antennapedia*, *fushi tarazu* und *Ultrabithorax*. Das *Antennapedia*-Gen dient als Standard beim Vergleich der einzelnen Homöodomänen. Abweichungen gegenüber der Sequenz von *Antennapedia* sind weiß dargestellt. Die fünf Homöodomänen ähneln sich stark. Das läßt vermuten, daß sie in allen fünf Proteinen die gleiche Funktion ausüben und daß ein hoher Selektionsdruck sie weitgehend konstant gehalten hat. Wie die Proteine mit der Homöodomäne wirken, ist noch nicht genau bekannt. Ein Hinweis auf die Funktionsweise ergibt sich jedoch aus der Tatsache, daß alle Homöodomänen reich an den basischen Aminosäuren Lysin (Lys) und Arginin (Arg) sind. Das befähigt sie möglicherweise dazu, sich an DNA zu binden. Durch Anlagerung an spezifische DNA-Sequenzen könnten sie dann die Wirkung vieler anderer Gene regulieren und so steuernd in den Entwicklungsprozeß eingreifen. Ein Abschnitt aus neun Aminosäuren, die in allen fünf Homöodomänen identisch sind, gilt als diejenige Region, mit der das Protein mit der DNA in Kontakt tritt (dunkle Farbe).

wie *fushi tarazu* enthalten sowie in solchen, die – wie man weiß – an der Unterteilung der Segmente in Kompartimente beteiligt sind. Das gilt beispielsweise für das sogenannte *engrailed*(gekerbt)-Gen. Obwohl sich die Segmentierungs- und Kompartimentierungs-Gene in ihrem Einfluß auf den Körperbau womöglich stark von den homöotischen Genen unterscheiden, verfügen alle drei Gruppen in Gestalt der Homöobox doch über ein entscheidendes gemeinsames Element. Seine Entdeckung bestärkt die Hypothese, daß alle drei Gruppen zu den die Entwicklung koordinierenden Kontroll-Genen zählen.

Ob alle Gene mit Homöobox von einem gemeinsamen Urgen abstammen oder ob sie sich nur in dem Exon ähneln, das die Homöobox enthält, ist noch nicht bekannt. Weitere Untersuchungen sollten bald Klarheit über diesen wichtigen Punkt bringen.

Nachdem die Existenz der Homöobox in der Taufliege gesichert war, prüften wir weitere Genome auf diese Sequenz. Es überraschte uns wenig, sie in anderen *Drosophila*-Arten sowie in Insektenspezies zu finden, von denen – wie bei Käfern – homöotische Mutanten bekannt waren. Untersuchungen an Ringelwürmern, den Vorfahren der Insekten, zeigten jedoch, daß auch diese eine Homöobox besitzen.

Dieser Befund war aufregend. Noch weit größer aber war die Überraschung, als sich auch in Wirbeltieren eine Homöobox fand. In Kooperation mit meinem Kollegen Edward De Robertis und seinen Mitarbeitern gelang es meiner Arbeitsgruppe, die erste Homöobox eines Vertebraten, des Krallenfrosches *Xenopus laevis*, zu isolieren. Danach wurden in allen weiteren untersuchten Wirbeltieren einschließlich des Menschen homologe – also ähnliche – Sequenzen entdeckt.

Nach einer ersten, vorläufigen Analyse dürfte die Homöobox bei allen Gruppen segmentierter Tiere vorhanden sein. Hingegen fehlt sie in den meisten untersuchten nicht-segmentierten Tiergruppen, scheint aber doch zumindest auch beim Seeigel vorzukommen.

Kontrollwirkung durch Anlagerung an DNA?

Die ersten Hinweise darauf, wie die Homöobox auf molekularem Niveau funktionieren könnte, ergaben sich aus dem Vergleich der DNA-Sequenzen verschiedener Homöoboxen. Mehr als ein Dutzend solcher Sequenzen wurden inzwischen bestimmt. Der Vergleich zeigte, daß die Homologie zwischen den Homöobox-Sequenzen auf ungefähr 180 Basenpaare beschränkt ist; in diesem Bereich erreicht sie jedoch – je nach den verglichenen Genen – Werte zwischen 60 und 80 Prozent.

Alle bisher untersuchten Homöoboxen lassen sich in eine Aminosäurekette übersetzen. Offenbar codiert die Homöobox also für eine Domäne, das heißt für einen funktionellen Abschnitt in einem Protein. Er erhielt die Bezeichnung Homöodomäne.

Die den Homöoboxen entsprechenden Aminosäuresequenzen ähneln sich noch mehr als die Nucleotidsequenzen der Homöoboxen selbst (Bild 8). Dies ist möglich, weil eine einzelne Aminosäure durch mehr als ein Nucleotid-Triplett (eine Gruppe aus drei Nucleotiden) verschlüsselt werden kann. So sind die Aminosäureketten, die den Homöoboxen des *Antennapedia*-Gens und des *Xenopus*-Gens *MM3* entsprechen, in 59 ihrer 60 Aminosäuren identisch; dies ist eine bemerkenswerte Übereinstimmung, wenn man bedenkt, daß sich Wirbeltiere und Wirbellose schon vor mehr als 500 Millionen Jahren auseinanderentwickelt haben. Die Ähnlichkeit der Aminosäureketten legt nahe, daß alle Homöodomänen ganz ähnlich funktionieren und daß ein starker Selektionsdruck einen Funktionsverlust verhindert hat.

Worin könnte diese Funktion bestehen? Wie erwähnt, war eine der ersten Spekulationen, die Kontroll-Gene könnten über DNA-bindende Proteine wirken. Die Homöodomäne ist biochemisch mit solch einem Modell vereinbar. Zahlreiche DNA-bindende Proteine enthalten Regionen mit ungewöhnlich vielen basischen Aminosäuren. In der Homöodomäne, die nur jeweils einen Abschnitt aus einem Protein darstellt, kommen die basischen Aminosäuren Lysin und Arginin besonders häufig vor.

Ein erster Hinweis darauf, daß die Homöodomäne etwas mit der Bindung an DNA-Stränge zu tun haben könnte, ergab sich aus einer Computer-Analyse bekannter DNA-Sequenzen. Dabei zeigte sich eine kleine, aber signifikante Homologie zwischen der Homöobox und Abschnitten von Genen in zwei Hefe-Arten. Jedes dieser sogenannten MAT-Gene codiert für ein Protein, das all die Gene reguliert, die nötig sind, um die Differenzierung der Hefe in eine von zwei möglichen Paarungstypen (Geschlechtern) oder die Bildung von Sporen zu steuern. Das Protein wirkt, indem es sich spezifisch an DNA-Sequenzen anlagert, die (in Transkriptionsrichtung) vor dem zu regulierenden Gen liegen. Die teilweise Homologie zwischen der Homöobox und den MAT-Genen der Hefe legt nahe, daß der von der Homöodomäne codierte Proteinabschnitt etwas Ähnliches tut.

Falls die Homöodomäne Determinationsvorgänge steuert, muß die Expres-

Bild 9: *Deformed* (deformiert) ist der Name eines homöotischen Gens, das die Identität der hinteren Kopfsegmente des *Drosophila*-Embryos festzulegen scheint. Das Bild zeigt einen Schnitt durch einen Embryo bald nach der Bildung des Blastoderms: anterior ist oben links, posterior unten rechts. Der helle Gürtel zeigt die durch in-situ-Hybridisierung ermittelte Lage der *Deformed*-Transkripte. Sie entspricht derjenigen der hinteren Kopfsegmente auf dem Anlageplan. Taufliegen mit einer Mutation im *Deformed*-Gen zeigen oft Defekte in diesen Segmenten. Anscheinend ist das normale *Deformed*-Gen also für die korrekte Ausbildung der hinteren Kopfregion erforderlich. Nach gewichtigen Befunden aus neuester Zeit wird die Identität der Körpersegmente von *Drosophila* generell durch homöotische Gene festgelegt.

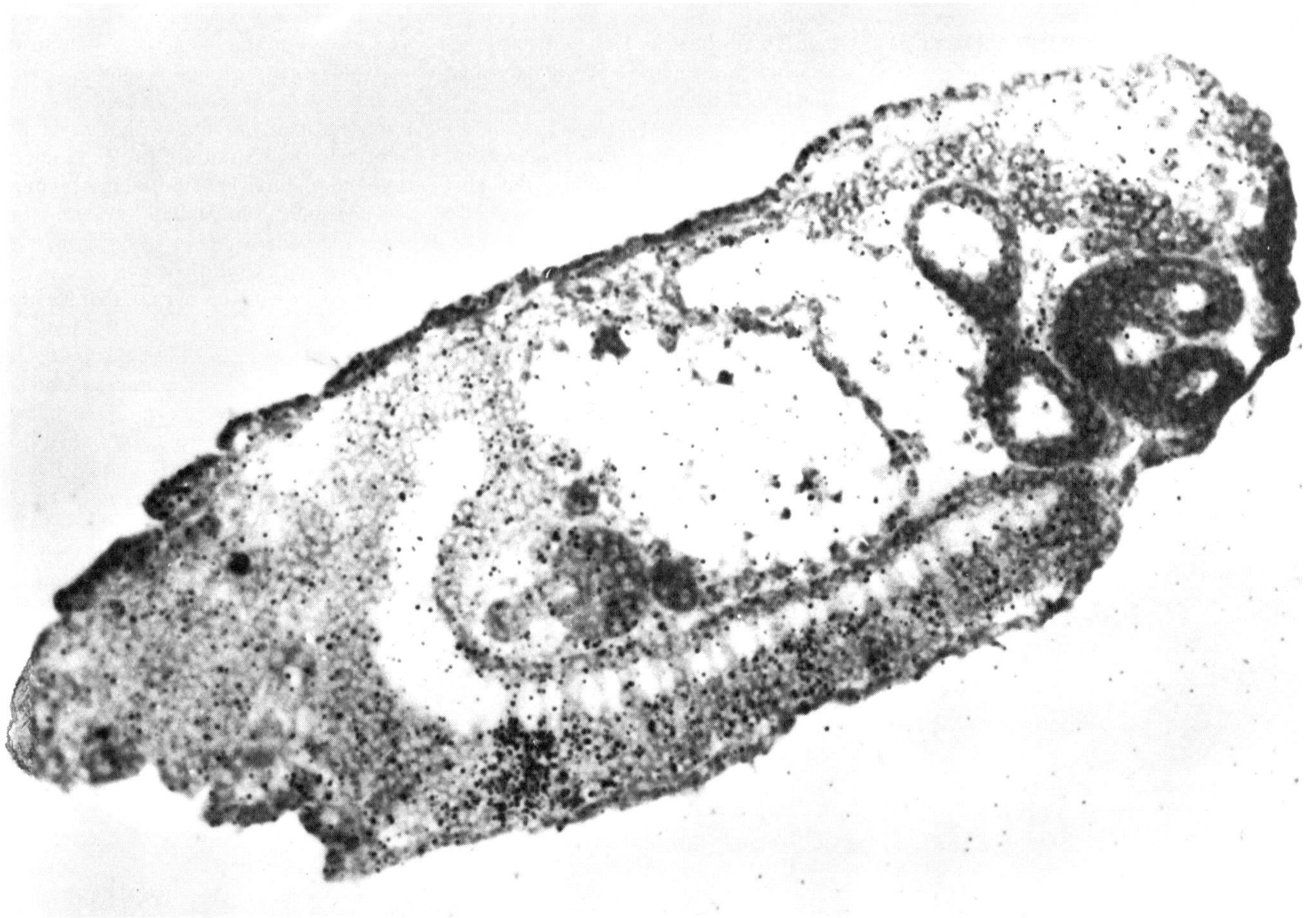

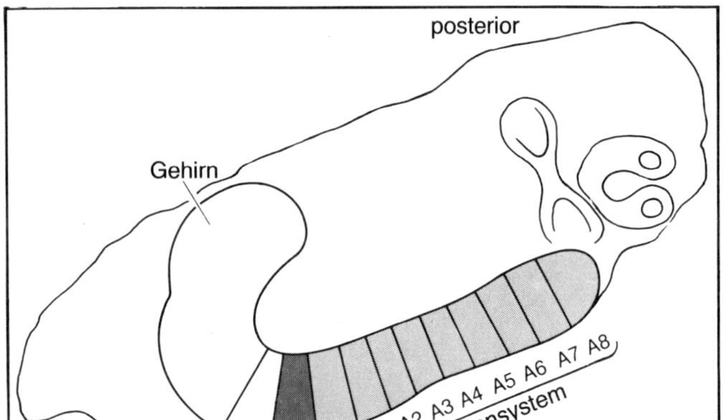

Bild 10: ***Antennapedia*-Transkripte reichern sich, wie dieser Längsschnitt eines *Drosophila*-Embryos aus einem späteren Stadium der Embryonalentwicklung zeigt, unterschiedlich stark in den Segmenten des heranwachsenden Embryos an. In diesem Stadium ist die Segmentierung am besten im ventralen Nervensystem zu erkennen, das in jedem Körpersegment ein Ganglion (einen Nervenknoten) bildet (Bezeichnung links). *Antennapedia* wird in dem ersten Thoraxganglion fast überhaupt nicht, im zweiten am stärksten und in den weiter hinten liegenden Segmenten lediglich schwach exprimiert. Eine unterschiedliche Expression könnte Bestandteil des Mechanismus sein, durch den homöotische Gene den Segmenten des *Drosophila*-Embryos ihre spezifischen Eigenschaften verleihen.**

sion der Gene mit Homöobox während der Embryogenese räumlich und zeitlich exakt kontrolliert werden. Das räumliche Gen-Expressionsmuster wird derzeit durch in-situ-Hybridisierung untersucht („in situ" heißt im Gewebe des Organismus und nicht im Reagenzglas).

Bei dieser Technik macht man sich zunutze, daß ein einzelsträngiges DNA-Stück aus einem Gen mit dem entsprechenden mRNA-Transkript hybridisiert. Da sich die mRNA an den Stellen im Embryo anreichert, an denen das Gen exprimiert wird, läßt sich mittels dieser Hybridisierung das räumliche Muster der Gen-Expression sichtbar machen. Als Sonde dienen gereinigte und radioaktiv markierte Gene, die eine Homöobox enthalten.

Ein Tropfen der Lösung mit den Sonden-Molekülen wird auf den Dünnschnitt eines *Drosophila*-Embryos aufgetragen. Nach einiger Zeit, wenn die Sonde mit dem mRNA-Transkript hybridisiert hat, wäscht man die überschüssige DNA heraus und bedeckt den Schnitt mit einer photoempfindlichen Emulsion. Diese wird dort, wo sich die radioaktiven DNA-Moleküle mit ihrer eigenen mRNA verbunden haben, durch Strahlung belichtet. An den entsprechenden Stellen erscheinen nach der Entwicklung der Emulsion – je nach dem optischen System – also dunkle oder helle Körner. Ernst Hafen und Michael Levine haben diese Technik in meinem Laboratorium so weit verfeinert, daß sich damit auch Transkripte homöotischer Gene nachweisen lassen.

Aufschlußreiche Gen-Expressionsmuster

Einige der interessantesten Ergebnisse lieferte die in-situ-Hybridisierung mit *fushi tarazu* als Sonde. Die *fushi tarazu*-Transkripte tauchen nach diesen Untersuchungen erstmals in den im cortikalen Cytoplasma aufgereihten Zellkernen auf, noch bevor sich die Zellmembranen bilden. Während sich die Kerne teilen, nimmt die Transkriptionsrate zu, und bald bilden die dunklen Körner ein Muster aus sieben Bändern um das Blastoderm (Bild 7). Diese entsprechen nach dem Anlageplan genau den sieben Bereichen, die in der *fushi-tarazu*-Mutante fehlen. Im fertig segmentierten Embryo sind die Transkripte dann nicht mehr nachweisbar.

Aus solchen Beobachtungen ergeben sich zwei wichtige Schlußfolgerungen über die Funktionsweise von *fushi tarazu*. So muß das normale Gen während der frühen Embryogenese in benachbarten Bereichen abwechselnd exprimiert und nicht exprimiert werden, damit die Segmentierung nach Plan erfolgt; danach ist es entbehrlich.

Die Tatsache, daß das normale *fushi tarazu*-Gen in einem präzisen räumlichen Muster exprimiert wird, bevor sich die Zellmembranen bilden, deutet darauf hin, daß die nackten Kerne einen „Fühler" besitzen, mit dem sie ihre Position im cortikalen Cytoplasma feststellen können. Meiner Ansicht nach besteht dieser Fühler aus einer Kontrollregion, die in *fushi tarazu* und anderen an der Ausprägung des Segmentmusters beteiligten Genen dem eigentlichen Gen jeweils vorgelagert ist.

Zur Prüfung dieser Hypothese wurde ein künstliches Gen konstruiert, das die vor *fushi tarazu* gelegene Kontrollsequenz sowie ein bakterielles Gen für ein Enzym namens Beta-Galaktosidase enthielt. Die Expression des synthetischen Gens wird durch die *fushi-tarazu*-Sequenz kontrolliert, aber das von ihm codierte Protein ist bakteriell.

Das künstliche Gen wurde in einen *Drosophila*-Embryo eingeführt und die Expression des Beta-Galaktosidase-Gens durch eine Farbreaktion sichtbar gemacht. Tatsächlich fand sich auch die Beta-Galaktosidase in sieben Streifen angeordnet, die exakt dem Muster der *fushi-tarazu*-Transkripte entsprachen. Nach dem Eintritt der Kerne in das cortikale Cytoplasma treten also offensichtlich Substanzen mit der Kontrollregion von *fushi tarazu* in Wechselwirkung und schalten das Gen je nach Position der Kerne im Cortex ein oder aus. Das von *fushi tarazu* erzeugte Protein könnte dann seinerseits eine Gruppe anderer Gene in präzise abgestimmter Weise regulieren.

Fushi tarazu ist nur eines aus einer Reihe von Genen, deren Expression durch in-situ-Hybridisierung untersucht wurde. Die anderen Experimente haben aufgehellt, wie der segmentale Anlageplan verfeinert wird.

Von der Anlage der Segmente zu höheren Strukturen

Vom *engrailed*-Gen zum Beispiel weiß man, daß es im posterioren Kompartiment eines jeden Segments benötigt wird. Nach den Ergebnissen der in-situ-Hybridisierung reichern sich bald nach der Expression von *fushi tarazu engrailed*-Transkripte in einem Muster aus 14 schmalen Streifen an, die den posterioren Kompartimenten aller Segmente entsprechen (Bild 1). Offensichtlich wird der Embryo zuerst in Segmente gegliedert, die dann weiter in Kompartimente unterteilt werden.

Die Wirkungsweise der homöotischen Gene läßt sich am besten im ventralen (auf der Bauchseite gelegenen) Nervensystem verfolgen, das später in der Embryonalentwicklung ein Ganglion in jedem Körpersegment ausbildet. Mit der Homöobox als Sonde gelang es, eine Reihe homöotischer Gene zu klonieren, deren Transkripte sich in aufeinanderfolgenden Bauchganglien anreichern. Jedes Gen wird am stärksten in einem bestimmten Segment exprimiert, in allen dahinterliegenden Segmenten dagegen nur schwach (Bild 10). Dies paßt zu der Hypothese von Lewis, wonach die Aktivität einer bestimmten Kombination homöotischer Gene die Identität eines bestimmten Segments festlegt.

In vielen Laboratorien wird derzeit aktiv daran gearbeitet, das durch die Entdeckung der Homöobox erworbene Wissen zu festigen und zu erweitern. Falls sich die Homöodomäne tatsächlich an DNA bindet, wird es wichtig sein herauszufinden, wo und wie sie das tut.

Dazu kommt, daß die eine Homöobox enthaltenden Gene, selbst wenn sie viele andere Gene zu steuern vermögen, selbst auch kontrolliert werden müssen. Wie die Regulatoren reguliert werden – das herauszufinden wird ein weiterer bedeutungsvoller Fortschritt sein. Vielleicht bringt er uns auf die Spur der Faktoren im Ei-Cytoplasma, welche die nötige Positionsinformation bergen.

All dieses fieberhafte Suchen markiert den Übergang zu einem neuen Stadium in der Erforschung der Individualentwicklung. In der prämolekularen Ära gelang es, eine Menge darüber herauszufinden, wann embryonale Zellen auf ihren Entwicklungsweg festgelegt werden. Die molekulare Phase aber, in die wir gerade erst eingetreten sind, wird uns erlauben, das Wie dieser Festlegung aufzuklären. Obwohl sich Tiere auf sehr verschiedene Weise entwickeln, läßt die Entdeckung der Homöobox bei sehr verschiedenen Tierarten vermuten, daß die molekularen Mechanismen hinter dem Entwicklungsgeschehen universeller sein könnten, als man bisher geglaubt hat.

Die molekulare Grundlage der Evolution

Mutationen sammeln sich, über lange Zeitspannen gesehen, mit relativ konstanter Geschwindigkeit in den Genen an. Daraus ergeben sich neue Einblicke in die Evolution: auf molekularer wie organismischer Ebene.

Von Allan C. Wilson

Heute sind es vor allem die molekularen Bausteine des Lebens, aus denen sich neue Einsichten in die Natur des Evolutionsgeschehens ergeben. Ein Jahrhundert lang aber wurden solche Erkenntnisse hauptsächlich von Biologen zusammengetragen, die sich mit den Organismen als Ganzem beschäftigten. Zusammen mit den Geologen bewiesen sie, daß die Millionen verschiedener Arten, die heute unseren Planeten besiedeln, auf einige wenige Vorläufer zurückgehen, die vor mehr als einer Milliarde Jahren gelebt haben. Sie erkannten auch, daß biologische Evolution eine Folge erblicher Veränderungen ist: ermöglicht durch Mutation, etabliert durch natürliche Auslese.

Noch vor einiger Zeit war es jedoch nicht möglich, die Evolution auf ihrer alleruntersten molekularen Ebene zu untersuchen. Denn die Veränderungen in den Genen selbst ließen sich nicht direkt erfassen und analysieren. Neue biochemische Verfahren haben einen solchen Zugriff ermöglicht.

Seit mehreren Jahren haben die Molekularbiologen Tausende von lebenden Arten und sogar einige wenige ausgestorbene in ihren Genen miteinander vergleichen, Unterschiede darin quantitativ bestimmen und ihre Beschaffenheit untersuchen können. Ein wichtiges Ergebnis dieser Analyse ist das Konzept der molekularen Uhr.

Mutationen verändern die DNA in allen Entwicklungslinien – über lange Zeiträume gesehen – mit ziemlich konstanter Geschwindigkeit. Man kann deshalb eine Beziehung zwischen der Anzahl der Mutationen und der verstrichenen Zeit aufstellen. Geeicht wurde diese molekulare Uhr auf der Grundlage einiger weniger genau datierter Fossilien, aus denen sich erkennen läßt, seit wann sich bestimmte Gruppen heute lebender Arten von jeweils gemeinsamen Vorläufern abgespalten haben (Bild 3). So können dann molekulare Unterschiede dazu herangezogen werden, den Zeitpunkt der Abzweigung auch bei einer Vielzahl anderer Arten abzuschätzen. Damit erhält die Evolutionsbiologie allmählich ein quantitatives, molekulares Fundament.

Im folgenden werde ich die molekularen Grundlagen der Evolution diskutieren und dabei von zwei Voraussetzungen ausgehen: daß erstens erbliche Unterschiede zwischen Organismen aus Unterschieden in der DNA resultieren und daß zweitens Untersuchungen zur molekularen Evolution sich nicht darauf beschränken dürfen, quantitative Unterschiede in der DNA zu bestimmen; sie müssen auch ihren Ursprung sowie ihre Beziehung zu biologischen Unterschieden zwischen den Organismen erklären.

Ich werde hier einige Entdeckungen und Konzepte der molekularen Evolution vorstellen, sodann versuchen, sie in Beziehung zur Evolution der Organismen selbst zu setzen, und schließlich begründen, warum die Molekularbiologie einen neuen Weg zur Analyse dieser Evolution gewiesen hat. Insbesondere behaupte ich, daß der Druck zur Weiterentwicklung nicht nur von äußeren Faktoren, veränderten Umweltbedingungen etwa, ausgeht, sondern bei Vögeln und Säugern auch vom Gehirn: von der Fähigkeit zur Innovation und Imitation.

Molekulare Veränderungen

Zwei entscheidende Elemente der molekularen Evolution sind die Punktmutationen (speziell solche, die in Genen auftreten, die für Proteine codieren) und die „regulatorischen" Mutationen. Unter einer Punktmutation versteht man den Austausch einer einzelnen DNA-Base; dadurch kann sich die Aminosäuresequenz eines Proteins verändern. Eine regulatorische Mutation ist dagegen jegliche Veränderung innerhalb eines Gens oder in seiner Nachbarschaft, die darüber entscheidet, ob dieses Gen aktiv oder inaktiv ist.

Mit der Erforschung von Punktmutationen kam man zum Konzept der molekularen Uhr und zu der Entdeckung, daß es neutrale Mutationen gibt: solche, die dem Organismus weder Vor- noch Nachteile einbringen. Zugleich brachten diese Untersuchungen viele wichtige Erkenntnisse über die Verzweigungen innerhalb der Stammbäume. Mit der Einbeziehung regulatorischer Mutationen ergab sich schließlich ein noch umfassenderes Verständnis der Verknüpfung zwischen molekularer und organismischer Evolution.

Die beste Art und Weise, Punktmutationen molekularbiologisch zu untersuchen, ist natürlich, die DNA-Moleküle direkt miteinander zu vergleichen. Noch ehe dies möglich wurde, hatten die Chemiker bereits herausgefunden, wie sich statt dessen Proteine strukturell miteinander vergleichen lassen (Bild 2). Zwischen der Aminosäuresequenz eines Proteins und der Basensequenz seines Gens besteht nämlich eine einfache Beziehung. So kann jeder Austausch einer Aminosäure in einem Protein einer Punktmutation im zugehörigen Gen zugeordnet werden. Auf diese Weise wurde es möglich, über den Vergleich von Aminosäuresequenzen Einblick in die molekulare Evolution zu gewinnen.

Im Zuge dieser vergleichenden Studien begannen einige Wissenschaftler

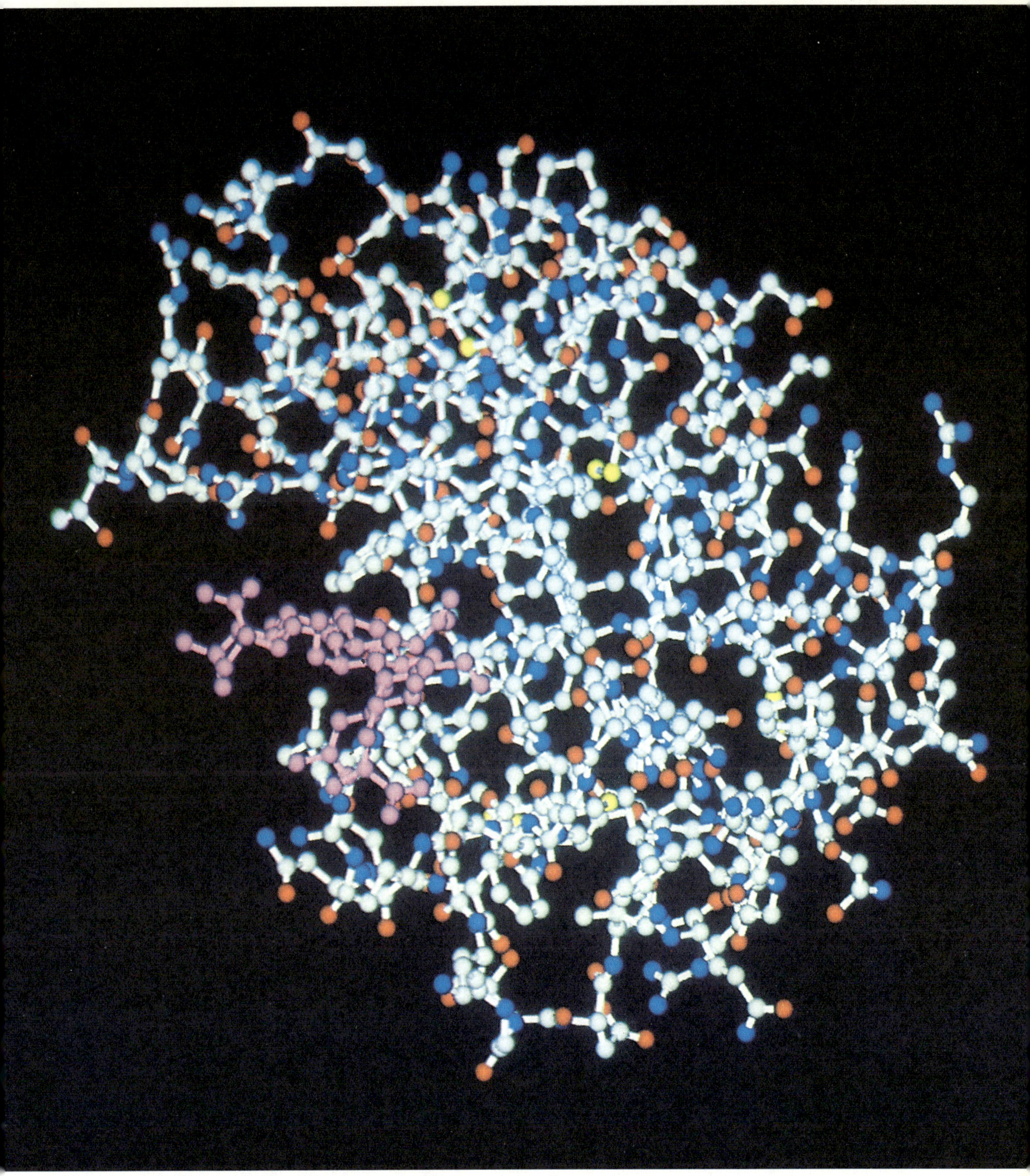

Bild 1: Das Enzym Lysozym, hier im Computermodell dargestellt, ist ein Prüfstein für regulatorische Mutationen, also solche, die die Aktivität eines Gens verändern. Links am Lysozym-Molekül hängt ein Teil der Substanz (rot), die von ihm angegriffen wird. Es handelt sich dabei um ein Polysaccharid, das in der Zellwand von Bakterien vorkommt. Das Lysozym spaltet dieses Molekül und zerstört dadurch die Bakterienwand. Bei Wiederkäuern wie Kühen und Schafen ist es zu einem wichtigen Verdauungsenzym geworden. Die Tiere können so an den Stickstoff und Phosphor der zelluloseabbauenden Bakterienflora ihres Magens gelangen. Die meisten anderen Säugetiere weisen dagegen nur niedrige Konzentrationen an Lysozym im Magen auf. Doch wirken die Lysozyme aller Säuger nahezu gleich, sind also funktionell praktisch identisch. Die Konzentrationsunterschiede lassen sich weitgehend regulatorischen Mutationen zuschreiben, die bei der Evolution der Organismen als Ganzes vermutlich eine bedeutende Rolle spielen. Das Computerbild wurde von der Graphics Systems Research Group von IBM in Großbritannien erstellt. Weiße Kugeln stehen für Kohlenstoff, rote für Sauerstoff, blaue für Stickstoff und gelbe für Schwefel. Die weißen Stäbchen symbolisieren die Bindungen zwischen den Atomen.

sich zu überlegen, wie wohl die Anzahl der ausgetauschten Aminosäuren mit der Zeit zusammenhängen könnte, die seit der Abspaltung zweier heutiger Arten von einem gemeinsamen Vorfahren vergangen ist. Sie zählten einfach ab, in wieviel Aminosäuren sich ein Protein der einen Art von dem entsprechenden Protein der anderen Art unterschied (dabei berücksichtigten sie weder, wie sich der Austausch auswirkte, noch, an welcher Stelle er innerhalb der Proteinstruktur aufgetreten war). Dadurch entdeckten sie, daß sich Proteine annähernd wie molekulare Evolutions-Uhren verhalten.

Vieles deutet darauf hin, daß der Zuwachs ausgetauschter Aminosäuren über lange evolutionäre Zeiträume hinweg recht gleichmäßig ist. Ein direkter Vergleich der Gene bestätigt die Hypothese, daß diese stetige Evolution der Proteine auf einer stetigen Evolution der DNA fußt. Denn in der DNA des Zellkerns und anderer Organellen (wie der Mitochondrien und Chloroplasten) addieren sich die beibehaltenen Basenaustausche im Durchschnitt mit einer Regelmäßigkeit auf, die beinahe an die eines radioaktiven Zerfalls herankommt.

Funktionszwang

Die molekulare Uhr tickt jedoch nicht überall im DNA-Molekül gleich schnell. So ist die Evolutionsgeschwindigkeit an einer Stelle, die direkt die Funktion eines Proteins beeinflußt, gering; an einer anderen aber, die sich nicht darauf auswirkt, höher. Wo der Zwang, die Funktionsfähigkeit zu erhalten, hoch ist, verläuft der evolutionäre Wandel auf molekularer Ebene also langsam; wo er nur gering ist, verläuft das Ganze schneller. Beispielsweise verändern sich die aktiven Zentren der meisten Enzyme langsam im Vergleich zu vielen anderen Strukturbereichen des Moleküls.

Auch die Strukturen anderer Proteine verdeutlichen das Konzept des Funktionszwanges. So unterscheiden sich die Hämoglobin-Moleküle von Mensch und Pferd in 43 ihrer 287 Aminosäuren. Trotzdem falten sich die Polypeptidketten beider Hämoglobine in identischer Weise, wie kristallographische Untersuchungen gezeigt haben. Außerdem verhalten sich beide Proteine bei Funktionstests nahezu identisch: Die mutierten Stellen also, die den 43 ausgetauschten

Proteine

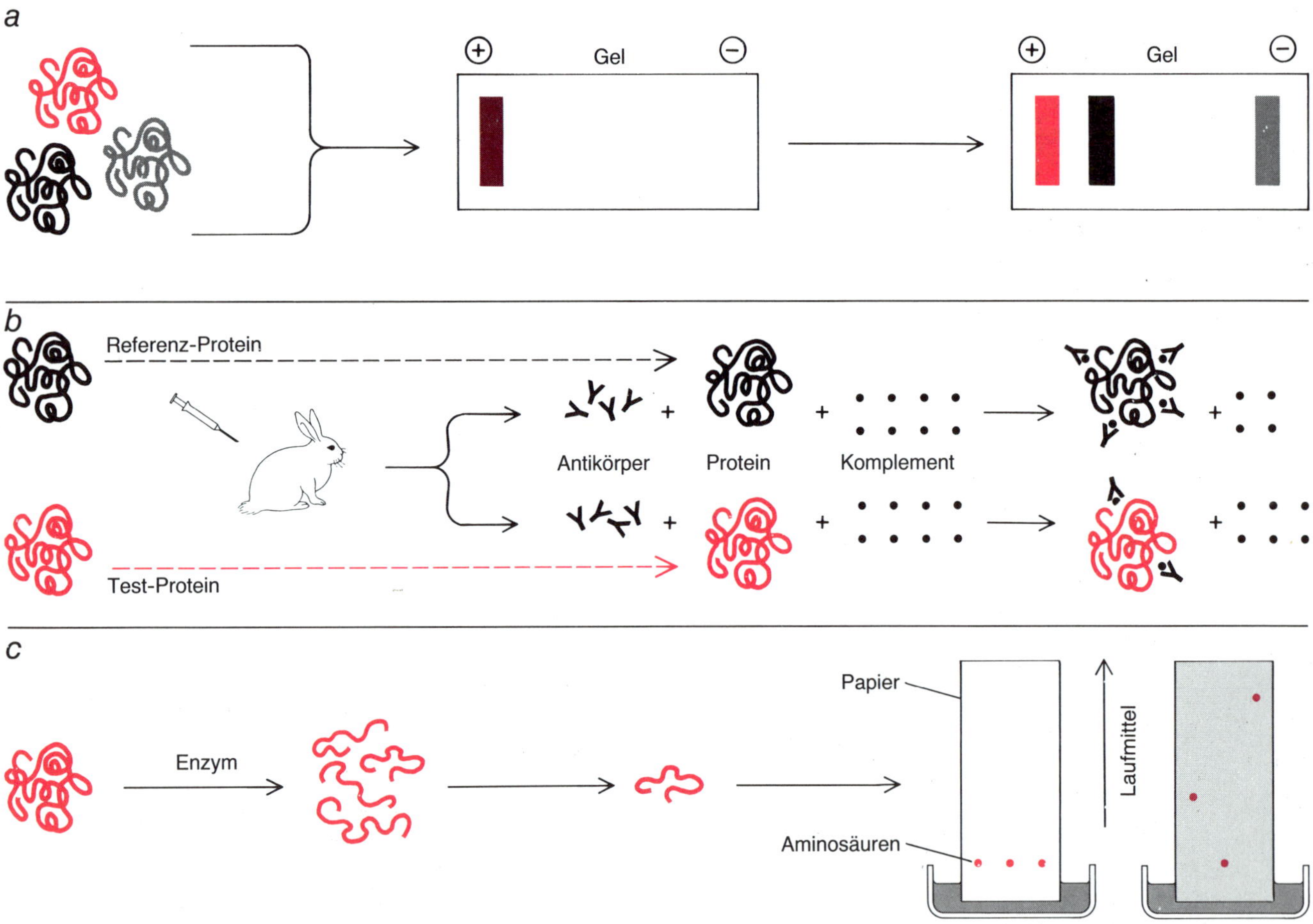

Bild 2: Durch Vergleich von Proteinen (links) oder DNA-Abschnitten (rechts) läßt sich die molekulare Evolution quantitativ erfassen. Eine Vergleichsmöglichkeit bietet die Gel-Elektrophorese (*a*), die Proteine nach ihrer Ladung in einem elektrischen Feld auftrennt. Da sich die Ladung mit der Aminosäure-Zusammensetzung ändert, ist die Wanderungsgeschwindigkeit verschiedener Versionen eines Proteins ein Maß dafür, wie stark diese sich in ihrer Zusammensetzung voneinander unterscheiden. Diese Methode ist am günstigsten, wenn ein ganzer Satz aus 30 oder mehr Proteinen eines Individuums mit den entsprechenden Proteinen eines anderen Individuums verglichen wird. Eine andere Methode, die Mikrokomplement-Fixierung (*b*), stützt sich auf die Fähigkeit von Antikörpern, kleine Unterschiede zwischen Proteinen zu erkennen. Dazu werden Kaninchen gegen ein reines Protein immunisiert und die produzierten Antikörper dann in Gegenwart von Komplement (einer Mischung verschiedener, Immunreaktionen unterstützender Substanzen aus dem Blut) darauf geprüft, wie gut sie sich an das immunisierende Protein und verwandte Eiweißkörper binden. Das Komplement reagiert nur mit solchen Antikörpern, die an ihr Protein-Antigen gebunden sind; seine Abnahme ist daher ein Maß für die Bildung von Antigen-Antikörper-Komplexen und damit ein Indikator für Unterschiede zwischen den einzelnen Proteinen. Bei dem dritten Verfahren, der Sequenzanalyse (*c*), wird ein gereinigtes Protein zunächst enzymatisch in kleinere Bruchstücke zerlegt. Von jedem dieser Bruchstücke werden dann die Aminosäuren einzeln abgespalten und anschließend auf chromatographischem Wege identifiziert:

Aminosäuren entsprechen, sind nur geringem Funktionszwang ausgesetzt.

Ein weiteres Beispiel bieten die Codons, jene Dreiergruppen von DNA-Basen, die jeweils für eine bestimmte Aminosäure stehen. Sie sind, wie Vergleiche zeigen, in der dritten Position häufiger verändert als in der zweiten (Bild 4). Dies steht im Einklang mit der Tatsache, daß jeder Austausch der zweiten Base auch einen Austausch der Aminosäure nach sich zieht, während ein Wechsel der dritten Base in der Hälfte aller Fälle ohne Folgen bleibt. Der evolutionäre Wandel in der zweiten Position ist also stark eingeschränkt, weil sich dort Veränderungen mit höherer Wahrscheinlichkeit auf die Funktionsfähigkeit des Proteins auswirken. Für die dritte Position gilt dies nur in geringem Maße, denn hier kann ein Austausch stattfinden, ohne daß die Proteinfunktion beeinträchtigt würde.

Die beobachtete hohe Evolutionsrate an solchen Positionen brachte einige Biologen dazu, die molekulare Evolution als eine Anhäufung neutraler Mutationen anzusehen, die sich nicht auf die Proteinfunktion auswirken. Eine derartige Betrachtungsweise der molekularen Evolution läuft der Anschauung der Darwinisten zuwider, die gewohnt sind, Evolution als eine Anhäufung vorteilhafter Mutationen aufzufassen. Die beiden Standpunkte lassen sich jedoch einander angleichen. Denn selbst wenn neutrale Mutationen überwiegen und die molekulare Evolution beherrschen, läßt die enorme genetische Variation immer noch die Anhäufung genügend vorteilhafter Mutationen zu, an denen die natürliche Auslese dann auf der Ebene der Organismen angreifen kann.

Die revolutionäre Idee eines von neutralen Mutationen beherrschten genetischen Wandels hat auch den Befund klären helfen, wonach die molekulare Evolution mehr von der Anzahl der Jahre als der Generationen abhängt. Würde nämlich eine positive Auslese die molekulare Evolution vorantreiben, so wären bei kurzlebigen Arten wie Fliegen und Mäusen höhere Evolutionsraten zu erwarten als bei langlebigen Arten wie den Primaten. Statt dessen häufen sich beide Male die ausgetauschten Basen mit etwa derselben Geschwindigkeit in den codierenden DNA-Sequenzen an.

Allerdings gelangen zahlreiche Biologen, die mathematische Modelle des

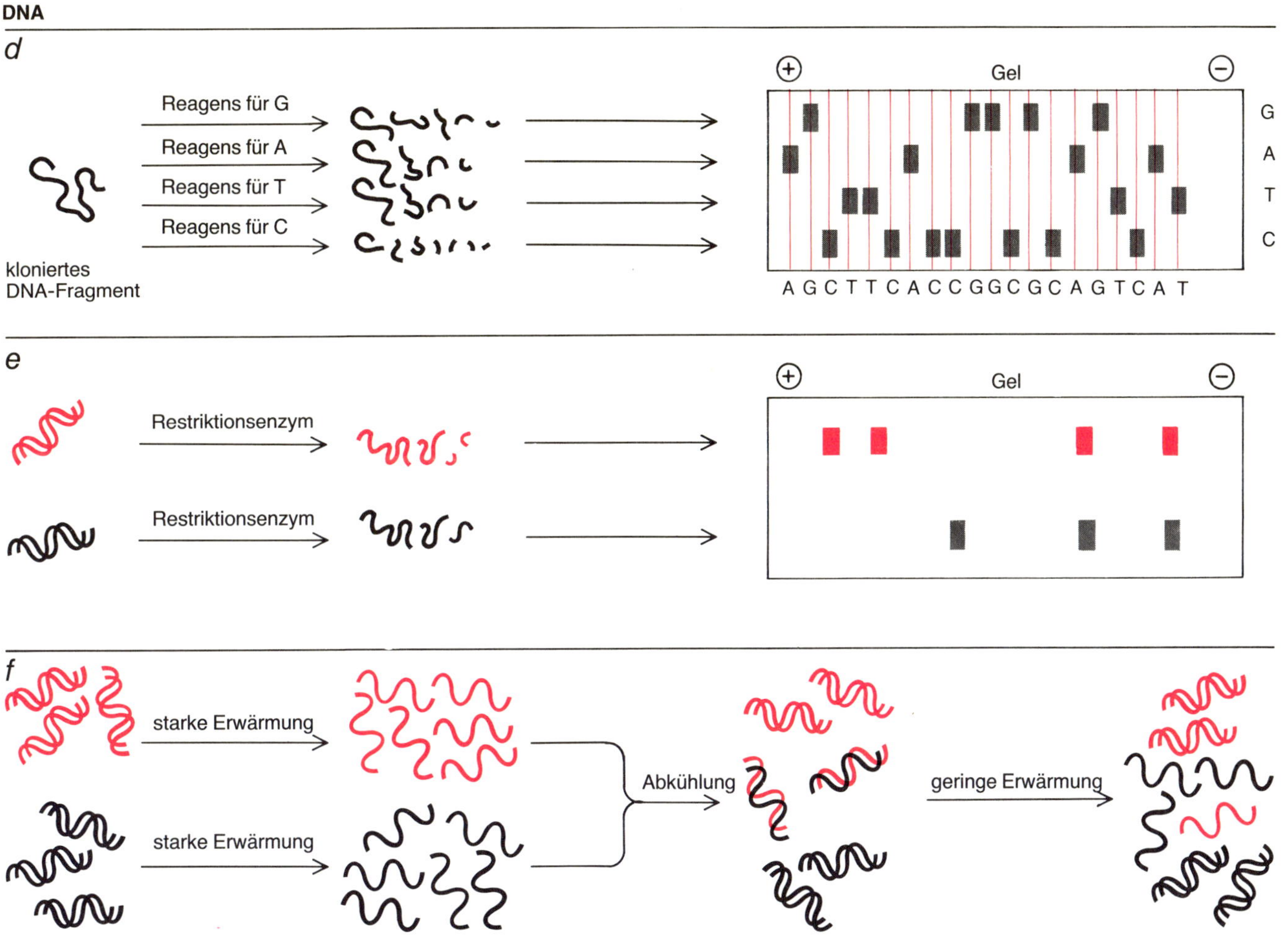

Sie wandern in einem Papierstreifen, der ein Laufmittel aufsaugt, in Abhängigkeit von ihrer Größe und Ladung unterschiedlich schnell. DNA-Moleküle lassen sich durch Sequenzanalyse (*d*) genau miteinander vergleichen. Dazu wird ein kloniertes Stück DNA an einem Ende radioaktiv markiert und dann mit Hilfe eines Reagens gespalten, das spezifisch eine der vier DNA-Basen (G, A, T oder C) zerstört. Die Bedingungen werden dabei so gewählt, daß jedes Molekül im Schnitt nur an einer der in Frage kommenden Stellen gespalten wird. Die Basenabfolge der DNA (in diesem Beispiel AGCTTCACCGGCGCAGTCAT) läßt sich aus den einzelnen Strecken ablesen, welche die unterschiedlich großen Bruchstücke bei der Wanderung durch ein Gel unter dem Einfluß eines elektrischen Feldes zurückgelegt haben. Schneller, aber weniger genau, ist die Restriktionsanalyse (*e*). Dabei wird die DNA durch einen Satz von Restriktionsenzymen zerschnitten. Jedes dieser Enzyme erkennt und spaltet solche Stellen, wo eine spezifische, aus vier bis sechs Basen bestehende Sequenz auftaucht. Unterschiede in der Gesamtsequenz wirken sich auf die Größe der Bruchstücke, der Restriktionsfragmente, aus, die sich wiederum elektrophoretisch trennen lassen. Aus dem Fragmentmuster läßt sich also erkennen, wie weit zwei DNA-Moleküle übereinstimmen. Bei der DNA-Hybridisierung (*f*) werden die beiden zu vergleichenden DNAs durch Erwärmung in ihre Einzelstränge getrennt. Beim Abkühlen können sich hybride Doppelstränge bilden, wobei jede DNA-Sorte einen Strang beisteuert. Je schlechter sich solche Hybrid-Stränge wieder beim Erwärmen voneinander trennen, desto genauer stimmen ihre Sequenzen überein.

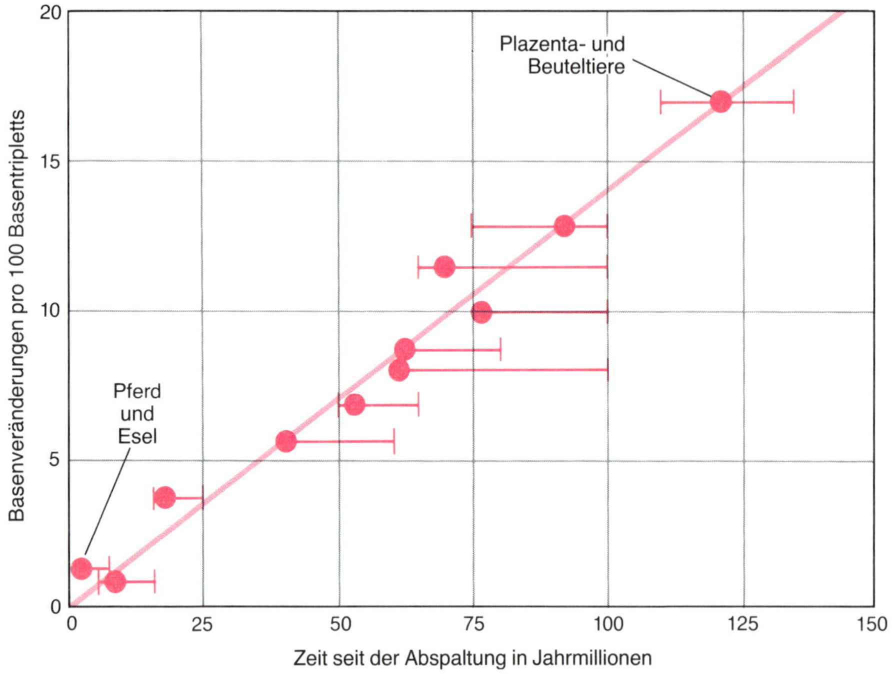

Bild 3: Der Gang der molekularen Evolution ist fast so stetig wie der einer Uhr. Das Diagramm veranschaulicht dies für Gene von Säugetieren, bei denen der Zeitpunkt ihrer stammesgeschichtlichen Trennung aus Fossilfunden ungefähr bekannt ist. Es wurden elf Paare von Säugern oder Säugergruppen herausgegriffen, die Aminosäuresequenzen von jeweils sieben ihrer Proteine bestimmt und die Unterschiede zwischen den Partnern eines jeden Paares gezählt. Die Anzahl der Punktmutationen, der Basenaustausche, die zur Erklärung dieser Unterschiede erforderlich war, wurde abgeschätzt und gegen die Zeit aufgetragen, die seit der Abspaltung der beiden Entwicklungslinien dieses Paares verstrichen ist. Unter den Säugern sind die Beuteltiere und die Plazentatiere verwandtschaftlich am weitesten voneinander entfernt: Ihr gemeinsamer Stammvater lebte vor etwa 120 Millionen Jahren. Das am nächsten miteinander verwandte Paar sind Pferd und Esel. Die horizontalen Striche geben die Schwankungsbreite an, in der sich die Schätzungen des jeweiligen Abspaltungszeitpunktes bewegen. Die farbige Kurve zeigt, daß die Zahl ausgetauschter DNA-Basen über lange evolutionäre Zeiträume hinweg ziemlich gleichmäßig zunimmt, quasi im festen Zeittakt einer molekularen Uhr.

Evolutionsprozesses erstellen, zu der Ansicht, daß viele der Mutationen, die sich im Laufe der molekularen Evolution angesammelt haben, nicht neutral sind. Sie führen an, daß die molekulare Evolution, statt gleichmäßig zu verlaufen, durch lange Zeitspannen inaktiven Verharrens gekennzeichnet sein könnte, die von plötzlichen Ausbrüchen intensivsten Wandels unterbrochen werden. Sollten sie recht behalten, so wäre das eine Herausforderung mehr, eine Erklärung für das Phänomen der molekularen Uhr zu finden. Denn dies könnte einen tieferen Einblick in das Wesen des Evolutionsprozesses geben.

Molekulare Stammbäume

In einem Punkt sind sich jedoch alle Molekularbiologen einig: Veränderungen in der Sequenz der DNA-Moleküle und der von ihnen codierten Proteine sind hauptsächlich divergent, bewirken also eine Auseinanderentwicklung. Daher lassen sich molekulare Stammbäume erstellen, welche die Verwandtschaftsbeziehungen zwischen diesen Sequenzen aufzeigen. Solche Diagramme ermöglichen klare, quantitative Überlegungen darüber, wie heutige Sequenzen aus einer gemeinsamen Ursequenz hervorgegangen sind.

Molekulare Stammbäume bringen aber auch Licht in die Ahnenreihe, über die sich jene Arten, in denen die Sequenzen vorkommen, aus einem gemeinsamen Stammvater entwickelt haben. Die Reihenfolge, in der sich die Linien zu den heutigen Arten abzweigen, liefert wiederum ein wertvolles Grundgerüst, in das sich unsere Kenntnisse über die Unterschiede zwischen diesen Arten einordnen lassen.

Vor die Wahl zwischen alternativen Hypothesen über die verwandtschaftlichen Beziehungen gestellt, folgen die Molekularbiologen dem Prinzip, daß die einfachste der konkurrierenden Theorien den komplizierteren vorzuziehen sei. Es wird jener Stammbaum gewählt, der mit den wenigsten Mutationen auskommt, um die Evolution bestimmter Sequenzen aus einer gemeinsamen Ursequenz zu erklären. Dieses Vorgehen ermöglicht es den Wissenschaftlern, die sich mit molekularer Evolution befassen, objektiv und quantitativ zwischen alternativen Stammbäumen zu entscheiden.

Wie ist zum Beispiel der Mensch mit dem auf Borneo und Sumatra heimischen Orang Utan und den afrikanischen Menschenaffen (Schimpansen und Gorillas) verwandt? Ein bestimmtes Verzweigungsschema, das den Menschen neben die afrikanischen Menschenaffen stellt, verlangt zur Erklärung der molekularbiologischen Ergebnisse weniger Mutationen als andere Schemata, die den Menschen neben den Orang Utan stellen (Bild 5). Kurzum: Eines der Diagramme erklärt die beobachteten Unterschiede so viel einfacher als alle anderen, daß die komplizierteren aufgrund der Wahrscheinlichkeit ausgeschlossen werden können.

Solche Bestimmungen durchführen zu können ist eine der bedeutendsten Errungenschaften der molekularen Evolutionsbiologie. Frühere Stammbäume basierten ausschließlich auf Unterschieden in anatomischen Merkmalen. Die Entscheidungen, wieweit die verglichenen Merkmale übereinstimmen, werden aber subjektiv getroffen. Außerdem gab es keinerlei Möglichkeit, die nötige Mindestzahl an Mutationen zu erfahren, die einen sichtbaren Unterschied in einem Merkmal bewirkt. Auch ließ sich nicht erkennen, ob eine Mutation, die ein anatomisches Merkmal verändert, sich zugleich auf andere anatomische Merkmale auswirkt.

Molekulare, auf Sequenzunterschieden aufgebaute Stammbäume verlangen keine subjektiven Entscheidungen über irgendwelche Merkmale. Zudem wissen die Biologen, wieviele Basenaustausche mindestens nötig sind, um die Sequenzunterschiede zu erklären. Und schließlich übersteigen die zählbaren genetischen Merkmale – aufgedeckt durch Vergleich der DNA- und Proteinsequenzen – mittlerweile die Anzahl der für eine Stammbaumanalyse verfügbaren anatomischen Merkmale.

Molekulare Stammbäume enthüllen nicht nur die Reihenfolge der Abgabelungen, sondern geben auch Aufschluß über deren Zeitpunkt. Dieser Weg zu einer stammesgeschichtlichen Datierung wurde unter anderem erstmals beschritten, um den Zeitpunkt abzuschätzen, an dem sich Menschen und afrikanische Menschenaffen von einem gemeinsamen Vorfahren abgezweigt haben.

In meinem Labor an der Universität von Kalifornien in Berkeley ermittelte Vincent M. Sarich die Strukturunterschiede im Serum-Albumin, einem Protein, das im Blut von Menschen sowie von afrikanischen Menschenaffen vorkommt. Die mittlere Evolutionsgeschwindigkeit bestimmte er, indem er die Albumine von Arten verglich, deren Abspaltungs-

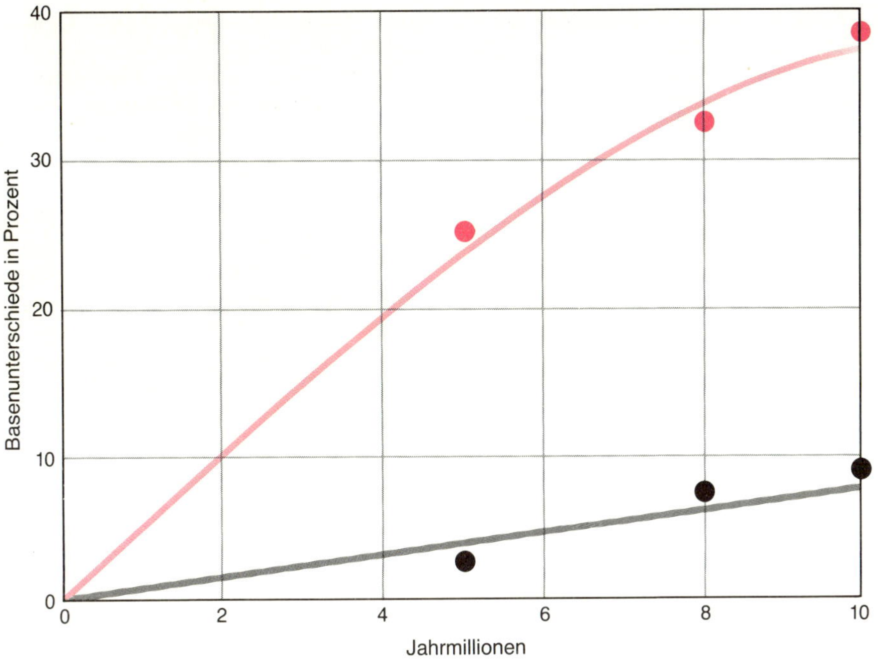

Bild 4: Der Zwang, die Funktionsfähigkeit zu erhalten, wird sichtbar, wenn man die Austauschraten von Basen in der zweiten Position der DNA-Codons (schwarze Kurve) mit denen in der dritten Position (farbige Kurve) vergleicht. Ein Codon ist eine Dreiergruppe von DNA-Basen, die für eine bestimmte Aminosäure steht, für sie codiert. Die jeweils dritte Base darin wird häufiger ausgetauscht als die zweite. Der Grund liegt darin, daß ein Basenaustausch in der zweiten Position immer auch einen Austausch der betreffenden Aminosäure nach sich zieht, während ein Austausch in der dritten Position in rund der Hälfte aller Fälle ohne Folgen bleibt. Die Meßwerte wurden durch Vergleich der DNA in Mitochondrien von Menschenaffen und Menschen gewonnen. (Mitochondrien sind Zellorganellen mit eigener DNA.) In den Genen insgesamt verändern sich allgemein Bereiche, die sich direkt auf die Funktion eines Proteins auswirken, nur langsam; Bereiche ohne solche Auswirkungen tun dies schneller.

zeitpunkt aus fossilen Belegen bekannt war. So konnte er errechnen, daß sich die Linien von Mensch und afrikanischen Menschenaffen vor fünf Millionen Jahren getrennt haben. Dies war nur ein Bruchteil der von den Anthropologen postulierten Zeit von 20 bis 30 Millionen Jahren.

Anschließende Untersuchungen der DNA haben Sarich bestätigt. Daraufhin wurden die Fossilfunde neu interpretiert und die Vorstellungen über den Gang der Entwicklung vom Affen zum Menschen revidiert.

Von den äußersten Zweigen zu den Leitästen

Molekulare Stammbäume haben noch viele andere zwischenartliche Verwandtschaftsverhältnisse erhellt. So zeigen Stammbäume auf der Grundlage sich rasch entwickelnder DNA-Positionen die Beziehungen zwischen Arten auf, die sich – wie etwa die Hominoiden (Menschenähnlichen) – erst in stammesgeschichtlich jüngster Zeit voneinander getrennt haben. Während solche Positionen die Erforschung der äußersten Zweigspitzen des Stammbaums erleichtern, lassen sich anhand stark konservierter Positionen die untersten Leitäste sondieren.

An Genen mit stark konservierten Positionen sind vier solcher Primärlinien zu erkennen. Diese Äste haben sich bereits vor fast drei Milliarden Jahren getrennt, als alle Zellen noch auf der Organisationsstufe der Bakterien standen. Ihr Gabelungsschema (Bild 6) gibt neue Einblicke in die Abfolge der einzelnen Schritte, welche die Evolution des Stoffwechsels in den Zellen auf einer frühen Entwicklungsstufe kennzeichnen.

Die Stammbaumanalyse hat auch die sogenannte Endosymbionten-Theorie untermauert. Danach sind die eukaryontischen Zellen (also alle Zellen mit echtem Zellkern) vor etwa einer Milliarde Jahren aus Zellen hervorgegangen, die andere, bakterienähnliche Zellen – zum gegenseitigen Vorteil – in ihr Inneres aufgenommen hatten. Eukaryontische Zellen enthalten DNA nicht nur in ihrem membranumhüllten Zellkern, sondern auch in ihren ebenfalls membranumschlossenen Mitochondrien (sozusagen ihren Kraftwerken) und – sofern sie photosynthetisch aktiv sind – auch in den Chloroplasten (den Chlorophyllkörperchen). Jedes der Genome enthält eine Gruppe extrem konservierter Gene, die für in Ribosomen benötigte RNA-Moleküle codieren. (Ribosomen sind die Proteinfabriken der Zelle und kommen im Cytoplasma, in den Mitochondrien und den Chloroplasten vor). Sequenzvergleiche zeigen, daß sich die kerneigenen Gene für ribosomale RNA von einem der vier Hauptäste des Bakterien-Stammbaumes herleiten, die entsprechenden mitochondrien- und chloroplasteneigenen Gene hingegen von einem anderen (Bild 6).

Die Stammbaumanalyse hat des weiteren eine Erklärung dafür geliefert, warum das im Kern eingeschlossene Genom eukaryontischer Zellen hundertemal größer geworden ist als das der Bakterien. Die Verwandtschaftsbeziehungen unter Kern-Genen und sich wiederholenden (repetitiven) Sequenzen geben über die beteiligten Vorgänge einigen Aufschluß.

Zu den einzelnen Schritten gehören die Verdopplung ganzer Gene und ihre Verlagerung an neue Orte innerhalb des Genoms. Die verdoppelten Gene entwickeln sich gewöhnlich unabhängig voneinander weiter. Entweder übernehmen sie neue Aufgaben, oder sie werden zu inaktiven Pseudogenen: verdoppelten DNA-Abschnitten mit Mutationen, die eine Codierung für ein funktionsfähiges Polypeptid nicht mehr zulassen. In anderen Fällen „kommunizieren" die verdoppelten DNA-Abschnitte im Laufe ihrer Evolution miteinander, das heißt, sie tauschen mit unterschiedlicher Häufigkeit genetische Informationen untereinander aus.

Die Stammbaumanalyse hat schließlich dazu beigetragen, die entwicklungsgeschichtliche Rolle des Gentransfers zu erhellen, der zwischen nicht kreuzungsfähigen Arten stattfindet. Manche Viren und bakteriellen Plasmide (kleine Ringe extrachromosomaler DNA) können zelleigene Gene von einer Art auf eine andere übertragen. Doch werden solche artfremden Gene *in natura* selten stabil in das Genom eingebaut. Käme dies häufiger vor, wäre das Genom einer jeden Art ein Mosaik, zusammengesetzt aus hauptsächlich „horizontal" übertragenen Einzelstücken ganz verschiedener Arten. Dann wären auch alle Versuche, einen Stammbaum für eine bestimmte Artengruppe zu erstellen, zum Scheitern verurteilt. Denn Stammbäume, die auf jeweils anderen Genen basieren, würden dann wahrscheinlich voneinander abweichen. In der Praxis stimmen aber Stammbäume, die von verschiedenen Genen ausgehen, gewöhnlich miteinander überein.

In den meisten Fällen kann die Stammbaumanalyse den behaupteten horizontalen Gentransfer nicht bestätigen. Die Evolution verläuft in erster Linie vertikal, also von den Eltern zu den

Nachkommen, und das ist bei den Bakterien (Prokaryonten) nicht anders als bei den Eukaryonten.

Molekulare und organismische Evolution

Zwar hat die Erforschung von Punktmutationen unser Verständnis der Evolutionsvorgänge vertieft, doch ist es nicht gelungen, dadurch die Verknüpfung zwischen der Evolution von Molekülen und der von ganzen Organismen völlig herzustellen. Zwei Artengruppen wie die Frösche und solche Säuger wie Katzen, Fledermäuse, Wale und Menschen unterscheiden sich kraß in ihrer an Merkmalen erkennbaren Evolutionsgeschwindigkeit. Und dies paßt nicht zu der annähernd gleichen Geschwindigkeit, mit der sich Punktmutationen in beiden Gruppen anhäufen.

Die Frösche sind eine alte Tiergruppe mit Tausenden von Arten. Dennoch zeigen sie so viele anatomische Gemeinsamkeiten, daß die Zoologen alle Frösche in eine einzige Ordnung stellen. In derselben Zeitspanne, in der sich Katzen, Fledermäuse, Wale und der Mensch aus einem gemeinsamen Urahnen entwickelt haben, hat sich eine Froschlinie so langsam verändert, daß sowohl die 90 Millionen Jahre alten Fossilien als auch die heutigen Vertreter in dieselbe Gattung *Xenopus* (Krallenfrösche) eingeordnet werden. Die Plazentatiere – die höheren Säuger – dagegen unterscheiden sich, obwohl sie eine jüngere Gruppe darstellen, so stark voneinander, daß die Zoologen sie in 16 Ordnungen untergliedern.

Tatsachen wie diese zeigen an, daß das Entwicklungstempo der Säuger viel höher war als das der Frösche. Dennoch häufen sich Punktmutationen im Genom von Säugern nicht schneller an als in dem von Fröschen. Ähnliche Gegensätze zwischen der Anhäufungsrate von Punktmutationen einerseits und der Evolutionsgeschwindigkeit der Organismen andererseits sind auch für zahlreiche an-

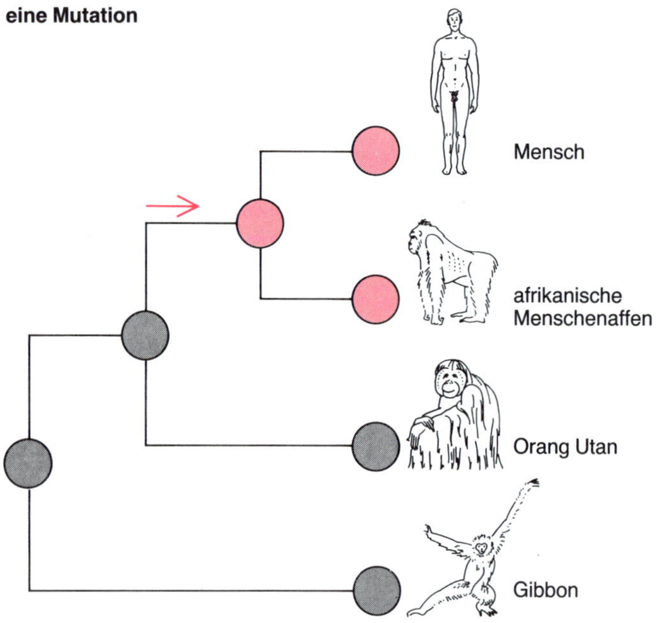

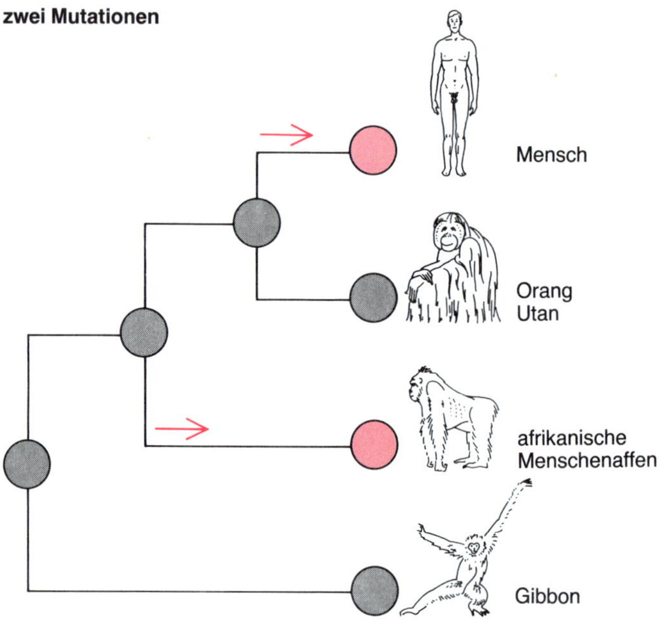

	1 … 10 … 20
Mensch	ATA ACC ATG CAC ACT ACT ATA ACC ACC CTA ACC CTG ACT TCC CTA ATT CCC CCC ATC CTT ACC ACC CTC GTT AAC CCT AAC
Schimpanse	ATA ACC ATG TAT ACT ACC ATA ACC ACC TTA ACC CTA ACT CCC TTA ATT CTC CCC ATC CTC ACC ACC CTC ATT AAC CCT AAC
Gorilla	ATA ACT ATG TAC GCT ACC ATA ACC ACC TTA GCC CTA ACT TCC TTA ATT CCC CCT ATC CTT ACC ACC TTC ATC AAT CCT AAC
Orang Utan	ACA GCC ATG TTT ACC ACC ATA ACT GCC CTC ACC TTA ACT TCC CTA ATC CCC CCC ATT ACC GCT ACC CTC ATT AAC CCC AAC
Gibbon	ATA GCA ATG TAC ACC ACC ATA GCC ATT CTA ACG CTA ACC TCC CTA ATT CCC CCC ATT ACA GCC ACC CTT ATT AAC CCC AAT

	30 … 40 … 50
Mensch	AAA AAA AAC TCA TAC CCC CAT TAT GTA AAA TCC ATT GTC GCA TCC ACC TTT ATT ATC AGT CTC TTC CCC ACA ACA ATA TTC
Schimpanse	AAA AAA AAC TCA TAT CCC CAT TAT GTG AAA TCC ATT ATC GCG TCC ACC TTT ATC ATT AGC CTT TTC CCC ACA ACA ATA TTC
Gorilla	AAA AAA AGC TCA TAC CCC CAT TAC GTA AAA TCT ATC GTC GCA TCC ACC TTT ATC ATC AGC CTC TTC CCC ACA ACA ATA TTT
Orang Utan	AAA AAA AAC CCA TAC CCC CAC TAT GTA AAA ACG GCC ATC GCA TCC GCC TTT ACT ATC AGC CTT ATC CCA ACA ACA ATA TTT
Gibbon	AAA AAG AAC TTA TAC CCG CAC TAC GTA AAA ATG ACC ATT GCC TCT ACC TTT ATA ATC AGC CTA TTT CCC ACA ATA ATA TTC

	60 … 70 … 79
Mensch	ATG TGC CTA GAC CAA GAA GTT ATT ATC TCG AAC TGA CAC TGA GCC ACA ACC CAA ACA ACC CAG CTC TCC CTA AGC
Schimpanse	ATA TGC CTA GAC CAA GAA GCT ATT ATC TCA AAC TGG CAC TGA GCA ACA ACC CAA ACA ACC CAG CTC TCC CTA AGC
Gorilla	CTA TGC CTA GAC CAA GAA GCT ATT ATC TCA AGC TGA CAC TGA GCA ACA ACC CAA ACA ATT CAA CTC TCC CTA AGC
Orang Utan	ATC TGC CTA GGA CAA GAA ACC ATC GTC ACA AAC TGA TGC TGA ACA ACC ACC CAG ACA CTA CAA CTC TCA CTA AGC
Gibbon	ATG TGC ACA GAC CAA GAA ACC ATT ATT TCA AAC TGA CAC TGA ACT GCA ACC CAA ACG CTA GAA CTC TCC CTA AGC

Bild 5: Anhand von DNA-Sequenzen wie der abgebildeten lassen sich Stammbäume – hier für die Hominoiden (die Menschenähnlichen) – erstellen. Farbig ausgefüllte Kreise zeigen an, daß an einer bestimmten Stelle einer DNA- oder einer Protein-Sequenz sowohl bei Menschen als auch bei afrikanischen Menschenaffen (Schimpansen und Gorillas) dieselbe Base beziehungsweise dieselbe Aminosäure steht. Graue Kreise bedeuten, daß bei asiatischen Menschenaffen (Orang Utans und Gibbons) an dieser Stelle eine andere Base beziehungsweise Aminosäure auftritt. Das linke Diagramm erklärt die Sequenzunterschiede zwischen den Hominoidenlinien mit nur einer Mutation: Sie trat in der Linie auf, die zum gemeinsamen Vorfahren von Menschen und afrikanischen Menschenaffen führt (Pfeil). Das rechte Diagramm geht von einem anderen Gabelungsschema aus (die Reihenfolge, nach der sich der Mensch von Schimpanse und Gorilla abgespalten hat, ist immer noch umstritten) und benötigt dann zwei Mutationen (Pfeile) zur Erklärung; es ist deshalb weniger wahrscheinlich. Die 79 Codons der darunter abgebildeten Sequenz codieren bei den verschiedenen Hominoiden für Teile der NAD-Dehydrogenase 5. Dieses Enzym ist an der biologischen Energiegewinnung in den Mitochondrien beteiligt. Die DNA-Sequenzen unterscheiden sich hauptsächlich in der dritten Position eines Codons (graue Balken). Die 16 farbigen Balken kennzeichnen Positionen, an denen nur die Basen afrikanischer Menschenaffen mit denen des Menschen übereinstimmen.

dere Gruppen charakteristisch. Das Argument, es bestehe ein solcher Gegensatz, fußt allerdings auf der Annahme, daß die taxonomischen Klassifikationen den Grad anatomischer Ähnlichkeit zwischen den Arten objektiv wiedergeben. Um die Gültigkeit dieser Annahme zu überprüfen, entwickelten Lorraine M. Cherry – damals noch an der Universität von Kalifornien in Berkeley – und Susan M. Case von der Harvard-Universität zusammen mit mir eine quantitative und objektive Methode, um festzustellen, in welchem Maße die einzelnen Arten in ihrem Bauplan voneinander abweichen (Bild 7). Unsere Ergebnisse stimmen mit denen überein, wie herkömmliche taxonomische Methoden sie liefern.

Die Arbeit von Cherry und Case stützt quantitativ die Behauptung, daß die Anhäufung von Punktmutationen nicht die erhöhte Evolutionsgeschwindigkeit der Säuger erklären kann. Dies hat die Molekularbiologen vor zwei Fragen gestellt: Welcher Zusammenhang besteht zwischen der molekularen Evolution und der Evolution auf höheren organisatorischen Ebenen der Organismen? Und was ließ sich die Säuger auf diesen höheren Ebenen so rasch entwickeln?

Eine denkbare Antwort auf die erste Frage ist, daß die Punktmutationen, die sich in den Nucleinsäuren (sowie in den entsprechenden Proteinen) anhäufen, möglicherweise in der Mehrzahl selektionsneutral oder nahezu neutral sind. Nur eine Minderheit würde dann der adaptiven Evolution auf der Ebene des gesamten Organismus zugrunde liegen. Der Anteil angehäufter Mutationen mit adaptiver Bedeutung könnte bei Säugern höher sein als bei Fröschen, aber noch zu gering, um nennenswert zur Gesamtrate der molekularen Evolution bei Säugetieren beizutragen.

Das Verbindungsglied

Aller Wahrscheinlichkeit nach stellen aber die Mutationen im regulatorischen Bereich die Verknüpfung zwischen molekularer und organismischer Evolution her. Dies sind, wie erwähnt, alle Mutationen, welche sich auf die Expression, die Realisierung eines Gens, auswirken – vor allem auf das An- und Abschalten bestimmter Gene im Verlauf der Individualentwicklung. Die besondere Aufmerksamkeit gilt der Vorstellung, daß die adaptive Evolution auf der Ebene der Organismen zumeist über Mutationen verläuft, welche die relativen Konzentrationen statt die Struktur bestimmter Proteine verändern.

Um dies überprüfen zu können, muß man eine Strategie finden, Gene herauszugreifen, mit denen ein Zusammenhang

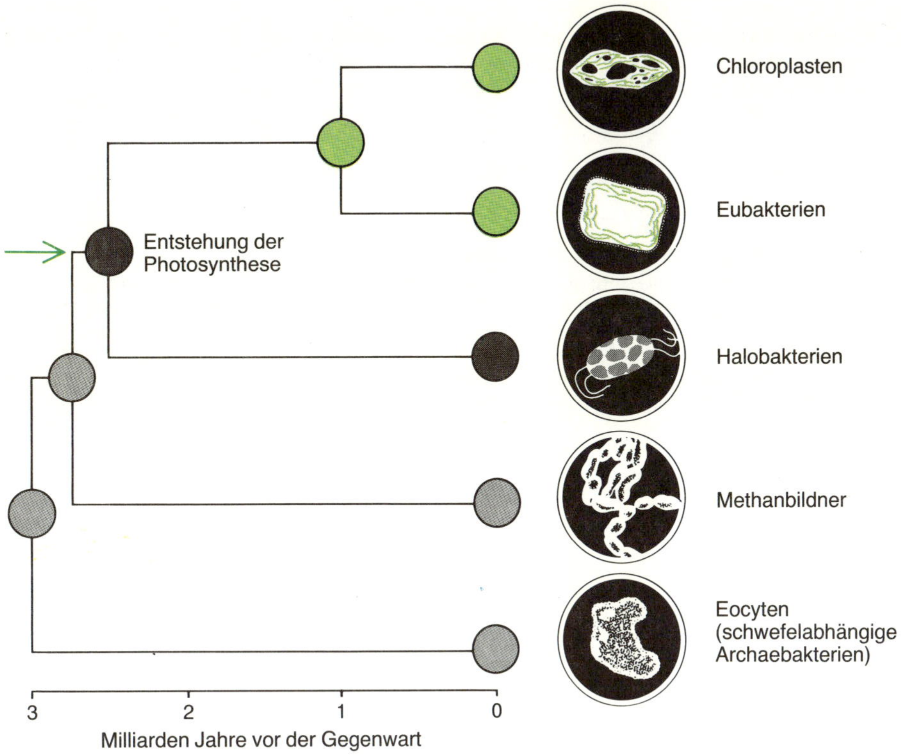

Bild 6: Die Evolution der ersten Zellen begann vor etwa drei Milliarden Jahren. Sie führte zur Entwicklung von Chloroplasten (Organellen für die Photosynthese) sowie vier Hauptgruppen von Bakterien: Eubakterien (die nun vorherrschende Form), Halobakterien (salzliebend), Methanbildner und schwefelabhängige Archaebakterien (von James Lake als Eocyten bezeichnet). Die Chloroplasten haben mit vielen Eubakterien die Fähigkeit zur Photosynthese gemeinsam, und zwar auf der Basis von Chlorophyll und Carotinoiden. Halobakterien nutzen eine Art Photosynthese, die auf einem Carotinoid basiert. Die Photosynthese trat wahrscheinlich erstmals beim gemeinsamen Vorfahren (Pfeil) von Chloroplasten, Eubakterien und Halobakterien auf. Der Stammbaum wurde aus der Sequenz ribosomaler RNA abgeleitet.

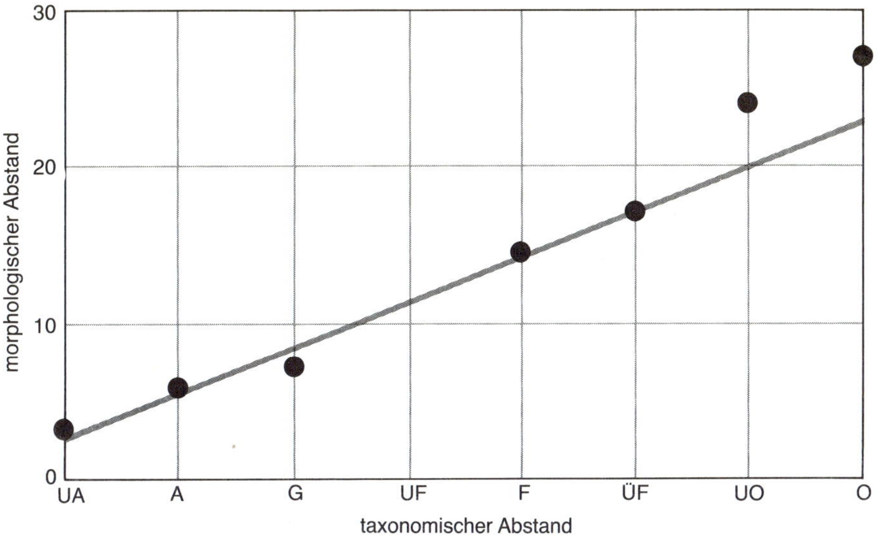

Bild 7: Der morphologische Abstand ist ein Maß dafür, wie weit sich Tiere in ihren Bauplänen unterscheiden. Er korreliert mit dem Abstand, den sie im taxonomischen System zueinander haben. Das Schaubild faßt das Ergebnis von mehr als 20 000 anatomischen Messungen an fast 400 Arten zusammen und weist darauf hin, daß die beschleunigte organismische Evolution der Säugetiere nicht mit einer entsprechenden Anhäufung von Punktmutationen erklärt werden kann. Um den morphologischen Abstand zwischen zwei Tieren zu ermitteln, werden jeweils bestimmte Knochen von Schädel, Vordergliedmaßen, Rumpf und Hintergliedmaßen vermessen. Die relative Länge eines jeden Merkmals ergibt sich, wenn man seine absolute Länge durch die Summe der Längen aller vermessenen Merkmale des Tieres dividiert. Zur Berechnung des morphologischen Abstands zwischen zwei Tieren summiert man schließlich die Differenzbeträge zwischen den jeweiligen relativen Längen sämtlicher Merkmale auf. Der kleinste Abstand im taxonomischen System besteht zwischen Unterarten (UA). Er wird zunehmend größer zwischen Arten (A), Gattungen (G), Unterfamilien (UF), Familien (F), Überfamilien (ÜF), Unterordnungen (UO) und Ordnungen (O). Die Punkte geben die mittleren morphologischen Abstände zwischen Vögeln der verschiedenen Kategorien an. Die Kurve entspricht analogen Werten von Fröschen, Eidechsen und Säugetieren.

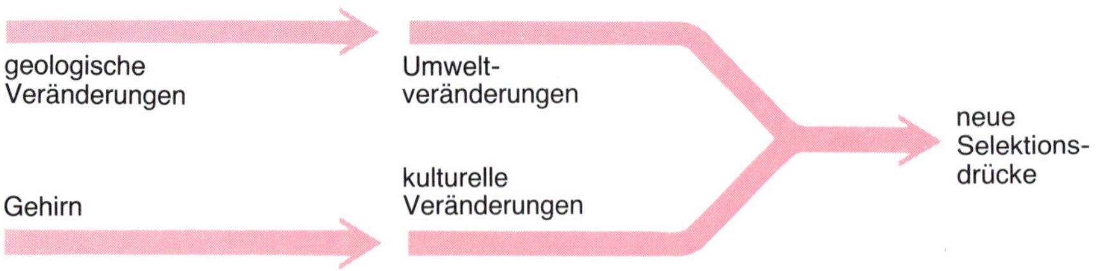

Bild 8: Der Druck sich weiterzuentwickeln geht nach Ansicht des Autors sowohl von geologischen Veränderungen (wie Erosion und Gebirgsbildung) als auch vom Gehirn – speziell bei Säugern und Vögeln – aus. Eine Art mit relativ großem Gehirn kann sich ihre Umwelt plötzlich (durch eine „Erfindung") auf eine neue Weise nutzbar machen; sie setzt sich damit selbst rasch einem neuen Selektionsdruck aus, der die Etablierung solcher Mutationen begünstigt, die zu dem neuen Verhalten passen. Eine Mutation gilt dann als „fixiert", wenn in der Population schließlich das mutierte Gen gegenüber dem ursprünglichen Gen deutlich vorherrscht.

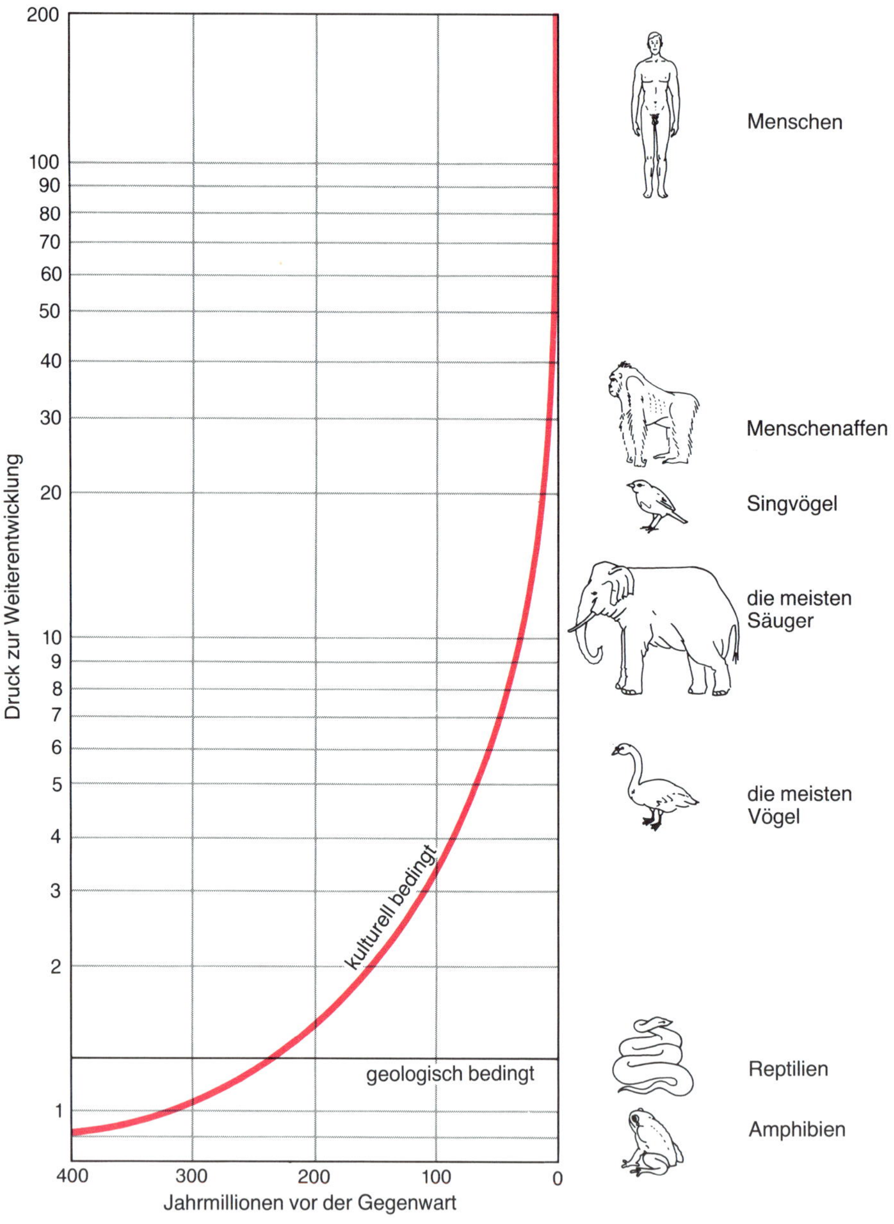

Bild 9: Die Zunahme der Hirngröße gegenüber der Körpergröße stützt die Theorie, daß der hohe Selektionsdruck innerhalb der Gruppe der Säuger vom Gehirn ausgeht. In den Linien, die von den ersten Amphibien zu den heutigen Vögeln und Säugetieren führen, muß der Evolutionsdruck dramatisch gestiegen sein. Die Kurve für den kulturell bedingten Druck bestimmt sich aus der relativen Hirngröße einer Art, und zwar auf folgende Weise: Gehirngewicht in Gramm geteilt durch die dritte Wurzel aus dem Quadrat des Körpergewichts in Kilogramm. Die Kurve für den geologisch bedingten Druck geht von der Annahme aus, daß der Druck seitens geologischer Veränderungen in den letzten 400 Millionen Jahren alles in allem nicht gestiegen ist. Weil Menschen, Menschenaffen und Singvögel relativ große Gehirne besitzen, stehen sie unter einem höheren Evolutionsdruck als die meisten anderen Landwirbeltiere.

zwischen molekularen Veränderungen und solchen des gesamten Organismus hergestellt werden kann. Bevor nicht die molekularen Grundlagen der Embryonalentwicklung besser verstanden werden, erscheint es mir nicht günstig, nach jenen Genen zu suchen, deren Veränderungen die anatomischen Unterschiede zwischen vielzelligen Arten erklären.

Die gegenwärtig beste Strategie ist, an der chemischen Schnittstelle zwischen Organismus und Außenwelt zu forschen. Deshalb haben Wissenschaftler in meinem Labor wie Deborah E. Dobson, Caro-Beth Stewart, R. Tyler White, Michael S. Hammer und Ellen M. Prager Gene untersucht, die für Enzyme des Verdauungstraktes von Säugern codieren.

Biochemie und Physiologie der Verdauung bei Säugetieren sind gut erforscht. Säuger-Arten entwickeln sich hinsichtlich ihrer Ernährung rasch auseinander. Biochemiker können oft voraussagen, welche Enzyme wohl nötig sind, um mit einer Substanz fertigzuwerden, die nur in einer bestimmten Nahrung vorkommt. In den Genen, die für solche Enzyme codieren, steckt daher ein Schlüssel zum Verständnis der Wechselbeziehungen zwischen molekularer und organismischer Evolution.

Die Untersuchung von Enzymen, die zur Verdauung von Bakterien benötigt werden, bestätigt die Bedeutung regulatorischer Mutationen. Zwar sind die meisten Säuger enzymatisch nicht hinreichend für das Verdauen von Bakterien ausgestattet, doch haben gewisse Säuger-Arten mehrfach im Laufe der Evolution die Fähigkeit dazu erworben. Wiederkäuer wie Kühe und Schafe müssen beispielsweise ihre symbiontischen Bakterien verdauen, um an den Stickstoff und Phosphor zu gelangen, den die Mikroorganismen durch Abbau von Cellulose gewonnen haben. Daß sie besser Bakterien verdauen können, verdanken sie dem Enzym Lysozym, das die bakteriellen Zellwände knackt (Bild 1).

In den Mägen von Wiederkäuern tritt Lysozym in hoher Konzentration auf, in den Mägen der meisten anderen Säuger hingegen nur in geringer Konzentration. Lysozym ist offensichtlich von Wiederkäuern zu einem Haupt-Verdauungsenzym erhoben worden.

Zwar beruht dies sowohl auf regulatorischen als auch auf strukturellen Mutationen, doch scheinen die regulatorischen die Hauptrolle gespielt zu haben. Ein ähnliches Bild ergibt sich aus Reagenzglas-Experimenten. Aus vielen experimentellen Untersuchungen zur Evolution, sei es an Bakterien- oder an tierischen Zellkulturen, ist insgesamt zu schließen, daß Mutationen im regulatorischen Bereich eine Hauptrolle bei der adaptiven Evolution spielen können.

Für viele evolutionäre Prozesse bleibt jedoch die spezielle Art der regulatorischen Mutation unbekannt. Für die im Laborexperiment beobachteten veränderten Syntheseraten von Proteinen sind zwar zumeist Genverdopplungen und Punktmutationen innerhalb regulatorischer DNA-Abschnitte verantwortlich, doch für den sich ändernden Lysozym-Spiegel während der Säuger-Evolution möglicherweise nicht. Da die Erhöhung gewebespezifisch erfolgt, könnten sogenannte Verstärker (regulatorische DNA-Sequenzen, die von gewebespezifischen Faktoren erkannt werden) den Enzymspiegel kontrollieren.

Die gewebespezifische Aktivierung eines Gens läßt sich dadurch erreichen, daß ein Verstärker in irgendeinem der verschiedenen nichtcodierenden Abschnitte innerhalb des Gens oder in dessen Nachbarschaft untergebracht wird. Es bleibt noch zu klären, ob die „Mobilisierung" des Lysozyms auf Verstärkern beruht und ob dieser Fall exemplarisch für andere Gene steht, die an größeren adaptiven Umstellungen beteiligt sind.

Evolution durch Innovation

Als letztes wende ich mich nun der Frage zu, warum sich die Säugetiere als Organismen so rasch entwickelt haben. Ich behaupte, daß die viel höhere Evolutionsgeschwindigkeit der Säuger gegenüber den Fröschen möglicherweise mit ihrem großen Gehirn zusammenhängt; Ein großes Gehirn erzeugt einen inneren Evolutionsdruck, der den Fröschen fehlt.

Für meine Argumentation setze ich zunächst voraus, daß die Evolution von Organismen ein „Darwinistischer" Vorgang ist, also durch natürliche Auslese vorangetrieben wird. Sie umfaßt daher zwei Schritte: erst die Mutation, dann die Etablierung. Eine neu entstandene Mutation tritt also zunächst in einem einzelnen Individuum einer Population auf; sie ist jedoch erst dann „fixiert", wenn schließlich dessen Nachkommen als weitere Träger dieser Mutation gegenüber den anderen Individuen mit dem ursprünglichen Gen überwiegen. Quantitativ besagt die Grundgleichung der Evolution, daß die Evolutionsrate innerhalb einer Population gleich der Anzahl der pro Zeiteinheit entstehenden Mutationen ist, multipliziert mit dem Anteil jener Mutationen, die sich schließlich etablieren (fixiert werden).

Die hohe Evolutionsgeschwindigkeit könnte daher drei Ursachen haben: eine hohe Mutationsrate, einen hohen Anteil fixierter Mutationen oder beides zusammen. Zwar mag das Genom von Säugern tatsächlich mutationsanfälliger (also instabiler) sein als das solcher „lebenden Fossilien" wie *Xenopus*. Doch scheint ein hoher Fixierungsanteil den Trend eher zu erklären. So gehe ich insbesondere von der Möglichkeit aus, daß die Anzahl der Mutationen je Zeiteinheit bei Fröschen und Säugern gleich, der Anteil davon fixierter Mutationen aber bei den Säugern höher ist. Das würde bedeuten, daß diese Säuger auch einen größeren Anteil ihrer morphologischen Mutationen fixieren als Frösche.

Die Gelegenheit, vorteilhafte Mutationen zu fixieren, bietet sich immer dann, wenn sich die Richtung der natürlichen Auslese ändert. Solche Änderungen können grundsätzlich zwei Ursachen haben: Der Druck für eine adaptive Evolution kann nämlich bei einer Tierart sowohl von außen wie von innen ausgehen.

Evolutionsbiologen befassen sich gewöhnlich nur mit äußeren Faktoren, etwa Veränderungen des Lebensraums, hinter denen im großen und ganzen solche geologischen Kräfte wie Erosion und Gebirgsbildung stehen. Der zweite Evolutionsdruck kommt aus dem Gehirn von Säugern und Vögeln. Dieser innere Druck, der aus der Fähigkeit des Gehirns zur Innovation und Imitation erwächst, ist dann der Motor einer kulturellen Evolution.

Vermag eine Art erst einmal zweigleisig zu fahren, so kann sich eine „Erfindung" eines einzelnen Individuums, durch die es seine Umwelt auf neue Weise nutzt, rasch durch Nachahmung unter anderen Individuen ausbreiten. Sobald aber eine mit großem Gehirn ausgestattete Art ihre Umwelt plötzlich in neuer Weise nutzt, setzt sie sich selbst rasch einem neuen Selektionsdruck aus; dieser wird die Etablierung solcher Mutationen begünstigen, die zu der neuen Verhaltensweise passen (Bild 8).

Je größer die Population ist, die diese neue Verhaltensweise übernimmt, desto wahrscheinlicher wird eine solche Mutation bereits vorhanden sein oder dort auftreten. An ihr kann dann die natürli-

Bild 10: Eine in Großbritannien heimische Blaumeise hat die Verschlußfolie einer Milchflasche durchgepickt, um an die oben abgesetzte Sahne zu gelangen. In den dreißiger und vierziger Jahren hat sich diese Verhaltensweise über die gesamte Meisenpopulation in Großbritannien ausgebreitet. Dies ist der berühmteste Fall für eine kulturelle Umstellung unter nichtmenschlichen Wesen. Der Mensch machte schließlich mit dieser ihm unliebsamen Praxis Schluß, indem er die Milchflaschen in Kisten verpackte. Die Biologen hatten damit keine Gelegenheit mehr zu prüfen, ob die Singvogelpopulation auf den neuen Selektionsdruck, der durch ihr eigenes Verhalten erzeugt worden war, schließlich auch genetisch reagiert hätte.

che Auslese angreifen. Eine Population braucht weniger Zeit, um eine das Verhalten ergänzende Mutation zu fixieren, wenn sich die neue Verhaltensweise nicht nur rasch auf die Nachkommen (also vertikal) überträgt, sondern auch auf andere Mitglieder der Population (also horizontal).

Die Abstammungslinie des Menschen ist dem höchsten inneren Evolutionsdruck ausgesetzt gewesen. Mit der Landwirtschaft kam zum Beispiel ein neuer Selektionsdruck auf, der umgehend genetische Veränderungen in den verschiedenen menschlichen Populationen herbeiführte.

Denken wir nur daran, daß der Milchzucker (die Lactose) in die Nahrung Erwachsener Eingang fand, nachdem die Milchviehhaltung erfunden und verbreitet worden war. Die Fähigkeit, diesen Zucker auch im Erwachsenenalter zu verwerten, hat sich nur in solchen Populationen entwickelt, die von Milchprodukten lebten. Dort, wo die Milchviehhaltung große Bedeutung erlangte, haben die entsprechenden Gene eine Häufigkeit von 90 Prozent erreicht – und das in der kurzen Zeitspanne von fünf Jahrtausenden. Im Gegensatz dazu sind sie bei Völkern, die keine Milch trinken, so gut wie gar nicht anzutreffen, ebensowenig bei allen anderen bisher untersuchten Säugerarten.

Kulturevolution bei Tieren

Zu einer kulturellen Evolution ist keineswegs nur der Mensch fähig. Lernen durch Nachahmung tritt bei vielen Arten auf, die ein – bezogen auf ihre Körpergröße – großes Gehirn besitzen. Dazu gehören beispielsweise die Primaten und die Singvögel. Durch Imitation lernen möglicherweise auch manche Fische, Tintenfische und Insekten; nachweisen ließ sich dies aber bislang nicht.

Der berühmteste Fall einer raschen Verhaltensänderung im Tierreich trat bei Singvögeln auf, und zwar bei Blaumeisen in Großbritannien. Einige dieser Vögel fanden heraus, wie sich die vor den Türen abgestellten Milchflaschen öffnen ließen, um an die sich oben sammelnde Sahneschicht heranzukommen (Bild 10). Im Nu machten es Millionen anderer Meisen nach. Innerhalb weniger Jahrzehnte praktizierten die meisten dieser Meisen in Großbritannien die Methode.

Schließlich beendete der Mensch das Evolutionsexperiment: Er packte die Milchflaschen fortan in Kisten. Leider hatten die Biologen keine Gelegenheit festzustellen, ob die Vogelpopulation bereits genetisch auf diesen neuen Selektionsdruck reagiert hatte, der durch ihr neues Verhalten aufgekommen war.

Meine Arbeit zusammen mit Jeff S. Wyles von Berkeley und Josef G. Kunkel von der Universität von Massachusetts in Amherst stützt die Hypothese, daß das Gehirn der Säuger und Vögel die treibende Kraft hinter ihrer organismischen Evolution ist. Untersuchungen ergaben, daß die Durchschnittsrate der anatomischen Evolution mit der relativen Gehirngröße wächst (Bild 9).

Während der Evolution landlebender Wirbeltiere ist die relative Größe des Gehirns innerhalb der Entwicklungslinie, die von den ersten Amphibien zum Menschen führt, immer schneller gestiegen und hat heute das Hundertfache erreicht. Eine ganz ähnliche, nur weniger ausgeprägte Tendenz zeigen auch die übrigen Abstammungslinien, die von denselben frühen Amphibien ausgehen und bei anderen Säugern und bei den Vögeln enden. Im Gegensatz dazu unterscheiden sich die heutigen Frösche und Salamander in ihrer relativen Gehirngröße nur unwesentlich von den ersten Amphibien. Da die Geschwindigkeit der organismischen Evolution mit der relativen Gehirngröße zusammenhängt, ist sie möglicherweise entlang der Linie zum Menschen ebenfalls auf das Hundertfache gestiegen und entsprechend weniger entlang der Linien, die zu anderen Säugern und Vögeln mit großen Gehirnen führen.

Die Evolution der Wirbeltier-Organismen könnte ein Beispiel für einen autokatalytischen, vom Gehirn vermittelten Prozeß sein: je größer das Gehirn, desto größer auch die Fähigkeit der Art zu einer biologischen Evolution. Wird jedoch die kulturelle Evolution extrem schnell, so kommt dieser Prozeß nicht mehr nach. In einem solchen Fall wird der Selektionsdruck, den eine bestimmte kulturelle Umstellung erzeugt, hin und wieder durch die nächste verringert – und nicht durch eine genetische Antwort. Das ist wahrscheinlich beim Menschen während der letzten 35 000 Jahre geschehen, also seit sein Gehirn seine gegenwärtige Größe erreicht hat.

Das Studium der molekularen Evolution nimmt in der modernen Biologie einen besonderen Platz ein. Es versucht, eine Brücke zwischen Gen und Organismus zu schlagen, und berührt dadurch Bereiche wie die Molekular-, Zell- und Entwicklungsbiologie sowie die Physiologie, Anatomie, Verhaltensforschung und Populationsgenetik. Eingeschlossen sind auch solche Disziplinen wie Taxonomie, Paläontologie und Geologie. Kein anderes Forschungsfeld berührt so viele Aspekte der Biologie und Geologie. Das Studium der molekularen Evolution verbindet verschiedene biologische Disziplinen und trägt damit zur Vereinigung der Biowissenschaften bei.

Autoren- und Literaturverzeichnis

Einführung und wissenschaftliche Beratung

PETER SITTE ist Professor für Zellbiologie an der Universität Freiburg. Er studierte Biologie, Chemie und Physik in Innsbruck, wo er 1954 promovierte. Nach der Habilitation 1958 ging er 1960 nach Heidelberg, bevor er 1966 den Ruf nach Freiburg annahm. Als Herausgeber von Zeitschriften wie *Biologie in unserer Zeit* und *Cell Biological Monographs* und als Lehrbuchautor wurde Sitte einem breiteren Publikum bekannt. Er ist Mitglied verschiedener wissenschaftlicher Gesellschaften, darunter der Akademie der Wissenschaften zu Göttingen und der Gesellschaft Deutscher Naturforscher und Ärzte, deren Vorsitzender er 1977/78 war.

Die Moleküle des Lebens
(Spektrum der Wissenschaft, 12/1985)

ROBERT A. WEINBERG arbeitet am Zentrum für Krebsforschung des Massachusetts Institute of Technology (MIT) seit 1982 als Professor für Biologie; im selben Jahr wurde er Mitglied des Whitehead Institute for Biomedical Research. Nach seiner Promotion am MIT im Jahre 1969 unternahm er Forschungsprojekte mit Ernest Winocur am israelischen Weizmann-Institut in Rehovot und mit Renato Dulbecco am Salk Institute for Biological Studies in San Diego (Kalifornien); 1972 kehrte er an das MIT zurück.

Literatur:

Stent, G; Cairns, J; Watson, J. D.; et al. (Hrsg.). *Phage and the Origins of Molecular Biology.* Cold Spring Harbor Laboratory 1966.

Alberts, B.; Bray, D.; Lewis, J.; Raff, M.; Roberts, K.; Watson, J. D. *Molecular Biology of the Cell.* Garland 1983.

Watson, J. D.; Tooze, J.; Kurtz, D. T. *Rekombinierte DNA. Eine Einführung.* Heidelberg (Spektrum der Wissenschaft) 1985.

DNA
(Spektrum der Wissenschaft, 12/1985)

GARY FELSENFELD leitet die Abteilung für Physikalische Chemie im Labor für Molekularbiologie am amerikanischen Nationalen Institut für Arthritis, Diabetes und Krankheiten von Verdauungsapparat und Nieren. Er studierte Biochemie am Harvard-College und – zusammen mit dem zweifachen Nobelpreisträger Linus Pauling – physikalische Chemie am California Institute of Technology, wo er im Jahre 1955 promovierte. Es folgten drei Forschungsjahre am National Institute of Mental Health. Danach wurde Felsenfeld zum Assistant Professor für Biophysik an der Universität Pittsburgh ernannt. Im Jahre 1961 trat er seine gegenwärtige Stellung dort dann an.

Literatur:

Erbsubstanz DNA. Mit einer Einführung von Albrecht E. Sippel und Alfred Nordheim. Heidelberg (Spektrum der Wissenschaft) 1985.

Doerfler, W. *DNA Methylation and Gene Activity.* In: *Annual Review of Biochemistry.* Bd. 52 (1983) S. 93–124.

Khoury, G.; Gruss, P. *Enhancer Elements.* In: *Cell.* Bd. 33, Heft 2 (1983) S. 313–314.

McGhee, J. D.; Nichol, J. M.; Felsenfeld, G.; Rau, D. C. *Higher Order Structure of Chromatin: Orientation of Nucleosomes within 30 nm Chromatin Solenoid is Independent of Species and Spacer Length.* In: *Cell.* Bd. 33, Heft 3 (1983) S. 831–841.

Wu, H.-M.; Crothers, D. M. *The Locus of Sequence-directed and Protein-induced DNA Bending.* In: *Nature.* Bd. 308, Heft 5959 (1984) S. 509–513.

Emerson, B. M.; Lewis, C. D.; Felsenfeld, G. *Interaction of Specific Nuclear Factors with the Nuclease-hypersensitive Region of the Chicken Adult β-Globin Gene: Nature of the Binding Domain.* In: *Cell.* Bd. 41, Heft 1 (1985) S. 21–30.

Krebsgene
(Spektrum der Wissenschaft, 5/1982)

J. MICHAEL BISHOP ist Professor für Mikrobiologie an der Universität von Kalifornien in San Francisco. Er studierte am Gettysburg College Chemie und promovierte 1962 an der Harvard-Universität in Medizin. Von 1964 bis 1968 arbeitete er als Virologe am Nationalen Institut für Allergien und Infektionskrankheiten. Danach ging er zur Universität von Kalifornien, wo er 1972 zum ordentlichen Professor ernannt wurde. Sein Hauptforschungsinteresse kreist um das Thema seines Artikels: wie normale Säugetier-Gene in Viren eingebaut werden und wie solche Gene Tumoren hervorrufen können.

Literatur:

Cairns, J. *Science and Society.* New York (Freeman) 1978.

Bishop, J. M. *The Molecular Biology of RNA Tumor Viruses: A Physician's Guide.* In: *The New England Journal of Medecine.* Bd. 303, Heft 12 (1980) S. 675–682.

Bishop, J. M. *Enemies Within: The Genesis of Retrovirus Oncogenes.* In: *Cell.* Bd. 23, Heft 1 (1981) S. 5–6.

Knippers, R. *Biologisches zur Krebsentstehung.* Konstanz (Universitätsverlag) 1976.

RNA
(Spektrum der Wissenschaft, 12/1985)

JAMES E. DARNELL JR. ist Vincent-Astor-Professor an der Rockefeller-Universität in New York. Er studierte Medizin an der Universität von Mississippi und an der Washington-Universität; anschließend arbeitete er am Laboratorium für Zellbiologie der Nationalen Gesundheitsbehörde der Vereinigten Staaten. Im Jahre 1961 ging er ans MIT, und im Jahre 1964 wurde er Fakultätsmitglied am Albert-Einstein-College in New York. Ab 1968 war er für sechs Jahre an der Columbia-Universität.

Literatur:
Darnell, J. E. jr. *Die Prozessierung der RNA.* In: *Spektrum der Wissenschaft.* Heft 12 (1983) S. 98–109.
Nomura, M. *Die Regulation der Ribosomen-Synthese.* In: *Spektrum der Wissenschaft.* Heft 3 (1984) S. 92 bis 105.
Darnell, J. E. jr. *Do Features of Present-Day Eukaryotic Genomes Reflect Ancient Sequences Arrangements?* In: Scudder, G. G. E.; Reveal, J. J. (Hrsg.). *Evolution Today, Proceedings of the Second International Congress of Systematic and Evolutionary Biology.* 1981.
Darnell, J. E. jr. *Variety in the Level of Gene Control in Eukaryotic Cells.* In: *Nature.* Bd. 297, Heft 5865 (1982) S. 365–371.
Cech, T. R. *RNA Splicing.* In: *Cell.* Bd. 34, Heft 3 (1983) S. 713–716.
Padgett, R. A.; Mount, S. M.; Steitz, J. A.; Sharp, P. A. *Splicing of Messenger RNA Precursors is Inhibited by Antisera to Small Nuclear Ribonucleoprotein.* In: *Cell.* Bd. 35, Heft 1 (1983) S. 101–107.

Proteine
(*Spektrum der Wissenschaft, 12/1985*)

RUSSELL F. DOOLITTLE arbeitet als Professor für Biochemie an der Universität von Kalifornien in San Diego. Er studierte an der Wesleyan-Universität und am Trinity College, promovierte im Jahre 1962 an der Harvard-Universität und erhielt im Jahre 1964 eine Stelle als Forschungsassistent in San Diego. Drei Jahre später wurde er zum Assistant Professor ernannt. Ordentlicher Professor ist er seit 1982. Sein heutiges Interesse an der Struktur und der Evolution von Proteinen entwickelte sich während eines Sommerkurses über vergleichende Physiologie von Fischen und Menschen, als er noch Doktorand war.

Literatur:
Jencks, W. P. *Catalysis in Chemistry and Enzymology.* New York (McGraw-Hill) 1969.
Richardson, J. S. *The Anatomy and Taxonomy of Protein Structure.* In: *Advances in Protein Chemistry.* Bd. 34 (1981) S. 167–339.
Doolittle, R. F. *Similar Amino Acid Sequences: Chance or Common Ancestry?* In: *Science.* Bd. 214, Heft 4517 (1981) S. 149–159.
Kyte, J.; Doolittle, R. F. *A Simple Method for Displaying the Hydropathic Character of a Protein.* In: *Journal of Molecular Biology.* Bd. 157, Heft 1 (1982) S. 105–132.
Chothia, C. *Principles That Determine the Structure of Proteins.* In: *Annual Review of Biochemistry.* Bd. 53 (1984) S. 537–572.
Swanson, R. *A Unifying Concept of the Amino Acid Code.* In: *Bulletin of Mathematical Biology.* Bd. 42, Heft 2 (1984) S. 187–203.

Das dynamische Verhalten von Proteinen
(*Spektrum der Wissenschaft, 6/1986*)

MARTIN KARPLUS und J. ANDREW McCAMMON sind Chemie-Professoren an der Harvard-Universität in Cambridge (Massachusetts) beziehungsweise an der Universität Houston. In Österreich geboren, studierte Karplus bis 1951 Chemie und Physik an der Harvard-Universität und danach physikalische Chemie bei Linus Pauling am California Institute of Technology in Pasadena, wo er 1954 auch promovierte. Nach zwei Jahren als Assistent von Charles A. Coulson an der Universität Oxford wurde er Dozent an der Universität von Illinois in Urbana-Champaign. 1960 wechselte er zur Columbia-Universität in New York und 1965 schließlich zur Harvard-Universität. McCammon studierte Chemie und Physik am Pomona-College in Claremont (Kalifornien) und an der Harvard-Universität, wo er 1976 auch promovierte. 1978 wurde er nach Houston berufen.

Literatur:
McCammon, J. A.; Gelin, B. R.; Karplus, M. *Dynamics of Folded Proteins.* In: *Nature.* Bd. 267, Heft 5612 (1977) S. 585–589.
Debrunner, P. G.; Frauenfelder, H. *Dynamics of Proteins.* In: *Annual Review of Physical Chemistry.* Bd. 33 (1982) S. 283–299.
Karplus, M.; McCammon, J. A. *Dynamics of Proteins: Elements and Function.* In: *Annual Review of Biochemistry.* Bd. 52 (1983) S. 263–300.
Ringe, D.; Petsko, G. A. *Mapping Protein Dynamics by X-Ray Diffraction.* In: *Progress in Biophysics and Molecular Biology.* Bd. 45, Heft 3 (1985) S. 197–235.

Die Moleküle der Zellmembran
(*Spektrum der Wissenschaft, 12/1985*)

MARK S. BRETSCHER leitet die Abteilung Zellbiologie am molekularbiologischen Laboratorium des britischen Medical Research Council (MRC) in Cambridge, wo er auch studiert und im Jahre 1964 promoviert hat. Nachdem er ein Jahr als Fullbright-Stipendiat an der Stanford-Universität verbracht hatte, ging er als wissenschaftlicher Mitarbeiter an das MRC-Laboratorium in Cambridge. Seine heutige Position als Abteilungsleiter übernahm er im Jahre 1984.

Literatur:
Lodish, H. F.; Rothman, J. E. *Die Bildung von Zellmembranen.* In: *Spektrum der Wissenschaft.* Heft 3 (1979) S. 30–47.
Unwin, N.; Henderson, R. *Die Struktur von Membranproteinen.* In: *Spektrum der Wissenschaft.* Heft 4 (1984) S. 60–72.
Dautry-Varsat, A.; Lodish, H. F. *Zellrezeptoren als Transportsystem.* In: *Spektrum der Wissenschaft.* Heft 7 (1984) S. 98–105.
Bretscher, M. S.; Raff, M. C. *Mammalian Plasma Membranes.* In: *Nature.* Bd. 258, Heft 5530 (1975) S. 43–49.
Rothman, J. E.; Lenard, J. *Membrane Asymmetry.* In: *Science.* Bd. 195, Heft 4280 (1977) S. 743–753.
Goldstein, J. L.; Anderson, R. G. W.; Brown, M. S. *Coated Pits, Coated Vesicles, and Receptor-mediated Endocytosis.* In: *Nature.* Bd. 279, Heft 5715 (1979) S. 679–685.
Pearse, B. M. F.; Bretscher, M. S. *Membrane Recycling by Coated Vesicles.* In: *Annual Review of Biochemistry.* Bd. 50 (1981) S. 85–101.

Die Struktur von Membranproteinen
(*Spektrum der Wissenschaft, 4/1984*)

NIGEL UNWIN und RICHARD HENDERSON befassen sich beide mit physikalischen Techniken zur Aufklärung biologischer Strukturen. Unwin ist seit 1980 Professor für strukturelle Biologie an der medizinischen Fakultät der Stanford-Universität. Er wurde in England geboren, wuchs aber in Neuseeland auf. 1968 promovierte er in Metallurgie an der Universität Cambridge in England und ging danach ans Laboratorium für Molekularbiologie in Cambridge, wo er zusammen mit Henderson begann, elektronenmikroskopische Verfahren, die mit geringer Elektronendosis arbeiten, für die Strukturaufklärung von Membranproteinen einzusetzen. Sein Interesse gilt ferner der Struktur der Ribosomen sowie den Poren in der Membran des Zellkerns. Er möchte gerne neue physikalische Techniken entwickeln, mit denen sich biologische Strukturen genauer als bisher analysieren ließen. Henderson ist Mitglied im wissenschaftlichen Stab des Medical Research Council Laboratory of Molecular Biology in Cambridge. Er studierte zunächst Physik an der Universität Edinburgh und promovierte dann am Laboratorium für Molekularbiologie. Seine Arbeit, die er gemeinsam mit David Blow durchgeführt hatte, befaßte sich mit der Struktur von Enzymmolekülen. Nach einem dreijährigen Stipendium an der Yale-Universität kehrte Henderson nach Cambridge zurück.

Literatur:

Crowther, R. A.; Klug, A. *Structural Analysis of Macromolecular Assemblies by Image Reconstruction from Electron Micrographs.* In: *Annual Review of Biochemistry.* Bd. 44 (1975) S. 161–182.

Henderson, R.; Unwin, P. N. T. *Three-Dimensional Model of Purple Membrane Obtained by Electron Microscopy.* In: *Nature.* Bd. 257, Heft 5521 (1975) S. 28–32.

Henderson, R. *Membrane Protein Structure.* In: Balian, R.; Chabre, M; Devaux, P. F. (Hrsg.). *Membranes and Intercellular Communication; Les Houches Session XXXIII.* Amsterdam (North Holland) 1981.

Lodish, H. F.; Rothman, J. E. *Die Bildung von Zellmembranen.* In: *Spektrum der Wissenschaft.* Heft 3 (1979) S. 30–47.

Die Moleküle des Zellskeletts
(*Spektrum der Wissenschaft, 12/1985*)

KLAUS WEBER und MARY OSBORN erforschen am Max-Planck-Institut für Biophysikalische Chemie in Göttingen gemeinsam das Zellskelett. Weber ist einer der Direktoren des Instituts. Nach der Promotion ging er 1967 als Dozent zur Harvard-Universität. Zurück in Europa, wurde er Generalsekretär der European Molecular Biology Organization. Mary Osborn studierte in Cambridge und promovierte 1967 an der Pennsylvania State University. Später arbeitete sie bei James D. Watson in Harvard sowie am molekularbiologischen Laboratorium des britischen Forschungsrates in England. Nach ihrer Heirat verbrachten Weber und Mary Osborn zwei Jahre am Cold Spring Harbor Laboratory, bevor sie 1974 nach Göttingen gingen.

Literatur:

Branton, D.; Cohen, C. M.; Tyler, J. *Interaction of Cytoskeletal Proteins on the Human Erythrocyte Membrane.* In: *Cell.* Bd. 24, Heft 1 (1981) S. 24–32.

Organization of the Cytoplasma. Cold Spring Harbor Laboratory Symposia on Quantitative Biology. Bd. 46 (1982).

Osborn, M.; Weber, K. *Tumor Diagnosis by Intermediate Filament Typing: A Novel Tool for Surgical Pathology.* In: *Laboratory Investigation.* Bd. 48, Heft 4 (1983) S. 372–394.

Duve, C. de. *Die Zelle.* Heidelberg (Spektrum der Wissenschaft) 1986.

Spudich, J. A.; Kron, S. J.; Sheetz, M. P. *Movement of Myosin Coated Beads on Oriented Filaments Reconstituted from Purified Actin.* In: *Nature.* Bd. 315, Heft 6020 (1985) S. 584–586.

Die Moleküle des Immunsystems
(*Spektrum der Wissenschaft, 12/1985*)

SUSUMU TONEGAWA ist Professor für Biologie am Krebsforschungszentrum des Massachusetts Institute of Technology (MIT). Er ist gebürtiger Japaner, studierte in Kioto und promovierte 1968 an der Universität von Kalifornien in San Diego. Nach mehreren Jahren am Baseler Institut für Immunologie wechselte er 1981 als Professor zum MIT über. Im Jahre 1983 wurde er von der japanischen Regierung zur Person ernannt, die sich um die Kultur verdient gemacht hat.

Literatur:

Leder, P. *Vielfalt der Antikörper.* In: *Spektrum der Wissenschaft.* Heft 7 (1982) S. 100–112.

Hozumi, N.; Tonegawa, S. *Evidence for Somatic Rearrangement of Immunoglobulin Genes Coding for Variable and Constant Regions.* In: *Proceedings of the National Academy of the United States of America.* Bd. 73, Heft 10 (1976) S. 3628–3632.

Tonegawa, S. *Somatic Generation of Antibody Diversity.* In: *Nature.* Bd. 302, Heft 5909 (1983) S. 575–581.

Hedrick, S. M.; Nielsen, E. A.; Kavaler, J.; Cohen, D. I.; Davis, M. M. *Sequence Relationships between Putative T-Cell Receptor Polypeptides and Immunoglobulins.* In: *Nature.* Bd. 308, Heft 5955 (1984) S. 153 bis 155.

Saito, H.; Kranz, D. M.; Takagaki, Y.; Hayday, A. C.; Eisen, H. N.; Tonegawa, S. *A Third Rearranged and Expressed Gene in a Clone of Cytotoxic T Lymphocytes.* In: *Nature.* Bd. 312, Heft 5989 (1984) S. 36–40.

Signalübertragung zwischen Zellen
(*Spektrum der Wissenschaft, 12/1985*)

SOLOMON H. SNYDER leitet die neurophysiologische Abteilung an der Medizinischen Fakultät der Johns-Hopkins-Universität in Baltimore (Maryland); zugleich ist er von der Universität mit einer Ehrenprofessur für Neurophysiologie, Pharmakologie und Psychiatrie ausgezeichnet worden. Er schloß sein Medizinstudium 1962 an der Medizinischen Fakultät der Universität Georgetown ab. Im Jahre 1965 praktizierte er in der psychiatrischen Abteilung des Johns-Hopkins-Hospitals. Ein Jahr später wurde er Assistenz-Professor für Pharmakologie und experimentelle Therapie an der Johns-Hopkins-Universität. Im Jahre 1970 wurde er zum Professor ernannt.

Literatur:

Dunant, Y.; Israël, M. *Die synaptische Freisetzung von Acetylcholin.* In: *Spektrum der Wissenschaft.* Heft 6 (1985) S. 78–87.

Iversen, L. L. *Die Chemie der Signalübertragung im Gehirn.* In: *Gehirn und Nervensystem.* Heidelberg (Spektrum der Wissenschaft) 1985. S. 20–31.

Krieger, D. T. *Brain Peptides: What, Where, and Why?* In: *Science.* Bd. 222, Heft 4627 (1983) S. 975–985.

Sherman, M. R.; Stevens, J. *Structure of Mammalian Steroid Receptors: Evolving Concepts and Methodological Development.* In: *Annual Review of Physiology.* Bd. 46 (1984) S. 83–105.

Snyder, S. H. *Drug and Neurotransmitter Receptors in the Brain.* In: *Science.* Bd. 224, Heft 4644 (1984) S. 22–31.

Czech, M. P. *The Nature and Regulation of the Insulin Receptor: Structure and Function.* In: *Annual Review of Physiology.* Bd. 47 (1985) S. 357–381.

Gestörte Kommunikation zwischen Zellen
(*Spektrum der Wissenschaft, 5/1980*)

EDWARD RUBENSTEIN ist stellvertretender Leiter der klinischen Ausbildung von Medizinstudenten und Professor für klinische Medizin an der Stanford University School of Medicine, wo er seit 25 Jahren lehrt. Außerdem ist er Herausgeber von *Scientific American Medicine*, einem Nachschlagewerk für praktizierende Ärzte, das regelmäßig auf den neuesten Stand gebracht wird. Er promovierte 1947 in Medizin am College of Medicine der Universität Cincinnati. Seitdem hat er sich hauptsächlich mit thromboembolischen Erkrankungen beschäftigt. Außerdem bemüht er sich um die Verbesserung der medizinischen Ausbildung und um die Vermittlung von medizinischem Wissen. Im Einklang damit schrieb er kürzlich den Text für einen Fernseh-Dokumentarfilm mit dem Titel *Being Human*, der sich mit den „physischen und verhaltensmäßigen Besonderheiten beschäftigt, die den Menschen von anderen Lebewesen unterscheiden". Sein Interesse für Teilchenphysik hat ihn zur Mitarbeit an einem Forschungsprojekt geführt, in dem untersucht wird, inwieweit sich die Synchrotronstrahlung zur Darstellung von Gefäßen eignet.

Literatur:

Lehninger, A. *Biochemie.* Weinheim/New York (Verlag Chemie) 1977.

Höfer, M. *Transport durch biologische Membranen.* Weinheim/New York (Verlag Chemie) 1977.

Goldstein, A.; Aronow, L.; Kalman, S. M. *Principles of Drug Action.* (John Wiley & Sons) 1974.

Brown, M. S.; Goldstein, J. L. *Familial Hypercholesterolemia: A Genetic Defect in the Low-Density Lipoprotein Receptor.* In: *The New England Journal of Medicine.* Bd. 294, Heft 25 (1976) S. 1386–1390.

Bar, R. S.; Roth, J. *Insulin Receptor Status in Disease States of Man.* In: *Archives of Internal Medicine.* Bd. 137, Heft 4 (1977) S. 474–481.

Die Signalübertragung in die Zelle
(*Spektrum der Wissenschaft, 12/1985*)

MICHAEL J. BERRIDGE ist leitender Forschungsbeauftragter der Abteilung für die Neurophysiologie und die Pharmakologie der Insekten an der Universität Cambridge. Er wurde in Simbabwe geboren und schloß sein Studium mit Auszeichnung am University College of Rhodesia and Nyasaland ab. Fünf Jahre später promovierte er an der Universität Cambridge. Er ging dann in die USA, verbrachte ein Jahr an der Universität von Virginia und drei Jahre an der Case Western Reserve University in Cleveland (Ohio). Berridge kehrte im Jahre 1969 nach Cambridge zurück.

Literatur:

Llinás, R. R. *Calciumströme in Synapsen.* In: *Spektrum der Wissenschaft.* Heft 12 (1982) S. 34–44.

Cohen, P. *The Role of Protein Phosphorylation in Neural and Hormonal Control of Cellular Activity.* In: *Nature.* Bd. 296, Heft 5858 (1982) S. 613–620.

Bishop, J. M. *Cellular Oncogenes and Retroviruses.* In: *Annual Review of Biochemistry.* Bd. 52 (1983) S. 301–354.

Gilman, A. G. *G Proteins and Dual Control of Adenylate Cyclase.* In: *Cell.* Bd. 36, Heft 3 (1984) S. 577–579.

Nishizuka, Y. *The Role of Protein Kinase C in Cell Surface Signal Transduction and Tumor Promotion.* In: *Nature.* Bd. 308, Heft 5961 (1984) S. 693–698.

Berridge, M. J.; Irvine, R. F. *Inositol Triphosphate, a Novel Second Messenger in Cellular Signal Transduction.* In: *Nature.* Bd. 312, Heft 5992 (1984) S. 315–321.

Calmodulin: Schlüsselfigur im Zellgeschehen
(*Spektrum der Wissenschaft, 8/1982*)

WAI YIU CHEUNG ist Biochemiker am St.-Jude-Forschungskrankenhaus für Kinderheilkunde in Memphis/Tennessee. In Kwantung in China geboren, studierte er bis 1956 an der Tsung-Hsing-Nationaluniversität in Taiwan und dann bis 1960 an der Universität von Vermont. 1964 promovierte er an der Cornell-Universität, war dann drei Jahre Assistent an der Universität von Pennsylvania, ehe er 1967 zum St.-Jude-Krankenhaus überwechselte. Seit 1976 ist er auch Professor für Biochemie am Gesundheitswissenschaftlichen Zentrum der Universität von Tennessee in Memphis. Sein wissenschaftliches Hauptinteresse gilt den Molekülen, die als Botenstoffe an der Regulierung biologischer Prozesse beteiligt sind.

Literatur:

Marmé, D. *Calcium, Calmodulin und ihre zelluläre Funktion.* In: *Biologie in unserer Zeit.* 11. Jahrgang, Heft 3 (1981) S. 71–77.

Wang, J. J.; Waisman, D. M. *Calmodulin and Its Role in the Second-Messenger System.* In: *Current Topics in Cellular Regulation.* Bd. 15 (1979) S. 47–107.

Cheung, W. Y. (Hrsg.). *Calmodulin and Cell Function.* Bd. 1. Academic Press 1980.

Watterson, D. M.; Vincenzi, F. F. (Hrsg.). *Calmodulin and Cell Function.* In: *Annals of the New York Academy of Sciences.* Bd. 356 (1980) S. 1–443.

Das Calcium-Signal
(*Spektrum der Wissenschaft, 1/1986*)

ERNESTO CARAFOLI und JOHN T. PENNISTON sind Professoren für Biochemie an der eidgenössischen Technischen Hochschule in Zürich beziehungsweise an der Mayo Medical School in Rochester (Minnesota). Als gebürtiger Italiener hat Carafoli an der Universität Modena studiert und nach der Promotion im Jahre 1957 am dortigen Institut für Allgemeine Pathologie gearbeitet. Zwischendurch forschte er mehrere Jahre an der Johns-Hopkins-Universität in Baltimore (Maryland), ehe er 1973 seine heutige Stellung übernahm. Penniston promovierte 1962 an der Harvard-Universität über Nucleinsäuren. Nach einem Jahr als Chemie-Dozent am Pomona College ging er zur Universität von Wisconsin in Madison, wo er sich dann auf die Untersuchung von Zellmembranen konzentrierte. Von 1971 bis 1976 war er an der Universität von North Carolina in Chapel Hill tätig. Dann wurde er Berater für Molekularmedizin an der Mayo-Klinik in Verbindung mit einer außerordentlichen Professur für Biochemie und 1979 avancierte er zum ordentlichen Professor und Berater in Zellbiologie.

Literatur:

MacLennan, D. H. *Purification and Properties of an Adenosine Triphosphatase from Sarcoplasmic Reticulum.* In: *The Journal of Biological Chemistry.* Bd. 245, Heft 17 (1970) S. 4508–4518.

Niggli, V.; Penniston, J. T.; Carafoli, E. *Purification of the (Ca^{2+}-Mg^{2+})-ATPase from Human Erythrocyte Membranes Using a Calmodulin Affinity Column.* In: *The Journal of Biological Chemistry.* Bd. 254, Heft 20 (1979) S. 9955–9958.

Die molekulare Grundlage der Entwicklung
(*Spektrum der Wissenschaft, 12/1985*)

WALTER J. GEHRING leitet die Abteilung Zellbiologie am Biozentrum der Universität Basel. Er studierte in seiner Geburtsstadt Zürich und promovierte dort auch im Jahre 1965 im Fach Zoologie. Untersuchungen an Taufliegen im Rahmen seiner Doktorarbeit weckten in ihm das Interesse an der Molekulargenetik – jenem Fach, das seither im Mittelpunkt seiner Forschungen steht. Nach fünfjähriger Tätigkeit als Dozent an der Yale-Universität in New Haven (USA) kehrte er in die Schweiz zurück. Gehring wurde an das Biozentrum berufen, kurz nachdem dieses im Jahre 1971 gegründet worden war.

Literatur:

Gehring, W. J. *Genetische Architektur: Ein Lebewesen nimmt Gestalt an.* In: *Bild der Wissenschaft.* 21. Jahrgang, Heft 11 (1984) S. 78–89.

McGinnis, W.; Levine, M. S.; Hafen, E.; Kuroiwa, A.; Gehring, W. J. *A*

Conserved DNA Sequence in Homoeotic Genes of the Drosophila Antennapedia and Bithorax Complexes. In: *Nature.* Bd. 308, Heft 5958 (1984) S. 428–433.

Carrasco, A. E.; McGinnis, W.; Gehring, W. J.; DeRobertis, E. M. *Cloning of an X. Laevis Gene Expressed during Early Embryogenesis Coding for a Peptide Region Homologous to Drosophila Homeotic Genes.* In: *Cell.* Bd. 37, Heft 2 (1984) S. 409–414.

McGinnis, W.; Garber, R. L.; Wirz, J.; Kuroiwa, A.; Gehring, W. J. *A Homologous Protein-coding Sequence in Drosophila Homeotic Genes and Its Conservation in Other Metazoans.* In: *Cell.* Bd. 37, Heft 2 (1984) S. 403–408.

Shepherd, J. C. W.; McGinnis, W.; Carrasco, A. E.; DeRobertis, E. M.; Gehring, W. J. In: *Nature.* Bd. 310, Heft 5972 (1984) S. 70–71.

Fjose, A.; McGinnis, W.; Gehring, W. J. *Isolation of a Homoeo Box-containing Gene from the Engrailed Region of Drosophila and the Spatial Distribution of Its Transcripts.* In: *Nature.* Bd. 313, Heft 6000 (1985) S. 284–289.

Die molekulare Grundlage der Evolution

(*Spektrum der Wissenschaft, 12/1985*)

ALLAN C. WILSON ist Professor für Biochemie an der Universität von Kalifornien in Berkeley. Er ist gebürtiger Neuseeländer und studierte dort an der Universität von Otago, später – in den USA – an der Washington State University, an der er auch im Jahre 1957 sein Studium abschloß. Im Jahre 1961 promovierte er in Berkeley. Nach dreijährigen Forschungsarbeiten an der Brandeis-Universität kehrte er als Fakultätsmitglied nach Berkeley zurück. Wilson war auch am Weizmann-Institut in Israel, an der Universität Nairobi und an der Harvard-Universität tätig.

Literatur:

Bonner, J. T. *Kulturevolution bei Tieren.* Berlin (Paul Parey) 1983.

Evolution. Die Entwicklung von den ersten Lebensspuren bis zum Menschen. Heidelberg (Spektrum der Wissenschaft) 1985.

Stebbins, G. L. *Evolutionsprozesse.* Stuttgart (Fischer) 1980.

Mayr, E. *Evolution und die Vielfalt des Lebens.* Berlin (Springer) 1979.

Stebbins, G. L.; Ayala, F. J. *Die Evolution des Darwinismus.* In: *Spektrum der Wissenschaft.* Heft 9 (1975) S. 58–71.

Kimura, M. *Die „neutrale“ Theorie der molekularen Evolution.* In: *Spektrum der Wissenschaft.* Heft 1 (1980) S. 94–101.

Wyles, J. S.; Kunkel, J. G.; Wilson, A. C. *Birds, Behavior, and Anatomical Evolution.* In: *Proceedings of the National Academy of Sciences of the United States of America.* Bd. 80, Heft 14 (1983) S. 4394–4397.

Dobson, D. E.; Prager, E. M.; Wilson, A. C. *Stomach Lysozymes of Ruminants, I: Distribution and Catalytic Properties.* In: *The Journal of Biological Chemistry.* Bd. 259, Heft 18 (1984) S. 11607–11616.

Bildnachweise

Die Moleküle des Lebens: Bilder 1, 2 und 4: Robert Langridge; Bild 3: Nelson L. Max; Bild 5: Arthur J. Olson; Bild 6: Richard J. Feldmann; Bilder 7 bis 10: Ilil Arbel – **DNA:** Bild 1: Brian W. Matthews; Bilder 2 und 4 bis 8: George V. Kelvin; Bild 3: Richard J. Feldmann; Bild 9: Gary Felsenfeld – **Krebsgene:** Bilder 1, 3 bis 6, 9, 10 unten und 11 bis 14: Bunji Tagawa; Bild 2: G. Steven Martin; Bild 7: Mark C. Willingham und Ira H. Pastan; Bild 8: Larry R. Rohrschneider – **RNA:** Bild 1: Nigel Unwin; Bilder 2 bis 5 und 7 bis 9: George V. Kelvin; Bild 6: Louise T. Chow – **Proteine:** Bilder 1, 5 und 6: Jane M. Burridge; Bilder 2 bis 4, 7 und 10: Hank Iken, Walken Graphics; Bilder 8 und 9: Edward Bell – **Das dynamische Verhalten von Proteinen:** Bilder 1 und 4 bis 6: James Kilkelly; Bilder 2 und 3: Ilil Arbel; Bild 7 oben: Carl Bränden, Universität Uppsala; Bild 7 unten: Sally Black; Bild 8 oben: Axel Brünger, Harvard-Universität; Bild 8 unten: Edward Bell – **Die Moleküle der Zellmembran:** Bild 1: Guy Vigers; Bilder 2 bis 7 und 9: Dana Burns; Bild 8: M. M. Perry, A. B. Gilbert – **Die Struktur von Membranproteinen:** Bilder 1 und 4: Richard Henderson, Medical Research Laboratory of Molecular Biology; Bilder 2, 3, 7, 11 und 12: George V. Kelvin; Bilder 5, 6 und 8 bis 10: Nigel Unwin, Stanford University School of Medicine, und Richard Henderson – **Die Moleküle des Zellskeletts:** Bild 1: J. Victor Small und Gottfried Rinnerthaler; Bild 2: David Henderson; Bild 3: R. Bravo, J. E. Celis; Bilder 4, 9 und 10 oben: Klaus Weber und Mary Osborn; Bilder 5, 6 links, 7 links und 8: Hank Iken, Walken Graphics; Bild 6 oben rechts: John Glenney; Bild 6 unten rechts: Timothy J. Byers und Daniel Branton; Bild 7 rechts: John E. Heuser; Bild 10 unten: David Mason – **Die Moleküle des Immunsystems:** Bilder 1 und 4: Arthur J. Olson; Bilder 2, 3 und 5 bis 10: Gabor Kiss – **Signalübertragung zwischen Zellen:** Bilder 1, 7 oben und 8 links: Tripos Associates; Bilder 2 bis 6, 7 unten und 8 rechts: Alan D. Iselin – **Gestörte Kommunikation zwischen Zellen:** Bild 1: Richard G. W. Anderson, University of Texas, Health Science Center, Dallas; Bilder 2 bis 4 und 6 bis 10: Ilil Arbel; Bild 5: I. D. Goldfine, Universität von Kalifornien, San Francisco – **Die Signalübertragung in die Zelle:** Bild 1: Tripos Associates; Bilder 2 bis 6: Andrew Christie – **Calmodulin: Schlüsselfigur im Zellgeschehen:** Bilder 1 bis 7 und 12: Alan D. Iselin; Bild 8: John R. Dedman, B. R. Brinkley und Anthony R. Means; Bilder 9 und 11: Jeffrey F. Harper und Alton C. Steiner; Bild 10: John G. Wood – **Das Calcium-Signal:** Bild 1: David Bacon, Universität von Alberta; Bilder 2 bis 5, 7 und 8: George V. Kelvin, Science Graphics; Bild 6: Feroze N. Ghadially, Universität von Saskatchewan – **Die molekulare Grundlage der Entwicklung:** Bilder 1 und 5 bis 10: Walter J. Gehring; Bilder 2 bis 4: Tom Prentiss – **Die molekulare Grundlage der Evolution:** Bild 1: IBM; Bilder 2 bis 9: Joan Starwood; Bild 10: Brian Bevan, Ardea London.

Index

Die Moleküle des Lebens

Ein weiteres Buch aus der Reihe Verständliche Forschung

Bereits erschienen:

Gehirn und Nervensystem
Evolution
Ozeane und Kontinente
Industrielle Mikrobiologie
Teilchen, Felder und Symmetrien
Erbsubstanz DNA
Vulkanismus
Kosmologie
Rüstung und Sicherheit
Die Entstehung der Sterne

In Vorbereitung:

Wahrnehmung und visuelles System
Elementare Materie, Vakuum und Felder
Krebs
Das Immunsystem